핀란드 5학년 수학 교과서

초등학교 학년 반

이름

QR코드를 스캔하면 놀이 수학
동영상을 보실 수 있습니다.

핀란드 5학년 수학 교과서 5-2 1권

초판 1쇄 발행 2022년 12월 10일

지은이 파이비 키빌루오마, 킴모 뉘리넨, 피리타 페랄라, 페카 록카, 마리아 살미넨, 티모 타피아이넨
그린이 미리야미 만니넨 **옮긴이** 박문선 **감수** 이경희, 핀란드수학교육연구회
펴낸이 정혜숙 **펴낸곳** 마음이음

책임편집 이금정 **디자인** 디자인서가
등록 2016년 4월 5일(제2018-000037호)
주소 03925 서울시 마포구 월드컵북로 402, 9층 917A호(상암동, KGIT센터)
전화 070-7570-8869 **팩스** 0505-333-8869
전자우편 ieum2016@hanmail.net
블로그 https://blog.naver.com/ieum2018

ISBN 979-11-92183-31-2 64410
979-11-92183-29-9 (세트)

핀란드 5학년 수학 교과서 5-2 1권

글 파이비 키빌루오마, 킴모 뉘리넨, 피리타 페랄라,
페카 록카, 마리아 살미넨, 티모 타피아이넨

그림 미리야미 만니넨

옮김 박문선

감수 이경희(전 수학 교과서 집필진), 핀란드수학교육연구회

마음이음

핀란드 학생들이 수학을 잘하고 수학 흥미도도 높은 비결은?

우리나라 학생들이 수학 학업 성취도가 세계적으로 높은 것은 자랑거리이지만 수학을 공부하는 시간이 다른 나라에 비해 많은 데다 사교육에 의존하고, 흥미도가 낮은 건 숨기고 싶은 불편한 진실입니다. 이러한 측면에서 사교육 없이 공교육만으로 국제학업성취도평가(PISA)에서 상위권을 놓치지 않는 핀란드의 교육 비결이 궁금하지 않을 수가 없습니다. 더군다나 핀란드에서는 숙제도, 순위를 매기는 시험도 없어 학교에서 배우는 수학 교과서 하나만으로 수학을 온전히 이해해야 하지요. 과연 어떤 점이 수학 교과서 하나만으로 수학 성적과 흥미도 두 마리 토끼를 잡게 한 걸까요?

– 핀란드 수학 교과서는 수학과 생활이 동떨어진 것이 아닌 친밀한 것으로 인식하게 합니다. 그래서 시간, 측정, 돈 등 학생들은 다양한 방식으로 수학을 사용하고 응용하면서 소비, 교통, 환경 등 자신의 생활과 관련지으며 수학을 어려워하지 않습니다.

- 교과서 국제 비교 연구에서도 교과서의 삽화가 학생들의 흥미도를 결정하는 데 중요한 역할을 한다고 했습니다. 핀란드 수학 교과서의 삽화는 수학적 개념과 문제를 직관적으로 쉽게 이해하도록 구성하여 학생들의 흥미를 자극하는 데 큰 역할을 하고 있습니다.

- 핀란드 수학 교과서는 또래 학습을 통해 서로 가르쳐 주고 배울 수 있도록 합니다. 교구를 활용한 놀이 수학, 조사하고 토론하는 탐구 과제는 수학적 의사소통 능력을 향상시키고 자기 주도적인 학습 능력을 길러 줍니다.

- 핀란드 수학 교과서는 창의성을 자극하는 문제를 풀게 합니다. 답이 여러 가지 형태로 나올 수 있는 문제, 스스로 문제 만들고 풀기를 통해 짧은 시간에 많은 문제를 푸는 것이 아닌 시간이 걸리더라도 사고하며 수학을 하도록 합니다.

- 핀란드 수학 교과서는 코딩 교육을 수학과 연계하여 컴퓨팅 사고와 문제 해결을 돕는 다양한 활동을 담고 있습니다. 코딩의 기초는 수학에서 가장 중요한 논리와 일맥상통하기 때문입니다.

핀란드는 국정 교과서가 아닌 자율 발행제로 학교마다 교과서를 자유롭게 선정합니다. 마음이음에서 출판한 『핀란드 수학 교과서』는 핀란드 초등학교 2190개 중 1320곳에서 채택하여 수학 교과서로 사용하고 있습니다. 또한 이웃한 나라 스웨덴에서도 출판되어 교과서 시장을 선도하고 있지요.

코로나로 인한 온라인 수업으로 학습 격차가 커지고 있습니다. 다행히 『핀란드 수학 교과서』는 우리나라 수학 교육 과정을 다 담고 있으며 부모님 가이드도 있어 가정 학습용으로 좋습니다. 자기 주도적인 학습이 가능한 『핀란드 수학 교과서』는 학업 성취와 흥미를 잡는 해결책이 될 수 있을 것으로 기대합니다.

이경희(전 수학 교과서 집필진)

수학은 흥미를 끄는 다양한 경험과 스스로 공부하려는 학습 동기가 있어야 좋은 결과를 얻을 수 있습니다. 국내에 많은 문제집이 있지만 대부분 유형을 익히고 숙달하는 데 초점을 두고 있으며, 세분화된 단계로 복잡하고 심화된 문제들을 다룹니다. 이는 학생들이 수학에 흥미나 성취감을 갖는 데 도움이 되지 않습니다.

공부에 대한 스트레스 없이도 국제학업성취도평가에서 높은 성과를 내는 핀란드의 교육 제도는 국제 사회에서 큰 주목을 받아 왔습니다. 이번에 국내에 소개되는 『핀란드 수학 교과서』는 스스로 공부하는 학생을 위한 최적의 학습서입니다. 다양한 실생활 소재와 풍부한 삽화, 배운 내용을 반복하여 충분히 익힐 수 있도록 구성되어 학생이 흥미를 갖고 스스로 탐구하며 수학에 대한 재미를 느낄 수 있을 것으로 기대합니다.

전국수학교사모임

수학 학습을 접하는 시기는 점점 어려지고, 학습의 양과 속도는 점점 많아지고 빨라지는 추세지만 학생들을 지도하는 현장에서 경험하는 아이들의 수학 문제 해결력은 점점 하향화되는 추세입니다. 이는 학생들이 흥미와 호기심을 유지하며 수학 개념을 주도적으로 익히고 사고하는 경험과 습관을 형성하여 수학적 문제 해결력과 사고력을 신장하여야 할 중요한 시기에, 빠른 진도와 학습량을 늘리기 위해 수동적으로 설명을 듣고 유형 중심의 반복적 문제 해결에만 집중한 결과라고 생각합니다.

『핀란드 수학 교과서』를 통해 흥미와 호기심을 유지하며 수학 개념을 스스로 즐겁게 내재화하고, 이를 창의적으로 적용하고 활용하는 수학 학습 태도와 습관이 형성된다면 학생들이 수학에 쏟는 노력과 시간이 높은 수준의 창의적 문제 해결력이라는 성취로 이어질 것입니다.

손재호(KAGE영재교육학술원 동탄본원장)

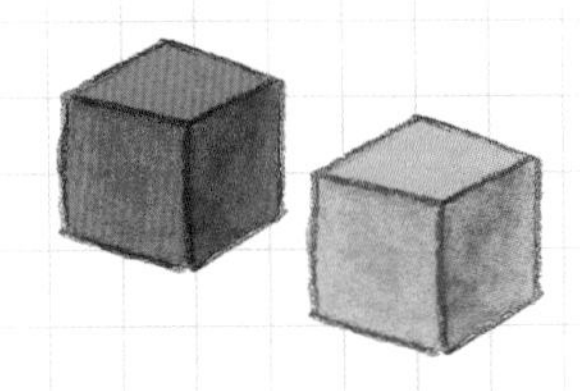

한국의 학생들에게

「핀란드 수학 교과서(Star Maths)」 시리즈를 펴낸 오타바(Otava) 출판사는 교재 전문 출판사로 120년이 넘는 역사를 지닌 명실상부한 핀란드의 대표 출판사입니다. 특히 「Star Maths」 시리즈는 핀란드 학교 현장의 수학 전문가들이 최신 핀란드 국립교육과정을 반영하여 함께 개발한 핀란드의 대표 수학 교과서입니다.

수 개념과 십진법을 이해하기 위한 탄탄한 기반을 제공하여 연산 능력을 키우고, 기본, 응용, 심화 문제 등 학생 개개인의 학습 차이를 다각도에서 고려하여 다양한 평가 문제를 실었습니다. 또한 친구 또는 부모님과 함께 놀이를 통해 문제 해결을 하며 수학적 즐거움을 발견하여 수학에 대한 긍정적인 태도를 갖도록 합니다.

한국의 학생들이 이 책과 함께 즐거운 수학 세계로 여행을 떠나길 바랍니다.

파이비 키빌루오마, 킴모 뉘리넨, 피리타 페랄라, 페카 록카,
마리아 살미넨, 티모 타피아이넨(STAR MATHS 공동 저자)

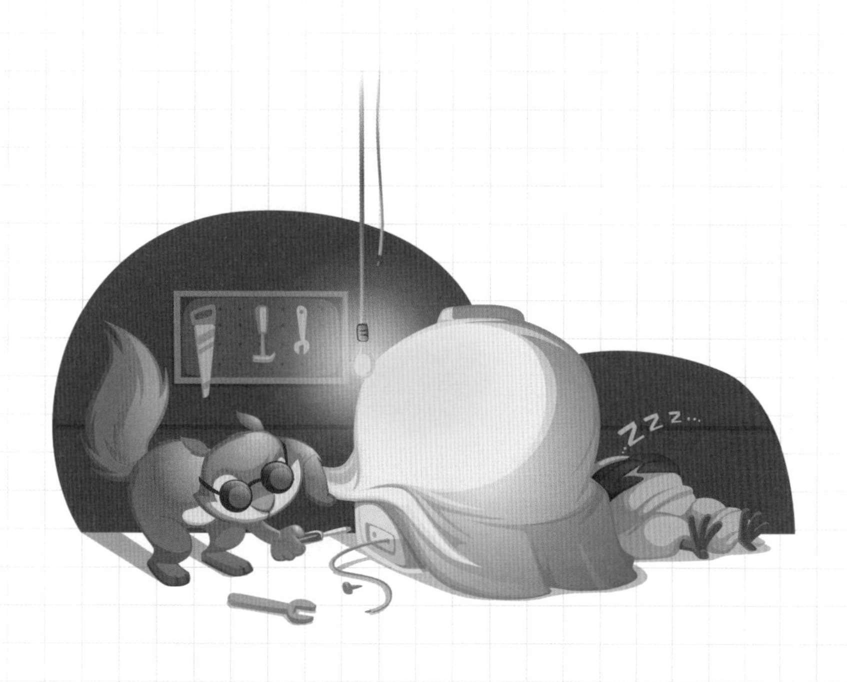

이 책의 구성

핀란드 수학 교과서, 왜 특별할까?

- 수학과 연계하여 컴퓨팅 사고와 문제 해결력을 키워 줘요.
- 교구를 활용한 놀이를 통해 수학 개념을 이해시켜요.

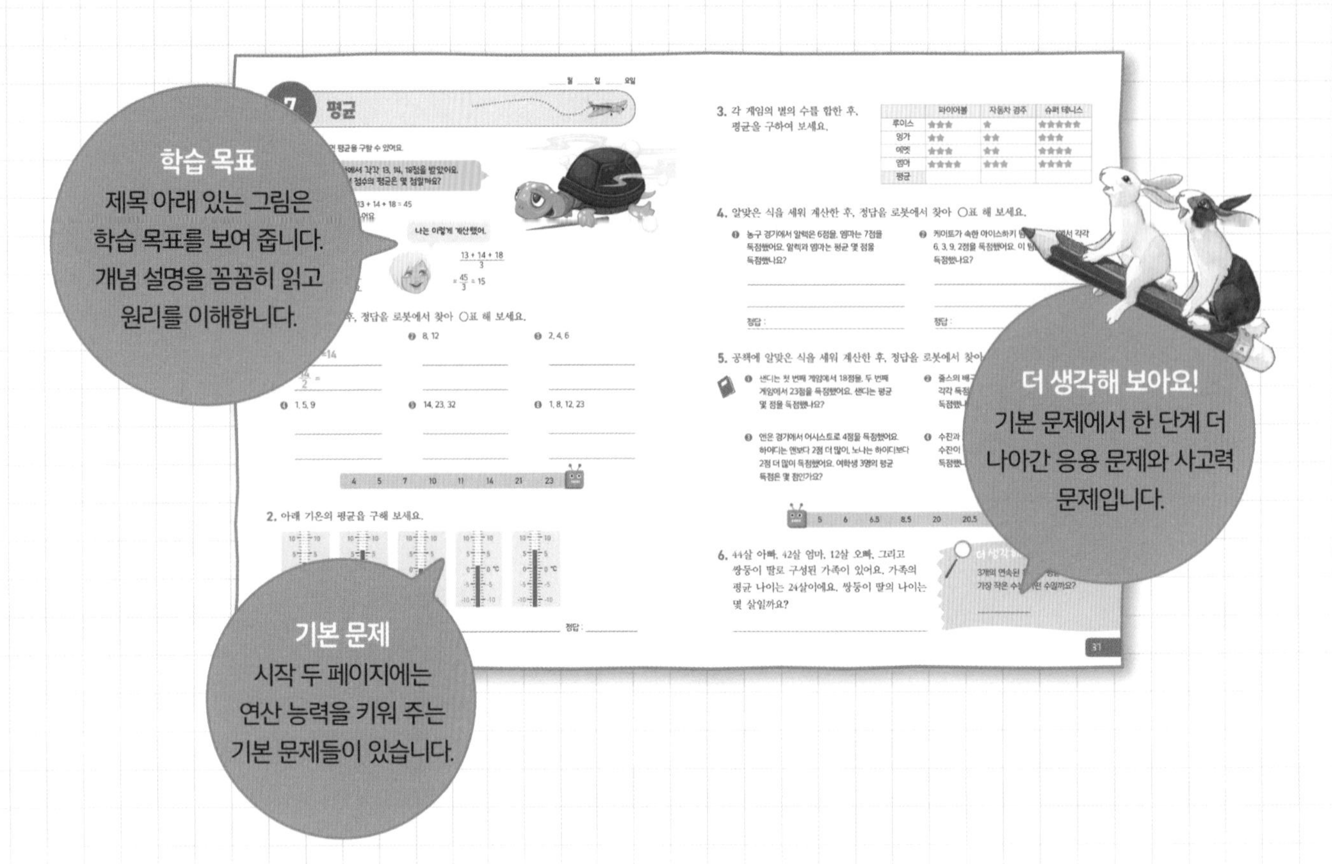

학습 목표
제목 아래 있는 그림은 학습 목표를 보여 줍니다. 개념 설명을 꼼꼼히 읽고 원리를 이해합니다.

더 생각해 보아요!
기본 문제에서 한 단계 더 나아간 응용 문제와 사고력 문제입니다.

기본 문제
시작 두 페이지에는 연산 능력을 키워 주는 기본 문제들이 있습니다.

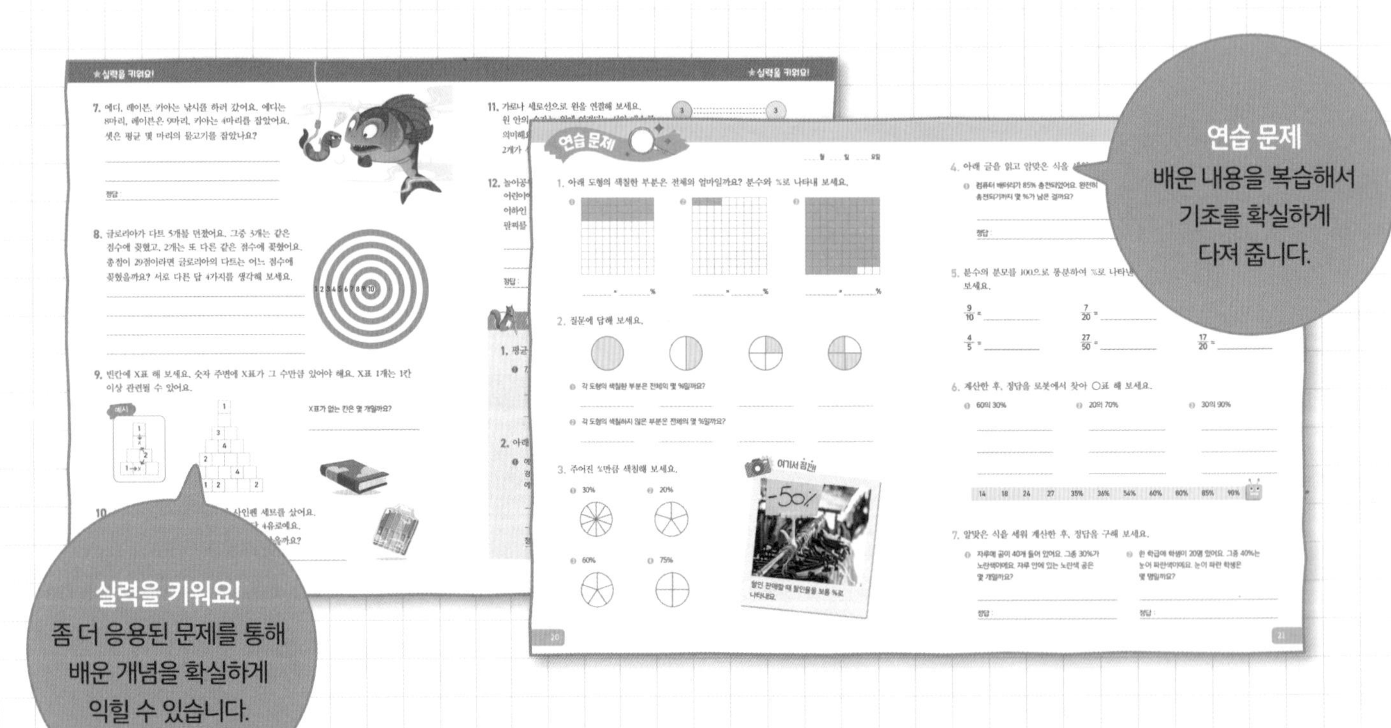

연습 문제
배운 내용을 복습해서 기초를 확실하게 다져 줍니다.

실력을 키워요!
좀 더 응용된 문제를 통해 배운 개념을 확실하게 익힐 수 있습니다.

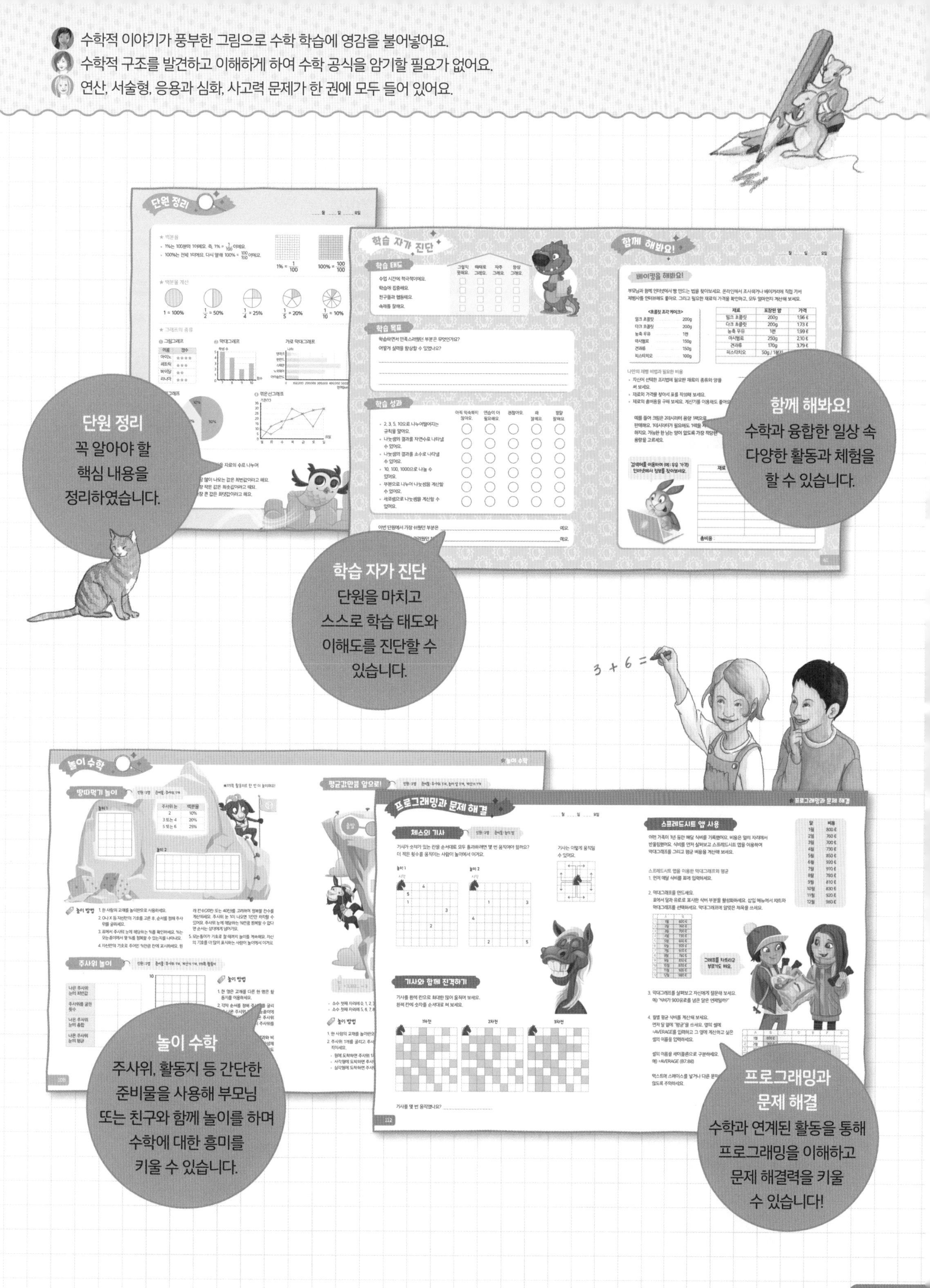
수학적 이야기가 풍부한 그림으로 수학 학습에 영감을 불어넣어요.
수학적 구조를 발견하고 이해하게 하여 수학 공식을 암기할 필요가 없어요.
연산, 서술형, 응용과 심화, 사고력 문제가 한 권에 모두 들어 있어요.
단원 정리
학습 자가 진단
함께 해봐요!
단원 정리 꼭 알아야 할 핵심 내용을 정리하였습니다.
함께 해봐요! 수학과 융합한 일상 속 다양한 활동과 체험을 할 수 있습니다.
학습 자가 진단 단원을 마치고 스스로 학습 태도와 이해도를 진단할 수 있습니다.
3 + 6 =
놀이 수학
프로그래밍과 문제 해결
놀이 수학 주사위, 활동지 등 간단한 준비물을 사용해 부모님 또는 친구와 함께 놀이를 하며 수학에 대한 흥미를 키울 수 있습니다.
프로그래밍과 문제 해결 수학과 연계된 활동을 통해 프로그래밍을 이해하고 문제 해결력을 키울 수 있습니다!

차례

___월 ___일 ___요일

1 나누어떨어짐

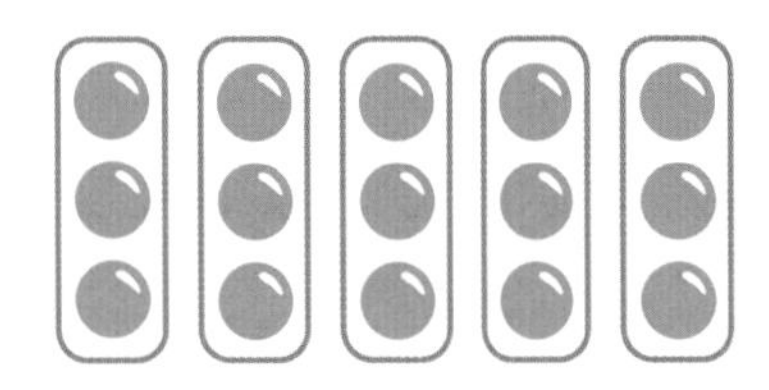

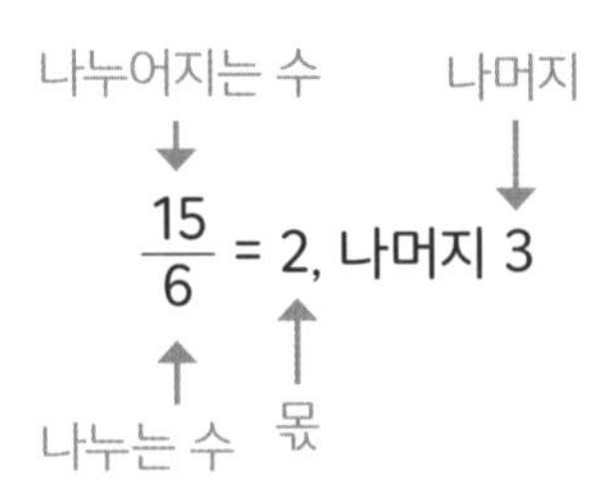

$\frac{15}{3} = 5$

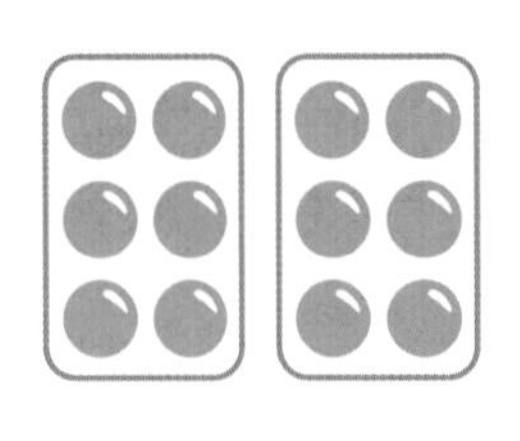

이 나눗셈은 나누어떨어져요.

15는 3으로 나누어지지만 6으로는 나누어지지 않아요.

나누어지는 수 → 15, 나누는 수 → 6, 몫 → 2, 나머지 → 3

$\frac{15}{6} = 2$, 나머지 3

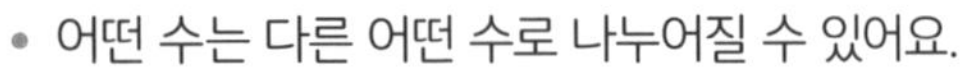

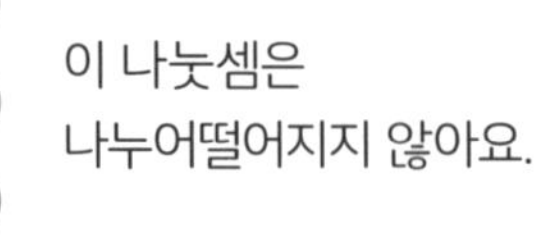

이 나눗셈은 나누어떨어지지 않아요.

- 어떤 수는 다른 어떤 수로 나누어질 수 있어요.
- 어떤 수는 다른 어떤 수로 나누어질 수 없어요. 나누어지지 않는 나눗셈은 나머지가 생겨요.

<예시>

18은 1, 2, 3, 6, 9로 나누어져요. 18은 1, 2, 3, 6, 9로 나누어떨어지기 때문이에요.

$\frac{18}{1} = 18$ $\frac{18}{2} = 9$ $\frac{18}{3} = 6$ $\frac{18}{6} = 3$ $\frac{18}{9} = 2$ $\frac{18}{18} = 1$

1. 12는 주어진 수로 나누어떨어질까요? 그림을 참고해도 좋아요.

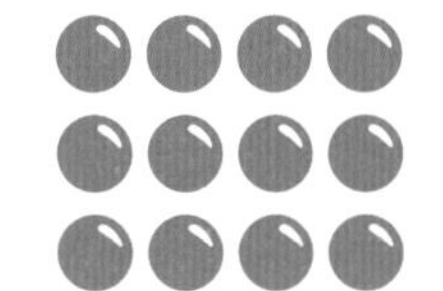

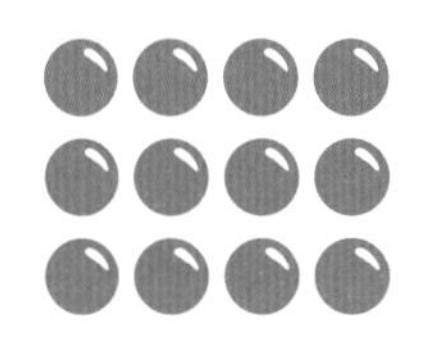

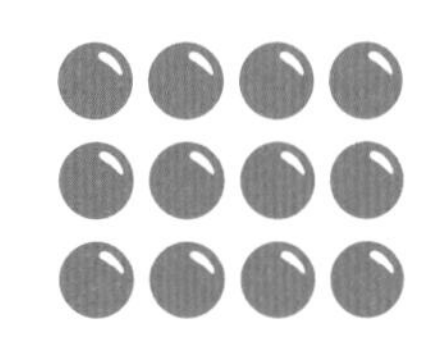

❶ 3 예 ☐ 아니요 ☐

❷ 4 예 ☐ 아니요 ☐

❸ 5 예 ☐ 아니요 ☐

❹ 8 예 ☐ 아니요 ☐

2. 아래 글을 읽고 빈칸에 참 또는 거짓을 써넣어 보세요.

❶ 10은 2로 나누어떨어져요. ________

❷ 15는 2로 나누어떨어져요. ________

❸ 9는 3으로 나누어떨어져요. ________

❹ 8은 4로 나누어떨어져요. ________

❺ 14는 3으로 나누어떨어져요. ________

❻ 5는 5로 나누어떨어져요. ________

마지막 자리의 숫자가 짝수이면 2로 나눌 수 있고, 5나 0이면 5로 나눌 수 있어요.

3. 주어진 수는 〈보기〉의 어떤 수로 나누어떨어질까요? 모두 찾아 ○표 해 보세요.

❶ 10　1 2 3 4 5 6 7 8 9 10

❷ 15　1 2 3 4 5 6 7 8 9 10 11 12 13 14 15

❸ 24　1 2 3 4 5 6 7 8 9 10 11 12 13 14 15 16 17 18 19 20 21 22 23 24

❹ 13　1 2 3 4 5 6 7 8 9 10 11 12 13

4. 16은 어떤 수로 나누어떨어질까요? 수를 5개 찾아보세요.

______　______　______　______　______

5. 앤시는 45유로를 가지고 있어요. 빈칸을 채워 보세요.

❶ 앤시가 살 수 있는 물건은 최대 몇 개일까요?
❷ 물건을 최대한 많이 산 후에 앤시에게 남은 돈은 얼마일까요?

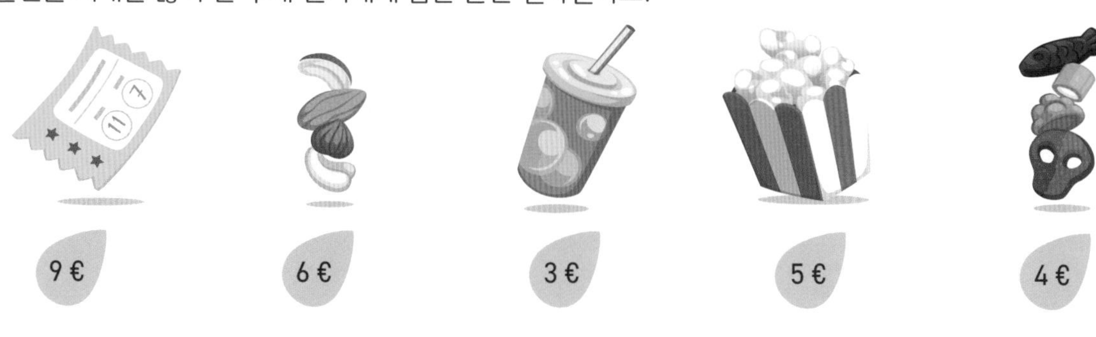

개수 : ______개　______개　______개　______개　______개

남은 돈 : ______유로　______유로　______유로　______유로　______유로

연필을 떼지 않고 그려 보세요. 단, 한 번 지난 곳은 다시 지날 수 없어요.

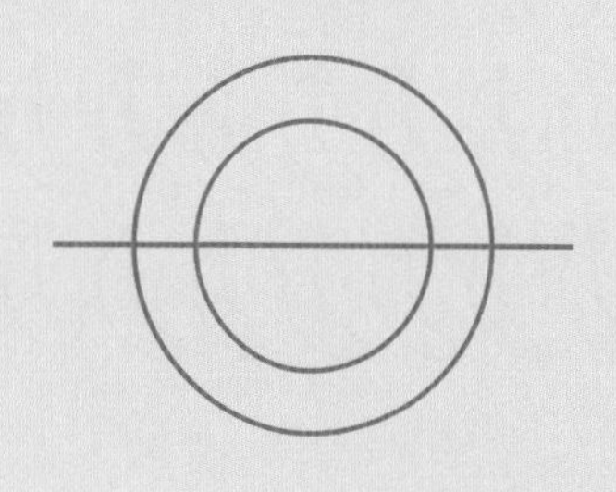

6. 길을 찾아보세요. 길 위의 알파벳이 모여 어떤 단어를 만들까요?

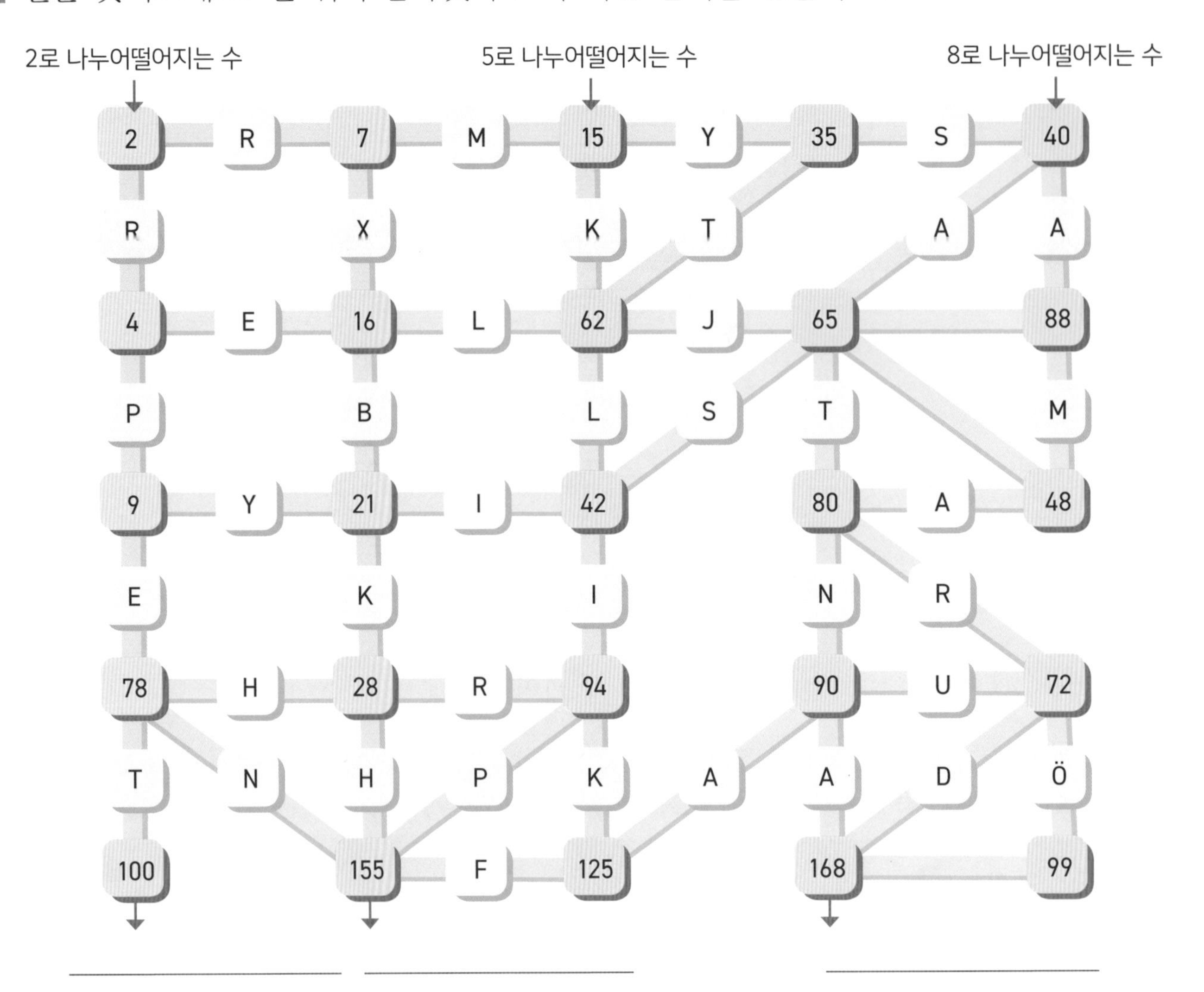

7. 알맞은 수만큼 색칠해 보세요.

❶ 2와 7로 나누어떨어지는 수

❷ 3과 5로 나누어떨어지는 수

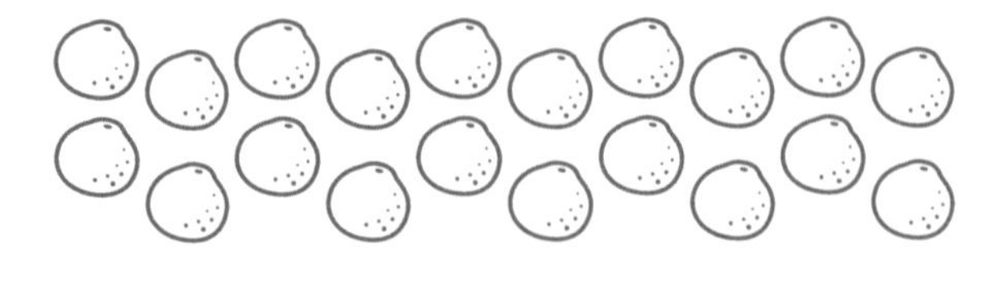

❸ 2와 3과 4로 나누어떨어지는 수

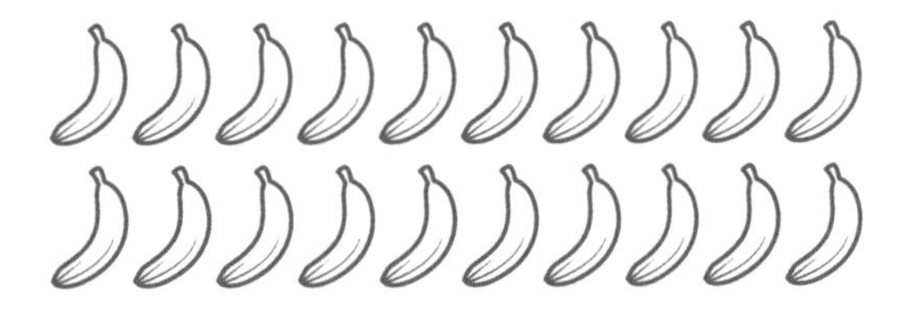

❹ 6과 9로 나누어떨어지는 수

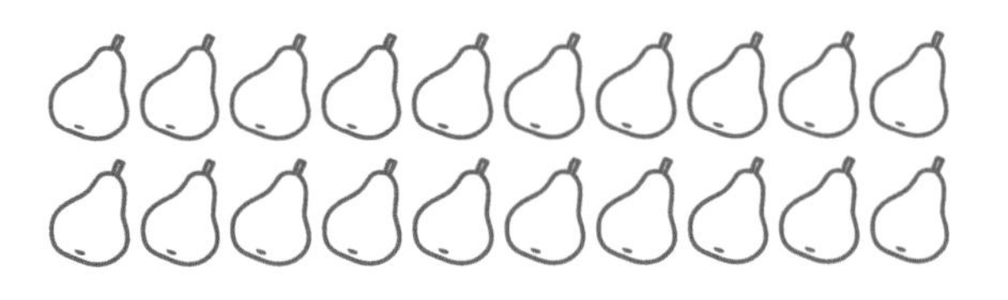

8. 조폐국에서는 3니블 동전(3N)과 7니블 동전(7N)만 만들어요. 아래 질문에 알맞은 답을 구해 보세요.

❶ 아모스는 9니블짜리 물건 가격을 조폐국에서 발행한 동전만으로 낼 수 있을까요?

예 ☐ 아니요 ☐

❷ 마누는 11니블짜리 물건 가격을 조폐국에서 발행한 동전만으로 낼 수 있을까요?

예 ☐ 아니요 ☐

❸ 조폐국에서 발행한 동전만으로 낼 수 있는 물건 가격을 ○표 해 보세요.

1 N	2 N	3 N	4 N	5 N	6 N	7 N	8 N
9 N	10 N	11 N	12 N	13 N	14 N	15 N	

❹ 가격이 15니블이 넘고 짝수이면 모두 조폐국에서 발행한 동전으로 지불이 가능할까요?

예 ☐ 아니요 ☐

9. 학생 수가 100명 미만인 학교가 있어요. $\frac{1}{6}$은 조깅화를 신고, $\frac{1}{13}$은 운동화를 신었어요. 전교 학생은 모두 몇 명일까요?

______

한 번 더 연습해요!

1. 아래 글을 읽고 빈칸에 참 또는 거짓을 써넣어 보세요.

❶ 12는 2로 나누어떨어져요.

______

❷ 14는 7로 나누어떨어져요.

______

❸ 16은 5로 나누어떨어져요.

______

❹ 30은 4로 나누어떨어져요.

______

2. 주어진 수는 어떤 수로 나누어떨어질까요? 〈보기〉에서 찾아 ○표 해 보세요.

❶ 8   1 2 3 4 5 6 7 8

❷ 12   1 2 3 4 5 6 7 8 9 10 11 12

_____ 월 _____ 일 _____ 요일

2 나누어떨어지는 규칙

나누어떨어지는 규칙	예시
• 어떤 수가 짝수이면 2로 나누어떨어져요. • 마지막 자리 수자가 0, 2, 4, 6, 8이면 짝수예요.	2458은 마지막 자리 숫자가 8이므로 2로 나누어떨어져요.
• 각 자리 숫자의 합이 3으로 나누어떨어지면 그 수는 3으로 나누어떨어져요.	2055는 각 자리 숫자의 합이 12(2+0+5+5=12)이므로 3으로 나누어떨어져요.
• 마지막 자리 숫자가 0과 5이면 그 수는 5로 나누어떨어져요.	4235는 마지막 자리 숫자가 5이므로 5로 나누어떨어져요.
• 마지막 자리 숫자가 0이면 그 수는 10으로 나누어떨어져요.	22490은 마지막 자리 숫자가 0이므로 10으로 나누어떨어져요.

1. 해당하는 수에 ○표 해 보세요.

❶ 2로 나누어떨어지는 수

142 191 245 2708 3200 3744

❷ 3으로 나누어떨어지는 수

133 163 249 2277 3132 3913

❸ 5로 나누어떨어지는 수

250 705 902 1135 2852 3889

❹ 10으로 나누어떨어지는 수

355 840 1093 1620 3240 6705

2. 해당하는 수에 표시해 보세요.

❶ 2로 나누어떨어지는 수에 O표

❷ 3으로 나누어떨어지는 수에 X표

❸ 5로 나누어떨어지는 수에 □표

1	2	3	4	5	6	7	8	9	10
11	12	13	14	15	16	17	18	19	20
21	22	23	24	25	26	27	28	29	30
31	32	33	34	35	36	37	38	39	40

3. 3으로 나누어떨어지는 수에 ○표 해 보세요.

5039　2491　209　195403　142392

1665　27431　411　6027　37455

4. 아래 글을 읽고 해당하는 수에 ○표 해 보세요. 답은 1개 이상일 수도 있어요.

❶ 전교 학생이 545명이에요. 한 모둠이 몇 명으로 구성될 때 인원수가 같은 모둠으로 나눌 수 있을까요?

2　3　5　10

❷ 전교 학생이 938명이에요. 한 모둠이 몇 명으로 구성될 때 인원수가 같은 모둠으로 나눌 수 있을까요?

2　3　5　10

❸ 빵집에서 롤을 2013개 만들었어요. 한 봉지에 몇 개씩 들어갈 때 롤을 똑같이 나눌 수 있을까요?

2　3　5　10

❹ 빵집에서 도넛을 4310개 만들었어요. 한 봉지에 몇 개씩 들어갈 때 도넛을 똑같이 나눌 수 있을까요?

2　3　5　10

5. A 대신 어떤 수를 쓸 수 있을까요? 가능한 답을 모두 찾아보세요.

❶ 1406A라는 수가 2로 나누어떨어지려면?

____

❷ 1406A라는 수가 5로 나누어떨어지려면?

____

❸ 1406A라는 수가 10으로 나누어떨어지려면?

____

❹ 1406A라는 수가 3으로 나누어떨어지려면?

____

더 생각해 보아요!

암호가 세 자리 수예요. 이 암호는 3으로는 나누어떨어지지만 2로는 나누어떨어지지 않아요. 이 암호의 세 번째 자리 숫자는 무엇일까요?

4　3　______

6. 3으로 나누어떨어지지만 2로 나누어떨어지지 않는 수를 따라 길을 찾아보세요. 엠마가 보려고 하는 영화가 어떤 종류인지 알게 될 거예요.

엠마는 ______________________ 영화를 보려고 해요.

7. □ 안에 알맞은 수를 써넣어 보세요. 단 1보다 커야 해요.

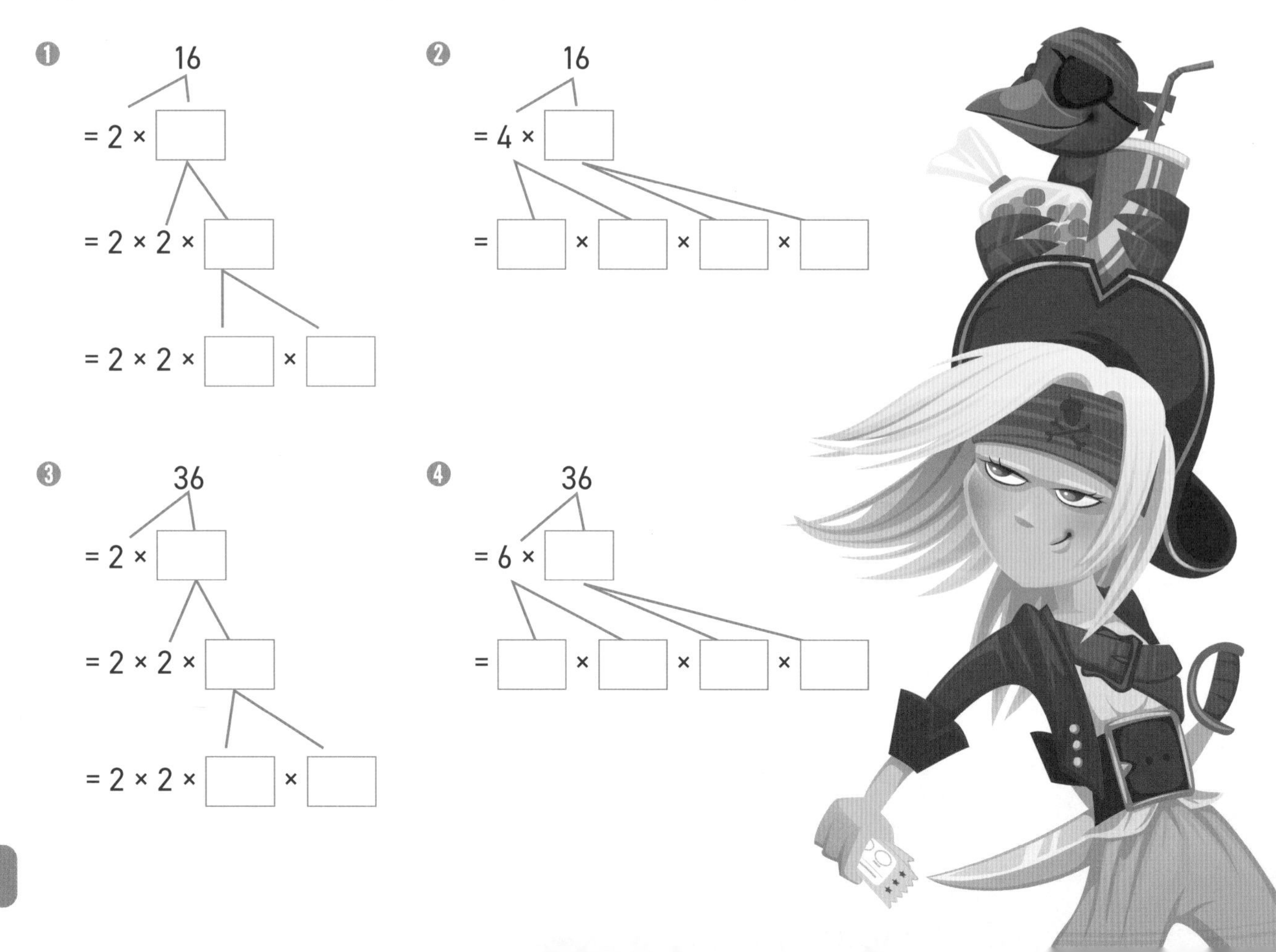

8. 아래 글을 읽고 빈칸에 참 또는 거짓을 써넣어 보세요.

❶ 5로 나누어떨어지는 수는 모두 홀수예요. ________

❷ 어떤 수가 6으로 나누어떨어지면 그 수는 2나 3으로도 나누어떨어져요. ________

❸ 5로 나누어떨어지는 수는 항상 10으로도 나누어떨어져요. ________

❹ 모든 수는 자기 자신과 1로 나누어떨어져요. ________

❺ 23은 자기 자신과 1로만 나누어떨어져요. ________

9. 그림이 들어간 식을 보고 그림의 값을 구해 보세요.

■ ÷ ▲ = 7

31 ÷ ● = 4, 나머지 3

■ = ____ ● = ____ ▲ = ____

♥ ÷ ♡ = 6

123 ÷ ♥ = 20, 나머지 3

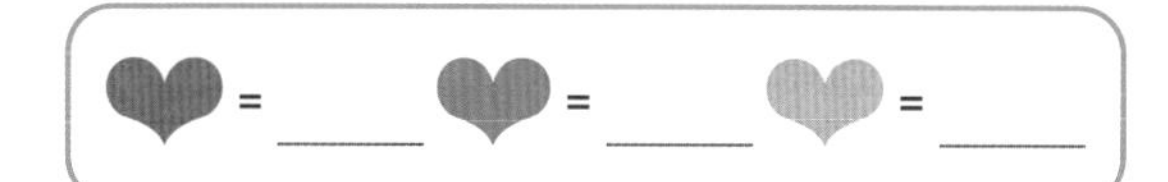

1. 해당하는 수에 표시해 보세요.

❶ 2로 나누어떨어지는 수에 O표

❷ 3으로 나누어떨어지는 수에 X표

❸ 5로 나누어떨어지는 수에 □표

101	102	103	104	105	106	107	108	109	110
111	112	113	114	115	116	117	118	119	120
121	122	123	124	125	126	127	128	129	130

2. 아래 글을 읽고 해당하는 수에 모두 ○표 해 보세요.

❶ 전교 학생이 465명이에요. 한 모둠이 몇 명으로 구성될 때 인원수가 같은 모둠으로 나눌 수 있을까요?

2 3 5 10

❷ 빵집에서 롤을 1340개 구웠어요. 한 봉지에 몇 개씩 들어갈 때 롤을 똑같이 나눌 수 있을까요?

2 3 5 10

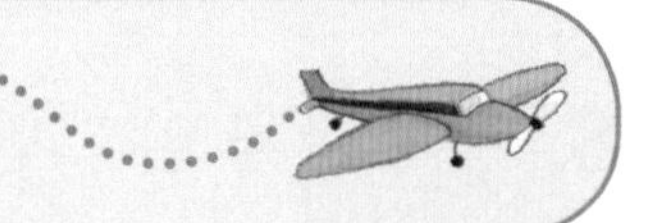

3 소수로 나타내는 몫

먼저 분수를 통분한 후, 소수 첫째 자리 또는 둘째 자리로 바꾸세요.

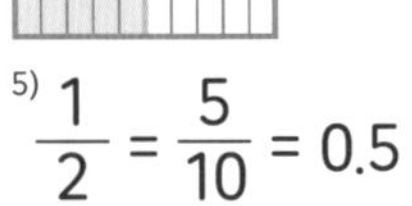

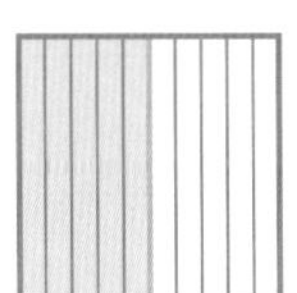

$\frac{1}{2} = \frac{5}{10} = 0.5$ (5)

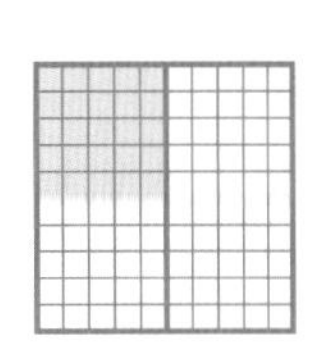

$\frac{1}{4} = \frac{25}{100} = 0.25$ (25)

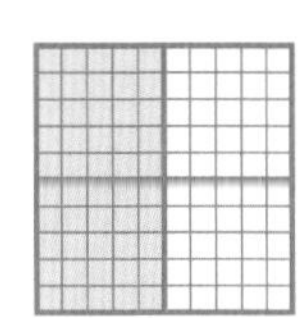

$\frac{2}{4} = \frac{1}{2} = 0.5$ (2

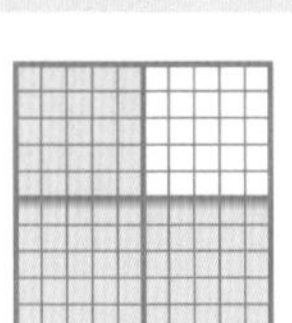

$\frac{3}{4} = \frac{75}{100} = 0.75$ (25)

$\frac{1}{5} = \frac{2}{10} = 0.2$ (2)

$\frac{2}{5} = \frac{4}{10} = 0.4$ (2)

$\frac{3}{5} = \frac{6}{10} = 0.6$ (2)

$\frac{4}{5} = \frac{8}{10} = 0.8$ (2)

23유로를 아이 4명에게 똑같이 나누어 주려고 해요. 아이 1명이 받는 돈은 얼마일까요?

$\frac{23€}{4} = 5\frac{3}{4}€$

$= 5€ + \frac{3}{4}€$

$= 5€ + 0.75€$

$= 5.75€$

정답 : 5.75€

$\frac{1}{3}$을 소수로 바꾸면 0.333...의 무한 소수가 돼요.

<예시>

$\frac{7}{2} = 3\frac{1}{2} = 3 + 0.5 = 3.5$

약분을 꼭 하세요.

$\frac{6}{4} = 1\frac{2}{4} = 1\frac{1}{2} = 1 + 0.5 = 1.5$ (2

1. 값이 같은 것끼리 선으로 이어 보세요.

$\frac{4}{5}$ $\frac{3}{4}$ $\frac{1}{5}$ $\frac{1}{2}$ $\frac{3}{5}$ $\frac{2}{5}$ $\frac{1}{4}$

0.4 0.5 0.6 0.75 0.8 0.25 0.2

2. 빈칸을 채워 표를 완성해 보세요.

❶

$\frac{1}{4}$	$\frac{2}{4}$	$\frac{3}{4}$	$\frac{4}{4}$
0.25			

❷

$\frac{1}{5}$	$\frac{2}{5}$	$\frac{3}{5}$	$\frac{4}{5}$	$\frac{5}{5}$
0.2				

3. 분수를 소수로 바꾸어 보세요.

$3\frac{1}{2}$ = ____________ $2\frac{1}{5}$ = ____________ $5\frac{1}{4}$ = ____________

$8\frac{2}{5}$ = ____________ $6\frac{4}{5}$ = ____________ $2\frac{3}{4}$ = ____________

4. 분수를 소수로 바꾸어 보세요.

$\frac{9}{2}$ = ________ $\frac{13}{2}$ = ________ $\frac{21}{4}$ = ________ $\frac{26}{4}$ = ________

5. 식을 세워 답을 구한 후, 정답을 로봇에서 찾아 ○표 해 보세요.

❶ 펜 2개가 3유로예요. 펜 1개는 얼마일까요?

____

정답 : ____________________

❷ 영화표 5장이 42유로예요. 표 1장은 얼마일까요?

____

정답 : ____________________

❸ 39유로를 아이 4명에게 똑같이 나누어 주었어요.
아이 1명이 받는 돈은 얼마일까요?

____

정답 : ____________________

❹ 59유로를 아이 5명에게 똑같이 나누어 주었어요.
아이 1명이 받는 돈은 얼마일까요?

____

정답 : ____________________

1.50 € 2.50 € 8.40 € 9.75 € 10.80 € 11.80 €

6. 계산한 후, 정답에 해당하는 알파벳을 찾아 빈칸에 써넣어 보세요.

$2 \div 5 =$ ______ ☐

$9 \div 4 =$ ______ ☐

$5 \div 2 =$ ______ ☐

$1 \div 4 =$ ______ ☐

$6 \div 4 =$ ______ ☐

$3 \div 4 =$ ______ ☐

$1 \div 5 =$ ______ ☐

$7 \div 2 =$ ______ ☐

$9 \div 2 =$ ______ ☐

$1 \div 2 =$ ______ ☐

____

0.2	0.25	0.4	0.5	0.75	1.5	2.25	2.5	3.5	4.5
M	S	R	F	P	O	E	T	L	I

7. 파란색 막대 x의 길이를 구해 보세요.

x	x
11	

$x =$ ______

x	x	x	x
10			

______

x	x
9	

______

x	x	x	x	x
8				

______

x	x	x	x
15			

______

x	x	x	x	x
12				

______

8. 계산 결과를 자연수나 소수로 나타내 보세요.

$\frac{240}{2} =$ ______

$\frac{280}{4} =$ ______

$\frac{241}{2} =$ ______

$\frac{279}{4} =$ ______

$\frac{350}{5} =$ ______

$\frac{240}{4} =$ ______

9. 아래 글을 읽고 공책에 답을 구해 보세요.

❶ 세라와 미라의 집은 느릅나무가의 같은 쪽에 있어요. 세라네 집을 기준으로 한쪽 편에는 집이 27채 있고, 다른 쪽에는 13채가 있어요. 미라네 집이 느릅나무가의 집들 정중앙에 위치한다면 세라와 미라의 집 사이에 집이 모두 몇 채일까요?

____

❷ 너비가 120m인 강을 가로지르는 다리를 세웠어요. 다리의 $\frac{1}{5}$이 왼편 제방에, 또 다른 $\frac{1}{5}$이 오른편 제방에 있어요. 다리의 전체 길이는 얼마일까요?

____

한 번 더 연습해요!

1. 계산 결과를 소수로 나타내 보세요.

$\frac{5}{2}$ = ________________

$\frac{18}{4}$ = ________________

$\frac{38}{4}$ = ________________

$\frac{42}{5}$ = ________________

2. 아래 글을 읽고 알맞은 식을 세워 답을 구한 후, 소수로 나타내 보세요.

❶ 열쇠고리 2개가 11유로예요. 열쇠고리 1개는 얼마일까요?

정답 : ________________

❷ 35유로를 아이 4명에게 똑같이 나누어 주었어요. 아이 1명이 받는 돈은 얼마일까요?

정답 : ________________

4 10, 100, 1000으로 나누기

- 10으로 나누면 $\frac{1}{10}$씩 줄어들어요.
- 100으로 나누면 $\frac{1}{100}$씩 줄어들어요.
- 1000으로 나누면 $\frac{1}{1000}$씩 줄어들어요.

	천의 자리	백의 자리	십의 자리	일의 자리	소수 첫째 자리	소수 둘째 자리	소수 셋째 자리
5 ÷ 1 =				5			
5 ÷ 10 =				0.	5		
5 ÷ 100 =				0.	0	5	
5 ÷ 1000 =				0.	0	0	5

	천의 자리	백의 자리	십의 자리	일의 자리	소수 첫째 자리	소수 둘째 자리	소수 셋째 자리
1755 ÷ 1 =	1	7	5	5			
1755 ÷ 10 =		1	7	5.	5		
1755 ÷ 100 =			1	7.	5	5	
1755 ÷ 1000 =				1.	7	5	5

	천의 자리	백의 자리	십의 자리	일의 자리	소수 첫째 자리	소수 둘째 자리	소수 셋째 자리
1.5 ÷ 1 =				1.	5		
1.5 ÷ 10 =				0.	1	5	
1.5 ÷ 100 =				0.	0	1	5

1. 계산한 후, 표를 완성해 보세요.

❶

	천의 자리	백의 자리	십의 자리	일의 자리	소수 첫째 자리	소수 둘째 자리	소수 셋째 자리
1350 ÷ 1 =	1	3	5	0			
1350 ÷ 10 =							
1350 ÷ 100 =							
1350 ÷ 1000 =							

❷

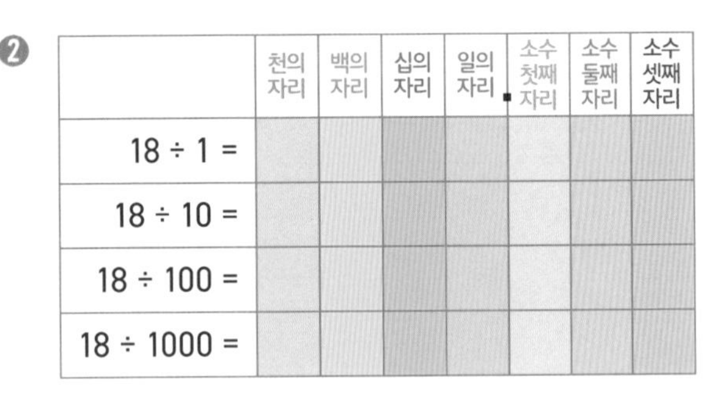

	천의 자리	백의 자리	십의 자리	일의 자리	소수 첫째 자리	소수 둘째 자리	소수 셋째 자리
18 ÷ 1 =							
18 ÷ 10 =							
18 ÷ 100 =							
18 ÷ 1000 =							

2. 계산해 보세요. 오른쪽 표를 이용해도 좋아요.

천의 자리	백의 자리	십의 자리	일의 자리	소수 첫째 자리	소수 둘째 자리	소수 셋째 자리

1840 ÷ 1 = ____________　　3.7 ÷ 1 = ____________

1840 ÷ 10 = ____________　　3.7 ÷ 10 = ____________

1840 ÷ 100 = ____________　　3.7 ÷ 100 = ____________

1840 ÷ 1000 = ____________

3. 계산해 보세요. 오른쪽 표를 이용해도 좋아요.

25 ÷ 10 = ______

2.91 ÷ 10 = ______

41.2 ÷ 10 = ______

0.8 ÷ 10 = ______

천의 자리	백의 자리	십의 자리	일의 자리	소수 첫째 자리	소수 둘째 자리	소수 셋째 자리

370 ÷ 100 = ______

82 ÷ 100 = ______

21.5 ÷ 100 = ______

1.4 ÷ 100 = ______

1250 ÷ 1000 = ______

327 ÷ 1000 = ______

49 ÷ 1000 = ______

8 ÷ 1000 = ______

4. 아래 글을 읽고 알맞은 식을 세워 답을 구한 후, 정답을 로봇에서 찾아 ○표 해 보세요.

❶ 티나는 82.90유로를 내고 영화표 10장 묶음을 샀어요. 표 1장은 얼마일까요?

______

정답 : ______

❷ 3.5m의 막대를 톱질하여 10개 부분으로 똑같이 나누었어요. 한 부분의 길이는 얼마일까요?

______

정답 : ______

❸ 42m의 리본을 잘라서 100개 부분으로 똑같이 나누었어요. 한 부분의 길이는 얼마일까요?

______

정답 : ______

❹ 학교에서 890유로를 내고 연필 1000자루를 구매했어요. 연필 1자루는 얼마일까요?

______

정답 : ______

0.35 m　0.42 m　4.2 m　0.089 €　0.89 €　8.29 €

더 생각해 보아요!

x 대신 어떤 수를 쓸 수 있을까요?

$\frac{6}{100} = \frac{3}{x}$　　x = ______

5. 정답을 따라 길을 찾아보세요. 길 위의 알파벳을 모으면 어떤 단어가 만들어질까요?

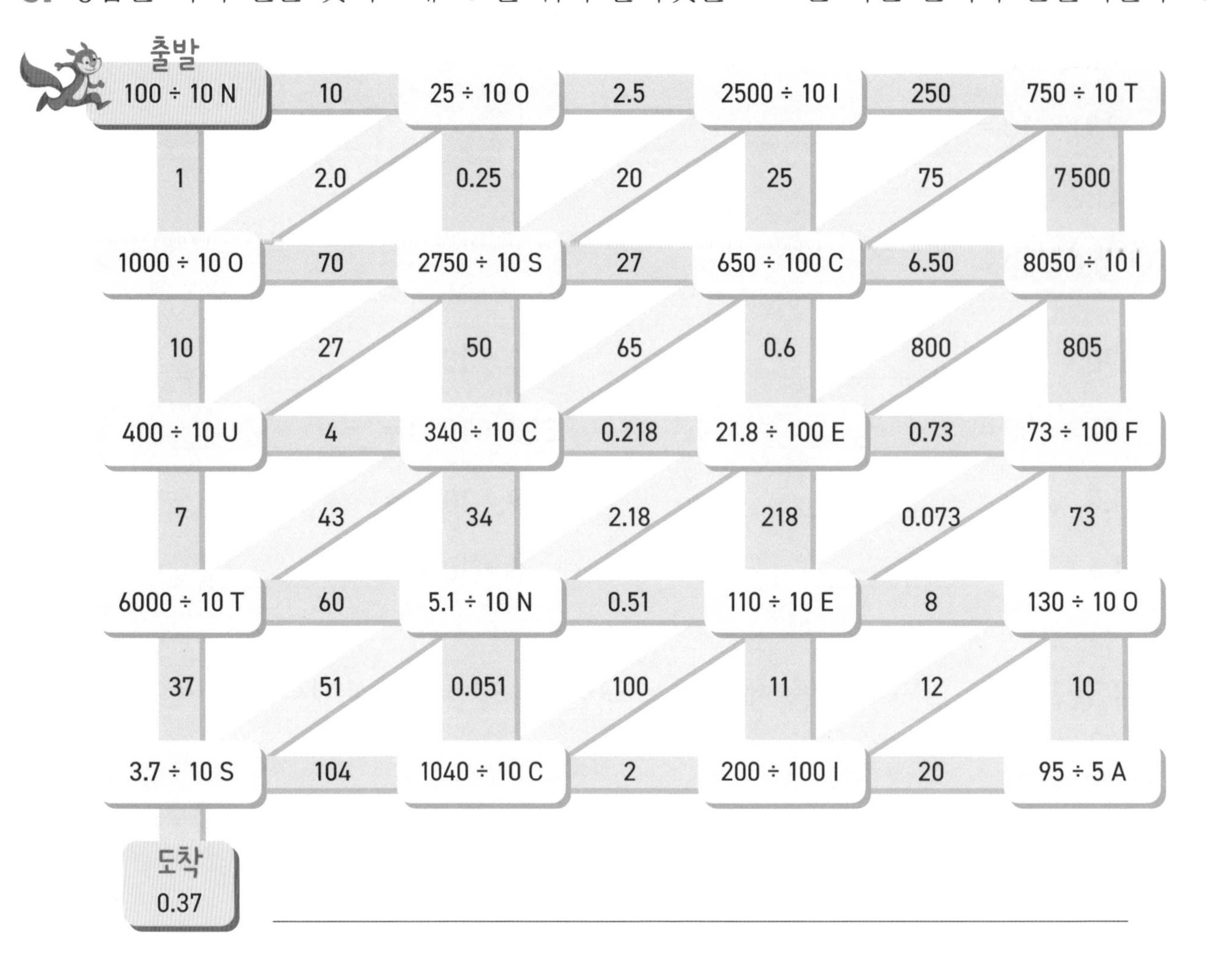

____

6. >, =, < 중 알맞은 부호를 빈칸에 써넣어 보세요.

$33 \div 10$ ☐ $330 \div 10$

$20 \div 10$ ☐ $200 \div 100$

$4750 \div 10$ ☐ $4700 \div 100$

$2300 \div 10$ ☐ $230 \div 1$

$140 \div 100$ ☐ $1400 \div 100$

$60 \div 10$ ☐ $60 \div 100$

7. 처음 수를 구해 보세요.

❶ ☐ → $\times 2$ → $\div 10$ → $\times 4$ → $\div 10$ → 3.2

❷ ☐ → $\times 2$ → $\div 100$ → $+ 0.5$ → $\div 10$ → 0.1

8. 공의 개수를 각각 구해 보세요.

- 빨간색, 파란색, 노란색 공을 모두 합하니 190개예요.
- 파란색 공은 빨간색 공보다 3개 더 많아요.
- 노란색 공은 파란색 공보다 4개 더 많아요.

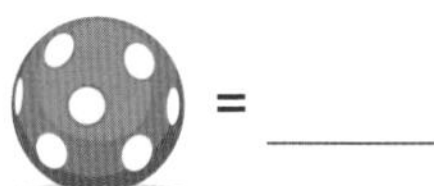 = ________  = ________  = ________

9. 어떤 수를 구해 보세요.

- 어떤 수에 먼저 5를 곱해요.
- 그 결과에 10을 곱해요.
- 마지막으로 5를 곱해요.
- 그 결과 5500이 나와요.

정답 : ________

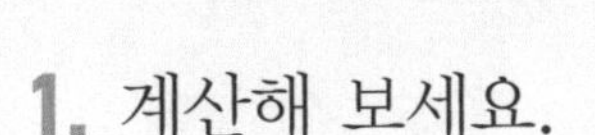

1. 계산해 보세요.

9 ÷ 10 = ________	49 ÷ 100 = ________	1470 ÷ 1000 = ________
68 ÷ 10 = ________	795 ÷ 100 = ________	259 ÷ 1000 = ________
0.3 ÷ 10 = ________	13.2 ÷ 100 = ________	82 ÷ 1000 = ________

2. 아래 글을 읽고 알맞은 식을 세워 답을 구해 보세요.

❶ 콜린은 76유로를 내고 영화표 10장 묶음을 샀어요. 표 1장은 얼마일까요?

____

정답 : ________

❷ 28m 길이의 소나무를 톱질해서 100부분으로 똑같이 나누었어요. 한 부분의 길이는 얼마일까요?

____

정답 : ________

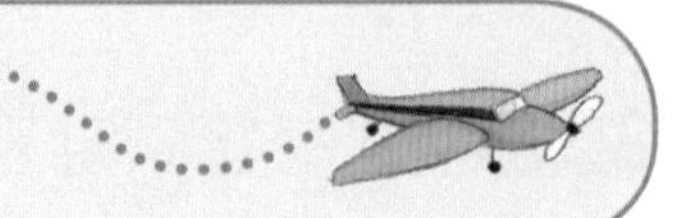

5 부분으로 나누어 나눗셈하기

$\frac{255}{5}$를 부분으로 나누어 나눗셈해 보세요.
먼저 나누어지는 수 255를 두 부분으로 나누어요.
나누는 수 5의 곱셈표에서 10의 배수를 살펴보세요.

5	10	15	20	25	30	35	40	45	50
50	100	150	200	250	300	350	400	450	500

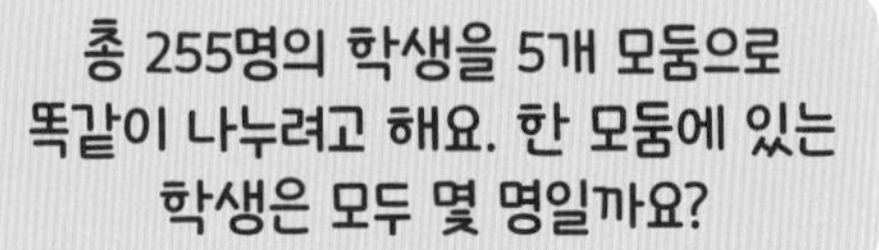

총 255명의 학생을 5개 모둠으로 똑같이 나누려고 해요. 한 모둠에 있는 학생은 모두 몇 명일까요?

- 나누어지는 수 255는 250과 300 사이에 있어요.
- 250과 300 중 더 작은 수를 고르세요. 즉, 250을 첫 부분으로 해요.
- 두 번째 부분은 나누어지는 수에서 첫 부분을 뺀 나머지예요.(255 - 250 = 5)
- 두 부분(250과 5)을 각각 나누는 수 5로 나눈 후, 값을 더해요.
- 나누어지는 수(255)를 이렇게 나눌 수도 있어요.

$\frac{255}{5}$

$= \frac{250}{5} + \frac{5}{5}$

$= 50 + 1$

$= 51$

정답 : 51명

$\frac{255}{5}$

$= \frac{200}{5} + \frac{55}{5}$

$= 40 + 11$

$= 51$

$\frac{255}{5}$

$= \frac{200}{5} + \frac{50}{5} + \frac{5}{5}$

$= 40 + 10 + 1$

$= 51$

두 부분은 모두 5로 나누어져요.

1. 계산한 후, 정답을 로봇에서 찾아 ○표 해 보세요. 곱셈표를 이용해도 좋아요.

$\frac{165}{5}$ = ______________________

$\frac{320}{5}$ = ______________________

$\frac{425}{5}$ = ______________________

$\frac{475}{5}$ = ______________________

33 54 64 75 85 95

2. 곱셈표를 완성해 보세요.

3	6	9	12						
30	60	90							

3. 공책에 계산한 후, 정답을 로봇에서 찾아 ○표 해 보세요.

$\frac{141}{3}$ $\frac{204}{3}$ $\frac{237}{3}$ $\frac{285}{3}$

43 47 68 79 89 95

4. 아래 글을 읽고 알맞은 식을 세워 답을 구한 후, 정답을 로봇에서 찾아 ○표 해 보세요.

❶ 영화관 3곳에 총 246석이 있어요. 각 영화관의 좌석 수는 모두 같아요. 영화관 1곳의 좌석은 몇 개일까요?

❷ 총 425명의 학생을 5모둠으로 나누었어요. 한 모둠에 있는 학생은 몇 명일까요?

❸ 312명의 학생을 4모둠으로 나누었어요. 한 모둠에 있는 학생은 몇 명일까요?

❹ 영화관 4곳에 총 384석이 있어요. 각 영화관의 좌석 수는 모두 같아요. 영화관 1곳의 좌석은 몇 개일까요?

❺ 456개의 롤을 6개들이 봉지에 똑같이 나누어 담았어요. 필요한 봉지는 몇 개일까요?

❻ 756개의 롤을 9개들이 봉지에 똑같이 나누어 담았어요. 필요한 봉지는 몇 개일까요?

76 78 82 84 85 86 92 96

사과가 6개씩 9줄 있어요. 가로 2줄, 세로 2줄에 있는 사과를 빼면 남은 사과는 모두 몇 개일까요?

5. 값이 같은 것끼리 선으로 이어 보세요.

$\frac{344}{4}$	$\frac{528}{6}$	$\frac{325}{5}$	$\frac{392}{4}$	$\frac{396}{6}$	$\frac{485}{5}$
$\frac{300}{5}+\frac{25}{5}$	$\frac{320}{4}+\frac{24}{4}$	$\frac{360}{6}+\frac{36}{6}$	$\frac{480}{6}+\frac{48}{6}$	$\frac{360}{4}+\frac{32}{4}$	$\frac{450}{5}+\frac{35}{5}$
60 + 6	80 + 8	60 + 5	90 + 8	90 + 7	80 + 6
88	98	66	86	65	97

6. 식이 성립하도록 빈칸에 알맞은 수를 써넣어 보세요.

$\frac{325}{5} = \frac{\square}{5} + \frac{25}{5} = 60 + \_\_\_ = \_\_\_$

$\frac{\square}{4} = \frac{\square}{4} + \frac{12}{4} = 90 + \_\_\_ = 93$

$\frac{\square}{3} = \frac{\square}{3} + \frac{\square}{3} = 80 + \_\_\_ = 85$

7. 계산한 후, 정답을 로봇에서 찾아 ○표 해 보세요.

$\frac{672}{2} =$ ______

$\frac{649}{4} =$ ______

$\frac{744}{5} =$ ______

148.8 158.8 162.25 336 366

8. 아래 글을 읽고 관람자의 이름, 영화, 그리고 간식을 알아맞혀 보세요.

이름	______	______	______	______
영화	______	______	______	______
간식	______	______	______	______

- 스릴러를 보는 아이는 땅콩을 먹어요.
- 미라 옆에 있는 아이는 모험 영화를 봐요.
- 오른쪽 끝에 있는 아이는 팝콘을 먹어요.
- 팝콘을 먹는 아이와 리나는 나란히 있지 않아요.
- 미라와 베라 사이에 있는 아이는 판타지 영화를 봐요.
- 리나는 과일을 먹어요.
- 버디와 리나 사이의 아이는 스릴러 영화를 봐요.
- 버디는 사탕을 먹어요.
- 리나는 미라 옆에 있어요.
- 판타지 영화를 보는 아이는 만화 영화를 보는 아이 옆에 있어요.
- 베라는 팝콘을 먹어요.

한 번 더 연습해요!

1. 계산해 보세요.

$\frac{192}{3}$ = ______________________

$\frac{465}{5}$ = ______________________

2. 아래 글을 읽고 알맞은 식을 세워 답을 구해 보세요.

❶ 영화관 3곳에 총 288석이 있어요. 각 영화관의 좌석 수는 모두 같아요. 영화관 1곳의 좌석은 모두 몇 개일까요?

____

____

정답 : ______________________

❷ 영화관 5곳에 총 375석이 있어요. 각 영화관의 좌석 수는 모두 같아요. 영화관 1곳의 좌석은 모두 몇 개일까요?

____

____

정답 : ______________________

____ 월 ____ 일 ____ 요일

1. 주어진 수는 〈보기〉의 어떤 수로 나누어떨어질까요? 모두 찾아 ○표 해 보세요.

❶ 14

1 2 3 4 5 6 7 8 9 10 11 12 13 14

❷ 11

1 2 3 4 5 6 7 8 9 10 11

❸ 21

1 2 3 4 5 6 7 8 9 10 11 12 13 14 15 16 17 18 19 20 21

2. 아래 글을 읽고 해당하는 수에 ○표 해 보세요. 답은 1개 이상일 수 있어요.

❶ 전교 학생이 651명이에요. 한 모둠이 몇 명으로 구성될 때 인원수가 같은 모둠으로 나눌 수 있을까요?

2 3 5 10

❷ 전교 학생이 418명이에요. 한 모둠이 몇 명으로 구성될 때 인원수가 같은 모둠으로 나눌 수 있을까요?

2 3 5 10

❸ 빵집에서 롤을 1575개 만들었어요. 한 봉지에 몇 개씩 들어갈 때 롤을 똑같이 나눌 수 있을까요?

2 3 5 10

❹ 빵집에서 도넛을 2520개 만들었어요. 한 봉지에 몇 개씩 들어갈 때 도넛을 똑같이 나눌 수 있을까요?

2 3 5 10

3. 계산 결과를 소수로 나타내 보세요.

$\frac{15}{2}$ = ________________

$\frac{19}{2}$ = ________________

$\frac{17}{4}$ = ________________

$\frac{31}{4}$ = ________________

$\frac{38}{5}$ = ________________

$\frac{49}{5}$ = ________________

4. 계산해 보세요. 오른쪽의 자리표를 이용해도 좋아요.

$32 \div 10 =$ ____________

$0.6 \div 10 =$ ____________

$3.24 \div 10 =$ ____________

$56.3 \div 10 =$ ____________

천의 자리	백의 자리	십의 자리	일의 자리	소수 첫째 자리	소수 둘째 자리	소수 셋째 자리

$412 \div 100 =$ ____________

$9.3 \div 100 =$ ____________

$65.2 \div 100 =$ ____________

$0.7 \div 100 =$ ____________

$3470 \div 1000 =$ ____________

$801 \div 1000 =$ ____________

$57 \div 1000 =$ ____________

$2 \div 1000 =$ ____________

5. 계산해 보세요.

$\frac{145}{5} =$ ____________

$\frac{165}{3} =$ ____________

$\frac{392}{4} =$ ____________

$\frac{294}{6} =$ ____________

6. 알맞은 식을 세워 답을 구해 보세요.

❶ 영화표 4장이 33유로예요. 표 1장은 얼마일까요?

____

❷ 504개의 롤을 6개들이 봉지에 똑같이 나누어 담았어요. 필요한 봉지는 몇 개일까요?

____

더 생각해 보아요!

빈칸에 알맞은 수를 구해 보세요.

46, 10, 82
29, 11, 47
96, 15, 78
54, 9, 72
42, ________, 15

7. 정답을 따라 길을 찾은 후, 길 위의 알파벳을 모아 보세요. 알렉이 엠마에게 뭐라고 말했는지 알 수 있어요.

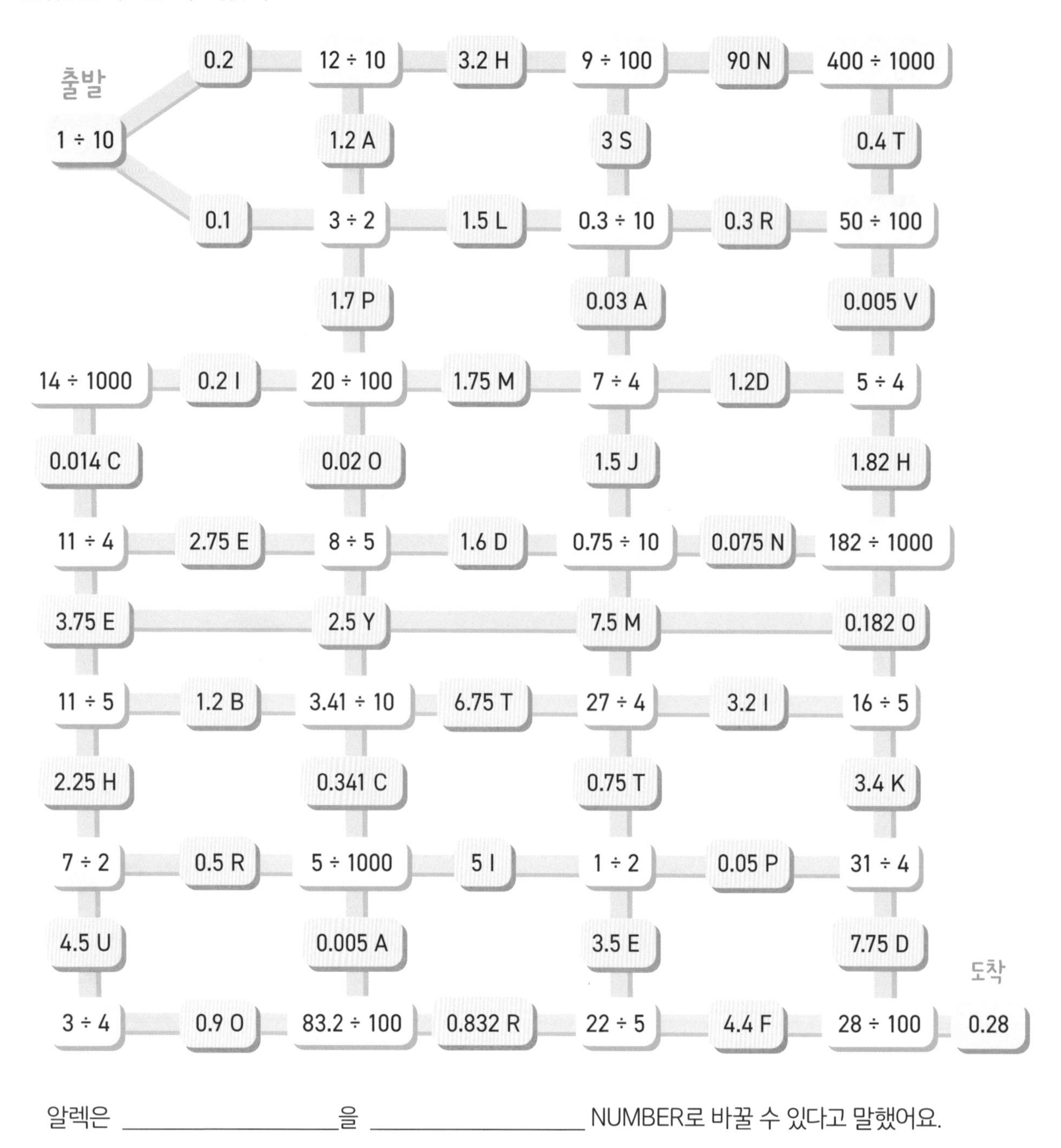

알렉은 ____________________을 ____________________ NUMBER로 바꿀 수 있다고 말했어요.

8. >, =, < 중 알맞은 부호를 빈칸에 써넣어 보세요.

5 ÷ 2 ☐ 25 ÷ 10　　　47 ÷ 10 ☐ 18 ÷ 4

2 ÷ 4 ☐ 20 ÷ 100　　　1 ÷ 5 ☐ 250 ÷ 1000

3 ÷ 5 ☐ 650 ÷ 100　　　3 ÷ 4 ☐ 75 ÷ 100

9. 처음 수를 구해 보세요.

❶ [ ] → + 0.25 → - 0.5 → ÷ 10 → ÷ 10 → 0.005

❷ [ ] → ÷ 2 → + 0.5 → × 10 → ÷ 4 → 7.5

10. 어떤 수일까요?

❶ 이 수는 2, 6, 8로 나누어떨어져요. 양의 자연수이고 30보다 작아요.

이 수는 ________예요.

❷ 이 수는 7로 나누어떨어져요. 이 수에 6을 더하면 몇십이 되고 50보다 작아요.

이 수는 ________예요.

한 번 더 연습해요!

1. 아래 글을 읽고 알맞은 식을 세워 답을 구해 보세요.

❶ 총 275개의 롤을 5개들이 봉지에 똑같이 나누어 담았어요. 필요한 봉지는 몇 개일까요?

____

____

정답 : ________

❷ 총 336개의 당근을 4개들이 봉지에 똑같이 나누어 담았어요. 필요한 봉지는 몇 개일까요?

____

____

정답 : ________

❸ 47m 길이의 리본을 100부분으로 똑같이 잘랐어요. 한 부분의 길이는 얼마일까요?

____

____

정답 : ________

❹ 37유로를 아이 5명에게 똑같이 나누어 주었어요. 아이 1명이 받는 돈은 얼마일까요?

____

____

정답 : ________

6 세로셈으로 나눗셈하기 1

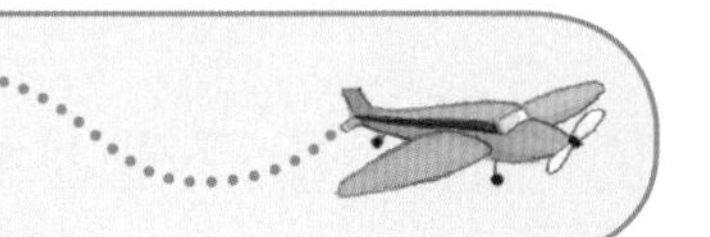

92 ÷ 4를 부분으로 나누어 계산할 수 있어요.

$\frac{92}{4} = \frac{80}{4} + \frac{12}{4} = 20 + 3 = 23$

92 ÷ 4를 아래와 같이 세로셈으로도 계산할 수 있어요.

	9	2	÷	4	=	2	3
-	8	x					
	1	2					
-	1	2					
		0					

← 나눗셈식의 정답

정답 : 23

나눗셈 기계는 오른쪽과 같이 프로그램되었어요.

식이 끝날 때까지 이 과정을 반복하세요.

나누기

곱하기

빼기

내리기

나누어지는 수의 모든 자리 수가 내려가고, 마지막 뺄셈의 결과가 0이면 그 나눗셈은 나누어떨어진 거예요.

- 십의 자리 수를 나누세요. 나누는 수 4가 십의 자리 수 9에 몇 번 들어가는지 생각해 보세요. 나눗셈식 결과에 2를 쓰세요.
- 나누는 수 4에 결과 2를 곱하세요. (4 × 2 = 8) 9 아래에 곱셈값 8을 쓰세요.
- 9에서 8을 빼세요. (9 - 8 = 1) 8 아래에 뺄셈값 1을 쓰세요.
- 나누어지는 수 92의 일의 자리 수 2를 1 옆으로 내리세요. 수를 내린 후 x로 표시하세요.
- 나누는 수 4가 12에 몇 번 들어가는지 생각해 보고 나누세요. 나눗셈식 결과에 3을 쓰세요.
- 나누는 수 4에 결과 3을 곱하세요. (4 × 3 = 12) 12 아래에 곱셈값 12를 쓰세요.
- 12에서 12를 빼세요. (12 - 12 = 0) 12 아래에 뺄셈값 0을 쓰세요.
- 나눗셈 92 ÷ 4의 정답은 23이에요.

1. 계산한 후, 정답을 로봇에서 찾아 ○표 해 보세요.

	8	7	÷	3	=		

	9	5	÷	5	=		

	7	2	÷	4	=		

16 18 19 24 29

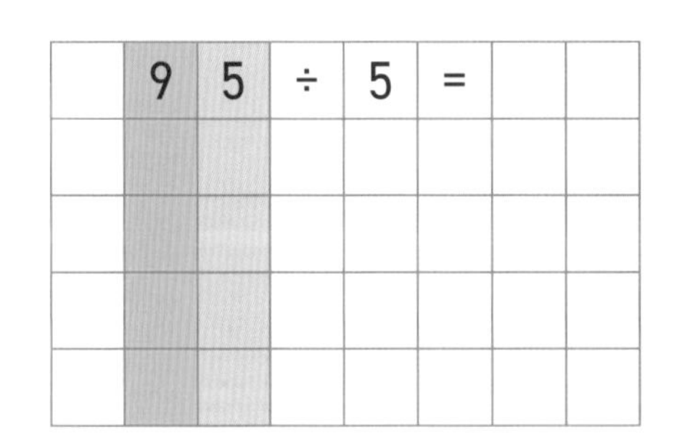

2. 알맞은 식을 세워 세로셈으로 계산한 후, 정답을 로봇에서 찾아 ○표 해 보세요.

❶ 영화관에 총 84석이 있어요. 영화관의 좌석은 6줄로 되어 있고 각 줄의 좌석 수는 같아요. 1줄에 있는 좌석 수는 몇 개일까요?

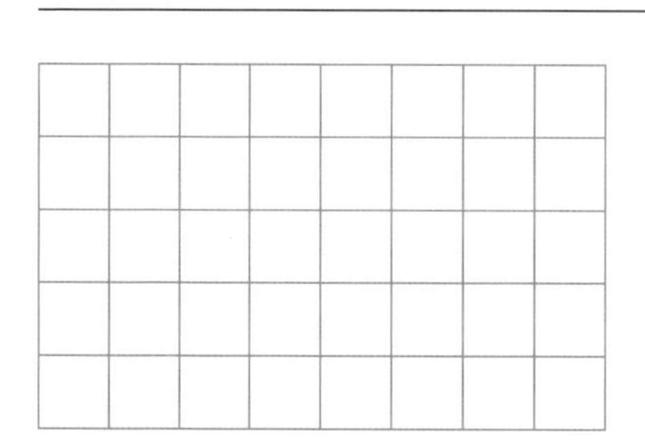

정답 :

❷ 영화관에 총 64석이 있어요. 영화관의 좌석은 4줄로 되어 있고 각 줄의 좌석 수는 같아요. 1줄에 있는 좌석 수는 몇 개일까요?

정답 :

❸ 영화 3편의 시사회에 총 96명의 관객이 참석했어요. 영화 1편의 평균 관객 수는 몇 명일까요?

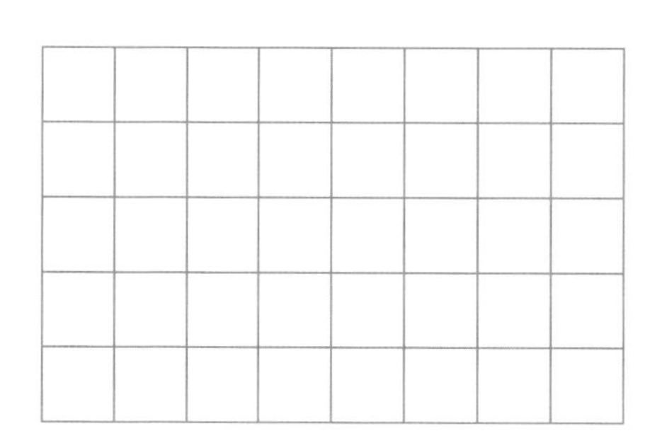

정답 :

❹ 영화 3편의 시사회에 총 75명의 관객이 참석했어요. 영화 1편의 평균 관객 수는 몇 명일까요?

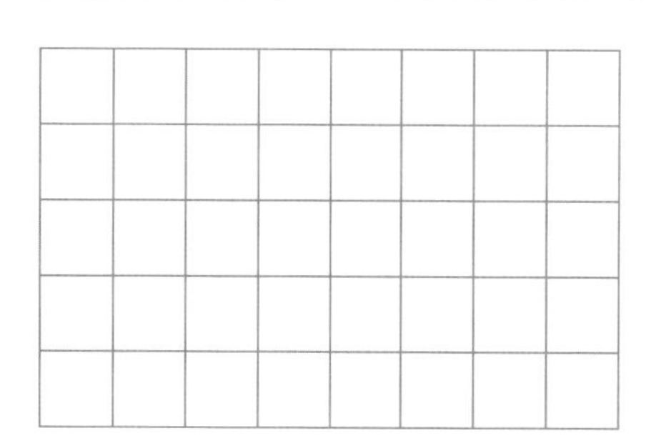

정답 :

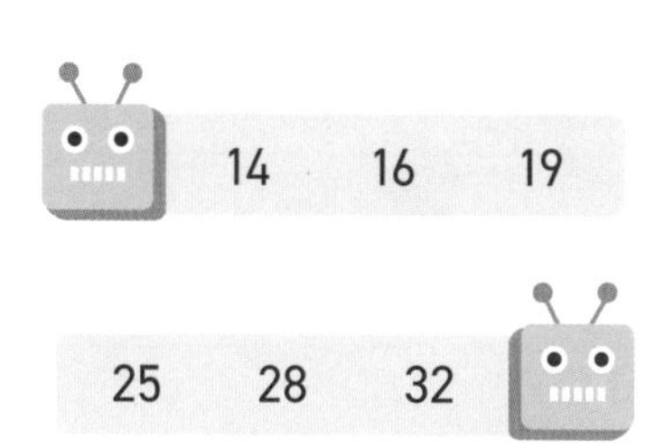

더 생각해 보아요!

성냥개비 2개를 움직여 물고기 방향을 바꾸어 보세요. 옮길 성냥개비에 ×표 하고 새로운 곳에 성냥개비를 그려 보세요.

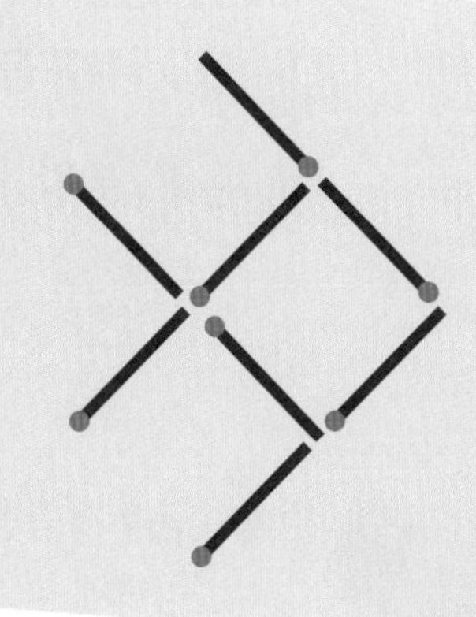

3. 차례대로 계산해 보세요. 마지막으로 나오는 수는 어떤 수일까요?

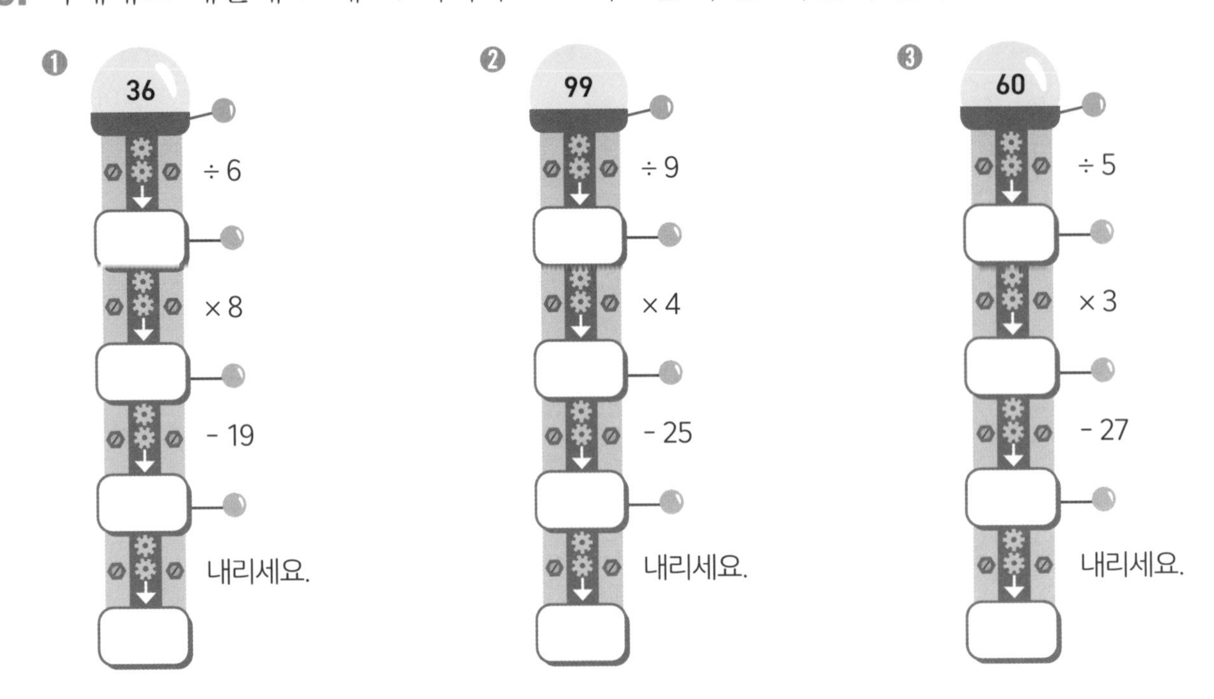
❶
36
÷ 6
× 8
- 19
내리세요.
❷
99
÷ 9
× 4
- 25
내리세요.
❸
60
÷ 5
× 3
- 27
내리세요.

4. 질문에 답해 보세요.

❶ 아래 코드에 따라 길을 찾아보세요. 공주는 어떤 보물을 발견할까요? ____________

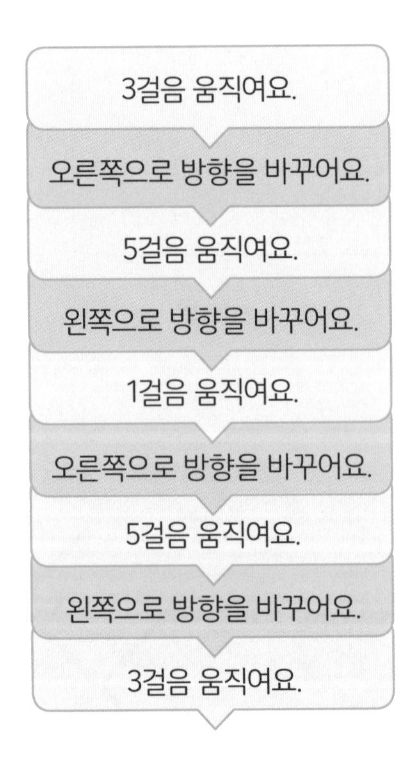
3걸음 움직여요.
오른쪽으로 방향을 바꾸어요.
5걸음 움직여요.
왼쪽으로 방향을 바꾸어요.
1걸음 움직여요.
오른쪽으로 방향을 바꾸어요.
5걸음 움직여요.
왼쪽으로 방향을 바꾸어요.
3걸음 움직여요.

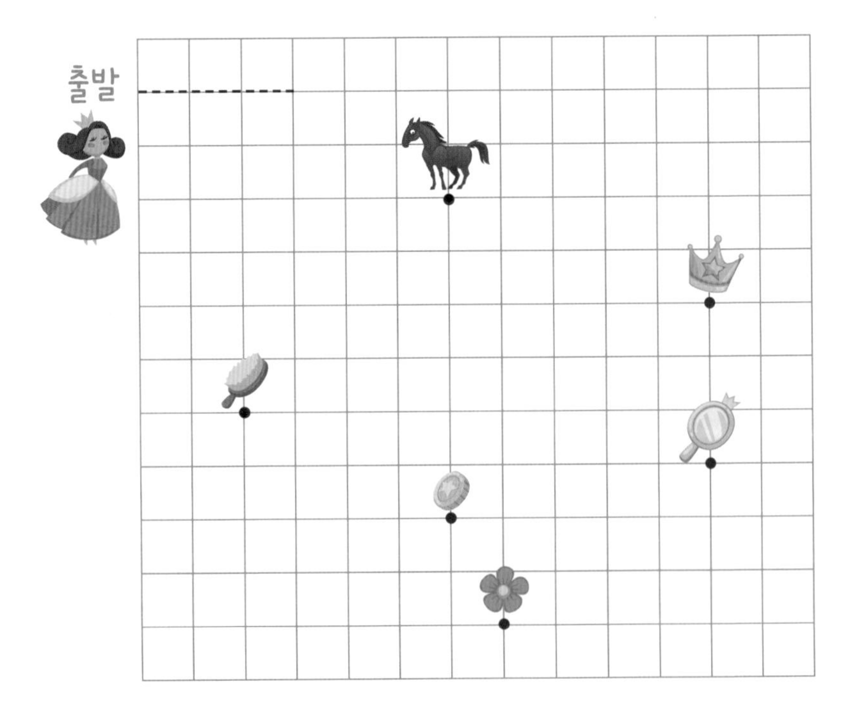
출발

❷ 공주가 동전을 찾고 그다음 거울, 마지막으로 왕관을 찾는 길을 문제 ①과 같이 명령어로 만들어 공책에 적어 보세요.

5. 아래 단서를 읽고 영화관에서 엠마의 자리가 어디인지 알아맞혀 보세요.

- 캐스퍼의 자리는 엠마의 뒤예요.
- 젠나의 자리는 맨 뒷줄 끝자리예요.
- 엠마의 자리는 벽에 가까이 있지 않아요.
- 사무엘은 키티와 젠나 사이에 있고 셋은 나란히 앉았어요.
- 엠마의 자리는 첫째 줄이 아니에요.
- 토니노의 자리는 맨 뒷줄 벽 옆자리예요.
- 캐스퍼의 자리는 사무엘 앞이에요.

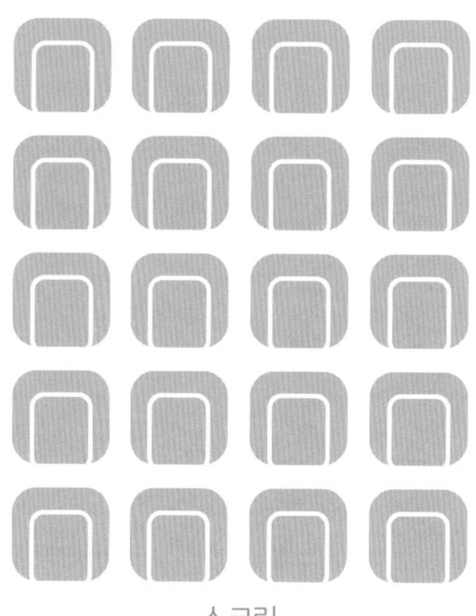

6. 가로줄과 세로줄에 같은 수의 X가 있도록 바둑판에 14개의 X를 알맞게 배열해 보세요.

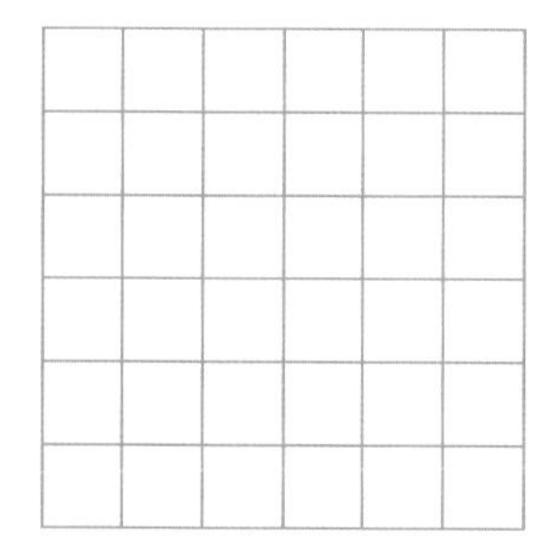

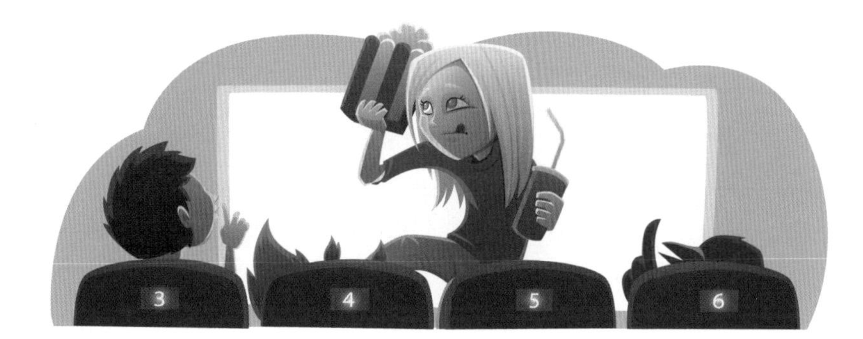

한 번 더 연습해요!

1. 아래 글을 읽고 알맞은 식을 세워 세로셈으로 답을 구해 보세요.

❶ 영화관에 총 96석이 있어요. 영화관의 좌석은 4줄로 되어 있고 각 줄의 좌석 수는 같아요. 1줄에 있는 좌석 수는 몇 개일까요?

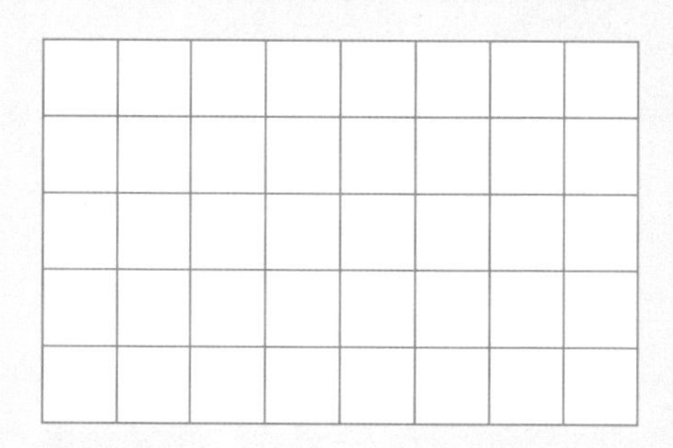

정답 :

❷ 영화 6편의 시사회에 총 78명의 관객이 참석했어요. 영화 한 편의 평균 관객 수는 몇 명일까요?

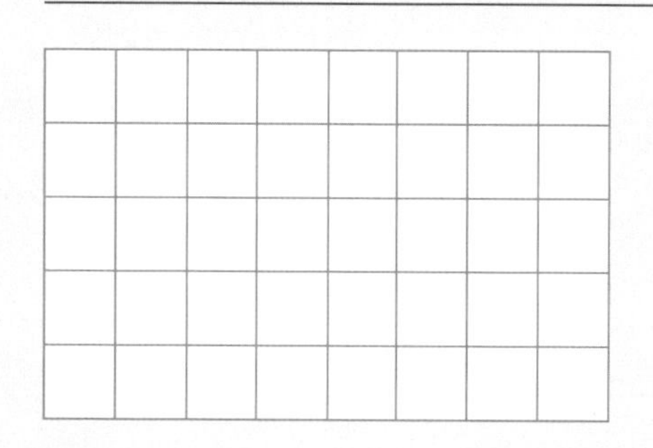

정답 :

7 세로셈으로 나눗셈하기 2

938 ÷ 7은 부분으로 나누어 나눗셈하기 어려워요.

938 ÷ 7을 세로셈으로 계산해 보세요.

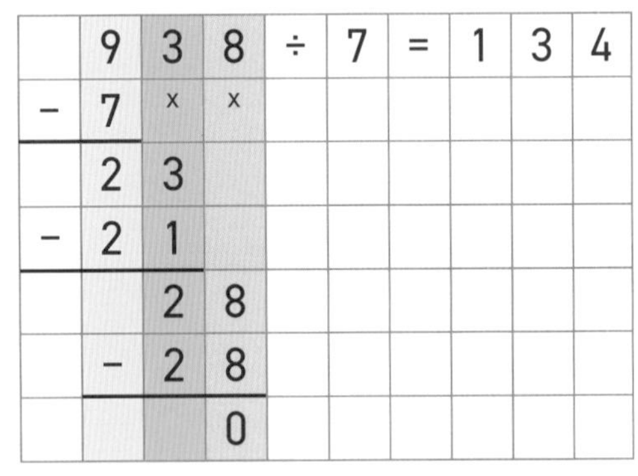

	9	3	8	÷	7	=	1	3	4
-	7	×	×						
	2	3							
-	2	1							
		2	8						
	-	2	8						
			0						

나눗셈식의 정답

정답 : 134

나눗셈 기계는 오른쪽과 같이 프로그램되었어요.

식이 끝날 때까지 이 과정을 반복하세요.

나누기 → 곱하기 → 빼기 → 내리기

1. 세로셈으로 계산한 후, 정답을 로봇에서 찾아 ○표 해 보세요.

	3	7	8	÷	3	=			

115 126 128 133

	5	1	2	÷	4	=			

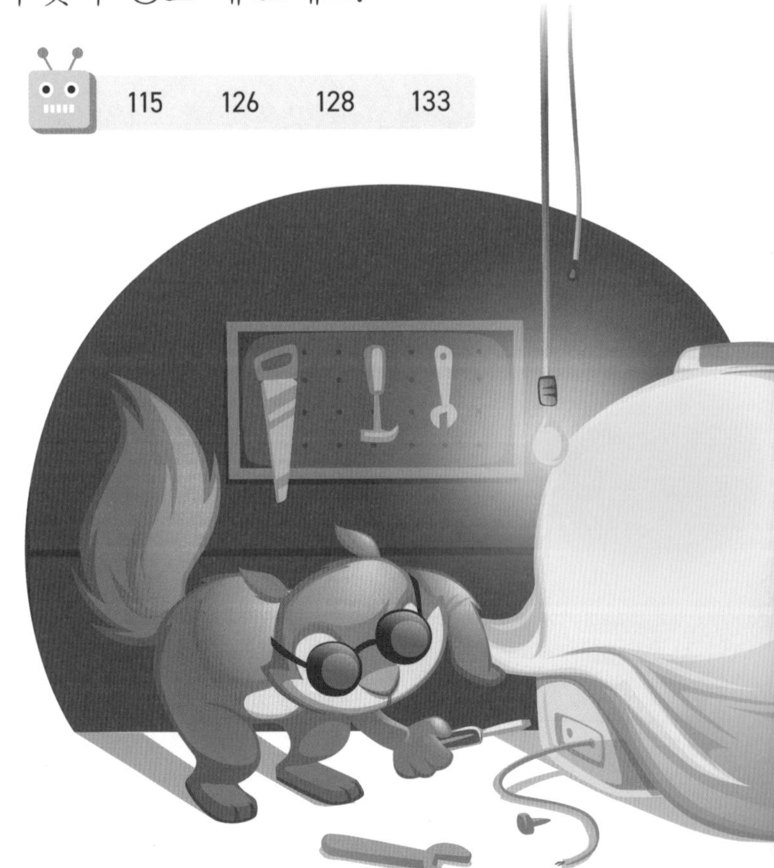

2. 공책에 세로셈으로 계산한 후, 정답을 로봇에서 찾아 ○표 해 보세요.

896 ÷ 8　　7386 ÷ 6　　9926 ÷ 7

112　137　1231　1366　1418

3. 아래 글을 읽고 공책에 알맞은 식을 세워 세로셈으로 계산한 후, 정답을 로봇에서 찾아 ○표 해 보세요.

❶ 어떤 영화가 온라인에서 4일 동안 총 624회 다운로드되었어요. 이 영화의 1일 평균 다운로드 횟수는 몇 회일까요?

____

❷ 어떤 영상이 온라인에서 6일 동안 총 870회 다운로드되었어요. 이 영상의 1일 평균 다운로드 횟수는 몇 회일까요?

____

❸ 5일 동안 총 885명의 관객이 이 영화를 보았어요. 이 영화의 1일 평균 관람객 수는 몇 명일까요?

____

❹ 3일 동안 총 534명의 관객이 영화관을 방문했어요. 이 영화관의 1일 평균 방문객 수는 몇 명일까요?

____

139　145　151　156　177　178

4. 계산해 보세요. 아래 물건을 1000유로로 구매할 수 있을까요?

	예	아니요
❶ 게임기 4대	□	□
❷ 게임팩 6개	□	□
❸ 데이터 프로젝터 3대	□	□
❹ 스크린 7개	□	□

<가격표>

게임기	239.90유로
게임팩	175.25유로
데이터 프로젝터	325.05유로
스크린	151.95유로

더 생각해 보아요!

연필을 종이에서 떼지 않고 오른쪽과 같은 모양을 그려 보세요. 단, 한 번 지난 곳은 다시 지날 수 없고 선끼리 교차할 수 없어요.

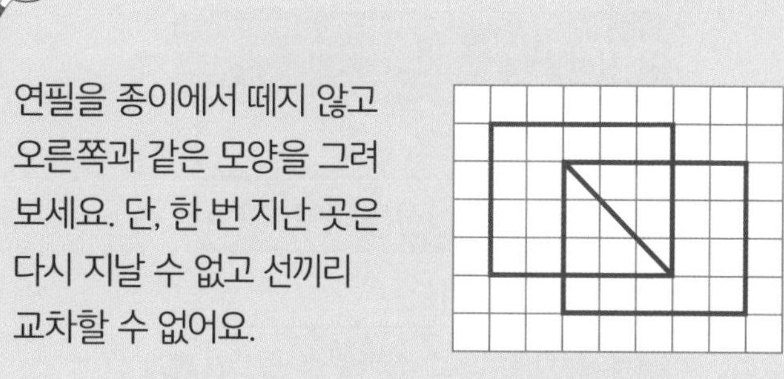

5. 도형이 나타내는 수가 무엇인지 구해 보세요.

❶

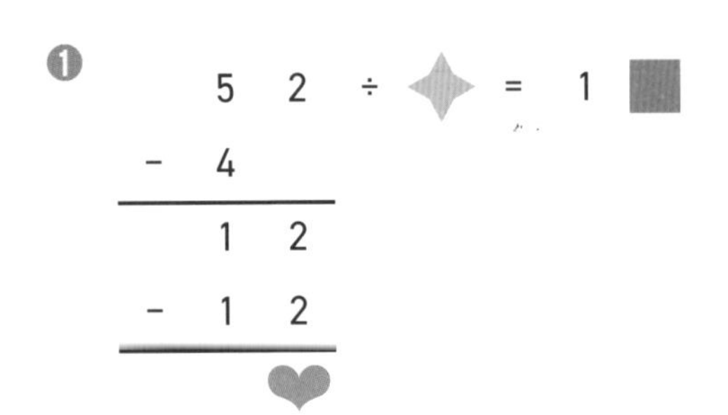
5 2 ÷ = 1
- 4
1 2
- 1 2

❷

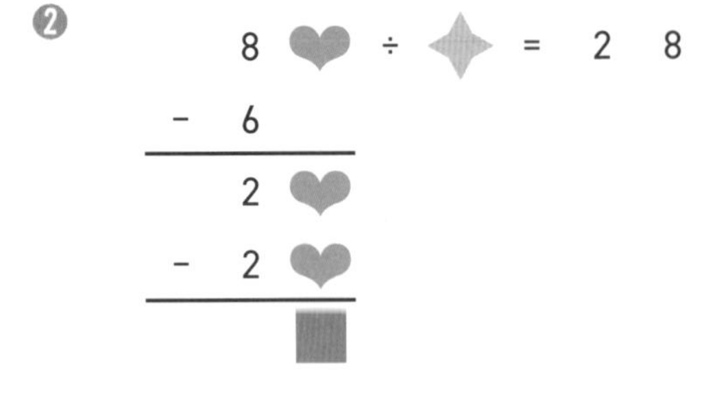
8 ÷ = 2 8
- 6
2
- 2

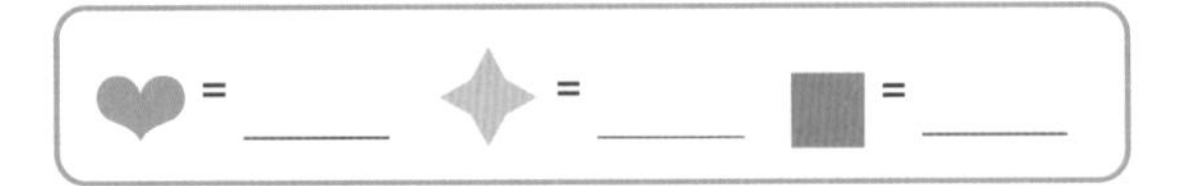

6. 질문에 답해 보세요.

❶ 아래 코드를 보고 길을 찾아보세요.
해적은 무엇을 발견할까요?

____

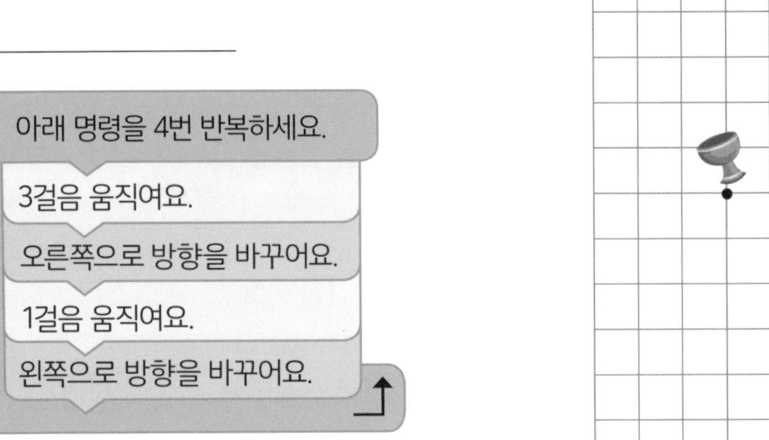
아래 명령을 4번 반복하세요.
3걸음 움직여요.
오른쪽으로 방향을 바꾸어요.
1걸음 움직여요.
왼쪽으로 방향을 바꾸어요.

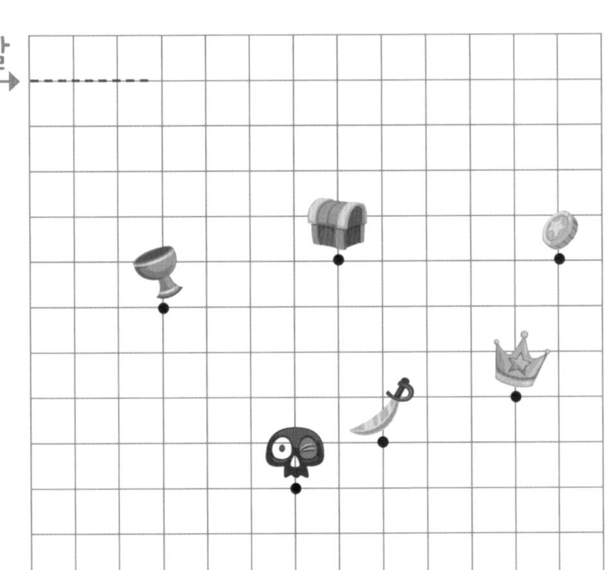
출발

❷ 아래 코드를 보고 길을 찾아보세요.
해적은 무엇을 발견할까요?

____

아래 명령을 4번 반복하세요.
- 2걸음 움직여요.
- 오른쪽으로 방향을 바꾸어요.
- 2걸음 움직여요.
- 왼쪽으로 방향을 바꾸어요.

❸ 해적이 해골에 이르는 길을 문제 ①, ②와 같이 명령어로 만들어 보세요.

같은 패턴을 ☐ 번 반복해요.

7. 어떤 수일까요?

- 이 수는 4로 나누어떨어져요.
- 이 수는 8로 나누어떨어져요.
- 이 수는 3으로 나누어떨어져요.
- 위 조건을 만족하는 두 수의 차에 2를 곱하면 이 수가 나와요.

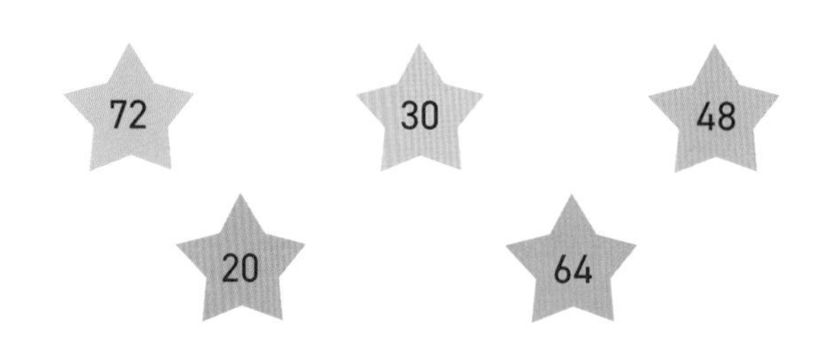

정답 : ______________

8. 규칙에 따라 알맞은 수를 빈칸에 써넣어 보세요.

❶
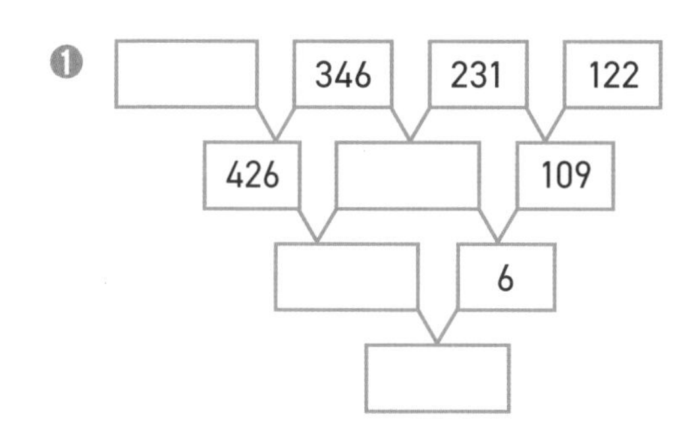

❷
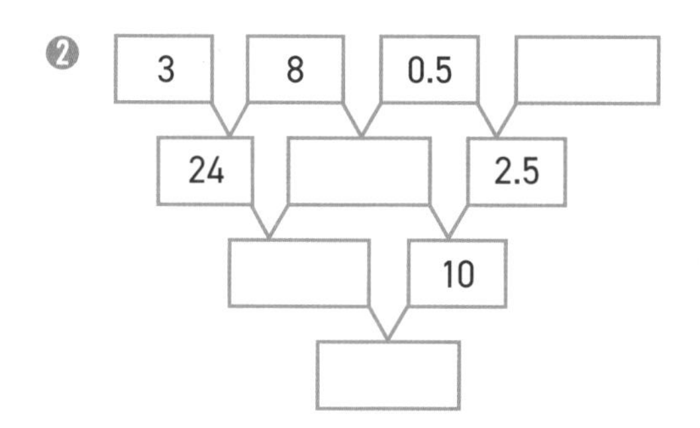

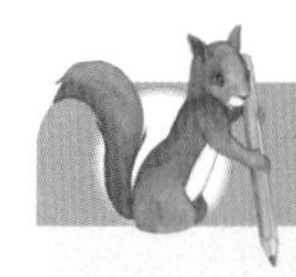

한 번 더 연습해요!

1. 아래 글을 읽고 알맞은 식을 세워 세로셈으로 답을 구해 보세요.

❶ 어떤 영화가 온라인에서 4일 동안 총 704회 다운로드되었어요. 이 영화의 1일 평균 다운로드 횟수는 몇 회일까요?

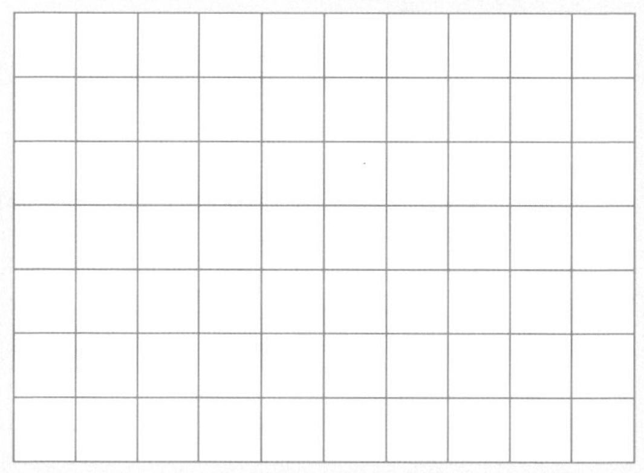

정답 : ______________

❷ 6일 동안 총 672명의 관객이 영화관을 방문했어요. 이 영화관의 1일 평균 방문객 수는 몇 명일까요?

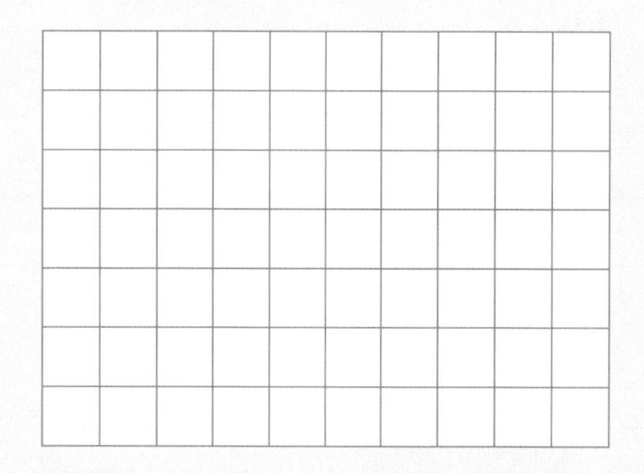

정답 : ______________

8 세로셈으로 나눗셈하기 3

3177 ÷ 3

나누는 수 3이 백의 자리 수 1에 0번 들어가요.

	3	1	7	7	÷	3	=	1	0	5	9
−	3	×	×	×							
	0	1									
−		0									
		1	7								
	−	1	5								
			2	7							
		−	2	7							
				0							

$3 \times 0 = 0$

정답 : 1059

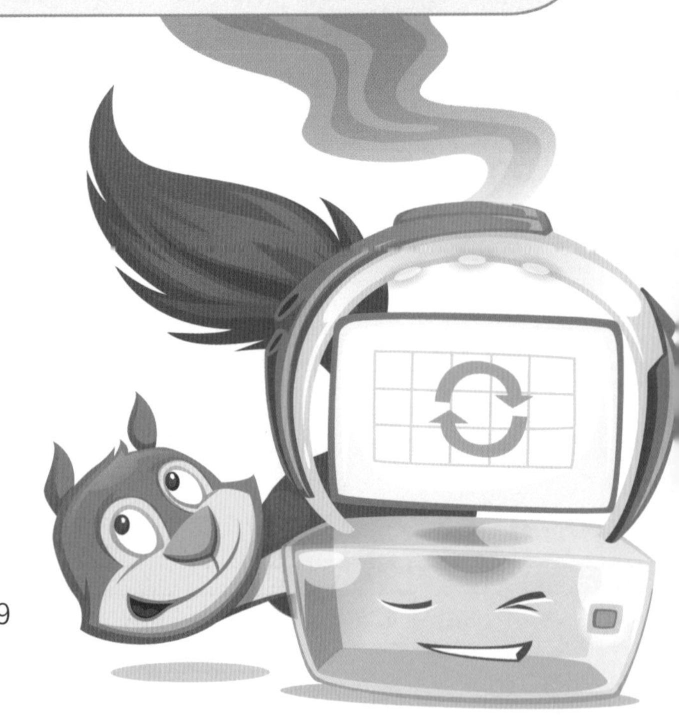

4704 ÷ 7

	4	7	0	4	÷	7	=	6	7	2
−	4	2	×	×						
		5	0							
	−	4	9							
			1	4						
		−	1	4						
				0						

정답 : 672

나누어지는 수의 첫 자리의 수가 나누는 수보다 작다면 나누어지는 수의 첫 두 자리부터 나눗셈을 시작하세요.

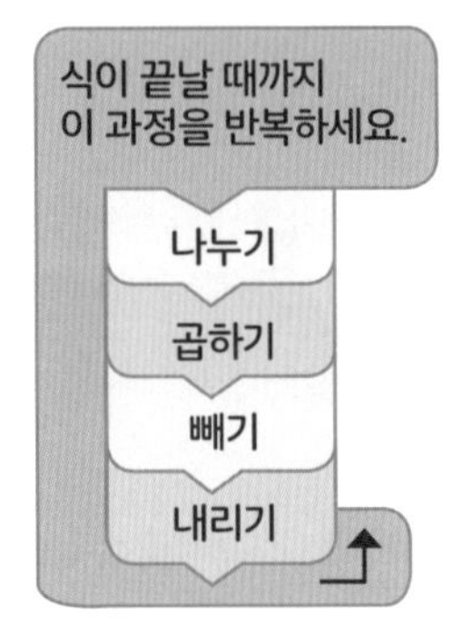
식이 끝날 때까지
이 과정을 반복하세요.
나누기
곱하기
빼기
내리기

1. 세로셈으로 계산한 후, 정답을 로봇에서 찾아 ○표 해 보세요.

6594 ÷ 6

	6	5	9	4	÷	6	=				

2728 ÷ 4

	2	7	2	8	÷	4	=			

682 745 1099 1233

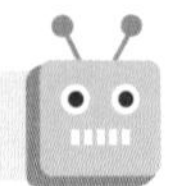

2. 공책에 세로셈으로 계산한 후, 정답을 로봇에서 찾아 ○표 해 보세요.

5435 ÷ 5　　　　2985 ÷ 3　　　　8640 ÷ 8

877　995　1080　1087　1144

3. 아래 글을 읽고 공책에 알맞은 식을 세워 세로셈으로 답을 구한 후, 정답을 로봇에서 찾아 ○표 해 보세요.

❶ 영화관의 팝콘 판매액이 총 4136유로예요. 팝콘 1통이 4유로라면 판매된 팝콘은 모두 몇 통일까요?

❷ 영화관의 음료 판매액이 총 2445유로예요. 음료 1개가 3유로라면 판매된 음료는 모두 몇 개일까요?

❸ 영화관의 사탕 판매액이 총 1966유로예요. 사탕 1봉지가 2유로라면 판매된 사탕은 모두 몇 봉지일까요?

❹ 영화관의 표 판매액이 총 6432유로예요. 표 1장이 8유로라면 판매된 표는 모두 몇 장일까요?

804　815　951　983　1034　1147

더 생각해 보아요!

같은 모양이 4개가 되도록 오른쪽 도형을 나누어 보세요.

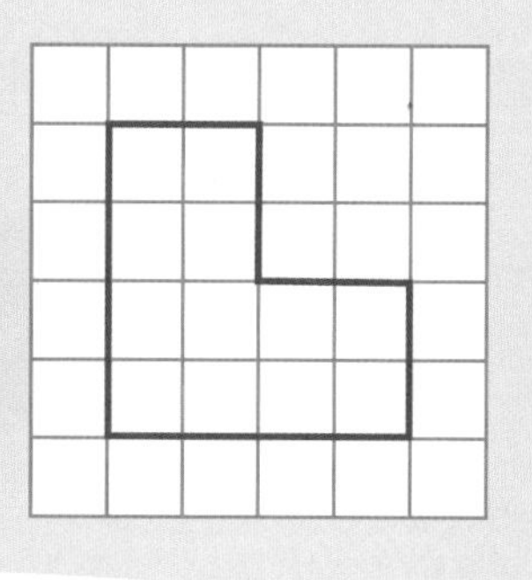

4. 계산 과정에서 잘못된 곳을 찾아 ○표 하고 바르게 고쳐 보세요.

	9	6	4	÷	4	=	2	4	6
-	8	x	x						
	1	6							
-	1	4							
		2	4						
	-	2	4						
			0						

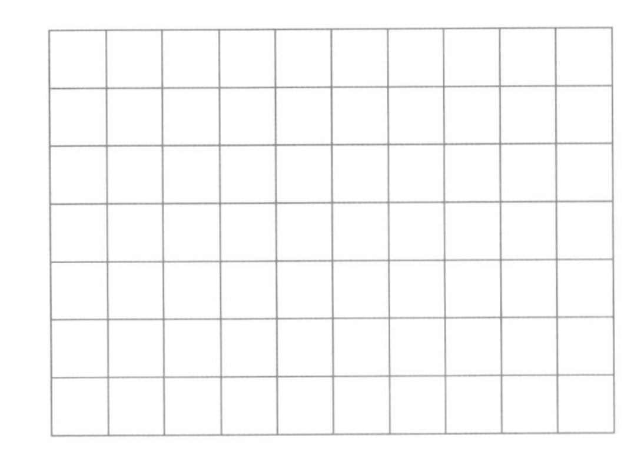

5. 아래 설명대로 계산해 보세요. 오른쪽 칸을 이용해도 좋아요.

- 1~9 사이의 수를 1개 고르세요.
- 이 수에 6을 곱하세요.
- 3으로 나누세요.
- 처음 고른 수에 3을 곱한 값을 몫에 더하세요.
- 5로 나누세요.

다른 수로도 시도해 보세요.
무엇을 알게 되었나요?

____

____

____

6. 아래 글을 읽고 보물 상자 속에 금화가 몇 개 있는지 알아맞혀 보세요.

❶

- 금화의 전체 개수는 2와 3으로 나누어져요.
- 금화는 900개보다 많고 940개보다 적어요.
- 금화의 전체 개수의 각 자리 숫자를 모두 더하면 15예요.
- 금화의 수에는 0이 들어 있지 않아요.

보물 상자 속에 금화가 ________개 들어 있어요.

❷

- 금화의 전체 개수는 3과 5로 나누어져요.
- 금화는 2000개보다 많고 2400개보다 적어요.
- 금화의 전체 개수를 나타내는 수의 백의 자리와 십의 자리 숫자는 같고 홀수예요.
- 금화의 전체 개수에는 0이 들어 있지 않아요.

보물 상자 속에 금화가 ________개 들어 있어요.

7. 봉지 안에 초록색 젤리 4개, 파란색 젤리 5개, 빨간색 젤리 6개, 노란색 젤리 7개가 들어 있어요. 아래 조건을 만족하려면 젤리를 적어도 몇 개 집어야 할까요?

❶ 색깔이 같은 젤리를 2개 집으려면? ______

❷ 색깔이 같은 젤리를 3개 집으려면? ______

❸ 색깔이 모두 다른 젤리를 1개씩 집으려면? ______

❹ 초록색 젤리를 2개 집으려면? ______

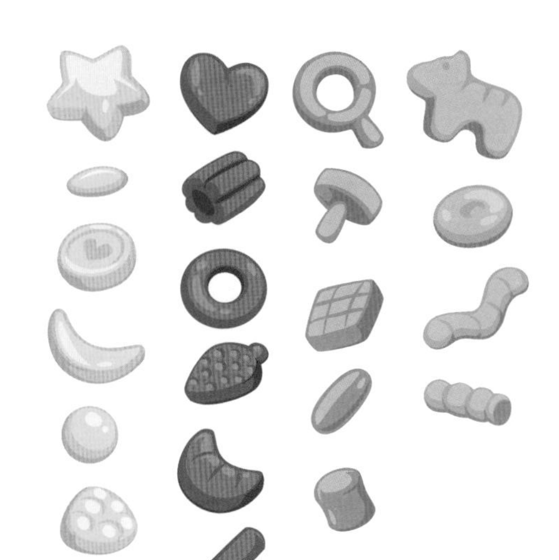

8. 그림이 들어간 식을 보고 그림의 값을 구해 보세요.

▼ ÷ ☾ = ┓

┓ + ▼ = 90 ÷ ┓

┓ × 12 = 36

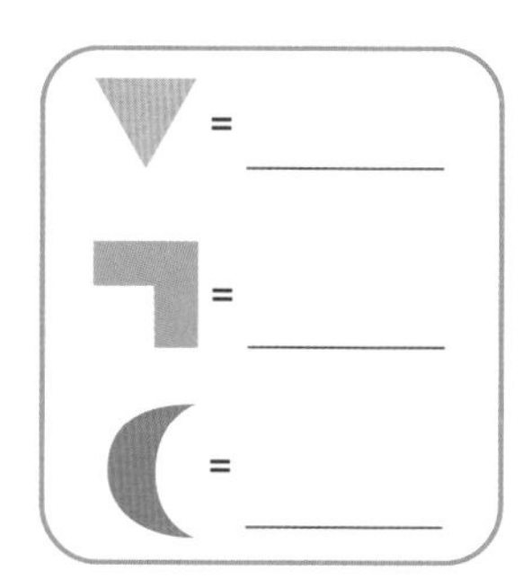

한 번 더 연습해요!

1. 아래 글을 읽고 알맞은 식을 세워 세로셈으로 답을 구해 보세요.

❶ 영화관의 감자칩 판매액이 총 1476유로예요. 감자칩이 1봉지에 3유로라면 판매된 감자칩은 모두 몇 봉지일까요?

정답 : ______

❷ 영화 포스터 판매액이 총 4256유로예요. 포스터가 1장에 4유로라면 판매된 영화 포스터는 모두 몇 장일까요?

정답 : ______

____월 ____일 ____요일

1. 계산한 후, 정답에 해당하는 알파벳을 찾아 빈칸에 써넣어 보세요.

25 ÷ 5 = ________ ☐

50 ÷ 2 = ________ ☐

4100 ÷ 1000 = ________ ☐

488 ÷ 4 = ________ ☐

33 ÷ 3 = ________ ☐

50 ÷ 10 = ________ ☐

3699 ÷ 3 = ________ ☐

2 ÷ 4 = ________ ☐

100 ÷ 4 = ________ ☐

1000 ÷ 10 = ________ ☐

22 ÷ 2 = ________ ☐

244 ÷ 2 = ________ ☐

0.5	4.1	5	11	25	100	122	1233
M	K	T	I	E	N	C	A

2. 아래 글을 읽고 알맞은 식을 세워 답을 구한 후, 정답을 로봇에서 찾아 ○표 해 보세요.

❶ 영화관 4곳에 총 184석이 있어요. 각 영화관의 좌석 수는 모두 같아요. 영화관 1곳의 좌석은 모두 몇 개일까요?

정답 :

❷ 영화관 5곳에 총 435석이 있어요. 각 영화관의 좌석 수는 모두 같아요. 영화관 1곳의 좌석은 모두 몇 개일까요?

정답 :

❸ 총 282개의 막대 사탕을 상자 3개에 똑같이 나누어 담았어요. 상자 1개에 들어가는 막대 사탕은 모두 몇 개일까요?

정답 :

❹ 총 402개의 초콜릿을 상자 6개에 똑같이 나누어 담았어요. 상자 1개에 들어가는 초콜릿은 모두 몇 개일까요?

정답 :

여기서 잠깐!

알고리즘은 어떤 임무를 완수하는 방법에 대한 지침이나 설명이에요. 예를 들어 수학에서는 나눗셈 알고리즘이 있어요. 요리법이나 빵 만드는 방법도 알고리즘이라고 볼 수 있어요.

46 67 75 87 91 94

3. 공책에 세로셈으로 계산한 후, 해당하는 수에 ○표 해 보세요. 영화에서 무슨 일이 일어났는지 알 수 있어요.

❶ 72 ÷ 3

28 해적선이 침몰했어요.

31 해적이 보물을 찾았어요.

24 해적이 사랑에 빠졌어요.

❷ 471 ÷ 3

162 로봇이 새로운 행성을 발견했어요.

157 지구가 폭발할 위험에 처했어요.

145 우주 전쟁이 일어났어요.

❸ 708 ÷ 4

177 카우보이의 말이 다쳤어요.

184 카우보이의 올가미가 엉켰어요.

171 카우보이가 말에 새 안장을 얹었어요.

❹ 4233 ÷ 3

1509 강아지가 대도시에서 길을 잃었어요.

1234 강아지가 새로운 친구를 사귀었어요.

1411 강아지가 용감한 행동을 하여 상을 받았어요.

❺ 6624 ÷ 6

1104 무용수가 대회에서 우승했어요.

994 무용수가 다리를 다쳤어요.

1011 무용수가 안무를 잊어버렸어요.

❻ 2075 ÷ 5

415 도둑이 감옥에 갔어요.

425 도둑이 부자가 되었어요.

407 도둑이 경찰이 되기로 마음먹었어요.

더 생각해 보아요!

60번째와 61번째 도형은 어떤 모양일까요? 규칙에 따라 빈칸에 그려 보세요.

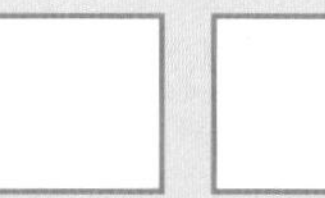

60번째 도형 | 61번째 도형

4. 식이 성립하도록 나누어지는 수, 나누는 수, 몫을 빈칸에 알맞게 써넣어 보세요.

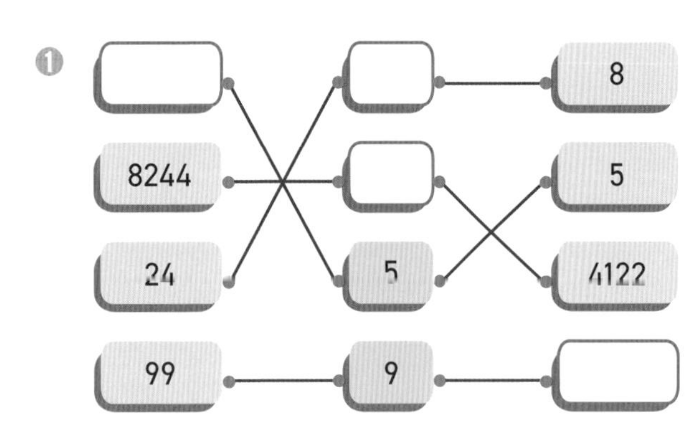

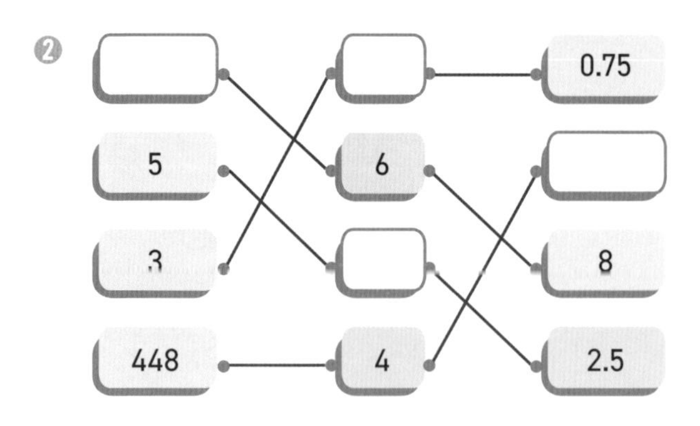

5. 가능하면 암산으로 계산해 보세요.

❶ 77을 7로 나눈 몫에 9를 더하세요.

정답 : ______________________

❷ 9와 4의 곱에서 21을 3으로 나눈 몫을 빼세요.

정답 : ______________________

❸ 3을 5로 나눈 몫에 5.1을 더하세요.

정답 : ______________________

❹ 6.3과 3.7의 합에서 2를 4로 나눈 몫을 빼세요.

정답 : ______________________

6. 그림이 들어간 식을 보고 그림의 값을 구해 보세요.

= ________

= ________

= ________

7. 공책에 부분으로 나누거나 세로셈으로 나눗셈을 계산해 보세요.

❶ $3936 \div 3$

❷ $224 \div 4$

❸ $4236 \div 6$

❹ $3900 \div 5$

8. 아래 글을 읽고 아이들의 이름, 나이, 가장 좋아하는 영화를 알아맞혀 보세요.

이름	______	______	______	______
나이	______	______	______	______
가장 좋아하는 영화	______	______	______	______

- 헨릭은 동물 영화를 좋아해요.
- 트레버는 나이가 가장 많아요.
- 마틴은 왼쪽 끝에 있어요.
- 가장 나이가 많은 아이는 SF 영화를 좋아해요.
- 랜스는 9살이에요. 가장 나이가 적은 아이보다 4살 많고, 가장 나이가 많은 아이보다 3살 적어요.
- 오른쪽 끝에 있는 아이는 SF 영화를 좋아해요.
- 랜스보다 1살 어린 마틴은 랜스 옆에 있어요.
- 동물 영화를 가장 좋아하는 아이와 모험 영화를 가장 좋아하는 아이는 나란히 있어요.
- 8살인 아이는 만화 영화를 좋아해요.

한 번 더 연습해요!

1. 계산해 보세요.

$\frac{176}{4}$ = ______________________

$\frac{285}{3}$ = ______________________

2. 아래 글을 읽고 알맞은 식을 세워 세로셈으로 답을 구해 보세요.

8일 동안 총 3392명의 관객이 이 영화를 보았어요. 이 영화의 1일 평균 관람객 수는 몇 명일까요?

____

정답 : ______________________

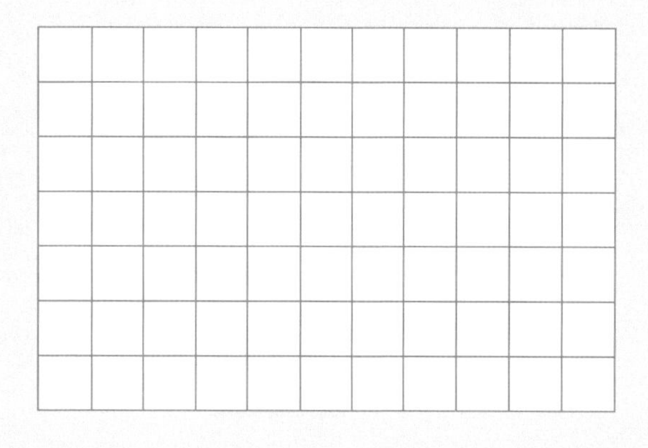

9. 규칙에 따라 4번째 모양을 색칠해 보세요.

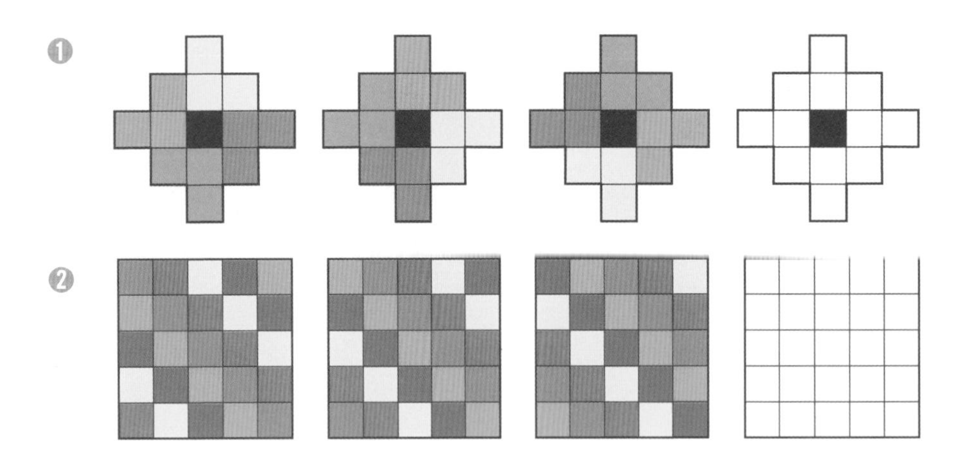

10. 그림이 들어간 식을 보고 그림의 값을 구해 보세요.

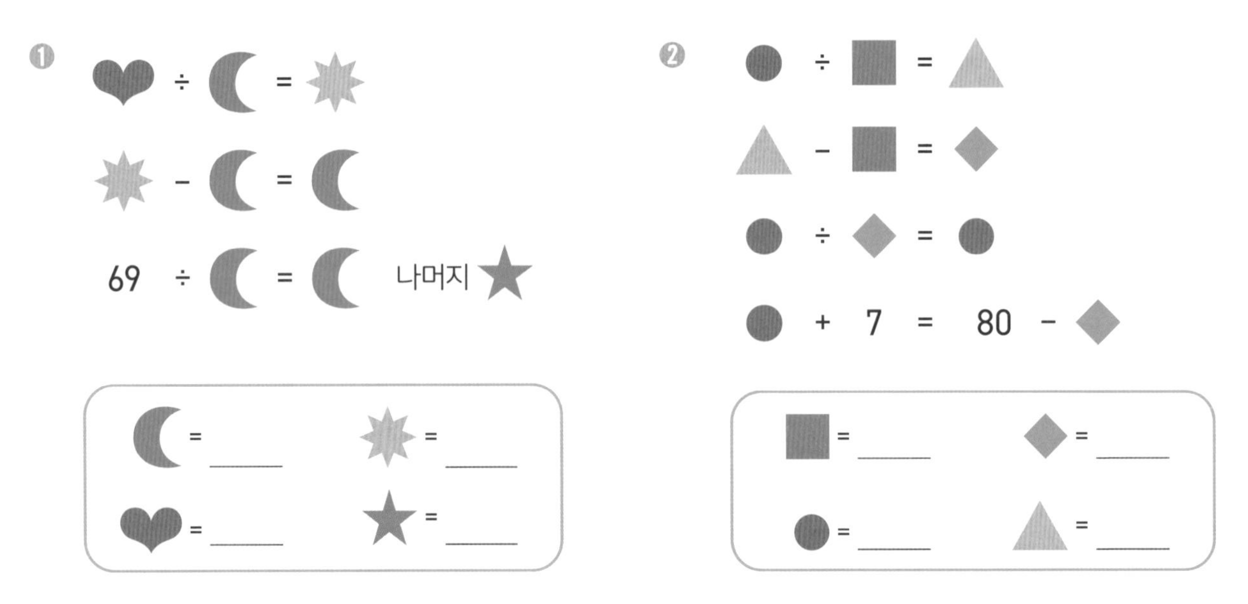

11. 저울이 수평을 이루려면 오른쪽 접시에 빨간색 추를 몇 개 올려야 할까요?

빨간색 추 1개의 무게는 3.6kg이에요.

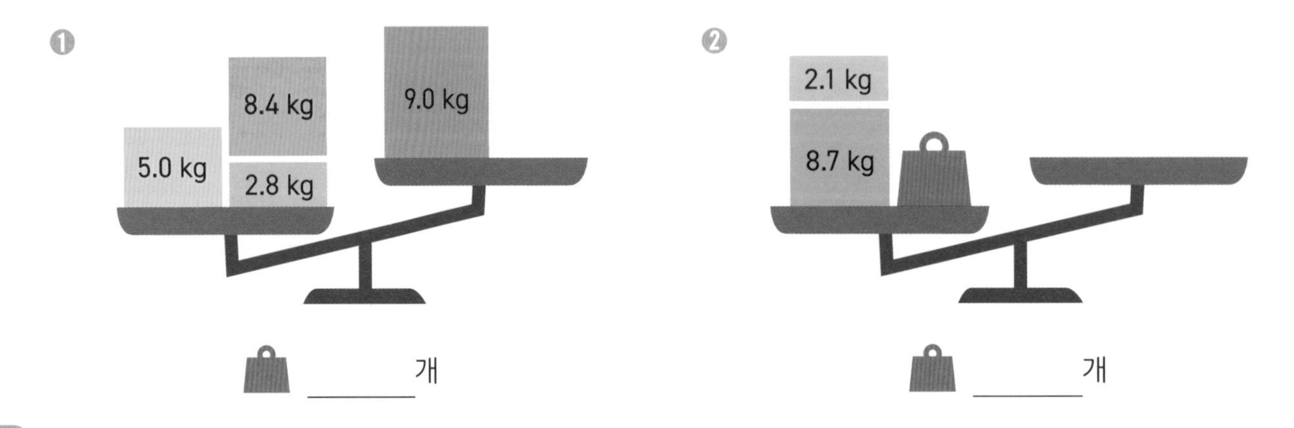

12. 어떤 수일까요?

❶ 이 수를 3으로 나누면 624를 2로 나눈 몫과 같아요.

정답 : ____________________

❷ 이 수를 6으로 나누면 35를 10으로 나눈 몫과 같아요.

정답 : ____________________

13. 공책에 부분으로 나누거나 세로셈으로 나눗셈을 계산해 보세요.

$4808 \div 4$

$335 \div 5$

한 번 더 연습해요!

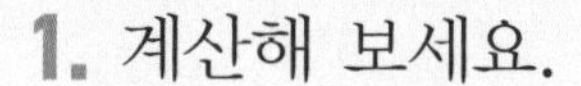

1. 계산해 보세요.

$\frac{184}{4}$ = ____________________

$\frac{336}{6}$ = ____________________

2. 아래 글을 읽고 알맞은 식을 세워 세로셈으로 답을 구해 보세요.

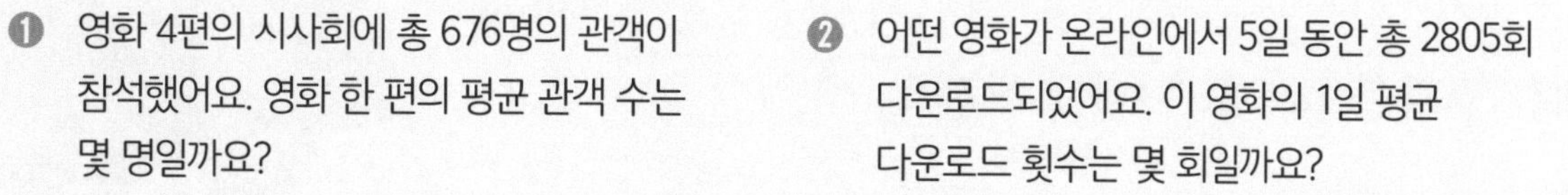

❶ 영화 4편의 시사회에 총 676명의 관객이 참석했어요. 영화 한 편의 평균 관객 수는 몇 명일까요?

____

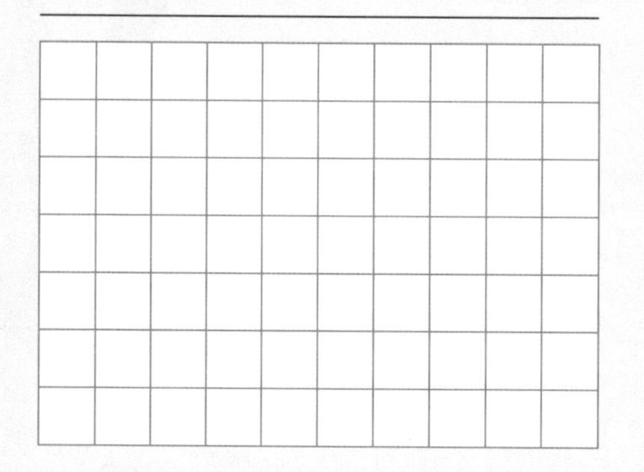

정답 : ____________________

❷ 어떤 영화가 온라인에서 5일 동안 총 2805회 다운로드되었어요. 이 영화의 1일 평균 다운로드 횟수는 몇 회일까요?

____

정답 : ____________________

실력을 평가해 봐요!

____ 월 ____ 일 ____ 요일

1. 18은 아래 수 중 어떤 수로 나누어떨어질까요? 해당하는 수에 ○표 해 보세요.

1 2 3 4 5 6 7 8 9 10 11 12 13 14 15 16 17 18

2. 조건에 맞는 수를 찾아 표시해 보세요.

❶ 2로 나누어떨어지는 수에 O표

❷ 3으로 나누어떨어지는 수에 X표

202 1239 418 471 238473 5275 307 3864 4239 12710

3. 해당하는 수에 ○표 해 보세요.

❶ 전교 학생이 474명이에요. 한 모둠이 몇 명으로 구성될 때 인원수가 같은 모둠으로 나눌 수 있을까요?

2 3 5 10

❷ 빵집에서 롤을 3010개 구웠어요. 한 봉지에 몇 개씩 담아야 롤을 같은 개수로 나눌 수 있을까요?

2 3 5 10

4. 계산 결과를 소수로 나타내 보세요.

$\frac{9}{2}$ = ______________________

$\frac{13}{2}$ = ______________________

$\frac{21}{4}$ = ______________________

5. 계산해 보세요.

24 ÷ 10 = ________ 81 ÷ 100 = ________ 2089 ÷ 1000 = ________

0.3 ÷ 10 = ________ 7.6 ÷ 100 = ________ 716 ÷ 1000 = ________

6. 계산해 보세요.

$\frac{72}{2}$ = ______________________

$\frac{316}{4}$ = ______________________

$\frac{204}{3}$ = ______________________

$\frac{456}{6}$ = ______________________

7. 아래 글을 읽고 알맞은 식을 세워 세로셈으로 답을 구해 보세요.

❶ 영화 포스터 판매액이 총 846유로예요. 포스터 1장이 6유로라면 판매된 포스터는 모두 몇 장일까요?

____

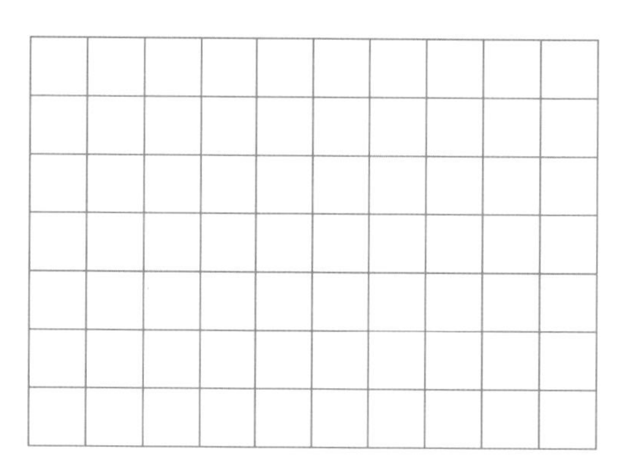

정답 : ______________________

❷ 3일 동안 영화관에 관객이 총 3756명 방문했어요. 이 영화관의 1일 평균 방문객 수는 몇 명일까요?

____

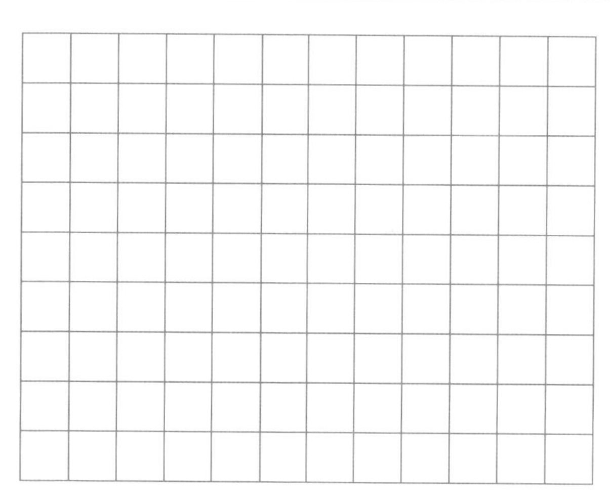

정답 : ______________________

실력이 자란 만큼 별을 색칠하세요.

★★★ 정말 잘했어요.

★★☆ 꽤 잘했어요.

★☆☆ 앞으로 더 노력할게요.

단원 종합 문제

____ 월 ____ 일 ____ 요일

1. 아래 글을 읽고 빈칸에 참 또는 거짓을 써넣어 보세요.

① 13은 2로 나누어떨어져요. ________

② 27은 3으로 나누어떨어져요. ________

③ 18은 2로 나누어떨어져요. ________

④ 33은 4로 나누어떨어져요. ________

2. 해당하는 수에 ○표 해 보세요.

① 2로 나누어떨어지는 수

131 172 244 3096 5400 70882

② 3으로 나누어떨어지는 수

192 403 513 2515 2913 4003

③ 5로 나누어떨어지는 수

155 300 407 1005 2312 3009

④ 10으로 나누어떨어지는 수

450 761 900 1605 2001 3200

3. 계산해 보세요.

$13 \div 10 =$ ________ $52 \div 100 =$ ________ $2905 \div 1000 =$ ________

$0.6 \div 10 =$ ________ $3.1 \div 100 =$ ________ $488 \div 1000 =$ ________

4. 공책에 계산한 후, 계산 결과를 소수로 나타내 보세요.

$\frac{7}{2}$ $\frac{13}{4}$ $\frac{35}{4}$ $\frac{27}{5}$

5. 아래 글을 읽고 알맞은 식을 세워 부분으로 나누거나 세로셈으로 답을 구해 보세요.

① 어떤 영상이 온라인에서 4일 동안 총 144회 다운로드되었어요. 이 영상의 1일 평균 다운로드 횟수는 몇 회일까요?

____

② 어떤 영화가 온라인에서 5일 동안 총 325회 다운로드되었어요. 이 영화의 1일 평균 다운로드 횟수는 몇 회일까요?

____

6. 24는 어떤 수로 나누어떨어질까요? 수를 8개 찾아보세요.

______ ______ ______ ______ ______ ______ ______ ______

7. A 대신 어떤 수를 쓸 수 있을까요? 가능한 답을 모두 찾아보세요.

① 2107A라는 수가 2로 나누어떨어지려면?

② 2107A라는 수가 5로 나누어떨어지려면?

③ 2107A라는 수가 10으로 나누어떨어지려면?

④ 2107A라는 수가 3으로 나누어떨어지려면?

8. 알맞은 식을 세워 답을 소수로 나타내 보세요.

① 연필 5자루를 사는 데 17유로가 들었어요. 연필 1자루는 얼마일까요?

② 122유로를 아이 4명에게 똑같이 나누어 주었어요. 아이 1명이 받는 돈은 얼마일까요?

③ 영화표 8장이 모두 62유로예요. 표 1장은 얼마일까요?

④ 179유로를 아이 5명에게 똑같이 나누어 주었어요. 아이 1명이 받는 돈은 얼마일까요?

9. 아래 글을 읽고 알맞은 식을 세워 부분으로 나누거나 세로셈으로 답을 구해 보세요.

① 학교에서 바자회를 4일 동안 열어 2244유로를 벌었어요. 이 학교의 1일 평균 매출은 얼마일까요?

② 한 학급에서 6년 동안 7326유로를 저축했어요. 이 학급의 1년 평균 저축액은 얼마일까요?

10. 어떤 수일까요?

❶ 이 수를 4로 나누면 646을 2로 나눈 몫과 같아요.

정답 : ______

❷ 이 수를 6으로 나누면 42를 10으로 나눈 몫과 같아요.

정답 : ______

11. 주어진 수로 모두 나누어떨어지는 가장 작은 네 자리 수는 무엇일까요?

❶ 2, 3 ______

❷ 2, 3, 5 ______

❸ 3, 5 ______

❹ 2, 5 ______

12. 120은 어떤 수로 나누어떨어질까요? 수를 16개 찾아 작은 수에서 큰 수의 순서로 써 보세요.

______ ______ ______ ______ ______ ______ ______ ______

______ ______ ______ ______ ______ ______ ______ ______

13. 계산해 보세요.

$\frac{489}{5}$ = ______

$\frac{735}{6}$ = ______

14. 자루에 검은색 공과 빨간색 공을 합해 총 77개가 들어 있어요. 빨간색 공의 수는 5로, 검은색 공의 수는 7로 나누어떨어져요. 아래 질문에 답해 보세요.

❶ 자루 안에 빨간색 공은 몇 개일까요?

정답 : ______

❷ 자루 안에 검은색 공은 몇 개일까요?

정답 : ______

____ 월 ____ 일 ____ 요일

★ 나누어떨어짐

- 어떤 수는 다른 어떤 수로 나누어질 수 있어요.
- 어떤 수는 다른 어떤 수로 나누어질 수 없어요.
  나누어떨어지지 않는 나눗셈의 경우 나머지가 생겨요.

나누어지는 수 → 18, 나누는 수 → 4, 몫 → 4, 나머지 → 2

$$\frac{18}{4} = 4,\ \text{나머지 } 2$$

★ 나누어떨어지는 규칙

- 마지막 자리의 숫자가 0, 2, 4, 6, 8이면 그 수는 2로 나누어떨어져요.
- 각 자리 숫자의 합이 3으로 나누어떨어지면 그 수는 3으로 나누어떨어져요.
- 마지막 자리의 숫자가 0과 5이면 그 수는 5로 나누어떨어져요.
- 마지막 자리의 숫자가 0이면 그 수는 10으로 나누어떨어져요.

★ 소수로 나타내는 몫

$^{5)}\frac{1}{2} = \frac{5}{10} = 0.5$　　$^{25)}\frac{1}{4} = \frac{25}{100} = 0.25$　　$^{25)}\frac{3}{4} = \frac{75}{100} = 0.75$

$^{2)}\frac{1}{5} = \frac{2}{10} = 0.2$　　$^{2)}\frac{2}{5} = \frac{4}{10} = 0.4$　　$^{2)}\frac{3}{5} = \frac{6}{10} = 0.6$

$\frac{33€}{5}$

$= 6\frac{3}{5}€$

$= 6€ + \frac{3}{5}€$

$= 6€ + 0.60€$

$= 6.60€$

★ 10, 100, 1000으로 나누기

	천의 자리	백의 자리	십의 자리	일의 자리	소수 첫째 자리	소수 둘째 자리	소수 셋째 자리
8 ÷ 1 =				8			
8 ÷ 10 =				0.	8		
8 ÷ 100 =				0.	0	8	
8 ÷ 1000 =				0.	0	0	8

★ 부분으로 나누어 나눗셈하기

$\frac{352}{4}$

$= \frac{320}{4} + \frac{32}{4}$

$= 80 + 8$

$= 88$

★ 세로셈으로 나눗셈하기

	3	2	1	6	÷	4	=	8	0	4
−	3	2	x	x						
		0	1							
	−		0							
			1	6						
		−	1	6						
				0						

학습 자가 진단

학습 태도

	그렇지 못해요.	때때로 그래요.	자주 그래요.	항상 그래요.
수업 시간에 적극적이에요.	☐	☐	☐	☐
학습에 집중해요.	☐	☐	☐	☐
친구들과 협동해요.	☐	☐	☐	☐
숙제를 잘해요.	☐	☐	☐	☐

학습 목표

학습하면서 만족스러웠던 부분은 무엇인가요?

어떻게 실력을 향상할 수 있었나요?

____

____

____

학습 성과

	아직 익숙하지 않아요.	연습이 더 필요해요.	괜찮아요.	꽤 잘해요.	정말 잘해요.
• 2, 3, 5, 10으로 나누어떨어지는 규칙을 알아요.	○	○	○	○	○
• 나눗셈의 결과를 자연수로 나타낼 수 있어요.	○	○	○	○	○
• 나눗셈의 결과를 소수로 나타낼 수 있어요.	○	○	○	○	○
• 10, 100, 1000으로 나눌 수 있어요.	○	○	○	○	○
• 부분으로 나누어 나눗셈을 계산할 수 있어요.	○	○	○	○	○
• 세로셈으로 나눗셈을 계산할 수 있어요.	○	○	○	○	○

이번 단원에서 가장 쉬웠던 부분은 ______________________________예요.

이번 단원에서 가장 어려웠던 부분은 ______________________________예요.

___월 ___일 ___요일

베이킹을 해봐요!

부모님과 함께 인터넷에서 빵 만드는 법을 찾아보세요. 온라인에서 조사하거나 베이커리에 직접 가서 제빵사를 인터뷰해도 좋아요. 그리고 필요한 재료의 가격을 확인하고 모두 얼마인지 계산해 보세요.

<초콜릿 조각 케이크>

- 밀크 초콜릿 200g
- 다크 초콜릿 200g
- 농축 우유 1캔
- 마시멜로 150g
- 견과류 150g
- 피스타치오 100g

재료	포장된 양	가격
밀크 초콜릿	200g	1.96€
다크 초콜릿	200g	1.73€
농축 우유	1캔	1.99€
마시멜로	250g	2.10€
견과류	170g	3.79€
피스타치오	50g / 1봉지	3.39€ × 2
		총비용 : 18.35€

나만의 제빵 비법과 필요한 비용

- 자신이 선택한 조리법에 필요한 재료의 종류와 양을 써 보세요.
- 재료의 가격을 찾아서 표를 작성해 보세요.
- 재료의 총비용을 구해 보세요. 계산기를 이용해도 좋아요.

예를 들어 크림은 2데시리터 용량 1팩으로 판매해요. 1데시리터가 필요해도 1팩을 사야 하지요. 가능한 한 남는 양이 없도록 가장 적당한 용량을 고르세요.

검색어를 이용하여 (예 : 우유 가격) 인터넷에서 정보를 찾아보세요.

재료	필요한 양	가격
총비용 :		

___월 ___일 ___요일

측정 단위의 대소 관계

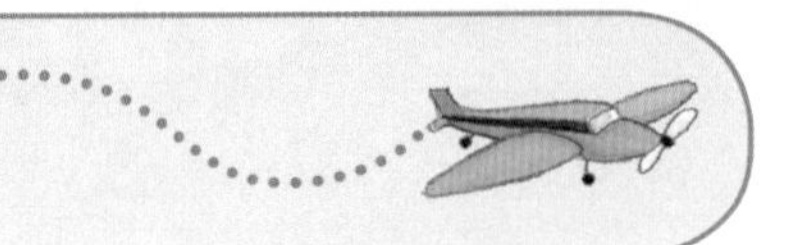

단위 앞에 붙는 말	킬로	헥토	데카		데시	센티	밀리
약어	k	h	da		d	c	m
의미	1000	100	10	1	$\frac{1}{10}$ 0.1	$\frac{1}{100}$ 0.01	$\frac{1}{1000}$ 0.001

1 km = 1000 m　　1 kg = 1000 g　　1 cm = 0.01 m　　1 dL = 0.1 L

- 단위 앞에 붙는 말은 단위의 대소 관계를 나타내요.

핀란드 최북단과 최남단 사이의 거리는 1,158,000m예요.
킬로미터로 나타내면 더 이해하기가 쉬워요.
이 거리를 킬로미터로 나타내면 1158km예요.

<예시>
아빠의 몸무게는 77000g이에요. 킬로그램으로 나타내면 77kg이에요.
감초 사탕의 길이가 0.07m예요. 센티미터로 나타내면 7cm예요.
주스 팩의 부피가 0.2L예요. 데시리터로 나타내면 2dL예요.

1. 짝을 이루는 것끼리 선으로 이어 보세요.

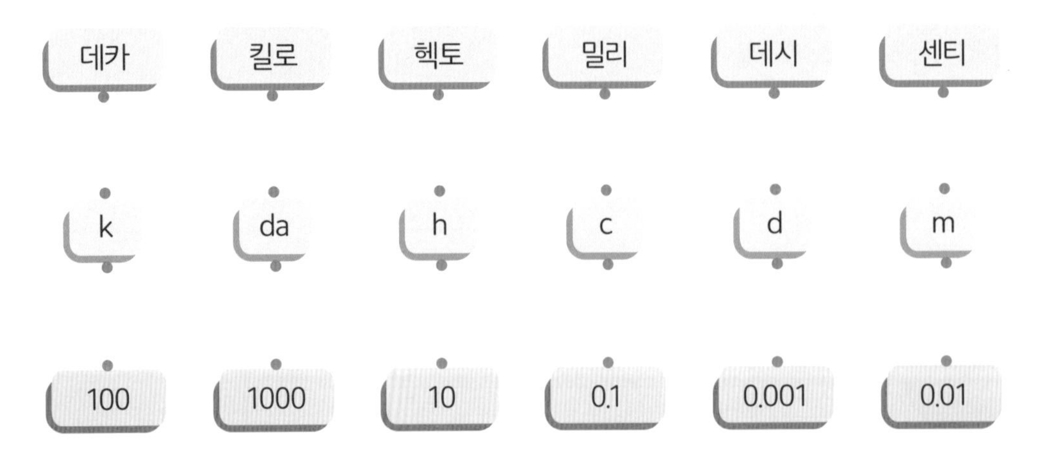

2. 빈칸을 채워 알맞은 단위를 완성해 보세요.

❶ 아빠의 키는 179 ___c___ m예요.

❷ 성냥의 두께는 2______m예요.

❸ 아이스하키 스틱의 길이는 122______m예요.

❹ 엄마의 몸무게는 65______g이에요.

❺ 승용차의 무게는 1950______g이에요.

❻ 우유 컵의 부피는 2______L예요.

3. 작은 단위에서 큰 단위의 순서로 배열해 보세요.

센티　　킬로　　밀리　　헥토　　데카　　데시

____

4. 단위를 살펴보고 빈칸에 알맞은 수를 써넣어 보세요.

❶ 1킬로미터 = 1000 미터

❷ 1데카미터 = ________ 미터

❸ 1헥토미터 = ________ 미터

❹ 1센티미터 = ________ 미터

❺ 1데시미터 = ________ 미터

❻ 1밀리미터 = ________ 미터

5. 빈칸에 알맞은 단위를 써넣어 보세요.

❶ 10 m = 1 데카 미터

❷ 1000 m = 1 ________ 미터

❸ 100 m = 1 ________ 미터

❹ 0.01 m = 1 ________ 미터

❺ 0.1 m = 1 ________ 미터

❻ 0.001 m = 1 ________ 미터

6. 공책에 알맞은 식을 세워 답을 구해 보세요.

❶ 식탁 위에 우유가 가득 찬 컵 6개가 있어요. 한 컵에 우유가 3dL씩 담긴다면 6컵에 담긴 우유는 모두 몇 dL일까요?

____

❷ 치즈 1kg을 2부분으로 똑같이 나누었어요. 한 부분은 몇 kg일까요?

____

❸ 우유 18dL가 있는데 그중 절반을 마셨어요. 이후 남은 우유의 $\frac{1}{3}$을 더 마셨어요. 마신 우유는 모두 몇 dL일까요?

____

❹ 식당에서 3.5kg의 치즈를 먼저 구매하고 4.5kg의 치즈를 추가로 더 구매했어요. 식당에서 구매한 치즈의 $\frac{1}{4}$을 사용했다면 남은 치즈는 몇 kg일까요?

____

더 생각해 보아요!

첫날 치즈의 $\frac{1}{4}$을 먹었고, 둘째 날 남은 치즈의 $\frac{1}{3}$을 먹었어요. 남은 치즈가 400g이라면 처음 치즈의 무게는 얼마일까요?

____

7. 단위를 살펴보고 빈칸에 알맞은 수를 써넣어 보세요.

❶ 1헥토그램 = ____________그램

❷ 1센티그램 = ____________그램

❸ 1킬로그램 = ____________그램

❹ 1데카그램 = ____________그램

❺ 1밀리그램 = ____________그램

❻ 1데시그램 = ____________그램

8. x의 길이를 구한 후, 로봇에서 찾아 ○표 해 보세요.

❶

5 m	x
13 m	

x = ____________

❷

4 m	4 m	x
15 m		

x = ____________

❸

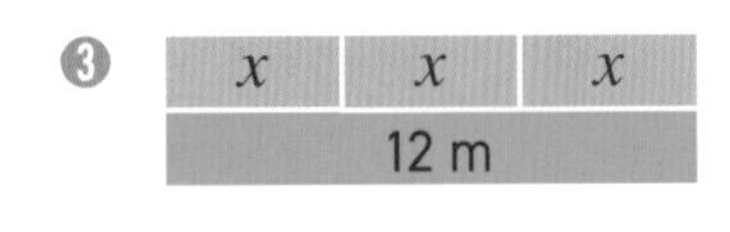

x = ____________

❹

x	x	x	x	x
45 m				

x = ____________

❺

x	2 m	2 m	2 m	2 m
14 m				

x = ____________

❻

3 m	3 m	3 m	x
17 m			

x = ____________

❼

x	x
5 m	

x = ____________

❽

x	x	3 m
6 m		

x = ____________

❾

20 m	x	x	x
110 m			

x = ____________

1.4 m　1.5 m　2.5 m　4 m　6 m　7 m　8 m　8 m　9 m　15 m　30 m

9. 질문에 답해 보세요.

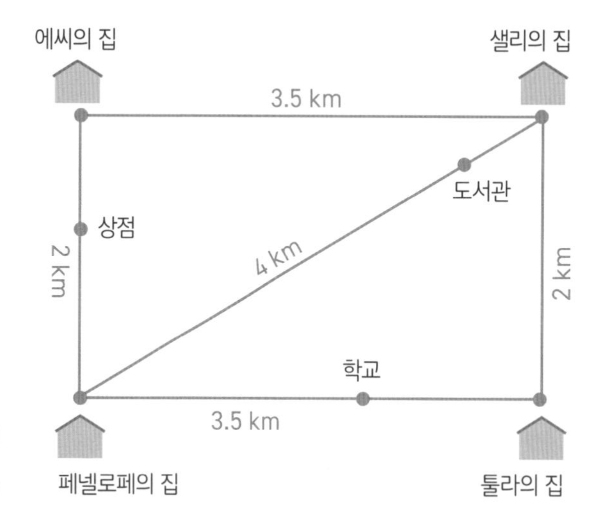

- 툴라의 집은 학교에서 1.6km 떨어져 있어요.
- 샐리의 집을 거친다면 에씨의 집은 도서관으로부터 4.3km 떨어져 있어요.
- 에씨의 집을 거친다면 샐리의 집은 상점으로부터 4.4km 떨어져 있어요.

아래 두 지점 사이의 최단 거리는 얼마일까요?

❶ 페넬로페의 집에서 학교까지 ________km

❷ 샐리의 집에서 툴라의 집을 거쳐 학교까지 ________km

❸ 툴라의 집에서 페넬로페의 집을 거쳐 상점까지 ________km

❹ 학교에서 도서관까지 ________km

❺ 상점에서 도서관까지 ________km

❻ 학교에서 상점까지 ________km

10. 형제들의 키를 모두 합하면 650cm예요. 형제들 간의 키는 순서대로 15cm씩 차이가 나요. 형제들의 키를 각각 구해 보세요.

________ ________ ________, ________

한 번 더 연습해요!

1. 빈칸을 채워 알맞은 단위를 완성해 보세요.

❶ 주스 한 통의 부피는 20______L예요.

❷ 할아버지의 몸무게는 92______g이에요.

❸ 판지의 두께는 1.5______m예요.

2. 단위를 살펴보고 빈칸에 알맞은 수를 써넣어 보세요.

❶ 1킬로미터 = ________ 미터

❷ 1헥토미터 = ________ 미터

❸ 1센티미터 = ________ 미터

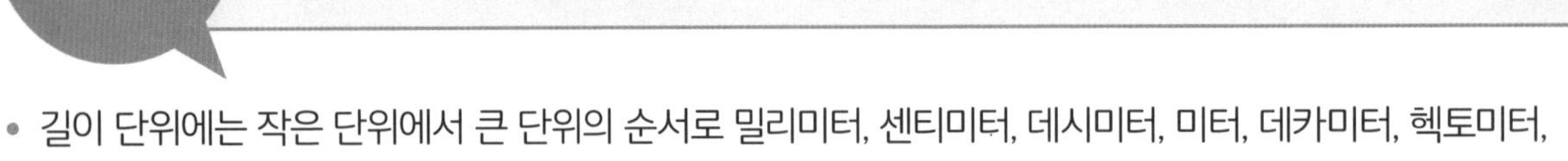

10 길이 단위

• 길이 단위에는 작은 단위에서 큰 단위의 순서로 밀리미터, 센티미터, 데시미터, 미터, 데카미터, 헥토미터, 킬로미터가 있어요.

킬로미터	헥토미터	데카미터	미터	데시미터	센티미터	밀리미터
km	hm	dam	m	dm	cm	mm
1000 m	100 m	10 m	1 m	0.1 m	0.01 m	0.001 m

• 길이를 측정할 때 수와 단위를 항상 같이 써요.

1. 짝을 이루는 것끼리 선으로 이어 보세요.

cm	mm	dam	km	dm	hm
밀리미터	데카미터	센티미터	헥토미터	킬로미터	데시미터

2. 값이 같은 것끼리 선으로 이어 보세요.

1 km	1 cm	1 mm	1 hm	1 dam	1 dm
0.001 m	1000 m	0.01 m	0.1 m	100 m	10 m

3. 주어진 길이를 미터로 나타내 보세요.

❶ 1킬로미터 = ____________미터

6킬로미터 = ____________미터

❷ 1헥토미터 = ____________미터

8헥토미터 = ____________미터

❸ 1밀리미터 = ____________미터

7밀리미터 = ____________미터

❹ 1센티미터 = ____________미터

5센티미터 = ____________미터

4. 빈칸을 채워 알맞은 단위를 완성해 보세요.

8000 m = 8 __k__ m	20 m = 2 ____ m	0.4 m = 4 ____ m
15000 m = 15 ____ m	0.03 m = 3 ____ m	0.08 m = 8 ____ m
700 m = 7 ____ m	0.007 m = 7 ____ m	0.3 m = 300 ____ m

5. 빈칸에 알맞은 단위를 써넣어 보세요.

7000 m = 7 ______	25000 m = 25 ______	0.07 m = 7 ______
850 m = 8.5 ______	0.005 m = 5 ______	0.001 m = 1 ______
50 m = 5 ______	0.9 m = 9 ______	0.85 m = 8.5 ______

6. 공책에 알맞은 식을 세워 답을 구한 후, 로봇에서 찾아 ○표 해 보세요.

❶ 아이노는 1.6km를 2회 달렸어요. 아이노가 달린 거리는 모두 몇 km일까요?

____

❷ 킵과 세 친구는 1.4km를 걸었어요. 4명이 걸은 거리는 모두 몇 km일까요?

____

❸ 샌디는 처음에 3.7km를, 이후에 1.6km를 더 달렸어요. 팔머는 2.5km를 3회 달렸어요. 팔머는 샌디보다 몇 km를 더 많이 달렸을까요?

____

1.8 km	2.2 km	3.2 km
4.6 km	5.5 km	5.6 km

❹ 테이트는 일주일 동안 매일 3.5km를 달렸어요. 목표가 30km라면 테이트가 달린 거리는 목표에서 몇 km 부족할까요?

____

첫날에 조아킴은 자전거를 32km 탔어요. 둘째 날에는 첫날 거리의 $\frac{1}{2}$만큼 자전거를 탔어요. 셋째 날에는 둘째 날 거리의 $1\frac{1}{2}$만큼 탔어요. 넷째 날에는 셋째 날 거리의 $\frac{1}{2}$만큼 탔어요. 이런 규칙으로 자전거를 탄다면 조아킴은 일곱째 날 몇 km를 탈까요?

____

7. 짝을 이루는 것끼리 선으로 이어 보세요.

8. 출발점부터 도착점까지의 최단 거리를 찾은 후, 계산해 보세요.

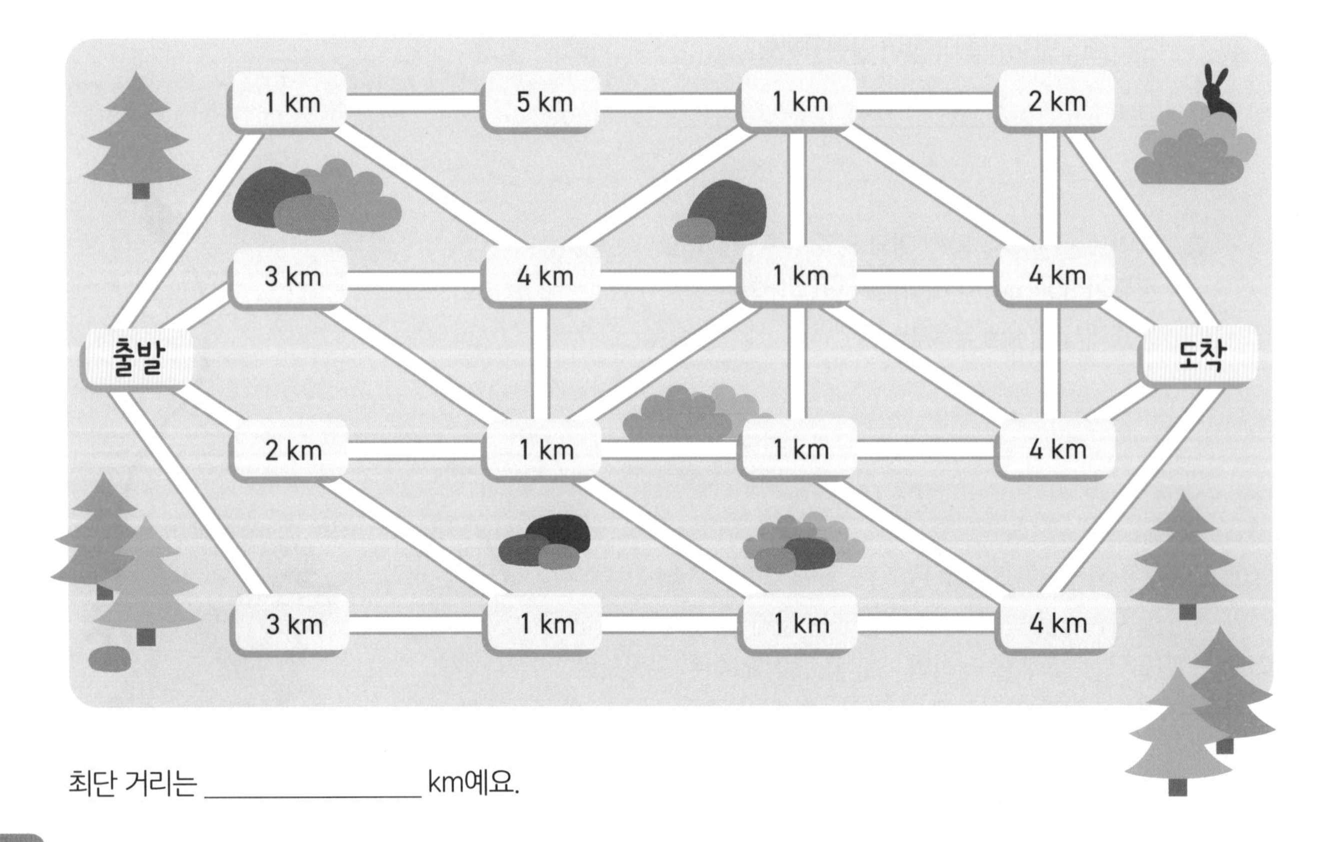

최단 거리는 ______________ km예요.

9. 그림이 들어간 식을 보고 그림의 값을 구해 보세요.

❶ ●● ●● = 52 | ● ● = 30 | ● = ____

❷
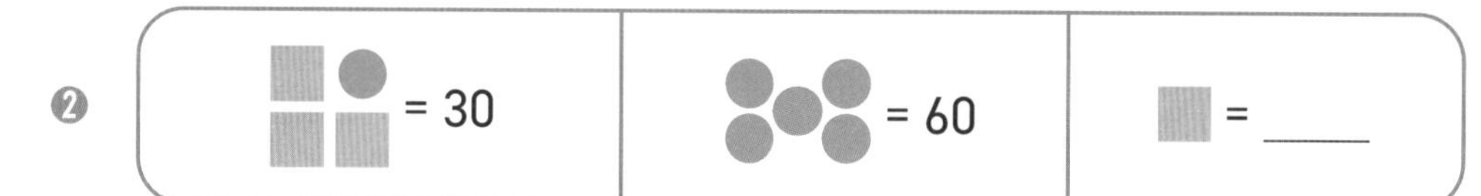

❸
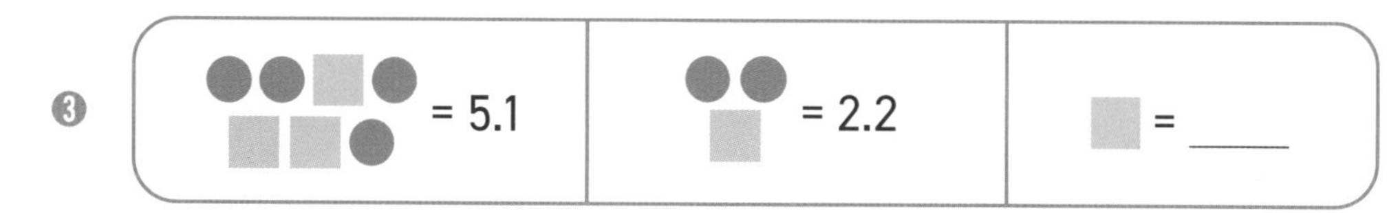

10. 이웃한 기둥의 높이 차이는 같아요. 기둥 E는 기둥 B보다 39m 높고, 기둥 D의 높이는 59m예요. 기둥의 높이를 모두 합하면 얼마일까요?

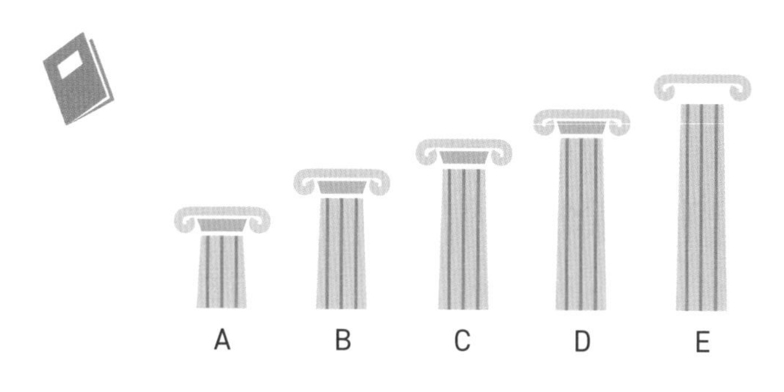

한 번 더 연습해요!

1. 길이 단위를 밀리미터부터 킬로미터까지 빈칸에 순서대로 써 보세요.

______ ______ ______ ______ ______ ______ ______

2. 빈칸을 채워 알맞은 단위를 완성해 보세요.

200 m = 2 ______m

0.03 m = 3 ______m

3000 m = 3 ______m

0.5 m = 5 ______m

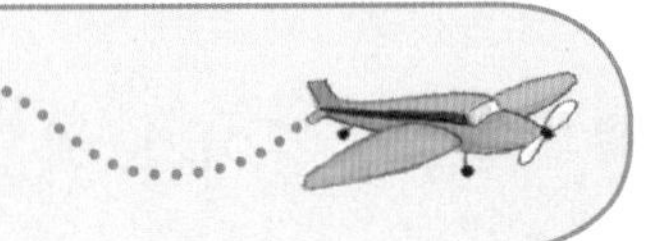

11 작은 단위로 바꾸기

큰 단위에서 작은 단위로 바꾸는 방법

- 수를 단위에 맞게 변환표에 써넣으세요. 단위는 수의 자릿수를 나타내요.
- 앞의 값에 10을 곱해서 다음 단위의 값을 구하세요.

값이 증가하더라도 집에서 학교까지의 거리는 일정해요.

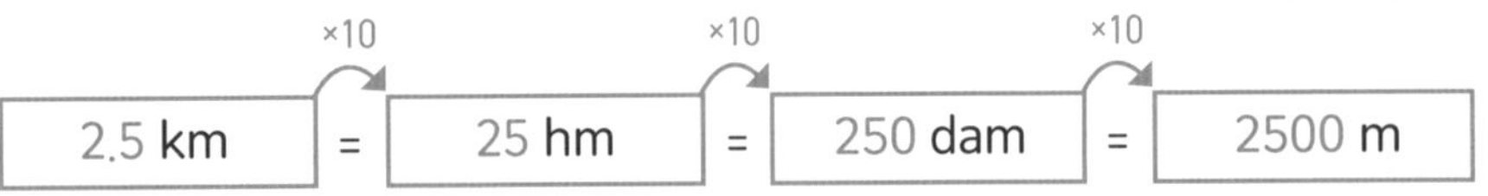

2.5 km = 25 hm = 250 dam = 2500 m

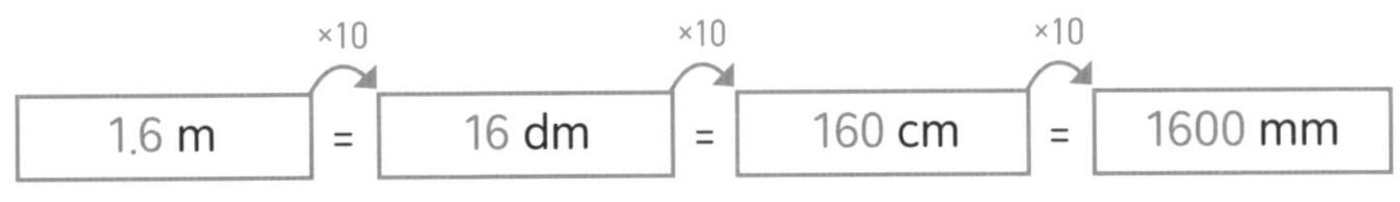

1.6 m = 16 dm = 160 cm = 1600 mm

0.8 m = 8 dm = 80 cm

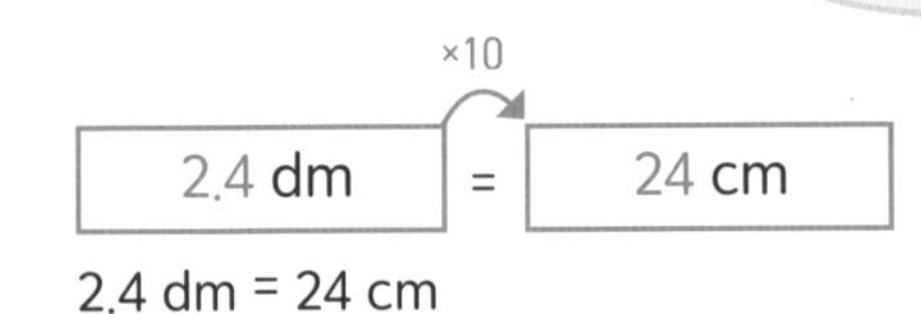

2.4 dm = 24 cm

1. 주어진 단위로 바꾸어 보세요. 변환표를 이용해도 좋아요.

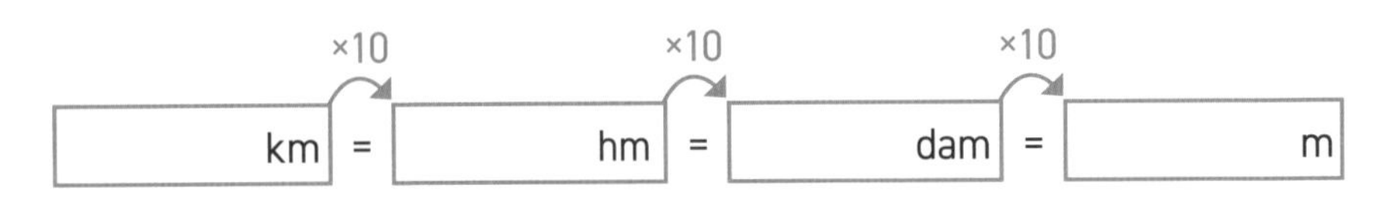

5 km = ________ hm = ________ dam = ________ m

1.5 km = ________ hm = ________ dam = ________ m

0.9 km = ________ hm = ________ dam = ________ m

2. 주어진 단위로 바꾸어 보세요. 변환표를 이용해도 좋아요.

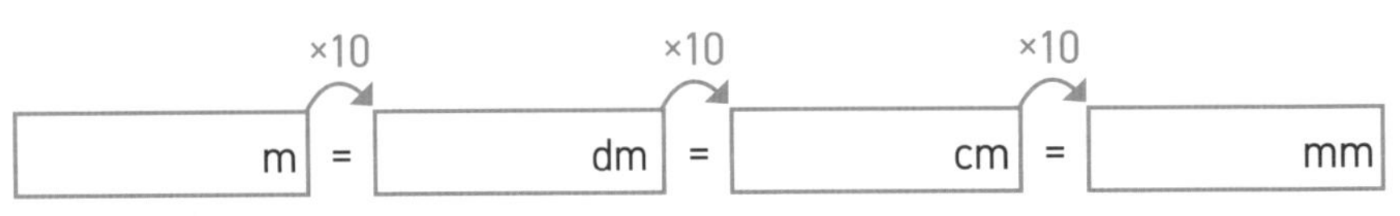

3.2 m = ________ dm = ________ cm = ________ mm

0.75 m = ________ dm = ________ cm = ________ mm

0.04 m = ________ dm = ________ cm = ________ mm

3. 주어진 단위로 바꾸어 보세요. 변환표를 이용해도 좋아요.

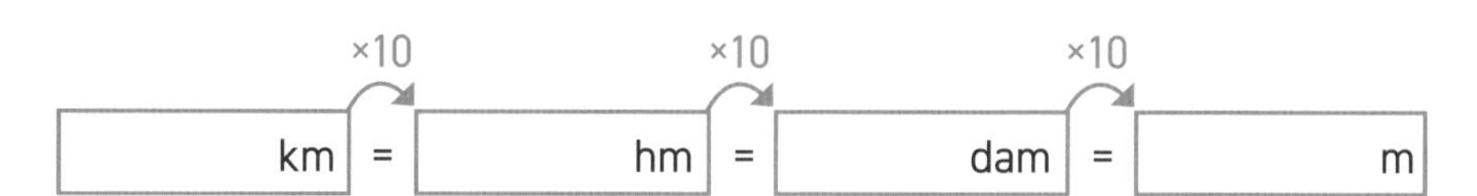

3 hm = ________ dam = ________ m

2.8 hm = ________ dam = ________ m

0.2 dam = ________ m

4.2 km = ________ hm

4. 주어진 단위로 바꾸어 보세요. 변환표를 이용해도 좋아요.

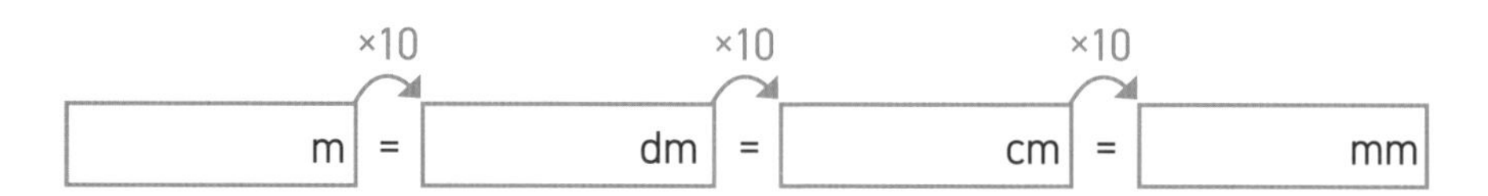

1.9 dm = ________ cm = ________ mm

0.5 m = ________ dm

5.4 cm = ________ mm

3.3 dm = ________ cm

5. 공책에 알맞은 식을 세워 답을 구한 후, 로봇에서 찾아 ○표 해 보세요.

❶ 에이노는 2.8km 거리를 2회 자전거를 탔어요. 그 후 5.6km 거리를 3회 탔어요. 에이노가 탄 거리는 모두 몇 km일까요?

____

17 km 18.5 km 22.4 km 24.2 km

❷ 에밀리가 학교까지 가는 거리는 1.7km예요. 에밀리는 매일 자전거를 타고 등하교를 해요. 에밀리가 5일 동안 자전거를 타는 거리는 모두 몇 km일까요?

____

더 생각해 보아요!

아래 식의 답을 구해 보세요.

1 mm + 1 cm + 1 dm + 1 m − 10 dm − 0.1 m − 10 mm

= ____________

6. 주어진 단위를 다른 단위로 나타낸 것을 아래 그림에서 찾아 빈칸에 써넣어 보세요.

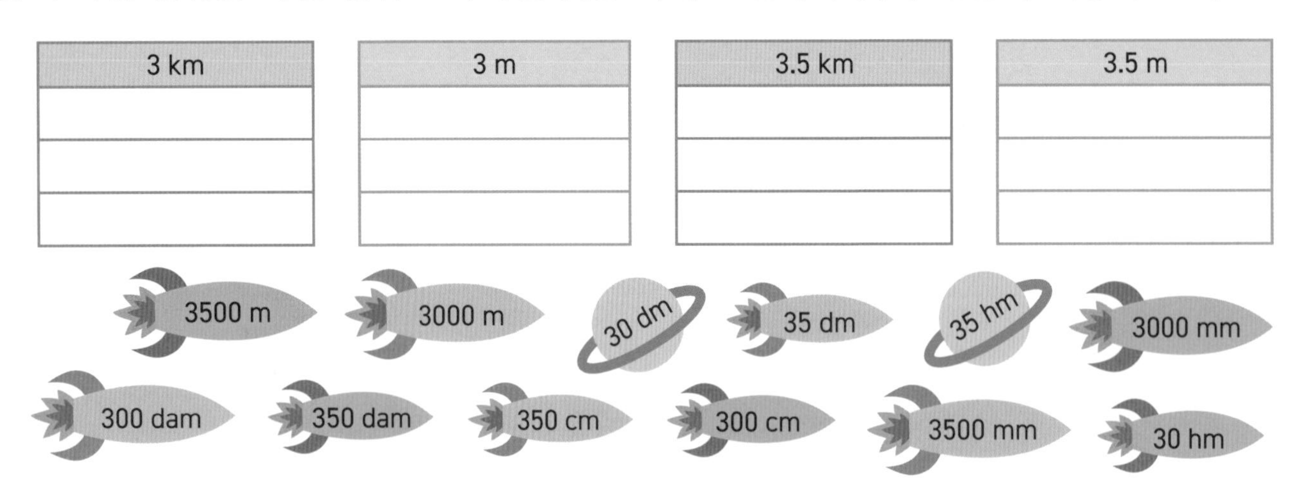

7. 길이가 같은 것끼리 선으로 이어 보세요.

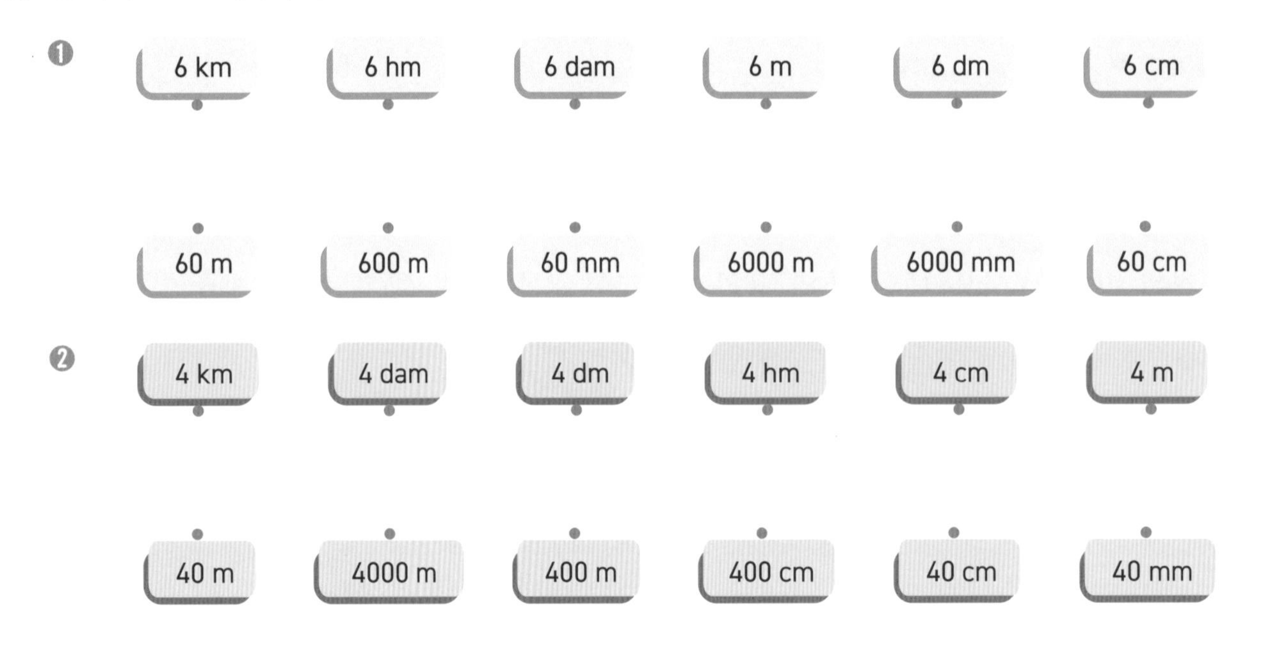

8. 공책에 알맞은 식을 세워 답을 구해 보세요.

❶ 총 비행 거리는 2200km예요. 매트는 총 거리의 $\frac{3}{10}$을 날아가는 동안 잠들었어요. 매트가 잠든 사이 비행기가 날아간 거리는 몇 km일까요?

❷ 총 비행 거리는 3300km예요. 총 거리의 $\frac{1}{4}$을 날아가는 동안 기내식이 제공되었어요. 남은 거리는 몇 km일까요?

❸ 자전거를 탈 거리가 총 42km예요. 총 거리의 $\frac{2}{7}$를 탔을 때 휴식을 취했어요. 이후 18km를 타고 한 번 더 쉬었어요. 남은 거리는 몇 km일까요?

❹ 자전거를 탈 거리가 총 72km예요. 총 거리의 $\frac{1}{4}$을 탈 때마다 휴식을 취했어요. 3번째 휴식을 취할 때까지 탄 거리는 모두 몇 km일까요?

9. 주어진 길을 색칠하고 질문에 답해 보세요.

❶ 10km 경로를 파란색으로　❷ 최단 거리를 빨간색으로　❸ 최장 거리를 초록색으로

❹ 최단 거리는 몇 km일까요?　❺ 최장 거리는 몇 km일까요?

________　________

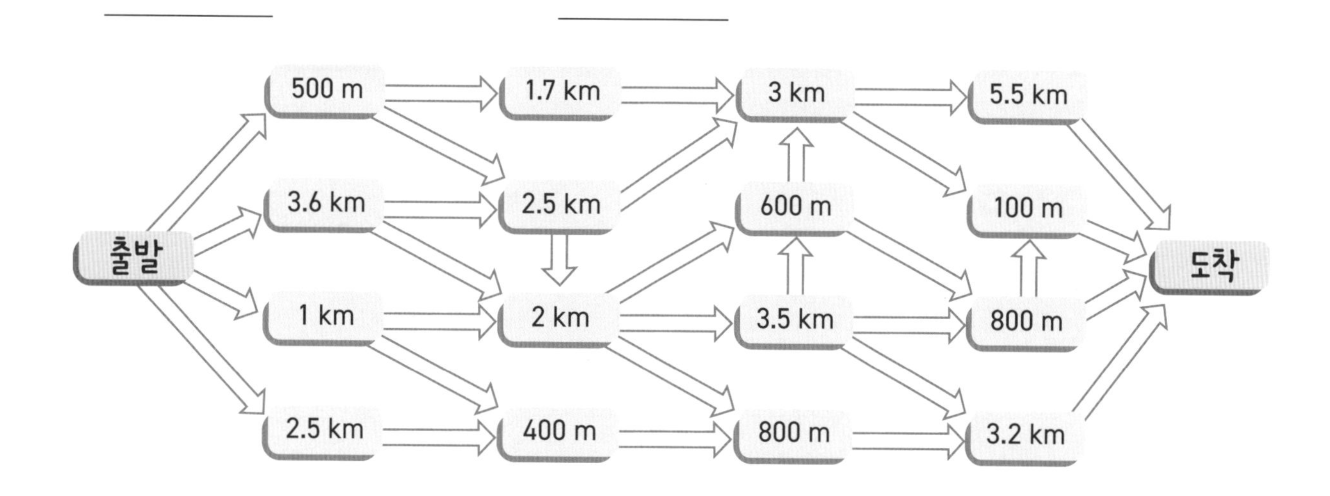

10. 7m 길이의 줄을 A, B, C 3부분으로 나누었어요. A와 B는 길이가 같고, C는 A 길이의 절반이에요. C의 길이는 몇 cm일까요?

____

한 번 더 연습해요!

1. 주어진 단위로 바꾸어 보세요. 변환표를 이용해도 좋아요.

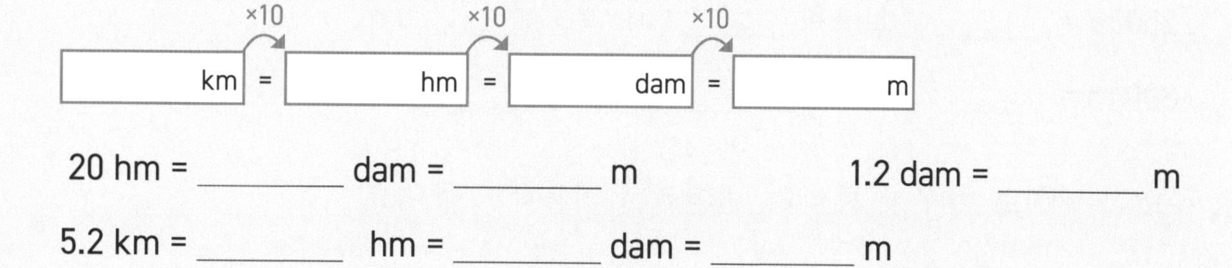

20 hm = ________ dam = ________ m　1.2 dam = ________ m

5.2 km = ________ hm = ________ dam = ________ m

2. 주어진 단위로 바꾸어 보세요.

3.2 km = ______ m　0.9 cm = ______ mm　5.1 cm = ______ mm

1.8 dm = ______ cm　0.6 km = ______ m　4.1 m = ______ cm

12 큰 단위로 바꾸기

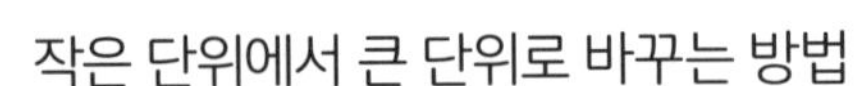

작은 단위에서 큰 단위로 바꾸는 방법

- 수를 단위에 맞게 변환표에 써넣으세요. 단위는 수의 자릿수를 나타내요.
- 앞의 값을 10으로 나누어 다음 단위의 값을 구해 보세요.

65 mm
= 6.5 cm
= 0.65 dm
= 0.065 m

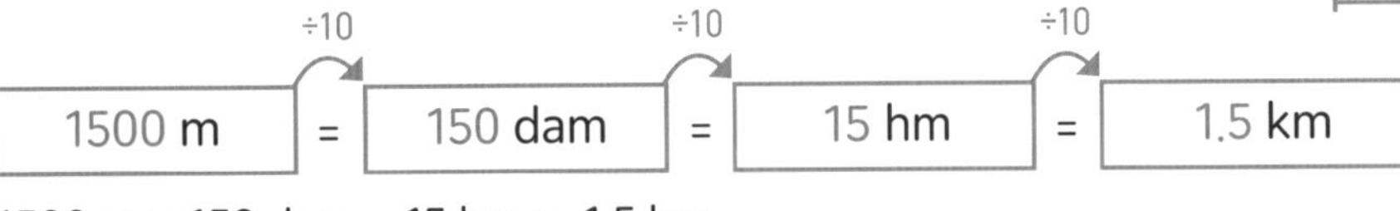

1500 m = 150 dam = 15 hm = 1.5 km

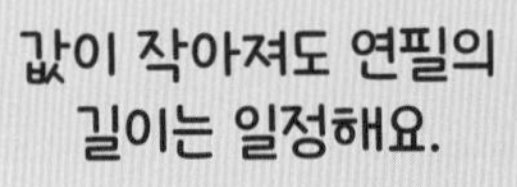

값이 작아져도 연필의 길이는 일정해요.

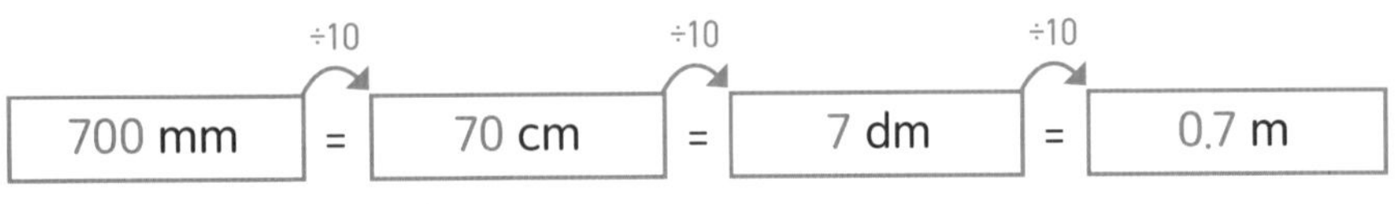

700 mm = 70 cm = 7 dm = 0.7 m

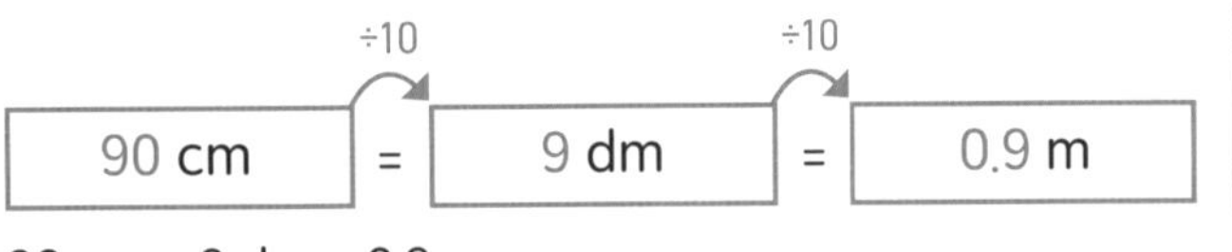

90 cm = 9 dm = 0.9 m

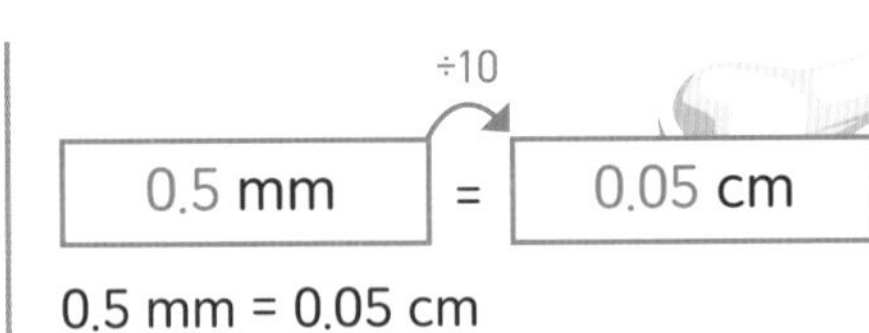

0.5 mm = 0.05 cm

1. 주어진 단위로 바꾸어 보세요. 변환표를 이용해도 좋아요.

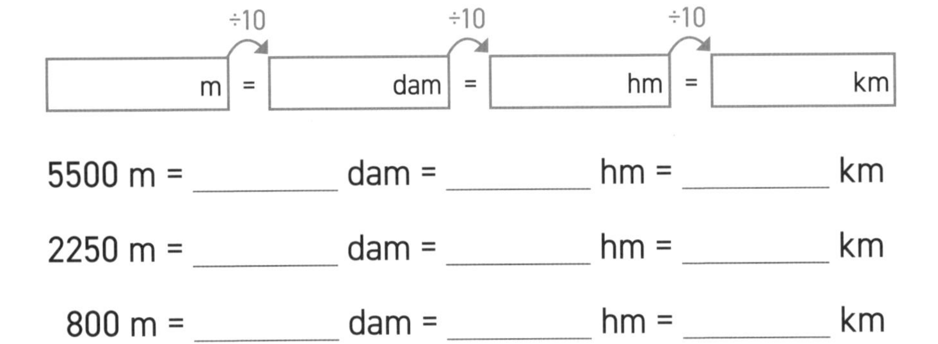

5500 m = ________ dam = ________ hm = ________ km

2250 m = ________ dam = ________ hm = ________ km

800 m = ________ dam = ________ hm = ________ km

2. 주어진 단위로 바꾸어 보세요. 변환표를 이용해도 좋아요.

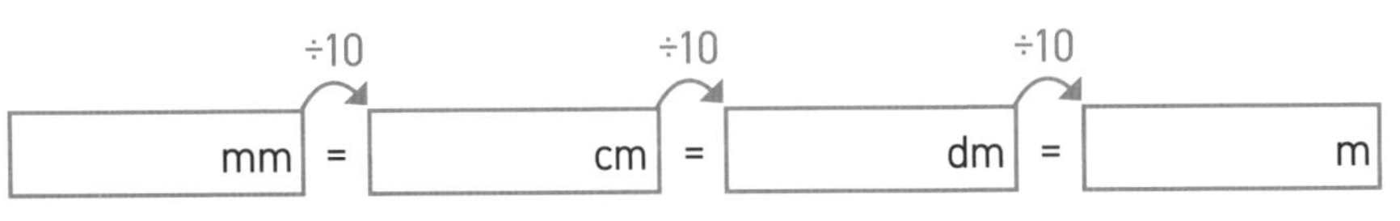

4400 mm = ________ cm = ________ dm = ________ m

5500 mm = ________ cm = ________ dm = ________ m

950 mm = ________ cm = ________ dm = ________ m

3. 주어진 단위로 바꾸어 보세요. 변환표를 이용해도 좋아요.

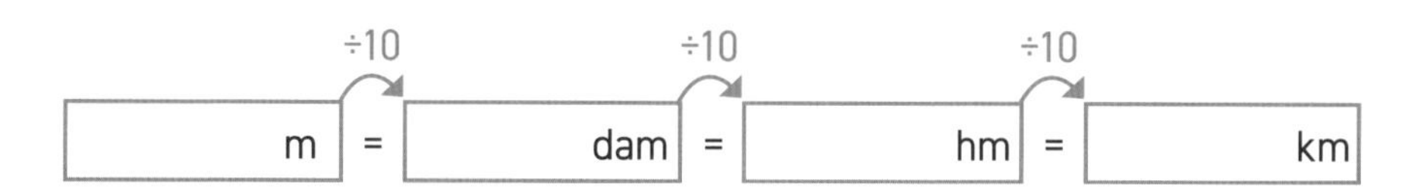

175 dam = ________ hm = ________ km　　7 hm = ________ km

60 dam = ________ hm = ________ km　　1.5 hm = ________ km

4. 주어진 단위로 바꾸어 보세요. 변환표를 이용해도 좋아요.

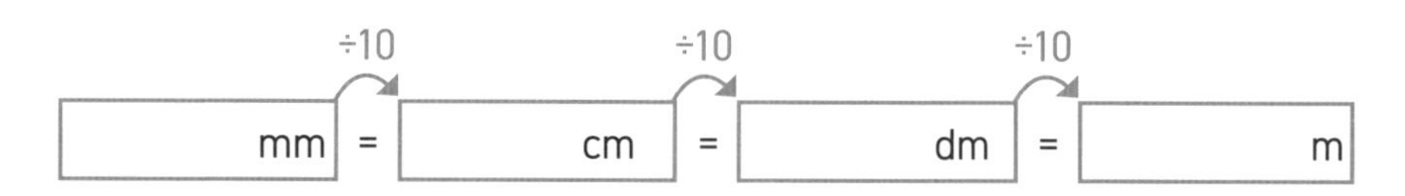

80 cm = ________ dm = ________ m　　0.3 dm = ________ m

255 cm = ________ dm = ________ m　　8 mm = ________ cm

5. 공책에 알맞은 식을 세워 답을 구한 후, 로봇에서 찾아 ○표 해 보세요.

❶ 워너는 수요일에 자전거를 20km 탔고, 목요일에 수요일보다 $\frac{1}{4}$km를 더 탔어요. 수요일과 목요일에 자전거를 탄 거리는 모두 몇 km일까요?

1.2 km
1.4 km
35 km
45 km

____

❷ 헤르미온은 5일 동안 총 7km를 수영했어요. 하루 평균 수영 거리는 몇 km일까요?

____

더 생각해 보아요!

아래 식의 답을 구해 보세요.

1.1 ____ + 1.1 ____ + 1.1 ____ = 110.121m

6. 킬로미터로 바꾼 후, 정답에 해당하는 알파벳을 빈칸에 써넣어 보세요.

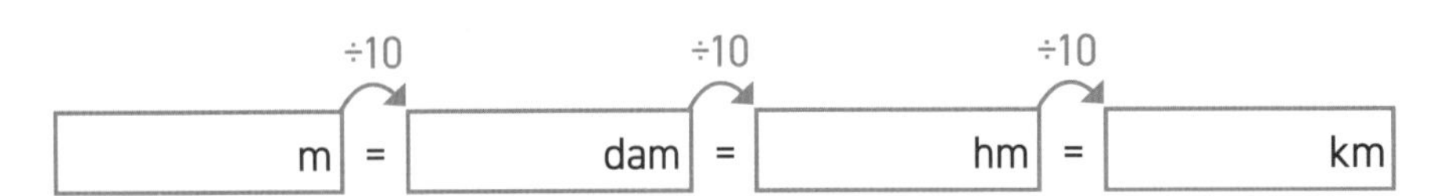

12 hm = ______ km ☐

50 hm = ______ km ☐

5 dam = ______ km ☐

20 m = ______ km ☐

30 dam = ______ km ☐

4 hm = ______ km ☐

3500 m = ______ km ☐

400 dam = ______ km ☐

50 hm = ______ km ☐

250 m = ______ km ☐

2 dam = ______ km ☐

30 m = ______ km ☐

30 hm = ______ km ☐

500 m = ______ km ☐

2.5 hm = ______ km ☐

300 m = ______ km ☐

450 dam = ______ km ☐

5000 m = ______ km ☐

3 hm = ______ km ☐

25 hm = ______ km ☐

0.02 km	N
0.03 km	U
0.05 km	G
0.25 km	I
0.3 km	E
0.4 km	L
0.5 km	S
1.2 km	H
2.5 km	M
3.0 km	A
3.5 km	F
4.0 km	O
4.5 km	R
5.0 km	T

7. 아래 그림과 같이 아이들이 직선을 따라 달리고 있어요.

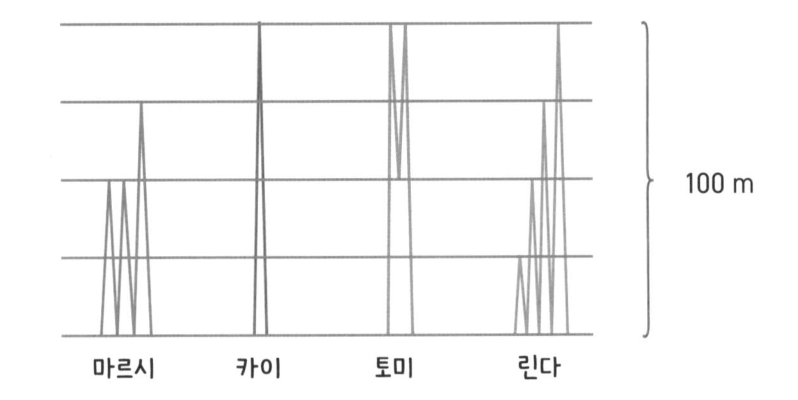

❶ 누가 가장 단거리를 달렸나요?

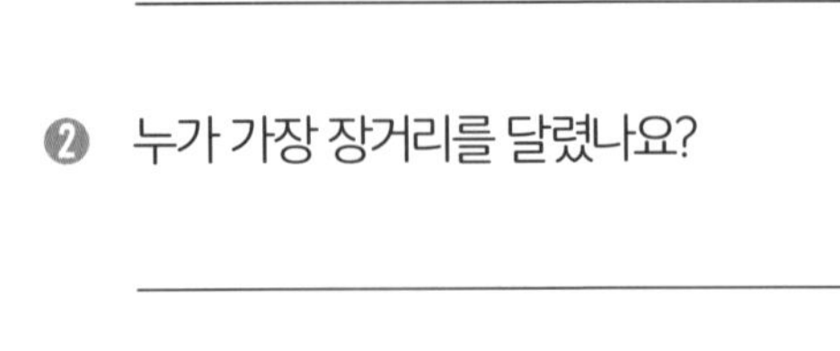

❷ 누가 가장 장거리를 달렸나요?

____

❸ 마르시가 달린 거리는 몇 m일까요?

____

❹ 토미가 달린 거리는 몇 m일까요?

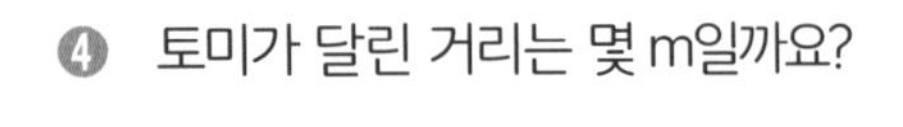

❺ 두 아이가 달린 거리를 합하면 린다가 달린 거리와 같아요. 두 아이의 이름을 적어 보세요.

____

8. 그림이 들어간 식을 보고 그림의 값을 구해 보세요.

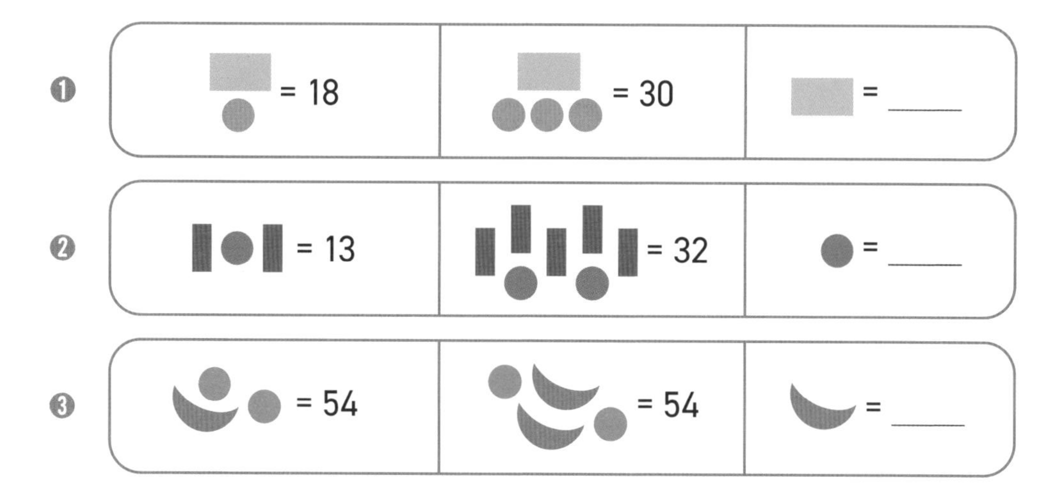

한 번 더 연습해요!

1. 주어진 단위로 바꾸어 보세요. 변환표를 이용해도 좋아요.

÷10 →		÷10 →		÷10 →		
m	=	dam	=	hm	=	km

75 dam = ________ hm = ________ km　　0.4 hm = ________ km

3200 m = ________ dam = ________ hm = ________ km

2. 주어진 단위로 바꾸어 보세요. 변환표를 이용해도 좋아요

÷10 →		÷10 →		÷10 →		
mm	=	cm	=	dm	=	m

30 cm = ________ dm = ________ m　　8.5 mm = ________ cm

5100 mm = ________ cm = ________ dm = ________ m

3. 주어진 단위로 바꾸어 보세요. 문제 1, 2번에 있는 변환표를 이용해도 좋아요.

1200 m = ________ km　　59 hm = ________ km

300 m = ________ km　　440 mm = ________ cm

___월 ___일 ___요일

13 길이와 거리에 관한 문제

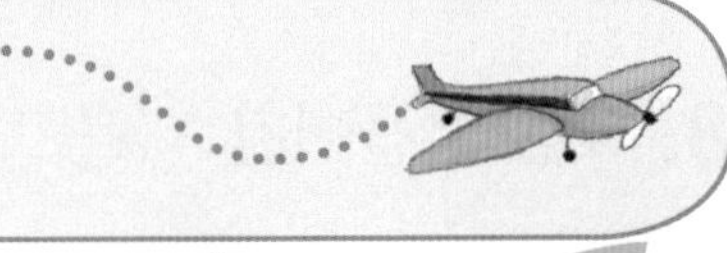

- 먼저 같은 단위로 모든 수를 바꾸세요.
- 정답을 적당한 단위로 나타내세요.

마르시가 집까지 가는 거리는 4.4km예요.
그중 1600m를 걸었어요. 이제 남은 거리는 얼마일까요?
km로 나타내 보세요.

나는 이렇게 계산했어!

4.4 km − 1600 m
= 4.4 km − 1.6 km
= 2.8 km
정답 : 2.8 km

나는 이런 방법으로 계산했어!

4.4 km − 1600 m
= 4400 m − 1600 m
= 2800 m
= 2.8 km
정답 : 2.8 km

예

0.35 m − 150 mm
= 35 cm − 15 cm
= 20 cm

780 cm + 3 × 0.7 m
= 7.8 m + 2.1 m
= 9.9 m

700 m + 3 km ÷ 2
= 0.7 km + 1.5 km
= 2.2 km

1. 계산하여 미터로 나타낸 후, 정답을 로봇에서 찾아 ○표 해 보세요.

❶ 80 cm + 50 cm

❷ 2.6 m − 30 cm

❸ 150 cm + 2.1 m

2. 계산하여 센티미터로 나타낸 후, 정답을 로봇에서 찾아 ○표 해 보세요.

❶ 30 cm + 0.25 m

❷ 1.2 m − 70 cm

❸ 0.5 m − 35 cm

15 cm 50 cm 55 cm 60 cm 1.3 m 2.3 m 2.6 m 3.6 m

3. 계산하여 킬로미터로 나타낸 후, 정답을 로봇에서 찾아 ○표 해 보세요.

❶ 800 m + 5 km ÷ 2

❷ 1400 m + 3 × 3.2 km

❸ 3.2 km − 5 × 120 m

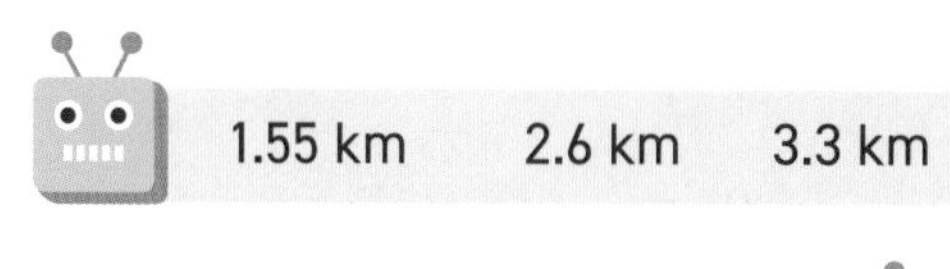

10.5 km 11.0 km

4. 공책에 알맞은 식을 세워 답을 구한 후, 로봇에서 찾아 ○표 해 보세요.

❶ 텐트에 1.8m 길이의 장대 3개가 있어요. 장대의 길이는 모두 몇 m일까요?

❷ 칼의 전체 길이가 16.8cm이고 칼날의 길이는 95mm예요. 손잡이의 길이는 몇 cm일까요?

❸ 천막의 바닥 너비가 2.4m예요. 똑같은 크기의 요 4개를 너비에 딱 맞게 깔려면 요 1개의 최대 너비는 몇 cm여야 할까요?

❹ 줄의 길이가 5.4m인데 6부분으로 똑같이 나누었어요. 한 부분의 길이는 몇 cm일까요?

❺ 야영객들이 차 4대를 나누어 타고 야영장에서 기술 경연 대회장으로 이동하려고 해요. 대회장은 야영장에서 3500m 떨어져 있어요.
차 4대가 대회장에 갔다 돌아오는 거리는 모두 몇 km일까요?

❻ 야영장까지의 거리는 17.5km에요. 돌아올 때는 2500m 더 멀어요. 야영장에 갔다 돌아오는 거리는 모두 몇 km일까요?

7.3 cm 60 cm 90 cm 3.6 m

5.4 m 20.0 km 28.0 km 37.5 km

더 생각해 보아요!

3.7m 길이의 줄을 2부분으로 나누었어요.
긴 부분이 짧은 부분보다 190cm 더 길어요.
짧은 부분의 길이는 몇 cm일까요?

5. 길이가 더 긴 곳을 따라 길을 찾아보세요. 길 위에 있는 알파벳을 모으면 엠마가 먹은 것이 무엇인지 알 수 있어요.

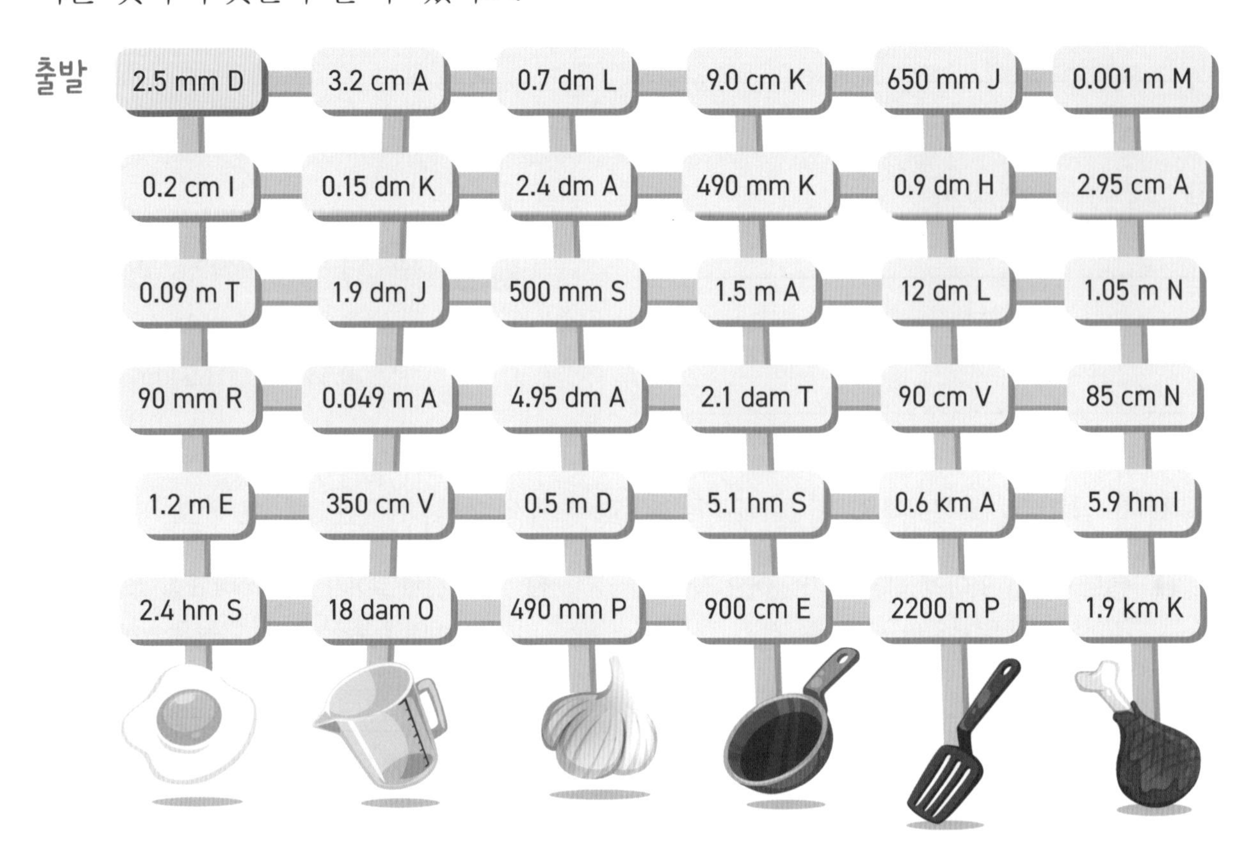

엠마가 먹은 음식은? ______________________

6. 가로줄, 세로줄 각각의 합이 주어진 수가 되도록 빈칸을 채워 보세요.

❶ 1.2 km

0.5 km		400 m
	200 m	
0.4 km		

❷ 3.6 km

600 m		
		1.4 km
2.6 km	100 m	

7. 총 거리는 얼마일까요? 아래 분할 선을 이용해도 좋아요.

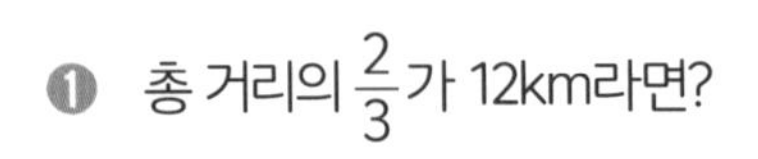

❶ 총 거리의 $\frac{2}{3}$가 12km라면?

____

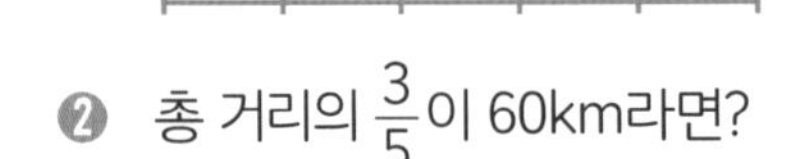

❷ 총 거리의 $\frac{3}{5}$이 60km라면?

____

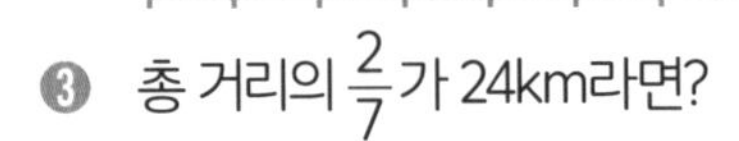

❸ 총 거리의 $\frac{2}{7}$가 24km라면?

____

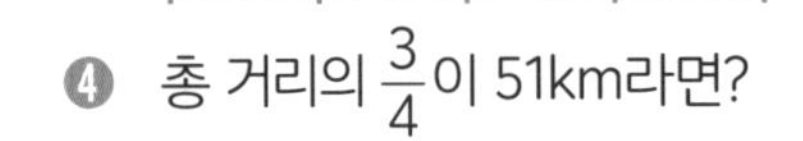

❹ 총 거리의 $\frac{3}{4}$이 51km라면?

____

8. 질문에 답해 보세요. 줄 1개의 길이가 20m예요. 줄을 다 이용하지 않아도 괜찮아요.

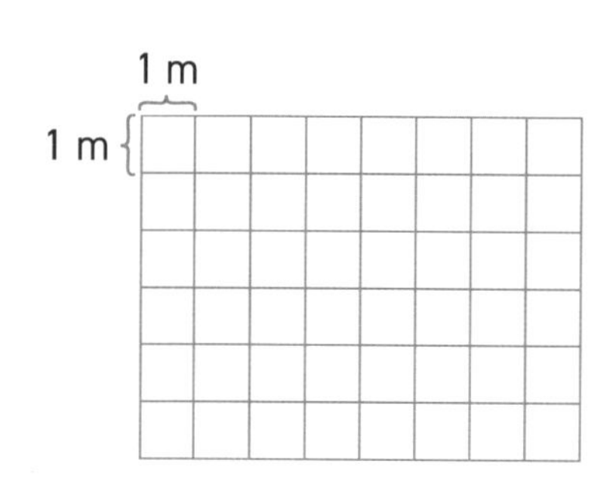

❶ 이 줄을 이용하여 가능한 한 가장 큰 직사각형을 모눈종이에 만들어 보세요. 이 직사각형의 넓이는 얼마일까요?

정답 : ______칸

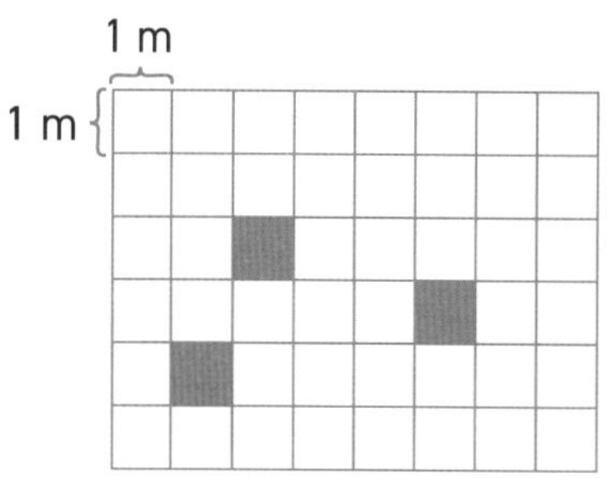

❷ 이 줄을 이용하여 파란색 칸을 포함하지 않는 가장 큰 다각형을 모눈종이에 만들어 보세요. 이 다각형의 넓이는 얼마일까요?

정답 : ______칸

한 번 더 연습해요!

1. 계산한 후, 킬로미터로 나타내 보세요.

❶ 400 m + 2100 m

❷ 5.2 km − 3600 m

❸ 2 × 4.4 km − 900 m

2. 아래 글을 읽고 알맞은 식을 세워 답을 구해 보세요.

❶ 아트는 겨울 휴가 동안 3600m 거리의 자연 탐사 오솔길을 3회 걸었어요. 아트가 걸은 거리는 모두 몇 km일까요?

정답 :

❷ 총 8m 길이의 막대가 있어요. 이 막대를 이용하여 140cm 길이의 장대를 5개 만들었어요. 남은 막대는 몇 m일까요?

정답 :

_____ 월 _____ 일 _____ 요일

1. 주어진 단위로 바꾸어 보세요. 변환표를 이용해도 좋아요.

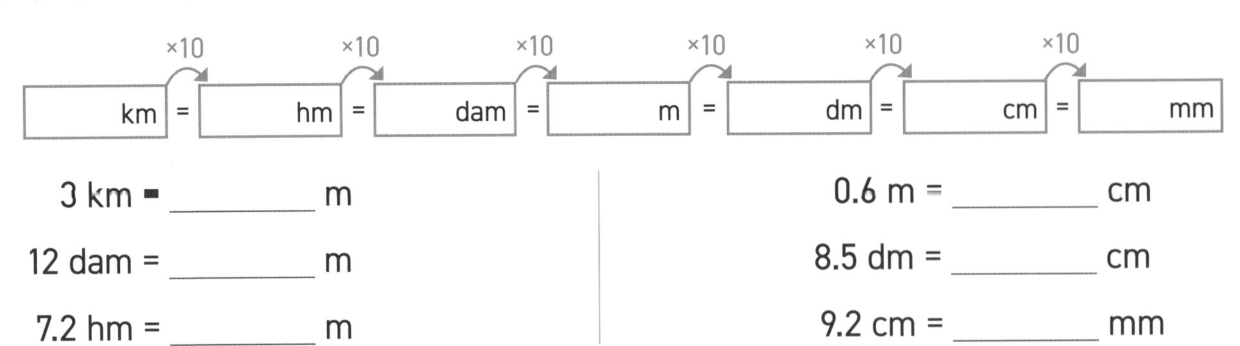

3 km = ________ m

12 dam = ________ m

7.2 hm = ________ m

0.6 m = ________ cm

8.5 dm = ________ cm

9.2 cm = ________ mm

2. 계산하여 킬로미터로 나타낸 후, 정답을 로봇에서 찾아 ○표 해 보세요.

❶ 3.8 km – 1500 m

❷ 4.5 km + 700 m

❸ 800 m + 2 × 4.3 km

1기가는 100만이 1000개인 것, 즉 10억이에요. 스마트폰의 저장 공간은 기가바이트(GB)로 나타내요.

3. 계산하여 센티미터로 나타낸 후, 정답을 로봇에서 찾아 ○표 해 보세요.

❶ 마르시는 5m 길이의 줄을 잘라서 4부분으로 똑같이 나누었어요. 한 부분의 길이는 몇 cm일까요?

❷ 아트는 2.4m 길이의 널빤지에서 60cm 길이로 2조각을 톱으로 잘라 냈어요. 남은 널빤지의 길이는 몇 cm일까요?

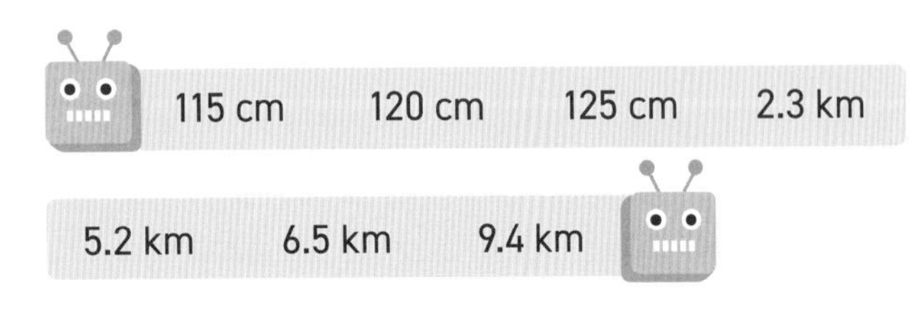

4. 주어진 단위로 바꾸어 보세요. 변환표를 이용해도 좋아요.

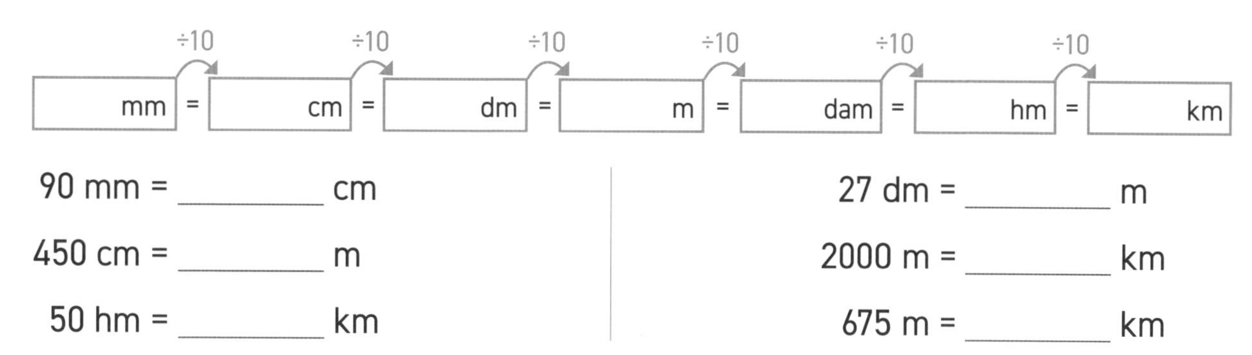

90 mm = ________ cm

450 cm = ________ m

50 hm = ________ km

27 dm = ________ m

2000 m = ________ km

675 m = ________ km

5. 계산하여 킬로미터로 나타낸 후, 정답을 로봇에서 찾아 ○표 해 보세요.

❶ 마누는 3800m 거리의 트랙을 3회 달렸어요. 마누가 달린 거리는 모두 몇 km일까요?

____

❷ 베라는 매일 850m씩 수영을 하고, 테드는 1주일 동안 7km를 수영해요. 테드가 수영한 거리는 베라가 수영한 거리보다 몇 km 더 많을까요?

____

6. 미터로 계산한 후, 정답을 로봇에서 찾아 ○표 해 보세요.

❶ 3.1 m − 120 cm

____

____

❷ 0.15 m + 150 cm

____

____

❸ 200 cm + 7 m ÷ 2

____

____

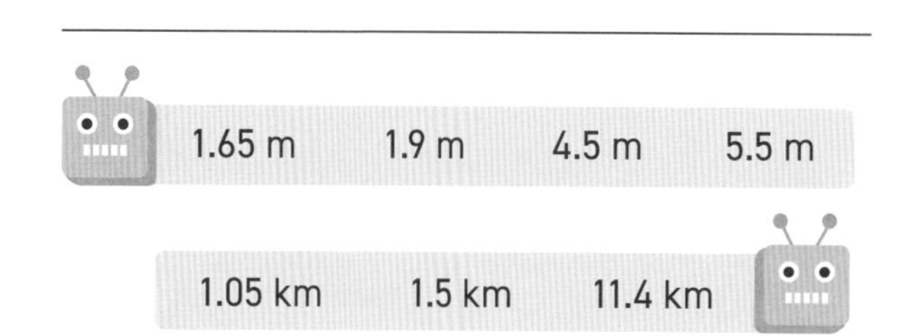

더 생각해 보아요!

오토가 학교까지 가는 거리는 1.5km예요. 학교로 가는 길에 오토는 집에 수학책을 놓고 온 것을 알게 되었어요. 수학책을 가지러 집으로 다시 돌아가는 바람에 학교 가는 거리는 평소보다 2배가 되었어요. 책을 집에 놓고 온 것을 알았을 때 오토는 집에서 얼마나 떨어져 있었을까요?

____

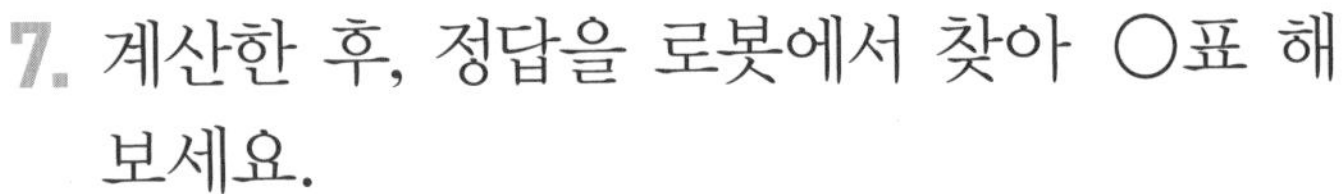

7. 계산한 후, 정답을 로봇에서 찾아 ○표 해 보세요.

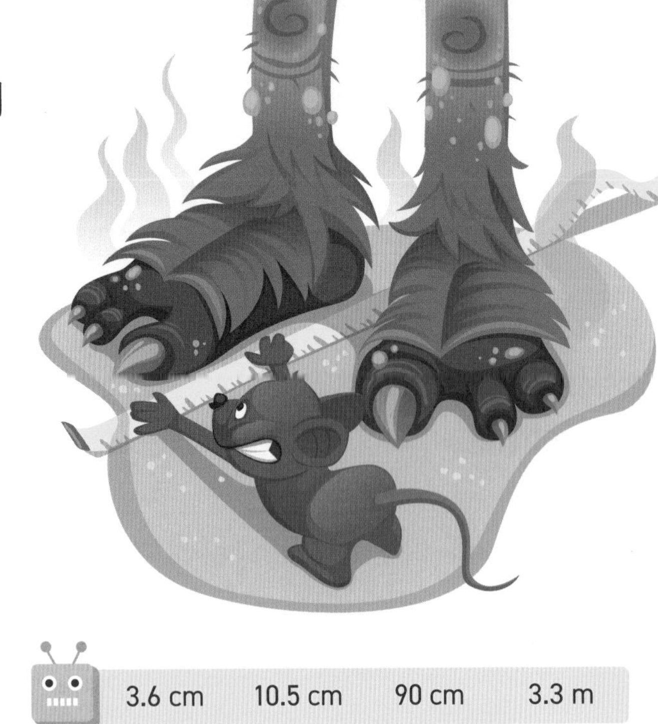

① 미터로
600 m + 2.8 km ____________

② 미터로
1.2 km - 700 m ____________

③ 센티미터로
3 cm ÷ 2 + 90 mm ____________

④ 킬로미터로
5.2 km - 1600 m ____________

⑤ 미터로
250 cm + 0.8 m ____________

⑥ 센티미터로
0.45 m + 3 × 15 cm ____________

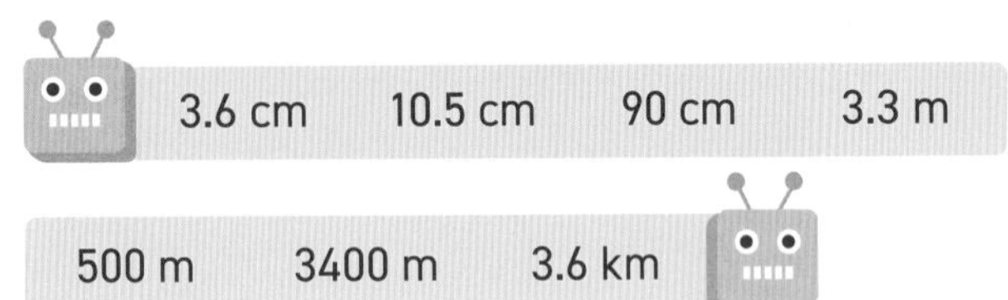

8. 주어진 조건에 맞게 선으로 이어 보세요.

① 합하여 1m가 되는 것끼리 선으로 이어 보세요.

0.2 m · 25 cm · 20 mm · 0.05 m · 0.002 m · 25 mm

75 cm · 800 mm · 98 cm · 975 mm · 0.998 m · 95 cm

② 합하여 1km가 되는 것끼리 선으로 이어 보세요.

4 hm · 0.004 km · 0.45 km · 40 m · 5 m · 0.405 km

550 m · 0.6 km · 996 m · 595 m · 0.960 km · 995 m

9. 10m 길이의 줄을 잘라 3부분으로 나누는 방법은 몇 가지일까요?
단, 각 부분은 1m의 배수여야 해요.

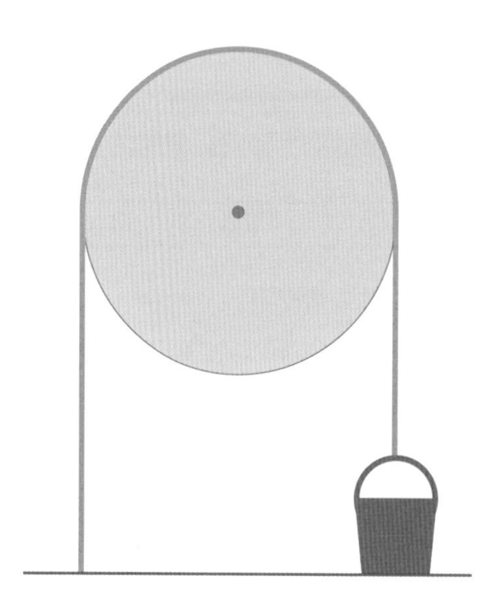

10. 원반의 둘레는 3.0m이고, 반지름은 0.48m예요.
원반의 아래 끝부분은 땅에서 60cm 떨어져 있고,
양동이 손잡이는 35cm 높이에 있어요.
줄의 길이는 얼마일까요?

한 번 더 연습해요!

1. 계산한 후, 미터로 나타내 보세요.

❶ 5.9 m – 170 cm

❷ 190 cm + 550 cm

❸ 3 × 1.5 m + 80 cm

2. 계산한 후, 킬로미터로 나타내 보세요.

❶ 안드레아는 8km를 달리는 것이 목표예요.
안드레아는 1400m를 4회 달렸어요.
안드레아가 목표에 도달하려면 몇 km를
더 달려야 할까요?

정답 :

❷ 테런스는 아침마다 800m씩 수영을 해요.
그리고 저녁마다 600m씩 2회 수영을 해요.
3일 동안 테런스가 수영하는 거리는 모두
몇 km일까요?

정답 :

14 무게 단위 바꾸기

- 무게 단위에는 작은 단위부터 큰 단위의 순서로 밀리그램, 센티그램, 데시그램, 그램, 데카그램, 헥토그램, 킬로그램이 있어요.
- 무게 단위도 길이 단위와 같은 방법으로 바꾸어요.

킬로그램	헥토그램	데카그램	그램	데시그램	센티그램	밀리그램
kg	hg	dag	g	dg	cg	mg
1000 g	100 g	10 g	1 g	0.1 g	0.01 g	0.001 g

작은 단위로 바꾸기

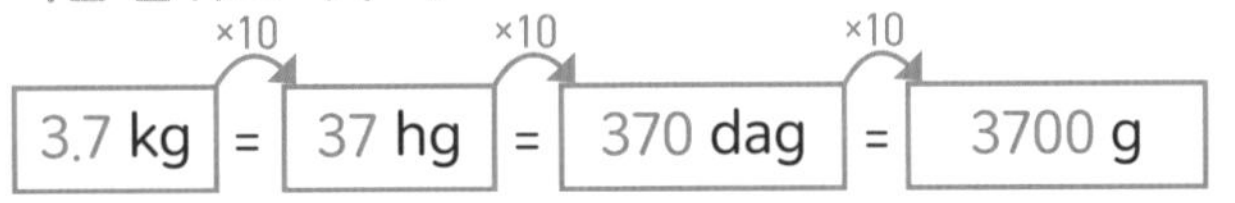

3.7 kg = 37 hg = 370 dag = 3700 g

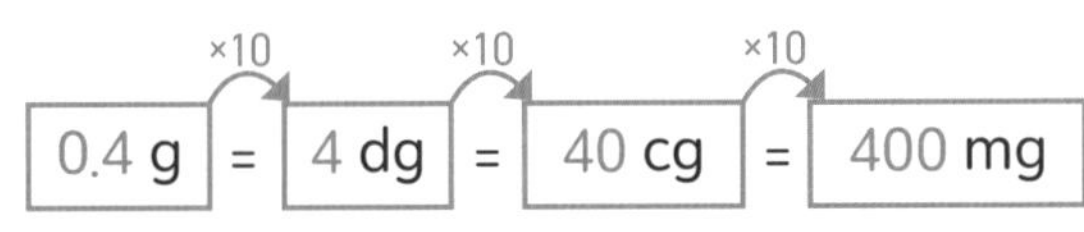

0.4 g = 4 dg = 40 cg = 400 mg

큰 단위로 바꾸기

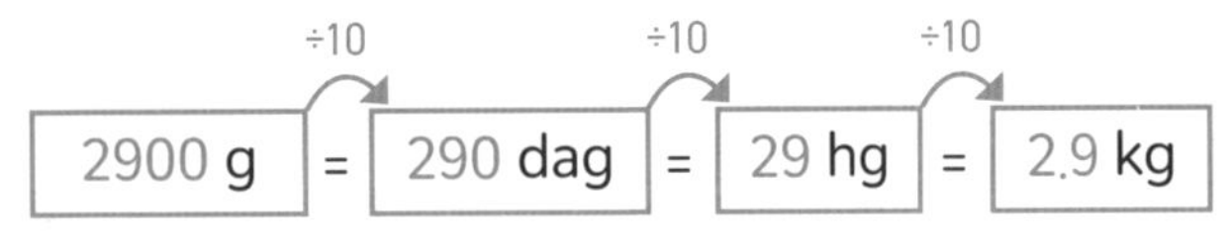

2900 g = 290 dag = 29 hg = 2.9 kg

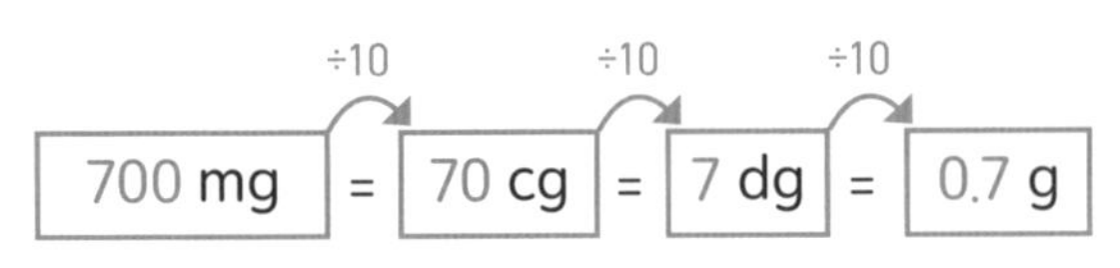

700 mg = 70 cg = 7 dg = 0.7 g

1. 주어진 단위로 바꾸어 보세요. 변환표를 이용해도 좋아요.

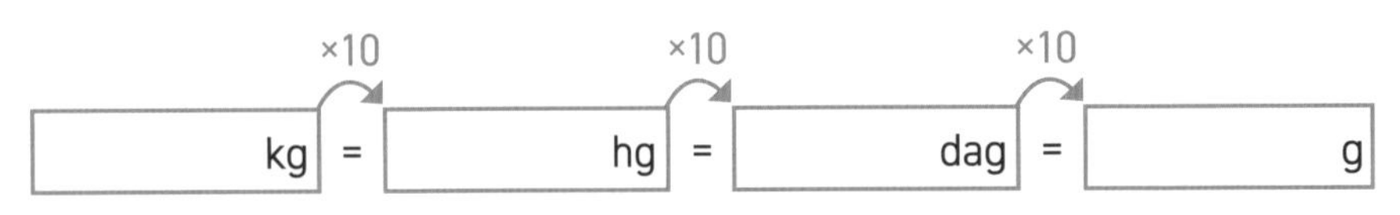

3 kg = ________ hg = ________ dag = ________ g

0.8 kg = ________ hg = ________ dag = ________ g

7 kg = ________ g   4.5 kg = ________ g

2. 주어진 단위로 바꾸어 보세요. 변환표를 이용해도 좋아요.

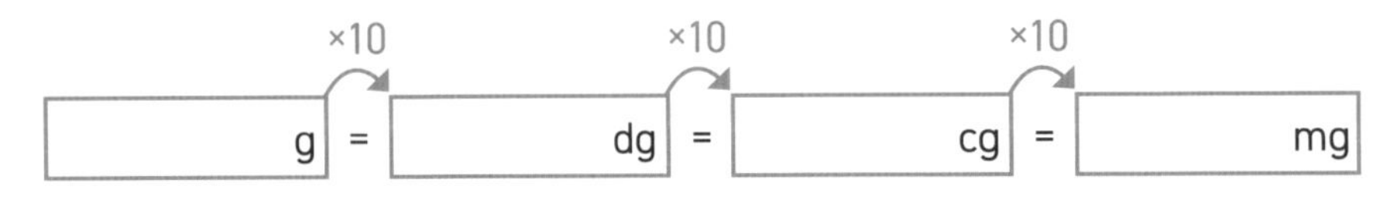

0.8 g = ________ dg = ________ cg = ________ mg

0.05 g = ________ dg = ________ cg = ________ mg

9 g = ________ mg   0.4 g = ________ mg

3. 계산하여 그램으로 나타낸 후, 정답을 로봇에서 찾아 ○표 해 보세요.

❶ 1.6 kg – 1.2 kg

❷ 2 × 300 g – 60 g

❸ 2 kg ÷ 5 + 50 g

380 g　400 g　450 g　540 g　640 g

4. 주어진 단위로 바꾸어 보세요. 변환표를 이용해도 좋아요

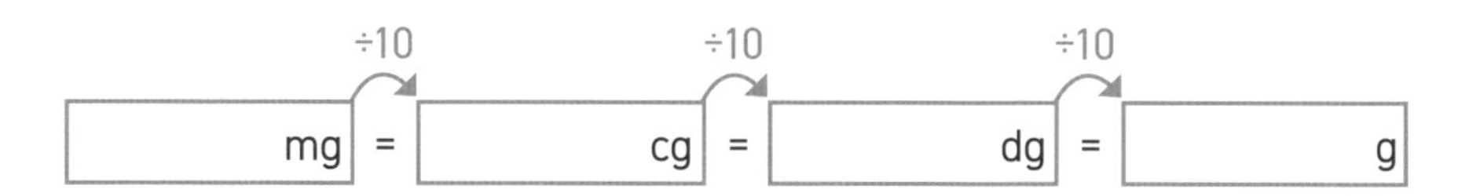

2800 mg = ______ cg = ______ dg = ______ g

300 mg = ______ cg = ______ dg = ______ g

1000 mg = ______ g　　750 mg = ______ g

5. 계산하여 킬로그램으로 나타낸 후, 정답을 로봇에서 찾아 ○표 해 보세요.

❶ 5.8 kg – 2600 g

1.3 kg　2.3 kg　3.2 kg　4.2 kg　5.2 kg

❷ 400 g + 900 g

❸ 1.5 kg × 2 + 0.4 kg × 3

더 생각해 보아요!

애니는 블루베리 6kg을, 밀라는 4kg을, 소피아는 2kg을 땄어요. 아이들은 블루베리를 판매해서 총 60유로를 벌었어요. 각자의 수확량을 기준으로 돈을 나눈다면 아이들은 각각 얼마씩 갖게 될까요?

애니: ______ €　밀라: ______ €

소피아: ______ €

6. 주어진 단위를 다른 단위로 나타낸 것을 아래 그림에서 찾아 빈칸에 써넣어 보세요.

5 kg	5 g	1.8 kg	1.8 g

1800 g　500 dag　18 hg　500 cg　18 dg　5000 mg

1800 mg　50 dg　50 hg　180 dag　5000 g　180 cg

7. 그림을 보고 아래 질문에 대한 답을 구해 보세요.

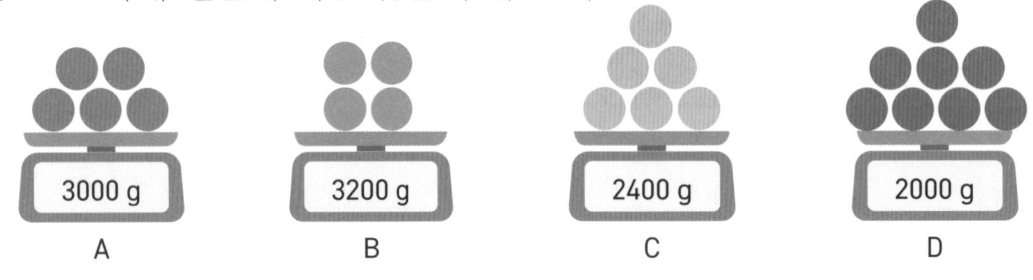

❶ 파란 공 1개의 무게는 몇 g일까요?

____

❷ 빨간 공 1개의 무게는 몇 g일까요?

____

❸ 저울 A에서 공 2개를 저울 B로 옮겼어요. 저울 A가 나타내는 무게 값은 몇 g일까요?

____

❹ 저울 C에서 공 4개를 저울 D로 옮겼어요. 저울 D가 나타내는 무게 값은 몇 g일까요?

____

❺ 저울 A의 공 1개를 저울 C의 공 1개와 바꾸었어요. 저울 C가 나타내는 무게 값은 몇 g일까요?

____

❻ 저울 D에서 공 1개씩을 저울 A, B, C로 각각 옮겼어요. 저울 D가 나타내는 무게 값은 몇 g일까요?

____

❼ 저울 C의 공 1개를 저울 B의 공 2개와 바꾸었어요. 저울 B가 나타내는 무게 값은 몇 g일까요?

____

❽ 저울 A의 공 3개와 저울 D의 공 3개를 서로 바꾸었어요. 저울 D가 나타내는 무게 값은 몇 g일까요?

____

8. 1kg당 빵 가격을 보고 아래 빵 가격을 구해 보세요.

 4.00 € / kg

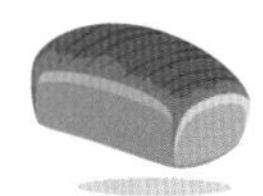 5 € / kg

 5.60 € / kg

 8.00 € / kg

 7.00 € / kg

 9.00 € / kg

❶ 600 g 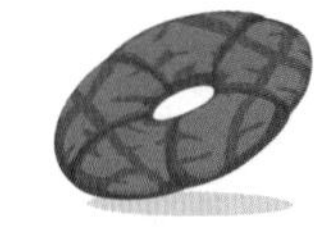

____

❷ 400 g 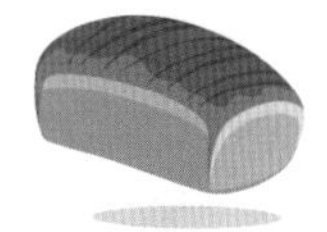

____

❸ 500 g 

____

❹ 200 g 

____

❺ 400 g 

____

❻ 800 g 

____

9. 아래 글을 읽고 알맞은 식을 세워 답을 구해 보세요.

❶ 800g인 밀가루 1봉지 가격이 1.20€예요. 밀가루 1kg의 가격은 얼마일까요?

____

❷ 밀가루 6kg의 무게가 버터 400g의 무게와 같아요. 버터 1kg의 무게는 밀가루 몇 kg과 같을까요?

____

한 번 더 연습해요!

1. 주어진 단위로 바꾸어 보세요.

0.5 kg = ________ g

0.3 g = ________ mg

2700 g = ________ kg

4450 mg = ________ g

2. 계산한 후, 킬로그램으로 나타내 보세요.

❶ 2×4.0 kg − 1.7 kg

____

____

❷ 1400 g + 800 g

____

____

15 무게에 관한 문제

- 먼저 같은 단위로 모든 수를 바꾸세요.
- 정답을 적당한 단위로 나타내 보세요.

케이트는 우체국에서 소포 2개를 가져왔어요.
한 개는 5.7kg이고, 또 다른 한 개는 2800g이에요.
소포 2개의 무게는 모두 합해 몇 kg일까요?

나는 이렇게 계산했어!

5.7 kg + 2800 g
= 5.7 kg + 2.8 kg
= 8.5 kg
정답 : 8.5 kg

나는 이런 방법으로 계산했어!

5.7 kg + 2800 g
= 5700 g + 2800 g
= 8500 g
= 8.5 kg
정답 : 8.5 kg

예

5.3 kg − 1500 g
= 5.3 kg − 1.5 kg
= 3.8 kg

9 kg ÷ 2 + 4600 g
= 4.5 kg + 4.6 kg
= 9.1 kg

7800 mg − 3.5 g
= 7.8 g − 3.5 g
= 4.3 g

1. 계산하여 킬로그램으로 나타낸 후, 정답을 로봇에서 찾아 ○표 해 보세요.

❶ 3000 g − 1700 g

❷ 800 g + 1.9 kg

❸ 0.8 kg + 2800 g

❹ 2 × 2.8 kg − 3900 g

❺ 10 × 1.7 kg − 900 g

❻ 3700 g + 9 kg ÷ 2

1.3 kg | 1.7 kg | 2.3 kg | 2.7 kg | 3.6 kg | 8.2 kg | 15.8 kg | 16.1 kg

2. 계산하여 킬로그램으로 나타낸 후, 정답을 로봇에서 찾아 ○표 해 보세요.

❶ 저울 위에 1.4kg인 밀가루 봉지와 900g인 밀가루 봉지가 있어요. 밀가루의 무게는 모두 몇 kg일까요?

____

❷ 저울 위에 3.5kg인 밀가루 봉지가 있는데 그중 1800g을 사용했어요. 남은 밀가루의 무게는 몇 kg일까요?

____

❸ 저울 위에 1봉지에 600g인 견과류 4봉지가 있어요. 견과류의 무게는 모두 몇 kg일까요?

____

❹ 시리얼 7kg을 2부분으로 똑같이 나누었어요. 한 부분의 무게는 몇 kg일까요?

____

❺ 저울 위에 1봉지에 850g인 건포도 2봉지와 1봉지에 700g인 대추야자 3봉지가 있어요. 무게는 모두 몇 kg일까요?

____

❻ 밀가루 1500g과 호밀가루 2600g이 있어요. 밀가루의 $\frac{1}{3}$과 호밀가루의 $\frac{1}{2}$을 사용했어요. 사용한 가루의 무게는 모두 몇 kg일까요?

____

1.4 kg　1.7 kg　1.8 kg　2.3 kg　2.4 kg　2.5 kg　3.5 kg　3.8 kg

더 생각해 보아요!

매트는 똑같은 초콜릿 바 3개를 샀는데 가격은 총 1.20유로예요. 초콜릿 바 1개의 무게가 20g이라면 1kg당 초콜릿 가격은 몇 유로일까요?

____

3. 계산해 보세요. ①~③번은 그램으로, ④~⑥은 킬로그램으로 나타내 보세요.

❶ 7800 g + 3 kg

❷ 7.2 kg – 1400 g

❸ 4.5 kg + 4 × 600 g

❹ 5400 g 2 × 1.1 kg

❺ 3 kg ÷ 2 + 2800 g

❻ 3 × 1.2 kg – 800 g

4. 그림을 보고 아래 질문에 대한 답을 구해 보세요.

200 g

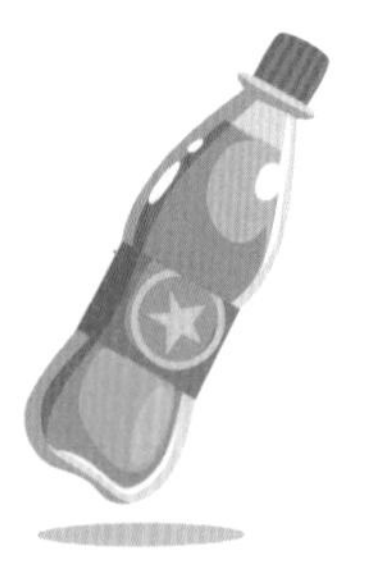

400 g

20 g

❶

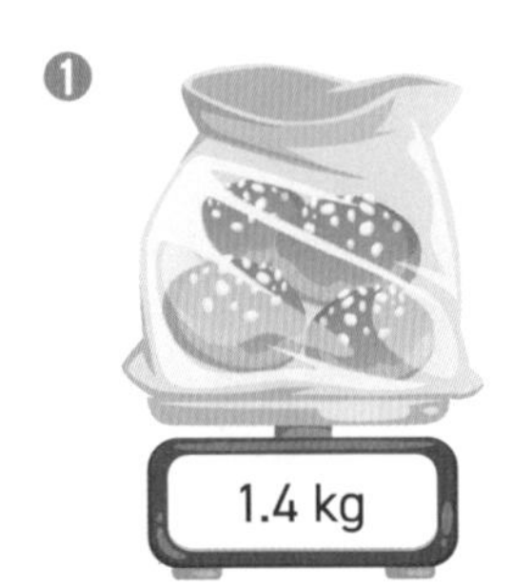

저울이 나타내는 무게 값이 2kg이 되려면 빵을 몇 개 더 담아야 할까요?

❷

저울이 나타내는 무게 값이 500g이 되려면 쿠키를 몇 개 더 담아야 할까요?

❸

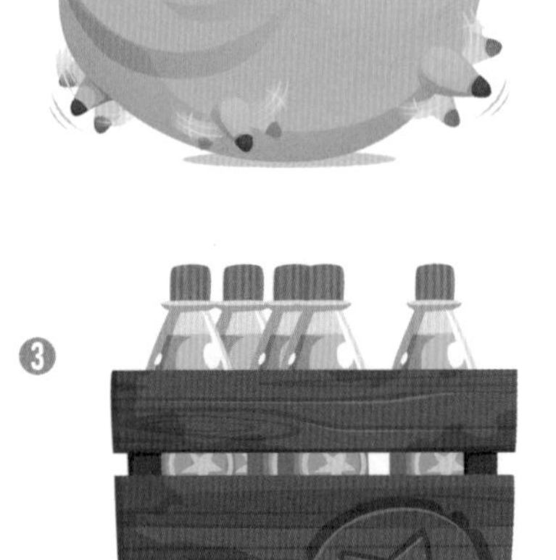

저울이 나타내는 무게 값이 7kg이 되려면 병을 몇 개 더 담아야 할까요?

5. 아래 글을 읽고 알맞은 식을 세워 답을 구해 보세요.

❶ 가득 찬 기름 1통의 무게는 160kg이고, 반 통은 90kg이에요. 빈 기름통의 무게는 얼마일까요?

❷ 양동이가 가득 차면 무게가 12.5kg이고 반만큼 차면 6.5kg이에요. 빈 양동이의 무게는 얼마일까요?

6. 아래 글을 읽고 개의 이름을 알아맞혀 보세요.

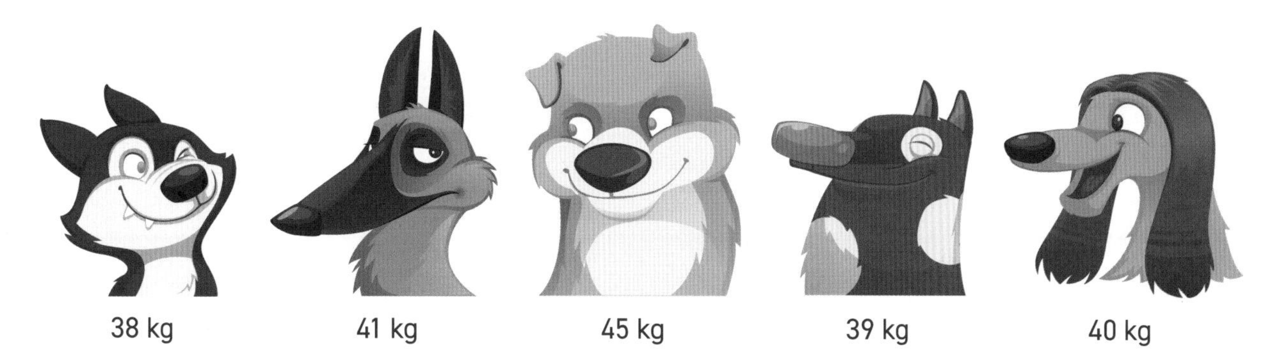

_______ _______ _______ _______ _______

- 디에고의 몸무게는 버디보다 가벼워요.
- 펠레의 몸무게는 재스퍼보다 1kg 더 무거워요.
- 디에고와 훌라는 펠레 옆에 있어요.
- 재스퍼 옆에는 재스퍼보다 몸무게가 가벼운 개 1마리만 있어요.

한 번 더 연습해요!

1. 계산한 후, 킬로그램으로 나타내 보세요.

❶ 700 g + 3.2 kg　❷ 3.5 kg − 1800 g　❸ 3 × 0.9 kg + 500 g

2. 알맞은 식을 세워 계산한 후, 정답을 킬로그램으로 나타내 보세요.

❶ 감자 2.5kg이 있는데 그중 900g을 사용했어요. 남은 감자의 무게는 얼마일까요?

정답 :

❷ 밀가루 2봉지가 있어요. 한 봉지는 750g이고, 다른 한 봉지는 850g이에요. 밀가루의 절반을 사용했다면 남은 밀가루의 무게는 얼마일까요?

정답 :

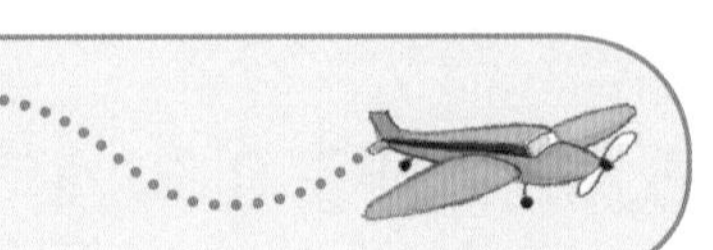

16 부피 단위 바꾸기

• 부피 단위에는 작은 단위부터 큰 단위의 순서로 밀리리터, 센티리터, 데시리터, 리터가 있어요.

리터	데시리터	센티리터	밀리리터
L	dL	cL	mL
1 L	0.1 L	0.01 L	0.001 L

작은 단위로 바꾸기

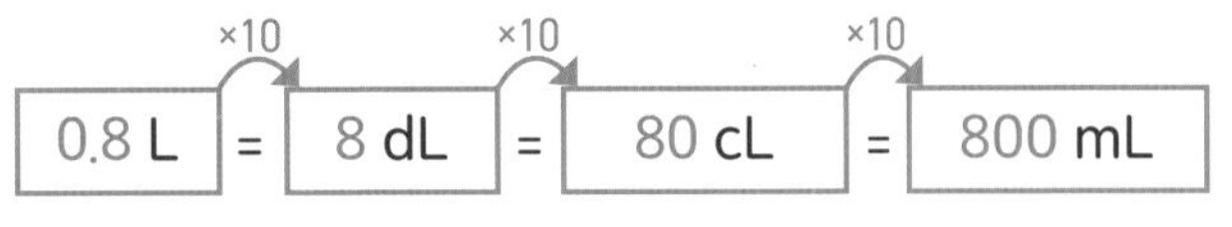

0.8 L = 8 dL = 80 cL = 800 mL

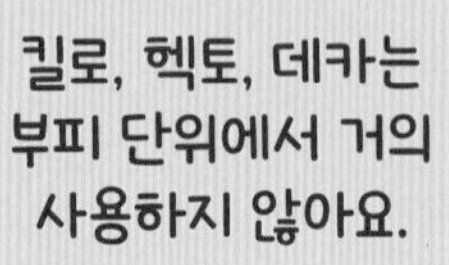

큰 단위로 바꾸기

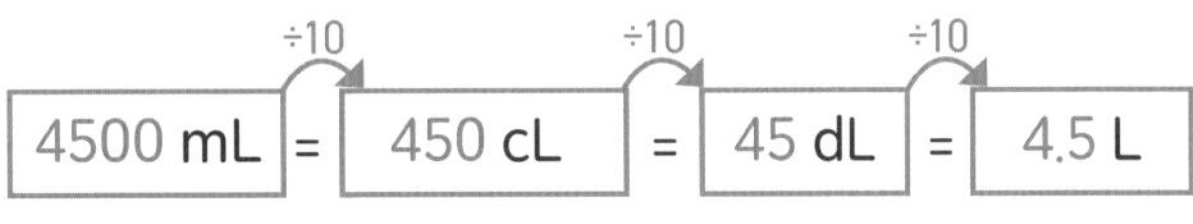

4500 mL = 450 cL = 45 dL = 4.5 L

예

3.7 L + 4 dL
= 3.7 L + 0.4 L
= 4.1 L

500 mL + 6.0 L ÷ 2
= 0.5 L + 3.0 L
= 3.5 L

1.5 L − 8 dL
= 15 dL − 8 dL
= 7 dL

1. 주어진 단위로 바꾸어 보세요. 변환표를 이용해도 좋아요.

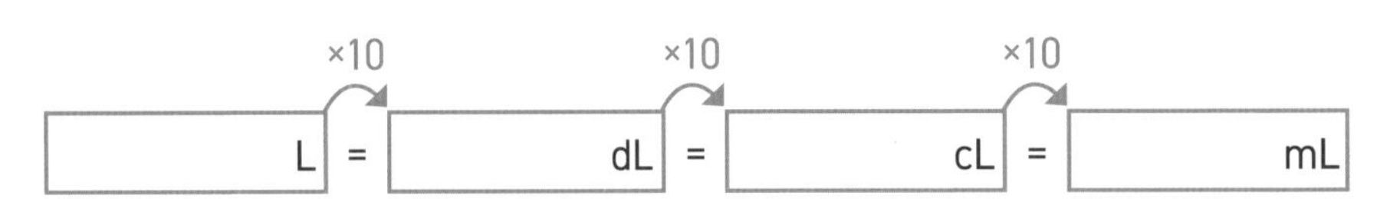

2.5 L = ________ dL = ________ cL = ________ mL

6 L = ________ dL

0.4 L = ________ dL = ________ cL = ________ mL

0.3 L = ________ dL

2. 데시리터로 계산한 후, 정답을 로봇에서 찾아 ○표 해 보세요.

❶ 3.0 L − 14 dL

❷ 2.3 L + 15 dL

❸ 4 × 2 dL − 0.6 L

2 dL　5 dL　16 dL　26 dL　38 dL

3. 주어진 단위로 바꾸어 보세요. 변환표를 이용해도 좋아요.

mL	=	cL	=	dL	=	L
÷10 →		÷10 →		÷10 →		

5000 mL = ________ cL = ________ dL = ________ L

300 mL = ________ cL = ________ dL = ________ L

30 dL = ________ L　　　　6 dL = ________ L

4. 계산하여 리터로 나타낸 후, 정답을 로봇에서 찾아 ○표 해 보세요.

❶ 400 mL + 2 × 500 mL

❷ 4 dL + 2 × 3.5 dL

5. 아래 글을 읽고 리터로 계산한 후, 정답을 로봇에서 찾아 ○표 해 보세요.

❶ 물통에 물이 7L 있는데 절반을 사용했어요. 물통에 남은 물은 몇 L일까요?

❷ 1.5L인 우유갑 3개가 식탁 위에 있어요. 우유는 모두 몇 L일까요?

❸ 통에 주스가 1.3L 담겨 있어요. 1컵에 주스 2dL가 담겨요. 이 컵에 주스를 가득 따라 4컵을 마셨어요. 남은 주스는 몇 L일까요?

❹ 물통에 물이 1.5L 있고, 1컵에 물 4dL가 담겨요. 8컵을 가득 따르려면 물이 몇 L 더 필요할까요?

0.5 L　1.1 L　1.4 L　1.5 L　1.7 L

2.5 L　3.5 L　4.5 L　4.5 L

더 생각해 보아요!

8mL 용량의 립글로스 가격이 10유로예요.
1L당 립글로스 가격은 얼마일까요?

6. 계산한 값이 2L인 곳을 따라 길을 찾아보세요.

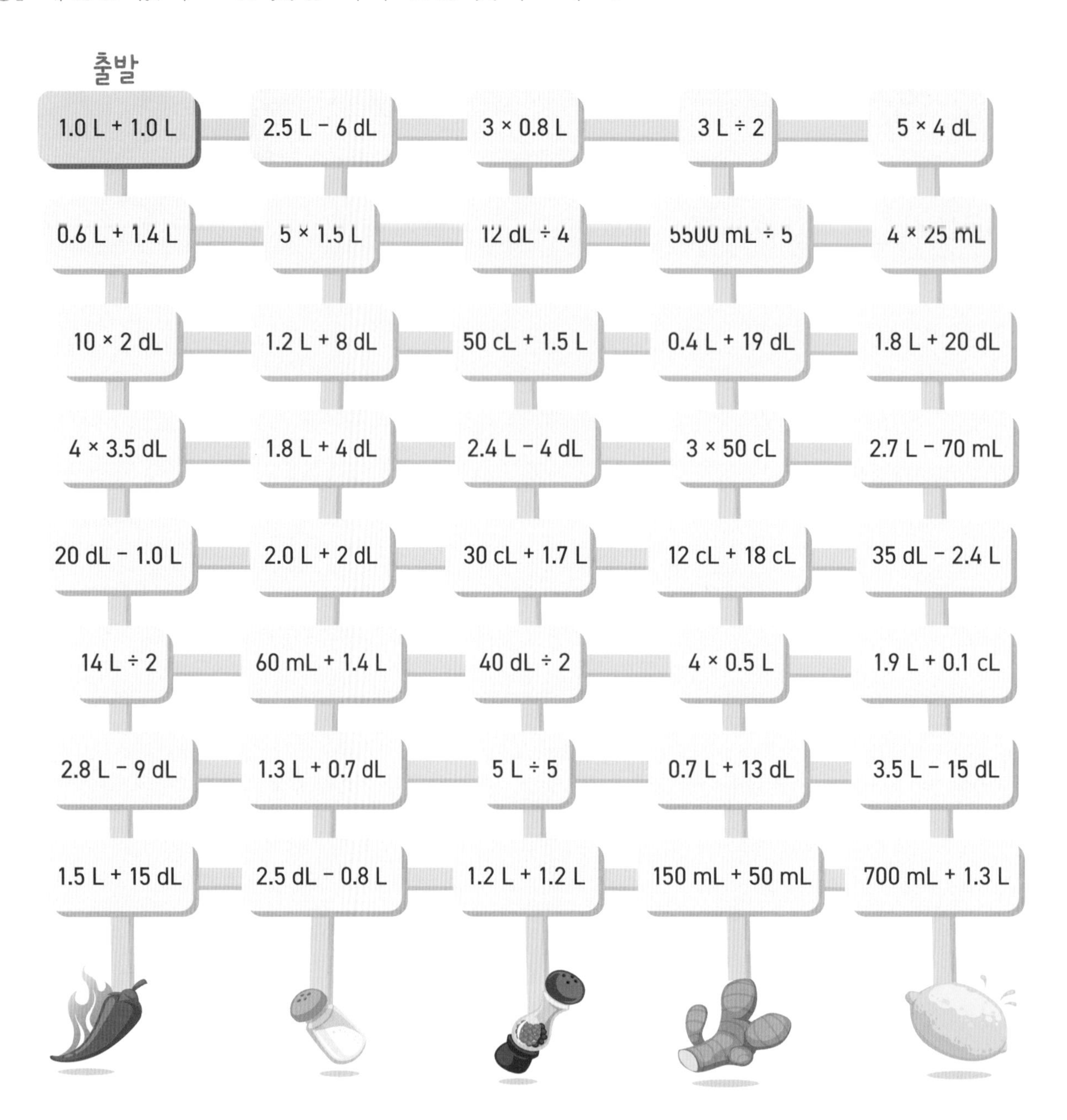

7. 식이 성립하도록 빈칸에 알맞은 수를 써넣어 보세요.

500 mL + ____ dL = 1 L	____ L + 0.2 L = 1 L	2 dL + 40 cL + ____ L = 1 L
0.5 L + ____ dL = 1 L	____ L + 8 dL = 1 L	1.4 L – 8 dL + ____ L = 1 L
30 cL + ____ dL = 1 L	____ L + 400 mL = 1 L	2 × 3.5 dL + ____ L = 1 L
0.35 L + ____ dL = 1 L	____ L + 60 cL = 1 L	180 cL ÷ 2 + ____ L = 1 L

8. 4명이 마실 음료 만드는 법을 살펴보고 재료의 양을 계산해 보세요.

재료

물 2dL　　바닐라 슈가 2mL
과일 주스 6dL　　설탕 50mL
베리 4dL　　레몬주스 30mL

만드는 법

믹서기에 베리, 물, 과일 주스를 넣고 먼저 갈아요. 그리고 남은 재료를 다 넣고 다시 갈아요.

❶ 2인용

물 ________dL
과일 주스 ________dL
베리 ________dL
바닐라 슈가 ________mL
설탕 ________mL
레몬주스 ________mL

❷ 6인용

물 ________dL
과일 주스 ________dL
베리 ________dL
바닐라 슈가 ________mL
설탕 ________mL
레몬주스 ________mL

❸ 3인용

물 ________dL
과일 주스 ________dL
베리 ________dL
바닐라 슈가 ________mL
설탕 ________mL
레몬주스 ________mL

한 번 더 연습해요!

1. 계산한 후, 리터로 나타내 보세요.

❶ 2.6 L − 8 dL

____

____

❷ 36 dL + 0.9 L

____

____

❸ 18 dL + 7 L ÷ 2

____

____

❹ 2 × 250 mL + 700 mL

____

____

❺ 3.2 L − 600 mL

____

____

❻ 35 dL + 4 × 1.3 L

____

____

____ 월 ____ 일 ____ 요일

1. 알맞은 식을 세우고 계산한 후, 정답을 로봇에서 찾아 ○표 해 보세요.

❶ 식탁에 1.5L들이 물통 5개가 있어요. 물통에 들어 있는 물은 모두 몇 L일까요?

정답 :

❷ 1컵에 탄산음료 4dL가 들어가요. 10컵을 채우는 데 필요한 탄산음료는 몇 L일까요?

정답 :

❸ 주스 1통에 주스 42dL가 들어 있어요. 6dL 용량의 컵에 주스를 부으면 몇 개의 컵을 채울 수 있을까요?

정답 :

❹ 어떤 용기에 물 10L가 들어 있어요. 이 물로 20dL 물통을 몇 개 채울 수 있을까요?

정답 :

❺ 어떤 용기에 주스 3.2L가 들어 있어요. 3dL들이 컵에 주스를 따라 7컵을 마셨어요. 용기에 남은 주스는 몇 L일까요?

정답 :

❻ 주스가 4.9L 있어요. 5dL들이 컵을 가득 채워 14컵을 만들려면 주스가 몇 L 더 필요할까요?

정답 :

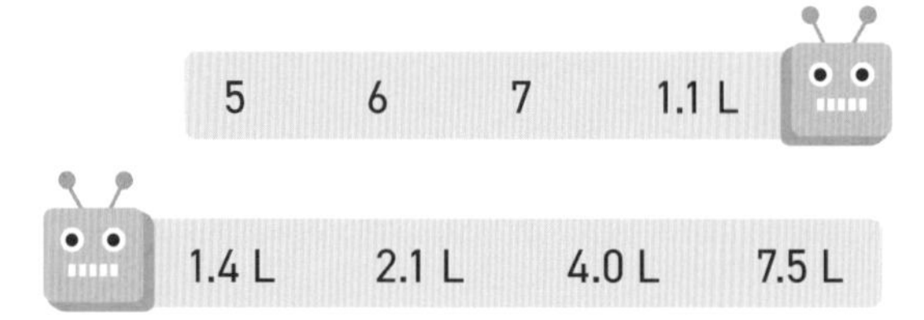

모기의 몸무게는 약 2.3mg이에요. 모기 43만 5000마리의 몸무게는 약 1kg이에요.

2. 주어진 단위로 바꾸어 보세요. 변환표를 이용해도 좋아요.

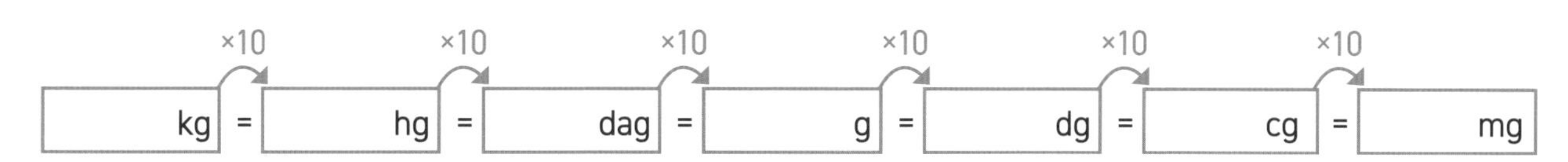

2 kg = ________ g

5.5 kg = ________ g

6.1 g = ________ mg

0.3 g = ________ mg

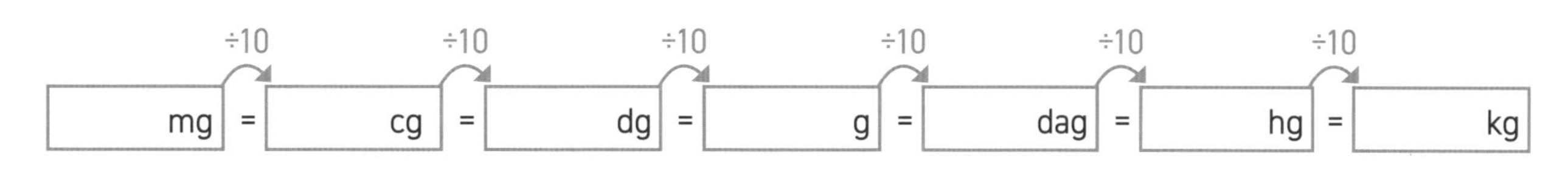

7700 mg = ________ g

600 mg = ________ g

4400 g = ________ kg

950 g = ________ kg

3. 계산하여 킬로그램으로 나타낸 후, 정답을 로봇에서 찾아 ○표 해 보세요.

① 7.3 kg − 1800 g

____

____

② 900 g + 3.7 kg

____

____

③ 2.6 kg − 800 g

____

____

④ 2 × 4.5 kg − 3400 g

____

____

1.8 kg 3.5 kg 4.6 kg 5.2 kg 5.5 kg 5.6 kg

더 생각해 보아요!

토마토 8kg을 자루 3개에 나누어 담았어요. 각 자루의 무게는 1kg의 배수예요. 자루 3개의 무게 조합은 몇 가지가 있을까요?

____

4. 무게가 큰 쪽으로 길을 찾아보세요. 길 위의 알파벳을 모으면 알렉이 가장 좋아하는 음식이 무엇인지 알게 될 거예요.

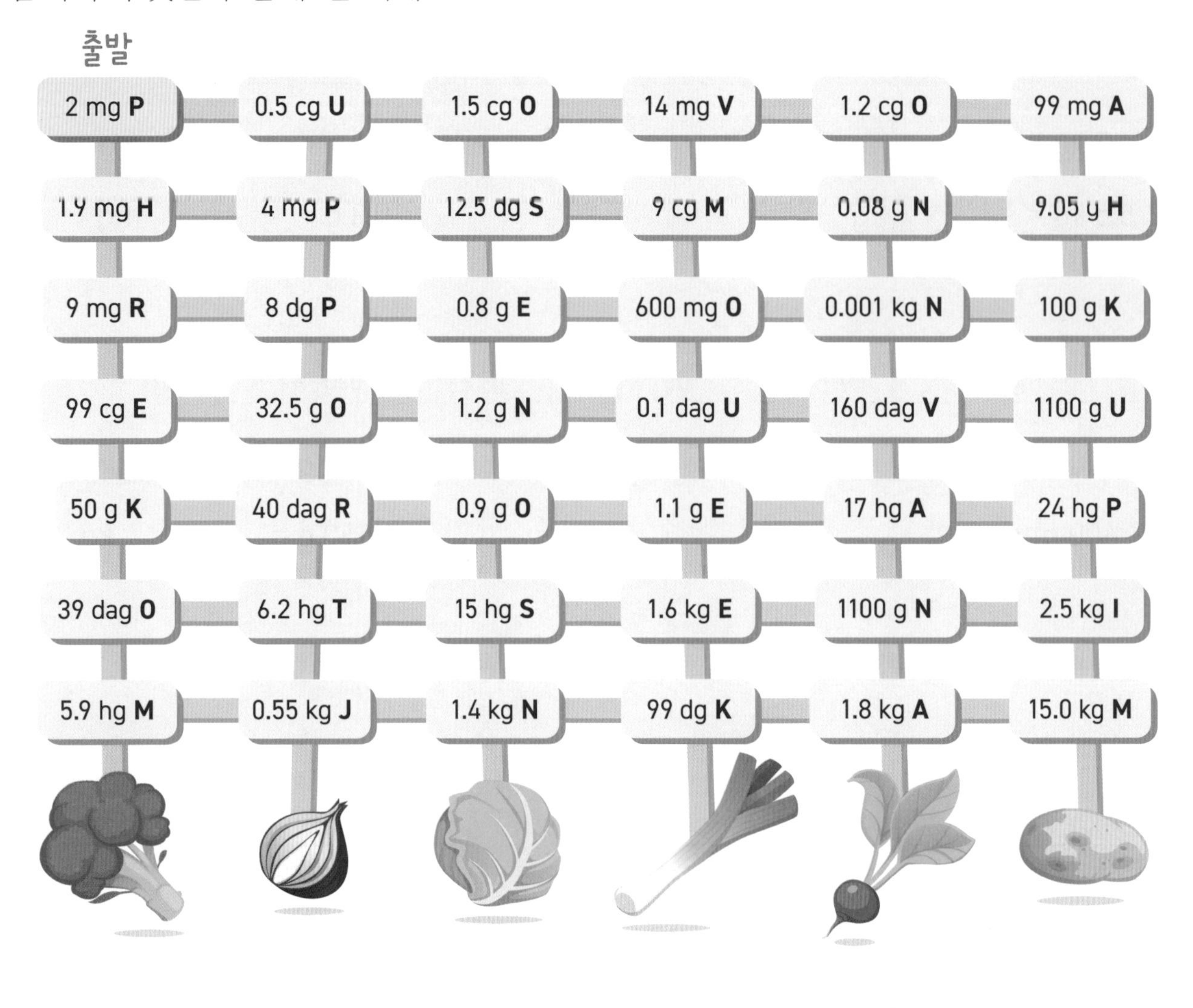

____

5. 빈칸을 채워 표를 완성해 보세요.

품목	리터당 가격	용량	가격
주스	3.00 €	dL	1.20 €
탄산음료	2.00 €	L	3.00 €
우유	0.98 €	L	1.47 €
감기약	€	150 mL	6.00 €
농축 주스	18.00 €	2 dL	€
요거트	4.80 €	dL	1.20 €
과일 주스	€	3 dL	1.80 €

6. 그림을 보고 빨간 공과 파란 공의 무게를 구해 킬로그램으로 나타내 보세요.

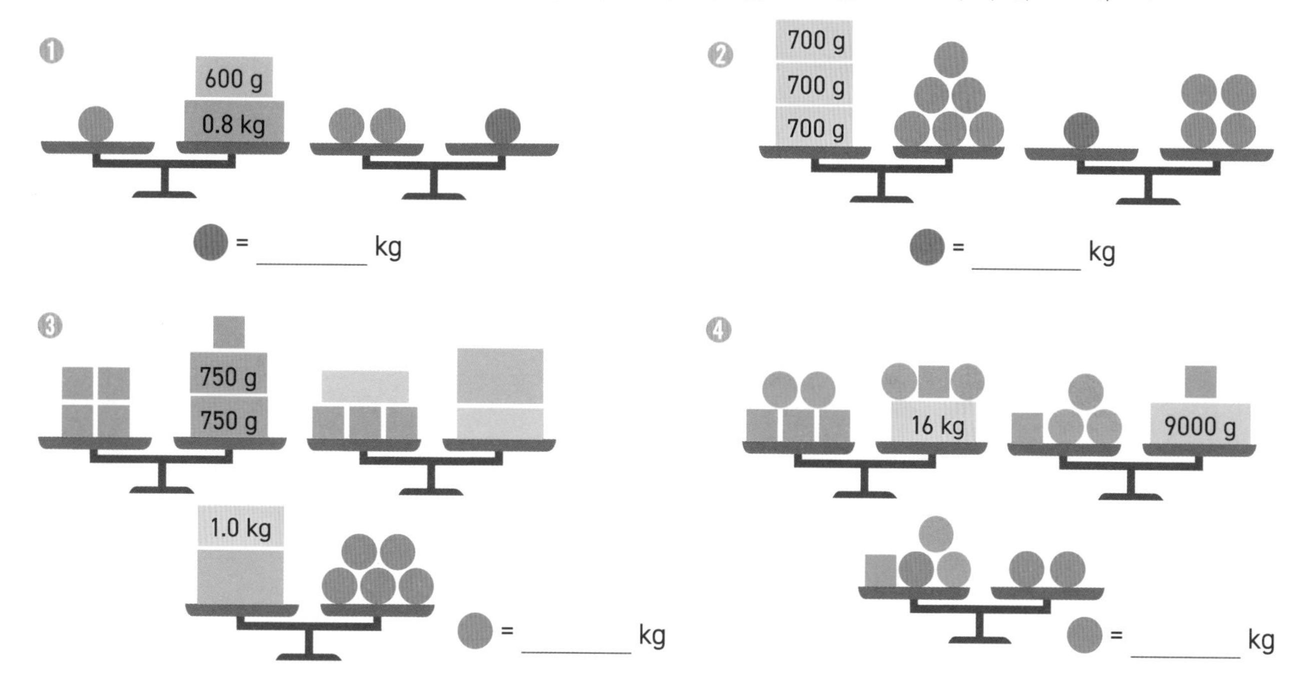

7. 공 사이의 거리는 같은 거리(m)만큼 증가해요. 첫 번째 공과 두 번째 공 사이의 거리는 3m이고, 두 번째 공과 네 번째 공 사이의 거리는 21m예요. 첫 번째 공과 여섯 번째 공 사이의 거리는 얼마일까요?

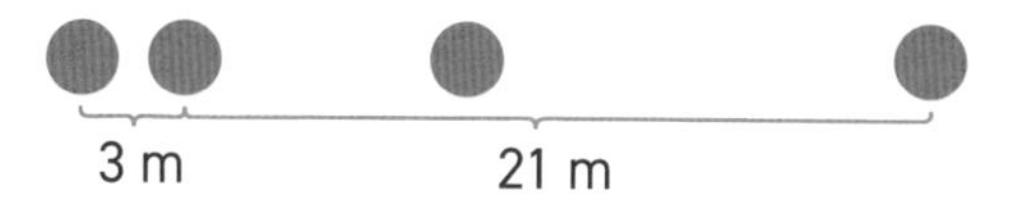

한 번 더 연습해요!

1. 아래 글을 읽고 알맞은 식을 세워 답을 구해 보세요.

❶ 주스가 1.4L 있어요. 3dL들이 컵을 6개 가득 채우려면 주스가 몇 L 더 필요할까요?

____

____

정답 : ________________

❷ 무게가 같은 상자 4개가 저울 위에 있어요. 저울의 무게 값은 1600g이에요. 같은 상자를 3개 더 올리면 저울이 나타내는 무게 값은 얼마가 될까요? kg으로 나타내 보세요.

____

____

정답 : ________________

8. 단위를 킬로그램으로 바꾼 후, 해당하는 알파벳을 빈칸에 써넣어 보세요.

400 g = ______ kg ☐ 30 dag = ______ kg ☐

10 dag = ______ kg ☐ 5 hg = ______ kg ☐

10 hg = ______ kg ☐ 4000 g = ______ kg ☐

40 g = ______ kg ☐ 3000 g = ______ kg ☐

50 g = ______ kg ☐ 500 g = ______ kg ☐

4 hg = ______ kg ☐ 40 hg = ______ kg ☐

0.4 hg = ______ kg ☐ 50 hg = ______ kg ☐

100 g = ______ kg ☐ 400 dag = ______ kg ☐

3 dag = ______ kg ☐ 10 g = ______ kg ☐

0.01 kg	0.03 kg	0.04 kg	0.05 kg	0.1 kg	0.3 kg	0.4 kg	0.5 kg	1.0 kg	3.0 kg	4.0 kg	5.0 kg
D	L	A	W	E	C	R	N	T	G	I	V

9. 수영 거리는 400m예요. 아래 글을 읽고 표를 완성해 보세요.

- 노라는 총 수영 거리의 $\frac{1}{4}$을 수영했어요.
- 알랜은 펄이 수영한 거리의 절반을 수영했어요.
- 빅터는 에밀리보다 수영 거리가 60m 더 남았어요.
- 펄은 총 수영 거리의 $\frac{2}{5}$가 남았어요.
- 에밀리는 총 수영 거리의 $\frac{3}{10}$이 남았어요.

이름	수영한 거리
노라	
알랜	
빅터	
펄	
에밀리	

10. 규칙에 따라 빈칸에 알맞은 수를 써넣어 보세요.

❶

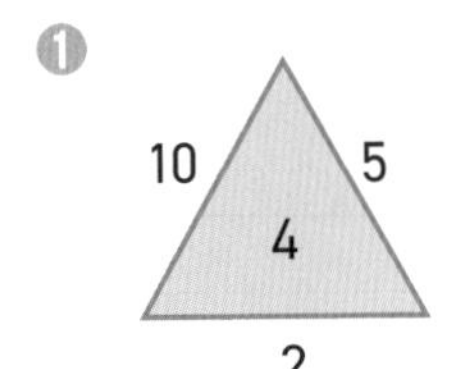

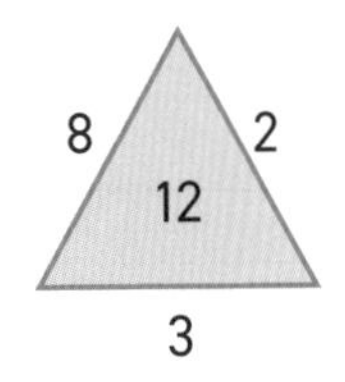

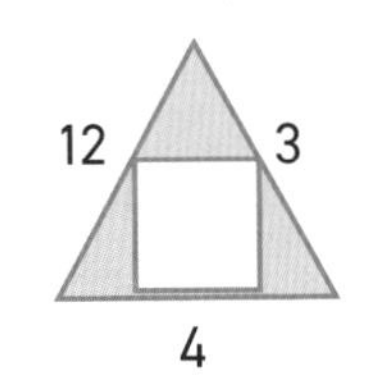

❷

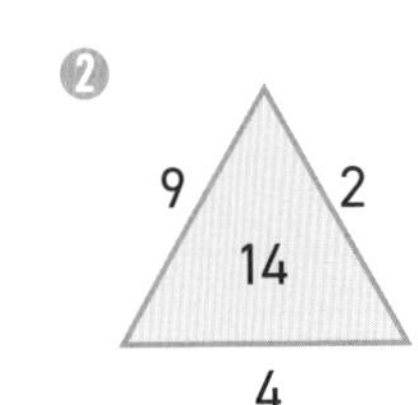

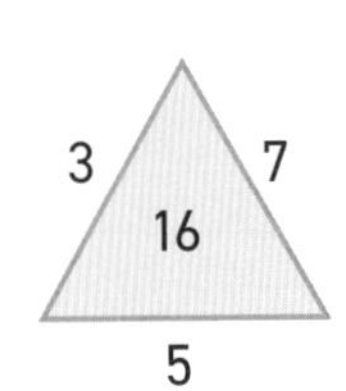

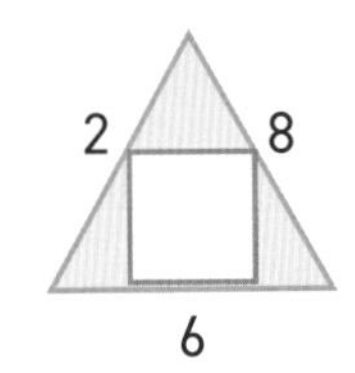

11. 아래 글을 읽고 공책에 알맞은 식을 세운 후, 답을 구해 보세요.

❶ 테디는 1m 길이의 자를 만들었어요. 자로 거리를 재 보니 10m였어요. 그러다가 1m 자가 정확하지 않고 5cm 부족한 걸 알았어요. 테디가 실제로 측정한 거리는 몇 m일까요?

❷ 마르시는 1m 길이의 자를 만들었어요. 자로 거리를 재 보니 10m였어요. 그러다가 1m 자가 정확하지 않고 2cm 부족한 걸 알았어요. 마르시가 실제로 측정한 거리는 몇 m일까요?

❸ 타라는 1m 길이의 자를 만들었어요. 자로 거리를 재 보니 12m였는데 실제 거리는 11.64m예요. 타라가 만든 1m 자의 실제 길이는 몇 cm일까요?

❹ 로빈은 1m 길이의 자를 만들었어요. 자로 거리를 재 보니 12m였는데 실제 거리는 16.50m예요. 로빈이 만든 1m 자의 실제 길이는 몇 m일까요?

한 번 더 연습해요!

1. 계산한 후, 리터로 나타내 보세요.

❶ 6500 mL − 2.7 L

❷ 2 L ÷ 4 + 2.8 L

❸ 50 dL − 2 × 1.6 L

2. 알맞은 식을 세워 계산한 후, 정답을 킬로그램으로 나타내 보세요.

❶ 치즈 1.8kg이 있는데 400g씩 두 조각을 잘라 먹었어요. 남은 치즈의 무게는 얼마일까요?

정답 :

❷ 밀가루 5kg 중 절반을 사용했어요. 남은 밀가루의 무게는 얼마일까요?

정답 :

실력을 평가해 봐요!

____ 월 ____ 일 ____ 요일

1. 단위를 살펴보고 빈칸에 알맞은 수를 써넣어 보세요.

6데시리터 = ____________ L　　　3킬로그램 = ____________ g

2헥토미터 = ____________ m　　　2센티미터= ____________ m

2. 주어진 단위로 바꾸어 보세요. 변환표를 이용해도 좋아요.

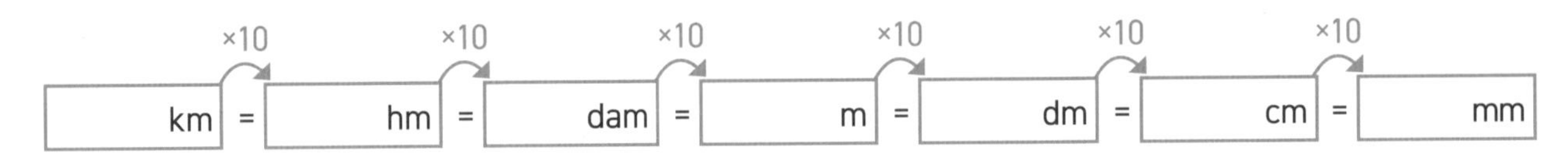

4.5 km = ________ hm = ________ dam = ________ m

4.4 m = ________ dm = ________ cm = ________ mm

3. 주어진 단위로 바꾸어 보세요. 변환표를 이용해도 좋아요.

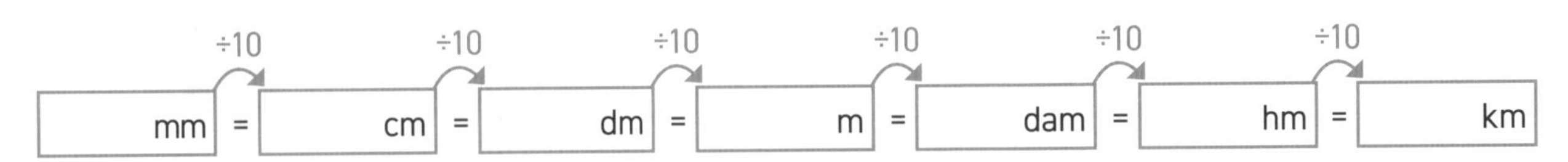

2200 mm = ________ cm = ________ dm = ________ m

700 m = ________ dam = ________ hm = ________ km

4. 주어진 단위로 바꾸어 보세요.

4.5 km = ________ m

0.7 m = ________ cm

500 g = ________ kg

3000 mg = ________ g

12 dL = ________ L

2.4 L = ________ mL

5. 계산하여 미터로 나타내 보세요.

❶ 1.9 km − 1.4 km

❷ 590 cm − 2.5 m

❸ 60 cm + 2 × 1.6 m

6. 계산하여 킬로그램으로 나타내 보세요.

❶ 6 × 900 g + 1.5 kg

❷ 7.0 kg − 3 × 1500 g

❸ 11 kg ÷ 2 − 3.8 kg

7. 알맞은 식을 세워 계산한 후, 정답을 리터로 나타내 보세요.

❶ 탄산음료가 3dL들이 4병과 1.5L들이 1병이 선반에 있어요. 병 안에 있는 탄산음료는 모두 몇 L일까요?

정답 :

❷ 물통에 물이 1.5L 들어 있어요. 1컵에 물 2dL가 들어가요. 물을 3컵 마셨다면 남은 물은 몇 L일까요?

정답 :

얼마나 잘했나요?

실력이 자란 만큼 별을 색칠하세요.

★★★ 정말 잘했어요.
★★☆ 꽤 잘했어요.
★☆☆ 앞으로 더 노력할게요.

단원 종합 문제

___ 월 ___ 일 ___ 요일

1. 주어진 단위로 바꾸어 보세요. 변환표를 이용해도 좋아요.

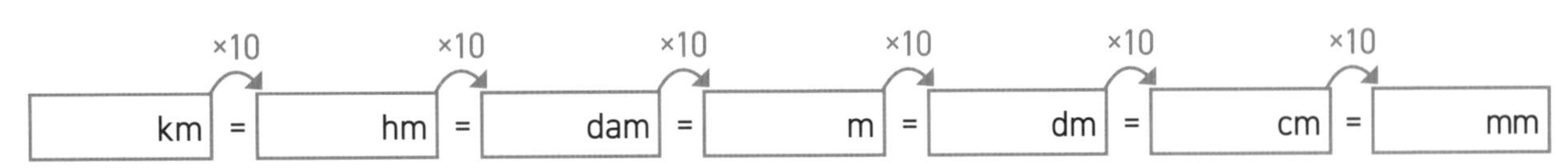

3 km = ________ m　　2 dam = ________ m　　1.7 dm = ________ cm

0.5 km = ________ m　　0.6 m = ________ cm　　3.7 cm = ________ mm

2. 주어진 단위로 바꾸어 보세요. 변환표를 이용해도 좋아요.

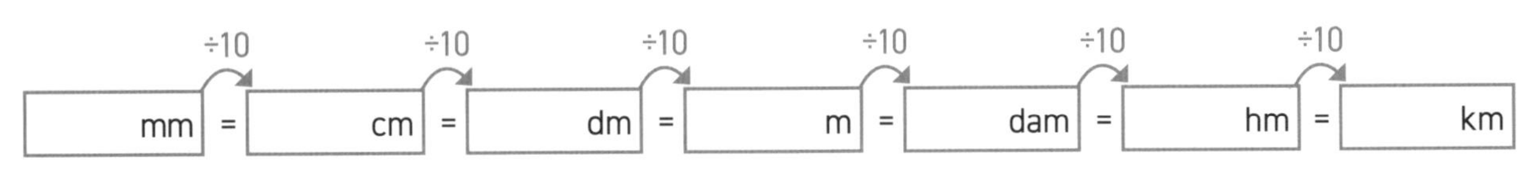

470 cm = ____ m　　5800 mm = ____ m　　53 hm = ____ km

8 dm = ____ m　　900 m = ____ km　　9400 m = ____ km

3. 계산한 후, 주어진 단위로 나타내 보세요.

❶ 킬로미터로

3700 m + 1.7 km

____

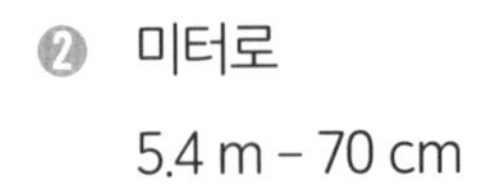

❷ 미터로

5.4 m − 70 cm

____

❸ 센티미터로

10 cm + 3 × 0.2 m

____

4. 아래 글을 읽고 알맞은 식을 세워 계산한 후, 답을 킬로그램으로 나타내 보세요.

❶ 600g인 저울추 3개와 1.4kg인 저울추 1개가 저울 위에 있어요. 저울이 나타내는 무게 값은 몇 kg일까요?

____

____

____

정답 : ________________

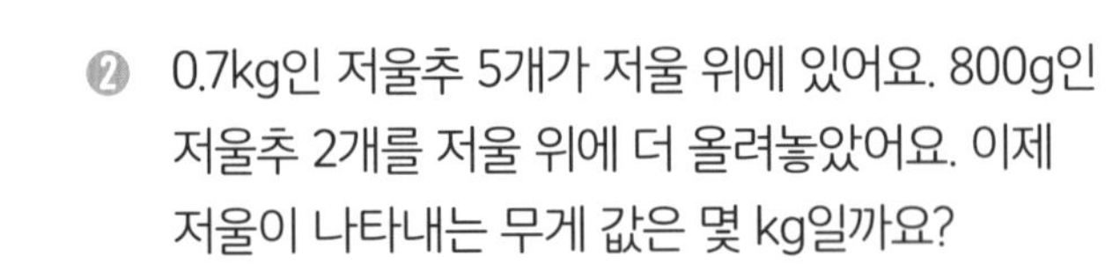

❷ 0.7kg인 저울추 5개가 저울 위에 있어요. 800g인 저울추 2개를 저울 위에 더 올려놓았어요. 이제 저울이 나타내는 무게 값은 몇 kg일까요?

____

____

____

정답 : ________________

5. 주어진 단위로 바꾸어 보세요.

3.1 g = ________ mg

7.2 dg = ________ mg

700 mg = ________ g

40 mg = ________ g

500 g = ________ kg

12.5 hg = ________ kg

6. 계산한 후, 주어진 단위로 나타내 보세요.

① 센티미터로

45 mm + 4 × 2.4 cm

____

② 미터로

3 m ÷ 2 + 2 m ÷ 5

____

③ 킬로미터로

9 × 1.2 km − 5 × 600 m

____

7. 아래 글을 읽고 알맞은 식을 세워 답을 구해 보세요.

① 어떤 거리의 $\frac{1}{4}$이 1.3km예요. 이 거리는 몇 km일까요?

____

____

정답 : ________________

② 어떤 거리의 $\frac{3}{7}$이 15km예요. 이 거리는 몇 km일까요?

____

____

정답 : ________________

③ 스탠은 25m 수영장의 한쪽 끝에서 다른 쪽 끝으로 왕복 14회를 수영했어요. 스탠이 수영한 거리는 1km에서 몇 m 부족할까요?

____

____

정답 : ________________

④ 엄마는 아이스크림 5L를 만들었어요. 그중 3L를 냉동고에 넣고 나머지를 알렉, 엠마, 올리와 또 다른 두 명의 친구에게 똑같이 나누어 주었어요. 1명이 먹은 아이스크림은 몇 dL일까요?

____

____

정답 : ________________

8. 아래 글을 읽고 알맞은 식을 세워 답을 구해 보세요.

① 약병의 용량은 0.2L예요. 1회에 5mL씩 먹는다면 몇 번 먹을 수 있을까요?

____

____

____

정답 : ________________

② 1회 약 복용량이 15mL예요. 하루에 4회 복용한다면 0.3L의 약을 며칠 동안 먹을 수 있을까요?

____

____

____

정답 : ________________

9. 아래 글을 읽고 알맞은 식을 세워 답을 구해 보세요.

① 소시지 400g이 2.80유로예요. 소시지 1kg은 얼마일까요?

____

② 저민 생선 1.5kg이 30유로예요. 저민 생선 600g은 얼마일까요?

____

10. 그림이 들어간 식을 보고 그림의 값을 킬로그램으로 나타내 보세요.

①

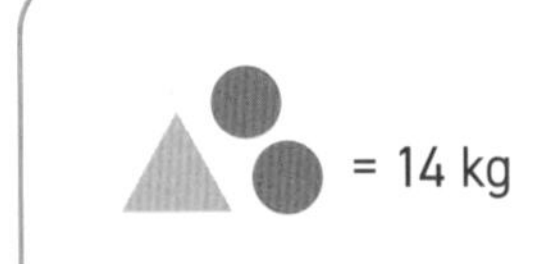

= 14 kg

= 16 kg

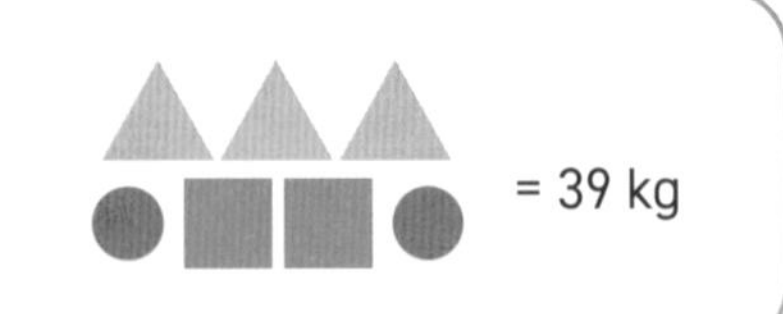

= 39 kg

▲ = ________ kg　● = ________ kg　■ = ________ kg

②

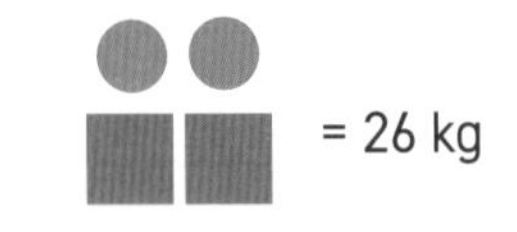

= 26 kg

= 51 kg

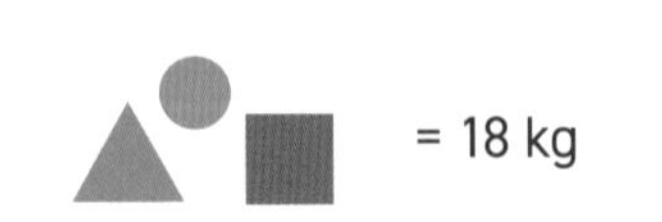

= 18 kg

▲ = ________ kg　● = ________ kg　■ = ________ kg

____월 ____일 ____요일

★ 측정 단위의 대소 관계

단위 앞에 붙는 말	킬로	헥토	데카		데시	센티	밀리
약어	k	h	da		d	c	m
의미	1000	100	10	1	$\frac{1}{10}$ 0.1	$\frac{1}{100}$ 0.01	$\frac{1}{1000}$ 0.001

★ 길이 단위

킬로미터	헥토미터	데카미터	미터	데시미터	센티미터	밀리미터
km	hm	dam	m	dm	cm	mm

★ 무게 단위

킬로그램	헥토그램	데카그램	그램	데시그램	센티그램	밀리그램
kg	hg	dag	g	dg	cg	mg

★ 부피 단위

리터	데시리터	센티리터	밀리리터
L	dL	cL	mL

★ 더 작은 단위로 바꾸는 방법

- 수를 단위에 맞게 변환표에 써넣으세요.
- 앞의 값에 10을 곱해 다음 단위의 값을 구하세요.

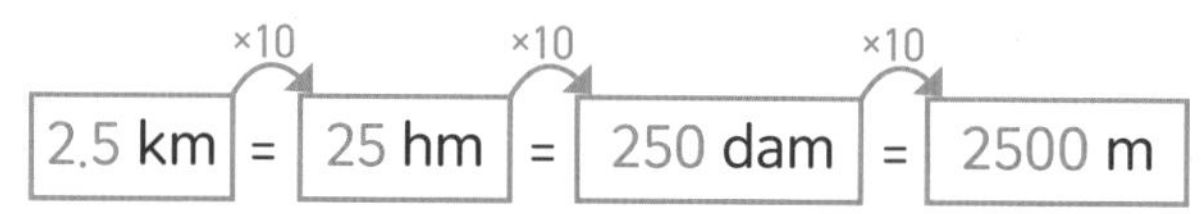

×10 ×10 ×10

1.6 m = 16 dm = 160 cm = 1600 mm

2.5 km = 25 hm = 250 dam = 2500 m

1.6 m = 16 dm = 160 cm = 1600 mm

★ 더 큰 단위로 바꾸는 방법

- 수를 단위에 맞게 변환표에 써넣으세요.
- 앞의 값을 10으로 나누어 다음 단위의 값을 구하세요.

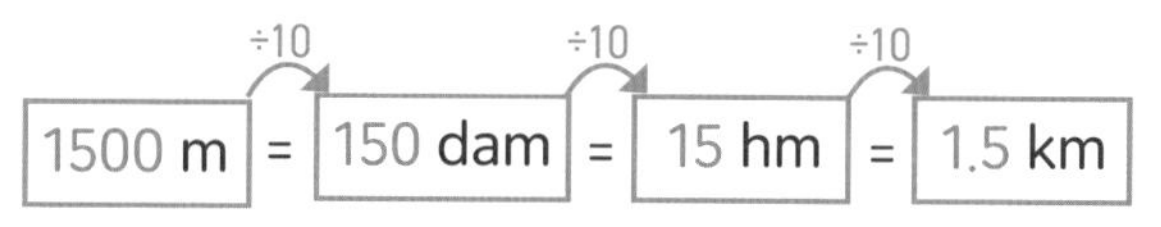

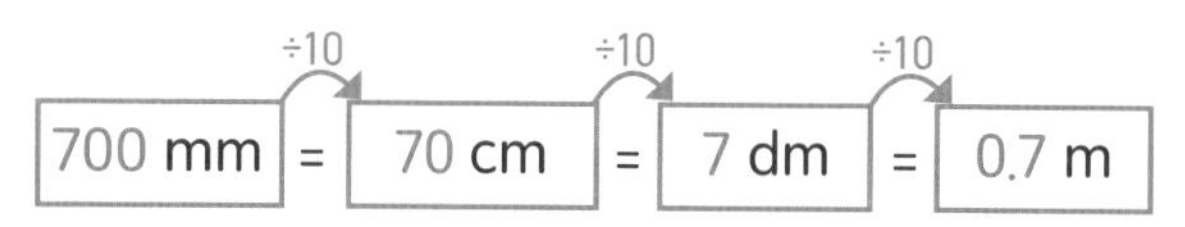

1500 m = 150 dam = 15 hm = 1.5 km

700 mm = 70 cm = 7 dm = 0.7 m

★ 단위 계산

- 계산하기 전에 먼저 같은 단위로 바꾸세요.
- 정답을 적당한 단위로 나타내 보세요.

방법 1

4.4 km - 1600 m
= 4.4 km - 1.6 km
= 2.8 km

방법 2

4.4 km - 1600 m
= 4400 m - 1600 m
= 2800 m
= 2.8 km

학습 자가 진단

학습 태도

	그렇지 못해요.	때때로 그래요.	자주 그래요.	항상 그래요.
수업 시간에 적극적이에요.	□	□	□	□
학습에 집중해요.	□	□	□	□
친구들과 협동해요.	□	□	□	□
숙제를 잘해요.	□	□	□	□

학습 목표

학습하면서 만족스러웠던 부분은 무엇인가요?

어떻게 실력을 향상할 수 있었나요?

____

____

____

학습 성과

	아직 익숙하지 않아요.	연습이 더 필요해요.	괜찮아요.	꽤 잘해요.	정말 잘해요.
• 길이, 무게, 부피를 나타내는 단위와 대소 관계를 이해할 수 있어요.	○	○	○	○	○
• 큰 단위에서 작은 단위로 바꿀 수 있어요.	○	○	○	○	○
• 작은 단위에서 큰 단위로 바꿀 수 있어요.	○	○	○	○	○
• 길이, 무게, 부피를 계산할 때 단위를 어떻게 이용하는지 알고 있어요.	○	○	○	○	○

이번 단원에서 가장 쉬웠던 부분은 ______________________________예요.

이번 단원에서 가장 어려웠던 부분은 ______________________________예요.

함께 해봐요!

____월 ____일 ____요일

미터 단위 이전의 측정 단위

미터 단위는 19세기가 되어서야 채택되었어요. 오른쪽 표는 미터 단위 전에 사용되었던 측정 단위를 정리한 표예요.

구 단위	미터 단위
1스칸디나비안 마일	10700 m
1베르스타	1070 m
1패덤	1.83 m
1큐빗	0.45 m
1피트	0.30 m
1스팬	0.15 m
1인치	0.025 m
1로드	2.97 m

1. 주어진 단위로 바꾸어 보세요. 계산기를 이용해도 좋아요.

3스칸디나비안 마일 = ________ km

10베르스타 = ________ km

8패덤 = ________ m

4큐빗 = ________ m

40피트 = ________ m

2스팬 = ________ cm

4인치 = ________ cm

3로드 = ________ m

2. 구 단위를 이용하여 길이를 측정해 보세요.

책상의 너비 ________ 스팬

거실의 길이 ________ 패덤

교실의 너비 ________ 피트

복도의 너비 ________ 큐빗

3. 측정 단위에 대한 정보를 인터넷에서 조사하여 공책에 기록해 보세요.

❶ 길이, 무게, 부피를 나타내는 구 단위 중 책에서 소개된 것 이외의 것을 찾았나요?

____

❷ 구 단위들은 어떻게 사용되었나요?

____

❸ 구 단위 중 아직 사용하는 단위가 있다면 어떤 분야에서 사용하고 있나요?

____

나눗셈 복습

____월 ____일 ____요일

1. 주어진 조건에 맞게 표시해 보세요.

① 2와 3으로 나누어떨어지는 수에 O표 하세요.

② 5와 10으로 나누어떨어지는 수에 X표 하세요.

414 350 123820 32040 190401 12006

342972 5893

7242 611 4610 28909 1890 3277 1368

2. 분수를 소수로 나타내 보세요.

$\frac{1}{2}$ = ______ $\frac{1}{4}$ = ______ $\frac{1}{5}$ = ______ $\frac{1}{10}$ = ______

3. 분수를 소수로 나타낸 후, 정답을 로봇에서 찾아 ○표 해 보세요.

$\frac{3}{2}$ = ______ $\frac{4}{4}$ = ______ $\frac{3}{10}$ = ______ $\frac{2}{5}$ = ______

$\frac{5}{2}$ = ______ $\frac{3}{4}$ = ______ $\frac{5}{10}$ = ______ $\frac{3}{5}$ = ______

$\frac{13}{2}$ = ______ $\frac{7}{4}$ = ______ $\frac{9}{10}$ = ______ $\frac{4}{5}$ = ______

0.3 0.4 0.5 0.6 0.75 0.8 0.85

0.9 1.0 1.3 1.5 1.75 2.5 6.5

4. 계산한 후, 정답을 로봇에서 찾아 ○표 해 보세요.

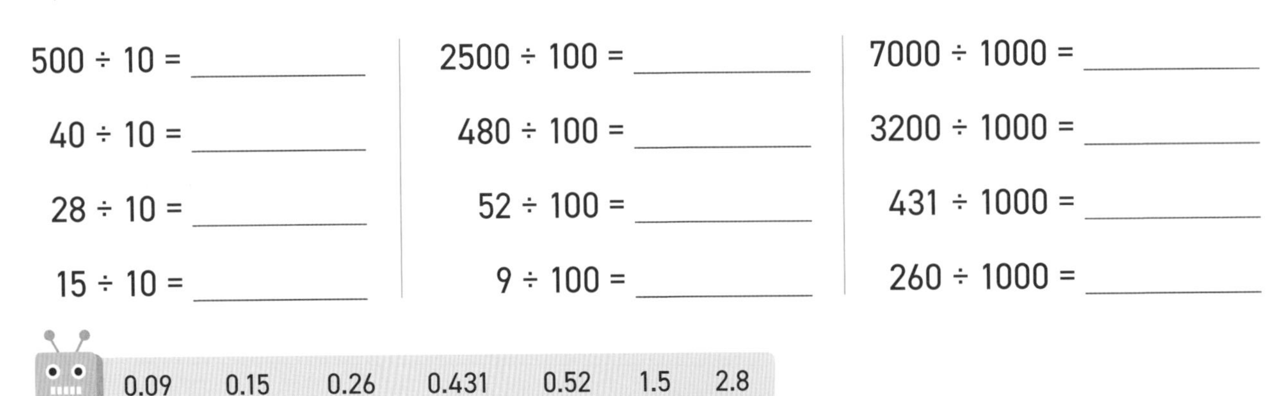

500 ÷ 10 = ______ 2500 ÷ 100 = ______ 7000 ÷ 1000 = ______

40 ÷ 10 = ______ 480 ÷ 100 = ______ 3200 ÷ 1000 = ______

28 ÷ 10 = ______ 52 ÷ 100 = ______ 431 ÷ 1000 = ______

15 ÷ 10 = ______ 9 ÷ 100 = ______ 260 ÷ 1000 = ______

0.09 0.15 0.26 0.431 0.52 1.5 2.8

3.2 4 4.8 7 17 25 50

5. 공책에 계산한 후, 정답을 찾아 ○표 해 보세요. 영화에서 어떤 일이 일어났는지 알게 될 거예요.

❶ 415 ÷ 5

79	공주가 가장 소중한 보물을 잃어버렸어요.
83	공주가 성의 첨탑에 갇혔어요.
86	공주가 왕자와 사랑에 빠졌어요.

❷ 238 ÷ 7

34	마녀가 빗자루에서 떨어졌어요.
35	마녀가 마법 능력을 잃어버렸어요.
43	마녀가 고양이를 개로 변신시켰어요.

❸ 294 ÷ 3

91	왕이 보물을 도둑맞았어요.
95	왕이 전쟁에서 패했어요.
98	왕의 말이 도망갔어요.

❹ 456 ÷ 6

76	왕자가 용감한 행동을 하여 상을 받았어요.
79	왕자가 자신의 칼을 부러뜨렸어요.
82	왕자가 멋진 선물을 받았어요.

6. 아래 글을 읽고 알맞은 식을 세워 답을 구한 후, 정답을 로봇에서 찾아 ○표 해 보세요.

❶ 영화관에서 총 868유로어치 표를 판매했어요. 표 1장이 7유로라면 영화관에서 판매한 표는 모두 몇 장일까요?

❷ 영화관에서 총 1242유로어치 표를 판매했어요. 표 1장이 9유로라면 영화관에서 판매한 표는 모두 몇 장일까요?

115 124 138 142

더 생각해 보아요!

네 자리 수의 비밀번호는 3으로 나누어떨어지지만 2로 나누어떨어지지 않아요. 비밀번호는 무엇일까요? 서로 다른 답 2가지를 생각해 보세요.

477____ 477____

7. 기계에서 마지막으로 나오는 수는 어떤 수일까요?

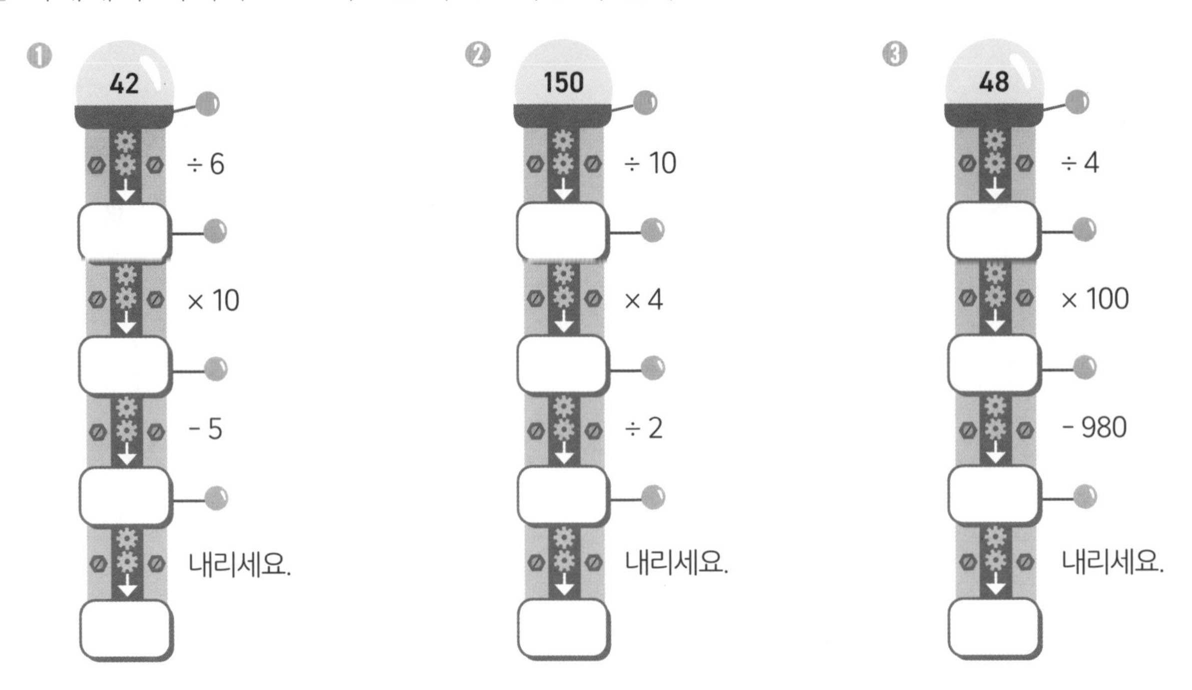

8. 어떤 곤충의 수일까요?

- 이 수는 5로 나누어떨어지지 않아요.
- 이 수는 3으로 나누어떨어지지 않아요.
- 이 수는 2로 나누어떨어지지 않아요.
- 이 수는 7로 나누어떨어지지 않아요.

정답 : ______________________

9. 빨간색 추 1개의 무게는 2.8kg이에요. 저울이 수평을 이루려면 오른쪽 접시에 빨간색 추 몇 개를 더 올려야 할까요?

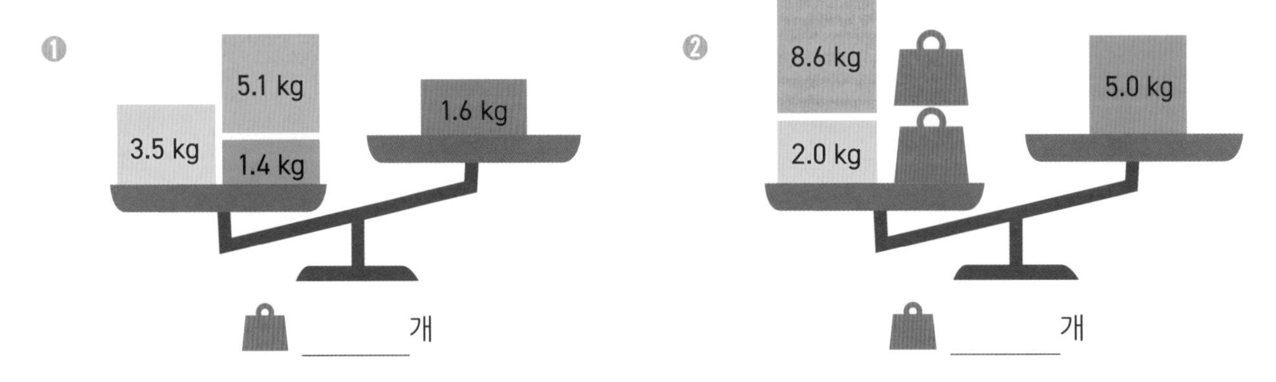

10. 아래 글을 읽고 질문에 답해 보세요.

초록색 공과 노란색 공을 합하여 총 83개가 바구니에 들어 있어요. 초록색 공은 10개씩 똑같이 나눌 수 있고, 노란색 공은 7개씩 나눌 수 있어요.

❶ 바구니 안에 있는 초록색 공은 몇 개일까요? ____________

❷ 바구니 안에 있는 노란색 공은 몇 개일까요? ____________

한 번 더 연습해요!

1. 분수를 소수로 나타내 보세요.

$\frac{7}{2}$ = ____________　　$\frac{10}{4}$ = ____________　　$\frac{4}{10}$ = ____________

$\frac{9}{2}$ = ____________　　$\frac{9}{4}$ = ____________　　$\frac{7}{10}$ = ____________

2. 계산해 보세요.

200 ÷ 10 = __________　　670 ÷ 100 = __________　　2000 ÷ 1000 = __________

37 ÷ 10 = __________　　48 ÷ 100 = __________　　1700 ÷ 1000 = __________

3. 아래 글을 읽고 알맞은 식을 세워 세로셈으로 답을 구해 보세요.

❶ 코펜하겐행 비행기표 3장의 가격이 282유로예요. 비행기표 1장은 얼마일까요?

____

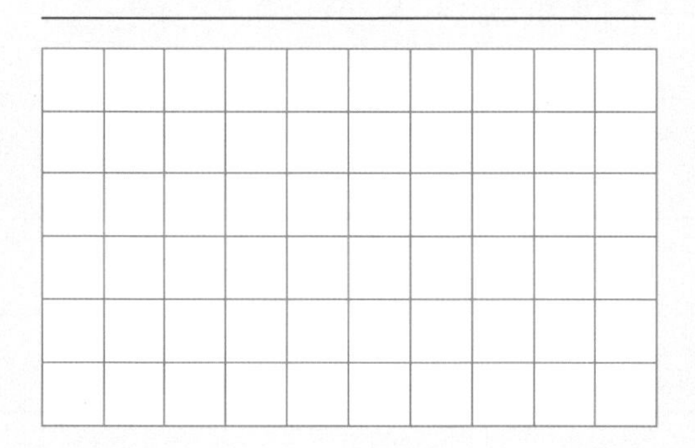

정답 : ______________________________

❷ 6명의 헬싱키 여행 비용이 456유로예요. 1인당 비용은 얼마일까요?

____

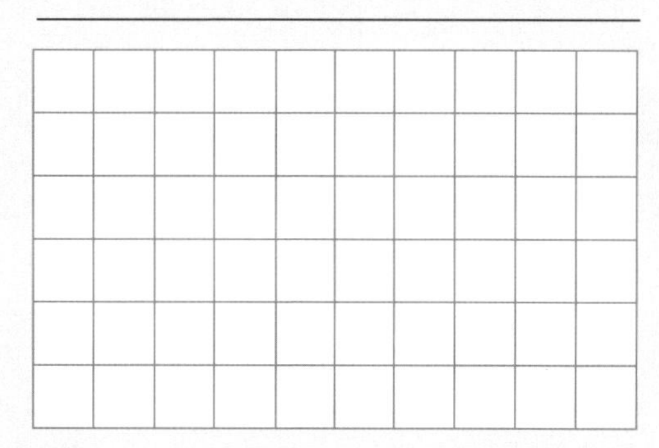

정답 : ______________________________

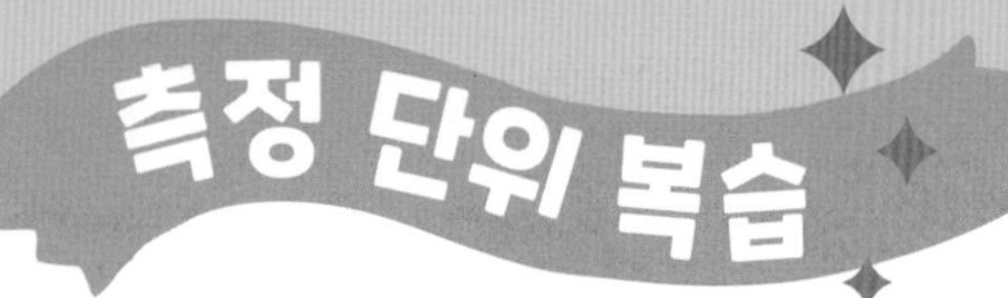

_____ 월 _____ 일 _____ 요일

1. 주어진 단위로 바꾸어 보세요. 변환표를 이용해도 좋아요.

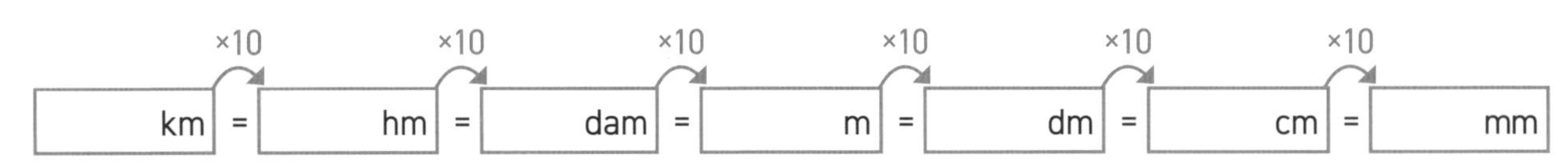

1.2 km = ________ hm = ________ dam = ________ m

0.5 m = ________ dm = ________ cm = ________ mm

2. 주어진 단위로 바꾸어 보세요. 변환표를 이용해도 좋아요.

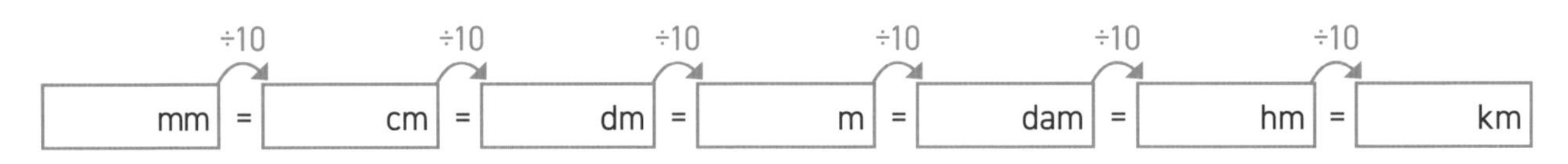

1900 m = ________ dam = ________ hm = ________ km

500 mm = ________ cm = ________ dm = ________ m

3500 m = ________ km

3. 계산하여 미터로 나타낸 후, 정답을 로봇에서 찾아 ○표 해 보세요.

❶ 1.7 km − 0.9 km

❷ 750 cm − 2.6 m

❸ 70 cm + 2 × 0.8 m

4. 계산하여 킬로미터로 나타낸 후, 정답을 로봇에서 찾아 ○표 해 보세요.

❶ 4 × 800 m + 1.6 km

❷ 6.0 km − 3 × 1400 m

❸ 9 km ÷ 2 − 2.7 km

1.4 m | 2.3 m | 4.9 m | 800 m | 1.8 km | 1.8 km | 2.8 km | 4.8 km

5. 주어진 단위로 바꾸어 보세요.

1000 g = ________ kg　　1800 g = ________ kg　　4.5 kg = ________ g

500 g = ________ kg　　3 kg = ________ g　　0.7 kg = ________ g

6. 주어진 단위로 바꾸어 보세요.

20 dL = ________ L　　5000 mL = ________ L　　6 L = ________ dL

34 dL = ________ L　　1.2 L = ________ dL　　2.5 L = ________ mL

7. 공책에 알맞은 식을 세워 킬로미터로 계산한 후, 정답을 로봇에서 찾아 ○표 해 보세요.

❶ 타라는 1.4km를, 알렉시스는 800m를 수영했어요. 알렉시스의 수영 거리는 타라의 수영 거리보다 얼마나 적을까요?

❷ 트레버는 매일 2.3km씩 5일 동안 달렸어요. 트레버가 달린 거리는 모두 몇 km일까요?

❸ 마누의 목표는 2km를 수영하는 것이에요. 마누가 750m씩 2번 수영했다면 목표 거리에서 얼마나 부족할까요?

❹ 토미는 매일 아침 1.2km를 수영하고, 일요일마다 950m를 더 수영해요. 일주일 동안 토미가 수영하는 거리는 모두 얼마일까요?

❺ 달리기 트랙의 길이는 1.6km예요. 폴은 월요일과 화요일마다 이 트랙을 2번, 수요일에는 3번 달려요. 폴이 달리는 거리는 모두 얼마일까요?

❻ 카누 경로가 1.7km예요. 헬가는 1주일 중 2일 동안 이 경로를 2번 가고, 다른 날은 1번 가요. 일주일 동안 헬가가 카누를 타는 거리는 얼마일까요?

0.5 km　0.6 km　0.8 km　9.35 km

11.2 km　11.5 km　13.5 km　15.3 km

더 생각해 보아요!

12m 길이의 줄을 A, B, C, D 4부분으로 나누었어요. A와 B의 길이가 같고, C와 D의 길이가 같아요. A는 C보다 1m 짧다면 D의 길이는 몇 m일까요? ________

8. 길이가 더 긴 곳을 따라 길을 찾아보세요. 길 위에 있는 알파벳을 모으면 TV에서 어떤 프로그램이 나오는지 알 수 있어요.

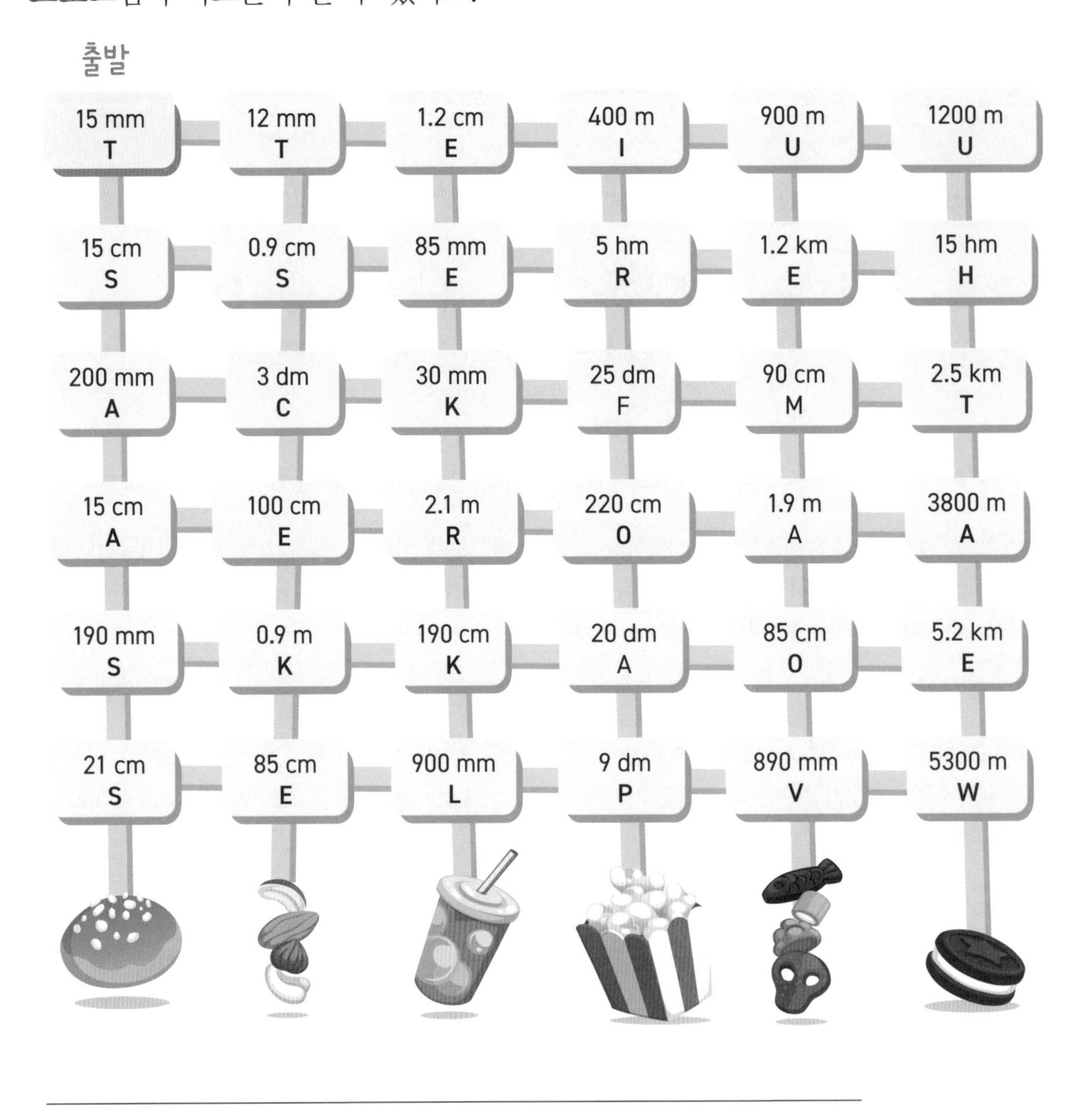

____

9. >, =, < 중 알맞은 부호를 빈칸에 써넣어 보세요.

4 km ☐ 4 hm	2 km ☐ 2000 m	25 km ☐ 2500 m
2 dm ☐ 2 dam	35 km ☐ 3500 m	1.2 km ☐ 12 hm
3 cm ☐ 3 hm	9 cm ☐ 90 dm	30 mm ☐ 3 cm
5 hm ☐ 5 mm	100 mm ☐ 10 cm	9 dm ☐ 90 dam

10. 아래 단서를 읽고 조랑말의 키와 몸무게를 알아맞혀 보세요.

	에스카다	셀림	익사	로스	아푸
키					
몸무게					

- 익사의 키는 에스카다보다 4cm 더 커요.
- 에스카다의 몸무게는 익사보다 55kg 가벼워요.
- 아푸의 키는 로스보다 16cm 작아요.
- 셀림은 익사보다 60kg 무겁고 로스보다 25kg 가벼워요.
- 아푸의 키는 129cm이고, 에스카다의 키는 아푸보다 12cm 작아요.
- 셀림의 키는 아푸보다 7cm 더 커요.
- 아푸의 몸무게는 275kg이고, 로스는 아푸보다 60kg 더 무거워요.

한 번 더 연습해요!

1. 계산한 후, 답을 킬로미터로 나타내 보세요.

❶ 2.3 km – 800 m ❷ 6500 m – 2.7 km ❸ 700 m + 2 × 0.9 km

2. 아래 글을 읽고 알맞은 식을 세워 계산한 후, 정답을 구해 보세요.

❶ 티몬은 1.2km를, 메이는 900m를 수영했어요. 티몬이 수영한 거리는 메이가 수영한 거리보다 몇 km 더 많을까요?

정답 :

❷ 마크는 일요일에 2.7km 코스를 2회 달렸어요. 일요일을 제외한 다른 날에는 코스를 1회씩 달렸어요. 일주일 동안 마크가 달린 거리는 모두 몇 km일까요?

정답 :

놀이 수학

간식을 골라요!

인원 : 2명 준비물 : 필기도구, 주사위 1개

참가자 1	참가자 2

주사위	내용
1	차례가 상대에게 넘어가요.
2	2로 나누어떨어지는 수를 찾아요.
3	3으로 나누어떨어지는 수를 찾아요.
4	4점을 얻어요.
5	5로 나누어떨어지는 수를 찾아요.
6	6점을 잃어요.

이 놀이에서 점수는 소수가 될 수도 있어요.

놀이 방법

1. 한 사람의 교재를 놀이판으로 이용하세요.
2. 순서를 정해 주사위를 굴린 후 왼쪽 표를 확인하세요. 주사위 눈이 2나 3 또는 5가 나오면 2, 3, 5로 나누어떨어지는 수를 간식 그림에서 찾으세요. 알맞은 수를 찾으면 나눗셈을 계산하고 그 몫을 자신의 점수로 기록하세요.
3. 한 번 사용한 수는 다시 사용할 수 없도록 X표 하세요. 알맞은 수가 그림에 없다면 순서는 상대에게 넘어가요.
4. 모든 간식에 X표가 되면 총점을 계산해요. 점수가 더 높은 사람이 놀이에서 이겨요.

코끼리 경주

인원 : 2명 준비물 : 주사위 1개, 놀이 말

놀이 방법

1. 한 사람의 교재를 놀이판으로 이용하세요.
2. 순서를 정해 주사위를 굴리세요. 놀이판에서 주사위 눈만큼 전진해요.
3. 놀이 말이 도착한 곳의 나눗셈을 계산한 후, 오른쪽 지시 사항대로 움직이세요.
4. 도착점에 먼저 도착하는 사람이 놀이에서 이겨요.

지시 사항

- 나눗셈이 나누어떨어지고 결과가 50보다 작으면 제자리에 그대로 있어요.
- 나눗셈이 나누어떨어지고 결과가 50보다 크면 2칸 전진하세요. 새로 도착한 칸의 나눗셈은 계산하지 않아요.
- 나눗셈이 나누어떨어지지 않으면 1칸 후퇴하세요. 새로 도착한 칸의 나눗셈은 계산하지 않아요.

놀이 수학

주사위를 이용한 길이 놀이

인원 : 2명　준비물 : 주사위 1개, 125쪽 활동지

놀이 1

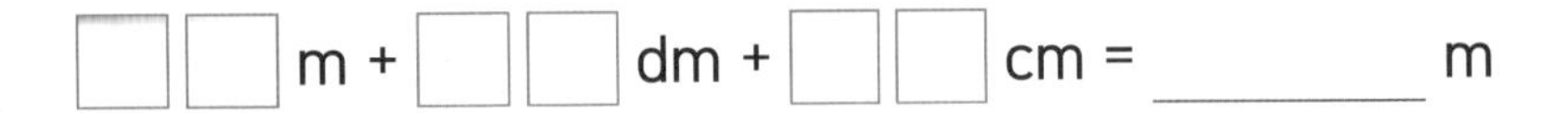
□□ m + □□ dm + □□ cm = ______ m

□□ m + □□ dm + □□ cm = ______ m

□□ m + □□ dm + □□ cm = ______ m

□□ m + □□ dm + □□ cm = ______ m

놀이 2

□ × □ m + □ × □ dm + □ × □ cm = ______ m

□ × □ m + □ × □ dm + □ × □ cm = ______ m

□ × □ m + □ × □ dm + □ × □ cm = ______ m

□ × □ m + □ × □ dm + □ × □ cm = ______ m

놀이 방법

1. 한 명은 교재를, 다른 한 명은 활동지를 이용하세요.
2. 순서를 정해 주사위를 굴린 후, 나온 주사위 눈을 원하는 칸에 써넣으세요.
3. 칸이 다 채워지면 계산하세요. 합이 더 큰 참가자가 점수를 얻어요.
4. 4회까지 놀이한 후, 점수가 더 높은 사람이 놀이에서 이겨요.

놀이 1 : 더하는 수를 미터로 바꾸고 합을 계산하세요.

놀이 2 : 수를 곱하세요. 그리고 더하는 수를 미터로 바꾸고 합을 계산하세요.

빙고 게임

인원 : 2명 준비물 : 주사위 1개, 127쪽 활동지

6	4500 m ____ km	5 hm ____ km	45 dam ____ km	950 cm ____ m	0.5 km ____ m	8 dm ____ m
5	700 mm ____ m	25 dm ____ m	120 cm ____ m	0.4 m ____ mm	13 cm ____ mm	3 dm ____ mm
4	2800 g ____ kg	500 g ____ kg	36 hg ____ kg	2.8 kg ____ g	5.4 hg ____ g	8 dag ____ g
3	0.65 kg ____ g	5.5 g ____ mg	1.4 kg ____ g	0.2 g ____ mg	400 mg ____ g	3 g ____ mg
2	3 L ____ mL	9 dL ____ mL	3 cL ____ mL	6000 mL ____ L	70 dL ____ L	400 mL ____ L
1	8.5 L ____ dL	60 cL ____ dL	400 cL ____ L	2.3 dL ____ L	700 mL ____ L	0.3 cL ____ mL
	1	2	3	4	5	6

★ 교재 뒤에 있는 활동지로 한 번 더 놀이해요.

놀이 방법

1. 한 사람의 교재를 놀이판으로 이용하세요.
2. 순서를 정해 주사위를 2번 굴리세요. 나온 주사위 눈은 순서쌍을 의미해요. 예를 들어 2와 5가 나오면 (5, 2)나 (2, 5) 칸을 고를 수 있어요.
3. 주어진 단위로 바꾸어서 값을 빈칸에 써넣으세요. 답이 맞으면 자신만의 기호(예 : X나 O)를 그 칸에 표시하세요. 답이 틀리면 값을 지우고 순서는 상대에게 넘어가요.
4. 그 칸에 이미 기호가 표시되어 있다면 상대에게 순서가 넘어가요.
5. 3개씩 1줄 빙고를 가로나 세로, 대각선으로 먼저 완성하는 사람이 놀이에서 이겨요.

122쪽 놀이 수학 <주사위를 이용한 길이 놀이>에 활용하세요.

놀이 1

□□ m + □□ dm + □□ cm = ______ m

□□ m + □□ dm + □□ cm = ______ m

□□ m + □□ dm + □□ cm = ______ m

□□ m + □□ dm + □□ cm = ______ m

놀이 2

□ × □ m + □ × □ dm + □ × □ cm = ______ m

□ × □ m + □ × □ dm + □ × □ cm = ______ m

□ × □ m + □ × □ dm + □ × □ cm = ______ m

□ × □ m + □ × □ dm + □ × □ cm = ______ m

122쪽 놀이 수학 <주사위를 이용한 길이 놀이>에 활용하세요.

놀이 1

□□ m + □□ dm + □□ cm = ________ m

□□ m + □□ dm + □□ cm = ________ m

□□ m + □□ dm + □□ cm = ________ m

□□ m + □□ dm + □□ cm = ________ m

놀이 2

□ × □ m + □ × □ dm + □ × □ cm = ________ m

□ × □ m + □ × □ dm + □ × □ cm = ________ m

□ × □ m + □ × □ dm + □ × □ cm = ________ m

□ × □ m + □ × □ dm + □ × □ cm = ________ m

6	4500 m ______ km	5 hm ______ km	45 dam ______ km	950 cm ______ m	0.5 km ______ m	8 dm ______ m
5	700 mm ______ m	25 dm ______ m	120 cm ______ m	0.4 m ______ mm	13 cm ______ mm	3 dm ______ mm
4	2800 g ______ kg	500 g ______ kg	36 hg ______ kg	2.8 kg ______ g	5.4 hg ______ g	8 dag ______ g
3	0.65 kg ______ g	5.5 g ______ mg	1.4 kg ______ g	0.2 g ______ mg	400 mg ______ g	3 g ______ mg
2	3 L ______ mL	9 dL ______ mL	3 cL ______ mL	6000 mL ______ L	70 dL ______ L	400 mL ______ L
1	8.5 L ______ dL	60 cL ______ dL	400 cL ______ L	2.3 dL ______ L	700 mL ______ L	0.3 cL ______ mL
	1	2	3	4	5	6

핀란드에서 가장 많이 보는 1등 수학 교과서!
핀란드 초등학교 수학 교육 최고 전문가들이 만든
혼공 시대에 꼭 필요한 자기주도 수학 교과서를 만나요!

1 2 3
4 5 6
7 8 9

핀란드 수학 교과서, 왜 특별할까?

수학적 구조를 발견하고 이해하게 하여 수학 공식을 암기할 필요가 없어요.

수학적 이야기가 풍부한 그림으로 수학 학습에 영감을 불어넣어요.

교구를 활용한 놀이를 통해 수학 개념을 이해시켜요.

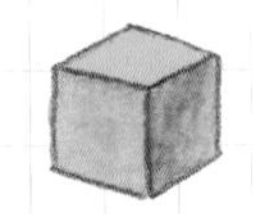

수학과 연계하여 컴퓨팅 사고와 문제 해결력을 키워 줘요.

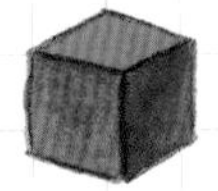

연산, 서술형, 응용과 심화, 사고력 문제가 한 권에 모두 들어 있어요.

어떤 문제를 푸느냐에
따라 수학 사고력은
달라집니다!

개별가 없음(세트로만 판매)

64410
9 791192 183312

ISBN 979-11-92183-31-2
979-11-92183-29-9 (세트)

무형광 종이 인쇄로 아이들 눈을 지켜 줘요.

핀란드 5학년 수학 교과서

5-2
2권

글 파이비 키빌루오마, 킴모 뉘리넨, 피리타 페랄라,
페카 록카, 마리아 살미넨, 티모 타피아이넨

그림 미리야미 만니넨

옮김 박문선

감수 이경희(전 수학 교과서 집필진), 핀란드수학교육연구회

마음이음

놀이 수학 카드와
동영상 제공

글 **파이비 키빌루오마** | Päivi Kiviluoma
탐페레에서 초등학교 교사로 일하고 있습니다. 학생들마다 문제 해결 도출 방식이 다르므로 수학 교수법에 있어서도 어떻게 접근해야 할지 늘 고민하고 도전합니다.

킴모 뉘리넨 | Kimmo Nyrhinen
투루쿠에서 수학과 과학을 가르치고 있습니다. 「핀란드 수학 교과서」 외에도 화학, 물리학 교재를 집필했습니다. 낚시와 버섯 채집을 즐겨하며, 체력과 인내심은 자연에서 얻을 수 있는 놀라운 선물이라 생각합니다.

피리타 페랄라 | Pirita Perälä
탐페레에서 초등학교 교사로 일하고 있습니다. 수학을 제일 좋아하지만 정보통신기술을 활용한 수업에도 관심이 많습니다. 「핀란드 수학 교과서」를 집필하면서 다양한 수준의 학생들이 즐겁게 도전하며 배울 수 있는 교재를 만드는 데 중점을 두었습니다.

페카 록카 | Pekka Rokka
교사이자 교장으로 30년 이상 재직하며 1~6학년 모든 과정을 가르쳤습니다. 학생들이 수학 학습에서 영감을 얻고 자신만의 강점을 더 발전시킬 수 있는 교재를 만드는 게 목표입니다.

마리아 살미넨 | Maria Salminen
오울루에서 초등학교 교사로 일하고 있습니다. 체험과 실습을 통한 배움, 협동, 유연한 사고를 중요하게 생각합니다. 수학 교육에 있어서도 이를 적용하여 똑같은 결과를 도출하기 위해 얼마나 다양한 방식으로 접근할 수 있는지 토론하는 것을 좋아합니다.

티모 타피아이넨 | Timo Tapiainen
오울루에 있는 고등학교에서 수학 교사로 있습니다. 다양한 교구를 활용하여 수학을 가르치고, 학습 성취가 뛰어난 학생들에게 적절한 도전 과제를 제공하는 것을 중요하게 생각합니다.

옮김 **박문선**
연세대학교 불어불문학과를 졸업하고 한국외국어대학교 통역번역대학원 영어과를 전공하였습니다. 졸업 후 부동산 투자 회사 세빌스코리아(Savills Korea)에서 5년간 에디터로 근무하면서 다양한 프로젝트 통번역과 사내 영어 교육을 담당했습니다. 현재 프리랜서로 번역 활동 중입니다.

감수 **이경희**
서울교육대학교와 동 대학원에서 초등교육방법을 전공했으며, 2009 개정 교육과정에 따른 초등학교 수학 교과서 집필진으로 활동했습니다. ICME12(세계 수학교육자대회)에서 한국 수학 교과서 발표, 2012년 경기도 연구년 교사로 덴마크에서 덴마크 수학을 공부했습니다. 현재 학교를 은퇴하고 외국인들에게 한국어를 가르쳐 주며 봉사활동을 하고 있습니다. 집필한 책으로는 『외우지 않고 구구단이 술술술』 『예비 초등학생을 위한 든든한 수학 짝꿍』 『한 권으로 끝내는 초등 수학사전』 등이 있습니다.

핀란드수학교육연구회
학생들이 수학을 사랑할 수 있도록 그 방법을 고민하며 찾아가는 선생님들이 모였습니다. 강주연(위성초), 김영훈(위성초), 김태영(서하초), 김현지(서상초), 박성수(위성초), 심지원(위성초), 이은철(위성초), 장세정(서상초), 정원상(함양초) 선생님이 참여하였습니다.

핀란드 5학년 수학 교과서

초등학교 학년 반

이름

QR코드를 스캔하면 놀이 수학
동영상을 보실 수 있습니다.

핀란드 5학년 수학 교과서 5-2 2권

초판 1쇄 발행 2022년 12월 10일

지은이 파이비 키빌루오마, 킴모 뉘리넨, 피리타 페랄라, 페카 록카, 마리아 살미넨, 티모 타피아이넨
그린이 미리야미 만니넨 **옮긴이** 박문선 **감수** 이경희, 핀란드수학교육연구회
펴낸이 정혜숙 **펴낸곳** 마음이음

책임편집 이금정 **디자인** 디자인서가
등록 2016년 4월 5일(제2018-000037호)
주소 03925 서울시 마포구 월드컵북로 402, 9층 917A호(상암동, KGIT센터)
전화 070-7570-8869 **팩스** 0505-333-8869
전자우편 ieum2016@hanmail.net
블로그 https://blog.naver.com/ieum2018

ISBN 979-11-92183-32-9 64410
979-11-92183-29-9 (세트)

어린이제품안전특별법에 의한 제품표시
제조자명 마음이음 **제조국명** 대한민국 **사용연령** 만 11세 이상 어린이 제품
KC마크는 이 제품이 공통안전기준에 적합하였음을 의미합니다.

핀란드 5학년 수학 교과서

5-2
2권

글 파이비 키빌루오마, 킴모 뉘리넨, 피리타 페랄라,
페카 룩카, 마리아 살미넨, 티모 타피아이넨
그림 미리야미 만니넨
옮김 박문선
감수 이경희(전 수학 교과서 집필진), 핀란드수학교육연구회

마음이음

아이들이 수학을 공부해야 하는 이유는 수학 지식을 위한 단순 암기도 아니며, 많은 문제를 빠르게 푸는 것도 아닙니다. 시행착오를 통해 정답을 유추해 가면서 스스로 사고하는 힘을 키우기 위함입니다.
핀란드의 수학 교육은 다양한 수학적 활동을 통하여 수학 개념을 자연스럽게 깨닫게 하고, 논리적 사고를 유도하는 문제들로 학생들이 수학에 흥미를 갖도록 하는 데 성공했습니다. 이러한 자기 주도적인 수학 교과서가 우리나라에 번역되어 출판하게 된 것을 두 팔 벌려 환영하며, 학생들이 수학을 즐겁게 공부하게 될 것이라 생각하여 감히 추천하는 바입니다.

하동우(민족사관고등학교 수학 교사)

수학은 언어, 그림, 색깔, 그래프, 방정식 등으로 다양하게 표현하는 의사소통의 한 형태입니다. 이들 사이의 관계를 파악하면서 수학적 사고력도 높아지는데, 안타깝게도 우리나라 교육 환경에서는 수학이 의사소통임을 인지하기 어렵습니다. 수학 교육 과정이 수직적으로 배열되어 있기 때문입니다. 그런데 『핀란드 수학 교과서』는 배운 개념이 거미줄처럼 수평으로 확장, 반복되고, 아이들은 넓고 깊게 스며들 듯이 개념을 이해할 수 있습니다.

정유숙(쑥샘TV 운영자)

『핀란드 수학 교과서』를 보는 순간 다양한 문제들을 보고 놀랐습니다. 다양한 형태의 문제를 풀면서 생각의 폭을 넓히고, 생각의 힘을 기르고, 수학 실력을 보다 안정적으로 만들 수 있습니다. 또한 놀이와 탐구로 학습하면서 수학에 대한 흥미가 높아져 문제를 스스로 이해하고 터득하는 데 도움이 됩니다.
숫자가 바탕이 되는 수학은 세계적인 유일한 공통 과목입니다. 21세기를 이끌어 갈 아이들에게 4차산업혁명을 넘어 인공지능 시대에 맞는 창의적인 사고를 길러 주는 바람직한 수학 교육이 이 책을 통해 이루어지길 바랍니다.

김재련(사월이네 공부방 원장)

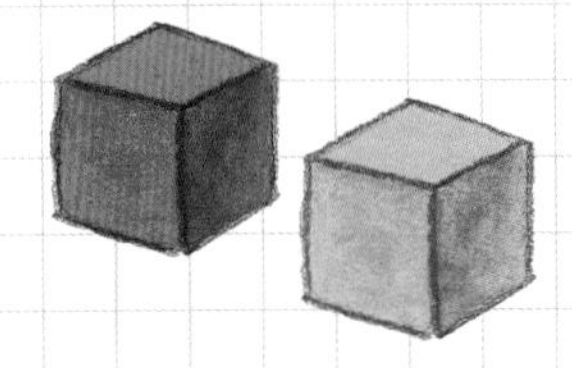

한국의 학생들에게

「핀란드 수학 교과서(Star Maths)」 시리즈를 펴낸 오타바(Otava) 출판사는 교재 전문 출판사로 120년이 넘는 역사를 지닌 명실상부한 핀란드의 대표 출판사입니다. 특히 「Star Maths」 시리즈는 핀란드 학교 현장의 수학 전문가들이 최신 핀란드 국립교육과정을 반영하여 함께 개발한 핀란드의 대표 수학 교과서입니다.

수 개념과 십진법을 이해하기 위한 탄탄한 기반을 제공하여 연산 능력을 키우고, 기본, 응용, 심화 문제 등 학생 개개인의 학습 차이를 다각도에서 고려하여 다양한 평가 문제를 실었습니다. 또한 친구 또는 부모님과 함께 놀이를 통해 문제 해결을 하며 수학적 즐거움을 발견하여 수학에 대한 긍정적인 태도를 갖도록 합니다.

한국의 학생들이 이 책과 함께 즐거운 수학 세계로 여행을 떠나길 바랍니다.

파이비 키빌루오마, 킴모 뉘리넨, 피리타 페랄라, 페카 록카,
마리아 살미넨, 티모 타피아이넨(STAR MATHS 공동 저자)

차례

1 분수를 백분율로 나타내기

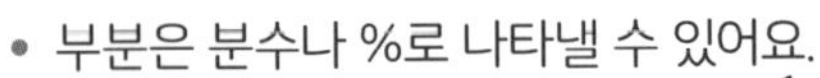

- 부분은 분수나 %로 나타낼 수 있어요.
- 1%는 100분의 1이에요. 즉, 1% = $\frac{1}{100}$
- 100%는 전체 1이에요. 다시 말해 100% = $\frac{100}{100}$ = 1

색칠한 모눈종이는 모두 몇 칸일까요?

모눈종이는 모두 100칸이에요.
색칠한 부분을 분수나 %로 나타내 보세요.

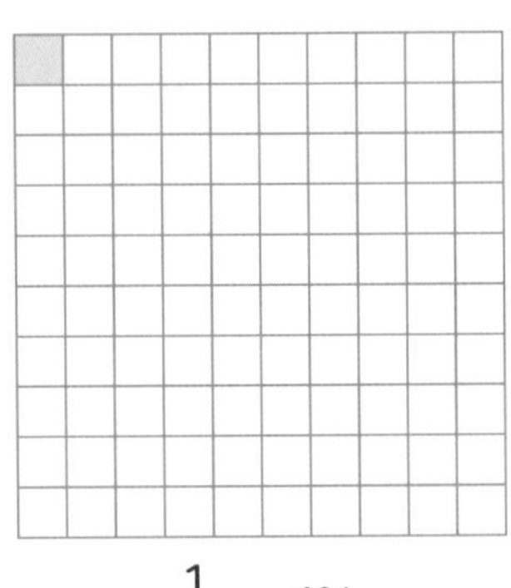

$\frac{1}{100}$ = 1%

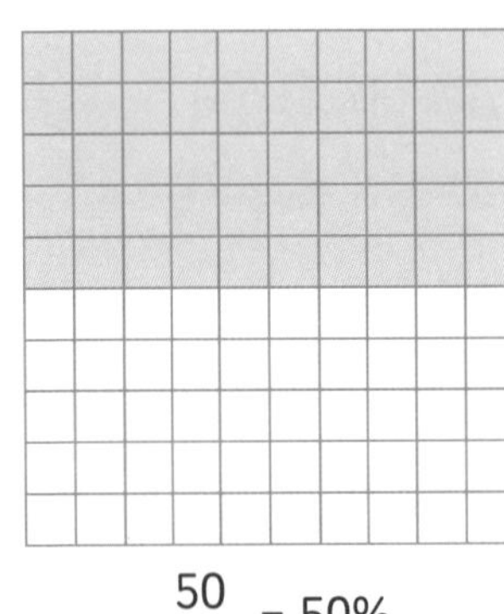

$\frac{50}{100}$ = 50%

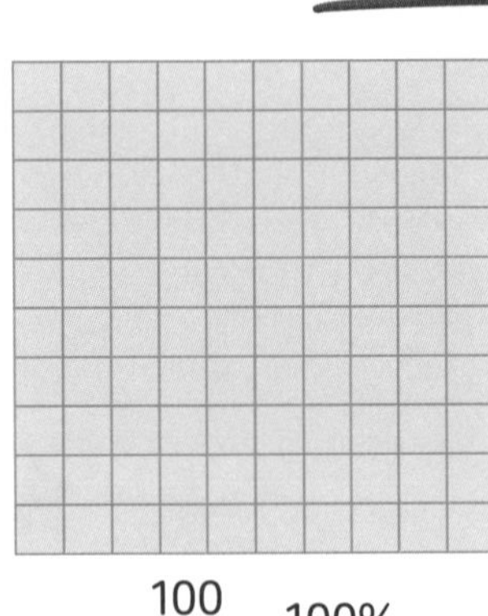

$\frac{100}{100}$ = 100%

컴퓨터 배터리가 67% 충전되었어요.
아직 충전되지 않은 부분은 몇 %일까요?

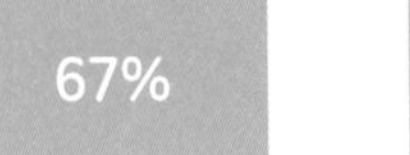

배터리가 완전히 충전되면 100% 충전되었다고 해요.
아직 충전되지 않은 부분은 100% - 67% = 33%예요.

정답 : 33%

100%는 전체, 50%는 절반을 의미해요.

1. 색칠한 모눈종이는 모두 몇 칸일까요? 색칠한 부분을 분수와 %로 나타내 보세요.

❶

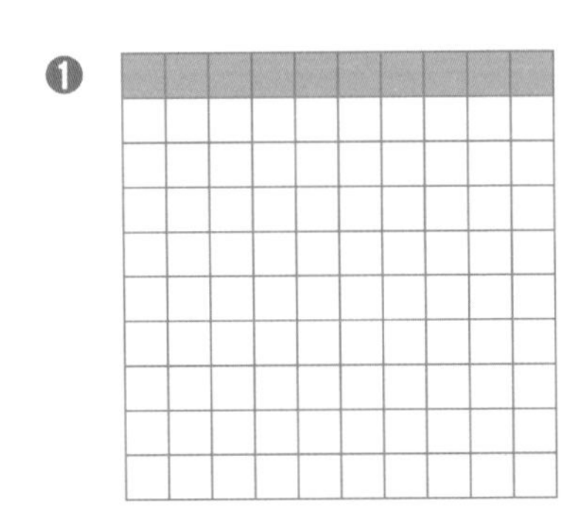

_______ = _______%

❷

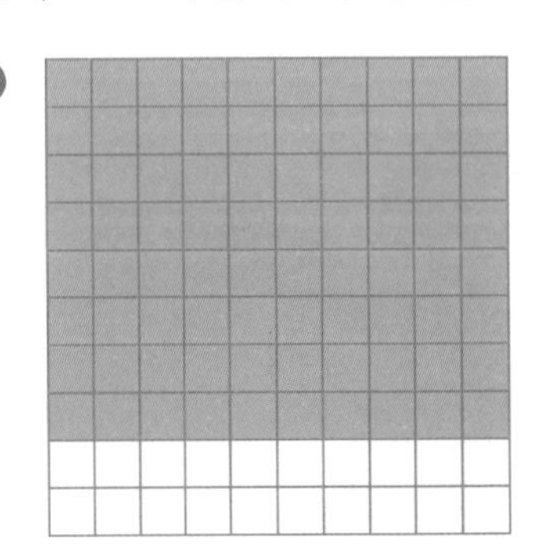

_______ = _______%

❸

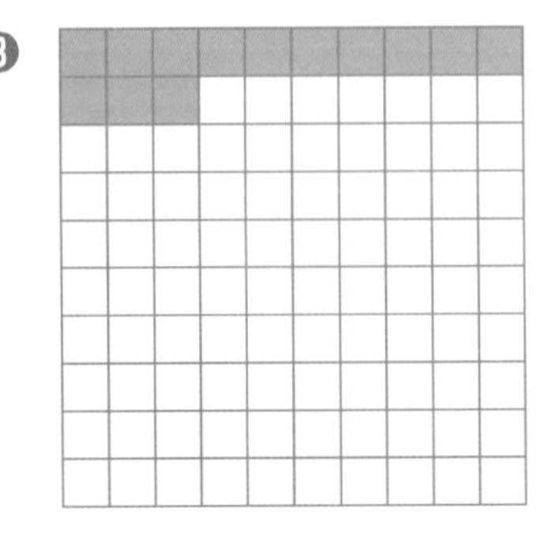

_______ = _______%

2. 분수를 %로 바꾸어 보세요.

$\frac{19}{100}$ = ____________　　$\frac{45}{100}$ = ____________

$\frac{72}{100}$ = ____________　　$\frac{5}{100}$ = ____________

3. 빈칸에 알맞은 수를 써넣어 보세요.

❶ 파일의 절반, 즉 ____________ %가 다운로드되었어요.

❷ 배터리가 텅 비었어요. 충전율이 ____________ %예요.

❸ 게임이 완전히 다운로드되었어요. 다시 말해 ____________ % 다운로드되었어요.

4. 아래 글을 읽고 알맞은 식을 세워 답을 구해 보세요.

❶ 컴퓨터 배터리의 91%가 아직 충전되지 않은 상태예요. 충전된 부분은 몇 %일까요?

____

정답 : ____________________

❷ 파일 중 72%가 다운로드되었어요. 아직 다운로드되지 않은 부분은 몇 %일까요?

____

정답 : ____________________

5. 아래 문장을 읽고 참인지 거짓인지 빈칸에 써 보세요.

❶ 1%는 $\frac{1}{10}$을 의미해요. ________

❷ 전체 1은 99%보다 커요. ________

❸ 전체 도형의 34%가 색칠되었다면 56%는 색칠이 안 되어 있어요. ________

❹ 50%는 절반보다 커요. ________

❺ $\frac{1}{3}$은 66%와 같아요. ________

더 생각해 보아요!

주차장에 총 18대의 자동차와 모터사이클이 있어요. 타이어 개수가 총 52개라면 주차장에 있는 자동차는 모두 몇 대일까요?

____

6. 모눈종이는 모두 100칸이에요. 주어진 조건대로 색칠해 보세요.

❶ 30%는 빨간색으로

❷ 25%는 파란색으로

❸ 25%는 노란색으로

❹ 10%는 갈색으로

❺ 색칠하지 않은 부분은 몇 %일까요? ____________

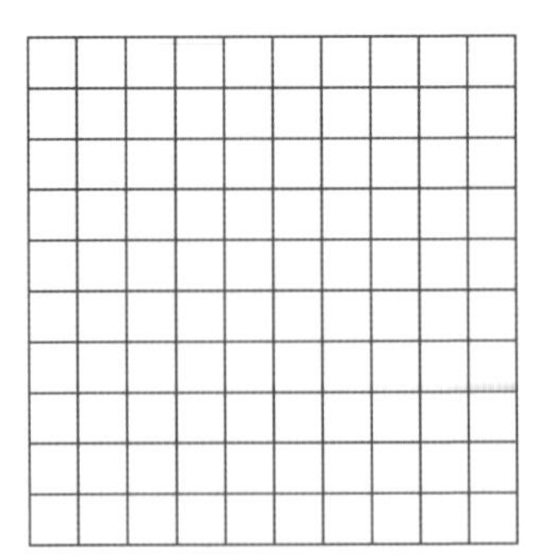

7. 빈칸에 X표 해 보세요. 숫자 주변에 X표가 그 수만큼 있어야 해요. X표 1개는 1칸 이상 관련될 수 있어요.

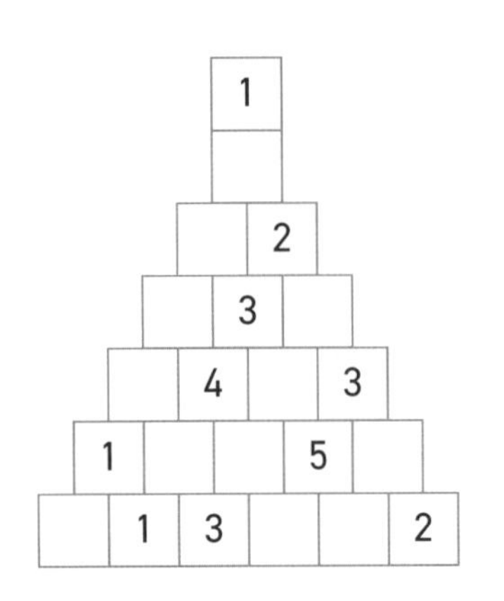

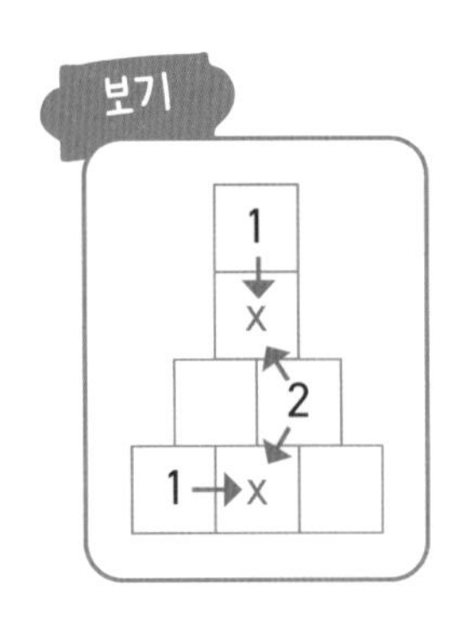

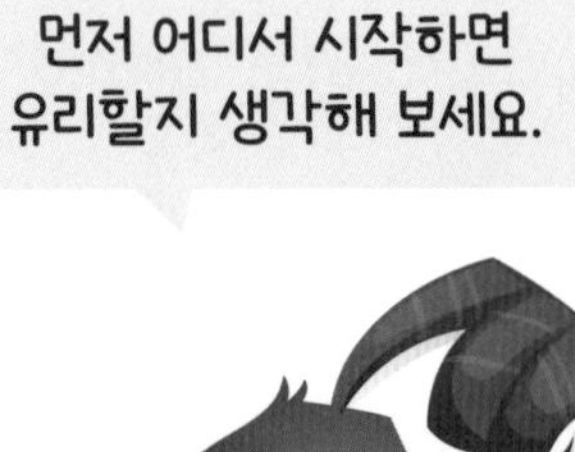

X표가 없는 칸은 몇 칸일까요? ____________________

8. 크기가 같은 것끼리 선으로 이어 보세요.

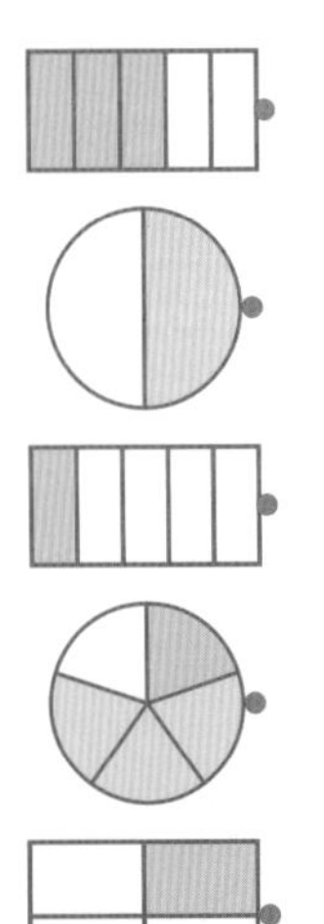

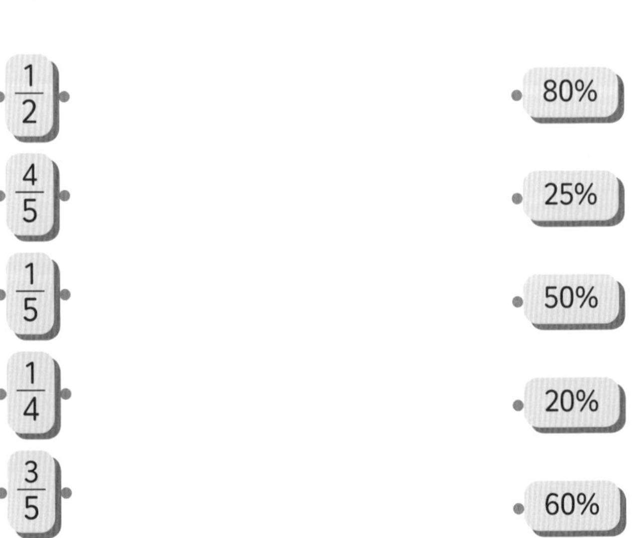

9. 100%는 얼마일지 구해 보세요.

❶ 50%가 5라면? ______

❷ 25%가 20이라면? ______

❸ 20%가 6이라면? ______

10. 존이 가진 돈의 15%는 24유로예요. 존이 가지고 있는 돈은 모두 얼마일까요?

______

______

정답 : ______

한 번 더 연습해요!

1. 색칠한 모눈종이는 모두 몇 칸일까요? 색칠한 부분을 분수나 %로 나타내 보세요.

______ = ______%　　______ = ______%　　______ = ______%

2. 분수를 %로 바꾸어 보세요.

$\frac{13}{100}$ = ______　　$\frac{9}{100}$ = ______　　$\frac{67}{100}$ = ______

3. 아래 글을 읽고 알맞은 식을 세워 답을 구해 보세요.

❶ 컴퓨터 배터리가 34% 충전되었어요.
충전되지 않은 부분은 몇 %일까요?

______

정답 : ______

❷ 파일 중 43%가 더 다운로드되어야 해요.
이미 다운로드된 파일은 몇 %일까요?

______

정답 : ______

2 몇 %일까요?

도형의 색칠한 부분은 전체의 얼마일까요?
분수나 %로 나타내 보세요.

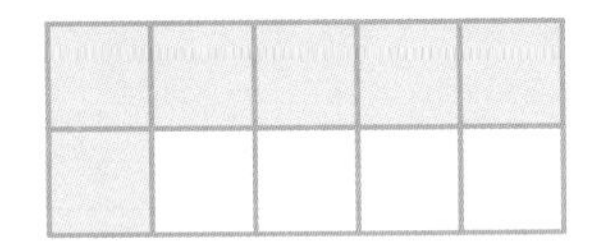
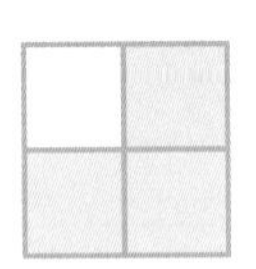
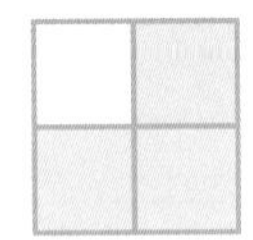
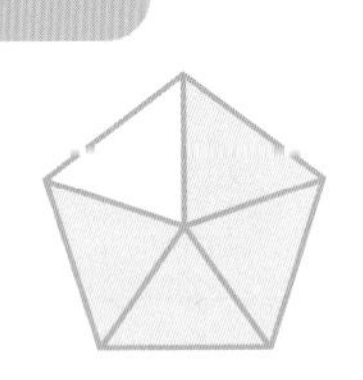

$\frac{6}{10} = \frac{60}{100} = 60\%$ (×10) $\frac{3}{4} = \frac{75}{100} = 75\%$ (×25) $\frac{4}{5} = \frac{80}{100} = 80\%$ (×20)

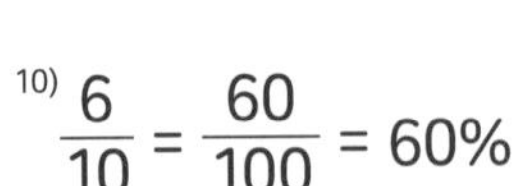

- 먼저 분수의 분모를 100으로 통분해요.
- 그리고 그 분수를 %로 나타내요.

$\frac{1}{100} = 1\%$ $\frac{100}{100} = 100\%$

<예시>

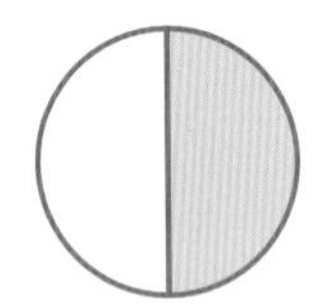
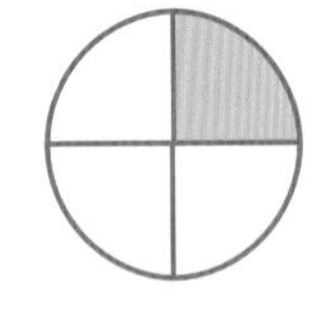
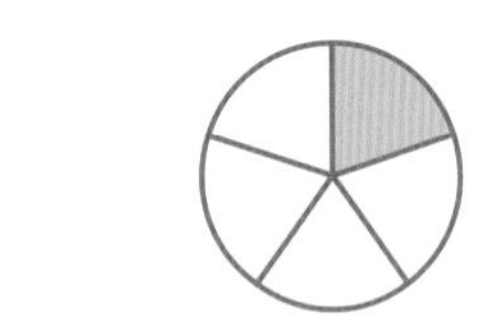
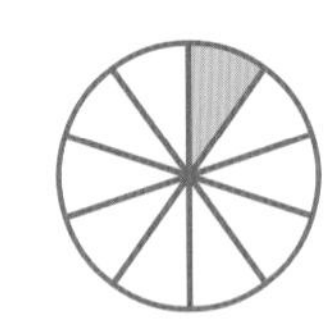

$\frac{1}{2} = \frac{50}{100} = 50\%$ (×50) $\frac{1}{4} = \frac{25}{100} = 25\%$ (×25) $\frac{1}{5} = \frac{20}{100} = 20\%$ (×20) $\frac{1}{10} = \frac{10}{100} = 10\%$ (×10)

1. 아래 도형의 색칠한 부분은 전체의 얼마일까요? 분수와 %로 나타내 보세요.

❶ 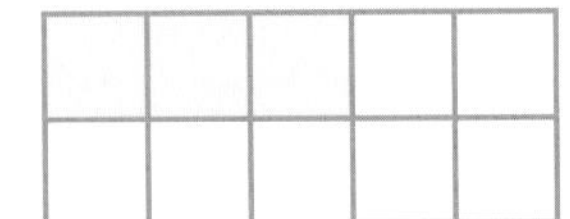

(×10) $\frac{3}{10} = \frac{30}{100}$ = ____%

❷ 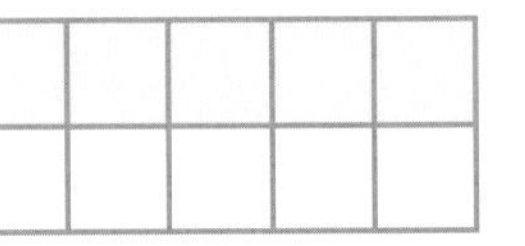

________ = ________

❸ 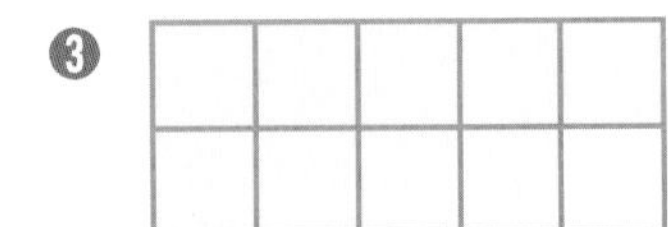

________ = ________

❹ 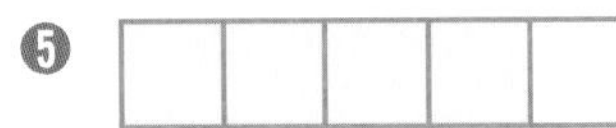

________ = ________

❺

________ = ________

❻ 

________ = ________

2. 도형의 색칠한 부분은 몇 %일까요? 해당하는 칸에 X표 해 보세요.

❶ 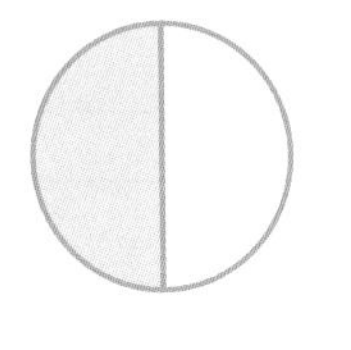

50% □
0% □
100% □

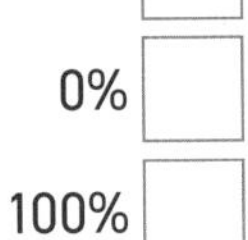

❷ 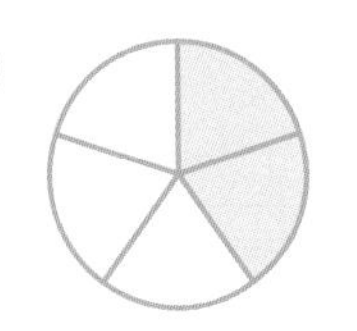

60% □
20% □
40% □

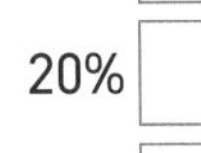

❸ 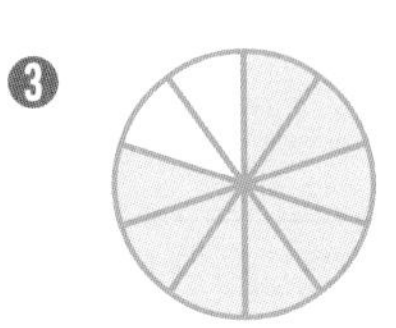

70% □
80% □
60% □

3. 도형의 색칠한 부분은 몇 %일까요? 해당하는 칸에 X표 해 보세요.

❶ 50% ☐ 25% ☐ 75% ☐

❷ 50% ☐ 25% ☐ 75% ☐

❸ 40% ☐ 60% ☐ 80% ☐

4. 분수의 분모를 100으로 통분하여 %로 바꾼 후, 정답을 로봇에서 찾아 ○표 해 보세요.

$\frac{7}{10}$ = ______ $\frac{3}{5}$ = ______ $\frac{1}{4}$ = ______

$\frac{9}{20}$ = ______ $\frac{31}{50}$ = ______ $\frac{21}{25}$ = ______

5. 주어진 색으로 색칠한 부분을 분수와 %로 나타내 보세요. 정답을 로봇에서 찾아 ○표 해 보세요.

❶ 빨간색 $\frac{6}{25}$ ______

❷ 파란색 ______

❸ 노란색 ______

❹ 보라색 ______

12% 20% 24% 25% 28% 36%

38% 45% 60% 62% 70% 84%

6. 아래 글을 읽고 질문에 답해 보세요.

❶ 학생 중 $\frac{11}{20}$은 옆으로 재주넘기를 할 수 있어요. 재주넘기를 할 수 있는 학생은 몇 %일까요?

______

정답 : ______

❷ 학생 중 $\frac{43}{50}$은 공중제비를 할 수 있어요. 공중제비를 할 수 없는 학생은 몇 %일까요?

______

정답 : ______

더 생각해 보아요!

앨런, 요하나, 에멧은 총 25개의 사탕을 가지고 있어요. 요하나가 가진 사탕 개수는 에멧보다 4개 적고, 앨런이 가진 사탕 개수는 요하나보다 3개 적어요. 아이들이 가진 사탕은 각각 몇 개일까요?

앨런 : ______ 요하나 : ______

에멧 : ______

7. 값이 같은 것끼리 선으로 이어 보세요.

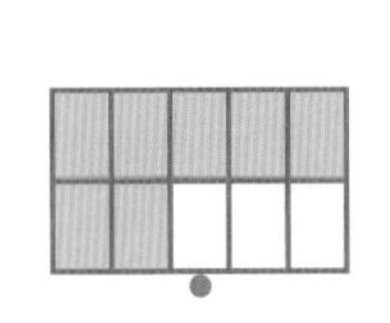 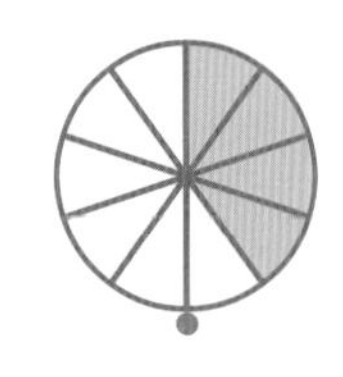 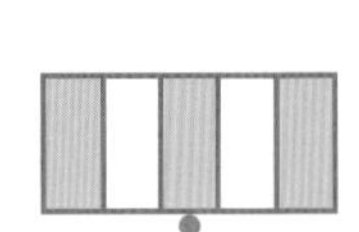 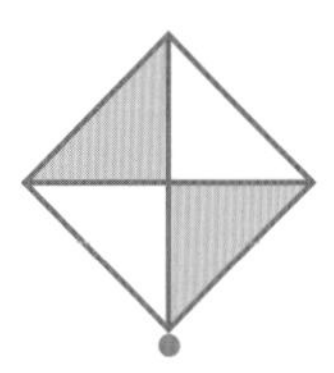 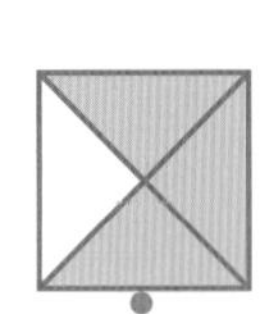 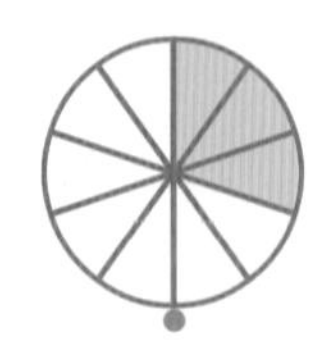

$\frac{3}{5}$  $\frac{2}{4}$ $\frac{7}{10}$  $\frac{3}{4}$  $\frac{4}{10}$  $\frac{3}{10}$

60% 50% 40% 70% 30% 75%

8. 도형의 색칠한 부분은 전체의 몇 %일까요?

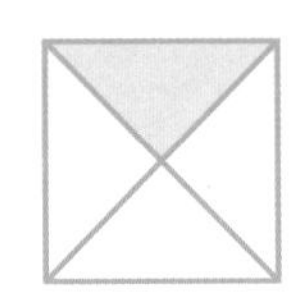  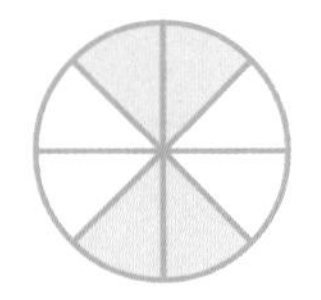 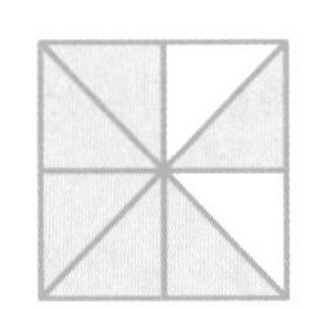

________ ________ ________ ________

9. 1~36까지의 연속된 수가 가로, 세로, 대각선으로 연결되도록 빈칸에 알맞은 수를 써넣어 보세요.

❶

18		12	13	35	36
	21				34
	26	22	15		
25	23		9	32	
	5			2	30
6			3		1

❷

3		1	9		11
6				10	13
		18	34		
	27		19	35	
29	32	26		23	36
31		25			22

10. 조건이 아래와 같을 때 전체 막대의 칸은 몇 개일까요?

❶ 총 길이의 50%가 아래와 같아요.

❷ 총 길이의 20%가 아래와 같아요.

❸ 총 길이의 30%가 아래와 같아요.

11. 조건이 아래와 같을 때 전체 거리를 구해 보세요.

❶ 총 거리의 25%가 4km예요. ______

❷ 총 거리의 10%가 5km예요. ______

❸ 총 거리의 20%가 3km예요. ______

❹ 총 거리의 30%가 12km예요. ______

한 번 더 연습해요!

1. 아래 도형의 색칠한 부분은 전체의 얼마일까요? 분수와 %로 나타내 보세요.

______ = ______　　______ = ______　　______ = ______

2. 분수의 분모를 100으로 통분한 후, %로 바꾸어 보세요.

$\frac{8}{10}$ = ______　　$\frac{12}{20}$ = ______　　$\frac{27}{50}$ = ______

3. 아래 글을 읽고 알맞은 식을 세워 답을 구해 보세요.

❶ 학생 중 $\frac{21}{25}$이 학교에 있어요. 학교에 있는 학생은 몇 %일까요?

정답 :

❷ 학생 중 $\frac{49}{50}$는 견과류에 알레르기 반응이 없어요. 견과류에 알레르기 반응이 있는 학생은 몇 %일까요?

정답 :

3 백분율 구하기

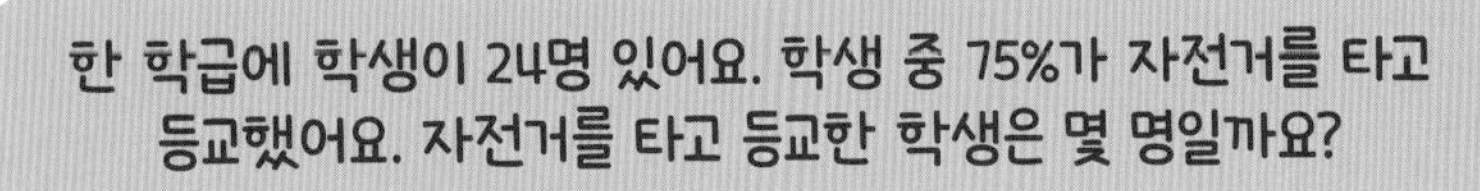

한 학급에 학생이 24명 있어요. 학생 중 75%가 자전거를 타고 등교했어요. 자전거를 타고 등교한 학생은 몇 명일까요?

$75\% = \frac{75^{(25}}{100} = \frac{3}{4}$

즉, 24의 $\frac{3}{4}$이 얼마인지 구해야 해요.

먼저 24의 $\frac{1}{4}$이 얼마인지 계산해요. $\frac{24}{4} = 6$

$\frac{3}{4}$은 $3 \times \frac{1}{4}$이므로 24의 $\frac{3}{4}$은 $3 \times 6 = 18$이에요.

정답 : 18명

- 먼저 %를 분수로 바꾸어요.
- 분수를 기약분수가 될 때까지 약분해요.
- 기약분수의 값이 얼마인지 구한 후, 그 값에 구하고자 하는 분수를 곱해요.

<%를 분수로 바꾸는 예시>

$100\% = \frac{100^{(100}}{100} = 1$ | $10\% = \frac{10^{(10}}{100} = \frac{1}{10}$ | $25\% = \frac{25^{(25}}{100} = \frac{1}{4}$

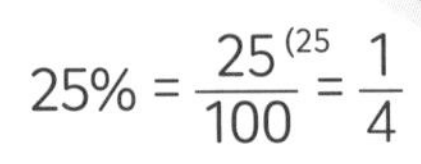

$50\% = \frac{50^{(50}}{100} = \frac{1}{2}$ | $20\% = \frac{20^{(20}}{100} = \frac{1}{5}$ | $75\% = \frac{75^{(25}}{100} = \frac{3}{4}$

1. %를 분모가 100인 분수로 바꾼 후, 약분해 보세요.

$10\% = \frac{10^{(10}}{100} = \frac{}{10}$ 25% = ________ 80% = ________

50% = ________ 20% = ________ 75% = ________

2. 주어진 %만큼 동그라미를 색칠해 보세요.

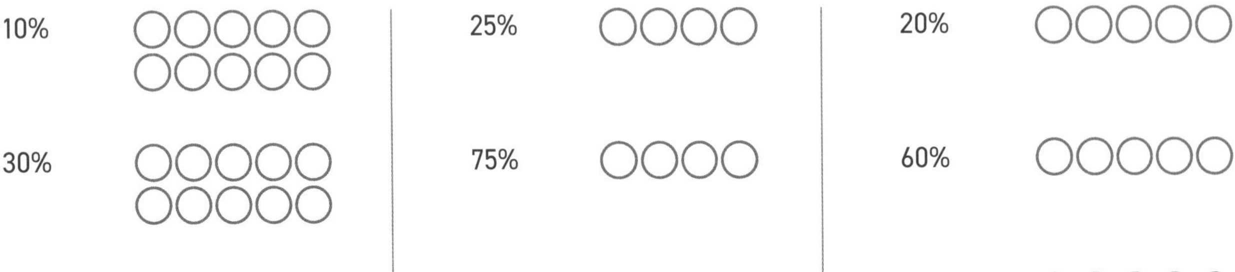

10% ○○○○○ ○○○○○ | 25% ○○○○ | 20% ○○○○○

30% ○○○○○ ○○○○○ | 75% ○○○○ | 60% ○○○○○

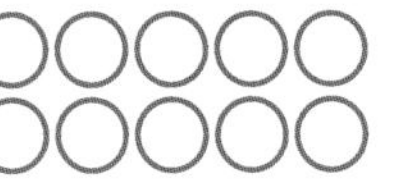

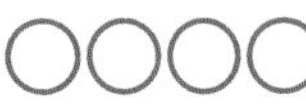
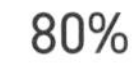

50% ○○○○○ ○○○○○ | 100% ○○○○ | 80% ○○○○○

3. 계산한 후, 정답을 로봇에서 찾아 ○표 해 보세요.

❶ 26의 50%

$50\% = \frac{}{}$

$\frac{26}{2} =$

❷ 20의 25%

❸ 140의 10%

❹ 30의 30%

$30\% = \frac{30^{(10}}{100} = \frac{3}{10}$

$\frac{30}{10} = 3$

$3 \times 3 =$

❺ 20의 75%

❻ 30의 70%

5 9 12 13 14 15 18 21

4. 주어진 %가 얼마를 나타내는지 공책에 계산해 보세요.

❶ 400의 50% ❷ 400의 25% ❸ 400의 10% ❹ 400의 30%

5. 아래 글을 읽고 알맞은 식을 세워 답을 구해 보세요.

❶ 학급에 학생이 26명 있어요. 그중 50%가 운동을 해요. 운동하는 학생은 몇 명일까요?

정답 :

❷ 관현악단 단원은 25명이에요. 그중 60%가 현악기를 연주해요. 현악기를 연주하는 단원은 몇 명일까요?

정답 :

더 생각해 보아요!

엠마는 30유로짜리 상품권을 썼는데 사용액이 잔액의 2배가 되었어요. 다시 말하면 사용액은 잔액에 잔액의 100%를 더한 값과 같아요. 상품권의 잔액은 얼마일까요?

6. 주어진 %만큼 색칠해 보세요.

❶ 25%를 빨간색으로

❷ 25%를 파란색으로

❸ 30%를 갈색으로

❹ 20%를 노란색으로

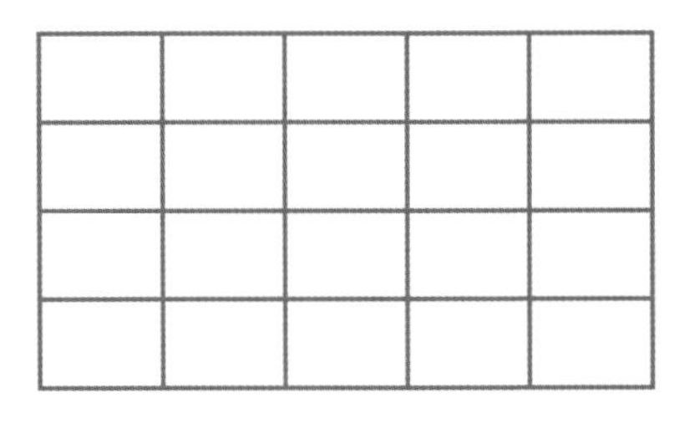

7. 아래 글을 읽고 빈칸에 알맞은 도형을 그려 보세요.

- 도형의 40%는 원이에요.
- 도형의 60%는 삼각형이 아니에요.
- 도형의 50%는 빨간색이거나 파란색이에요.
- 모든 원의 50%는 노란색이에요.
- 파란색 도형은 빨간색 도형보다 많아요.
- 노란색 도형의 수가 가장 많아요.

8. 숫자 1, 2, 3, 4가 가로줄과 세로줄에 각각 한 번씩 들어가도록 빈칸을 채워 보세요. 일부 칸의 왼쪽 위 작은 수는 빨간색 선으로 구분한 영역 안의 수의 합을 나타내요.

❶

4	2	5	
	7	3	4
6			5
	4		

❷

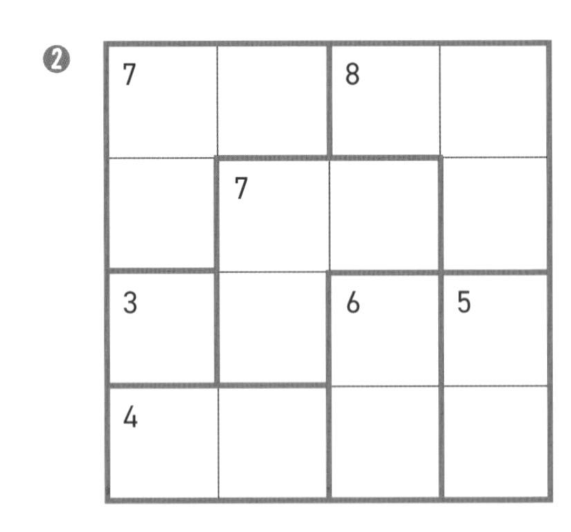

7		8	
	7		
3		6	5
4			

9. 질문에 답해 보세요.

세탁기 안에 검은색, 회색, 파란색 양말이 있어요. 검은색과 회색 양말의 개수는 같아요. 파란색 양말은 12켤레이고, 전체 양말 개수의 50%를 차지해요.

❶ 세탁기 안에 양말이 모두 몇 켤레 있을까요? ____________

❷ 회색 양말은 몇 켤레일까요? ____________

10. 그림을 그려 문제를 해결해 보세요.

학생들의 60%는 취미가 독서(R)이고, 40%는 운동(S)이에요. 학생들의 30%는 취미가 독서와 운동 둘 다예요. 취미가 독서나 운동이 아닌 학생은 몇 %일까요? ______________

한 번 더 연습해요!

1. 주어진 %만큼 동그라미를 색칠해 보세요.

20% ○○○○○ ○○○○○

90% ○○○○○ ○○○○○

40% ○○○○○

2. 계산해 보세요.

❶ 50의 20%

❷ 40의 30%

❸ 250의 40%

3. 아래 글을 읽고 알맞은 식을 세워 답을 구해 보세요.

❶ 학급에 학생이 28명 있어요. 그중 75%는 자전거로 등교했어요. 자전거로 등교한 학생은 몇 명일까요?

정답 :

❷ 바구니에 공이 30개 있어요. 그중 70%는 빨간색이에요. 바구니 안에 있는 빨간색 공은 몇 개일까요?

정답 :

_____월 _____일 _____요일

1. 아래 도형의 색칠한 부분은 전체의 얼마일까요? 분수와 %로 나타내 보세요.

❶ 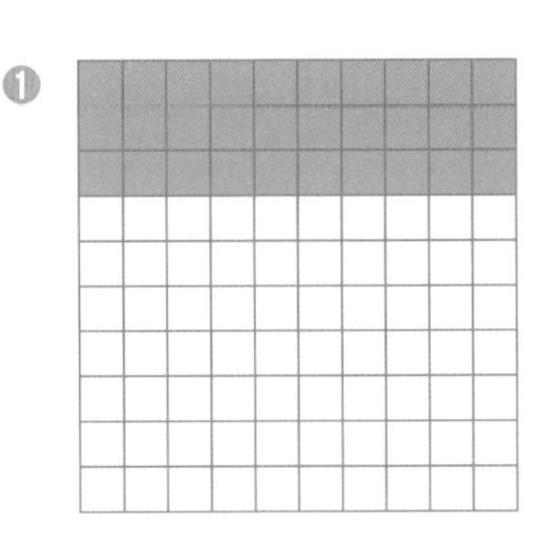

_______ = _______%

❷ 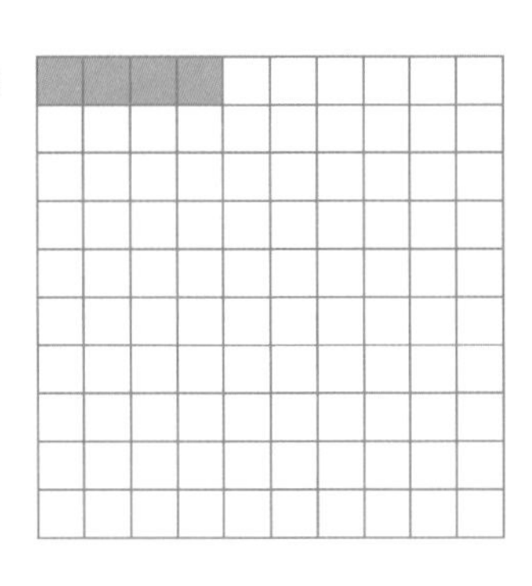

_______ = _______%

❸ 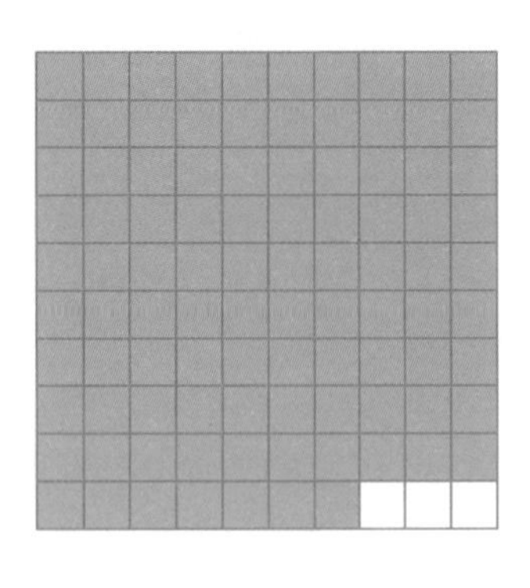

_______ = _______%

2. 질문에 답해 보세요.

 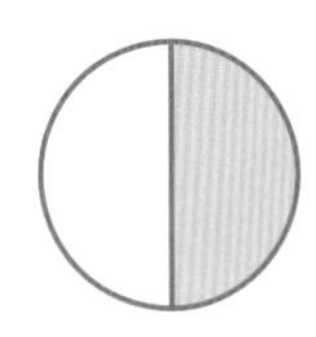 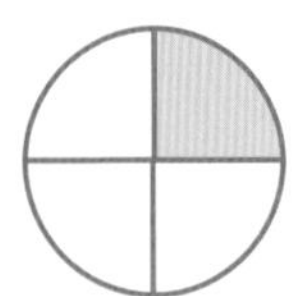 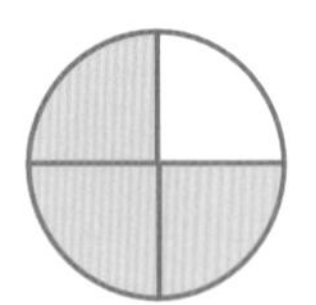

❶ 각 도형의 색칠한 부분은 전체의 몇 %일까요?

_______ _______ _______ _______

❷ 각 도형의 색칠하지 않은 부분은 전체의 몇 %일까요?

_______ _______ _______ _______

3. 주어진 %만큼 색칠해 보세요.

❶ 30%

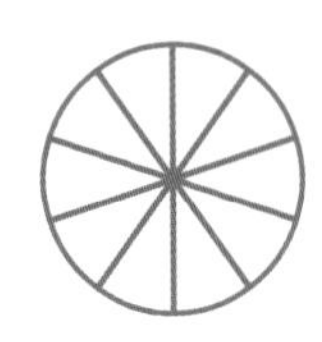

❷ 20%

❸ 60%

❹ 75%

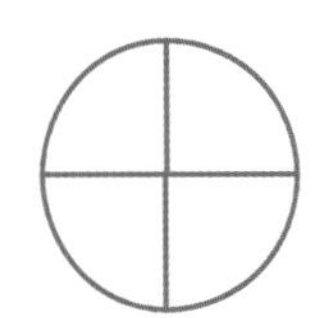

여기서 잠깐!

할인 판매할 때 할인율을 보통 %로 나타내요.

4. 아래 글을 읽고 알맞은 식을 세워 답을 구해 보세요.

① 컴퓨터 배터리가 85% 충전되었어요. 완전히 충전되기까지 몇 %가 남은 걸까요?

정답 :

② 파일 중 30%가 더 다운로드되어야 해요. 이미 다운로드된 파일은 몇 %일까요?

정답 :

5. 분수의 분모를 100으로 통분하여 %로 나타낸 후, 정답을 로봇에서 찾아 ○표 해 보세요.

$\frac{9}{10}$ = ______

$\frac{7}{20}$ = ______

$\frac{9}{25}$ = ______

$\frac{4}{5}$ = ______

$\frac{27}{50}$ = ______

$\frac{17}{20}$ = ______

6. 계산한 후, 정답을 로봇에서 찾아 ○표 해 보세요.

① 60의 30%

② 20의 70%

③ 30의 90%

14　18　24　27　35%　36%　54%　60%　80%　85%　90%

7. 알맞은 식을 세워 계산한 후, 정답을 구해 보세요.

① 자루에 공이 40개 들어 있어요. 그중 30%가 노란색이에요. 자루 안에 있는 노란색 공은 몇 개일까요?

정답 :

② 한 학급에 학생이 20명 있어요. 그중 40%는 눈동자가 파란색이에요. 파란 눈동자를 가진 학생은 몇 명일까요?

정답 :

8. 주어진 %만큼 색칠해 보세요.

❶ 20%

❷ 40%

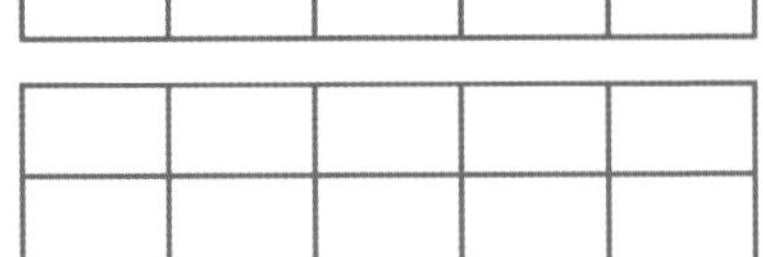

❸ 100%

❹ 80%

9. 조건에 맞게 직사각형을 그려보세요. 일부 칸에 있는 숫자는 직사각형 안에 칸이 몇 개 들어가는지를 나타내요. 1칸은 여러 직사각형에 중복되어 쓰일 수 없고 직사각형 1개에만 들어가요.

❶

3							
3							6
15				9			
						12	
			4				5
	4				3		

❷

6		6					10
				4			
			12				
					5		
8				4			9

10. 탱그램 조각의 크기를 비교해 보세요. 각 조각이 전체에서 차지하는 부분은 몇 %일까요?

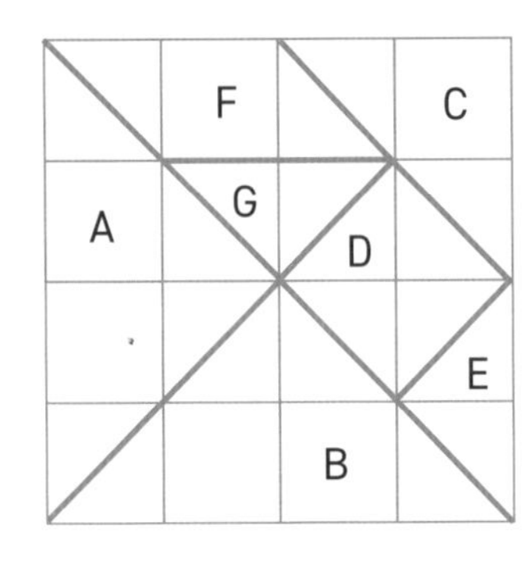

A = ____________ E = ____________

B = ____________ F = ____________

C = ____________ G = ____________

D = ____________

11. 조건이 아래와 같을 때 전체 막대의 칸은 모두 몇 개일까요?

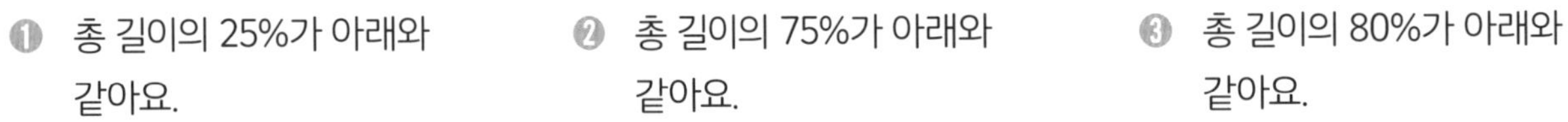

❶ 총 길이의 25%가 아래와 같아요.

____

❷ 총 길이의 75%가 아래와 같아요.

____

❸ 총 길이의 80%가 아래와 같아요.

____

12. 조건이 아래와 같을 때 총 거리를 구한 후, 로봇에서 찾아 ○표 해 보세요.

① 총 거리의 50%가 8km예요. ______

② 총 거리의 20%가 4km예요. ______

③ 총 거리의 25%가 2.5km예요. ______

④ 총 거리의 30%가 9km예요. ______

10 km　12 km　16 km　20 km　24 km　30 km

한 번 더 연습해요!

1. 주어진 %만큼 색칠해 보세요.

① 40%　② 70%　③ 100%　④ 75%

2. 계산해 보세요.

① 40의 75%　② 50의 90%　③ 120의 40%

3. 아래 글을 읽고 알맞은 식을 세워 답을 구해 보세요.

① 학급에 학생이 30명 있어요. 그중 20%는 축구를 해요. 축구를 하는 학생은 몇 명일까요?

정답 :

② 학급에 학생이 25명 있어요. 그중 60%는 도보로 등교했어요. 도보로 등교한 학생은 몇 명일까요?

정답 :

4 자료 정리

아래 자료는 학급 학생들의 머리 색깔에 대한 자료예요.

금색, 갈색, 갈색, 갈색, 빨간색, 갈색, 갈색,
금색, 금색, 검은색, 금색, 금색, 갈색, 갈색,
갈색, 검은색, 금색, 갈색, 검은색, 갈색

알렉은 이 자료를 표로 정리했어요.

머리 색깔	학생 수
금색	6
갈색	10
검은색	3
빨간색	1

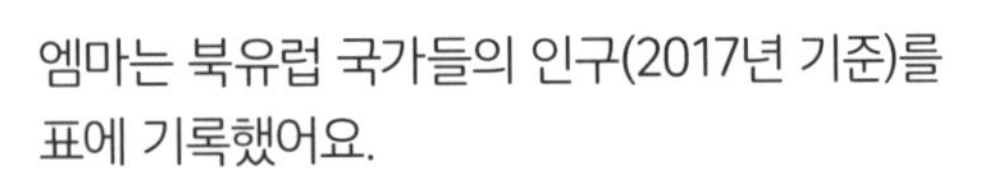

엠마는 북유럽 국가들의 인구(2017년 기준)를
표에 기록했어요.

국가	인구
아이슬란드	340,000
노르웨이	5,260,000
스웨덴	10,000,000
핀란드	5,500,000
덴마크	5,750,000

백만, 십만, 만은 자릿수의 단위예요.

십만의 자리	만의 자리	천의 자리	백의 자리	십의 자리	일의 자리
3	4	0	0	0	0

340000 = 300000 + 40000

백만의 자리	십만의 자리	만의 자리	천의 자리	백의 자리	십의 자리	일의 자리
5	2	6	0	0	0	0

5260000 = 5000000 + 200000 + 60000

핀란드의 인구는 550만 명이에요.

1. 소피아는 학급 학생들에게 가장 좋아하는 색깔을 물어보고 다음과 같은 답을 얻었어요.

파란색, 빨간색, 갈색, 파란색, 검은색, 빨간색, 갈색,
파란색, 빨간색, 빨간색, 검은색, 갈색, 초록색, 빨간색,
파란색, 파란색, 초록색, 파란색

가장 좋아하는 색깔	학생 수

❶ 자료를 표에 정리해 보세요.

❷ 학생들이 가장 좋아하는 색깔은 무엇일까요? ______________

❸ 좋아하는 학생 수가 같은 색깔 두 가지는 무엇일까요? ______________

❹ 학생 3명이 좋아하는 색깔은 무엇일까요? ______________

❺ 학생들이 두 번째로 좋아하는 색깔은 무엇일까요? ______________

2. 각 자리의 숫자는 얼마를 나타내는지 써 보세요.

❶ 36710 = 30000 + ______________________

❷ 405206 = ______________________

❸ 6490000 = ______________________

3. 계산해 보세요.

40000 + 500 + 3 = ________

2000000 + 70000 + 3000 = ________

300000 + 2000 + 400 + 20 = ________

4. 아래 표를 살펴보고 질문에 답해 보세요.

축구 경기장	관람객 수
알리안츠 아레나	75000
캄프 누	99000
올드 트레퍼드	76000
산 시로	80000
산티아고 베르나베우	81000

❶ 가장 많은 관람객을 수용하는 경기장은 어디일까요?

____

❷ 가장 적은 관람객을 수용하는 경기장은 어디일까요?

____

❸ 1번과 2번 경기장의 관람객 수의 차는 몇 명일까요?

____

5. 알렌은 학교에서 학생들이 태어난 달을 조사하여 표를 만들었어요. 표를 살펴보고 질문에 답해 보세요.

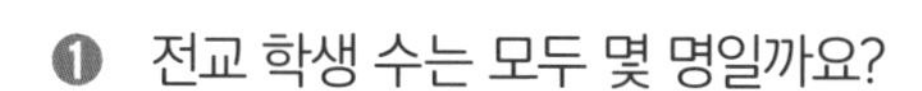
❶ 전교 학생 수는 모두 몇 명일까요? ________

❷ 남학생이 여학생보다 얼마나 더 많을까요? ________

❸ 남학생이 가장 많이 태어난 달은 몇 월일까요? ________

❹ 태어난 남학생과 여학생의 수가 같은 달은 몇 월일까요? ________

❺ 남학생과 여학생을 합해서 가장 많이 태어난 달은 몇 월일까요? ________

❻ 태어난 여학생이 남학생의 2배가 되는 달은 몇 월일까요? ________

월	여학생	남학생
1월	8	11
2월	10	5
3월	6	8
4월	11	10
5월	12	7
6월	4	4
7월	11	12
8월	15	14
9월	7	9
10월	3	6
11월	5	16
12월	13	14
합	105	116

더 생각해 보아요!

어떤 두 자리 수의 각 자리 숫자가 바뀌면 7과 9로 나눌 수 있어요. 이 수는 어떤 수일까요?

____

6. 아래 문제를 풀어 보세요.

❶ 수와 그 수를 바르게 읽은 것끼리 선으로 이어 보세요.

수	읽기
2221680	이십이만 천육백팔
221608	이십일만 이천팔백육십
2021680	이백이십이만 천육백팔십
212860	이백이만 천육백팔십

❷ 작은 수부터 큰 수의 순서대로 나열해 보세요.

$\_\_\_\_\_\_ < \_\_\_\_\_\_ < \_\_\_\_\_\_ < \_\_\_\_\_\_$

7. 오른쪽 표를 살펴보고 질문에 답해 보세요.

❶ 마릴린은 목요일에 몇 쪽을 읽었을까요? ______

❷ 마릴린은 월요일과 화요일에 총 몇 쪽을 읽었을까요? ______

❸ 마릴린이 토요일에 읽은 쪽수는 화요일에 읽은 쪽수보다 얼마나 더 많을까요? ______

❹ 마릴린은 1주일 동안 총 몇 쪽을 읽었을까요? ______

요일	쪽수
월요일	19
화요일	33
수요일	26
목요일	35
금요일	34
토요일	41
일요일	22

8. 합이 456789가 되도록 빈칸에 알맞은 수를 써넣어 보세요.

456000 + ______ = 456789

406700 + ______ = 456789

400009 + ______ = 456789

56000 + ______ = 456789

789 + ______ = 456789

345678 + ______ = 456789

123345 + ______ = 456789

333333 + ______ = 456789

9. 아래 글을 읽고 질문에 답해 보세요. 사람들은 동시에 출발했어요.

❶ 로렌스는 노버트보다 스키를 빨리 탔어요. 스카티는 아론보다 빨랐지만 노버트보다는 늦게 들어왔어요. 결승선을 통과한 순서대로 이름을 써 보세요.

1. ______________ 2. ______________ 3. ______________ 4. ______________

❷ 스키 대회의 순위를 보니 아이노 앞에 7명의 선수가 있고, 아이노 뒤에 11명의 선수가 있어요. 한나의 이름은 순위에서 딱 중앙에 있어요. 순위에서 아이노와 한나 사이에 있는 선수는 몇 명일까요?

____

❸ 스키 대회에서 올리의 순위는 딱 가운데에 있어요. 버논은 올리보다 순위가 낮은 12위였고, 믹은 20위였어요. 대회에 참가한 선수는 모두 몇 명일까요?

____

한 번 더 연습해요!

1. 샘은 친구들에게 제일 좋아하는 악기를 물어보고 다음과 같은 답을 얻었어요.

피아노, 바이올린, 피아노, 기타, 드럼, 기타,
바이올린, 기타, 피아노, 피아노, 기타, 기타,
바이올린, 드럼, 드럼

❶ 표에 자료를 정리해 보세요.

좋아하는 악기	학생 수

❷ 학생들이 가장 좋아하는 악기는 무엇일까요?

____

❸ 좋아하는 학생 수가 같은 악기 두 개는 무엇일까요?

____

2. 각 자리의 숫자는 얼마를 나타내는지 써 보세요.

❶ 20096 = ______________

❷ 342100 = ______________

❸ 2010441 = ______________

5 그림그래프와 막대그래프

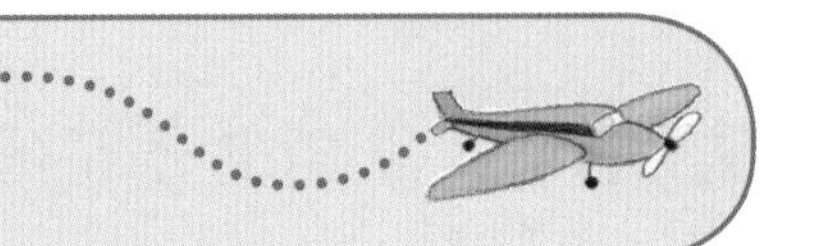

안나는 3학년~6학년 학생 수를 표, 그림그래프, 막대그래프로 나타냈어요.

그림그래프

학년	학생 수	반올림한 학생 수	= 10명
3학년	51	50	
4학년	57	60	
5학년	43	40	
6학년	34	30	

- 그림그래프에서 그림 1개는 반올림한 수를 나타내요.

막대그래프

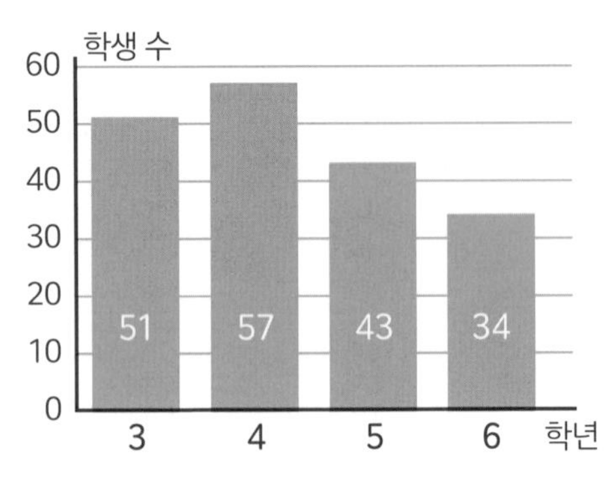

- 막대그래프에서 막대의 높이는 수의 많고 적음을 나타내요.

가로 막대그래프는 북유럽 국가 수도의 인구를 나타내요.

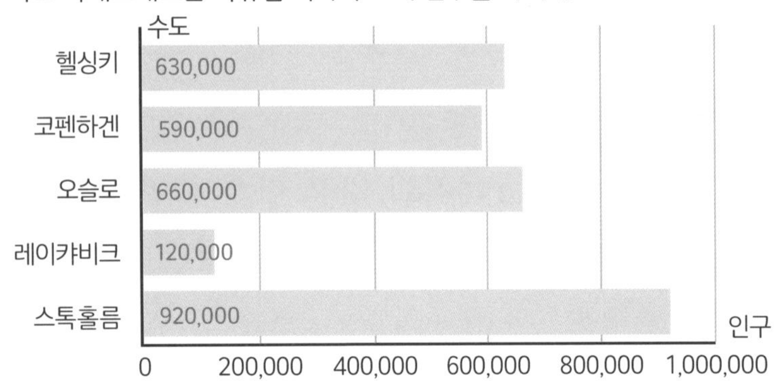

1. 그림그래프를 살펴보고 질문에 답해 보세요.

행사	관객 수
영화	
콘서트	
전시회	
연극	

= 10명

평균 몇 명이 아래 행사에 참석했을까요?

❶ 콘서트 ____________________

❷ 전시회 ____________________

❸ 연극 ____________________

❹ 영화 ____________________

2. 아래 막대그래프는 문화의 날에 관객들에게 받은 평가를 나타내요. 막대그래프를 살펴보고 질문에 답해 보세요.

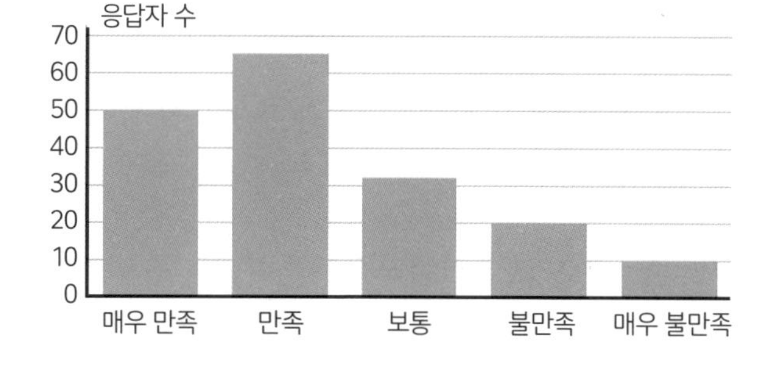

❶ 가장 많은 평가는 무엇일까요?

____

❷ 매우 만족한 응답자는 몇 명일까요? ________

❸ 불만족하거나 매우 불만족한 응답자는 몇 명일까요? ________

❹ 매우 만족한 응답자 수와 매우 불만족한 응답자 수의 차는 몇 명일까요? ________

3. 사무엘은 콘서트에 간 사람의 나이를 표에 정리했어요. 아래 그래프를 완성해 보세요.

❶ 그림그래프를 완성해 보세요.

연령대 (나이)	콘서트 관람자 수	반올림한 관람자 수	🯅 = 10명
0~15	76		
16~30	68		
31~45	44		
46~60	56		
60 초과	22		

❷ 콘서트 관람자 수를 연령대별로 나타내는 막대그래프를 그려 보세요.

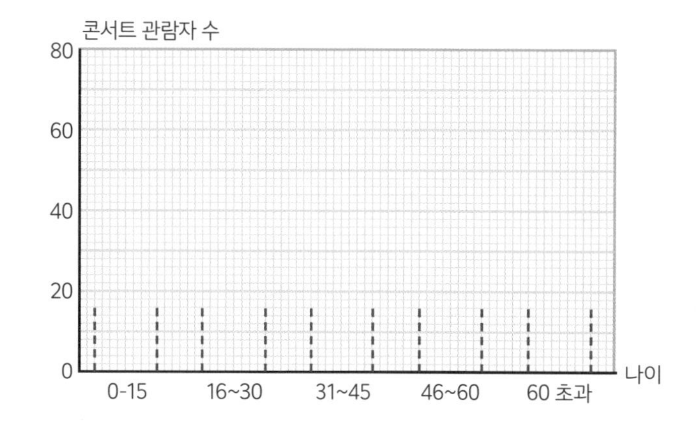

4. 막대그래프를 살펴보고 질문에 답해 보세요.

학교에서 독서 캠페인을 벌였어요.
아래 막대그래프는 5~6학년 학생이 가을 학기 동안 읽은 책의 쪽수를 나타내요.

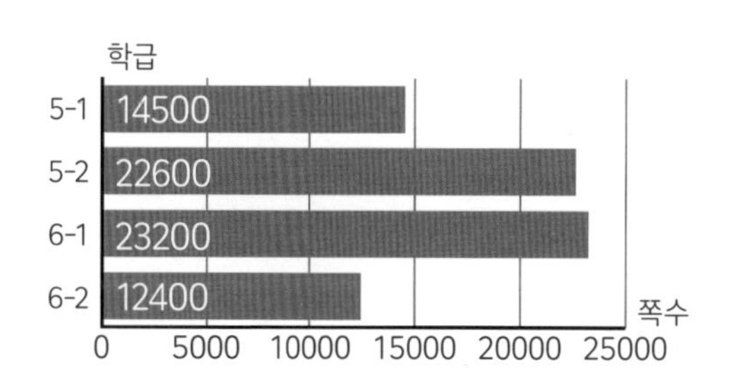

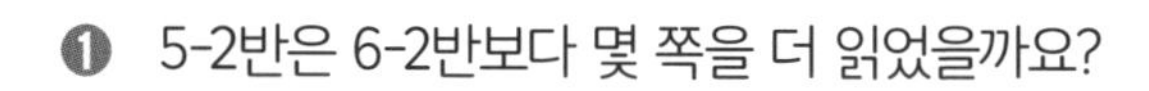

❶ 5-2반은 6-2반보다 몇 쪽을 더 읽었을까요?

❷ 5학년 학생이 읽은 책은 모두 몇 쪽일까요?

❸ 6-1반이 읽은 책의 쪽수는 25000쪽에서 얼마나 부족할까요?

❹ 가장 많이 읽은 반과 가장 적게 읽은 반의 쪽수는 얼마나 차이가 날까요?

5. 막대그래프를 살펴보고 질문에 답해 보세요.

학생 1명이 스포츠 한 가지에 투표할 수 있어요. 가장 많이 득표한 스포츠가 운동회 종목으로 선정돼요. 막대그래프는 각 스포츠의 득표수를 나타내요.

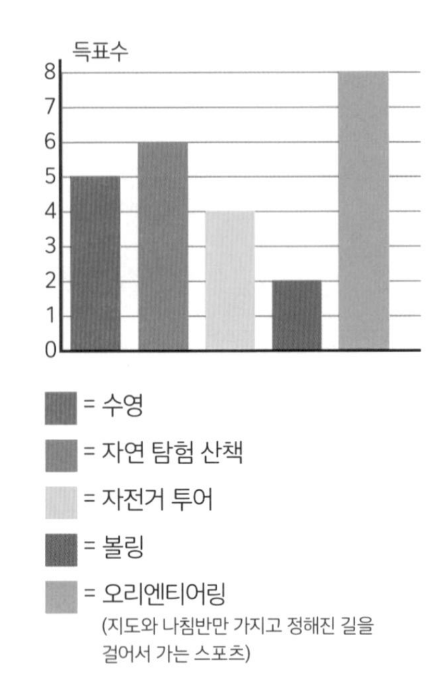

❶ 자연 탐험 산책에 투표한 학생은 몇 명일까요? ____________

❷ 수영이나 볼링에 투표한 학생은 몇 명일까요? ____________

❸ 운동회 종목으로 선정된 스포츠 활동은 무엇일까요?

____

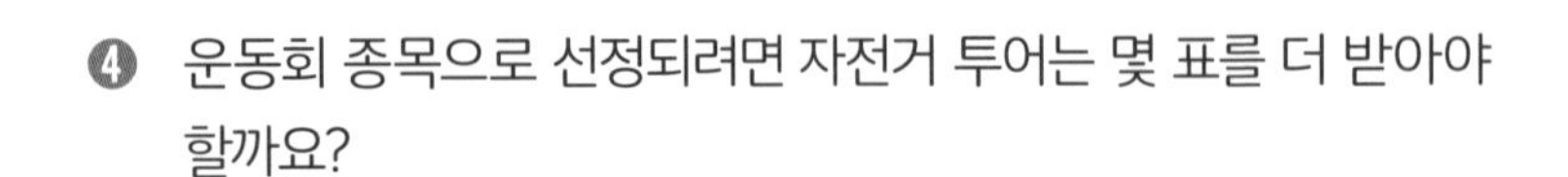
❹ 운동회 종목으로 선정되려면 자전거 투어는 몇 표를 더 받아야 할까요?

____

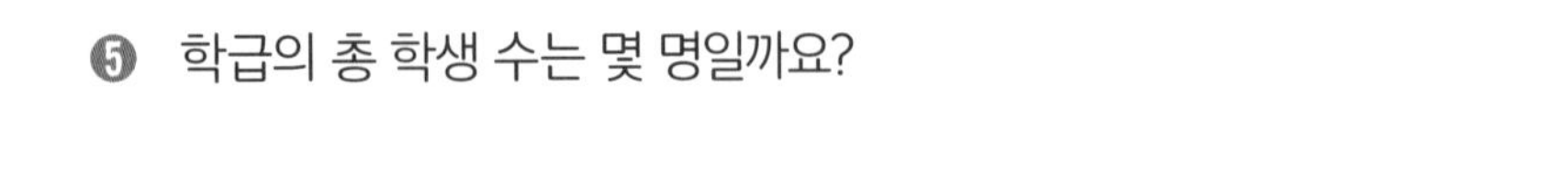
❺ 학급의 총 학생 수는 몇 명일까요?

____

6. 아래 표는 봄 시즌 농구 대회 관람객 수를 나타내요. 백의 자리까지 반올림하고 그림그래프를 완성해 보세요.

월	관람객 수	반올림한 관람객 수	🚶 = 100명
1월	468	500	
2월	725		
3월	550		
4월	1072		
5월	911		

7. 막대그래프를 살펴보고 아래 단서를 이용하여 조크의 선수 번호를 알아맞혀 보세요.

- 조크의 득점은 1골보다 많아요.
- 조크의 선수 번호는 짝수가 아니에요.
- 조크는 득점을 가장 많이 한 선수는 아니에요.

조크의 선수 번호 : ____________

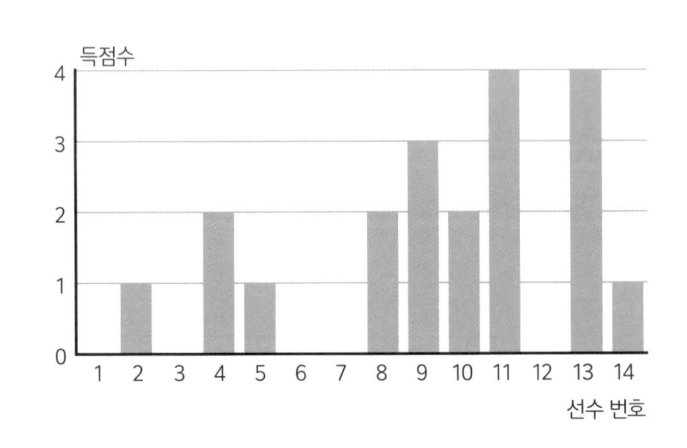

8. 아래 용기는 가벼운 것부터 무거운 것 순서로 배열되었어요. 용기의 총 무게는 얼마일까요?

❶ 각 용기의 무게가 옆에 있는 용기의 절반일 경우

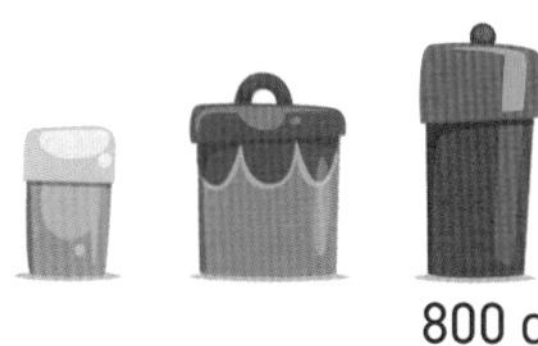

용기의 무게는 총 __________kg이에요.

❷ 각 용기의 무게가 옆에 있는 용기의 절반일 경우

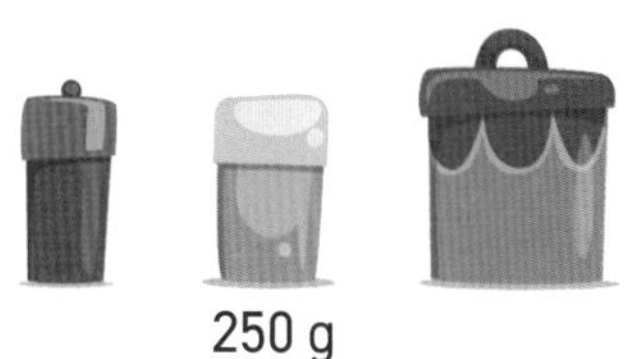

용기의 무게는 총 __________kg이에요.

❸ 각 용기의 무게가 옆에 있는 용기의 $\frac{1}{3}$일 경우

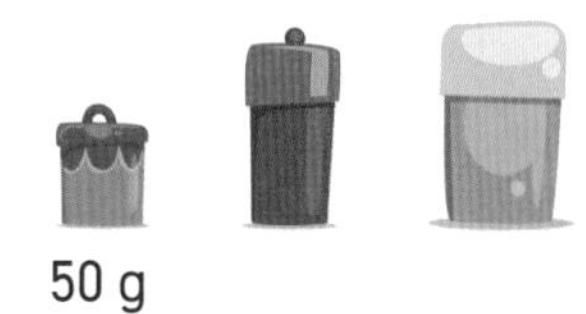

용기의 무게는 총 __________kg이에요.

❹ 각 용기의 무게가 옆에 있는 용기의 $\frac{1}{3}$일 경우

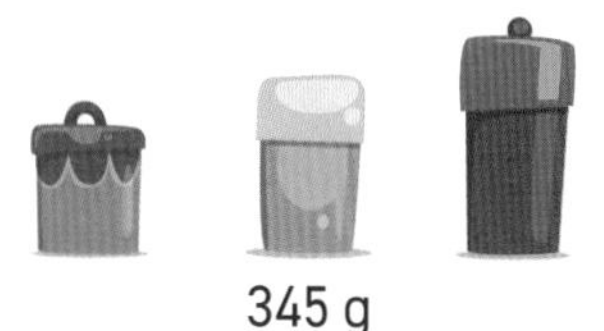

용기의 무게는 총 __________kg이에요.

한 번 더 연습해요!

1. 질문에 답해 보세요.

페트라는 문화 행사 관객 수를 표에 정리했어요.

❶ 표를 완성해 보세요.

❷ 막대그래프를 그려 보세요.

❸ 관객 수가 가장 많은 행사는 무엇일까요?

____

❹ 관객 수가 가장 적은 행사는 무엇일까요?

____

❺ 콘서트 관객 수는 영화 관객 수보다 몇 명 더 많을까요?

____

❻ 전시회와 연극의 관객 수는 모두 합해서 몇 명일까요?

____

행사	관객 수	반올림한 관객 수	= 10명
영화	52		
콘서트	98		
전시회	70		
연극	46		

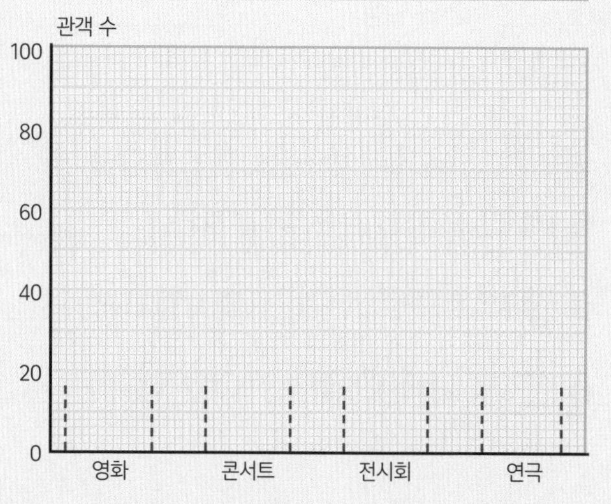

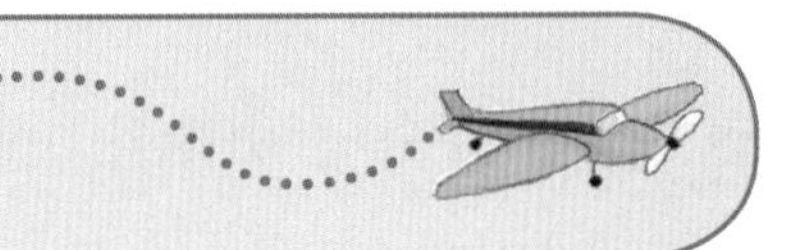

6 원그래프와 꺾은선그래프

원그래프

학생회에서는 "학교의 운동장 크기가 충분한가"에 대해 설문조사를 했어요. 아래 원그래프는 설문조사 결과를 나타내요.

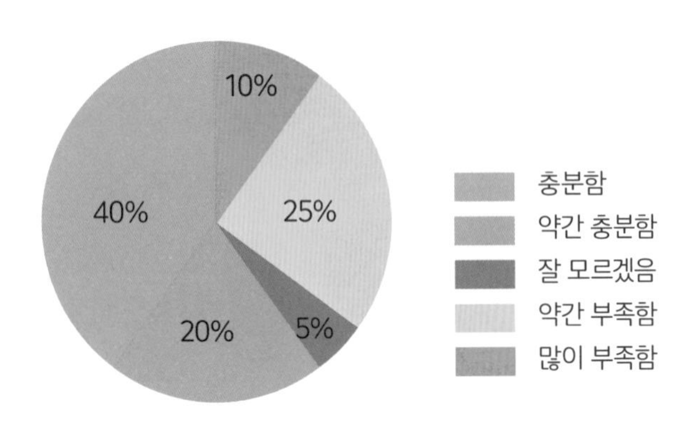

• 원그래프에서 원은 서로 다른 부분을 나타내는 영역으로 나누어져요.

꺾은선그래프

아래 꺾은선그래프는 1980년 이후 헬싱키의 인구 변화를 나타내요. 2040년까지 전망도 보여 주고 있어요.

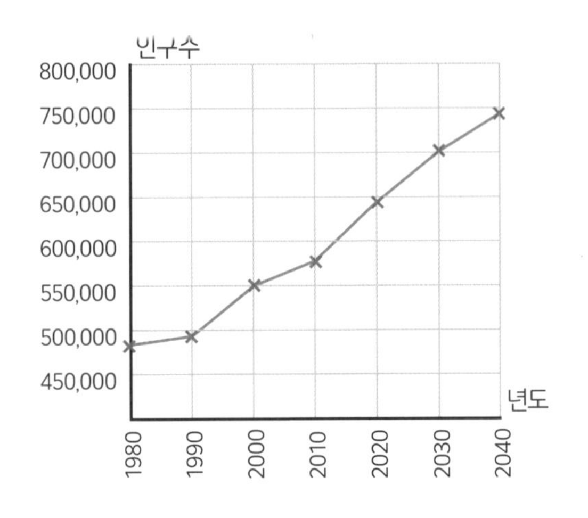

• 꺾은선그래프에서 수는 선으로 연결되어 있어요.

1. 오른쪽 원그래프는 하루 동안 헤일리가 다양한 활동에 쓰는 시간을 나타내요. 헤일리가 아래 주어진 활동에 쓰는 시간은 얼마일까요?

❶ 수면 ____________

❷ 학교생활 ____________

❸ 취미 생활과 미디어 활동 ____________

❹ 수면 이외의 활동 ____________

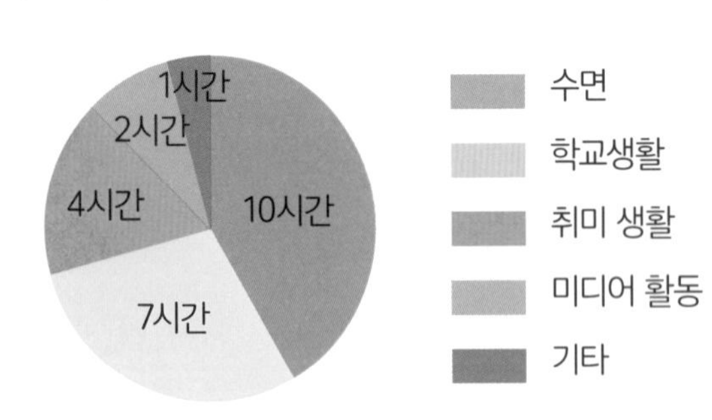

2. 오른쪽 꺾은선그래프는 일주일 동안 오전에 측정한 실외 기온을 나타내요.

❶ 화요일 오전의 기온은 몇 도일까요? ____________

❷ 일주일 중 가장 낮은 기온은 몇 도일까요? ____________

❸ 월요일 오전과 토요일 오전의 기온 차는 몇 도일까요? ____________

❹ 기온이 영하인 날은 무슨 요일일까요? ____________

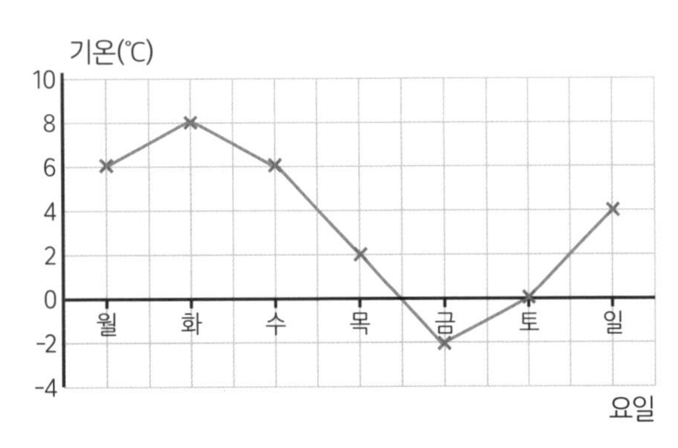

3. 오른쪽 원그래프를 살펴보고 질문에 답해 보세요.

❶ 5학년 학생은 전체의 몇 %일까요? ___________

❷ 1~2학년 학생은 모두 합하여 몇 %일까요? ___________

❸ 4학년과 6학년 중 몇 학년 학생이 더 많을까요? ___________

❹ 학생 수가 가장 많은 학년은 몇 학년일까요? ___________

6학년 17%
1학년 18%
5학년 15%
2학년 16%
4학년 14%
3학년 20%

4. 아래 꺾은선그래프와 막대그래프를 살펴보고 질문에 답해 보세요.

꺾은선그래프는 도시의 월별 평균 기온을 나타내고 막대그래프는 평균 강우량을 나타내요.

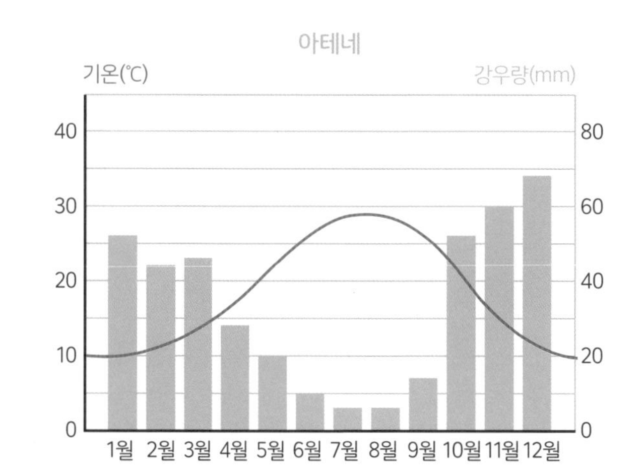

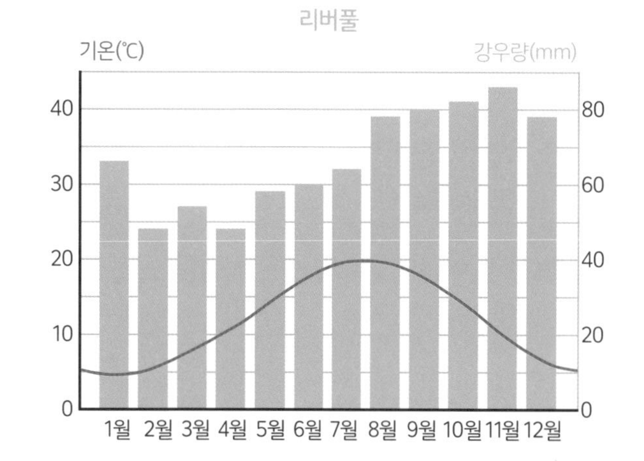

❶ 아테네에서 가장 따뜻한 두 달은 언제일까요?

____

❷ 아테네의 평균 기온이 10℃인 달은 언제일까요?

____

❸ 아테네에서 비가 가장 많이 내리는 달은 언제일까요?

____

❹ 아테네와 리버풀 중 2월에 비가 더 많이 내리는 도시는 어디일까요?

____

❺ 리버풀에서 비가 가장 많이 내리는 달은 언제일까요?

____

❻ 리버풀의 평균 기온이 10℃인 달은 몇 월과 몇 월일까요?

____

❼ 9월의 리버풀 평균 강우량은 얼마일까요?

____

❽ 리버풀의 6월 강우량은 아테네보다 얼마나 더 많을까요?

____

5. 아래 글을 읽고 원그래프를 색칠해 보세요.

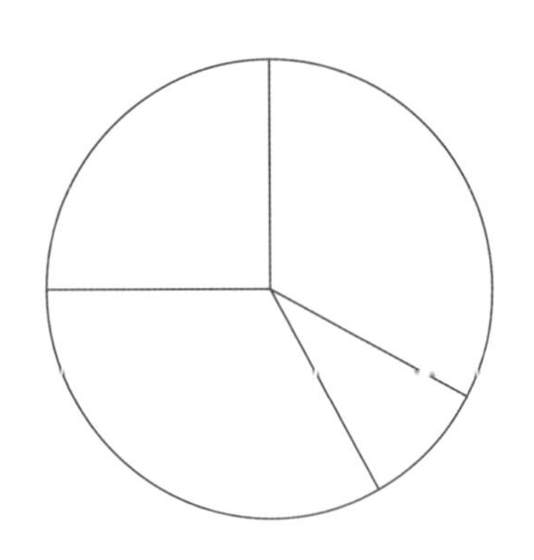

- 운동과 음악은 같은 비율이며 가장 인기 있는 취미예요.
- 미술은 가장 인기 없는 취미예요.

6. 오른쪽 원그래프는 영어 단어 시험 결과를 나타내요. 아래 질문에 답해 보세요.

❶ 6점을 받은 학생은 몇 %일까요? ______

❷ 8점이나 9점을 받은 학생은 몇 %일까요? ______

❸ 7점 이하의 점수를 받은 학생은 몇 %일까요? ______

❹ 8점 이상의 점수를 받은 학생은 몇 %일까요? ______

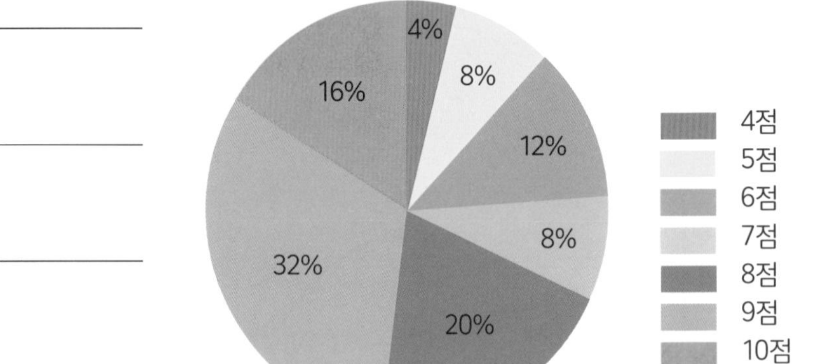

7. 핸드볼팀의 경기 결과에 따라 원그래프를 색칠해 보세요.

핸드볼팀은 이번 시즌 동안 16경기를 이겼고, 8경기는 무승부였으며 8경기는 졌어요.

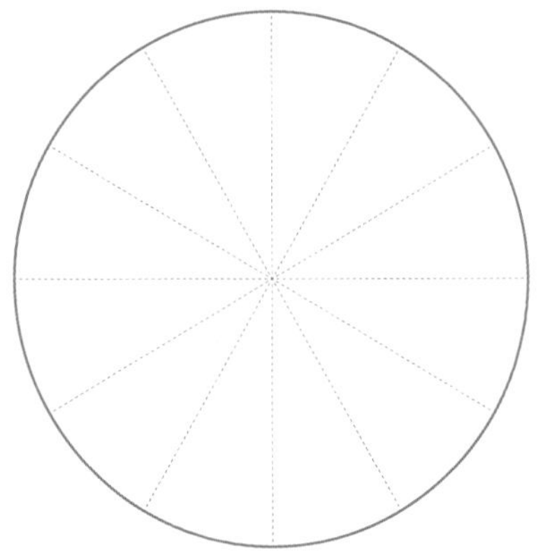

더 생각해 보아요!

페인트 1통의 무게가 22kg이에요. 같은 통에 페인트 대신 물을 채우면 무게가 12kg밖에 안 돼요. 페인트의 무게는 물보다 100% 더 무거워요. 빈 통의 무게는 얼마일까요?

______

8. 숫자 1, 2, 3, 4가 가로줄과 세로줄에 각각 한 번씩 들어가도록 빈칸을 채워 보세요.

- 노란색 부분이면 그 칸에 있는 수끼리 더하세요.
- 주황색 부분이면 그 칸에 있는 수끼리 빼세요.
- 각 칸의 왼쪽 위에 있는 작은 수가 계산식의 정답이에요.

<보기>

3 1	2

3 2	1

<보기>와 같이 노란색 부분의 왼쪽 위 작은 수가 3이라면 합이 3이 되는 두 수를 찾아 써요.

2 4	2

2 2	4

<보기>와 같이 주황색 부분의 왼쪽 위 작은 수가 2라면 차가 2가 되는 두 수를 찾아 써요.

❶

3	1	6	
			1
1	3		
	3		4

❷

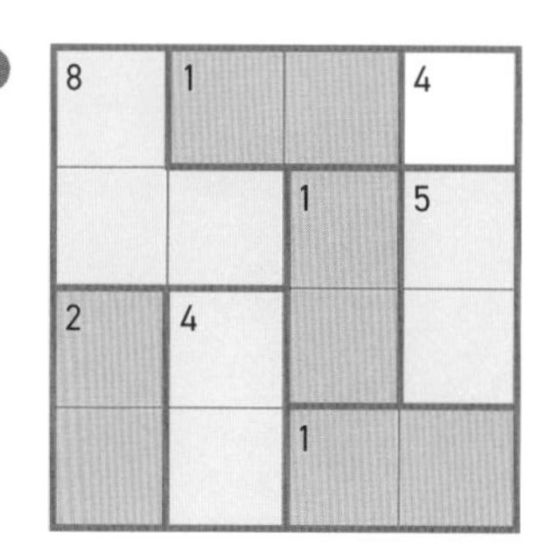

한 번 더 연습해요!

1. 오른쪽 원그래프는 학생들의 수면 시간을 나타내요.

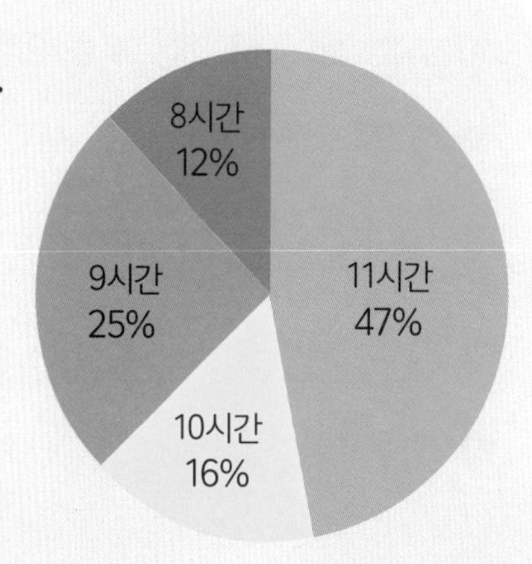

❶ 11시간을 자는 학생은 몇 %일까요?

❷ 8시간을 자는 학생 수와 9시간을 자는 학생 수 중 더 적은 쪽은 어느 쪽일까요?

❸ 백분율이 가장 높은 수면 시간은 몇 시간일까요?

❹ 10시간 이상 자는 학생은 몇 %일까요?

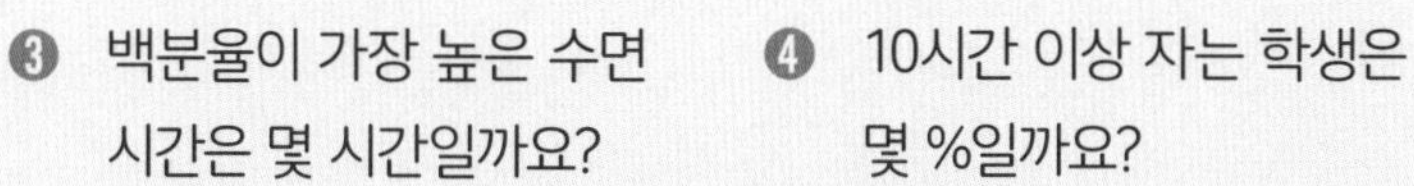

2. 아래 꺾은선그래프는 일주일 동안 측정한 라티와 라헤의 기온을 나타내요. 질문에 답해 보세요.

❶ 금요일 오전 라티의 기온은 몇 도였나요?

❷ 라티와 라헤의 오전 기온이 같은 요일은 무슨 요일이었나요?

❸ 토요일 오전 라헤의 기온은 금요일 오전보다 몇 도 더 높았을까요?

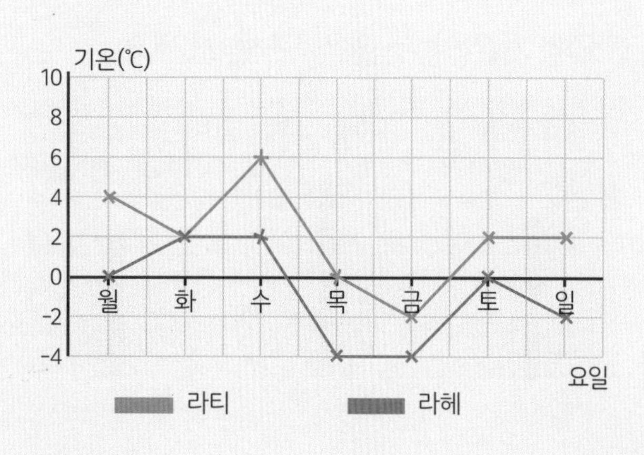

7 평균

자료가 수로 되어 있다면 평균을 구할 수 있어요.

비비안은 3개 시험에서 각각 13, 14, 18점을 받았어요.
비비안의 시험 점수의 평균은 몇 점일까요?

먼저 자료의 값을 모두 더해요. 13 + 14 + 18 = 45
그리고 그 합을 자료의 수로 나누어요.
즉, $\frac{45}{3} = 15$
정답 : 15점

나는 이렇게 계산했어.

$$\frac{13 + 14 + 18}{3}$$
$$= \frac{45}{3} = 15$$

평균을 계산하는 방법 :
- 먼저 자료의 값을 모두 더해요.
- 그 합을 자료의 수로 나누어요.

1. 평균을 계산한 후, 정답을 로봇에서 찾아 ○표 해 보세요.

❶ 6, 8

$6 + 8 = 14$

$\frac{14}{2} =$

❷ 8, 12

❸ 2, 4, 6

❹ 1, 5, 9

❺ 14, 23, 32

❻ 1, 8, 12, 23

4	5	7	10	11	14	21	23

2. 아래 기온의 평균을 구해 보세요.

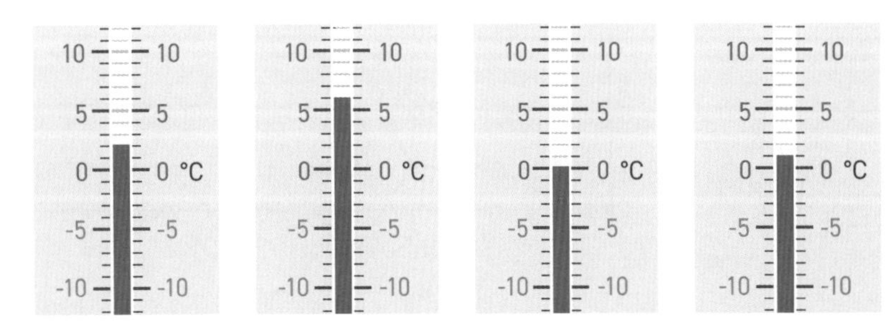

정답 : ____________

3. 각 게임의 별의 수를 합한 후, 평균을 구해 보세요.

	파이어볼	자동차 경주	슈퍼 테니스
루이스	★★★	★	★★★★★
잉가	★★	★★	★★★
에멧	★★★	★★	★★★★
엠마	★★★★	★★★	★★★★
평균			

4. 알맞은 식을 세워 계산한 후, 정답을 로봇에서 찾아 ○표 해 보세요.

❶ 농구 경기에서 알렉은 6점을, 엠마는 7점을 득점했어요. 알렉과 엠마는 평균 몇 점을 득점했나요?

정답 :

❷ 케이트가 속한 아이스하키 팀이 네 경기에서 각각 6, 3, 9, 2점을 득점했어요. 이 팀은 평균 몇 점을 득점했나요?

정답 :

5. 공책에 알맞은 식을 세워 계산한 후, 정답을 로봇에서 찾아 ○표 해 보세요.

❶ 샌디는 첫 번째 게임에서 18점을, 두 번째 게임에서 23점을 득점했어요. 샌디는 평균 몇 점을 득점했나요?

❷ 줄스의 배구 팀은 세 세트에서 22, 25, 13점을 각각 득점했어요. 배구 팀은 평균 몇 점을 득점했나요?

❸ 앤은 경기에서 어시스트로 4점을 득점했어요. 하이디는 앤보다 2점 더 많이, 노나는 하이디보다 2점 더 많이 득점했어요. 여학생 3명의 평균 득점은 몇 점일까요?

❹ 수잔과 도리스의 평균 득점은 24점이에요. 수잔이 14점을 득점했다면 도리스는 몇 점을 득점했나요?

5 6 6.5 8.5 20 20.5 32 34

6. 44살 아빠, 42살 엄마, 12살 오빠, 그리고 쌍둥이 딸로 구성된 가족이 있어요. 가족의 평균 나이는 24살이에요. 쌍둥이 딸의 나이는 몇 살일까요?

더 생각해 보아요!

3개의 연속된 홀수의 평균이 17이에요. 가장 작은 수는 어떤 수일까요?

7. 에디, 레이븐, 키아는 낚시를 하러 갔어요. 에디는 8마리, 레이븐은 9마리, 키아는 4마리를 잡았어요. 셋은 평균 몇 마리의 물고기를 잡았나요?

____

____

정답 : ____________________

8. 글로리아가 다트 5개를 던졌어요. 그중 3개는 같은 점수에 꽂혔고, 2개는 또 다른 같은 점수에 꽂혔어요. 총점이 29점이라면 글로리아의 다트는 어느 점수에 꽂혔을까요? 서로 다른 답 4가지를 생각해 보세요.

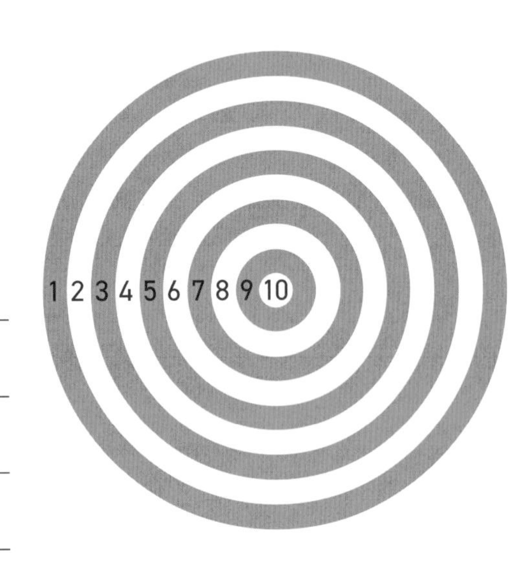

____

____

____

____

9. 빈칸에 X표 해 보세요. 숫자 주변에 X표가 그 수만큼 있어야 해요. X표 1개는 1칸 이상 관련될 수 있어요.

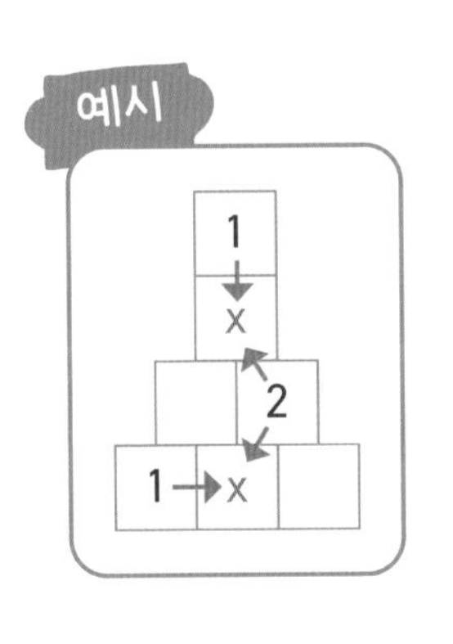

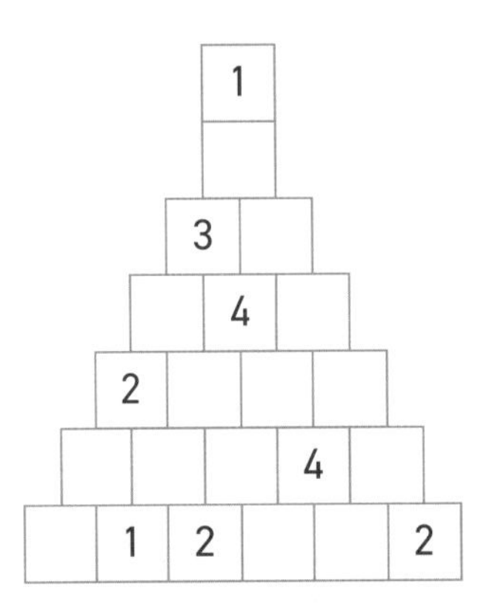

X표가 없는 칸은 몇 개일까요?

____

10. 아모스는 45유로를 주고 공책과 사인펜 세트를 샀어요. 사인펜 1세트는 7유로이고, 공책은 권당 4유로예요. 아모스는 공책과 사인펜 세트를 몇 개씩 샀을까요?

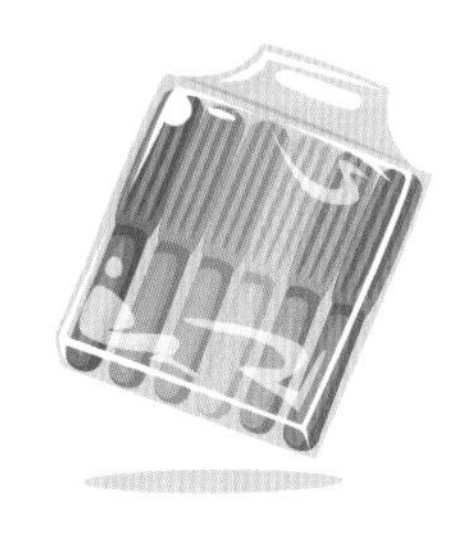

____

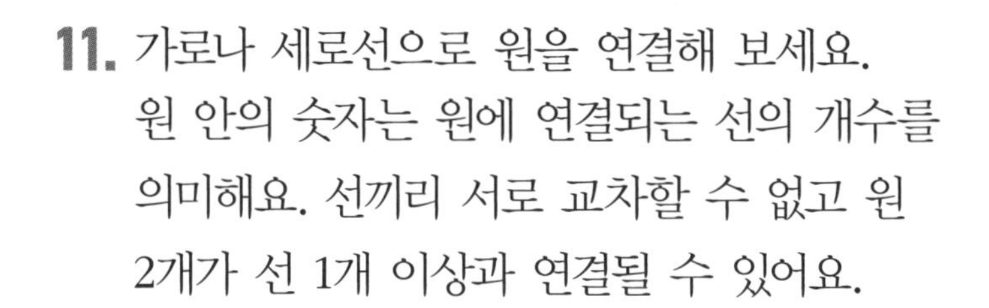
11. 가로나 세로선으로 원을 연결해 보세요. 원 안의 숫자는 원에 연결되는 선의 개수를 의미해요. 선끼리 서로 교차할 수 없고 원 2개가 선 1개 이상과 연결될 수 있어요.

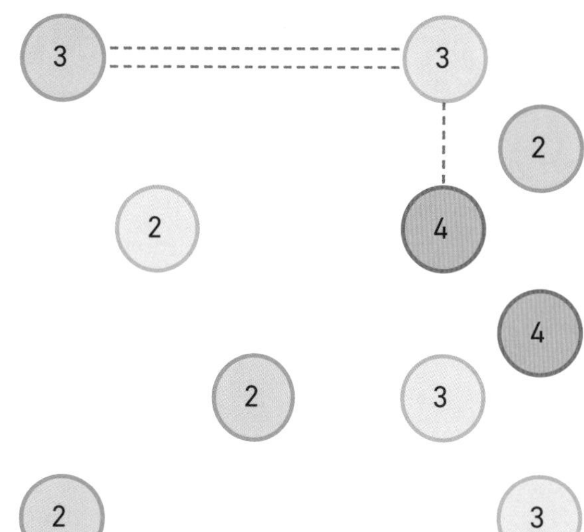

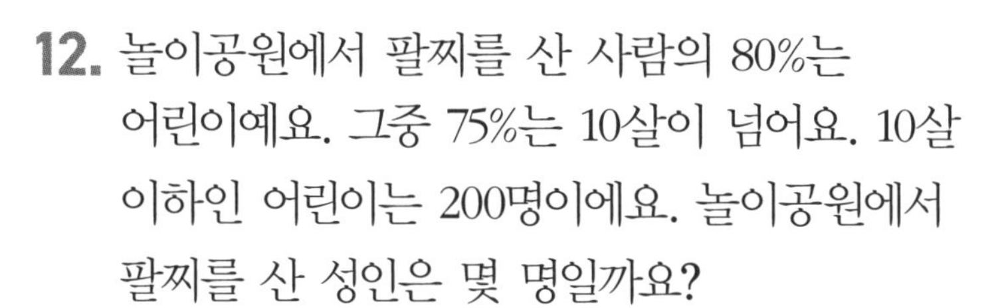
12. 놀이공원에서 팔찌를 산 사람의 80%는 어린이예요. 그중 75%는 10살이 넘어요. 10살 이하인 어린이는 200명이에요. 놀이공원에서 팔찌를 산 성인은 몇 명일까요?

정답 :

한 번 더 연습해요!

1. 평균을 계산해 보세요.

❶ 7, 9

❷ 2, 14, 20

❸ 14, 15, 28, 43

2. 아래 글을 읽고 알맞은 식을 세워 답을 구해 보세요.

❶ 에이노는 홈 경기에서 어시스트 5개, 원정 경기에서 어시스트 1개를 기록했어요. 에이노의 어시스트 평균은 몇 점일까요?

정답 :

❷ 미아의 축구팀은 네 경기에서 각각 8, 3, 4, 9점을 득점했어요. 팀의 네 경기 평균 득점은 몇 점일까요?

정답 :

8 최빈값, 최솟값, 최댓값

평균 외에 자료를 정리하는 다른 방법이 있어요.

- 자료의 값 중에서 가장 많이 나오는 값은 최빈값이라고 해요.
- 자료의 값 중에서 가장 작은 값은 최솟값이라고 해요.
- 자료의 값 중에서 가장 큰 값은 최댓값이라고 해요.

알렉은 학급 친구들이 좋아하는 취미를 표로 정리했어요.

좋아하는 취미	학생 수
음악	8
수영	6
독서	3
축구	4

이 자료에서 최빈값은 음악이에요. 친구들이 가장 좋아하는 취미이기 때문이에요.

엘리나와 학급 친구들은 수학 시험에서 각각 다음과 같은 점수를 받았어요.
1, 3, 4, 4, 4, 6, 7, 7, 7, 8, 9, 10
이 자료에서 최빈값은 4와 7이에요. 자료의 값 중에서 가장 많이 나오는 값이기 때문이에요.
최솟값은 1이고 최댓값은 10이에요.

1. 아래 자료의 최빈값을 구해 보세요.

❶ 4, 4, 5, 6, 6, 6 ________

❷ 1, 1, 1, 2, 2 ________

❸ 3, 5, 7, 7, 8 ________

❹ 3, 3, 3, 8, 8, 8 ________

❺ 1, 0, 0, 1, 0 ________

❻ 2, 5, 5, 2, 3, 5 ________

2. 자료의 값이 9, 8, 5, 9, 7, 3, 8, 6, 8일 때 아래 값을 구해 보세요.

❶ 최솟값 ________

❷ 최댓값 ________

❸ 최빈값 ________

3. 아래 단어의 알파벳 중 최빈값은 무엇일까요? 해당하는 알파벳을 빈칸에 써 보세요.

AKAA ____

TAMPERE ____

ESPOO ____

TURKU ____

OULU ____

HELSINKI ____

4. 아래 표를 살펴본 후, 5학년 2반 학생들의 취미, 반려동물, 좋아하는 과목의 최빈값을 구해 보세요.

❶

좋아하는 취미	학생 수
그림 그리기	3
수영	6
야구	3
사진 찍기	4
독서	7
기타	1

최빈값 : ____________

❷

반려동물	학생 수
고양이	4
개	6
햄스터	2
토끼	4
말	6
기타	3

최빈값 : ____________

❸

좋아하는 과목	학생 수
국어	3
체육	6
수학	4
미술	3
역사	4
기타	5

최빈값 : ____________

5. 전시회 관람객 수를 표를 만들어 정리했어요. 표를 살펴보고 질문에 답해 보세요.

요일	월	화	수	목	금	토
관람객 수	29	14	30	11	14	22

❶ 관람객이 가장 많았던 요일은 언제일까요?

____

❷ 관람객이 가장 적었던 요일은 언제일까요?

____

❸ 관람객 수의 최빈값은 얼마일까요?

____

❹ 하루 평균 관람객 수는 몇 명일까요?

____

____

정답 : ____________

더 생각해 보아요!

세 수의 평균이 0이고, 최빈값은 2예요.
세 수는 어떤 수일까요?

____

6. 친구들의 게임 점수를 살펴보고 질문에 답해 보세요.

❶ 최솟값은 얼마일까요?

____

❷ 최댓값은 얼마일까요?

____

❸ 최빈값은 얼마일까요?

____

❹ 평균 점수는 몇 점일까요?

____

7 10 9 9 8

8 9 7 8 8

7. 아래 설명을 읽은 후, 빈칸에 알맞은 도형을 그리고 색칠해 보세요.

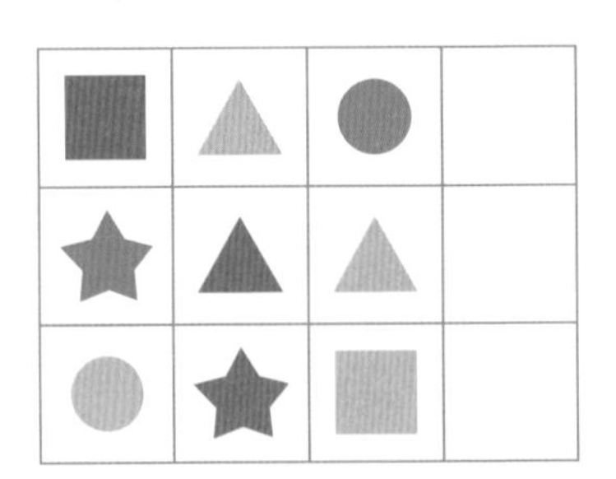

- 도형 중 최빈값은 사각형이에요.
- 색깔 중 최빈값은 빨간색이에요.
- 노란색, 파란색, 빨간색 사각형이 있어요.
- 삼각형이 별보다 1개 더 많아요.
- 노란색, 파란색, 빨간색 원이 있어요.

8. 직선 위의 수의 합이 26이 되도록 원 안에 1~12까지의 수를 알맞게 써넣어 보세요. 일부 수는 이미 적혀 있어요.

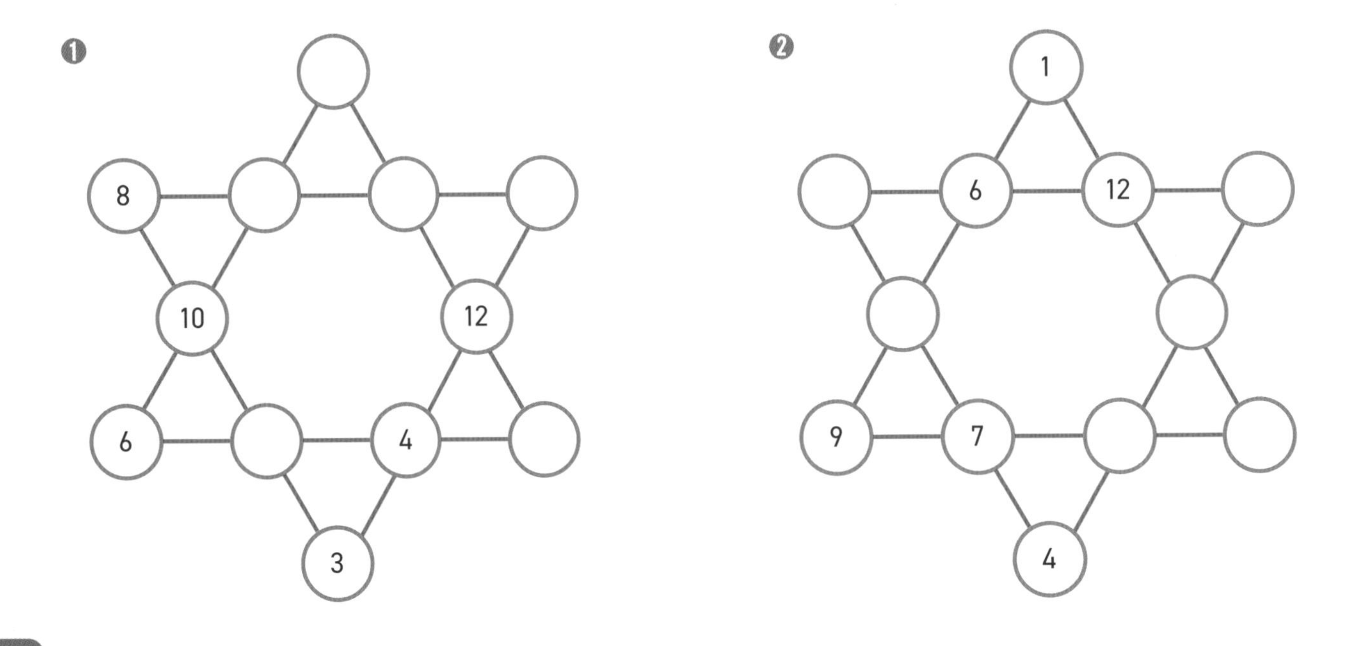

9. 세 수의 최빈값은 7이고, 평균은 16이에요. 세 수를 구해 보세요.

정답 :

10. 엘라와 친구 4명의 수학 점수 최빈값은 7과 9이고, 평균은 8이에요.
엘라와 친구들의 점수를 구해 보세요.

정답 :

한 번 더 연습해요!

1. 자료의 값이 4, 9, 8, 7, 7, 9, 6, 8, 7, 8일 때 아래 값을 구해 보세요.

❶ 최솟값 ❷ 최댓값 ❸ 최빈값

2. 람펠라 학교 5학년 1반 학생들이 좋아하는 색, 음식, 음악에 대한 자료를 살펴본 후, 최빈값을 구해 보세요.

❶

좋아하는 색	학생 수
빨간색	4
파란색	1
흰색	2
검은색	5
노란색	7
초록색	6

최빈값 :

❷

좋아하는 음식	학생 수
미트볼	4
케밥	4
피자	9
연어 수프	3
라자냐	2
초밥	3

최빈값 :

❸

좋아하는 음악	학생 수
록	2
팝	6
헤비메탈	4
랩	8
대중음악	3
고전 음악	2

최빈값 :

____월 ____일 ____요일

1. 오른쪽 막대그래프를 살펴보고 질문에 답해 보세요.

페리는 같은 컴퓨터 게임을 5번 했어요.
막대그래프는 페리가 득점한 점수를 나타내요.

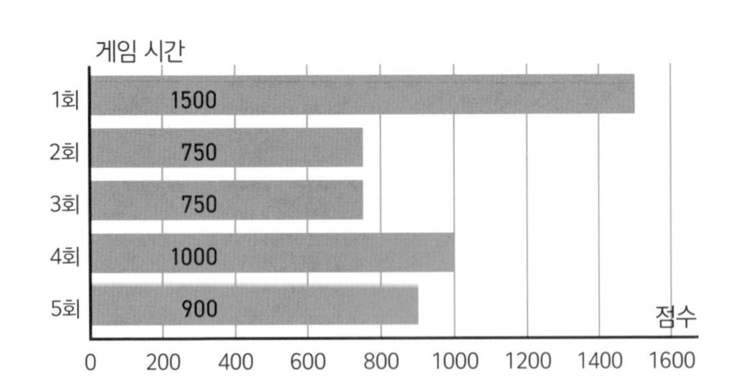

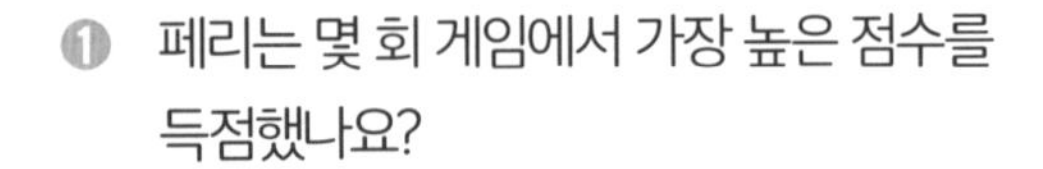

① 페리는 몇 회 게임에서 가장 높은 점수를 득점했나요?

____

② 페리는 몇 회 게임에서 가장 낮은 점수를 득점했나요?

____

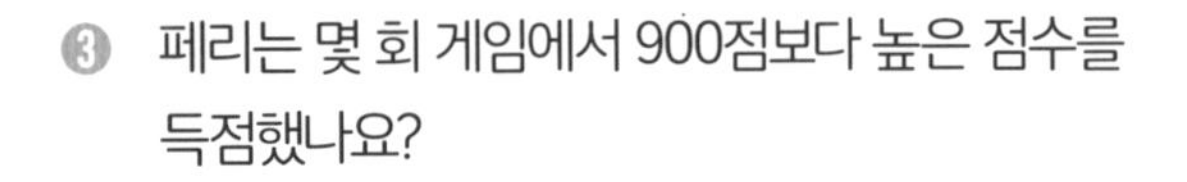

③ 페리는 몇 회 게임에서 900점보다 높은 점수를 득점했나요?

____

④ 가장 높은 점수와 가장 낮은 점수의 차는 몇 점인가요?

____

2. 오른쪽 원그래프는 학생들이 일주일 동안 취미 생활에 쓰는 시간을 나타내요.

① 4시간을 쓰는 학생은 몇 %일까요? ________

② 4시간 이상을 쓰는 학생은 몇 %일까요? ________

③ 5~6시간을 쓰는 학생은 몇 %일까요? ________

④ 3시간 이하를 쓰는 학생은 몇 %일까요? ________

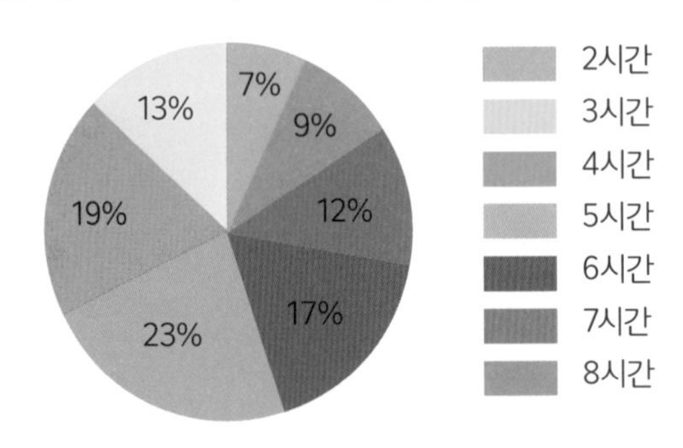

3. 표를 완성해 보세요. 아이노, 페트릭, 바이달, 리니아가 영화에 별 평점을 주었어요.

① 최빈값을 표에 표시해 보세요.

② 영화에 준 별 평점의 평균을 계산하여 표에 표시해 보세요.

	축제	해변에서	길 위에서
아이노	★★★★	★★★★	★★★★
페트릭	★★★	★★★★	★★★
바이달	★★	★★★★	★★★★★
리니아	★★★	★★★★	★★★★
최빈값			
평균			

여기서 잠깐!

일기예보에는 다양한 종류의 그래프가 쓰여요.

4. 오른쪽 표를 살펴보고 질문에 답해 보세요.

수학 점수	4	5	6	7	8	9	10
학생 수	1	3	6	2	2	5	1

❶ 수학 시험 점수 중 최빈값은 얼마일까요?

❷ 수학 시험 점수 중 최솟값은 얼마일까요?

❸ 수학 시험 점수 중 최댓값은 얼마일까요?

❹ 수학 시험 점수의 평균을 구해 보세요.

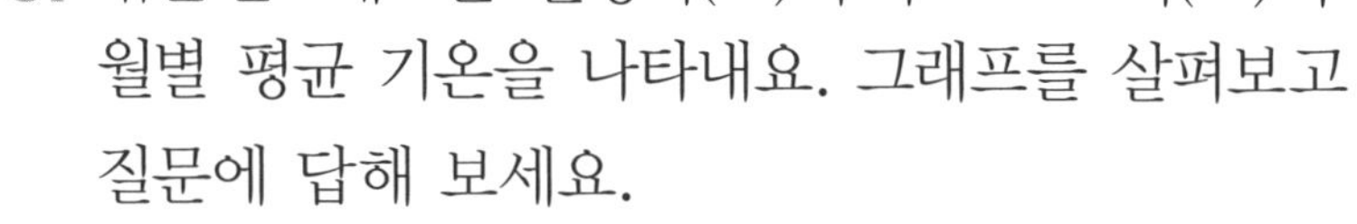

5. 꺾은선그래프는 헬싱키(▬)와 우트스요키(▬)의 월별 평균 기온을 나타내요. 그래프를 살펴보고 질문에 답해 보세요.

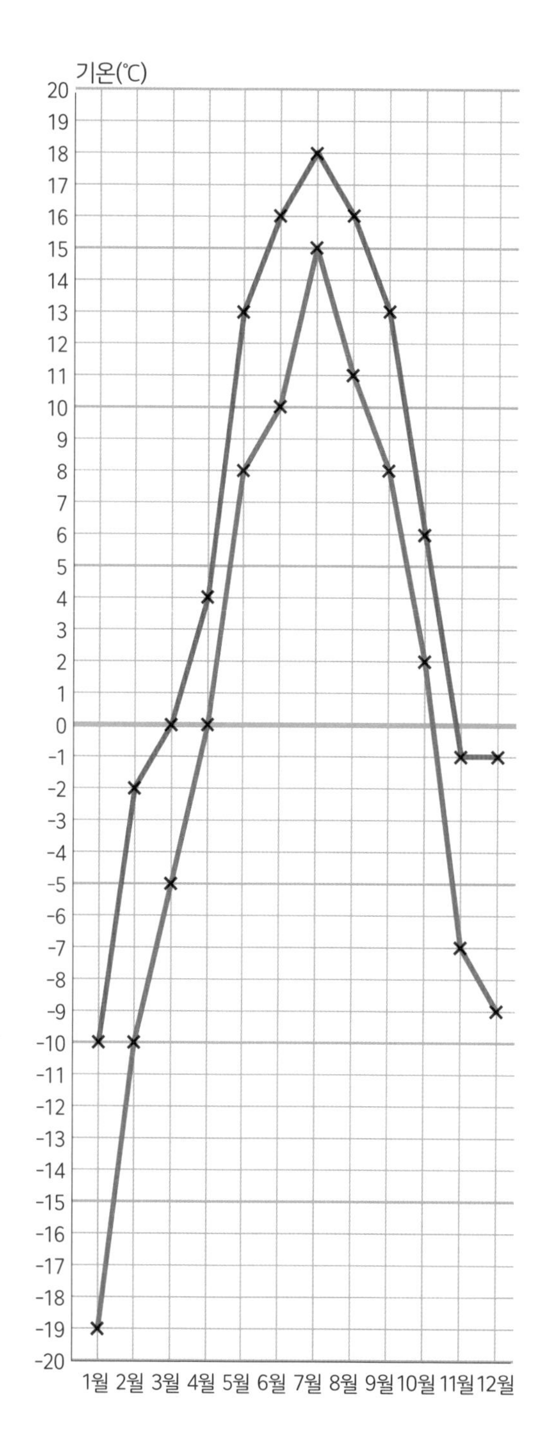

❶ 우트스요키에서 가장 기온이 높은 달은 언제일까요?

____

❷ 헬싱키의 10월 평균 기온은 몇 도일까요?

____

❸ 4월부터 5월 사이 헬싱키의 평균 기온은 몇 도 상승했을까요?

____

❹ 1월에 우트스요키는 헬싱키보다 기온이 몇 도 더 낮을까요?

____

❺ 우트스요키와 헬싱키의 평균 기온이 3℃ 차이 나는 달은 언제일까요?

____

❻ 우트스요키에서 영하 5℃보다 평균 기온이 더 낮은 달은 언제일까요?

____

더 생각해 보아요!

헨리는 공책에 연속된 자연수를 띄어쓰기 없이 붙여 썼어요. 80부터 시작하여 수를 계속 이어 쓰다 보니 자릿수가 모두 76개가 되었어요. 헨리가 마지막으로 쓴 수는 무엇일까요?

____

6. 핀란드의 인구 피라미드를 나타낸 그래프를 살펴보고 질문에 답해 보세요.

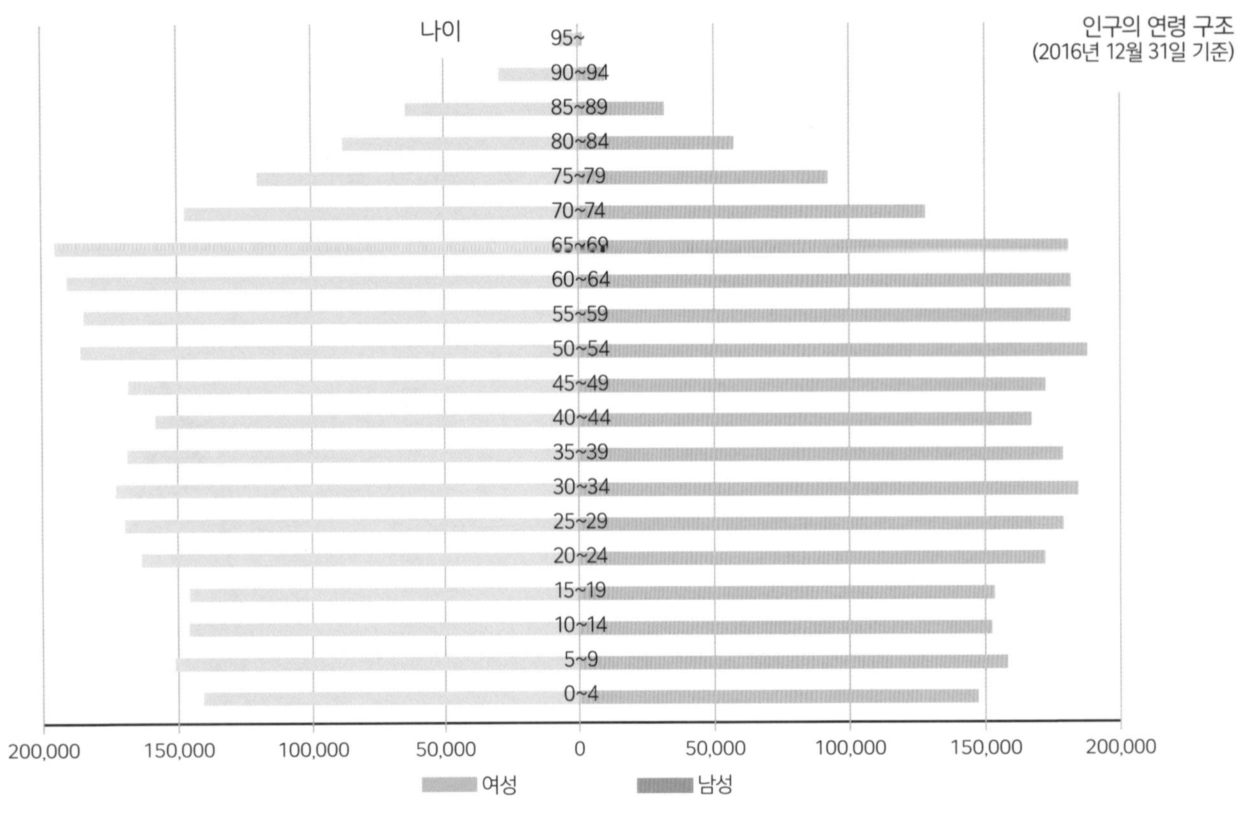

❶ 여성과 남성의 수가 모두 가장 적은 연령대는 어느 연령대일까요?

____

❷ 여성이 가장 많은 연령대는 어느 연령대일까요?

____

❸ 30~34 연령대에는 남성과 여성 중 어느 그룹이 더 많을까요?

____

❹ 남성이 가장 많은 연령대는 어느 연령대일까요?

____

❺ 여성이 5만 명이 넘고 남성이 5만 명이 안 되는 연령대는 어느 연령대일까요?

____

❻ 10~14 연령대에는 여학생과 남학생 중 어느 그룹이 다수를 차지할까요?

____

7. 학생 10명이 사회 시험을 보았어요. 학생 3명이 각각 1점씩 더 높고, 학생 1명이 2점이 더 높았다면 시험 평균은 8.5점이 되었을 거예요. 실제 시험의 평균은 몇 점일까요?

8. 자루에 수가 5개 들어 있어요. 가장 큰 수는 20, 평균은 14, 유일한 최빈값은 15예요. 자루에 있는 5개의 수를 써 보세요.

9. 아래 글을 읽고 아이들이 어떤 팀을 응원하고 취미가 무엇인지 알아맞혀 보세요.

한스

헨리

휴고

헬가

응원 팀 ____ ____ ____ ____

취미 ____ ____ ____ ____

- 아이 2명은 카무 팀을 응원하고 나머지는 테파 팀을 응원해요.
- 2명은 태권도를, 1명은 유도를, 또 1명은 레슬링을 해요.
- 한스는 테파 팀을 응원하지 않아요.
- 헬가는 카무 팀을 응원하지 않고 태권도를 하지 않아요.
- 한스는 레슬링이나 유도를 해요.
- 유도를 하는 아이는 카무 팀을 응원하지 않아요.
- 휴고와 헬가는 다른 취미를 가지고 있어요.
- 한스와 헨리는 다른 팀을 응원하고 다른 취미를 가지고 있어요.

한 번 더 연습해요!

1. 오른쪽 그래프는 일주일 동안의 적설량을 나타내요. 질문에 답해 보세요.

❶ 목요일 하루 적설량은 몇 cm일까요?

❷ 금요일 0시의 적설량은 몇 cm일까요?

❸ 하루 동안 눈이 가장 많이 온 요일은 언제일까요?

❹ 눈이 전혀 오지 않은 요일은 언제일까요?

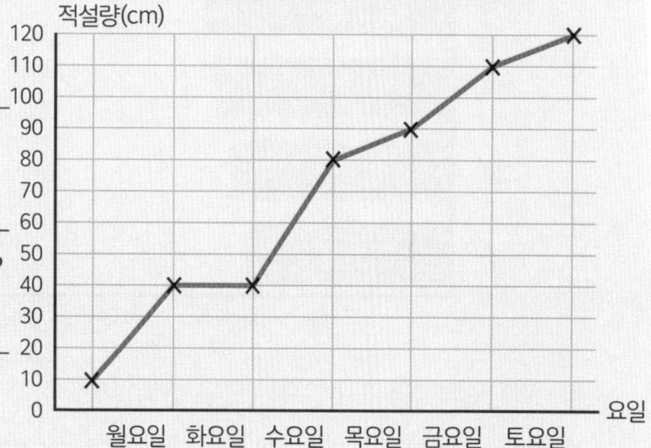

❺ 하루 적설량이 30cm인 요일은 언제일까요?

❻ 누적 적설량이 1m를 넘은 요일은 언제일까요?

10. 아래 표를 살펴보고 질문에 답해 보세요. 계산기를 이용해도 좋아요.

❶ 2012~2016년에 핀란드의 인구는 어떤 변화가 있었나요?

____

❷ 2014년에 핀란드의 인구는 몇 명이었나요?

____

❸ 2015년에는 2012년보다 인구가 몇 명 더 증가했나요?

____

❹ 인구가 가장 많이 증가한 연속된 두 해는 언제 언제일까요?
증가한 인구수를 계산해 보세요.

____

❺ 2012~2016년의 평균 인구수는 몇 명일까요?

____

2012~2016년도의 핀란드 인구

년도	핀란드의 인구
2012	5,426,674
2013	5,451,270
2014	5,471,753
2015	5,487,308
2016	5,503,347

11. 아래 막대그래프를 살펴보고 질문에 답해 보세요. 계산기를 이용해도 좋아요.

핀란드 6대 도시의 인구 (2015년 기준)

헬싱키 628,208
에스푸 269,802
탐페레 225,118
반타 214,605
오울루 198,525
투르쿠 185,908

0 100,000 200,000 300,000 400,000 500,000 600,000 700,000 800,000
인구

❶ 핀란드의 6대 도시 인구는 모두 몇 명일까요? ______________

❷ 헬싱키의 인구는 오울루의 인구보다 몇 명 더 많을까요? ______________

❸ 핀란드의 두 번째와 네 번째 도시의 인구수의 차는 얼마일까요? ______________

❹ 에스푸의 인구는 오울루와 투르쿠의 인구를 합한 것보다 몇 명 더 적을까요? ______________

❺ 핀란드 6대 도시의 평균 인구는 몇 명일까요? ______________________________

12. 시험 점수의 평균은 얼마일까요? 계산기를 이용해도 좋아요.

8+ = 8.25
8- = 7.75

❶ 앨리의 수학 시험 점수가 각각 9+, 7, $8\frac{1}{2}$점일 때

❷ 점수가 3명은 $7\frac{1}{2}$, 1명은 8-, 3명은 8+, 4명은 $8\frac{1}{2}$, 2명은 9+, 3명은 $9\frac{1}{2}$점일 때

13. 미사의 영어 시험 점수가 각각 8-, $7\frac{1}{2}$, 8+, 9점이에요. 평균 점수가 8.0이 되려면 미사의 5번째 시험 점수는 몇 점이 되어야 할까요? 계산기를 이용해도 좋아요.

14. 평균 기온은 몇 도일까요?

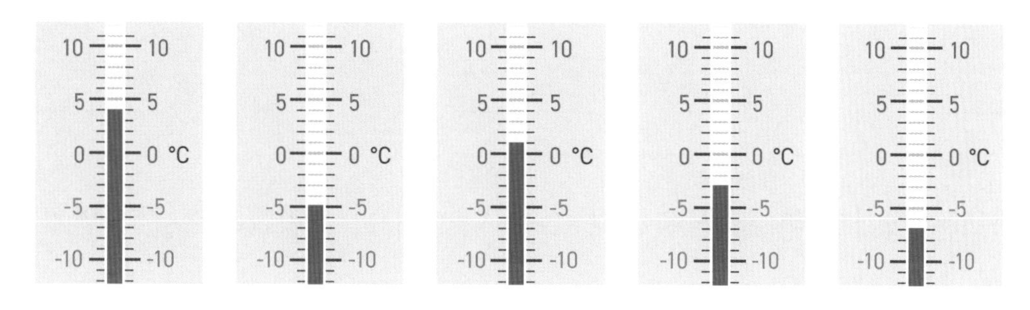

정답 : ____________

한 번 더 연습해요!

1. 수학 점수를 정리한 표를 살펴보고 질문에 답해 보세요.

점수	4	5	6	7	8	9	10
학생 수	1	2	2	0	2	2	1

❶ 최빈값

❷ 최솟값

❸ 최댓값

❹ 평균

실력을 평가해 봐요!

____월 ____일 ____요일

1. 분수를 %로 나타내 보세요.

$\frac{17}{100}$ = ________ $\frac{1}{100}$ = ________ $\frac{43}{100}$ = ________ $\frac{97}{100}$ = ________

2. 색칠한 부분을 분수와 %로 나타내 보세요.

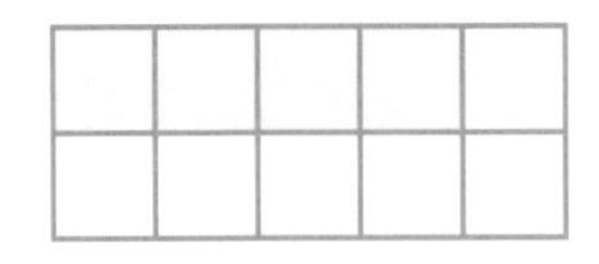

________ = ________ % ________ = ________ % ________ = ________ %

3. 분모가 100인 분수로 통분하여 %로 나타내 보세요.

$\frac{7}{10}$ = ________ $\frac{11}{20}$ = ________ $\frac{24}{50}$ = ________

4. 아래 그림그래프는 경기를 본 평균 관람자 수를 나타내요. 그림그래프를 살펴보고 질문에 답해 보세요.

❶ 배구 경기의 평균 관람자 수는 몇 명일까요? ________

❷ 농구 경기의 평균 관람자 수는 몇 명일까요? ________

❸ 플로어볼 경기의 평균 관람자 수는 몇 명일까요? ________

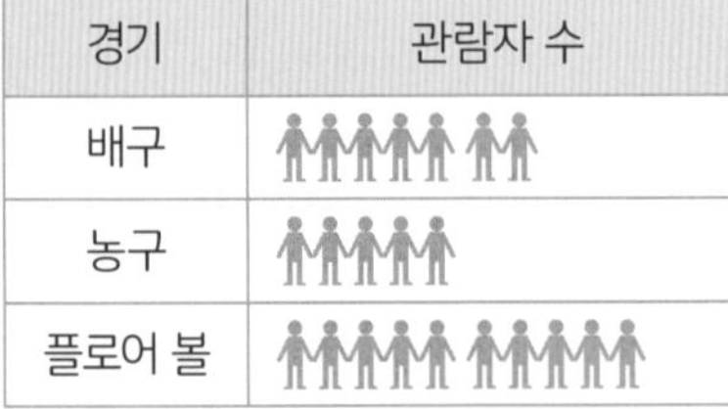

경기	관람자 수
배구	
농구	
플로어 볼	

= 100명

5. 아래 그래프는 12km 스키 트랙의 정보를 나타내요. 그래프를 살펴보고 질문에 답해 보세요.

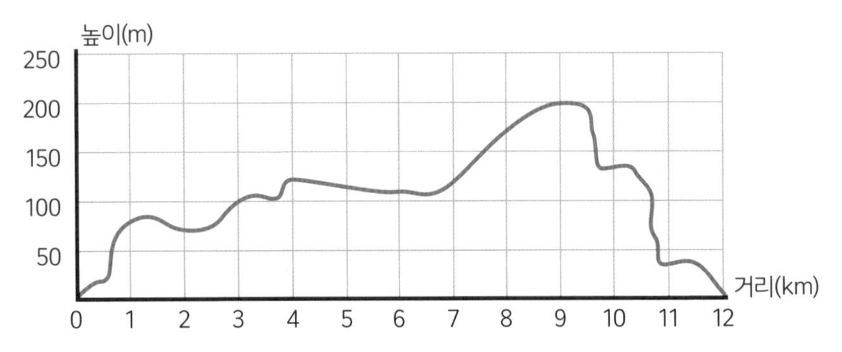

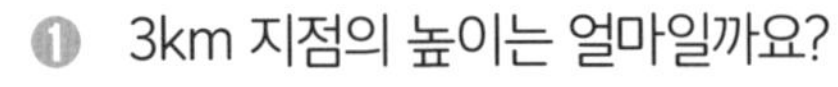

❶ 3km 지점의 높이는 얼마일까요? ________

❷ 높이가 가장 높은 지점은 몇 km 지점일까요? ________

❸ 3~9km 지점 사이에서 트랙은 몇 m 높아질까요? ________

6. 오른쪽 원그래프는 학생들이 가장 좋아하는 책 종류를 나타내요.

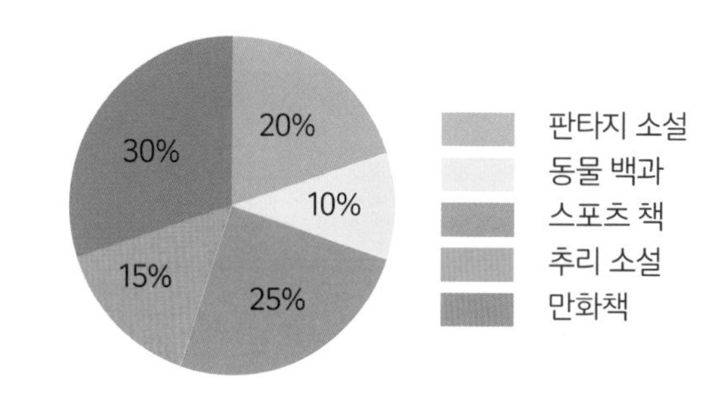

❶ 동물 백과를 좋아하는 학생은 몇 %일까요? ____________

❷ 스포츠 책이나 추리 소설을 좋아하는 학생은 몇 %일까요? ____________

❸ 만화책이나 판타지 소설 이외의 책을 좋아하는 학생은 몇 %일까요? ____________

7. 계산해 보세요.

❶ 70의 10%

❷ 50의 30%

❸ 75의 60%

8. 아래 글을 읽고 알맞은 식을 세워 답을 구해 보세요.

❶ 자전거 거치대에 자전거가 30대 있어요. 그중 40%가 검은색이에요. 거치대에 있는 검은색 자전거는 몇 대일까요?

정답 :

❷ 책장에 책이 48권 있어요. 그중 75%가 양장본이에요. 책장에 있는 양장본 책은 몇 권일까요?

정답 :

실력이 자란 만큼 별을 색칠하세요.

★★★ 정말 잘했어요.
★★☆ 꽤 잘했어요.
★☆☆ 앞으로 더 노력할게요.

단원 종합 문제

____ 월 ____ 일 ____ 요일

1. 색칠한 부분을 분수와 %로 나타내 보세요.

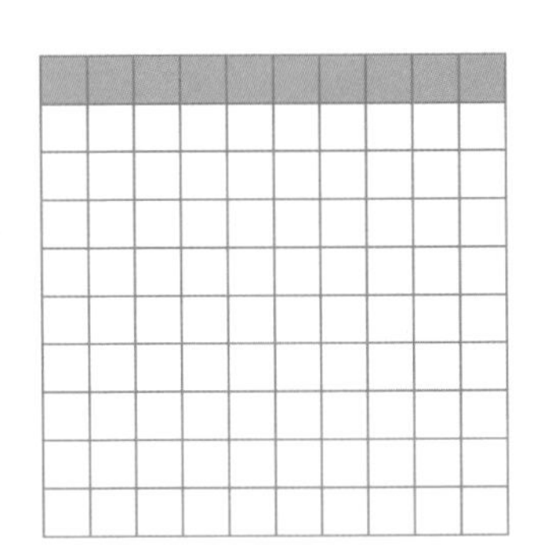

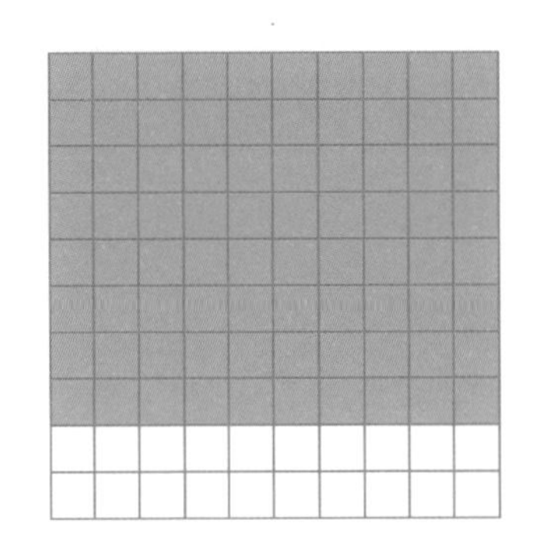

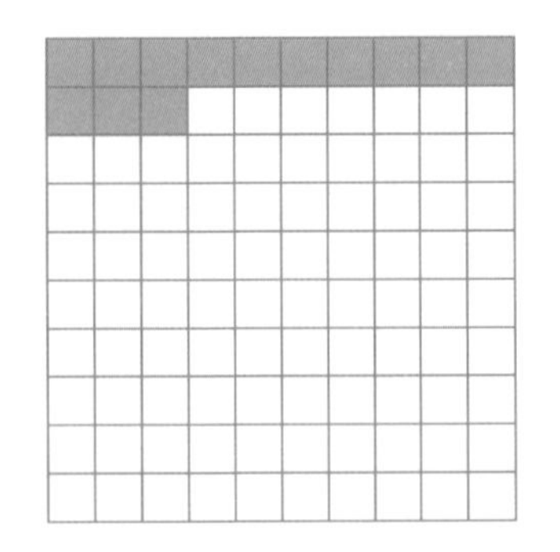

________ = ______ %　　________ = ______ %　　________ = ______ %

2. 분수를 %로 나타내 보세요. 그림을 참고해도 좋아요.

$\frac{1}{4}$ = ________　　$\frac{1}{5}$ = ________　　$\frac{1}{10}$ = ________

$\frac{3}{4}$ = ________　　$\frac{2}{5}$ = ________　　$\frac{7}{10}$ = ________

3. 계산해 보세요.

❶ 30의 50%　　❷ 80의 30%　　❸ 24의 75%

4. 오른쪽 막대그래프를 살펴보고 질문에 답해 보세요.

❶ 스키를 가장 많이 탄 사람은 누구일까요? ________

❷ 7km를 탄 사람은 누구일까요? ________

❸ 스키를 탄 거리 중 최빈값은 얼마일까요? ________

❹ 스키를 탄 거리의 평균은 얼마일까요? ________

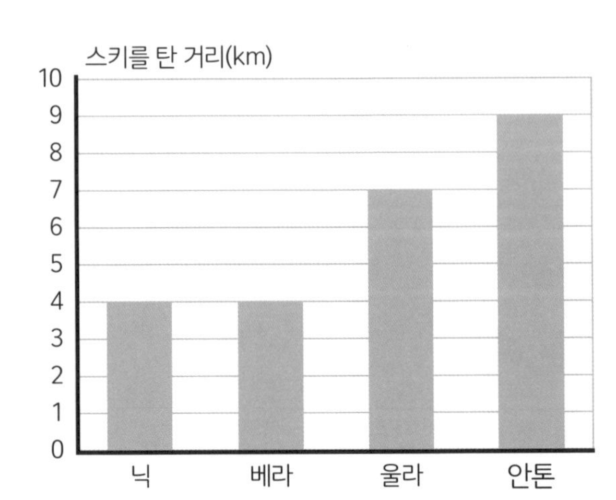

5. 잉가가 속한 링게트 팀이 다섯 경기에서 각각 4, 8, 5, 4, 9점을 득점했어요.

❶ 팀 득점 중 최빈값은 얼마일까요? ________

❷ 팀 득점의 평균은 얼마일까요? ________

6. 분수를 %로 나타내 보세요.

$\frac{7}{50}$ = ________ $\frac{3}{10}$ = ________ $\frac{11}{25}$ = ________

7. 오른쪽 원그래프를 살펴보고 질문에 답해 보세요.

유파 팀은 이번 시즌에 30경기를 했어요.

❶ 이번 시즌 경기에서 몇 번 패했나요? ________

❷ 이번 시즌 경기에서 몇 번 승리했나요? ________

❸ 이번 시즌 경기에서 몇 번 무승부를 했나요? ________

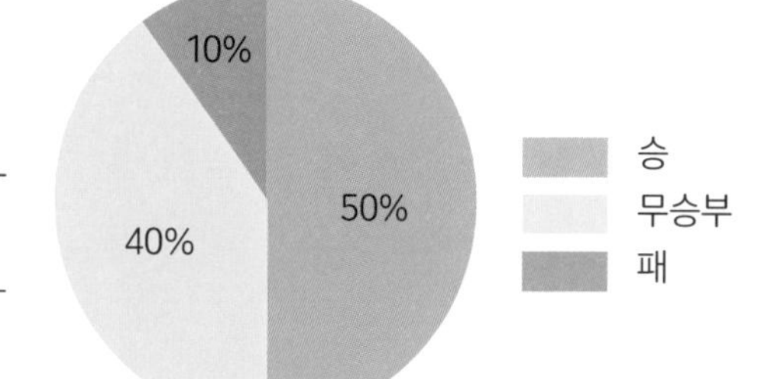

8. 아래 글을 읽고 공책에 알맞은 식을 세워 답을 구해 보세요.

❶ 한 학급에 학생이 24명 있어요. 그중 75%는 영화를 좋아해요. 영화를 좋아하는 학생은 몇 명일까요?

❷ 주차장에 차가 60대 있어요. 그중 40%는 빨간색 차예요. 빨간색이 아닌 차는 몇 대일까요?

9. 밀라는 시험을 3번 봐서 평균 9점을 받았어요. 첫 시험에서 11점, 두 번째 시험에서 8점을 받았어요. 세 번째 시험 점수는 몇 점일까요?

____

____

10. 학생들은 단어 시험에서 0~10점 사이의 점수를 받았어요. 케일은 단어 시험을 7번 봐서 평균 8점을 받았어요. 케일의 점수 중 최빈값은 8점과 9점이에요. 케일의 시험 점수를 모두 써 보세요. 서로 다른 답 2가지를 구해 보세요.

____

____

____

11. 아래 막대그래프는 5학년 3반 학생들의 수학 시험 점수를 나타내요.

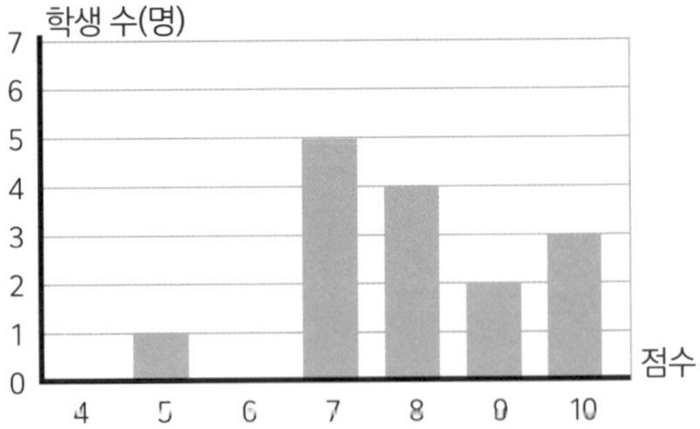

① 최빈값은 얼마일까요? ________

② 평균 점수는 얼마일까요? ________

12. 공책에 계산해 보세요.

① 20의 150%

② 60의 125%

13. 팀에 6명의 선수가 있어요. 선수 1명이 1점 적게, 1명이 2점 적게, 또 1명이 3점 적게 득점했더라면 평균이 14점이 되었을 거예요. 선수들의 평균 득점은 몇 점일까요?

14. 아래 글을 읽고 알맞은 식을 세워 답해 보세요.

① 책장에 있는 책 중 75%가 페이퍼백이고 나머지 13권은 양장본이에요. 책장에 있는 페이퍼백은 몇 권일까요?

정답 :

② 바구니에 있는 공의 60%는 테니스 공이고 나머지는 플로어볼 공이에요. 테니스 공이 24개라면 플로어볼 공은 몇 개일까요?

정답 :

③ 바딤이 가진 돈의 15%는 36유로예요. 바딤이 가진 돈은 모두 얼마일까요?

정답 :

_____월 _____일 _____요일

★ 백분율

- 1%는 100분의 1이에요. 즉, 1% = $\frac{1}{100}$이에요.
- 100%는 전체 1이에요. 다시 말해 100% = $\frac{100}{100}$이에요.

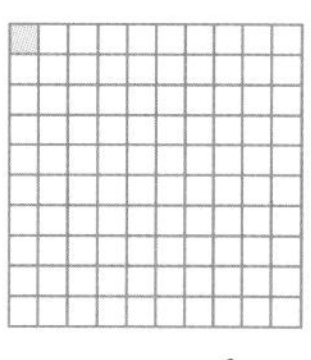

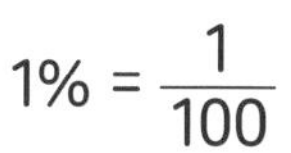

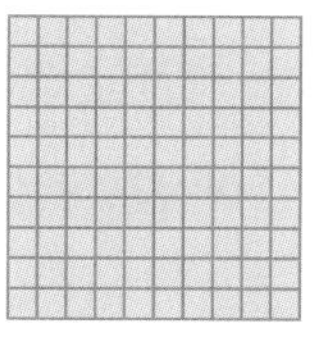

100% = $\frac{100}{100}$

★ 백분율 계산

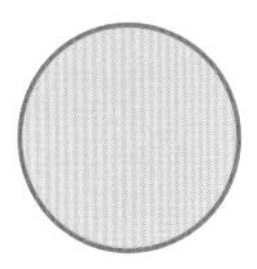

1 = 100%

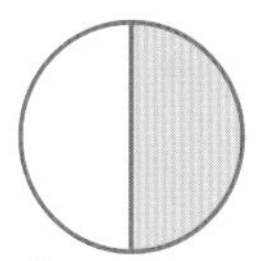

$\frac{1}{2}$ = 50%

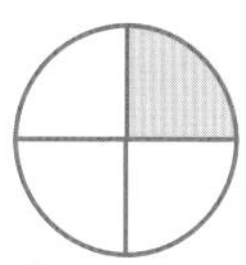

$\frac{1}{4}$ = 25%

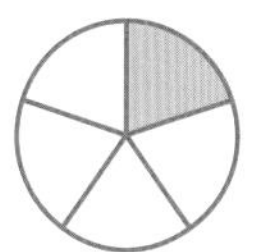

$\frac{1}{5}$ = 20%

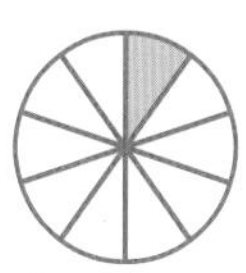

$\frac{1}{10}$ = 10%

★ 그래프의 종류

❶ 그림그래프

이름	점수
아이노	★★★★
페트릭	★★★
바이달	★★
리니아	★★★

❷ 막대그래프

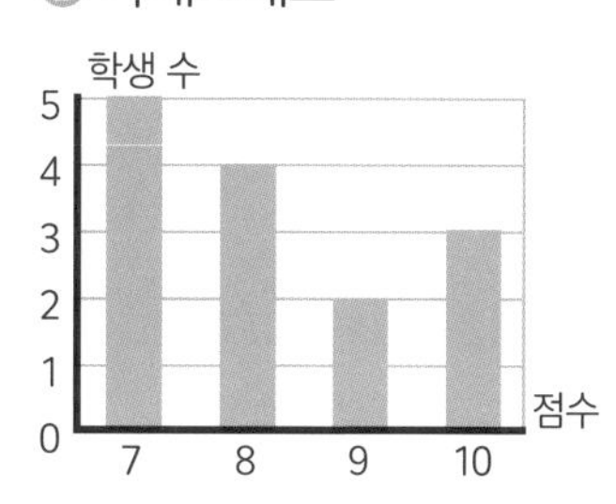

가로 막대그래프

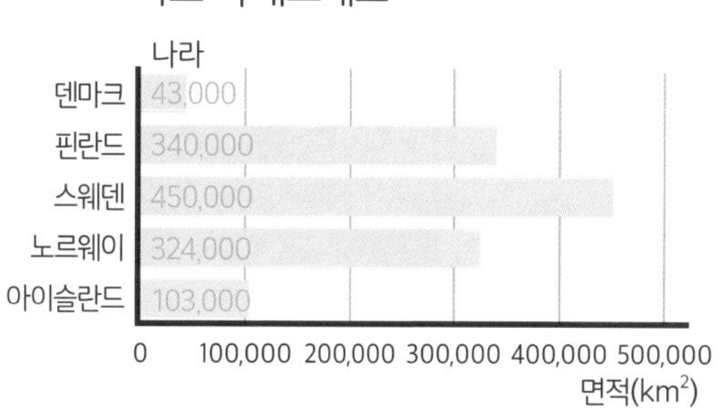

❸ 원그래프

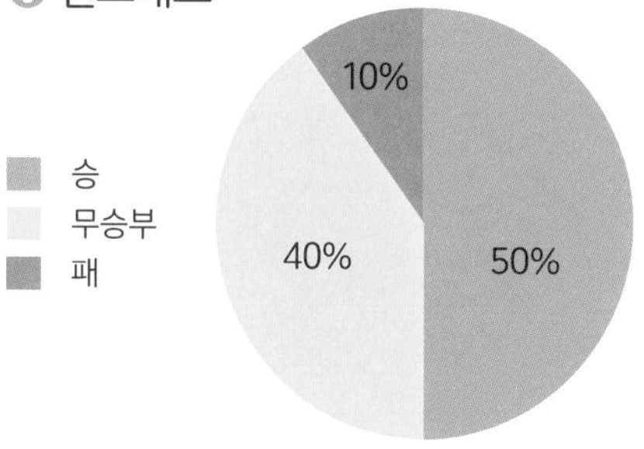

❹ 꺾은선그래프

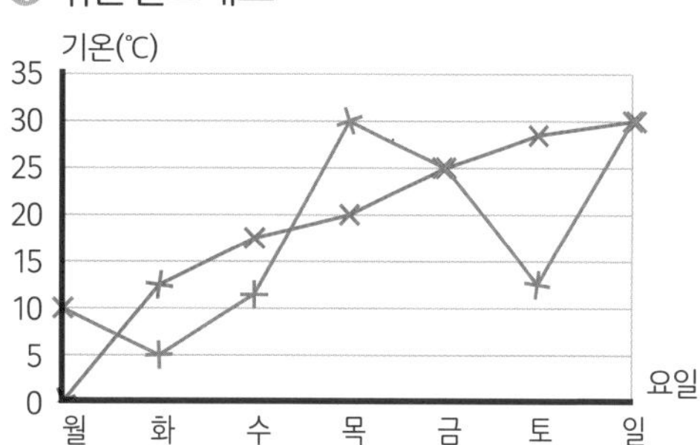

★ 평균과 최빈값

- 자료의 값을 모두 더한 후, 그 합을 자료의 수로 나누어 평균을 구해요.
- 자료의 값 중에서 가장 많이 나오는 값은 최빈값이라고 해요.
- 자료의 값 중에서 가장 작은 값은 최솟값이라고 해요.
- 자료의 값 중에서 가장 큰 값은 최댓값이라고 해요.

학습 자가 진단

학습 태도

	그렇지 못해요.	때때로 그래요.	자주 그래요.	항상 그래요.
수업 시간에 적극적이에요.	☐	☐	☐	☐
학습에 집중해요.	☐	☐	☐	☐
친구들과 협동해요.	☐	☐	☐	☐
숙제를 잘해요.	☐	☐	☐	☐

학습 목표

학습하면서 만족스러웠던 부분은 무엇인가요?

어떻게 실력을 향상할 수 있었나요?

____

____

____

학습 성과

	아직 익숙하지 않아요.	연습이 더 필요해요.	괜찮아요.	꽤 잘해요.	정말 잘해요.
• 분수를 %로 나타낼 수 있어요.	○	○	○	○	○
• 수의 부분을 %로 계산할 수 있어요.	○	○	○	○	○
• 표와 그래프를 해석할 수 있어요.	○	○	○	○	○
• 자료의 평균을 구할 수 있어요.	○	○	○	○	○
• 자료의 최빈값을 구할 수 있어요.	○	○	○	○	○

이번 단원에서 가장 쉬웠던 부분은 ______________________________ 예요.

이번 단원에서 가장 어려웠던 부분은 ______________________________ 예요.

____월 ____일 ____요일

나만의 조사

친구 또는 부모님과 함께 어떤 주제에 대한 조사를 계획하고 준비해 보세요. 결과를 표와 그래프로 작성하여 발표 자료에 넣어 보세요. 최종적으로 조사를 어떻게 실행했는지 설명하고 조사 내용을 발표해 보세요.

통계 자료 조사하기

- 다양한 표, 통계, 그래프를 신문이나 인터넷에서 찾아보세요.

그래프가 말하고자 하는 주제는 무엇인가요?
자료와 조사 결과가 어떻게 정리되었나요?

계획하기

- 주제를 정하세요. 학교, 취미, 자연 등 어떤 것이든 좋아요.
- 누가 참여할지 정하세요.
- 조사를 위해 언제 어떻게 자료를 수집할지 계획을 세우세요.
- 공책에 계획을 기록하세요.

실행하기

- 해야 할 일을 분배하세요.
- 결과를 그래프로 나타내 보세요.
- 주제에 대한 포스터나 파워포인트 자료를 준비하세요.
- 발표할 때 무엇을 말하고 무엇을 보여 줄지 정해 보세요.
- 발표를 연습해 보세요.

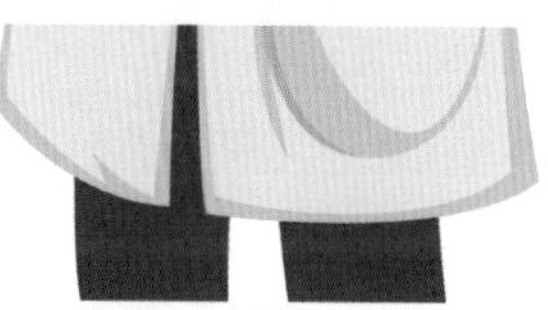

조사를 통해 어떤 결과를 얻었나요?
결과에서 특별한 점은 없었나요?

발표하기

- 조사를 어떻게 진행했는지 설명해 보세요.
- 조사 결과를 보여 주기 위해 그래프를 이용하세요.

평가하기

발표 태도와 성과를 평가해 보세요.
청중에게 피드백을 요청해 보세요.

준비 과정에서 친구와 협력이 잘 되었나요?
발표가 성공적이었나요?
더 나아질 수 있는 부분이 있나요?
아쉬웠던 부분이 있나요?

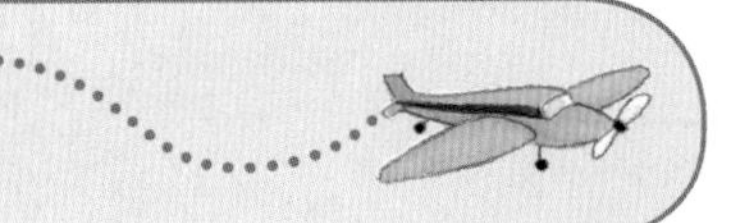

9 도형의 닮음

아래 정사각형은 서로 닮았어요.

아래 원은 서로 닮았어요.

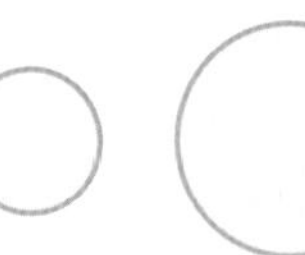

어떤 도형이 확대되거나 축소될 때 크기는 변하더라도 모양은 그대로 유지돼요.

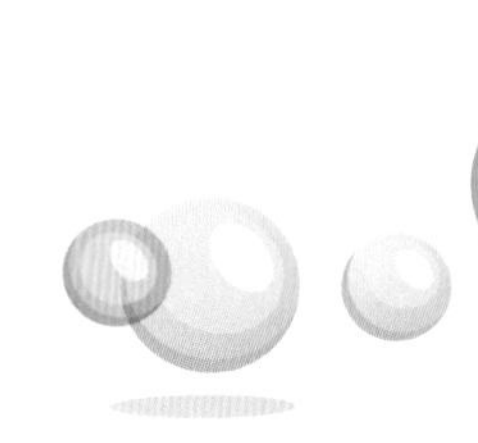

- 한 도형이 다른 도형의 확대된 모습이라면 두 도형은 서로 닮음인 관계에 있어요.
- 한 도형이 다른 도형의 축소된 모습이라면 두 도형은 서로 닮음인 관계에 있어요.

<예시>

크기가 변해도 모양은 같아요.
두 도형은 서로 닮은 도형이에요.

크기가 변했고 모양도 달라졌어요.
두 도형은 서로 닮은 도형이 아니에요.

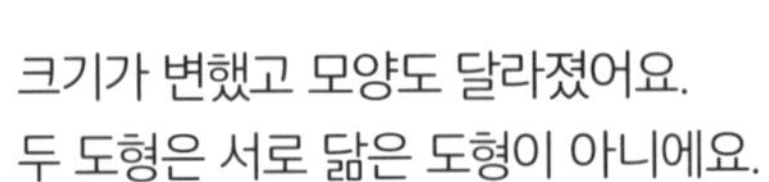

1. 주어진 도형보다 크기가 더 큰 닮은 도형을 그려 보세요.

❶

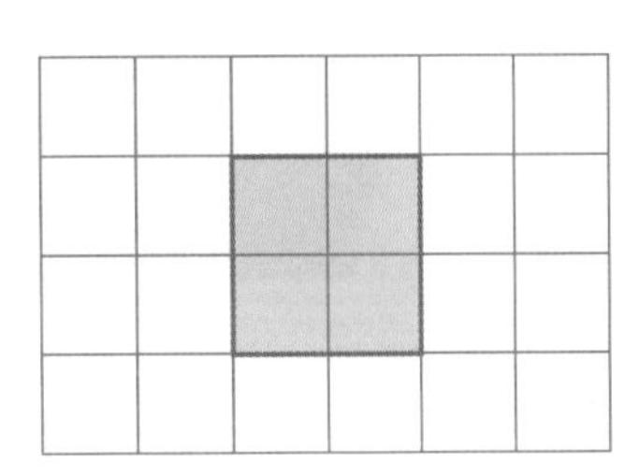

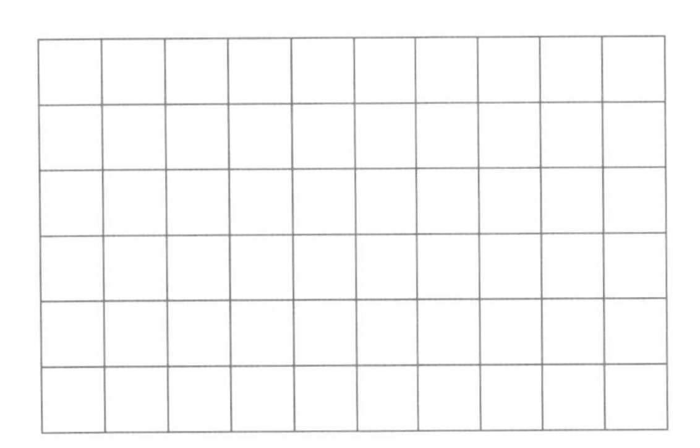

❷

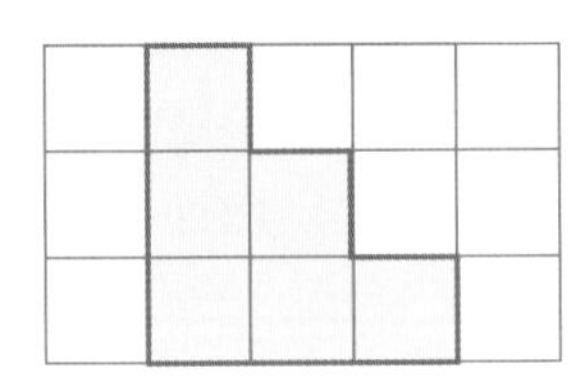

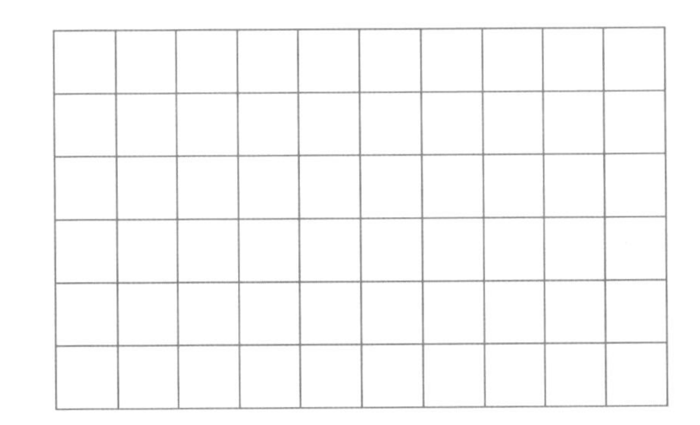

2. 두 도형이 서로 닮은 도형이면 ○표 해 보세요.

❶ 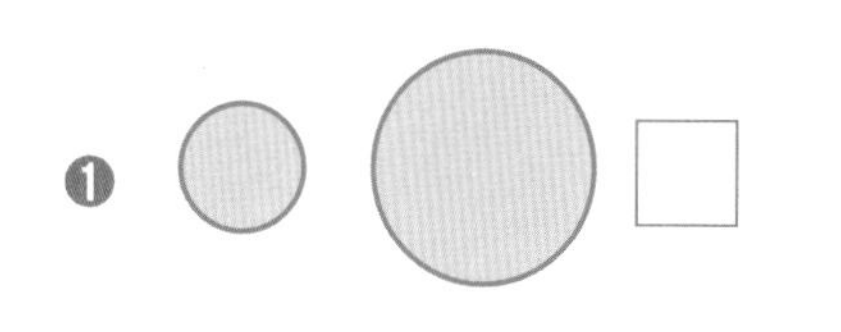

❷ 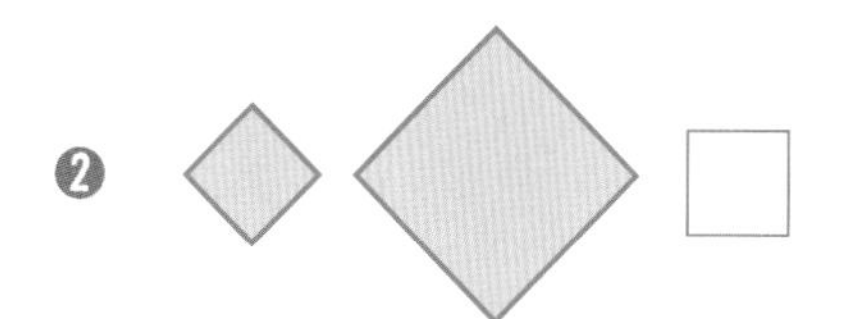

❸ 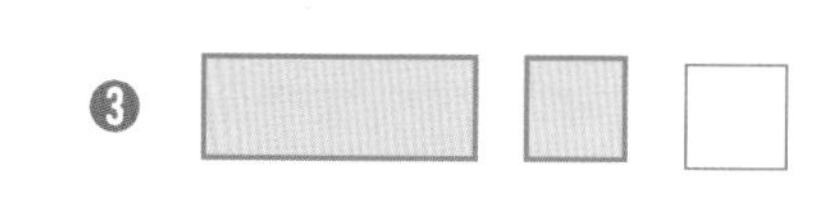

❹

❺ 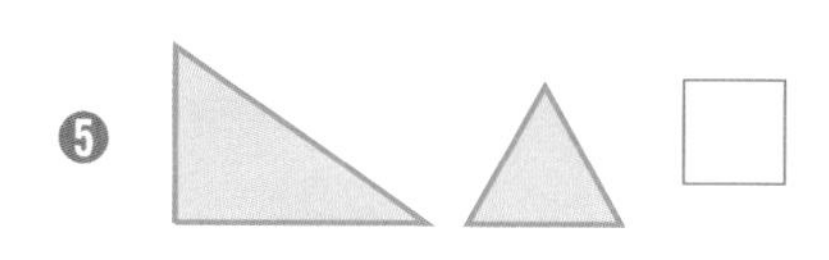

❻ 

3. 주어진 도형보다 크기가 더 작은 닮은 도형을 그려 보세요.

❶ 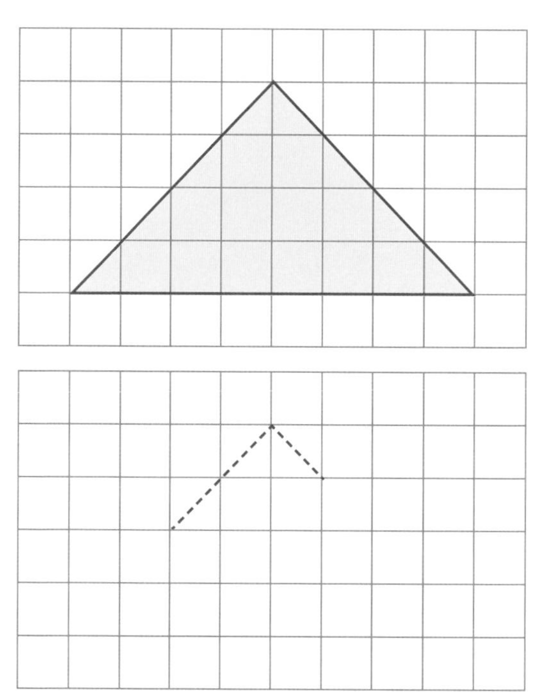

❷ 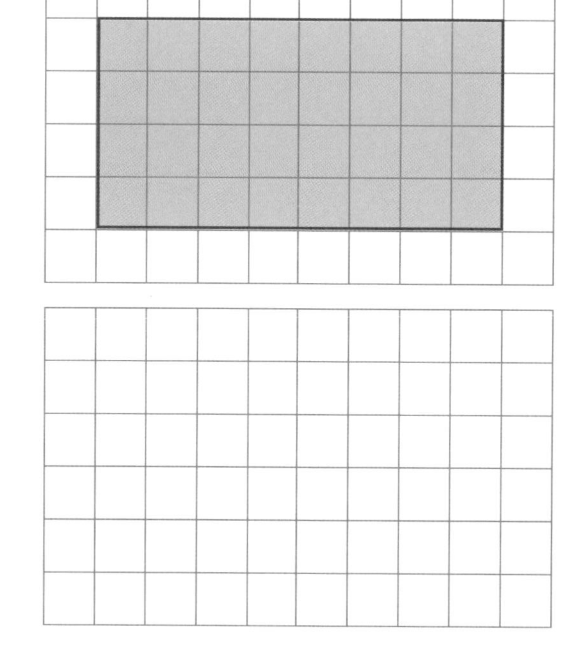

4. 똑같은 도형을 그려 보세요.

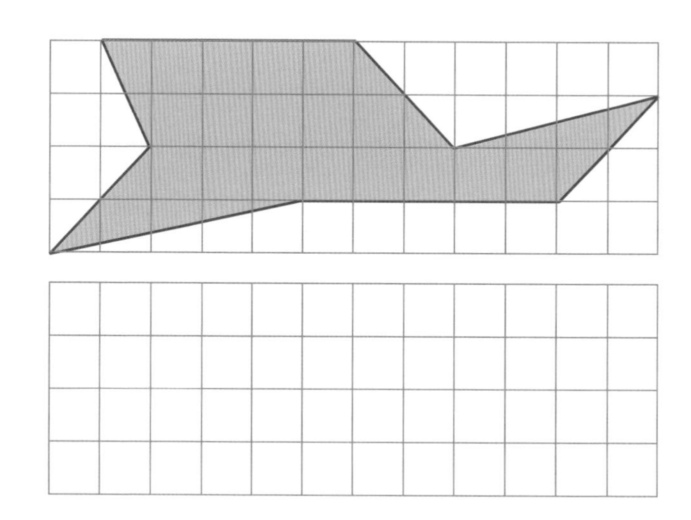

더 생각해 보아요!

두 삼각형의 각의 크기는 같아요.
두 삼각형은 닮은 도형일까요?

____

5. 〈보기〉와 닮은 도형에 모두 ○표 해 보세요.

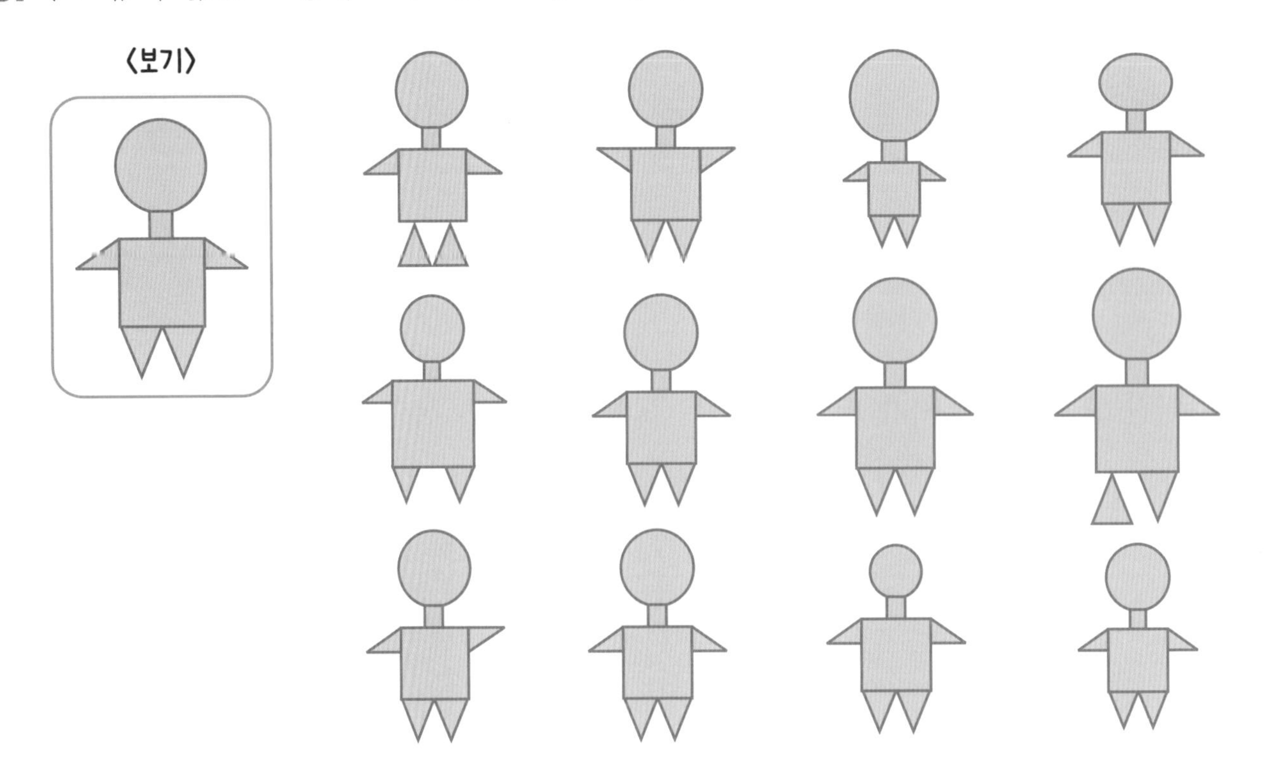

6. 닮은 도형끼리 선으로 이어 보세요.

7. A~F 중 닮은 도형이 아닌 것 1개를 찾아보세요.

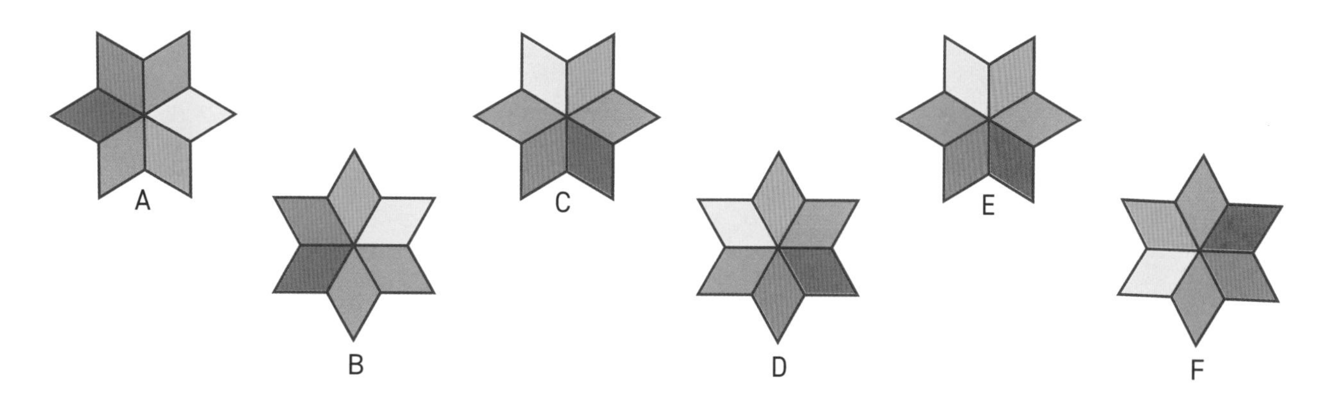

8. 규칙에 따라 네 번째 칸을 색칠하고 도형을 그려 보세요.

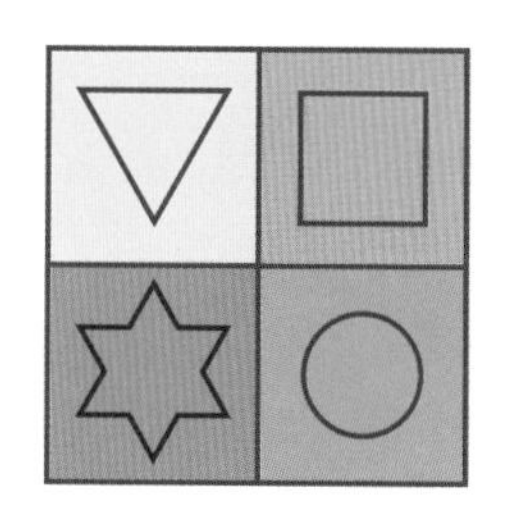

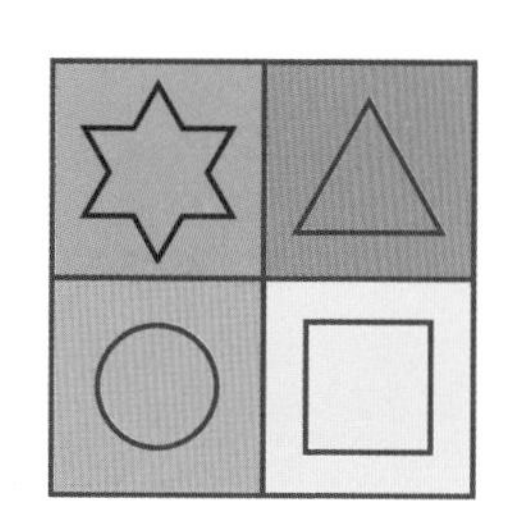

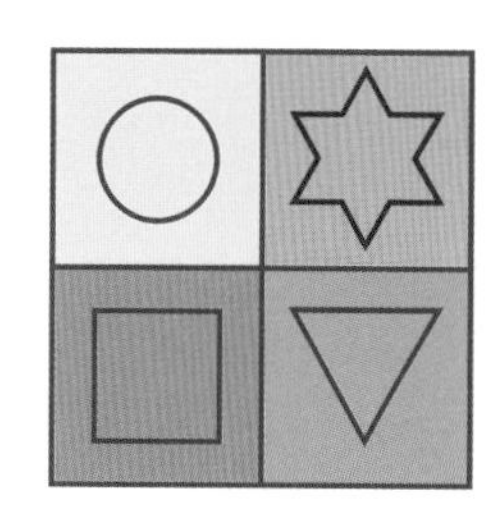

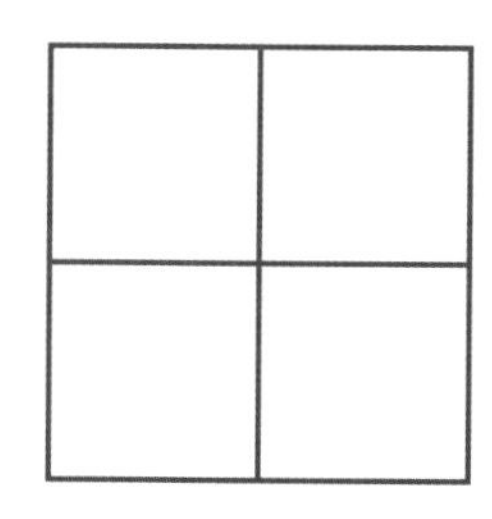

한 번 더 연습해요!

1. 두 도형이 서로 닮은 도형이면 빈칸에 ○표 해 보세요.

❶ 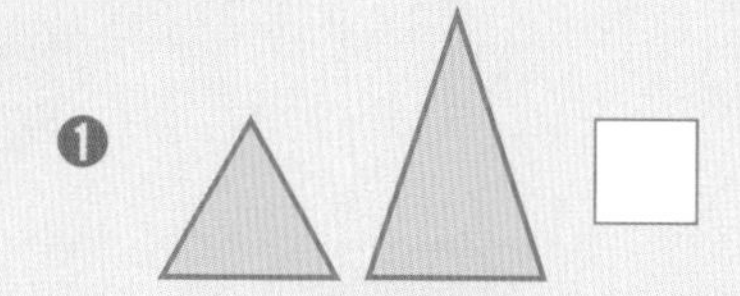

❷ 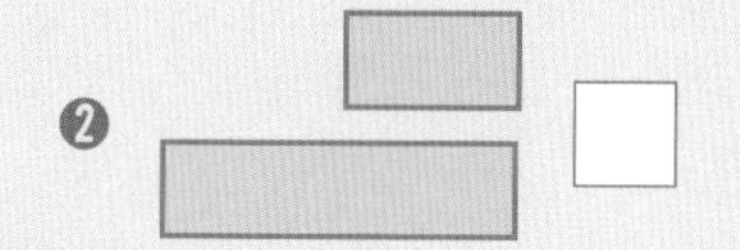

❸ 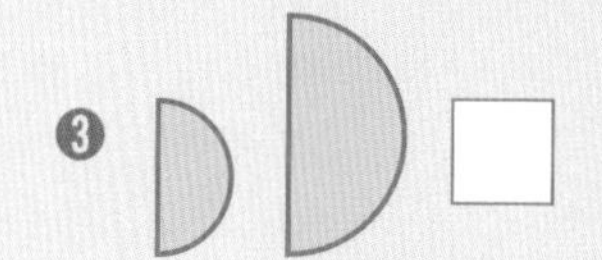

2. 왼쪽과 닮은 도형을 그려 보세요.

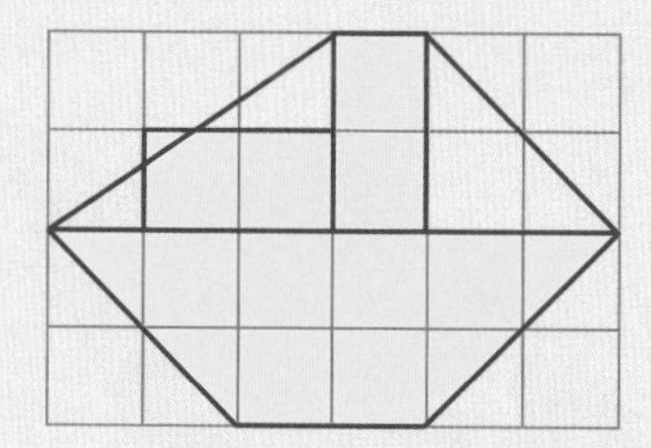

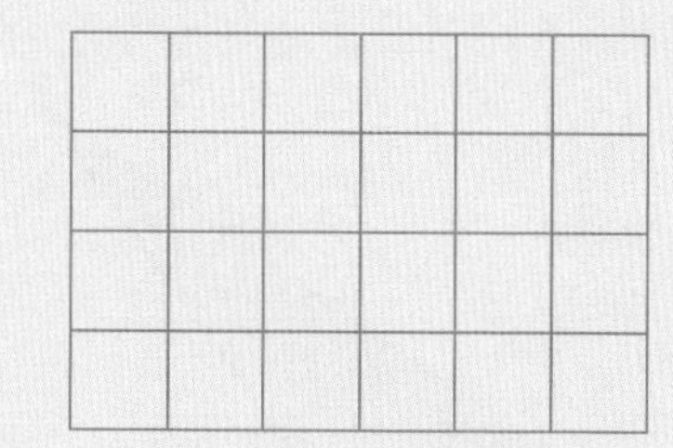

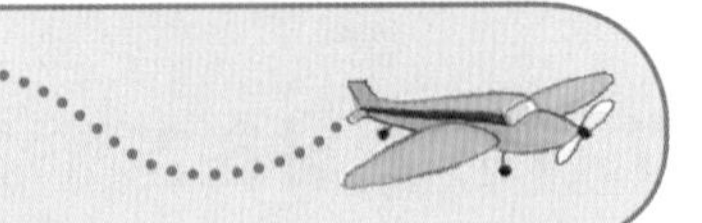

10 삼각형의 닮음 조건

• 두 삼각형의 각의 크기가 같으면 두 삼각형은 서로 닮음이에요.

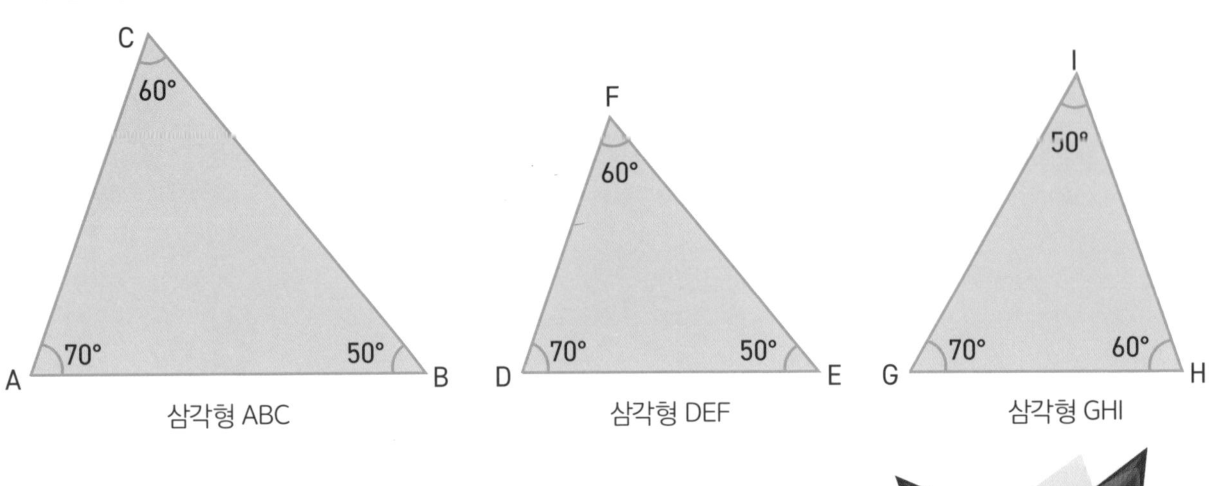

• 삼각형 ABC, 삼각형 DEF, 삼각형 GHI는 각의 크기가 같아요.
세 삼각형은 서로 닮은 도형이에요.

• 삼각형의 내각의 합은 180°예요. 그래서 크기가 같은 각이 공통으로 2개 있으면 서로 닮은 도형임을 알 수 있어요.

1. 〈보기〉와 닮은 도형을 모두 찾아 ○표 해 보세요.

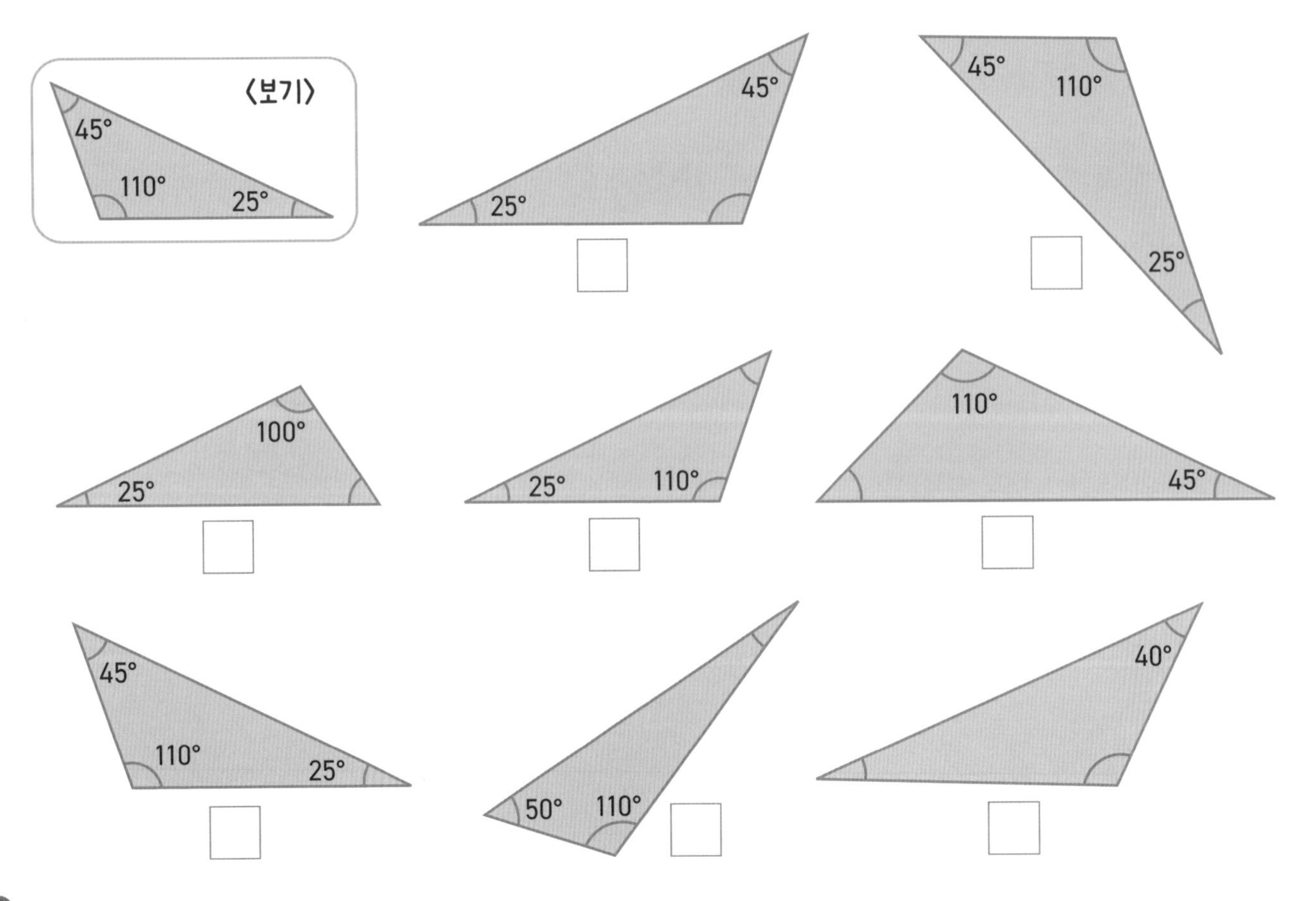

2. 닮은 삼각형끼리 선으로 이어 보세요.

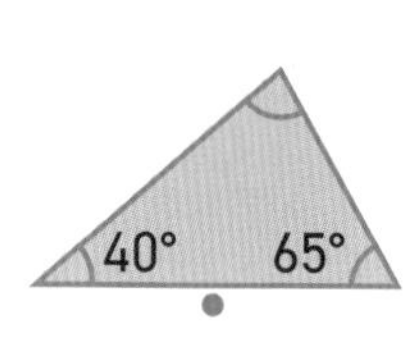

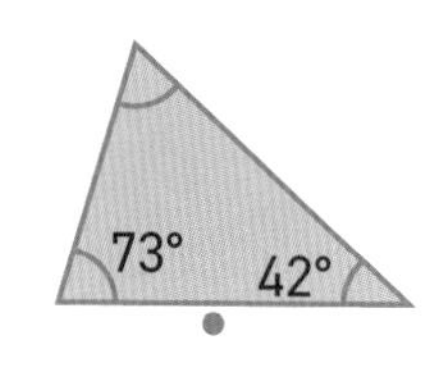

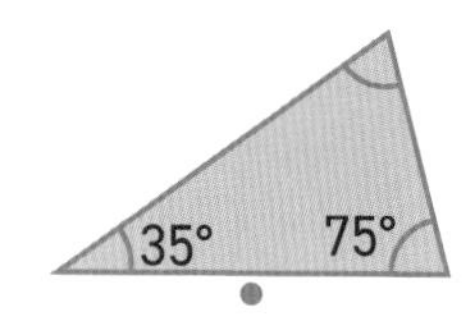

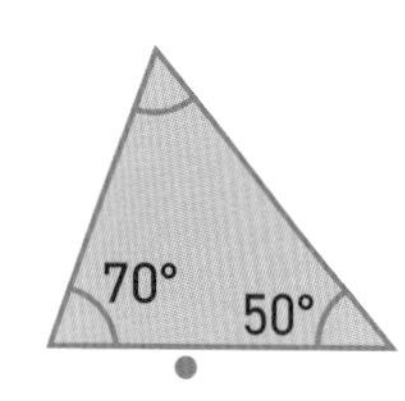

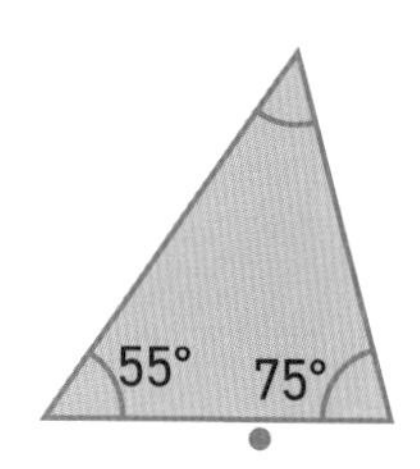

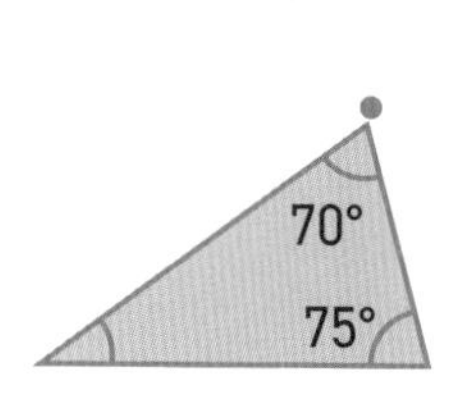

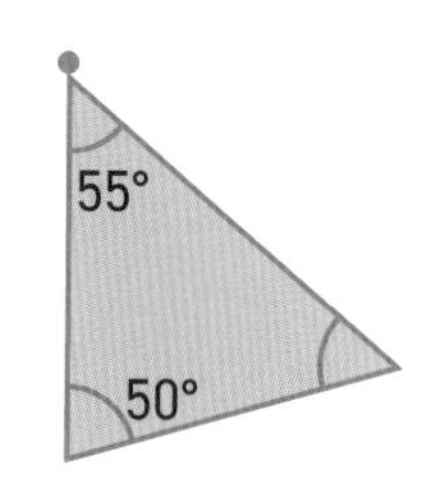

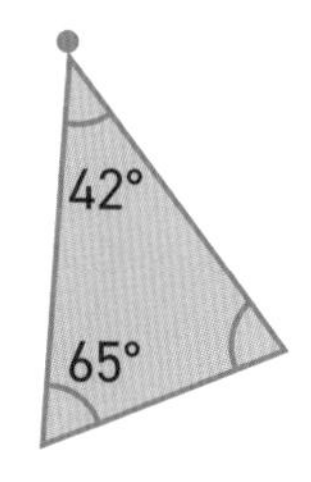

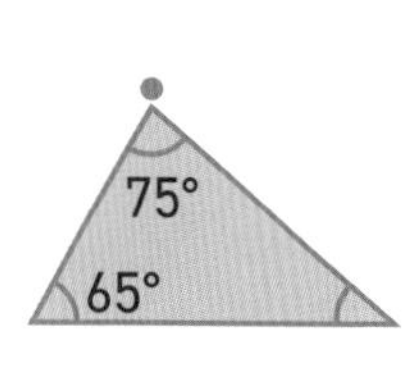

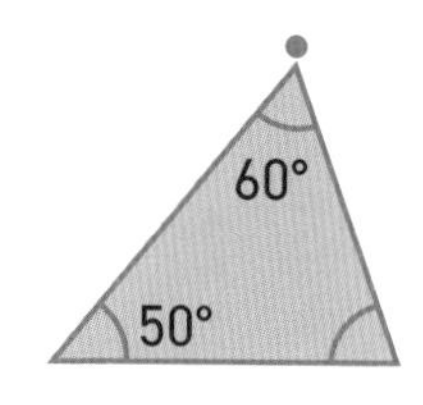

3. 각 x의 크기를 구해 보세요. 두 삼각형은 서로 닮은 도형이에요.

❶

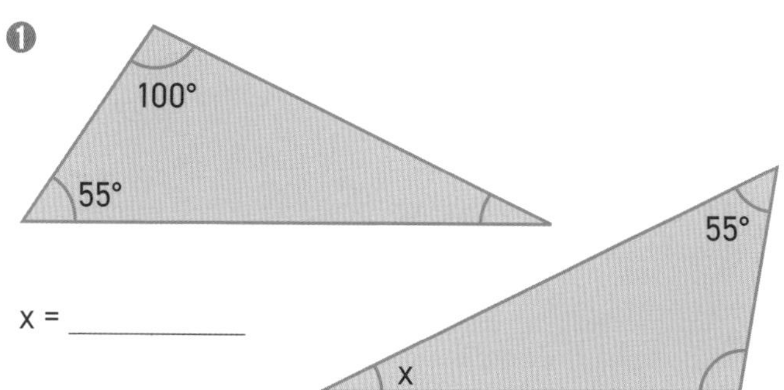

x = ___________

❷

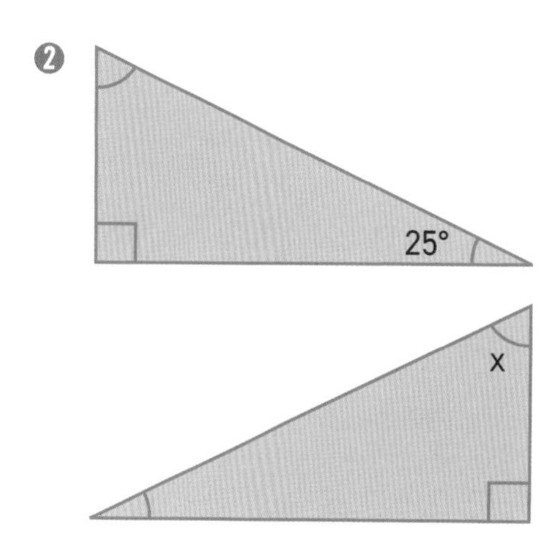

x = ___________

❸

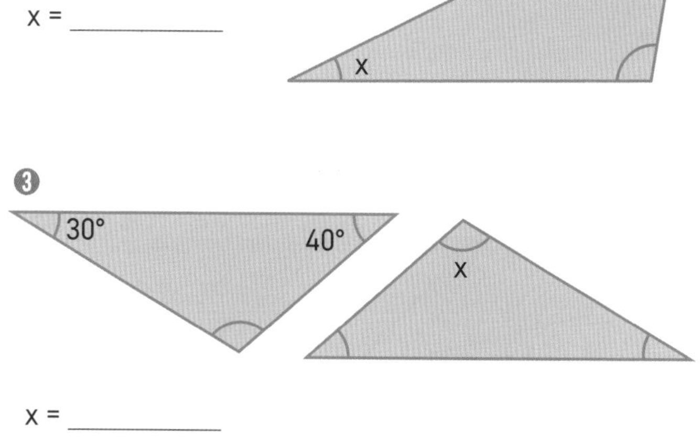

x = ___________

❹

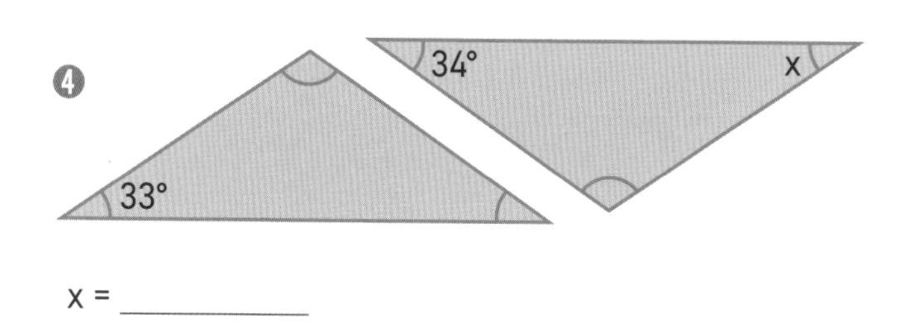

x = ___________

더 생각해 보아요!

크기가 같은 각이 공통으로 2개 있는 평행사변형은 항상 닮은 도형일까요?

____

4. 닮은 도형을 찾아 해당하는 알파벳을 써 보세요.

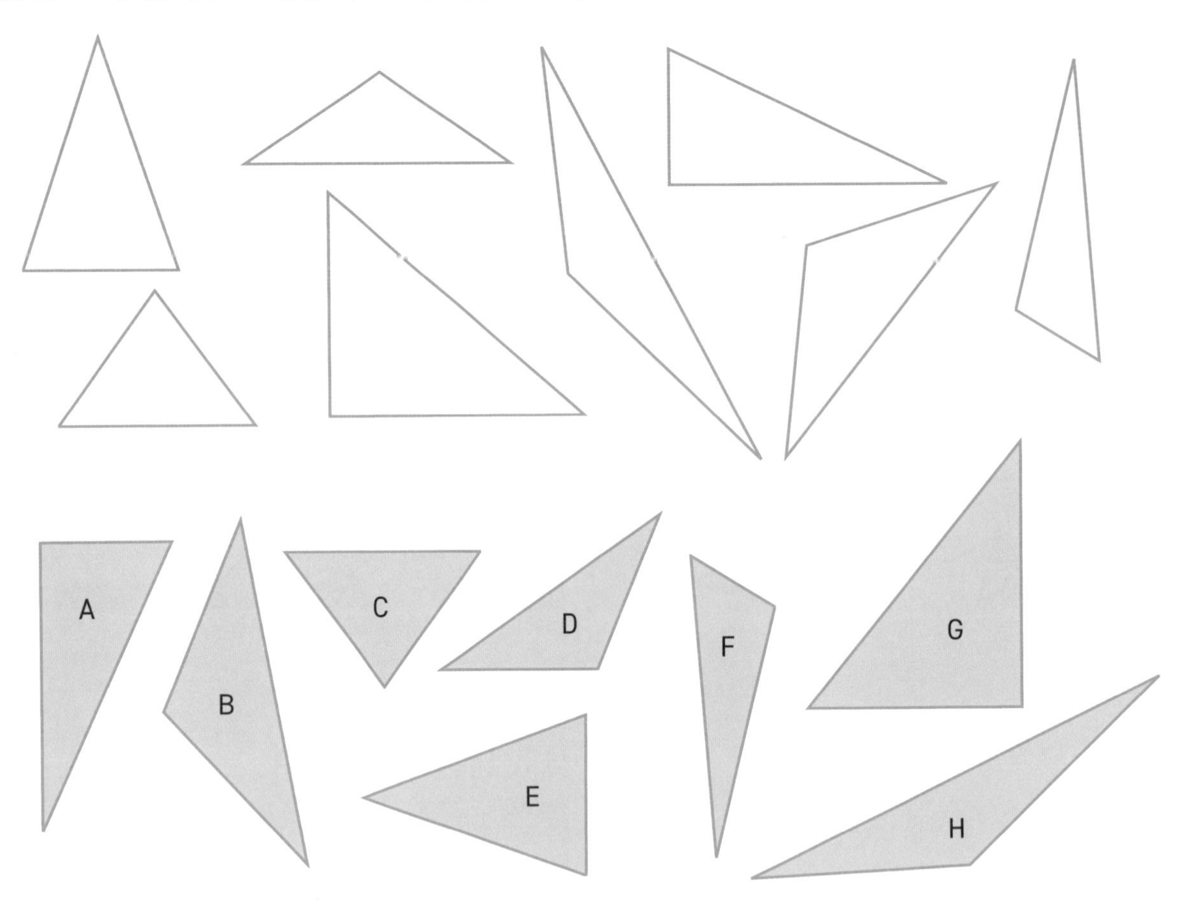

5. 삼각형 ABC와 닮은 삼각형을 3개 그려 보세요. 삼각형의 두 꼭짓점은 아래와 같아요.

❶ (6, 0)과 (9, 3)

❷ (7, 9)와 (9, 8)

❸ (0, 2)와 (1, 0)

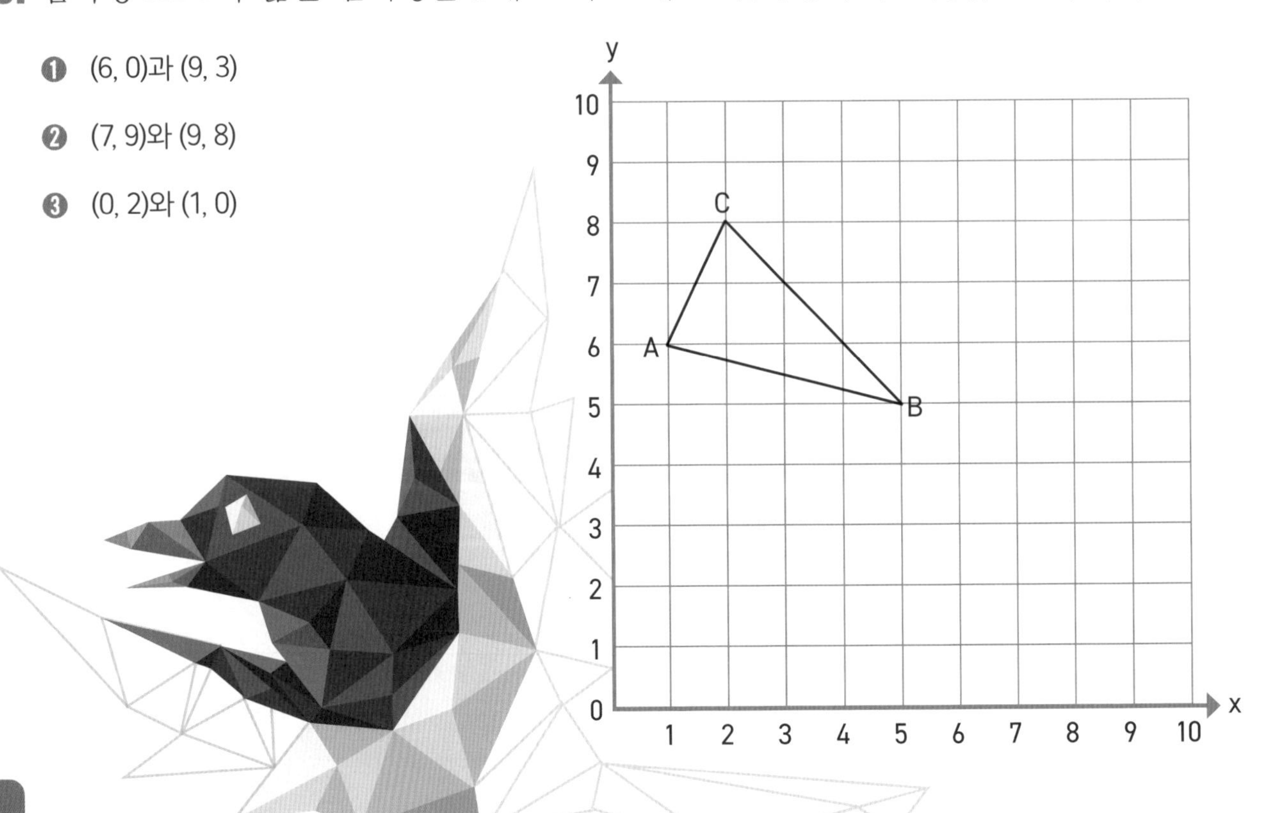

6. 이유를 설명해 보세요.

❶ 삼각형 ABC와 삼각형 EBD는 서로 닮은 도형이에요. 왜 그럴까요?

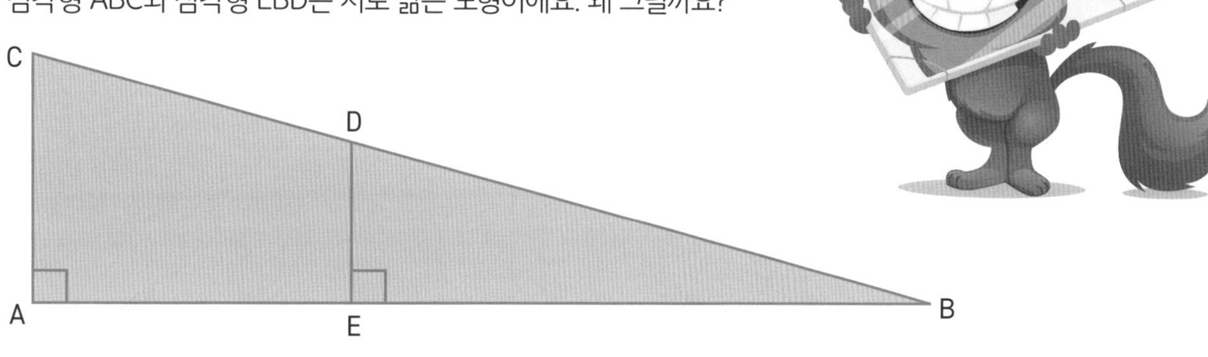

❷ 삼각형 ADC와 삼각형 DBC는 서로 닮은 도형이에요.
왜 그럴까요?

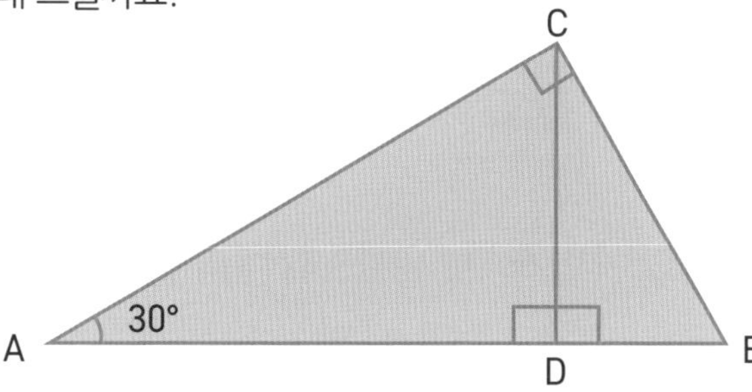

한 번 더 연습해요!

1. 〈보기〉와 닮은 도형을 모두 찾아 ○표 해 보세요.

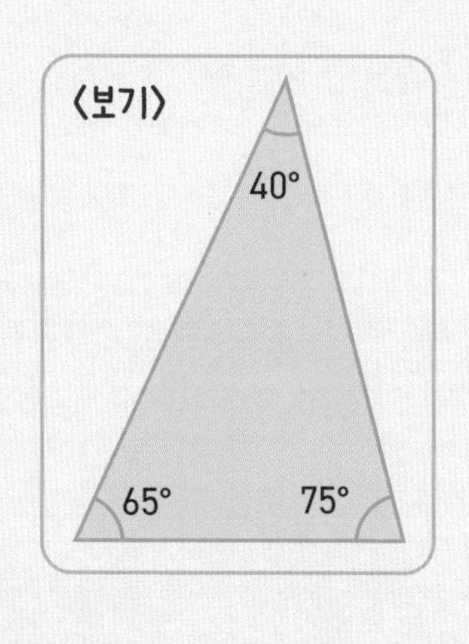

❶

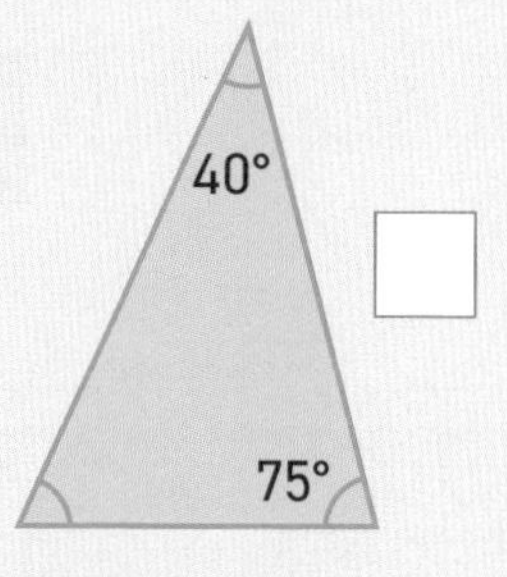

❷

❸

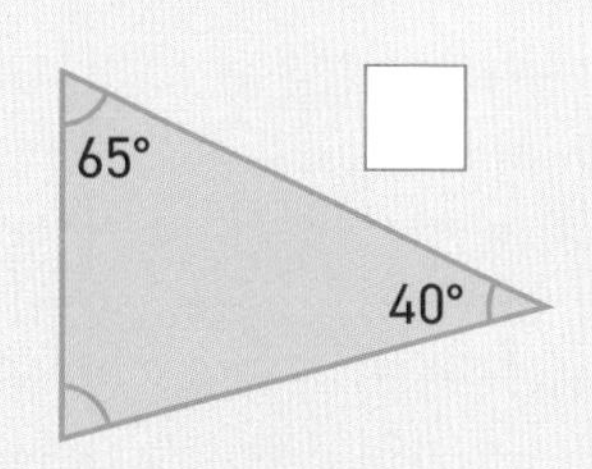

❹

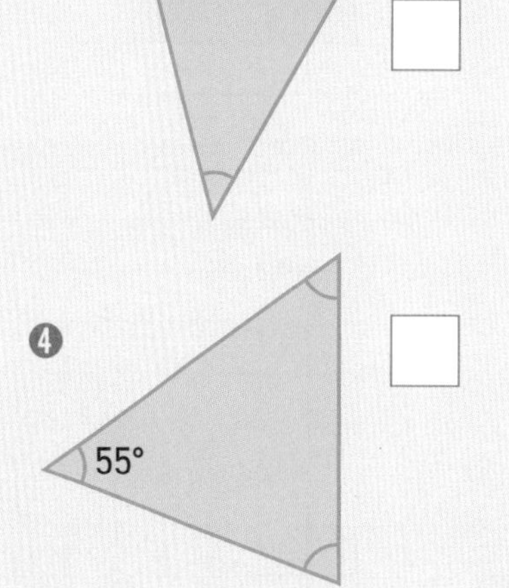

_____ 월 _____ 일 _____ 요일

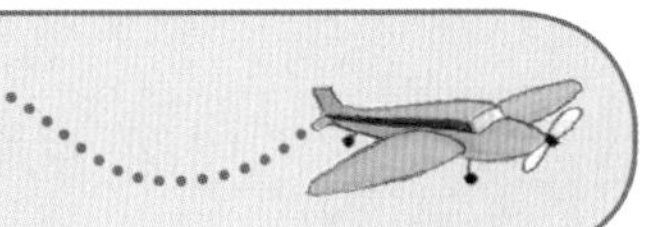

11 비율

- 원래 도형이 어느 정도 확대되거나 축소되었는지를 보여 주는 것이 비율이에요.
- 원래 도형과 새로운 도형은 서로 닮음이에요.

확대

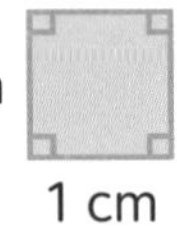

1 cm

1 cm

두 배로 늘려서 사각형 변의 길이를 확대했어요.

2 cm

2 cm

이때 비율은 2 : 1이고
"이 대 일의 비율"이라고 읽어요.

확대 비율에서는 큰 수가 먼저 나와요.

축소

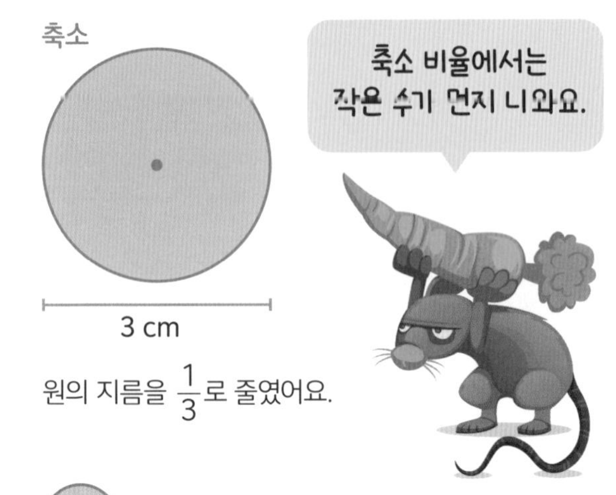

축소 비율에서는 작은 수가 먼저 나와요.

3 cm

원의 지름을 $\frac{1}{3}$로 줄였어요.

1 cm

이때 비율은 1 : 3이고
"일 대 삼의 비율"이라고 읽어요.

1. 비율이 아래와 같을 때 확대인지 축소인지 알아맞혀 보세요. 확대라면 확, 축소라면 축을 빈칸에 써넣어 보세요.

1 : 2 ☐　　3 : 1 ☐　　10 : 1 ☐　　1 : 20 ☐

2. 주어진 비율로 확대된 도형을 그려 보세요.

❶ 2 : 1의 비율

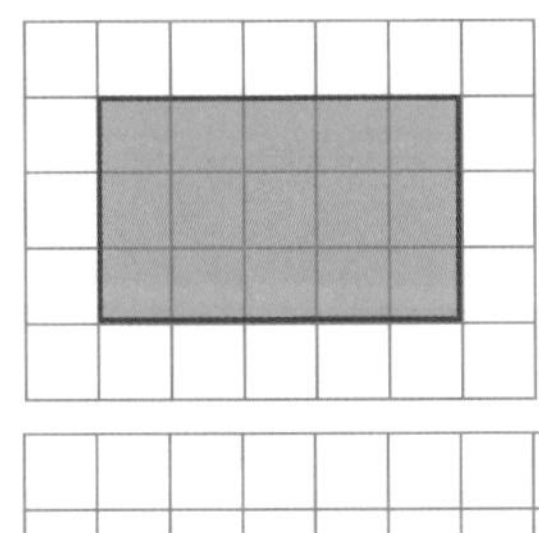

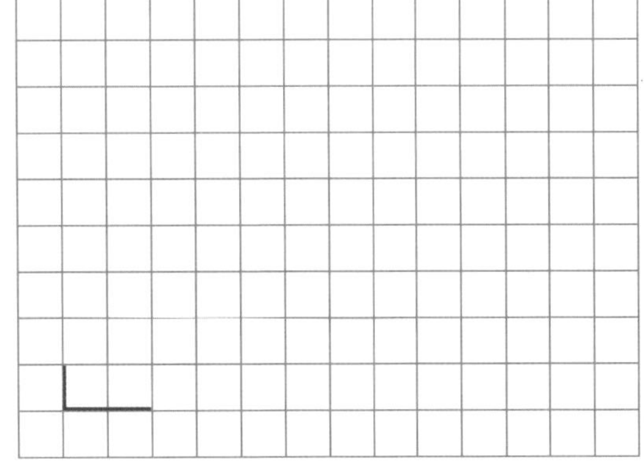

❷ 4 : 1의 비율

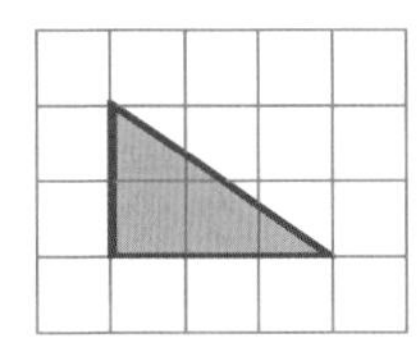

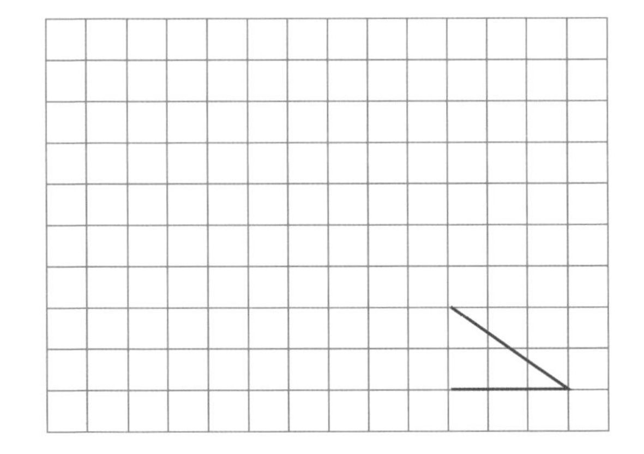

3. 주어진 비율로 축소된 도형을 그려 보세요.

❶ 1:2의 비율

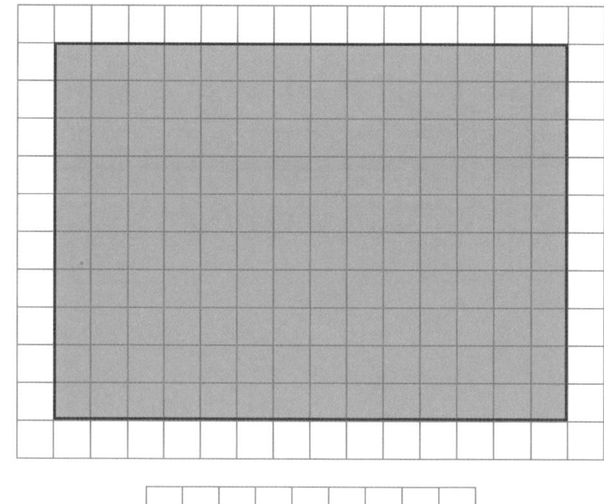

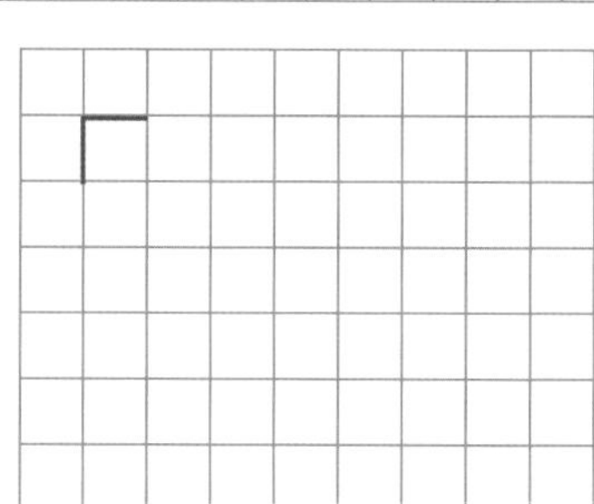

❷ 1:3의 비율

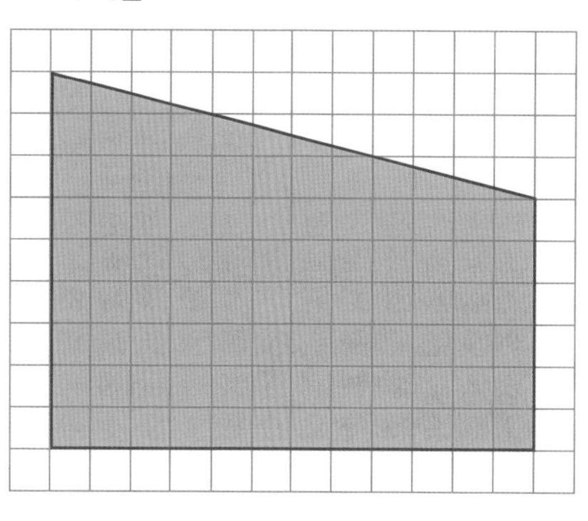

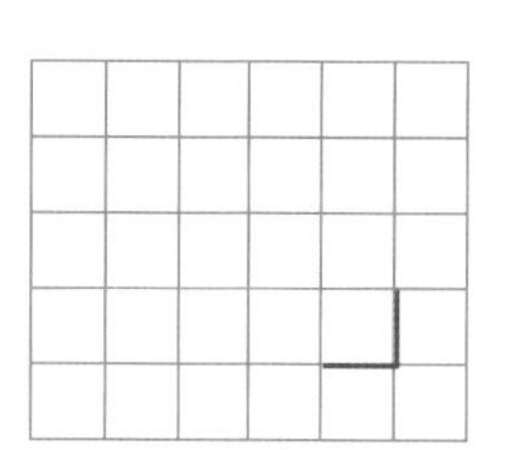

4. 2:1의 비율로 확대된 도형을 그려 보세요.

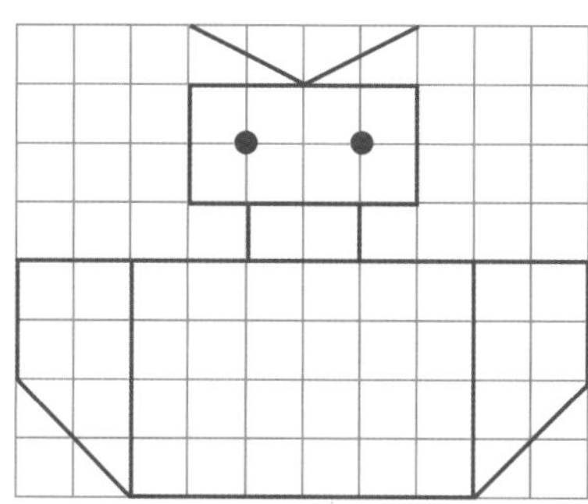

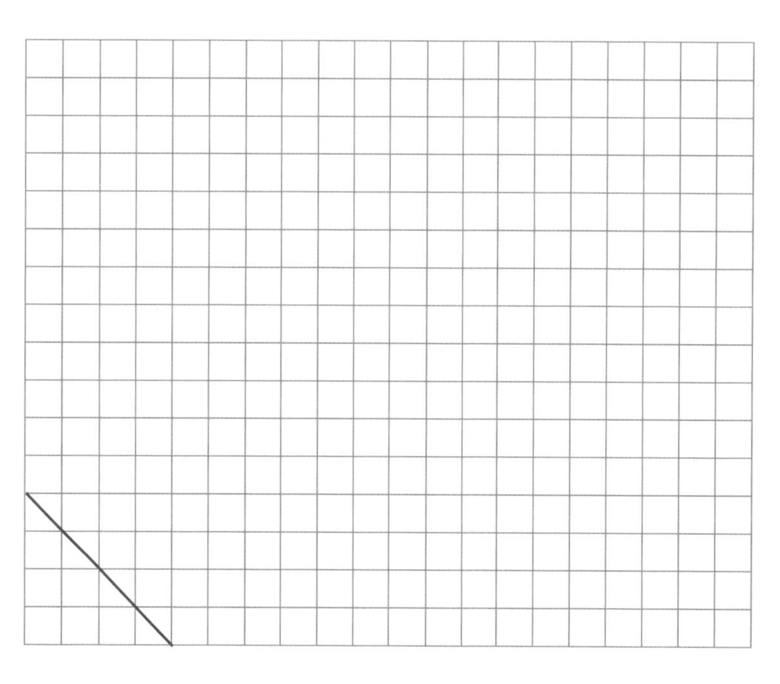

더 생각해 보아요!

8칸으로 된 어떤 직사각형이 있어요. 이 직사각형을 2:1의 비율로 확대했어요. 칸을 확대하지 않았다면 새로 만든 직사각형은 몇 칸일까요?

____

5. 아래 그림을 1:2로 축소한 그림은 A~D 중 어떤 것일까요? ________

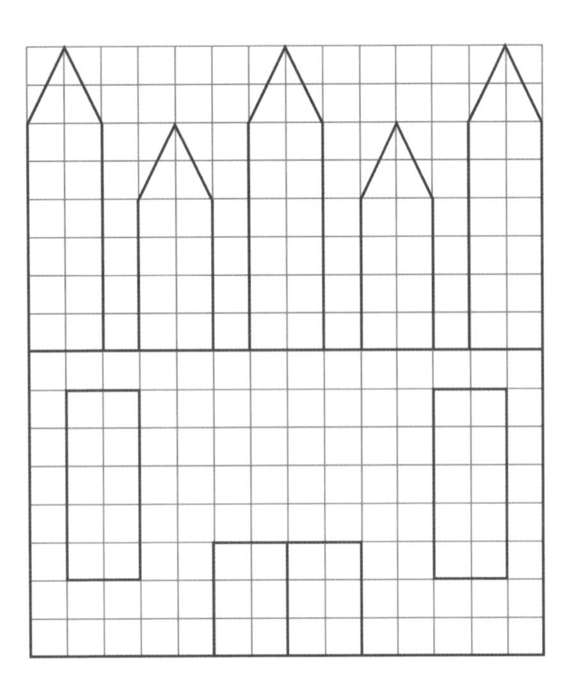

A

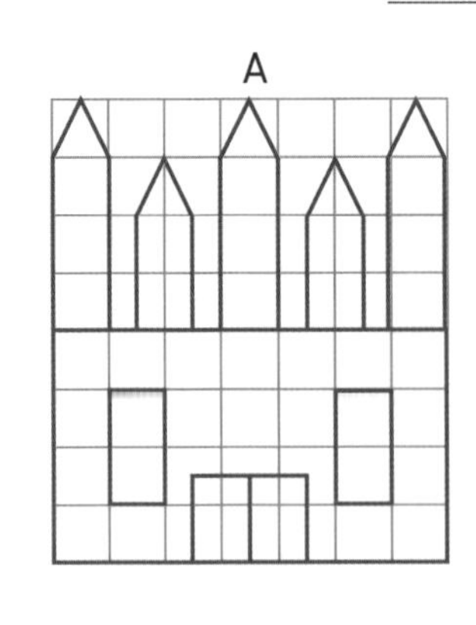

B

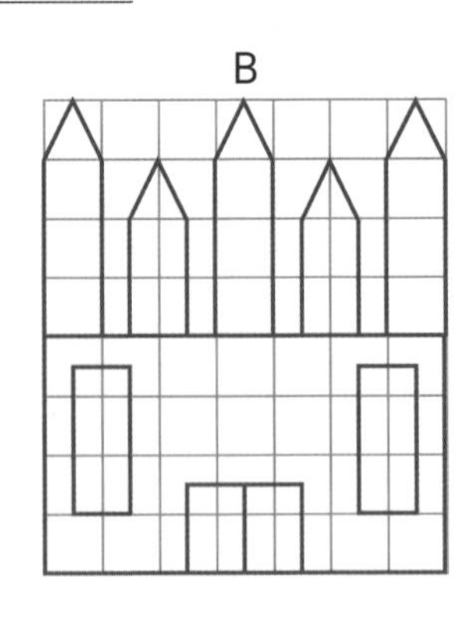

C

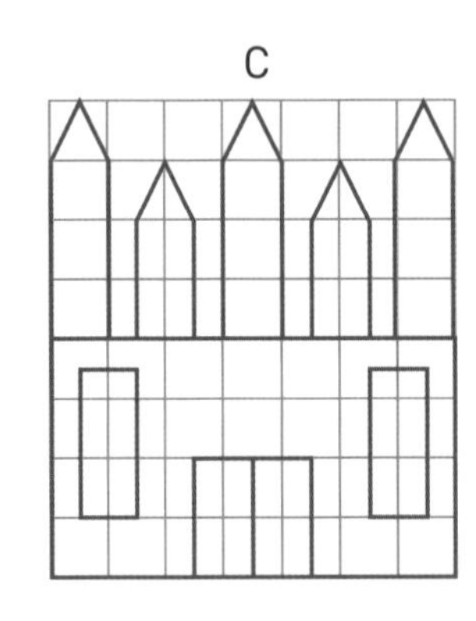

D

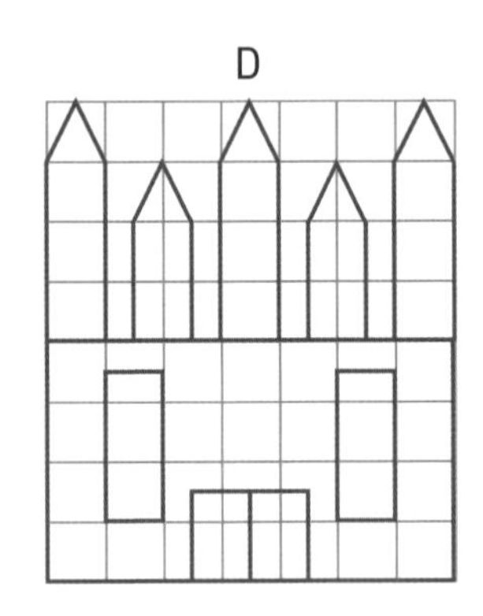

6. 모눈종이의 칸을 확대했어요. 그림을 그려 보세요.

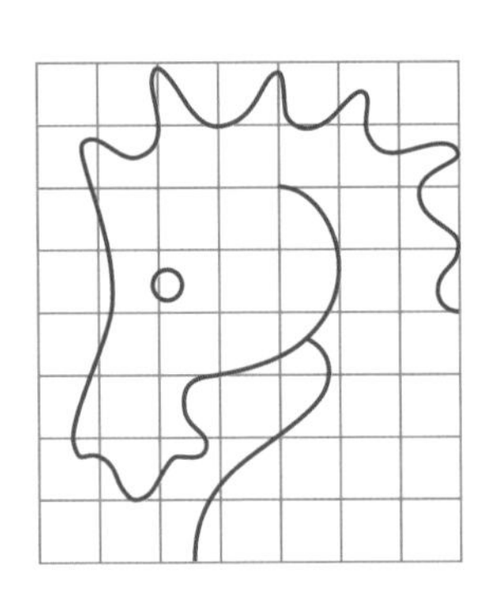

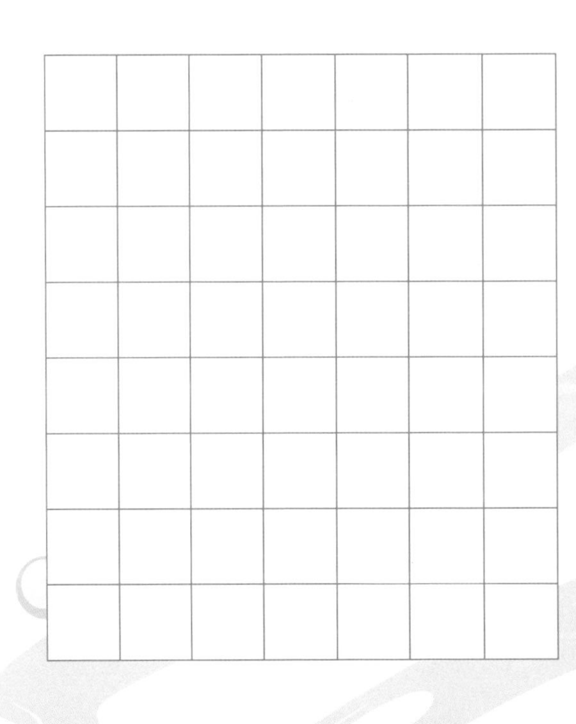

7. 두 그림은 서로 닮은 그림이에요. x의 길이를 구해 보세요.

❶

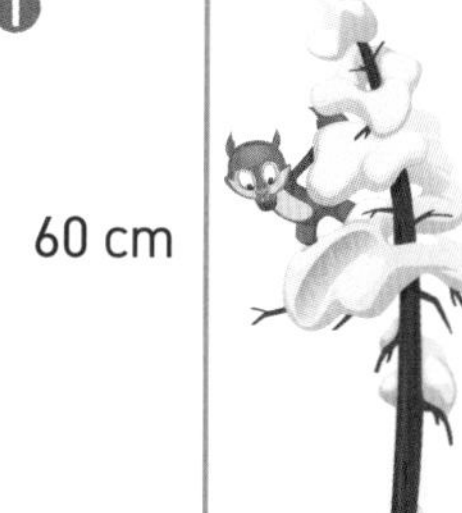

60 cm, 30 cm

x, 10 cm

x = ____________

❷

x, 70 cm

25 cm, 35 cm

x = ____________

❸

160 cm, 120 cm

40 cm, x

x = ____________

❹

45 cm, x

30 cm, 20 cm

x = ____________

한 번 더 연습해요!

1. 비율이 아래와 같을 때 확대라면 확, 축소라면 축을 빈칸에 써넣어 보세요.

1 : 6 ☐　　8 : 1 ☐　　1 : 100 ☐　　5 : 1 ☐

2. 〈보기〉를 주어진 비율로 확대, 축소한 도형을 그려 보세요.

〈보기〉

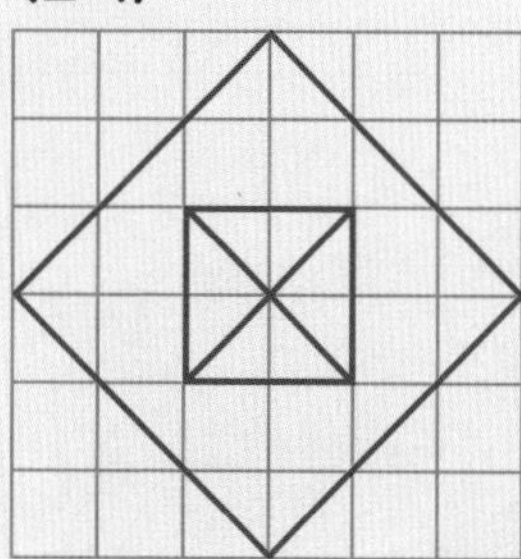

❶ 2 : 1의 비율로

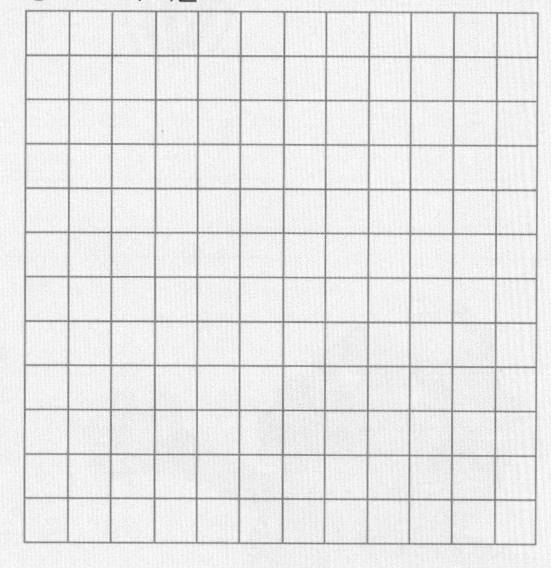

❷ 1 : 2의 비율로

12 실제 길이 구하기

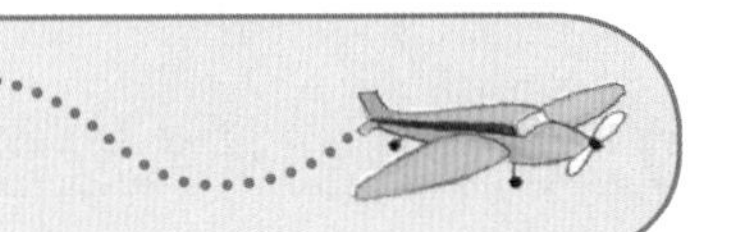

그림에서 가문비나무의 높이는 4cm예요.

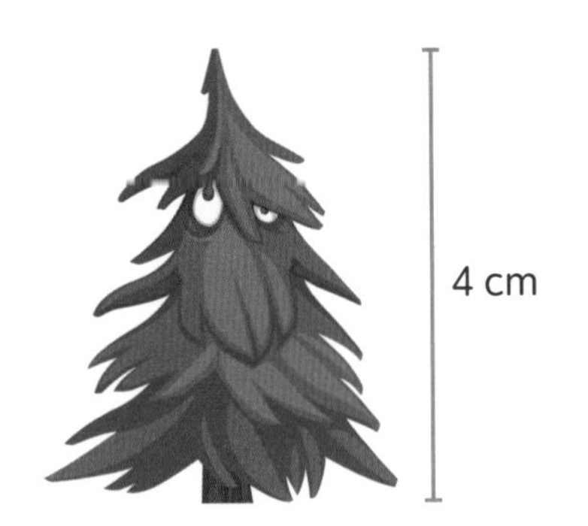

- 이 그림은 1 : 100의 비율로 축소된 그림이에요.
- 나무의 실제 높이를 구하려면 그림에서 가문비나무의 높이에 100을 곱해요.
  즉, 실제 높이는 4cm × 100 = 400cm = 4m

그림에서 개미의 길이는 5cm예요.

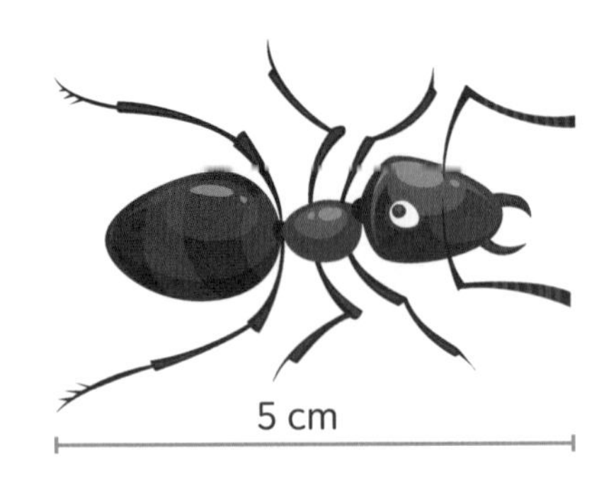

- 이 그림은 10 : 1의 비율로 확대된 그림이에요.
- 개미의 실제 길이를 구하려면 그림에서 개미의 길이를 10으로 나누어요.
  즉, 5cm ÷ 10 = 0.5cm = 5mm

1. 그림 속 식물의 높이를 측정하고 실제 높이를 계산해 보세요. 그림은 축소된 그림이에요.

❶ 1 : 100의 비율 ❷ 1 : 50의 비율 ❸ 1 : 10의 비율

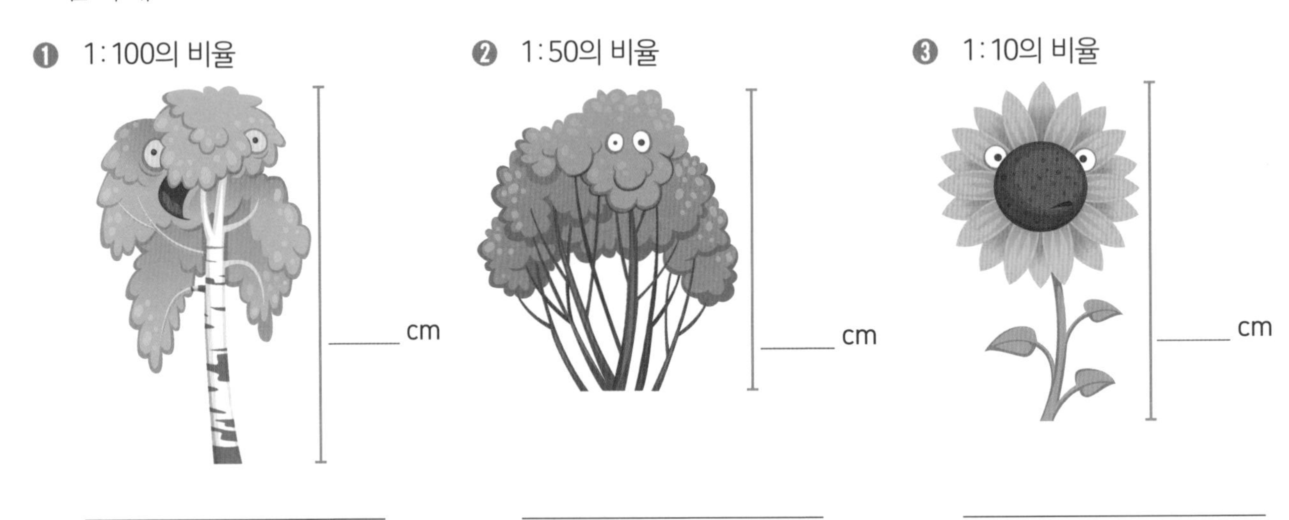

________________ ________________ ________________

________________ ________________ ________________

2. 그림 속 곤충의 길이를 밀리미터로 측정하고 실제 길이를 계산해 보세요. 그림은 확대된 그림이에요.

❶ 5 : 1의 비율

_____ mm

____

____

❷ 4 : 1의 비율

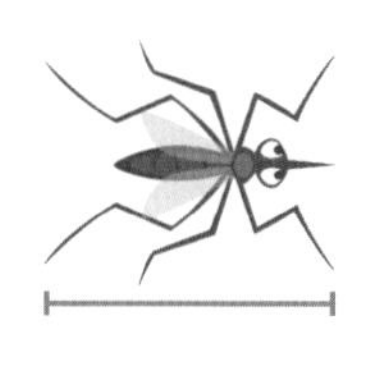

_____ mm

____

____

❸ 10 : 1의 비율

_____ mm

____

____

3. 확대 비율은 X표, 축소 비율은 ○표 해 보세요.

1:100 20:1 25:1

1:100,000 1:400

10:1 1:50 2:1

1:15 6:1 1:3

4. 빈칸을 채워 표를 완성해 보세요.

비율	그림 속 길이	실제 길이
1:10	25.5cm	
1:100		40m
1:2	1.6cm	
1:50	4cm	
10:1	60cm	
5:1		2mm
2:1		9mm
100:1	50cm	

5. 아래 글을 읽고 공책에 알맞은 식을 세워 답을 구해 보세요.

❶ 장미를 1 : 10의 비율로 축소하여 그렸어요. 그림 속 장미의 길이가 3.5cm라면 실제 길이는 몇 cm일까요?

❷ 소나무를 1 : 100의 비율로 축소했어요. 그림 속 소나무의 높이가 25cm라면 실제 높이는 몇 m일까요?

❸ 그림 속 가문비나무 바늘의 길이는 16cm예요. 8 : 1의 비율로 확대해서 그렸다면 실제 바늘의 길이는 몇 cm일까요?

❹ 블루베리를 20 : 1로 확대해서 그렸어요. 그림 속 블루베리의 지름이 120mm라면 실제 지름은 몇 mm일까요?

더 생각해 보아요!

실제 12m인 깃대의 높이가 그림에서 30cm가 되었어요. 이 그림의 축소 비율은 얼마일까요?

____

6. 높이를 센티미터로 측정하고 실제 높이를 계산해 보세요.

1 : 1000

____

____

1 : 500

____

____

1 : 400

____

____

1 : 300

____

____

7. 그림 속 길이를 측정하고 확대 혹은 축소 비율을 계산해 보세요.

❶ 9m 높이의 자작나무

____

❷ 80cm 높이의 쓰레기통

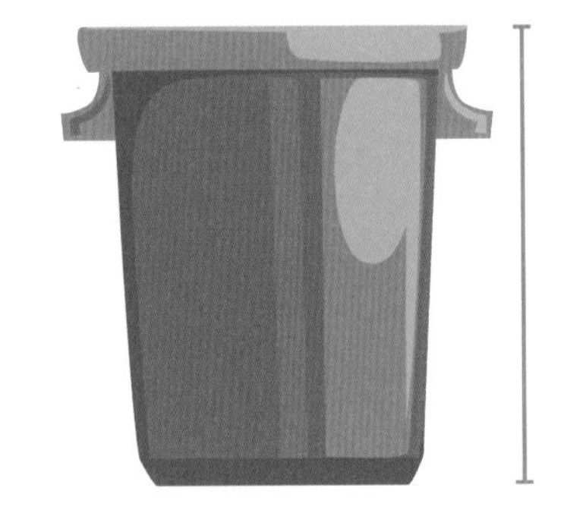

____

❸ 160m 높이의 고층 건물

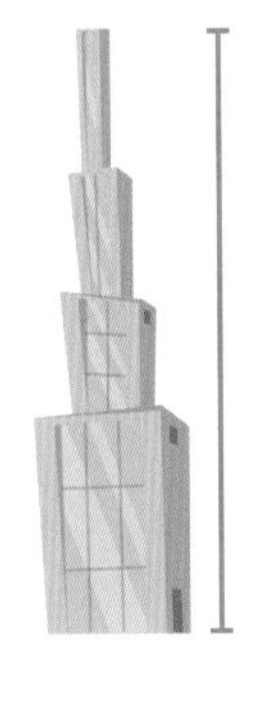

____

❹ 5mm 길이의 곤충

____

❺ 2km 거리에 있는 상가

____

❻ 0.5mm 너비의 빵 부스러기

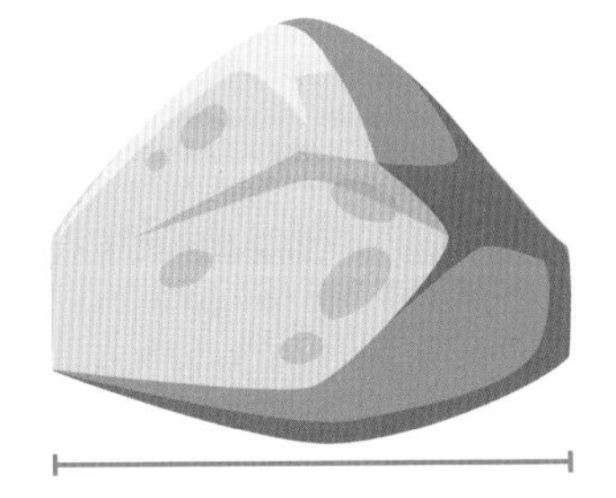

____

8. 아이들이 학교까지 가는 실제 거리를 계산해 보세요.

❶ 리스베스 1:10000의 비율

❷ 우르술라 1:30000의 비율

❸ 조아킴 1:100,000의 비율

❹ 월터 1:50000의 비율

한 번 더 연습해요!

1. 집의 높이를 측정하고 실제 높이를 계산해 보세요.

❶ 1:1000의 비율

____ cm

❷ 1:300의 비율

____ cm

❸ 1:200의 비율

____ cm

2. 아래 글을 읽고 알맞은 식을 세워 답을 구해 보세요.

❶ 그림 속 자작나무 잎의 길이는 18cm예요. 6:1의 비율로 확대했다면 잎의 실제 길이는 몇 cm일까요?

정답 :

❷ 그림 속 나무막대의 길이는 8cm예요. 1:25의 비율로 축소했다면 막대의 실제 길이는 몇 m일까요?

정답 :

____월 ____일 ____요일

1. 〈보기〉와 닮은 도형을 모두 찾아 해당하는 알파벳을 빈칸에 써 보세요.

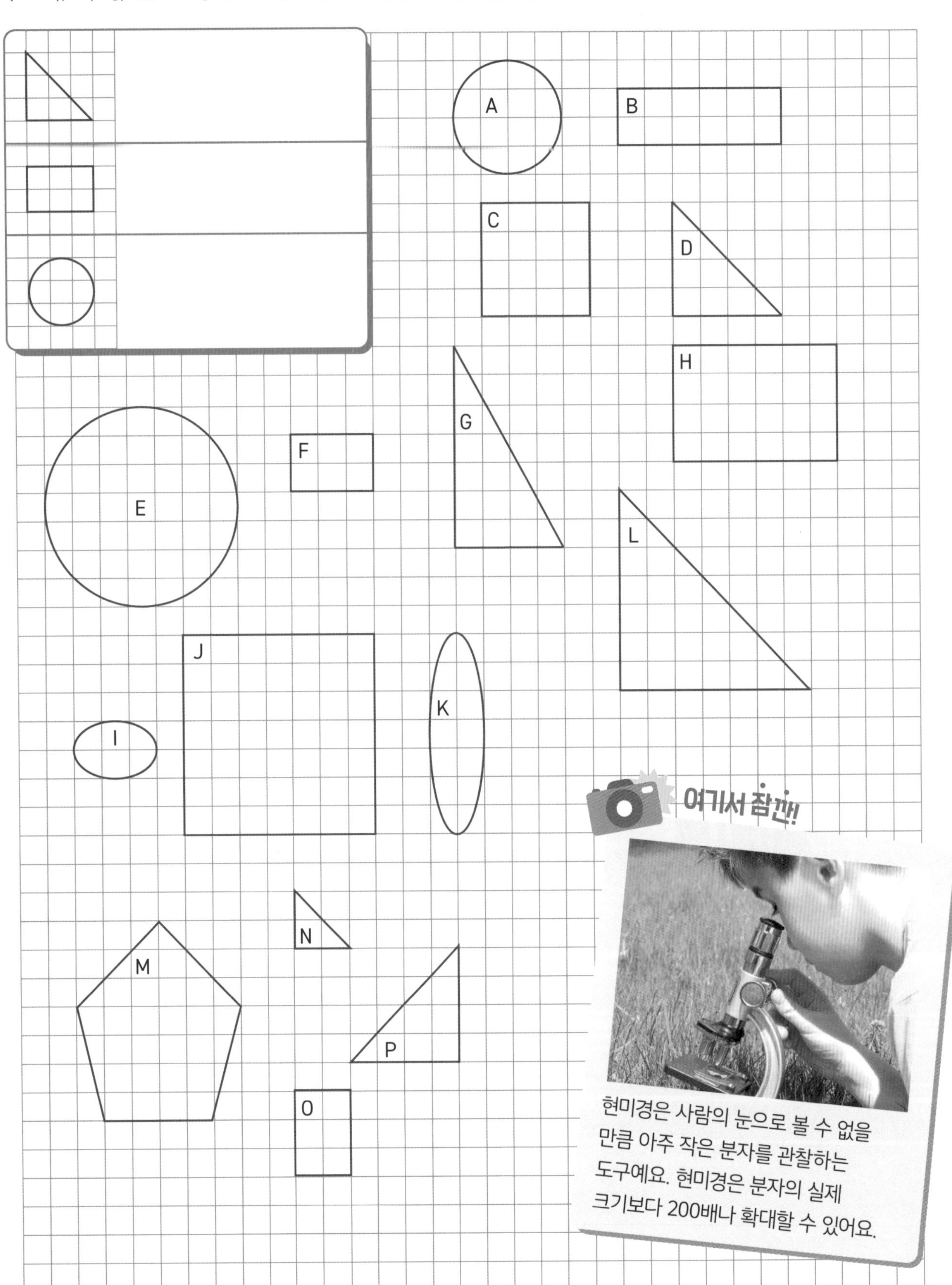

현미경은 사람의 눈으로 볼 수 없을 만큼 아주 작은 분자를 관찰하는 도구예요. 현미경은 분자의 실제 크기보다 200배나 확대할 수 있어요.

2. 〈보기〉와 닮은 도형을 모두 찾아 ○표 해 보세요.

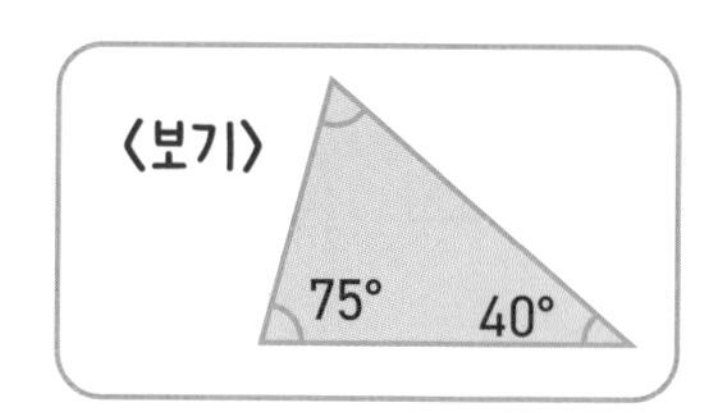

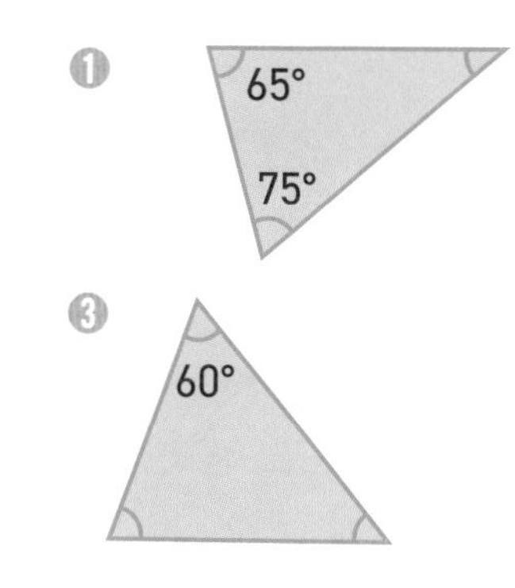

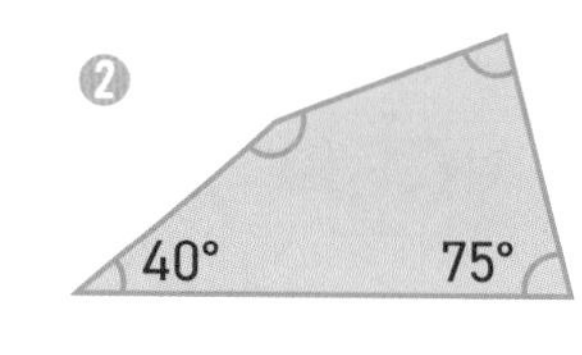

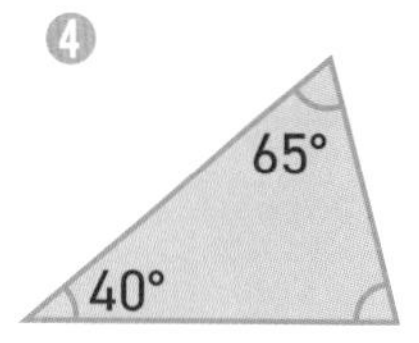

3. 그림 속 식물의 높이가 4cm이고 축소 비율이 아래와 같다면 실제 높이는 얼마인지 계산해 보세요.

❶ 1 : 200

____

____

❷ 1 : 30

____

____

❸ 1 : 500

____

____

4. 그림 속 곤충의 길이가 3cm이고 확대 비율이 아래와 같다면 실제 길이는 얼마인지 계산해 보세요.

❶ 2 : 1

____

____

____

❷ 10 : 1

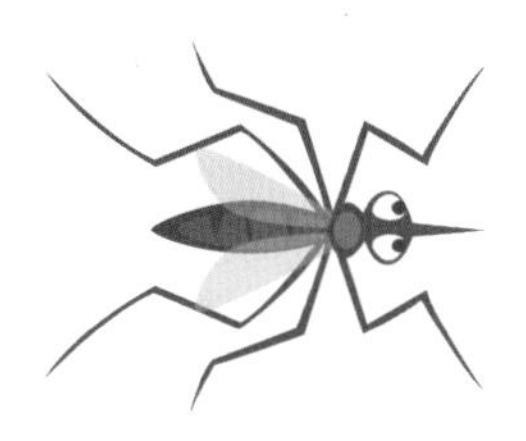

____

____

____

❸ 100 : 1

____

____

____

5. 작은 도형과 큰 도형이 서로 닮은 곳을 따라 길을 찾아보세요.

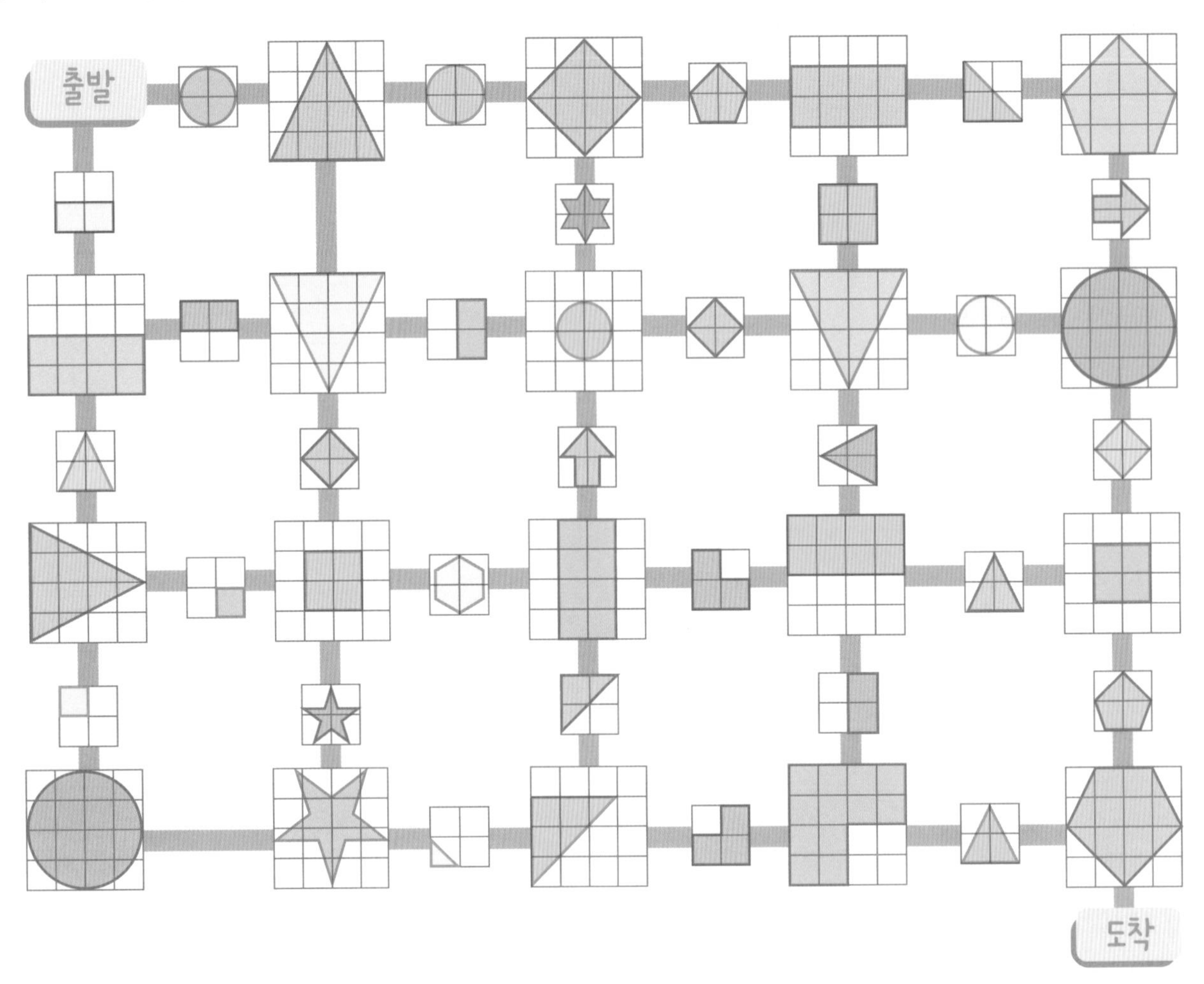

6. 먼저 그림 속 거리를 측정한 후,
실제 거리를 미터로 계산해 보세요.

그림에서 트롤 사이의 거리는 1:1000의 비율로 축소되었어요. 즉, 그림 속 1cm는 실제로 1000cm에 해당해요.

❶ 하퍼와 페피 ________m

❷ 플러피와 크릭 ________m

❸ 쿠퍼와 태피 ________m

❹ 플러피와 태피 ________m

❺ 하퍼와 크릭 ________m

❻ 페피와 쿠퍼 ________m

❼ 플러피와 페피 ________m

❽ 하퍼와 태피 ________m

7. 왼쪽과 닮은 도형을 오른쪽에 그려 보세요.

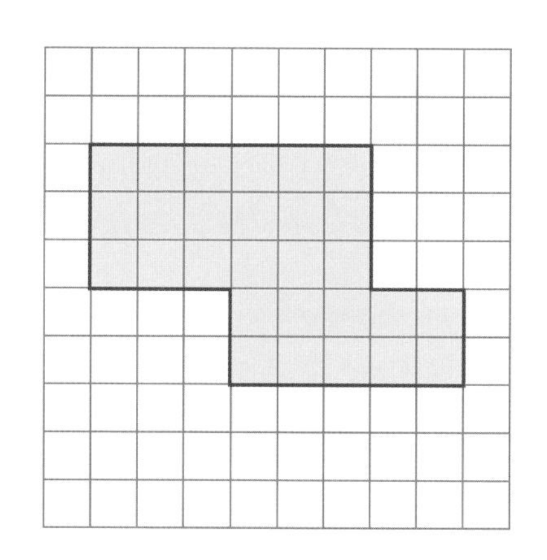

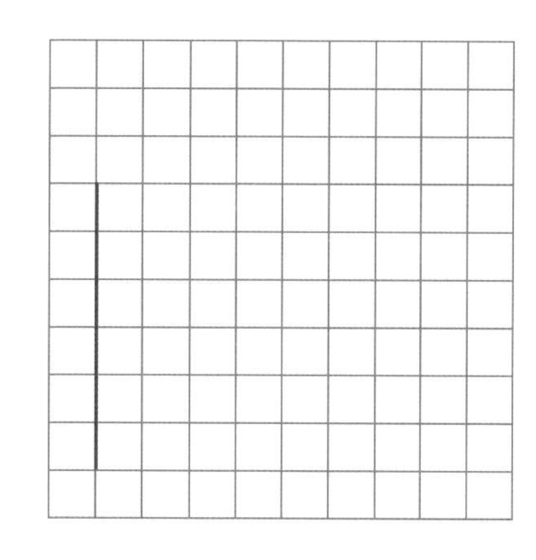

8. 삼각형 ABC와 삼각형 EBD를 살펴보고 질문에 답해 보세요.

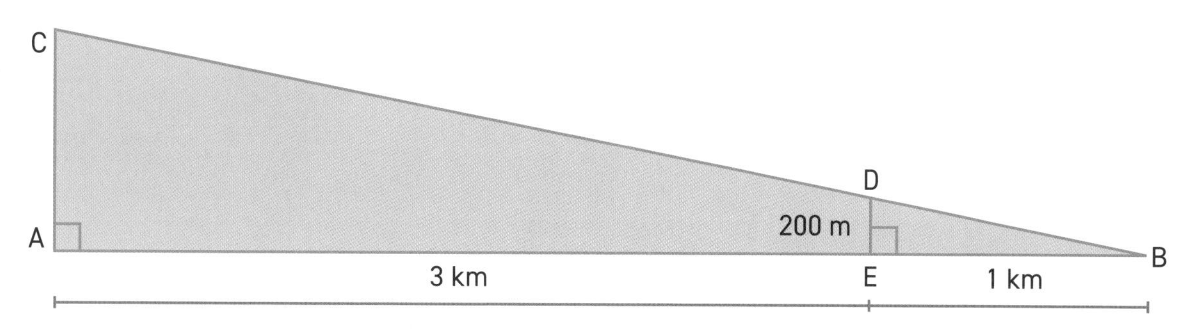

❶ 두 삼각형에서 크기가 같은 각은 몇 개일까요? ________

❷ 두 삼각형은 서로 닮은 도형일까요? ________

❸ 삼각형 EBD와 삼각형 ABC의 비율은 얼마일까요? ________

❹ 변 AC의 길이는 얼마일까요? ________

한 번 더 연습해요!

1. 그림 속 사물의 높이가 3cm이고 비율이 아래와 같다면 실제 높이는 얼마인지 계산해 보세요.

❶ 1 : 100

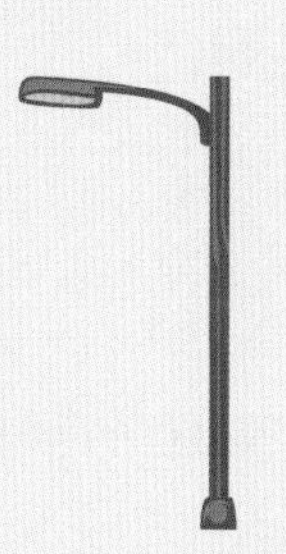

____

____

❷ 2 : 1

____

____

❸ 1 : 400

____

____

13 지도의 축척

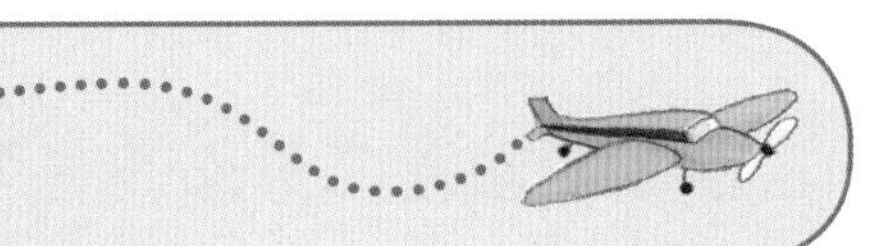

- 지도는 실제 지역을 축소해서 보여 줘요.
- 지도의 축척은 실제 거리가 얼마나 축소되었는지를 나타내요.
- 예를 들어 1 : 1000의 축척은 지도의 거리가 실제 거리의 $\frac{1}{1000}$이라는 뜻이에요. 축척이 1 : 1000이라면 지도의 1cm는 실제로는 1000cm, 즉 10m를 나타내요.

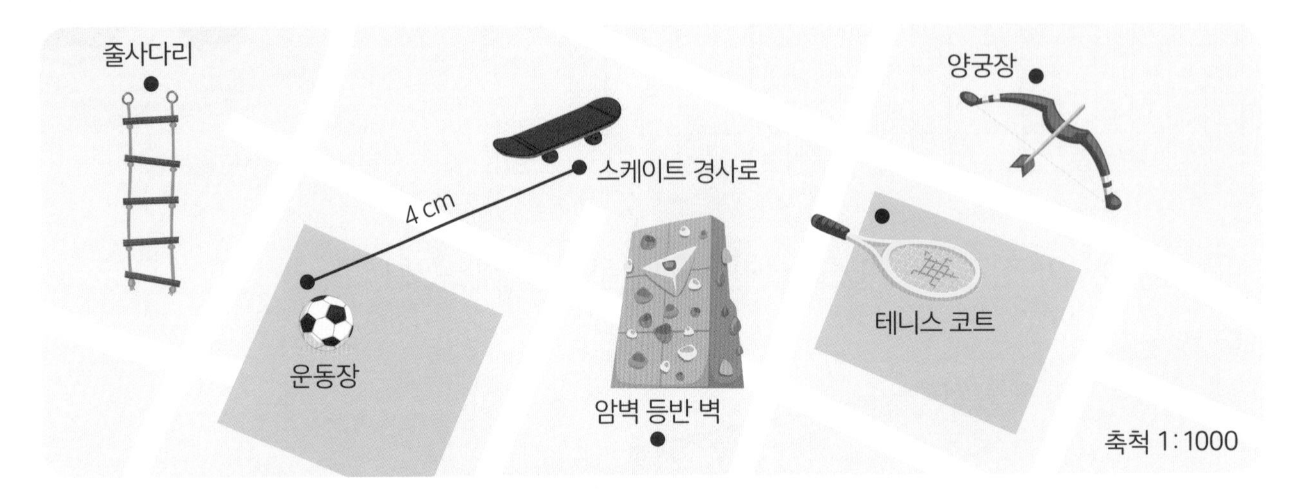

운동장과 스케이트 경사로 사이의 실제 거리는 얼마일까요?
그림에서는 4cm예요.

나는 이렇게 계산했어.

지도의 축척이 1 : 1000이므로 1cm는 실제로 1000cm, 즉 10m예요. 그래서 4cm는 실제로 10m × 4 = 40m

나는 이런 방법으로 계산했어.

지도의 축척이 1 : 1000이므로
실제 거리는 그림 거리의 1000배예요.
4cm × 1000
= 4000cm
= 40m

1. 위 지도의 거리를 측정하여 실제 거리를 계산해 보세요.

❶ 암벽 등반 벽 ~ 양궁장

지도상의 거리 __________ cm

실제 거리

______________________________ m

❷ 줄사다리 ~ 테니스 코트

지도상의 거리 __________ cm

실제 거리

______________________________ m

❸ 운동장 ~ 암벽등반 벽

지도상의 거리 __________ cm

실제 거리

______________________________ m

❹ 스케이트 경사로 ~ 테니스 코트

지도상의 거리 __________ cm

실제 거리

______________________________ m

2. 축척이 아래와 같을 때 지도의 1cm는 실제 거리로 몇 m일까요?

❶ 1 : 1000 ________
❷ 1 : 5000 ________
❸ 1 : 10000 ________
❹ 1 : 20000 ________

3. 아래 글을 읽고 알맞은 식을 세워 답을 구해 보세요. 축척이 1 : 200,000이라면 지도상의 1cm가 실제로 2km라는 뜻이에요.

200000 cm
= 2000 m
= 2 km

❶ 학교까지의 거리가 지도상에서 3cm라면 실제 거리는 얼마일까요?

____

정답 : ________

❷ 할머니 댁까지의 거리가 지도상에서 60cm라면 실제 거리는 얼마일까요?

____

정답 : ________

❸ 올리가 자전거를 탄 실제 거리가 14km라면 지도상의 거리는 얼마일까요?

____

정답 : ________

❹ 아빠는 쿠사모까지 160km를 운전했어요. 지도상에서 운전 거리는 얼마일까요?

____

정답 : ________

4. 아래 글을 읽고 공책에 알맞은 식을 세워 답을 구해 보세요. 지도상의 거리는 5cm예요.

❶ 지도의 축척이 1 : 10000이라면 칼리오카리와 필루오토 사이의 실제 거리는 얼마일까요?

❷ 지도의 축척이 1 : 1000이라면 트롤 숲 입구와 히수카의 집 사이의 실제 거리는 얼마일까요?

❸ 지도의 축척이 1 : 200,000이라면 산타 할아버지의 도우미는 꼬르바뚠뚜리에서 얼마나 떨어져 있을까요?

❹ 오리엔티어링 지도의 축척이 1 : 2000이라면 안나는 통제 센터에서 얼마나 떨어져 있을까요?

더 생각해 보아요!

점 A와 점 B 사이의 실제 거리가 80m라면 축척은 얼마일까요?

A ● ● B

____

5. 색깔별로 경로의 길이를 측정하고 축척이 1:1000일 때 실제 거리를 계산해 보세요.

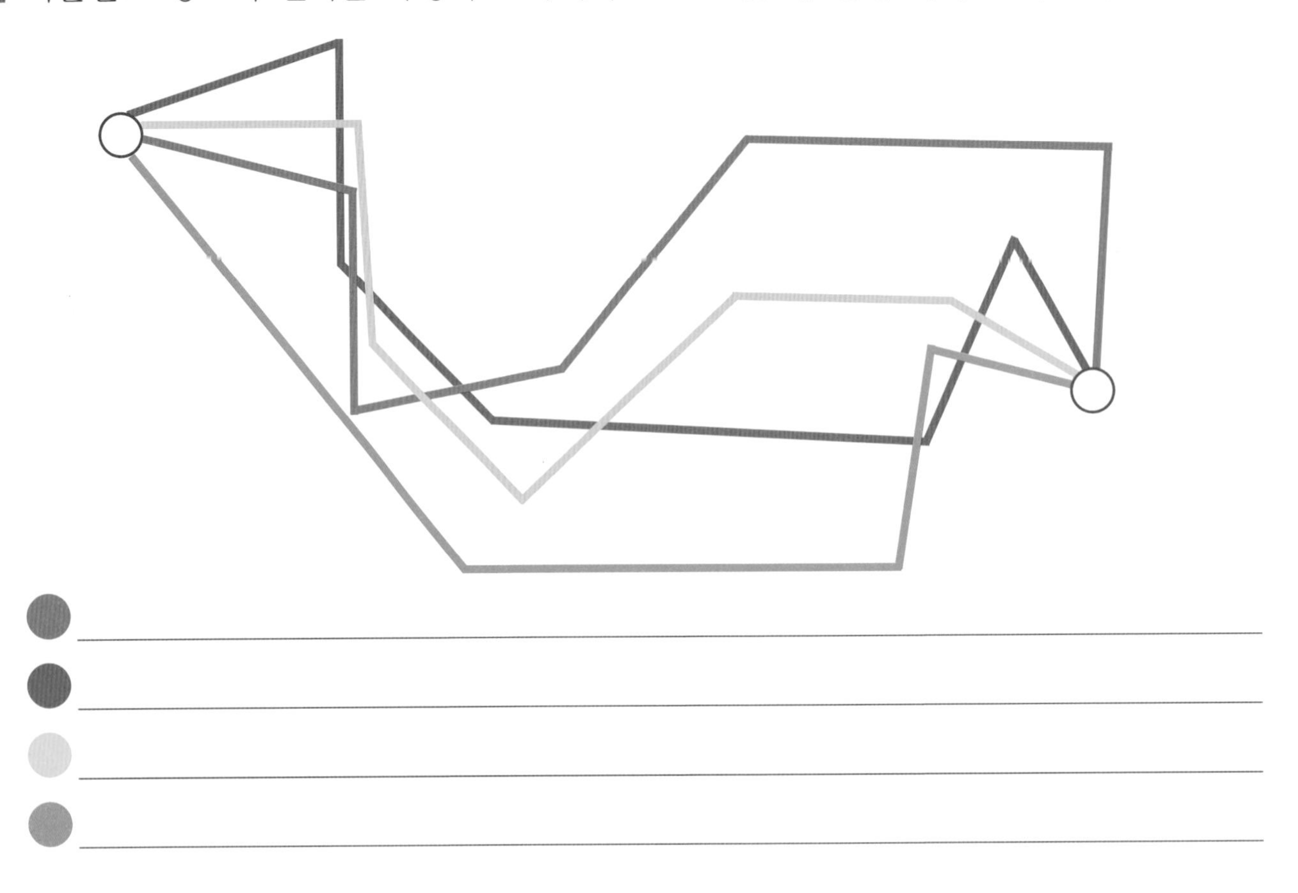

6. 지도의 축척이 1:20000일 때 상점에서 1km 이내에 있는 오두막집은 어느 집일까요? X표 해 보세요.

7. 빈칸을 채워 표를 완성해 보세요.

지도상의 거리	실제 거리	축척
10cm		1 : 200
	60m	1 : 2000
3.5cm		1 : 20000
	12km	1 : 200,000
5cm	500m	
8cm	40km	

8. 질문에 답해 보세요. 학교까지의 거리가 가장 먼 학생은 누구일까요?

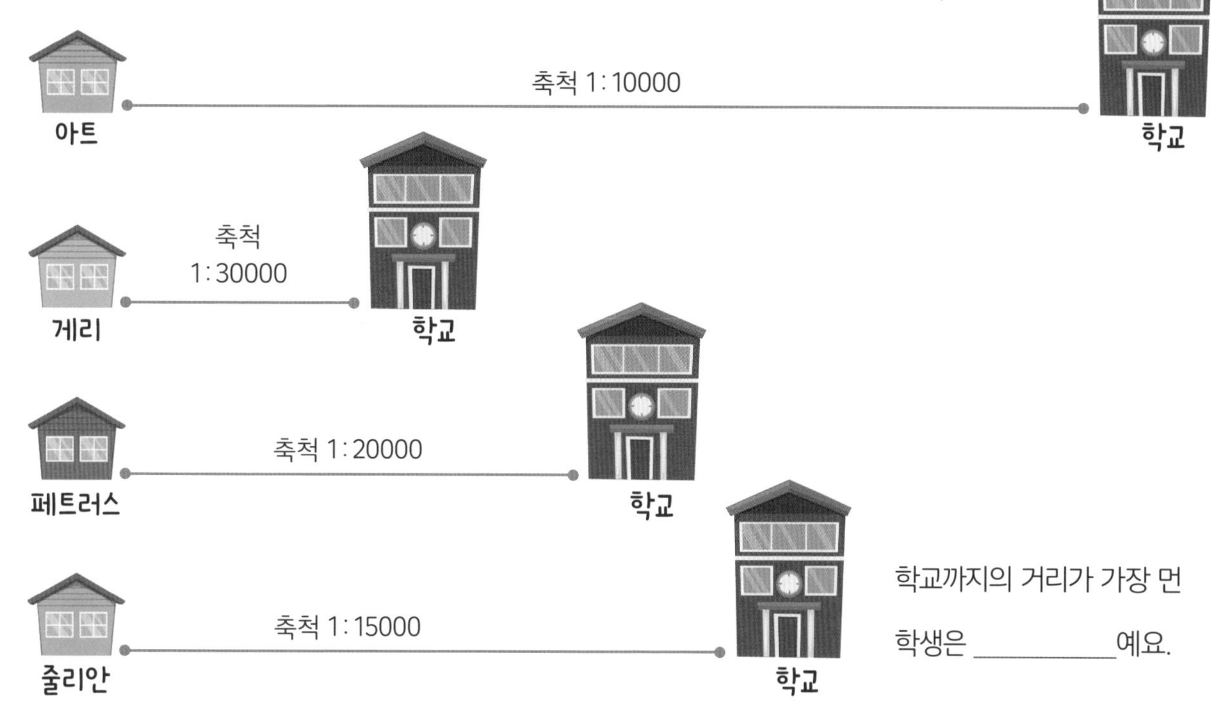

학교까지의 거리가 가장 먼 학생은 __________예요.

한 번 더 연습해요!

1. 78쪽 그림의 거리를 측정하여 실제 거리를 계산해 보세요.

❶ 스케이트 경사로와 줄사다리

지도상의 거리 __________cm

실제 거리

______________________________m

❷ 암벽 등반 벽과 테니스 코트

지도상의 거리 __________cm

실제 거리

______________________________m

14 축척자

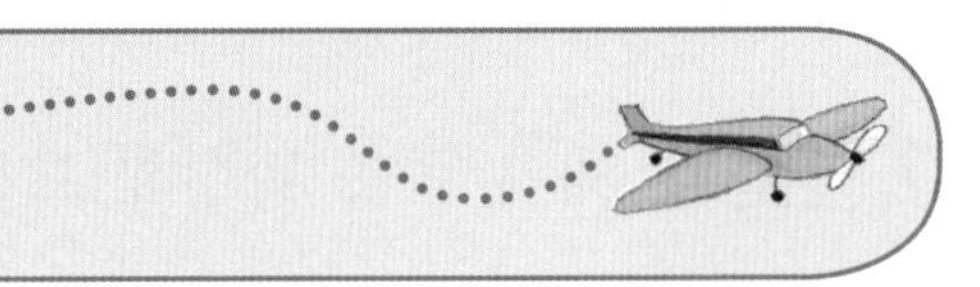

- 많은 지도에서 축척자로 축척을 표시해요.
- 축척자는 사용자들이 실제 거리를 가늠할 수 있도록 도움을 줘요.

축척자

100 m

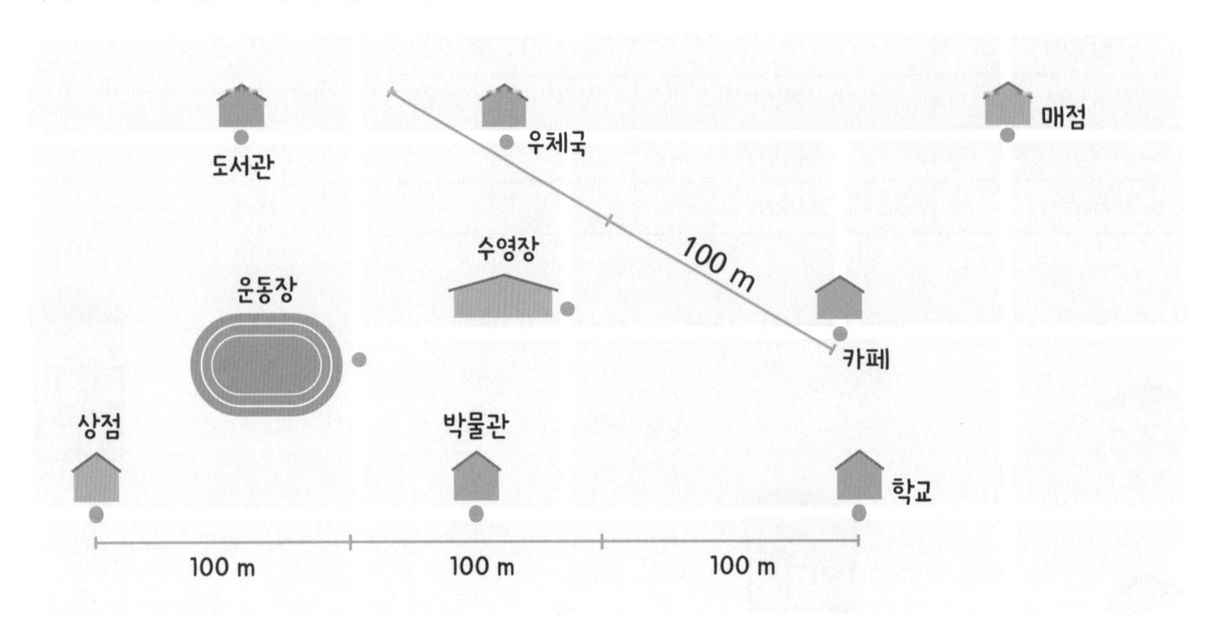

학교에서 상점까지의 거리는 300m예요.
카페에서 우체국까지의 최단 거리는 지도에서 보듯이 150m예요.

1. 위의 지도를 보고 질문에 답해 보세요.

❶ 우체국에서 매점까지의 거리는 얼마일까요?

____

❷ 우체국에서 도서관까지의 거리는 얼마일까요?

____

❸ 학교에서 매점까지의 최단 거리는 얼마일까요?

____

❹ 상점에서 운동장까지의 거리를 도로를 따라 측정하면 얼마일까요?

____

❺ 상점에서 수영장까지의 최단 거리는 얼마일까요?

____

❻ 운동장에서 우체국까지의 최단 거리는 얼마일까요?

____

2. 축척자를 이용하여 실제 거리를 구한 후, 정답을 찾아 ○표 해 보세요.

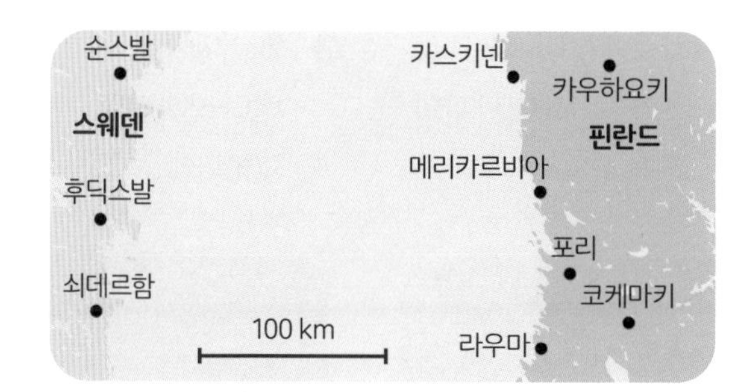

❶ 포리~순스발

A 100km　B 250km　C 500km

❷ 카우하요키~쇠데르함

A 300km　B 400km　C 500km

❸ 라우마~카우하요키

A 70km　B 90km　C 150km

❹ 금문교 길이

A 1km　B 3km　C 5km

❺ 등대~보트 클럽

A 3.5km　B 6.5km　C 13km

❻ 전망대~월트 디즈니 가족 박물관

A 4km　B 7km　C 9km

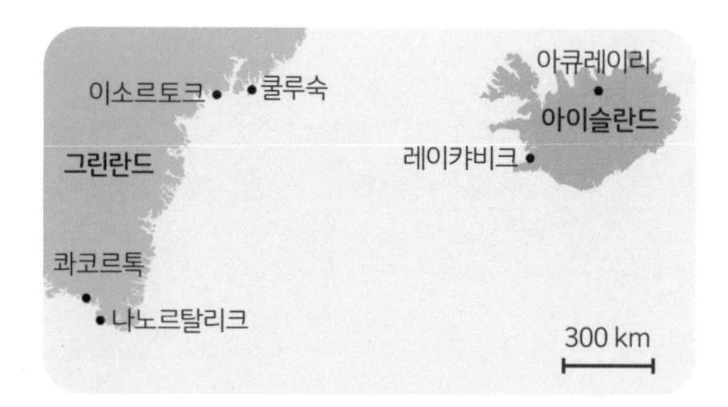

❼ 레이캬비크~나노르탈리크

A 900km　B 1500km　C 1700km

❽ 쿨루숙~아큐레이리

A 870km　B 1110km　C 1350km

❾ 콰코르톡~이소르토크

A 310km　B 480km　C 750km

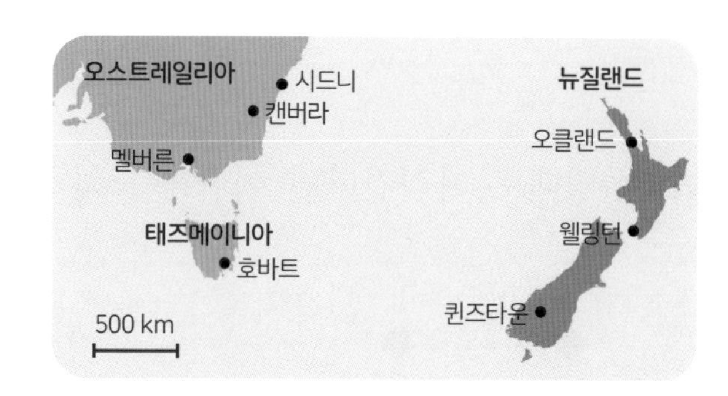

❿ 멜버른~웰링턴

A 1800km　B 2600km　C 3500km

⓫ 시드니~캔버라

A 100km　B 250km　C 450km

⓬ 퀸즈타운~호바트

A 1800km　B 2050km　C 2200km

더 생각해 보아요!

점 A와 점 B 사이의 거리가 500km라면 축척자가 나타내는 거리는 몇 km일까요? ____________________

x

A　　　　　　　　　　　　　　　　B

3. 지도를 보고 알맞은 축척자를 선으로 이어 보세요.

❶ 시벨리우스가의 거리 200m

❷ 밀리교에서 오라교 사이의 거리 1km

❸ 히르벤살미에서 캉가스니에미까지의 거리 40km

❹ 케미에서 이나리까지의 거리 500km

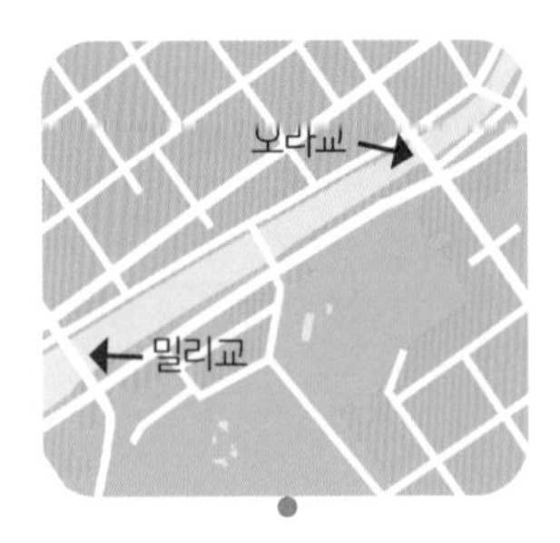

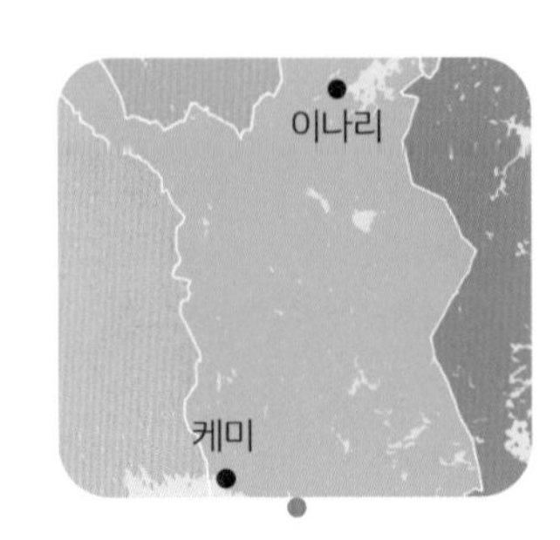

20 km

100 m

250 km

500 m

4. 설명대로 따라간다면 어디에 도착하게 될까요?

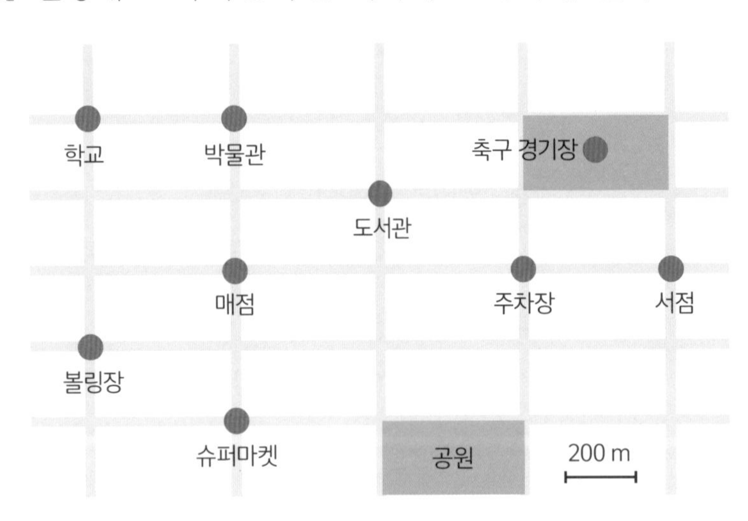

❶ 주차장에서 서쪽으로 800m 걸어가서 북쪽으로 방향을 바꾸어 400m 더 가세요. ________

❷ 학교에서 동쪽으로 400m 걸어 간 다음 남쪽으로 방향을 바꾸어 600m 더 가세요. 그다음 동쪽으로 방향을 바꾸어 400m 걸어가세요. 마지막으로 남동쪽으로 300m 걸어가세요. ________

❸ 축구 경기장에서 북서쪽으로 약 200m 걸어가세요. 그다음 서쪽으로 800m 걸어간 후, 남쪽으로 방향을 바꾸어 800m 더 걸어가세요. ________

5. 아래 조건일 때 4cm 축척자의 길이는 몇 cm가 될까요?

4 cm

❶ 축척자가 50% 길어질 경우 ______

❷ 축척자가 25% 길어질 경우 ______

❸ 축척자가 50% 줄어들 경우 ______

❹ 축척자가 25% 줄어들 경우 ______

❺ 축척자가 100% 길어질 경우 ______

❻ 축척자가 75% 줄어들 경우 ______

❼ 축척자가 200% 길어질 경우 ______

❽ 축척자가 10% 줄어들 경우 ______

6. 축척자가 나타내는 킬로미터를 빈칸에 써 보세요.

❶ 파리와 바젤 사이의 거리는 약 400km예요.

km

❷ 더블린과 코펜하겐 사이의 거리는 약 1200km예요.

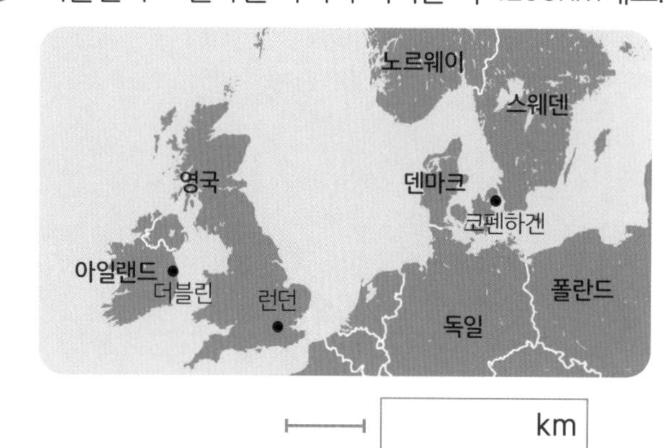

km

❸ 런던과 소피아 사이의 거리는 약 2000km예요.

km

❹ 모스크바와 빌뉴스 사이의 거리는 약 800km예요.

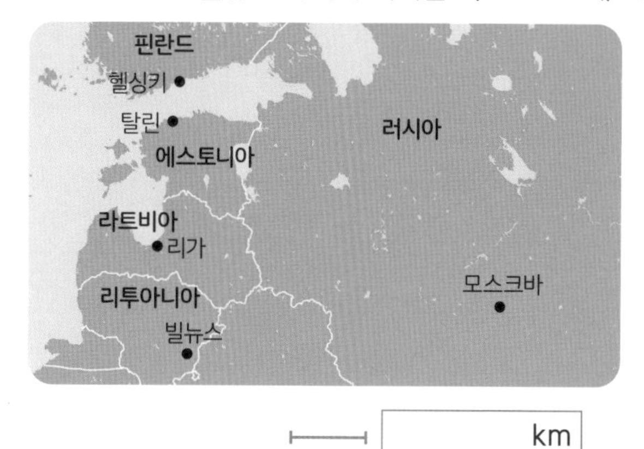

km

한 번 더 연습해요!

1. 82쪽의 지도를 살펴보고 질문에 답해 보세요.

❶ 학교에서 박물관까지의 거리는 얼마일까요?

______

❷ 수영장에서 카페까지의 최단 거리는 얼마일까요?

______

____월 ____일 ____요일

1. 지도상의 거리를 측정하고 실제 거리를 계산해 보세요.

축척 1:1000

❶ 집~정자

____

❷ 정자~연못

____

❸ 고기 굽는 곳~그네

____

❹ 정자~창고

____

❺ 집~우체통

____

❻ 그네~창고

____

여기서 잠깐!

전자 지도에서 사진은 확대하거나 축소할 수 있어요. 전통적인 축척은 전자 지도에 적용되지 않아요. 대신 축척자가 이용돼요.

2. 축척자를 이용하여 실제 거리를 구한 후, 정답에 ○표 해 보세요.

❶ 암스테르담~슈투트가르트

A 250km

B 500km

C 950km

❷ 런던~파리

A 200km

B 350km

C 650km

❸ 브뤼셀~쾰른

A 200km

B 400km

C 650km

❹ 파리~브레멘

A 300km

B 450km

C 650km

❺ 도르트문트~프랑크푸르트 암마인

A 50km

B 200km

C 550km

3. 아래 글을 읽고 알맞은 식을 세워 답을 구해 보세요. 지도의 축척은 1:5000이에요.

❶ 학교까지 가는 거리가 지도상에서 10cm라면 실제 거리는 얼마일까요?

정답 :

❷ 도서관까지의 거리가 지도상에서 20cm라면 실제 거리는 얼마일까요?

정답 :

❸ 조이는 스키를 2km 탔어요. 지도상에서 스키 탄 거리는 얼마일까요?

정답 :

❹ 안나의 집에서 울라네 집까지 실제 거리는 400m예요. 지도상에서 거리는 얼마일까요?

정답 :

더 생각해 보아요!

축척이 1:100,000인 지도가 100배 더 확대되었어요. 확대된 지도의 축척은 얼마일까요?

4. 지도에서 1km 경로를 찾아 그려 보세요.

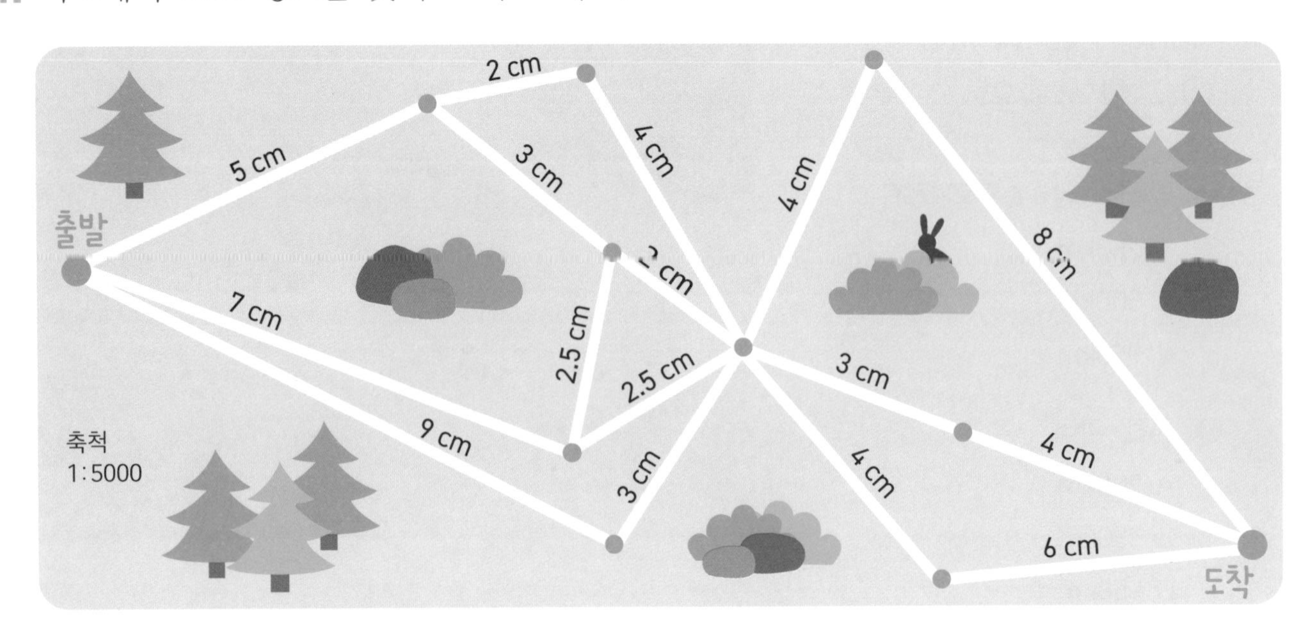

5. 거리를 보고 어느 집인지 알아맞혀 보세요. 지도의 축척은 1:3000이에요.

- 아이놀라와 바이놀라의 집 사이의 거리는 180m예요.
- 아이놀라와 주실라의 집 사이의 거리는 210m예요.
- 주실라와 바이놀라의 집 사이의 거리는 60m예요.
- 토밀라와 쿠셀라의 집 사이의 거리는 90m예요.
- 쿠셀라와 주실라의 집 사이의 거리는 180m예요.
- 레폴라와 아이놀라의 집 사이의 거리는 150m예요.

A ______________________

B ______________________

C ______________________

D ______________________

E ______________________

F ______________________

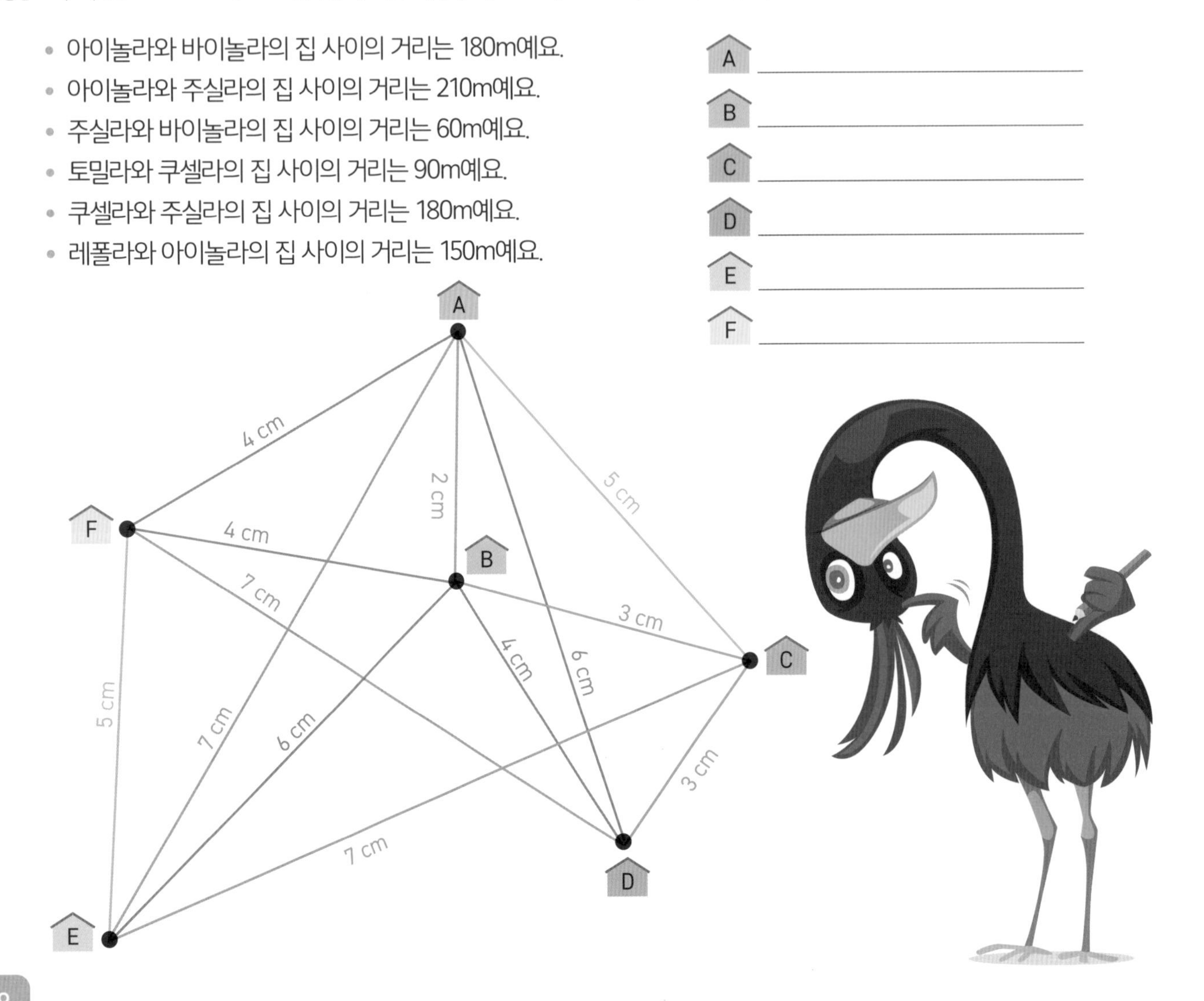

6. 아래 글을 읽고 빈칸에 참 또는 거짓을 써넣어 보세요.

❶ 지도의 축척이 1 : 50000이라면 지도상의 1cm는 실제로 500m에 해당해요. ________

❷ 지도의 축척이 1 : 2000이라면 실제 10km는 지도상의 5cm와 같아요. ________

❸ 축척자 5cm가 100km라면 8cm는 160km에 해당해요. ________

❹ 지도상의 15cm가 실제 300km라면 지도의 축척은 1 : 200,000이에요. ________

7. 아래 제시된 거리를 계산해 보세요.

❶ B~C ________________

❷ A~D ________________

❸ D~G ________________

❹ B~E ________________

❺ E~F ________________

❻ A~B ________________

❼ E~D ________________

F G E A D B C

1 cm

한 번 더 연습해요!

1. 아래 글을 읽고 알맞은 식을 세워 답을 구해 보세요. 지도의 축척은 1:20000이에요.

❶ 볼링장과 수영장 사이의 거리는 지도상에서 4cm예요. 실제 거리는 얼마일까요?

____

정답 : ________________________

❷ 인디언 마을과 화살 언덕 사이의 실제 거리가 8km라면 지도상의 거리는 얼마일까요?

____

정답 : ________________________

8. 왼쪽과 오른쪽 그림을 비교하여 다른 곳 5개를 찾아 ○표 해 보세요.

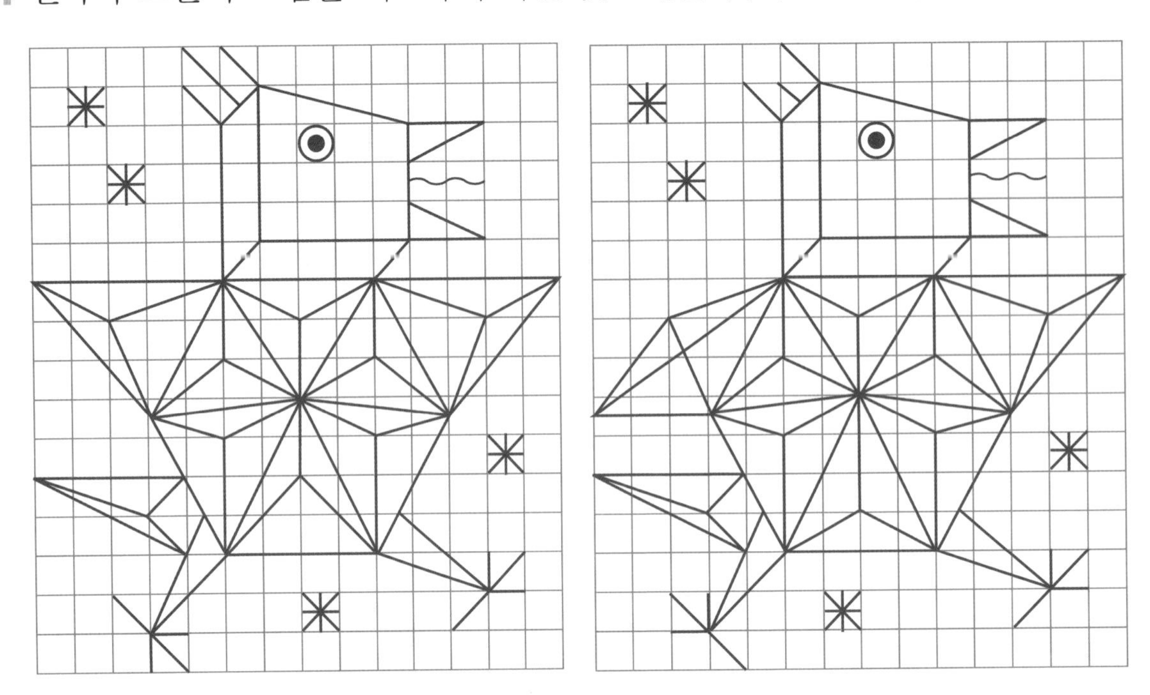

9. 주황색 선을 따라 움직이며 점 A와 점 B 사이의 최단 거리를 찾아보세요. 최단 경로의 거리는 몇 km일까요?

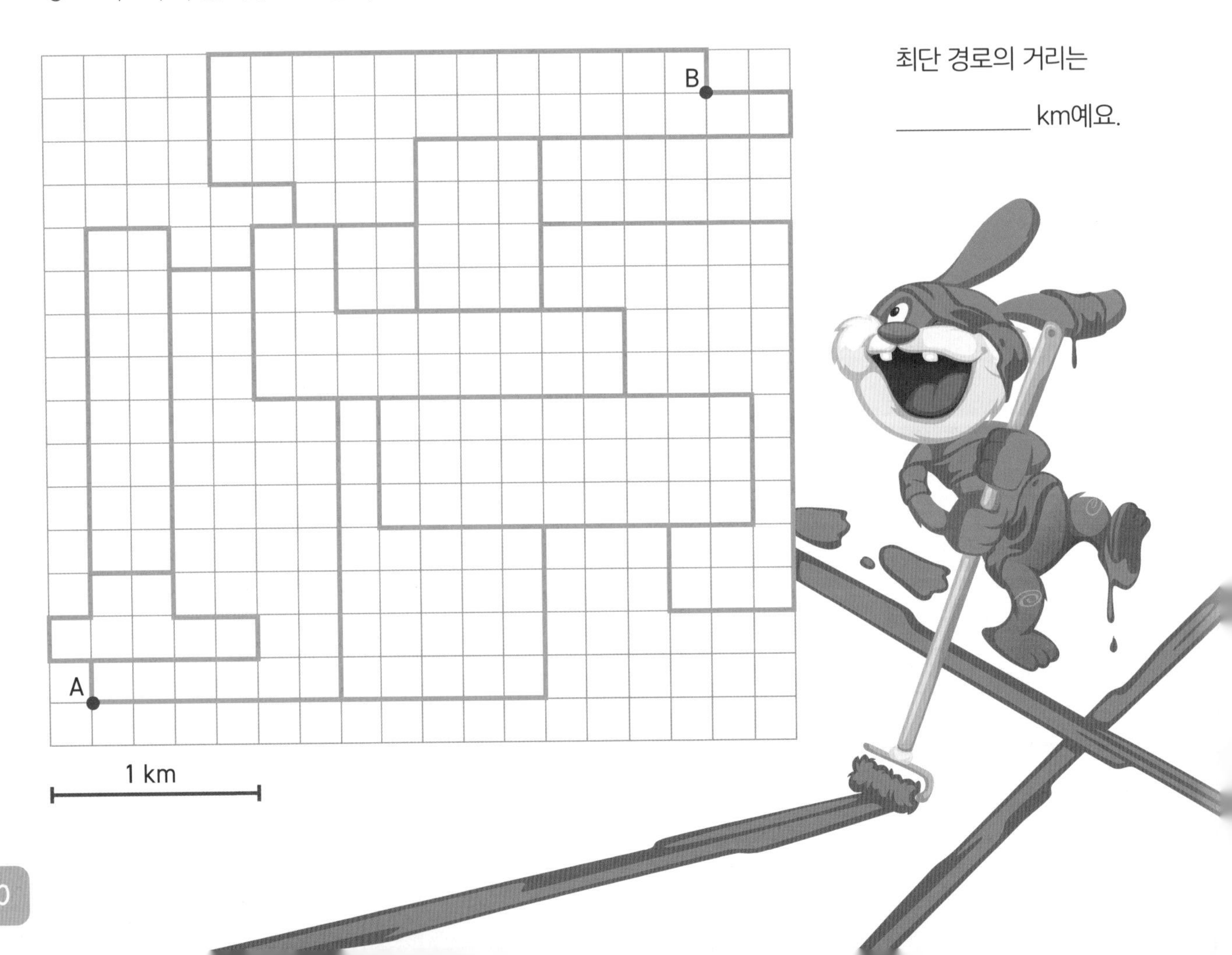

최단 경로의 거리는

_______ km예요.

10. 2:1의 비율로 아래 도형을 확대하여 오른쪽에 그려 보세요.

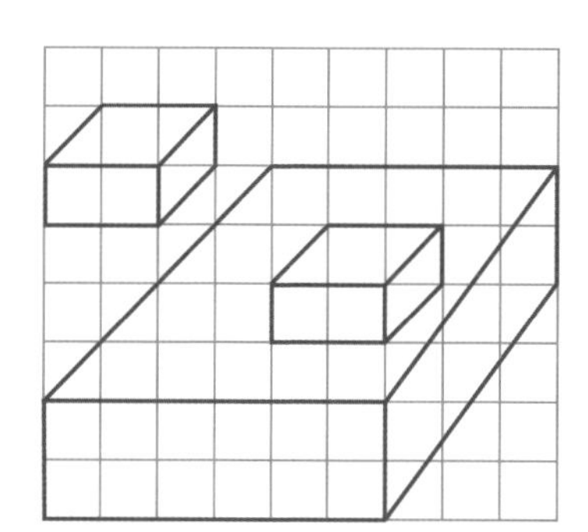

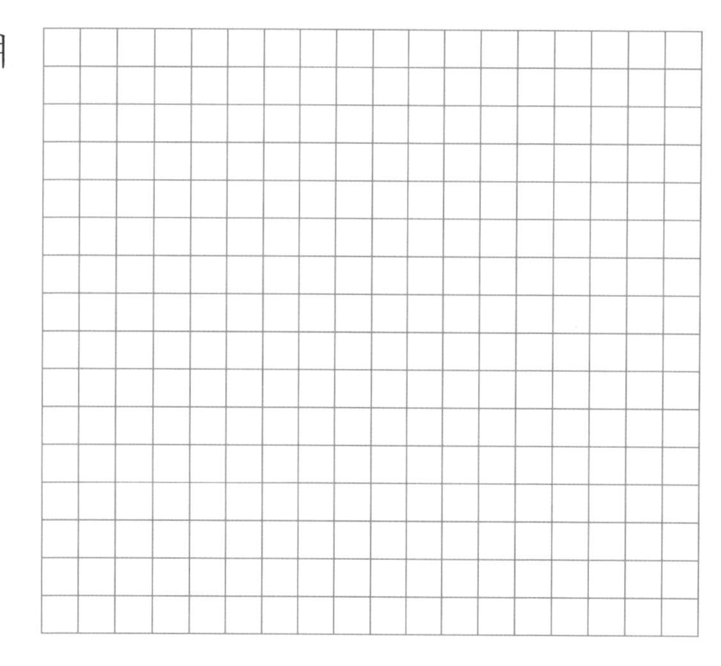

11. 지도의 축척이 1:3000일 때 아래 질문에 답해 보세요.

❶ 저택에서 외양간까지 최단 거리는 얼마일까요?

____

❷ 사우나에서 강까지 최단 거리는 얼마일까요?

____

❸ 저택에서 바베큐장까지 최단 거리는 얼마일까요?

____

❹ 외양간에서 강까지 최단 거리는 얼마일까요?

____

❺ 사우나에서 바베큐장까지 최단 거리는 얼마일까요?

____

한 번 더 연습해요!

1. 2:1의 비율로 아래 도형을 확대해서 그려 보세요.

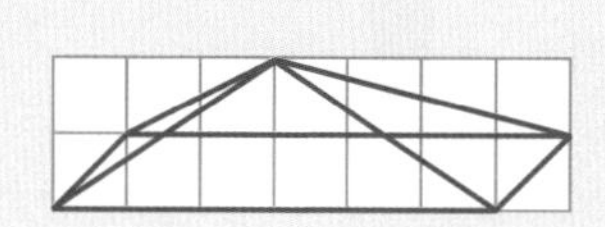

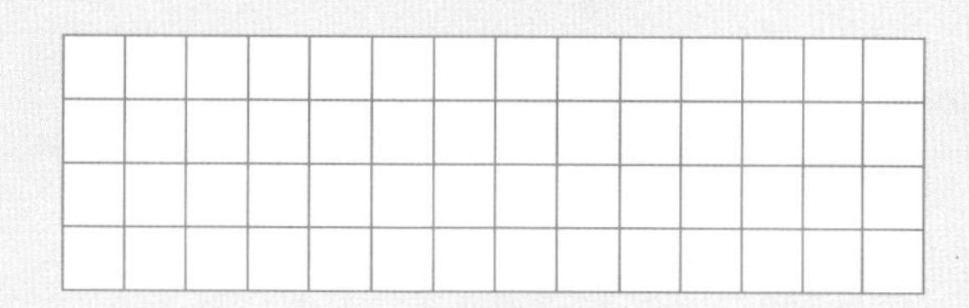

실력을 평가해 봐요!

____월 ____일 ____요일

1. 서로 닮은 도형이면 빈칸에 ○표 해 보세요.

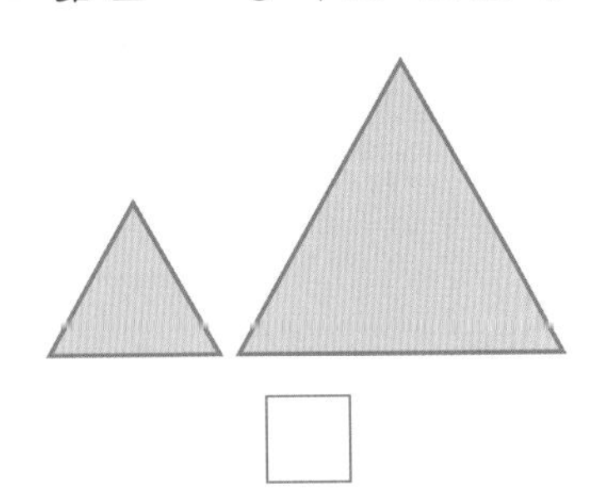

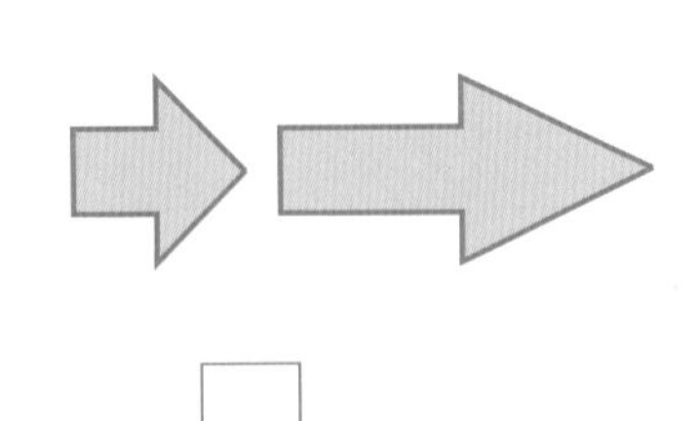

2. 서로 닮은 도형끼리 선으로 이어 보세요.

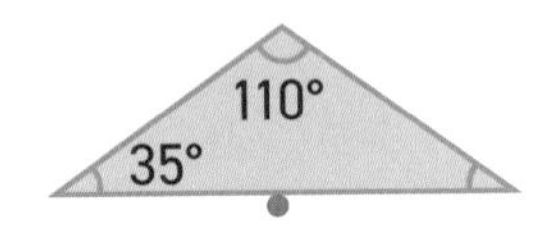

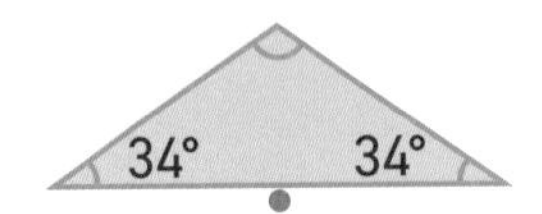

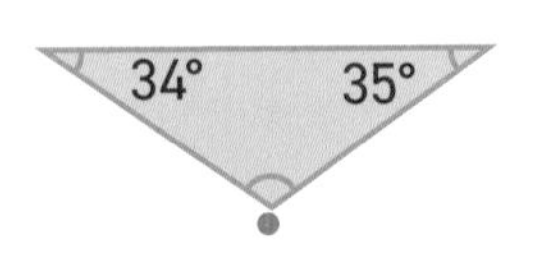

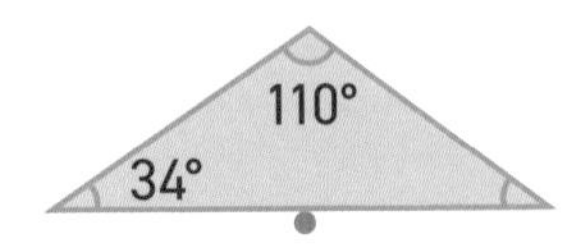

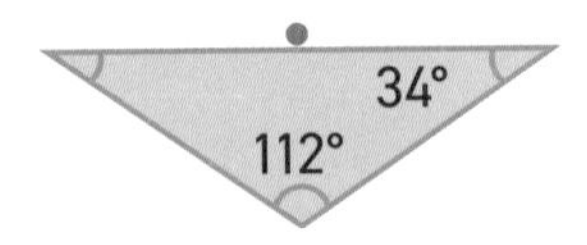

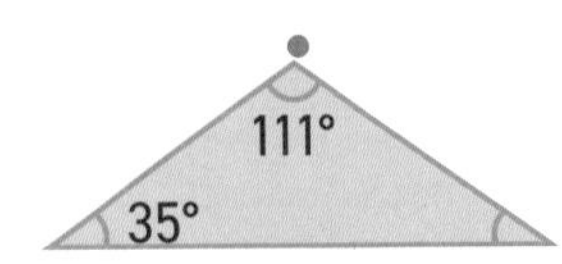

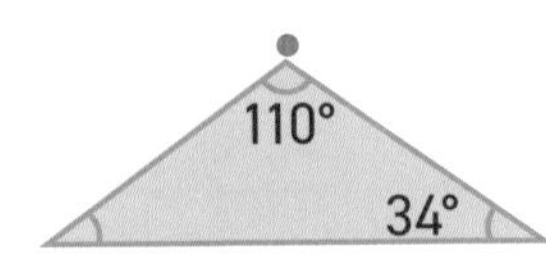

3. 2:1의 비율로 아래 도형을 확대해서 그려 보세요.

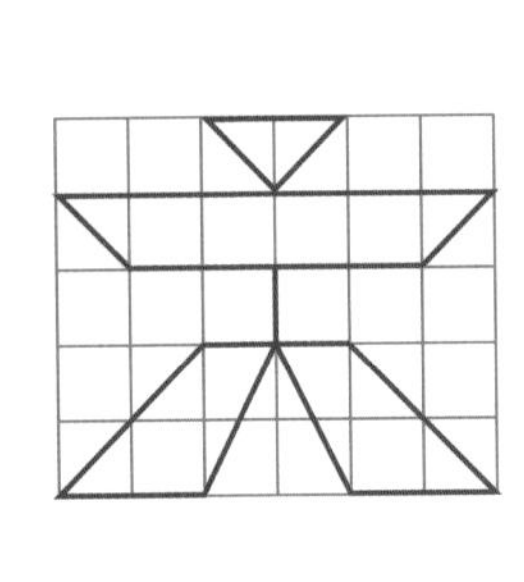

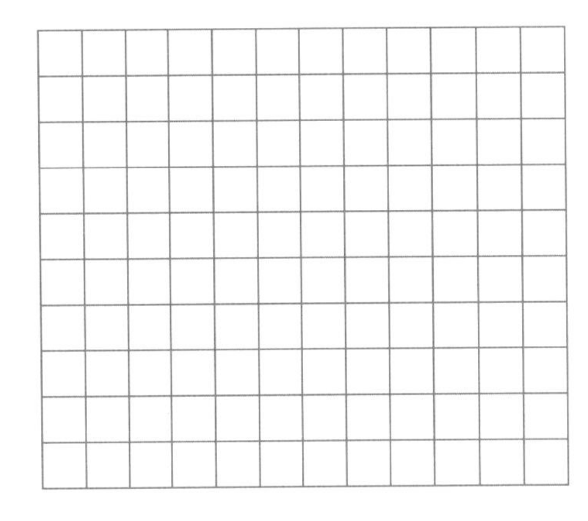

4. 길이를 측정하여 실제 길이를 계산해 보세요.

① 축소 비율 1:20

____

____

② 축소 비율 1:15

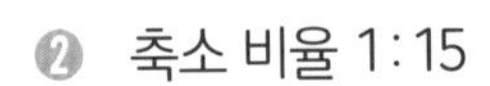

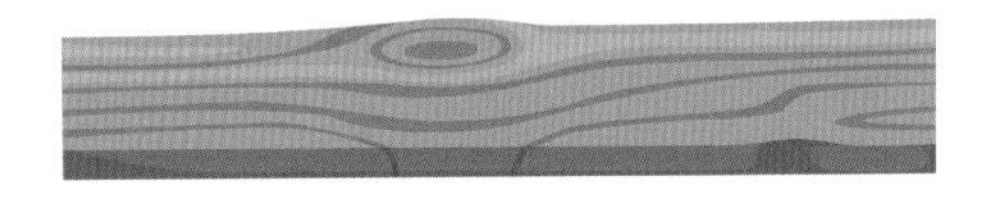

____

____

③ 확대 비율 6:1

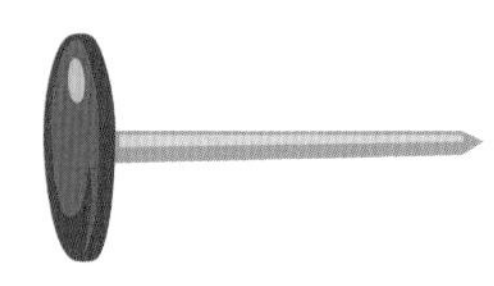

____

____

5. 축척자를 이용하여 거리를 구한 후, 정답을 찾아 ○표 해 보세요.

❶ 파리~렌

A 200km　　B 300km　　C 400km

❷ 런던~투르

A 450km　　B 550km　　C 700km

❸ 룩셈부르크~낭트

A 400km　　B 500km　　C 600km

❹ 암스테르담~브라이튼

A 300km　　B 350km　　C 400km

6. 아래 글을 읽고 알맞은 식을 세워 답을 구해 보세요.

❶ 라임 나무의 높이가 그림에서 3cm예요. 1 : 300의 비율로 축소되었다면 라임 나무의 실제 높이는 얼마일까요?

정답 :

❷ 동전의 지름이 그림에서 6.9cm예요. 3 : 1의 비율로 확대되었다면 동전의 실제 지름은 얼마일까요?

정답 :

❸ 지도상 도로의 거리가 5cm예요. 지도의 축척이 1 : 2000이라면 이 도로의 실제 거리는 얼마일까요?

정답 :

❹ 지도의 축척자가 2cm라면 실제로 400km에 해당해요. 지도상 강의 길이가 8cm라면 강의 실제 길이는 얼마일까요?

정답 :

실력이 자란 만큼 별을 색칠하세요.

★★★ 정말 잘했어요.
★★☆ 꽤 잘했어요.
★☆☆ 앞으로 더 노력할게요.

단원 종합 문제

___월 ___일 ___요일

1. 거리를 측정하고 지도를 이용하여 실제 거리를 계산해 보세요.

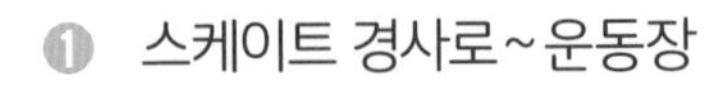

① 스케이트 경사로~운동장

② 암벽 등반 벽~그네

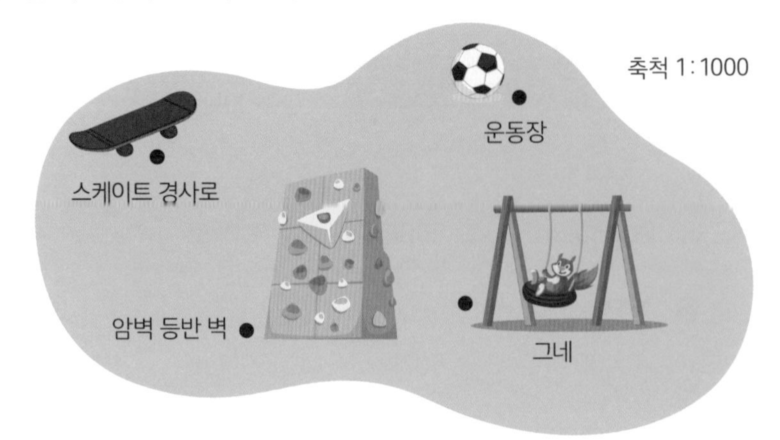

2. 두 도형이 서로 닮은 도형이면 빈칸에 ○표 해 보세요.

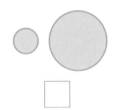

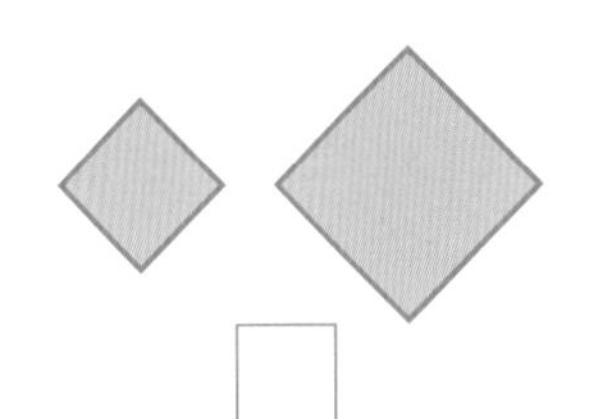

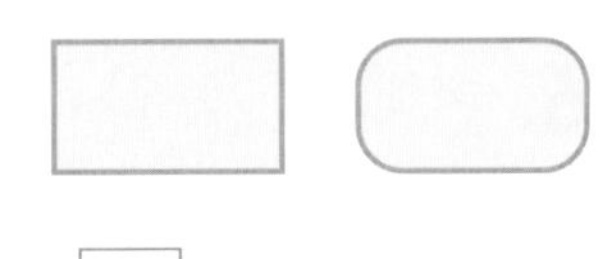

3. 집의 높이를 측정하고 실제 높이를 계산해 보세요.

① 축소 비율 1:300

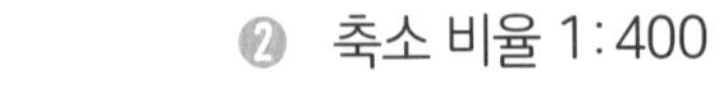

② 축소 비율 1:400

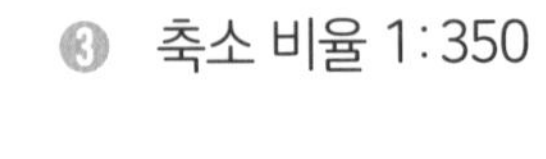

③ 축소 비율 1:350

4. 아래 글을 읽고 알맞은 식을 세워 답을 구해 보세요.

① 그림의 너비가 4cm예요. 축소 비율이 1:20이라면 그림의 실제 너비는 얼마일까요?

② 나사의 길이가 그림에서 6cm예요. 확대 비율이 4:1이라면 나사의 실제 길이는 얼마일까요?

5. 거리를 측정하고 지도를 이용하여 실제 거리를 계산해 보세요.

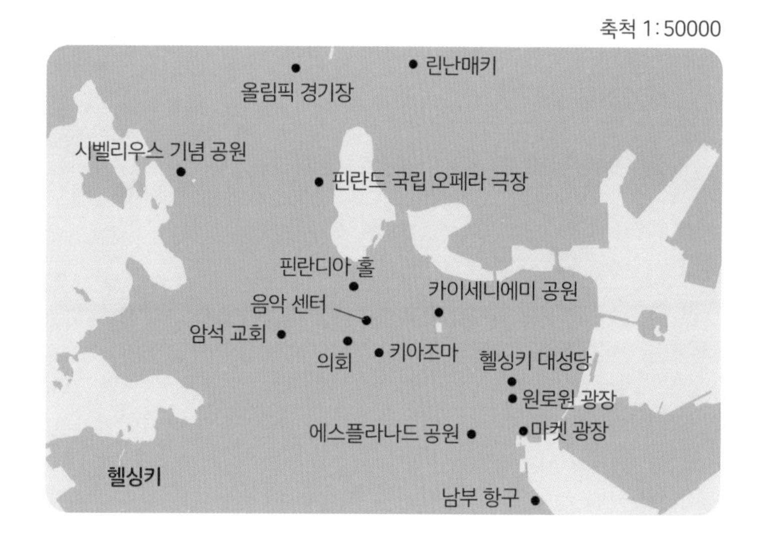

① 올림픽 경기장~키아즈마

② 린난매키~마켓 광장

6. 서로 닮은 한 쌍의 삼각형이 없는 것을 찾아 ○표 해 보세요.

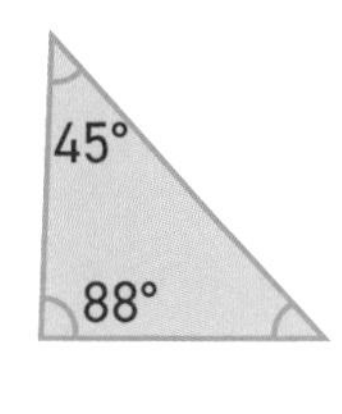

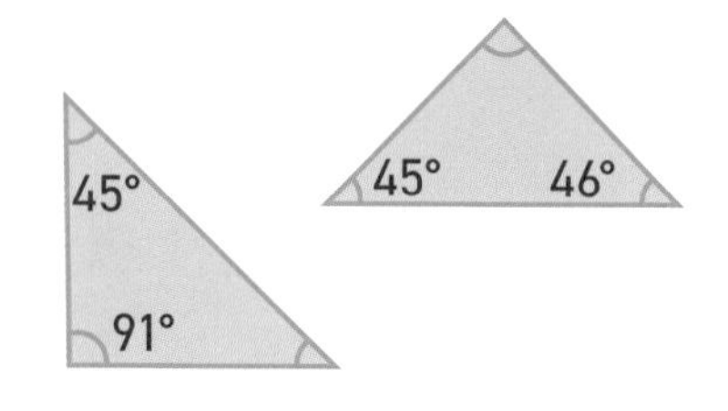

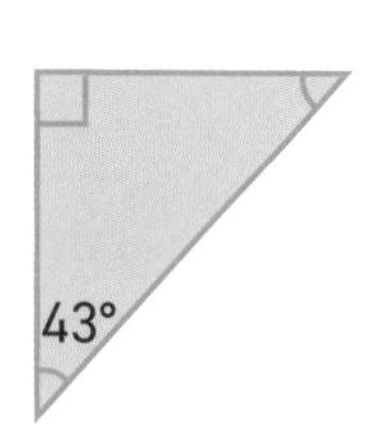

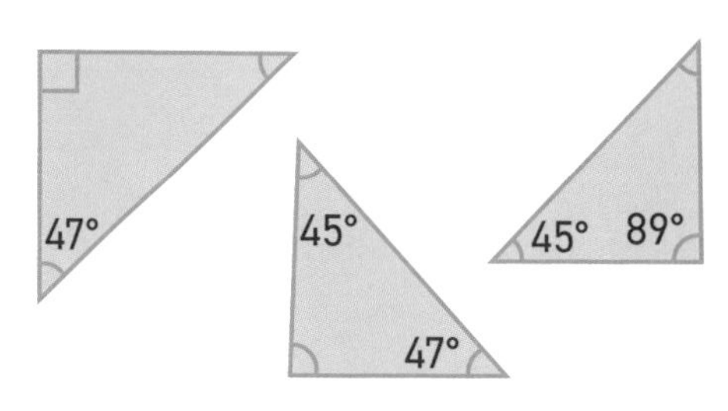

7. 통의 높이를 측정하고 실제 높이를 계산해 보세요.

① 축소 비율 1:40

② 축소 비율 1:60

③ 축소 비율 1:35

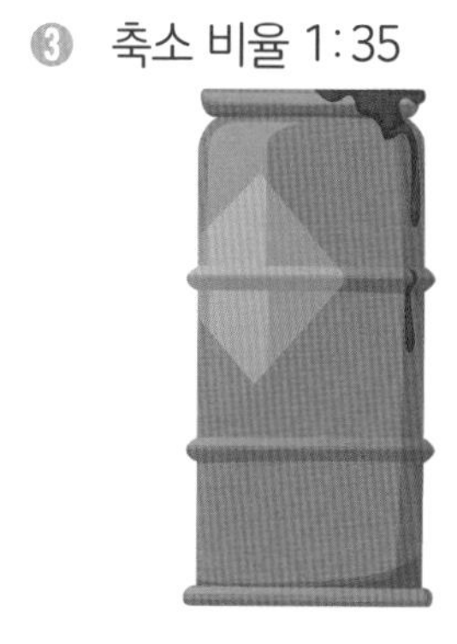

8. 아래 글을 읽고 알맞은 식을 세워 답을 구해 보세요.

① 견과류 구멍의 지름이 그림에서 2cm예요. 8:1의 비율로 확대되었다면 견과류 구멍의 실제 지름은 얼마일까요?

② 지도에서 사우나는 바닷가에서 6cm 떨어져 있어요. 실제 거리가 30m라면 이 지도의 축척은 얼마일까요?

9. 지도를 이용하여 실제 거리를 계산해 보세요.

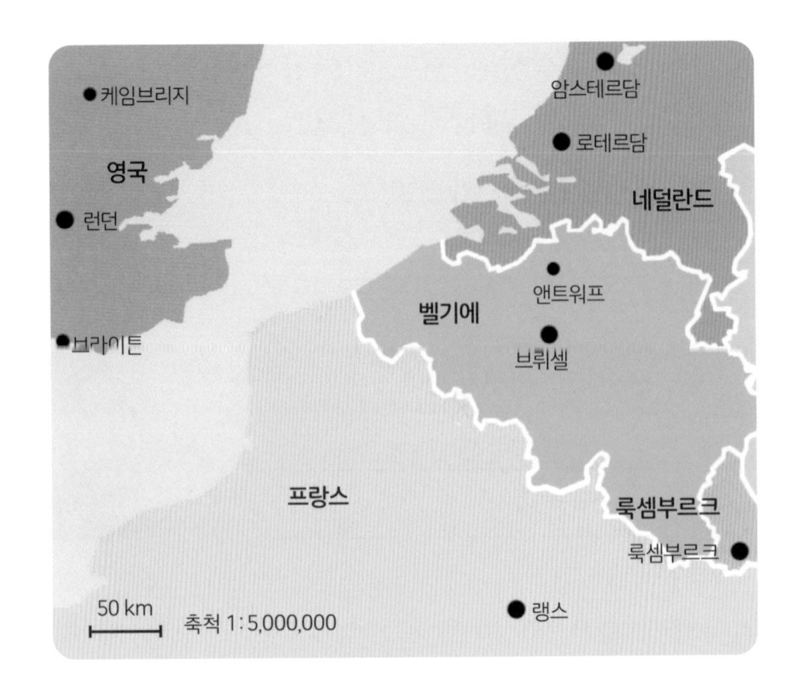

① 케임브리지~랭스 경로의 왕복 거리

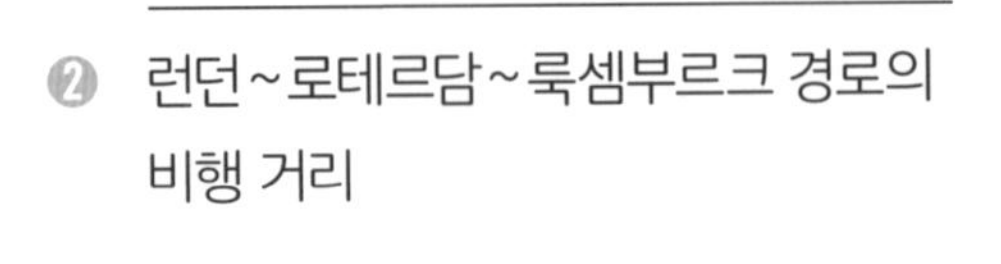

② 런던~로테르담~룩셈부르크 경로의 비행 거리

10. 삼각형 ABC와 삼각형 ACD는 서로 닮은 도형일까요? 왜 그런지 설명해 보세요.

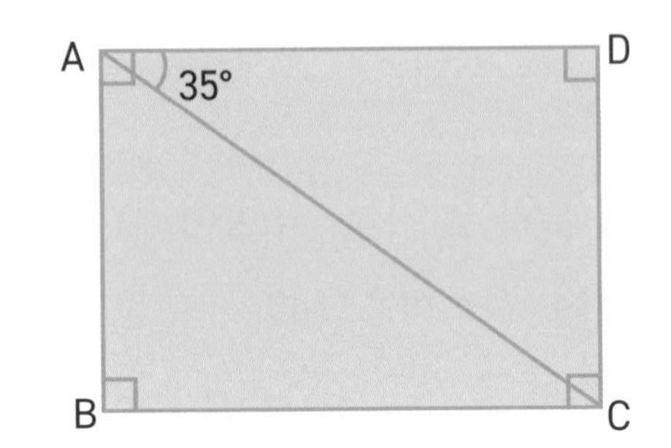

11. 아래 글을 읽고 알맞은 식을 세워 답을 구해 보세요.

① 큰 정사각형 안에 작은 정사각형이 9개 들어 있어요. 큰 정사각형이 2:1의 비율로 확대되었어요. 작은 정사각형의 크기가 그대로라면 이제 큰 정사각형 안에 있는 작은 정사각형의 개수는 몇 개일까요?

② 삼각형 B는 삼각형 A를 4:1의 비율로 확대한 삼각형이에요. 삼각형 B의 변의 길이가 50% 늘어나면 삼각형 C가 돼요. 삼각형 C와 삼각형 A의 비율은 얼마일까요?

③ 3:2의 비율로 어떤 도형이 확대되었어요. 원래 도형의 높이가 1m일 때 확대된 도형의 높이는 얼마일까요?

④ 서로 닮은 도형 A와 B의 비율이 1:10이에요. 도형 A와 B의 크기를 설명해 보세요.

____ 월 ____ 일 ____ 요일

★ 닮음

- 두 도형의 모양과 크기가 같을 때
- 한 도형이 다른 도형의 확대된 모습일 때
- 한 도형이 다른 도형의 축소된 모습일 때
두 도형은 서로 닮음인 관계에 있어요.

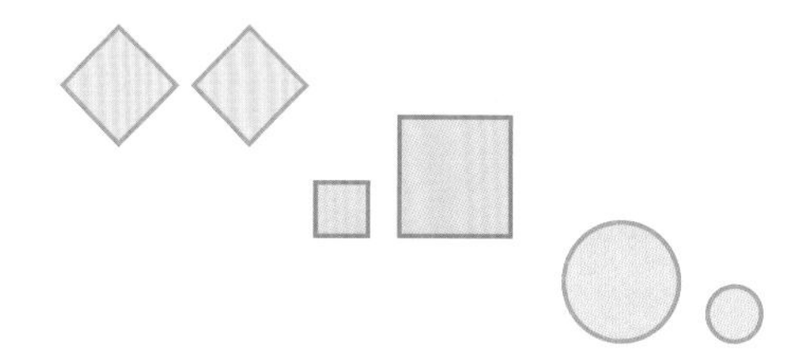

★ 삼각형의 닮음

- 두 삼각형의 각의 크기가 공통으로 같으면 서로 닮은 도형이에요.
- 삼각형의 내각의 합은 180°예요. 그래서 크기가 같은 각이 공통으로 2개 있으면 두 삼각형은 서로 닮은 도형임을 알 수 있어요.

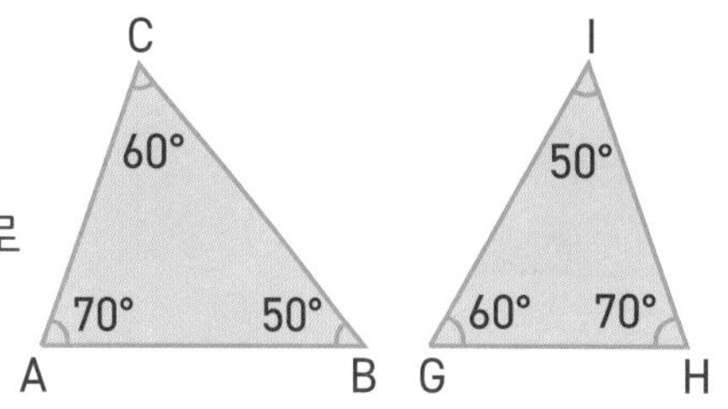

★ 비율

- 비율은 원래 도형이 어느 정도 확대되거나 축소되었는지를 나타내요.
- 원래 도형과 새로운 도형은 서로 닮은 도형이에요.

확대

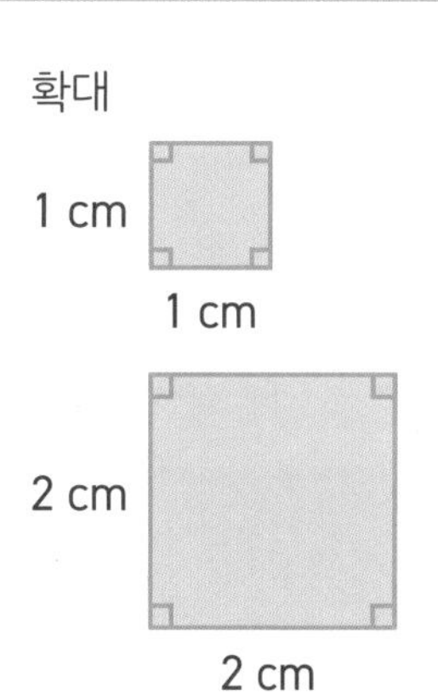

확대 비율이 2 : 1이에요.

축소

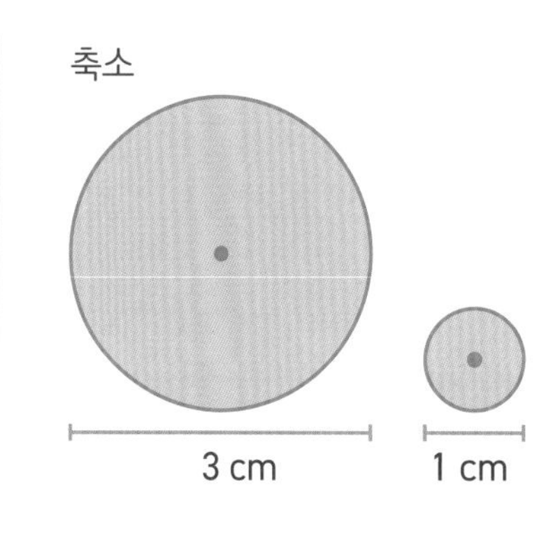

축소 비율이 1 : 3이에요.

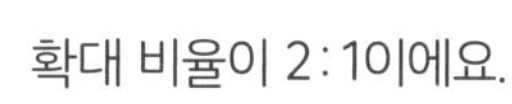

★ 실제 길이 계산

2 cm

축소 비율 1 : 100
가문비나무의 실제 높이는
$100 \times 2cm = 200cm = 2m$예요.

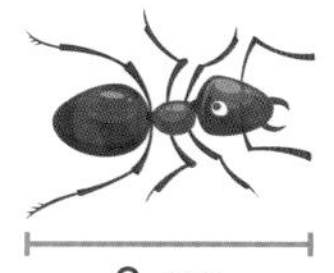

2 cm

확대 비율 2 : 1
개미의 실제 길이는
$2cm \div 2 = 1cm$예요.

★ 지도상의 거리

지도상의 거리를 보고 축척이나 축척자를 이용하여 실제 거리를 계산할 수 있어요.

축척 1 : 5,000,000

학습 자가 진단

학습 태도

	그렇지 못해요.	때때로 그래요.	자주 그래요.	항상 그래요.
수업 시간에 적극적이에요.	□	□	□	□
학습에 집중해요.	□	□	□	□
친구들과 협동해요.	□	□	□	□
숙제를 잘해요.	□	□	□	□

학습 목표

학습하면서 만족스러웠던 부분은 무엇인가요?

어떻게 실력을 향상할 수 있었나요?

____

____

____

학습 성과

	아직 익숙하지 않아요.	연습이 더 필요해요.	괜찮아요.	꽤 잘해요.	정말 잘해요.
• 닮은 도형을 이해할 수 있어요.	○	○	○	○	○
• 도형을 확대 또는 축소하여 그릴 수 있어요.	○	○	○	○	○
• 축척을 이용하여 실제 거리를 계산할 수 있어요.	○	○	○	○	○
• 거리를 측정하고 지도를 이용하여 실제 거리를 계산할 수 있어요.	○	○	○	○	○

이번 단원에서 가장 쉬웠던 부분은 ______________________________예요.

이번 단원에서 가장 어려웠던 부분은 ______________________________예요.

___월 ___일 ___요일

삼각형으로 작품 만들기

삼각형 24개를 이용하여 작품을 만들어요.

실행하기

- 총 24개의 똑같은 삼각형을 그려서 자르세요.
- 아래 색칠 방법에 따라 삼각형을 색칠하세요.
- <보기>와 같이 삼각형을 배열하여 멋진 작품을 만들어 내 방을 장식해 보세요.

〈보기〉

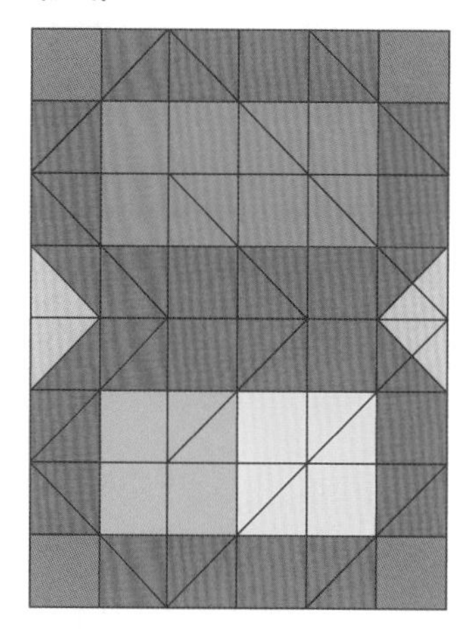

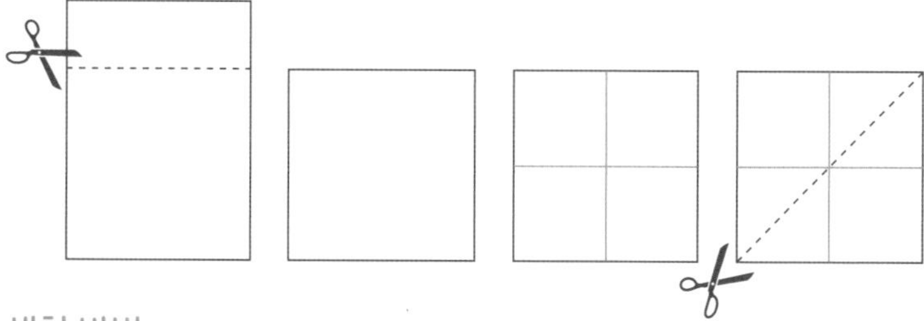

A4 용지를 접고 잘라서 정사각형을 만드세요. 선 2개를 이용하여 정사각형을 4개로 똑같이 나누세요. 정사각형을 잘라서 삼각형 2개로 만드세요.

색칠 방법

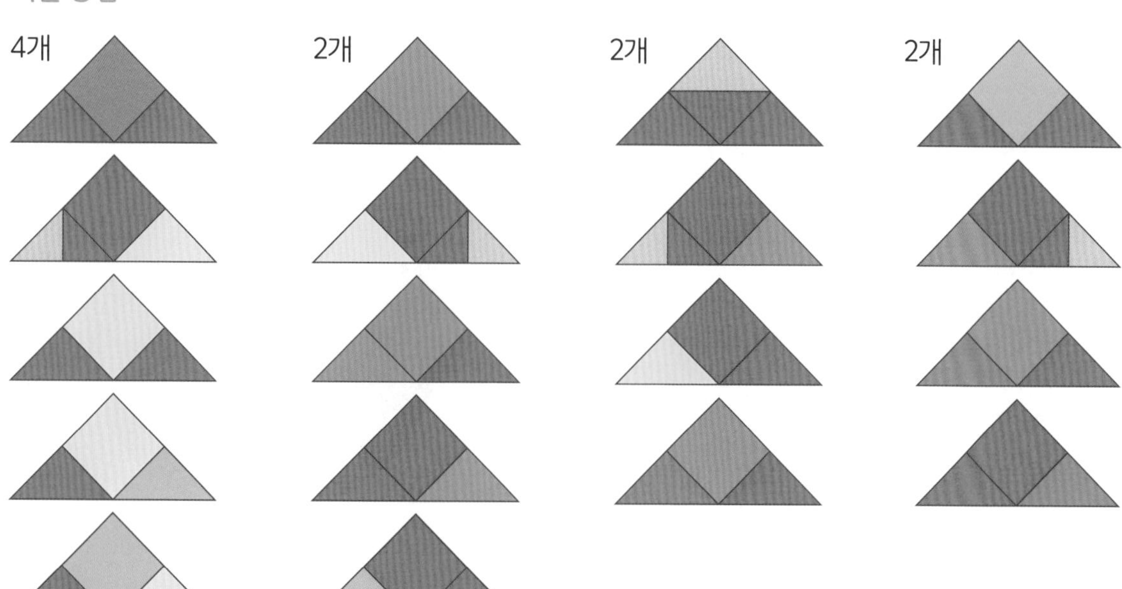

개수가 표시된 것 이외의 삼각형은 한 개씩 색칠해요.

나만의 예술 작품 만들기

- 그림 그리기 앱을 이용하여 색깔이 서로 다른 삼각형으로 구성된 작품을 만들어 보세요.
- 자신의 작품에 이름을 붙이고 친구 또는 부모님께 보여 주고 어떻게 만들었는지 발표해 보세요.

백분율과 통계 복습

____ 월 ____ 일 ____ 요일

1. 분수와 해당하는 백분율끼리 선으로 이어 보세요.

$\frac{1}{2}$ $\frac{1}{4}$ $\frac{3}{4}$ $\frac{1}{10}$ $\frac{3}{10}$ $\frac{1}{5}$

10% 20% 25% 30% 50% 75%

2. 샘의 모둠에 있는 학생은 수학 시험에서 다음과 같은 점수를 받았어요.

7, 8, 9, 7, 7, 10, 8, 7, 9, 8

❶ 최솟값은 얼마일까요? ________

❷ 최댓값은 얼마일까요? ________

❸ 최빈값은 얼마일까요? ________

❹ 평균은 얼마일까요? ________________

________________ 정답 : ________________

3. 오른쪽 원그래프는 학생들의 영어 단어 시험 결과를 나타내요.

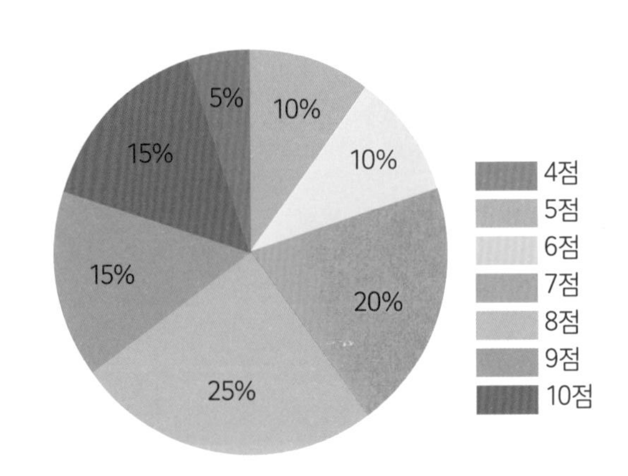

❶ 5점을 받은 학생은 몇 %일까요? ________

❷ 5점이나 6점을 받은 학생은 몇 %일까요? ________

❸ 8점 이상을 받은 학생은 몇 %일까요? ________

❹ 7점 이하를 받은 학생은 몇 %일까요? ________

4. 계산한 후, 정답을 로봇에서 찾아 ○표 해 보세요.

❶ 50의 50%

❷ 60의 25%

❸ 60의 80%

15 25 24 36 48

5. 아래 막대그래프는 4개월 동안 놀이동산 방문객 수를 나타내요. 그래프를 살펴보고 공책에 계산한 후, 정답을 구해 보세요.

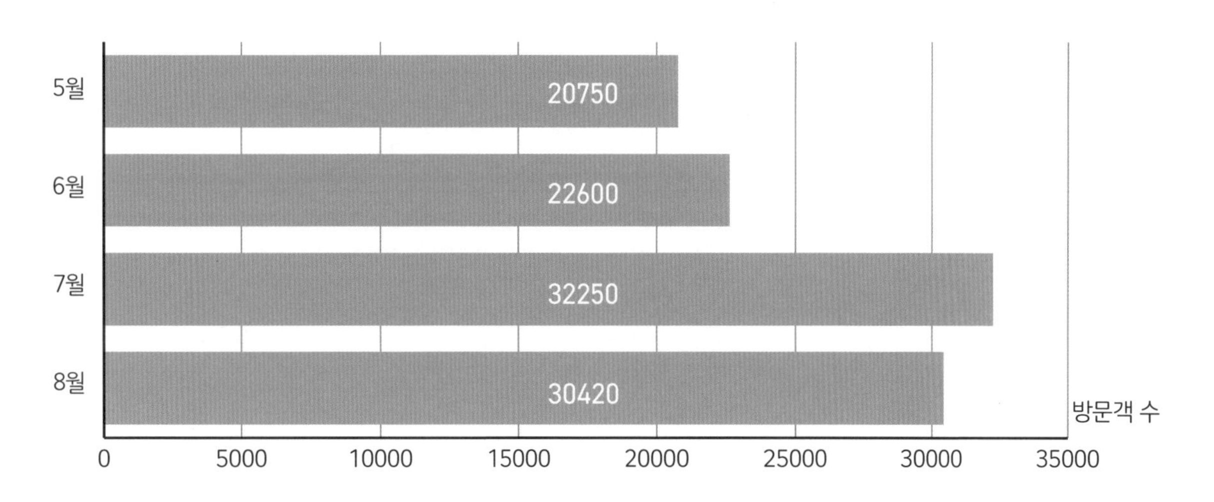

❶ 5월과 6월에 놀이동산을 방문한 사람은 몇 명일까요?

❷ 7월 방문객은 6월 방문객보다 얼마나 더 많을까요?

❸ 5월 방문객은 8월 방문객보다 얼마나 더 적을까요?

❹ 8월 방문객은 32000명에서 얼마나 부족할까요?

6. 공책에 계산한 후, 정답을 로봇에서 찾아 ○표 해 보세요.

❶ 과일 바구니에 총 32개의 과일이 담겨 있어요. 그중 25%는 바나나예요. 바구니에 있는 바나나는 모두 몇 개일까요?

❷ 그릇에 포도가 40알 담겨 있어요. 그중 50%는 청포도예요. 그릇에 있는 청포도는 모두 몇 알일까요?

❸ 바구니에 롤이 24개 담겨 있어요. 그중 75%는 밀로 만든 롤이에요. 바구니에 있는 밀로 만든 롤은 모두 몇 개일까요?

❹ 깡통에 비스킷이 30개 들어 있어요. 그중 60%는 초콜릿 비스킷이고 나머지는 귀리 비스킷이에요. 깡통에 있는 귀리 비스킷은 모두 몇 개일까요?

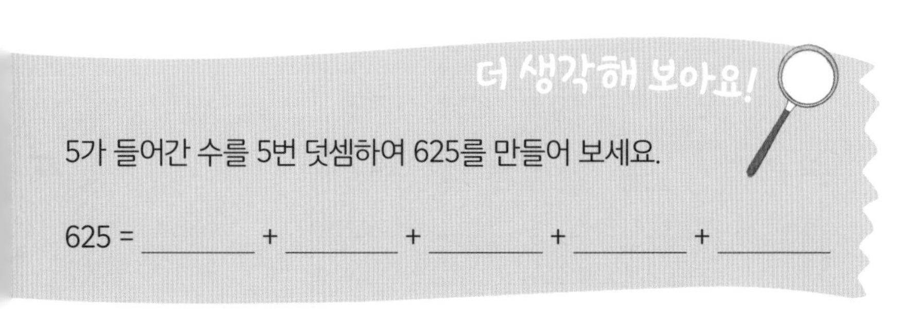

5가 들어간 수를 5번 덧셈하여 625를 만들어 보세요.

625 = ______ + ______ + ______ + ______ + ______

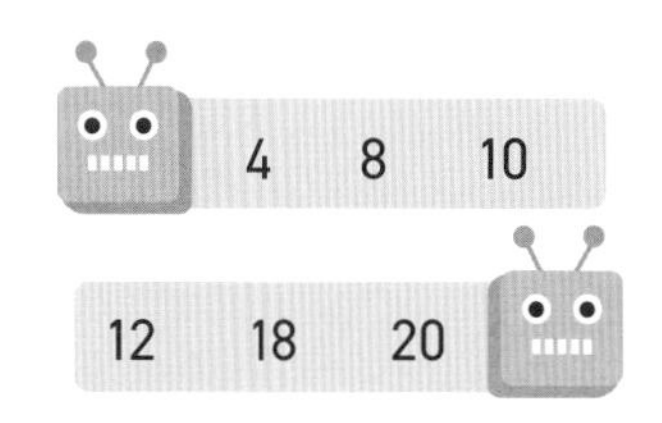

7. 아래 꺾은선그래프는 1주일 동안 투르쿠와 코콜라의 평균 기온을 나타내요.
그래프를 살펴보고 아래 질문에 답해 보세요.

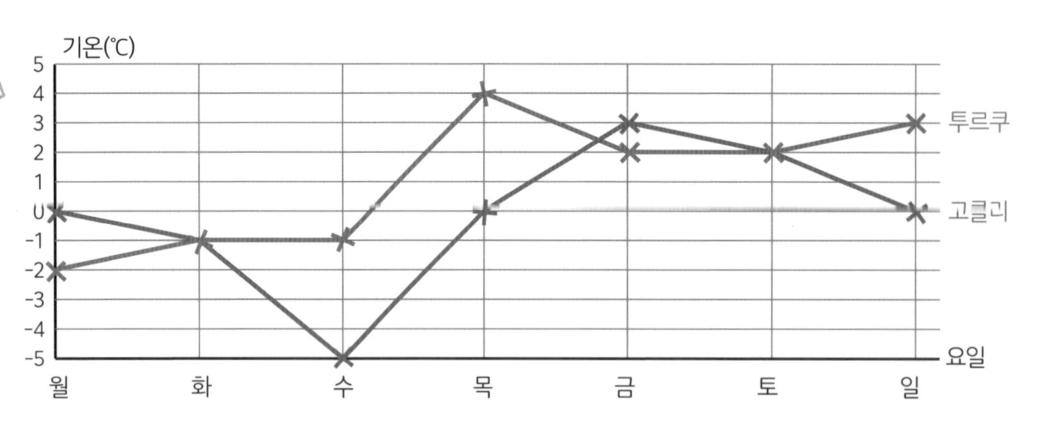

① 금요일 투르쿠의 평균 기온은 몇 도일까요? ____________

② 코콜라의 평균 기온이 가장 낮은 요일은 언제일까요? ____________

③ 두 도시의 평균 기온이 같은 요일은 언제일까요? ____________

④ 목요일 두 도시 평균 기온의 차는 몇 도일까요? ____________

⑤ 투르쿠의 1주일 동안의 평균 기온은 몇 도일까요? ____________

8. x 대신 어떤 수를 쓸 수 있을지 계산해 보세요.

① $3{,}976{,}555 + x = 4{,}000{,}558$

____

② $730{,}462 - x = 685{,}060$

____

③ $x \times 385{,}000 = 1{,}540{,}000$

____

④ $x \times 520{,}000 = 5{,}720{,}000$

____

9. 조건에 맞게 직사각형을 그려 보세요. 칸에 있는 숫자는 직사각형 안에 칸이 몇 개 들어가는지를 나타내요. 칸은 모두 직사각형 안에 위치하고 1칸이 여러 직사각형에 중복되어 쓰일 수 없어요.

①

5						9	
5							
10							
							15
		12		8			

②

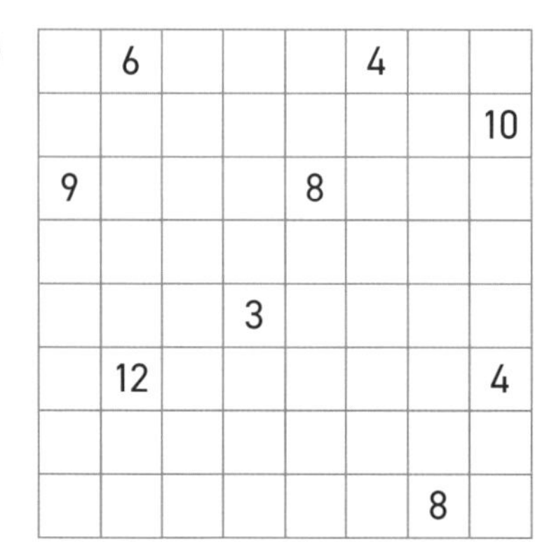

	6				4		
							10
9				8			
			3				
	12						4
						8	

10. 총 거리는 얼마인지 구해 보세요.

❶ 총 거리의 25%가 7km ______________________

❷ 총 거리의 20%가 6km ______________________

❸ 총 거리의 30%가 12km ______________________

❹ 총 거리의 75%가 24km ______________________

한 번 더 연습해요!

1. 알랜 팀은 여섯 경기에서 4, 2, 4, 1, 5, 2점을 기록했어요.

❶ 최빈값은 얼마일까요? ______________________

❷ 평균은 얼마일까요? ______________________

______________________ 정답 : ______________________

2. 아래 글을 읽고 알맞은 식을 세워 답을 구해 보세요.

❶ 바구니 안에 공이 36개 들어 있어요. 그중 50%는 파란색이에요. 바구니 안에 있는 파란색 공은 몇 개일까요?

____

____

정답 : ______________________

❷ 학급에 학생이 30명 있어요. 그중 20%는 눈이 갈색이에요. 학급에서 눈이 갈색인 학생은 모두 몇 명일까요?

____

____

정답 : ______________________

❸ 미라는 책 15권을 대출하여 그중 40%를 읽었어요. 미라가 앞으로 읽을 책은 몇 권 남았을까요?

____

____

정답 : ______________________

❹ 총 운전 거리가 120km인데 그중 75%를 갔어요. 지금까지 운전한 거리는 몇 km일까요?

____

____

정답 : ______________________

____ 월 ____ 일 ____ 요일

1. 두 도형이 서로 닮은 도형이면 빈칸에 ○표 해 보세요.

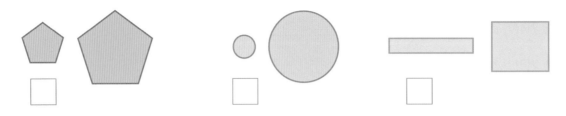

2. 서로 닮은 도형끼리 선으로 이어 보세요.

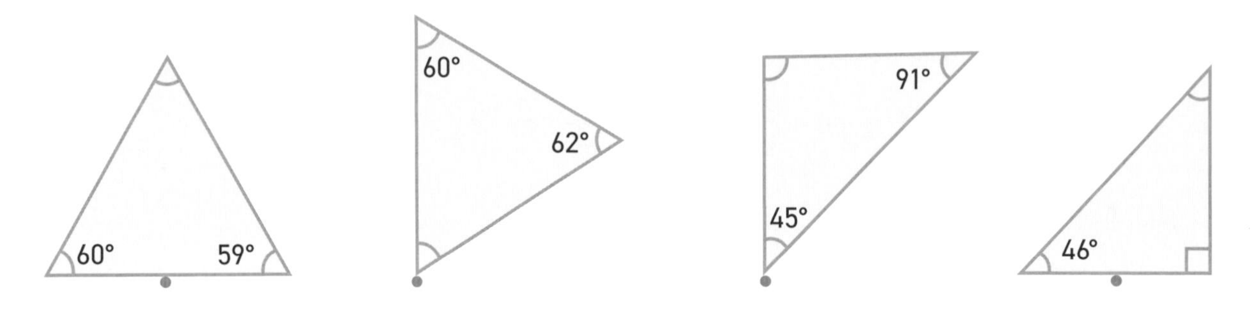

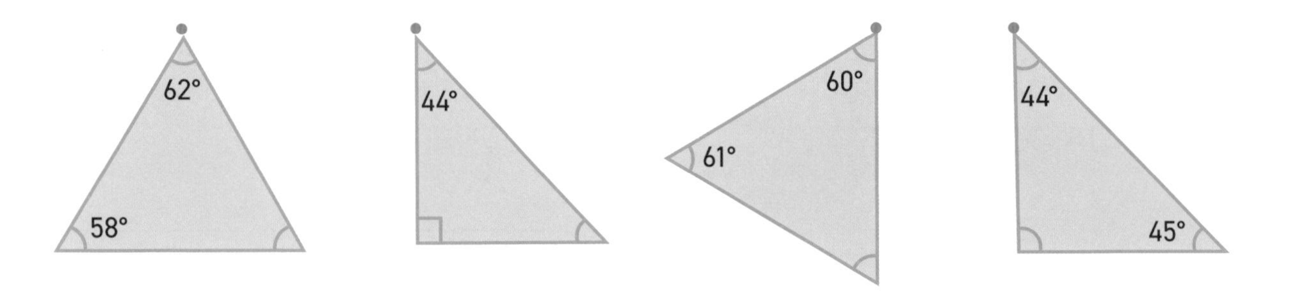

3. 길이를 측정하고 실제 길이를 계산해 보세요.

❶ 축소 비율 1:2

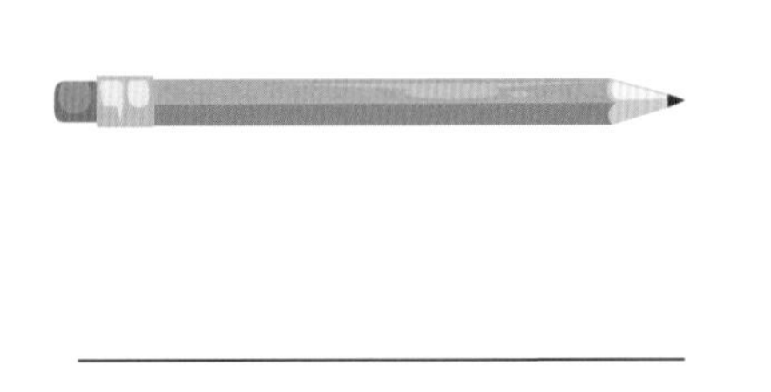

❷ 확대 비율 4:1

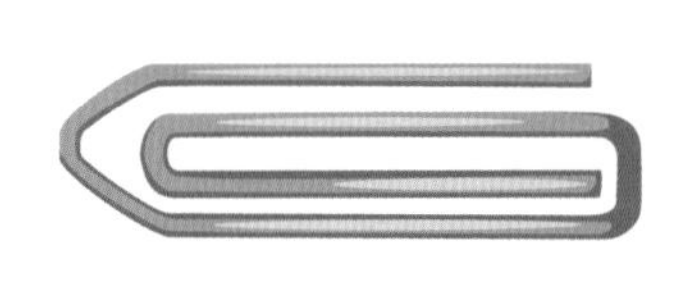

❸ 축소 비율 1:200

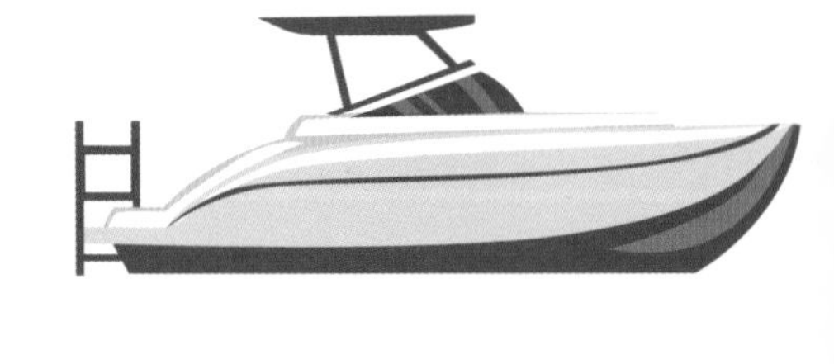

4. 축척자를 이용하여 실제 거리를 구한 후, 정답을 찾아 ○표 해 보세요.

❶ 키아즈마~카이세니에미 공원

A 500m　　B 1500m　　C 2500m

❷ 올림픽 경기장~핀란디아 홀

A 500m　　B 1500m　　C 2500m

❸ 헬싱키 대성당~음악 센터

A 1km　　B 2km　　C 3km

❹ 남부 항구~린난매키

A 1km　　B 2km　　C 3km

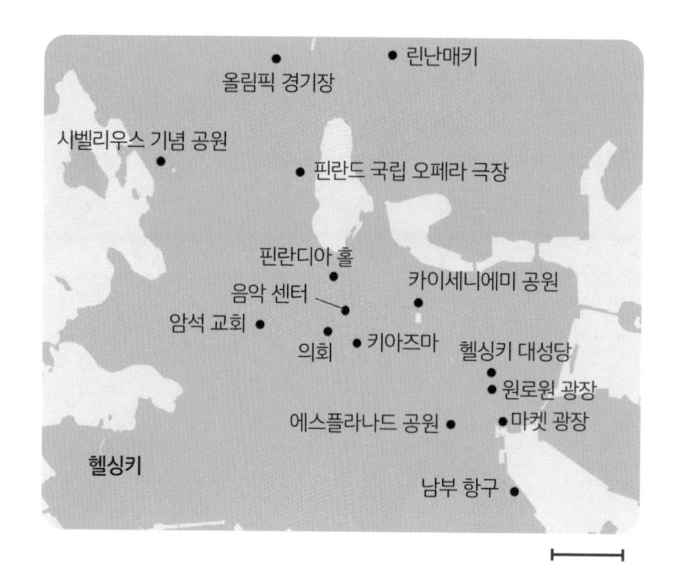

5. 아래 글을 읽고 알맞은 식을 세워 답을 구해 보세요.

축척이 1 : 200,000이면 지도상의 1cm는 실제로 2km에 해당해요.

❶ 지도에서 두 도시 사이의 거리가 15cm예요. 지도의 축척이 1 : 200,000이라면 실제 거리는 얼마일까요?

정답 :

❷ 호수의 실제 지름이 16km예요. 축척이 1 : 200,000이라면 지도상의 지름은 얼마일까요?

정답 :

❸ 그림에서 집의 높이는 8.5cm예요. 축척이 1 : 100이라면 집의 실제 높이는 얼마일까요?

정답 :

❹ 교과서의 곤충 그림은 10 : 1의 확대 비율로 그려졌어요. 그림상의 길이가 4cm라면 이 곤충의 실제 길이는 얼마일까요?

정답 :

더 생각해 보아요!

큰 정사각형 안에 작은 정사각형이 9개 들어 있어요. 큰 정사각형이 2 : 1의 비율로 확대되었고, 작은 정사각형은 1 : 2의 비율로 축소되었어요. 이제 큰 정사각형 안에 들어 있는 작은 정사각형은 몇 개일까요?

6. 〈보기〉와 닮은 그림을 찾아 ○표 해 보세요.

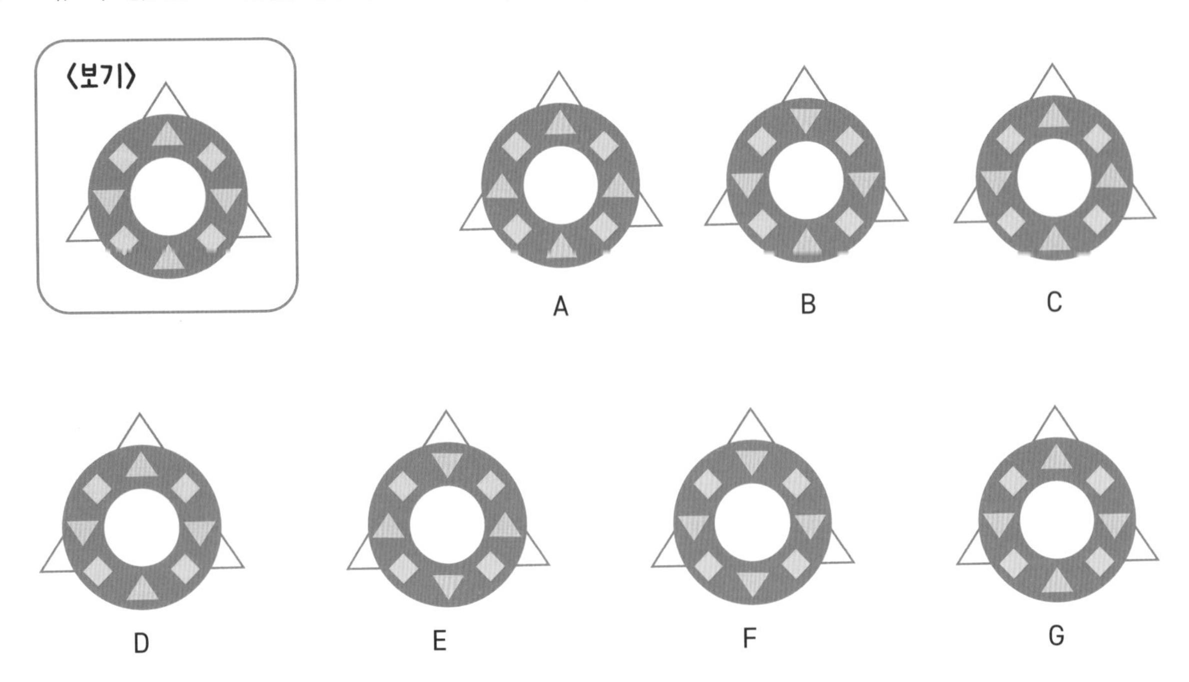

7. 티랄루오토에서 1km 이내에 있는 섬은 어느 섬일까요?

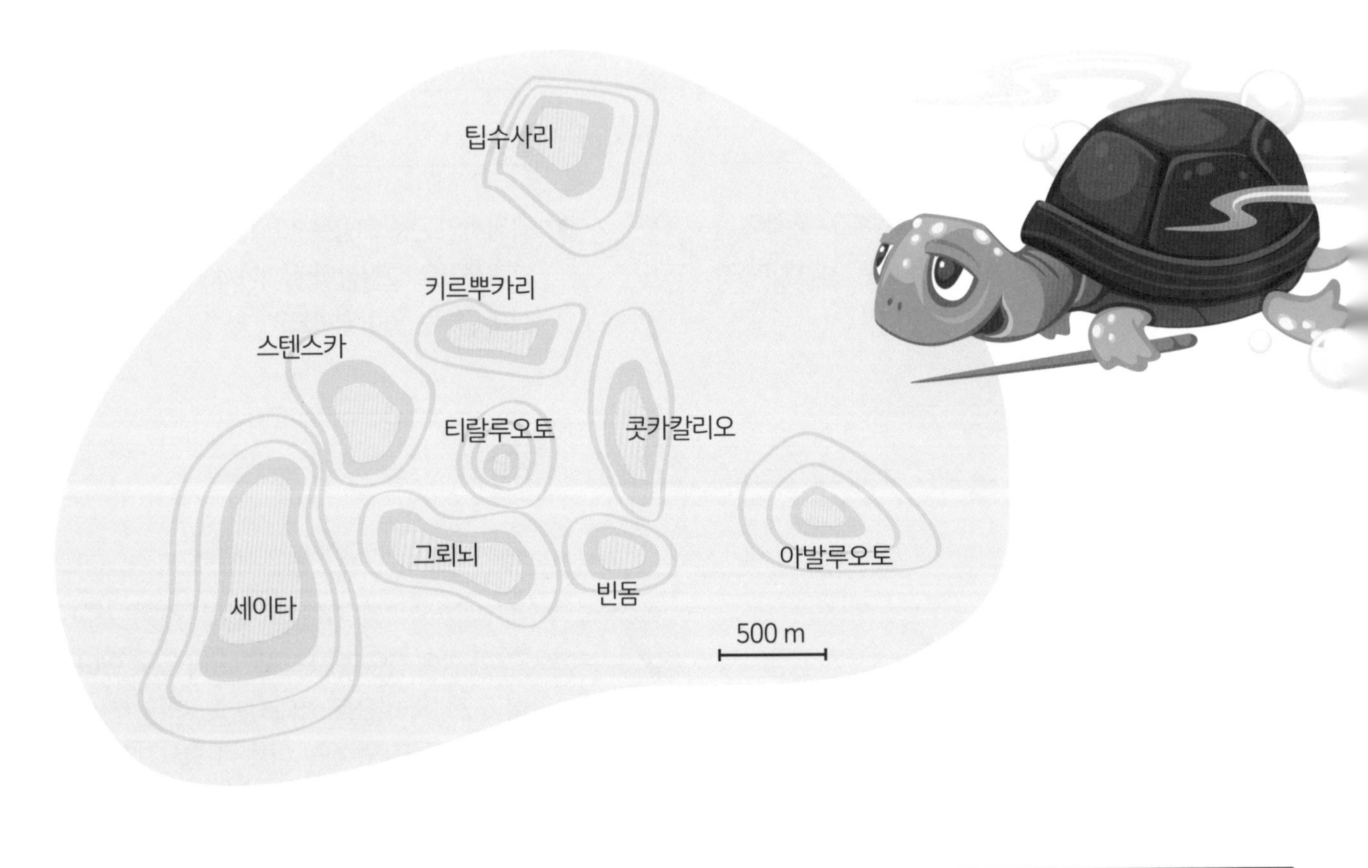

8. 두 그림은 서로 닮음인 관계에 있어요. 변 x의 길이를 구해 보세요.

❶ 120 cm, 60 cm / x, 25 cm

x = ________

❷ x, 150 cm

40 cm, 60 cm

x = ________

9. 아래 글을 읽고 빈칸에 참 또는 거짓을 써넣어 보세요.

❶ 지도의 축척이 1 : 20000에서 1 : 200,000으로 바뀌면 지도상의 거리는 감소해요. ________

❷ 3 : 2의 비율은 확대 비율이에요. ________

❸ 정사각형의 한 변의 길이가 2배가 되면 넓이는 4배가 돼요. ________

❹ 정사각형의 한 변의 길이가 3배가 되면 넓이는 6배가 돼요. ________

❺ 그림이 50% 확대되면 그림의 확대 비율은 2 : 1이에요. ________

한 번 더 연습해요!

1. 높이를 측정하고 항해 표지의 실제 높이를 계산해보세요.

❶ 축소 비율 1 : 100 ❷ 축소 비율 1 : 150 ❸ 축소 비율 1 : 200 ❹ 축소 비율 1 : 300

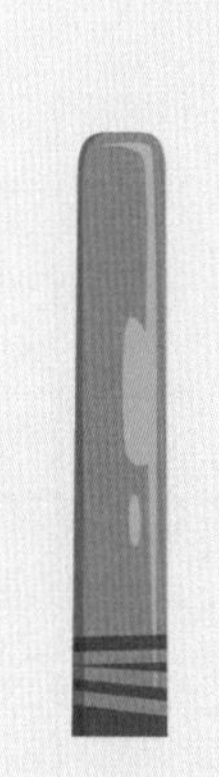

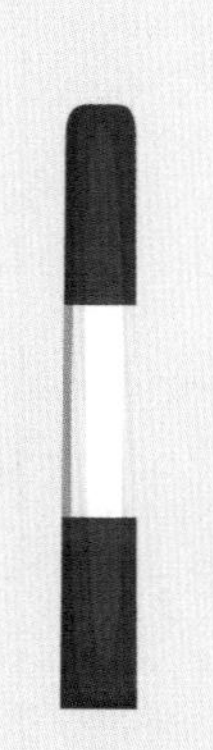

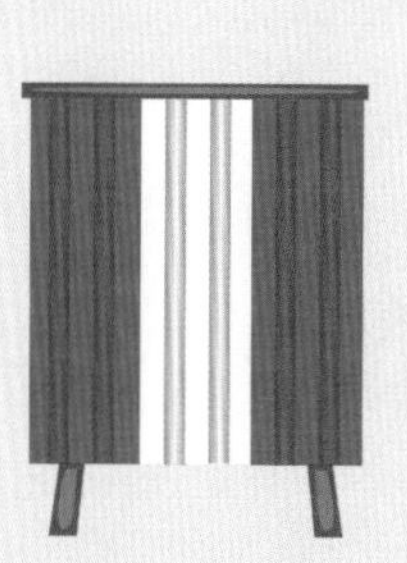

________ ________ ________ ________

________ ________ ________ ________

놀이 수학

★115쪽 활동지로 한 번 더 놀이해요!

땅따먹기 놀이

인원 : 2명 준비물 : 주사위 1개

주사위 눈	백분율
2	10%
3 또는 4	20%
5 또는 6	25%

놀이 1

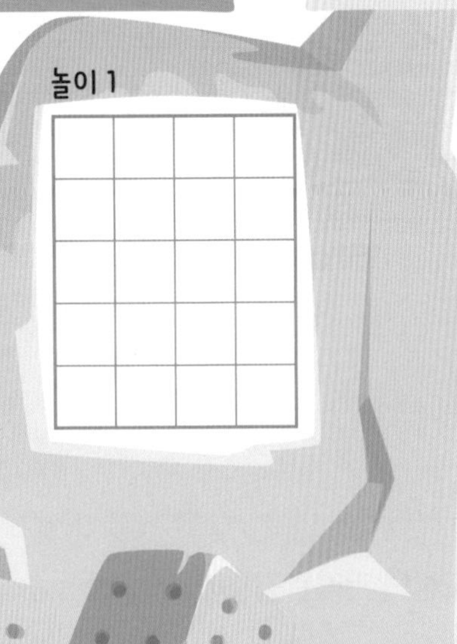

놀이 2

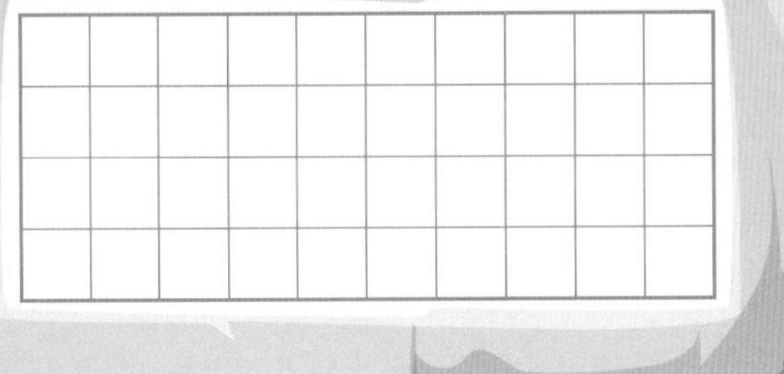

놀이 방법

1. 한 사람의 교재를 놀이판으로 사용하세요.
2. O나 X 등 자신만의 기호를 고른 후, 순서를 정해 주사위를 굴리세요.
3. 표에서 주사위 눈에 해당하는 %를 확인하세요. %는 모눈종이에서 몇 %를 정복할 수 있는지를 나타내요.
4. 자신만의 기호로 주어진 %만큼 칸에 표시하세요. 원래 칸수(20칸 또는 40칸)를 고려하여 정복할 칸수를 계산하세요. 주사위 눈 1이 나오면 1칸만 차지할 수 있어요. 주사위 눈에 해당하는 %만큼 정복할 수 없다면 순서는 상대에게 넘어가요.
5. 모눈종이가 기호로 찰 때까지 놀이를 계속해요. 자신의 기호를 더 많이 표시하는 사람이 놀이에서 이겨요.

주사위 놀이

인원 : 2명 준비물 : 주사위 1개, 계산기 1개, 115쪽 활동지

나온 주사위 눈의 최빈값		
주사위를 굴린 횟수		
나온 주사위 눈의 총합		
나온 주사위 눈의 평균		

10

5

놀이 방법

1. 한 명은 교재를, 다른 한 명은 활동지를 이용하세요.
2. 각자 순서를 정해 주사위를 굴리고 나온 주사위 눈을 모눈종이에 X표로 표시하세요. 같은 주사위 눈이 10번 나올 때까지 주사위를 계속 굴리세요.
3. 자신의 결과를 상대의 결과와 비교하고 최종적으로 표를 완성해 보세요. 계산기의 도움을 받아도 좋아요.

평균값만큼 앞으로!

인원 : 2명 준비물 : 주사위 3개, 놀이 말 2개, 계산기 1개

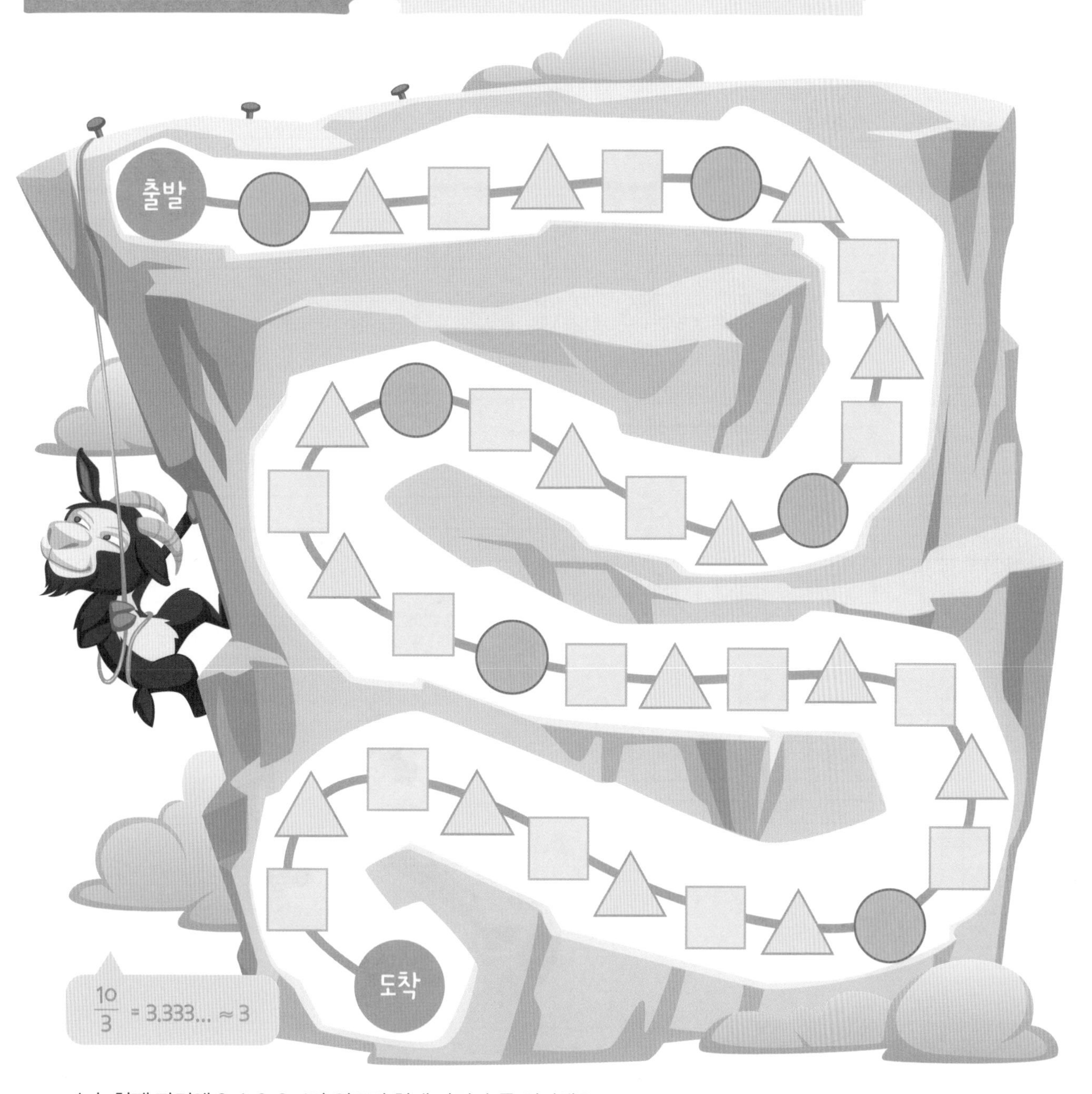

- 소수 첫째 자리에 0, 1, 2, 3, 4가 있으면 첫째 자리 수를 버리세요.
- 소수 첫째 자리에 5, 6, 7, 8, 9가 있으면 일의 자리로 올리세요.

놀이 방법

1. 한 사람의 교재를 놀이판으로 사용하세요.
2. 주사위 1개를 굴리고 주사위 눈만큼 놀이 말을 움직이세요.
   - 원에 도착하면 주사위 1개를 굴리세요.
   - 사각형에 도착하면 주사위 2개를 굴리세요.
   - 삼각형에 도착하면 주사위 3개를 굴리세요.
3. 암산하거나 계산기를 이용하여 나온 수의 평균을 구하세요. 평균이 소수로 나오면 일의 자리로 반올림하세요. 평균값에 따라 또 한 번 놀이 말을 움직이고 순서는 상대에게 넘어가요.
4. 도착점에 먼저 도착하는 사람이 놀이에서 이겨요.

도형 확대 놀이

인원 : 2명 준비물 : 주사위 2개

★116쪽 활동지로 한 번 더 놀이해요!

놀이 방법

1. 한 사람의 교재를 놀이판으로 사용하세요.
2. 순서를 정해 주사위 2개를 하나씩 굴리세요. 첫 번째 주사위는 가로줄에서 어떤 도형을 선택할지 알려 주고, 두 번째 주사위는 세로줄에서 어떤 도형을 그려야 할지 알려 줘요.
3. 주사위를 굴린 후, 정해진 도형을 모눈종이에 확대하여 그리세요. 도형의 방향을 돌릴 수 없고 도형끼리 서로 닿으면 안 돼요.
4. 모눈종이에 도형을 더 그릴 수 없을 때까지 놀이를 계속해요. 마지막으로 도형을 그린 사람이 놀이에서 이겨요.

최단 거리 찾기 놀이

인원 : 2명 준비물 : 자 1개, 놀이 말

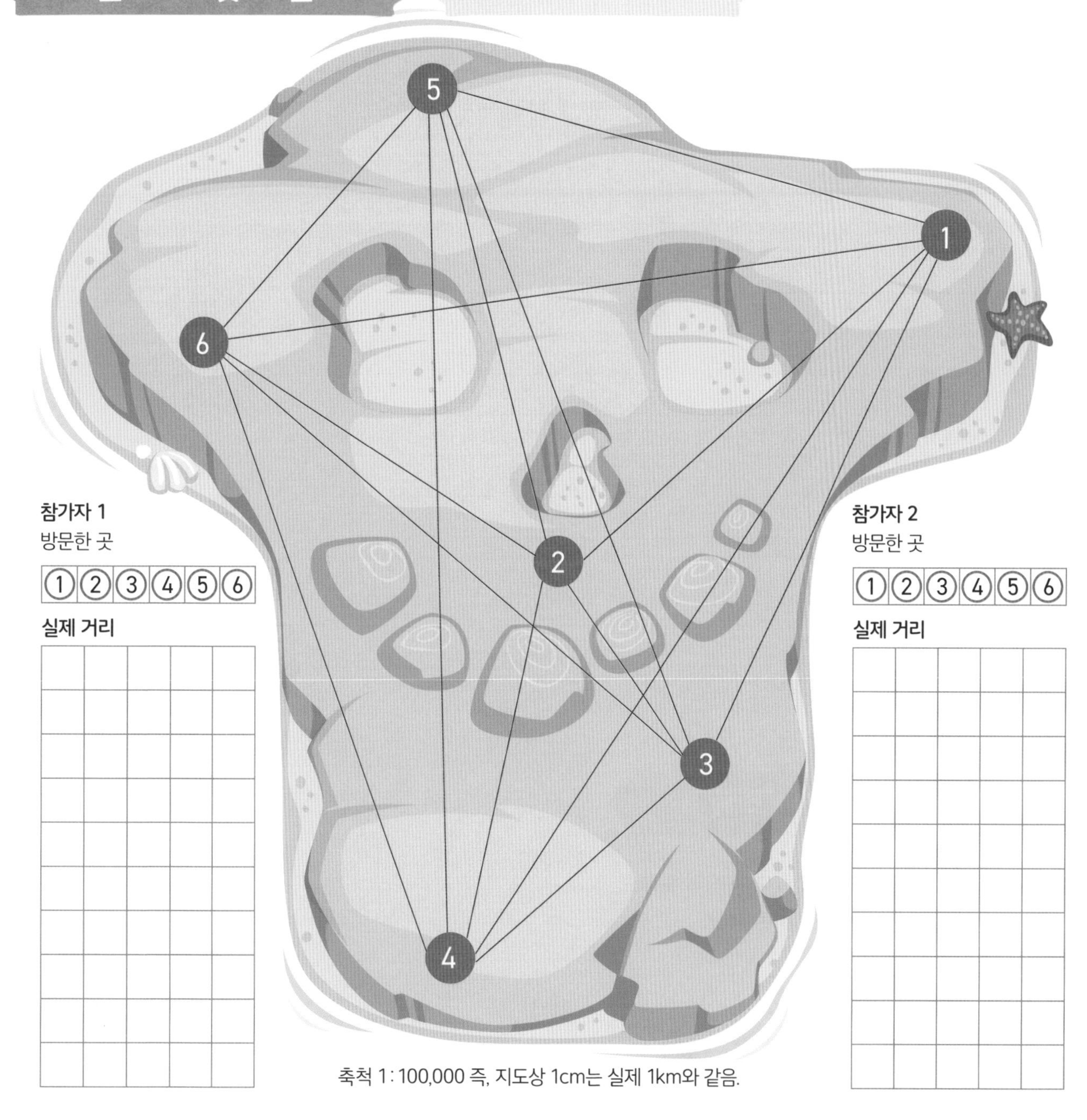

축척 1 : 100,000 즉, 지도상 1cm는 실제 1km와 같음.

놀이 방법

1. 한 사람의 교재를 놀이판으로 사용하세요.
2. 빨간색 원으로 표시된 지점을 모두 방문하는 최단 거리 경로를 찾는 것이 이 놀이의 목표예요.
3. 참가자는 자신이 출발할 지점을 선택할 수 있어요. 주사위를 굴려 높은 수가 나온 사람이 빈 원에 놀이 말을 놓으면서 먼저 시작해요.
4. 두 원 사이의 거리를 밀리미터로 측정한 후, 축척을 이용하여 실제 거리를 계산해요. 표에 실제 거리를 기록하고 방문한 원의 번호에 X표 하세요.
5. 이미 방문한 적이 있던 원이라도 자신의 순서가 되었을 때 그곳으로 놀이 말을 이동할 수 있어요. 이 경우에도 원 사이의 거리를 계산해야 해요.
6. 참가자 2명이 원을 다 방문할 때까지 놀이를 계속해요. 마지막 거리를 계산한 후, 놀이판에서 말을 치우세요. 최단 거리 경로를 계산한 사람이 놀이에서 이겨요.

프로그래밍과 문제 해결

____ 월 ____ 일 ____ 요일

체스의 기사

인원 : 2명 준비물 : 놀이 말

기사가 숫자가 있는 칸을 순서대로 모두 통과하려면 몇 번 움직여야 할까요?
더 적은 횟수를 움직이는 사람이 놀이에서 이겨요.

기사는 이렇게 움직일 수 있어요.

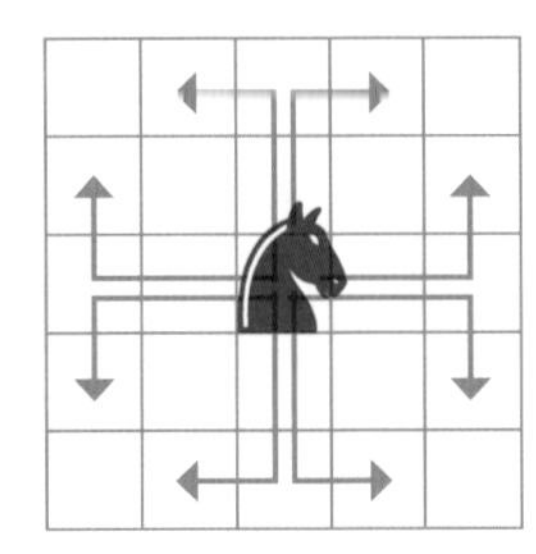

놀이 1

시작

(기사)			4				
	5						
	1						
						3	
				2			

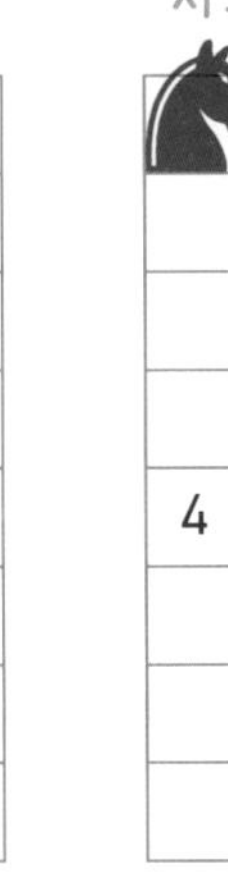

놀이 2

시작

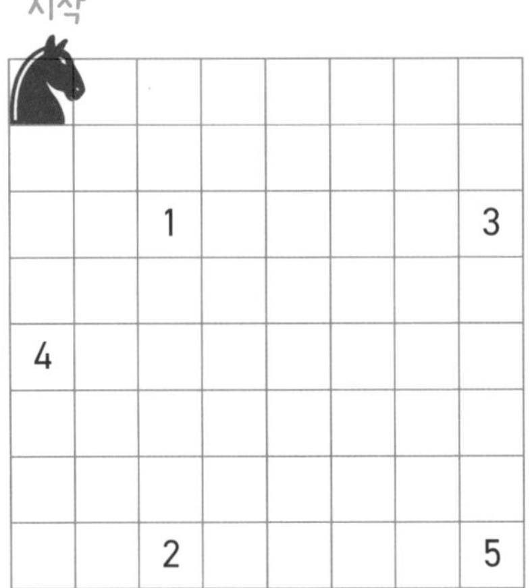

기사와 함께 진격하기

기사를 흰색 칸으로 최대한 많이 움직여 보세요.
흰색 칸에 숫자를 순서대로 써 보세요.

1차전

2차전

3차전

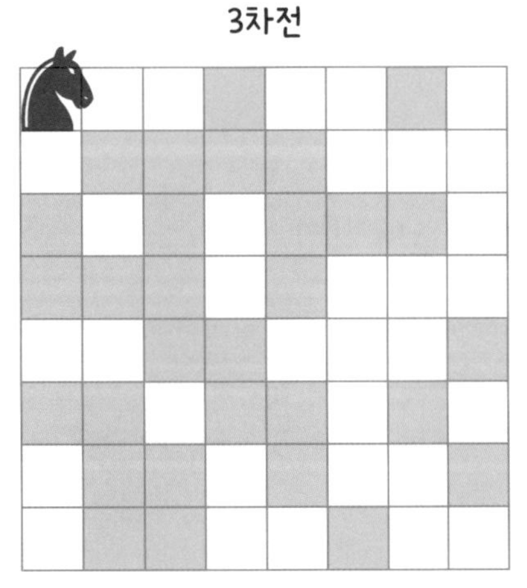

기사를 몇 번 움직였나요? ____________________

스프레드시트 앱 사용

어떤 가족이 1년 동안 매달 식비를 기록했어요. 비용은 일의 자리에서 반올림했어요. 식비를 먼저 살펴보고 스프레드시트 앱을 이용하여 막대그래프를 그리고 평균 비용을 계산해 보세요.

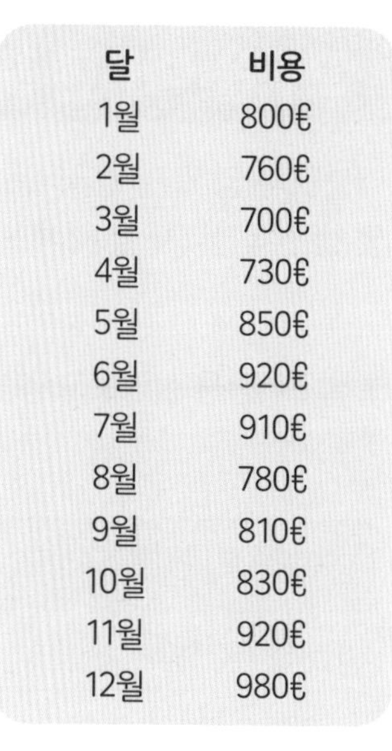

달	비용
1월	800€
2월	760€
3월	700€
4월	730€
5월	850€
6월	920€
7월	910€
8월	780€
9월	810€
10월	830€
11월	920€
12월	980€

스프레드시트 앱을 이용한 막대그래프와 평균

1. 먼저 매달 식비를 표에 입력하세요.

2. 막대그래프를 만드세요.
   표에서 달과 유로로 표시한 식비 부분을 활성화하세요. 삽입 메뉴에서 차트와 막대그래프를 선택하세요. 막대그래프에 알맞은 제목을 쓰세요.

	A	B
1	1월	800€
2	2월	760€
3	3월	700€
4	4월	730€
5	5월	850€
6	6월	920€
7	7월	910€
8	8월	780€
9	9월	810€
10	10월	830€
11	11월	920€
12	12월	980€

그래프를 차트라고 부르기도 해요.

3. 막대그래프를 살펴보고 자신에게 질문해 보세요.
   예) "식비가 900유로를 넘은 달은 언제일까?"

4. 월별 평균 식비를 계산해 보세요.
   먼저 달 밑에 "평균"을 쓰세요. 옆의 셀에 =AVERAGE를 입력하고 그 옆에 계산하고 싶은 셀의 이름을 입력하세요.

   셀의 이름을 세미콜론으로 구분하세요.
   예) =AVERAGE (B7;B8)

   텍스트에 스페이스를 넣거나 다른 문자를 입력하지 않도록 주의하세요.

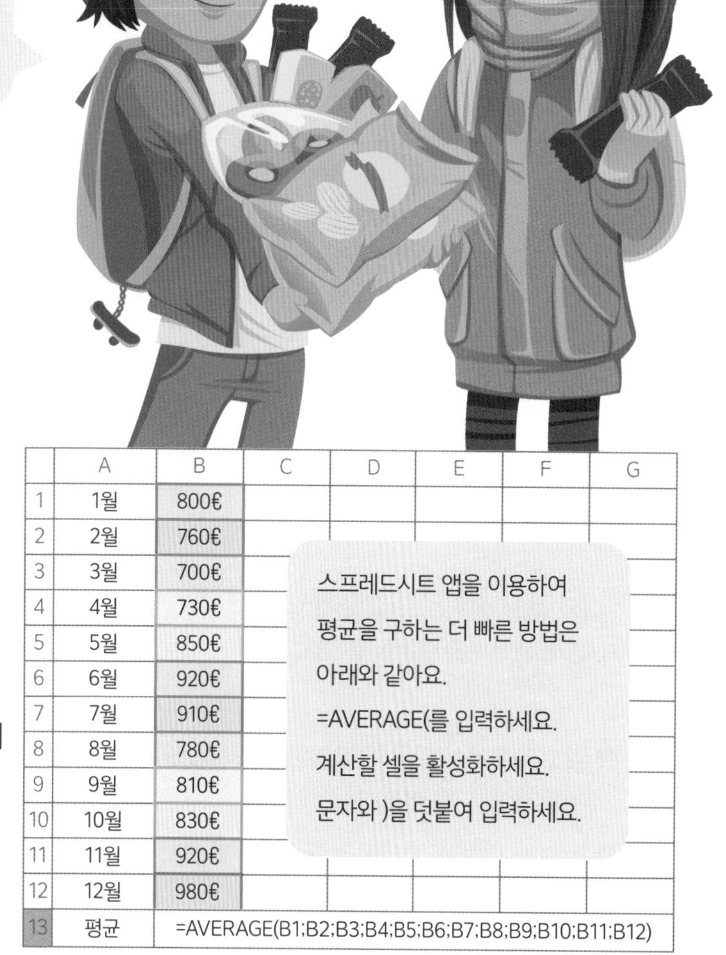

	A	B	C	D	E	F	G
1	1월	800€					
2	2월	760€					
3	3월	700€					
4	4월	730€					
5	5월	850€					
6	6월	920€					
7	7월	910€					
8	8월	780€					
9	9월	810€					
10	10월	830€					
11	11월	920€					
12	12월	980€					
13	평균	=AVERAGE(B1;B2;B3;B4;B5;B6;B7;B8;B9;B10;B11;B12)					

스프레드시트 앱을 이용하여 평균을 구하는 더 빠른 방법은 아래와 같아요.
=AVERAGE(를 입력하세요.
계산할 셀을 활성화하세요.
문자와)을 덧붙여 입력하세요.

그림을 이용한 프로그래밍

태블릿, 게임 기기, 컴퓨터는 주어진 명령에 따라 작동해요. 이러한 단계별 명령을 알고리즘이라고 해요. 특정 명령을 몇 번 반복하고자 할 때 루프를 사용하며 기호는 ⮥예요.

1. 알고리즘을 살펴보고 명령을 실행해 보세요.

연필을 출발점에 두세요.
4번 반복하세요.
위쪽으로 2칸 가세요.
시계 반대 방향으로 90도 돌리세요.
⮥
연필을 떼세요.

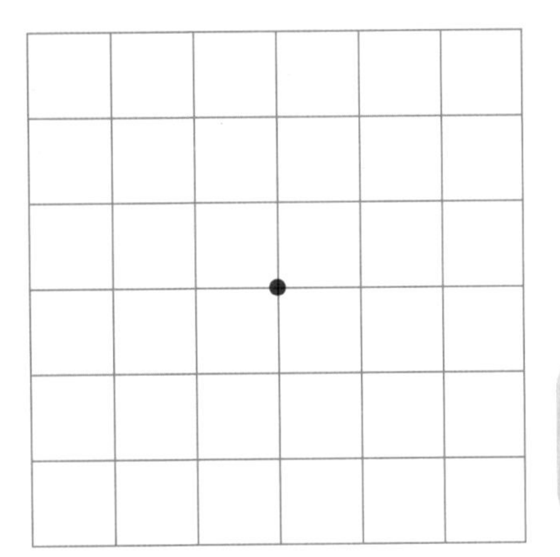

출발점은 교차점 위에 있어요.

어떤 도형이 되었나요?

____

2. 알고리즘을 살펴보고 명령을 실행하여 공책에 그려 보세요.

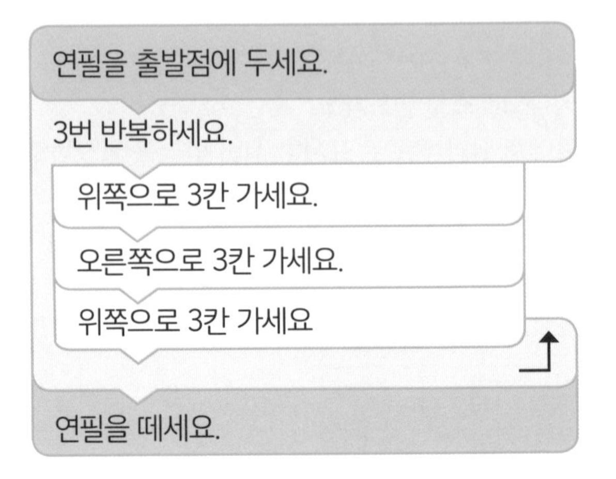

연필을 출발점에 두세요.
3번 반복하세요.
위쪽으로 3칸 가세요.
오른쪽으로 3칸 가세요.
위쪽으로 3칸 가세요
⮥
연필을 떼세요.

3. 가로와 세로가 6칸인 정사각형을 그릴 수 있도록 공책에 루프를 이용하여 명령어를 써 보세요.

4. <보기>와 같은 도형을 그릴 수 있도록 공책에 루프를 이용하여 명령어를 써 보세요.

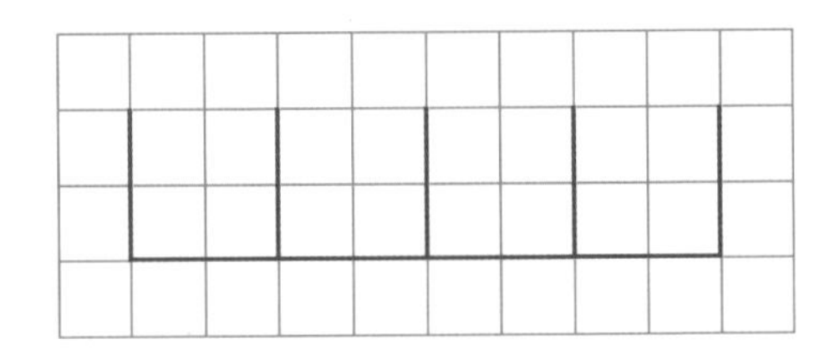

5. 알고리즘을 살펴보고 질문에 답해 보세요. 가로와 세로가 4칸인 정사각형을 그리는 것이 목표예요.

❶ 알고리즘에서 오류를 발견할 수 있나요? 있다면 찾아서 X표 해 보세요.

❷ 발견한 오류를 수정하여 공책에 해결책을 써 보세요.

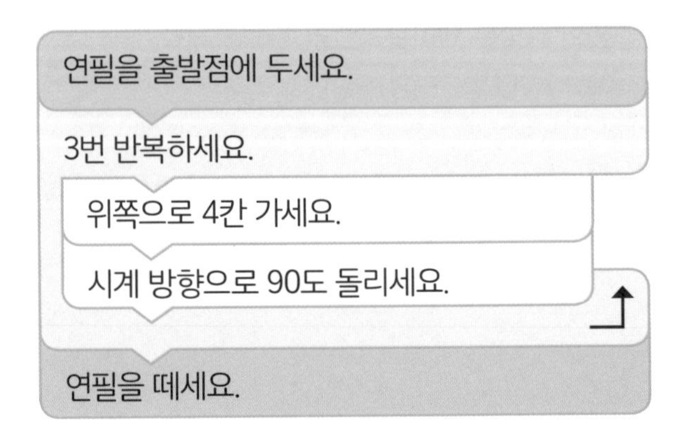

108쪽 놀이 수학 <땅따먹기 놀이>에 활용하세요.

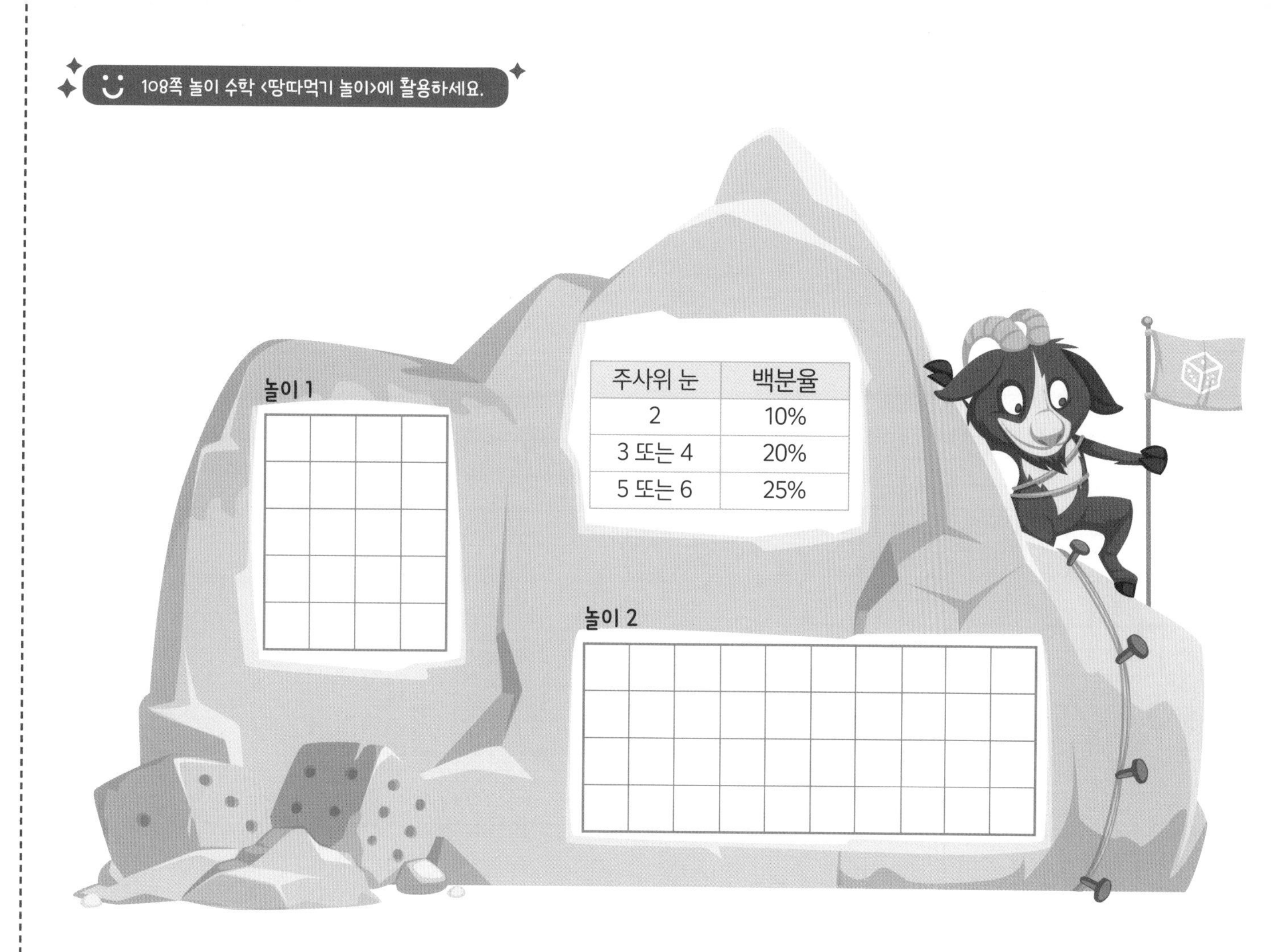

주사위 눈	백분율
2	10%
3 또는 4	20%
5 또는 6	25%

108쪽 놀이 수학 <주사위 놀이 >에 활용하세요.

나온 주사위 눈의 최빈값		
주사위를 굴린 횟수		
나온 주사위 눈의 총합		
나온 주사위 눈의 평균		

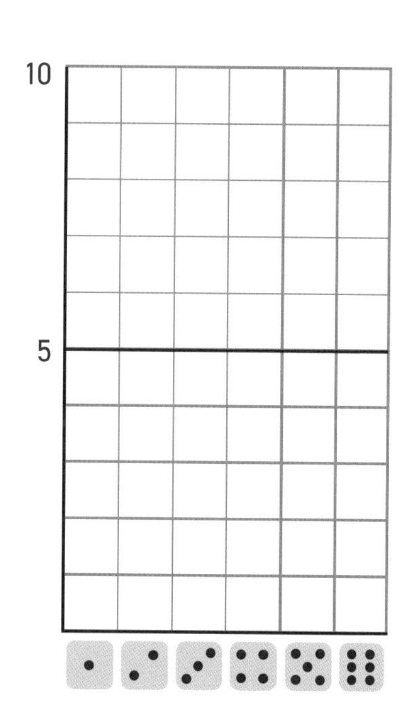

110쪽 놀이 수학 <도형 확대 놀이>에 활용하세요.

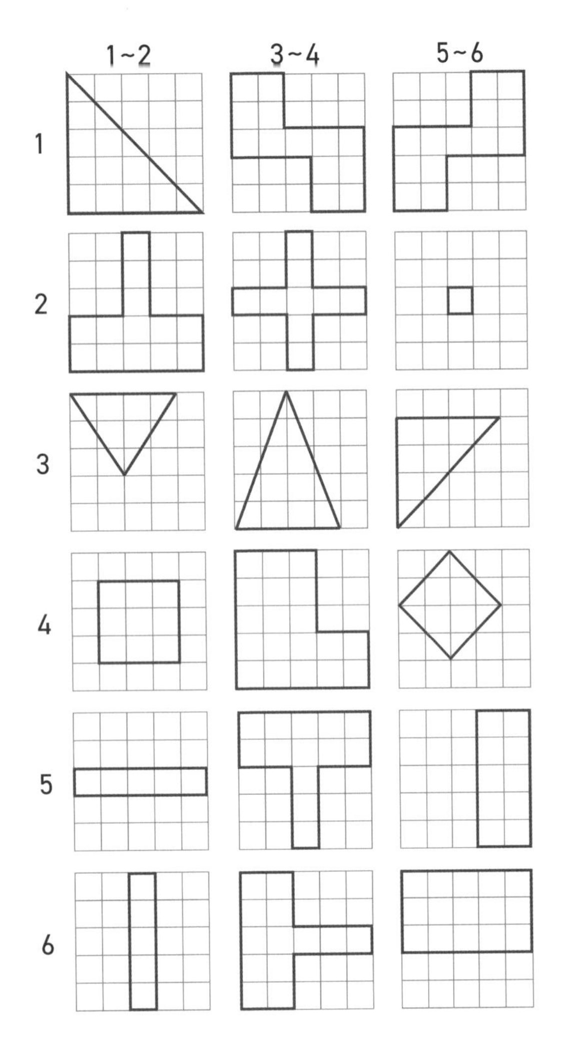

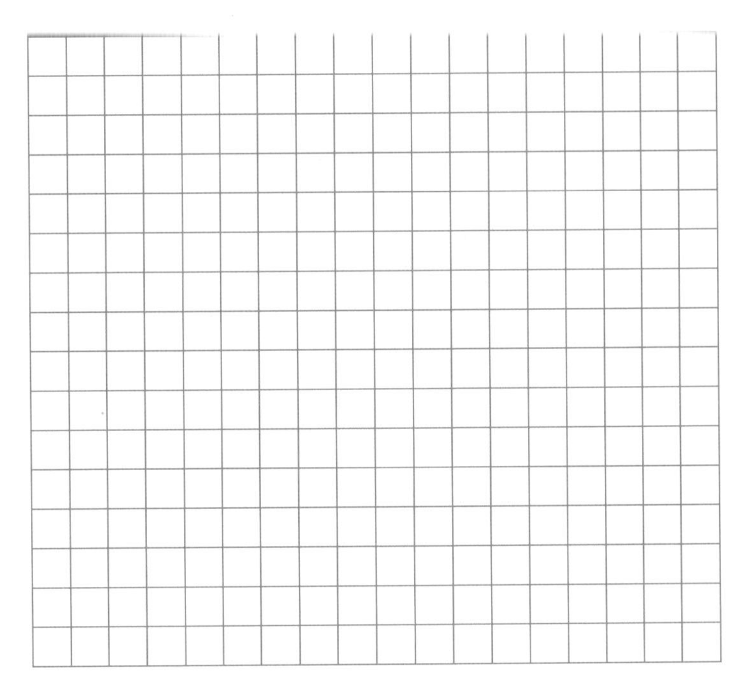

정보화 시대,
IT 교육은 선택이 아닌 필수!
인터넷, 개인정보 보호, 사이버 폭력 예방, 코딩까지
아이들에게 꼭 필요한 정보화 시대 필수 도서 3종 세트!
카린 뉘고츠
개인 정보 보호와 사이버 폭력 예방은 필수!
코딩에 앞서 디지털 세상에 대한 이해가 우선!
놀이를 통해 자연스럽게 익히는 코딩!

카린 뉘고츠 코딩을 스웨덴 의무교육에 포함시킨 장본인이자, 스웨덴 최초 어린이 코딩 교육 TV프로그램 「Programmera mera」 기획 및 진행. 현재 스웨덴 교육부를 도와 어린이 IT 교육을 위해 다방면에서 활약하고 있다.

스웨덴 아이들이 매일 아침 하는 놀이 코딩

초등 놀이 코딩

카린 뉘고츠 글 | 노준구 그림 | 배장열 옮김 | 116쪽

스웨덴 어린이 코딩 교육의 선구자 카린 뉘고츠가 제안하는
언플러그드 놀이 코딩

★ 책과노는아이들 추천도서

꼼짝 마! 사이버 폭력

떼오 베네데띠, 다비데 모로지노또 지음 | 장 끌라우디오 빈치 그림 | 정재성 옮김 | 96쪽

사이버 폭력의 유형별 방어법이 총망라된
사이버 폭력 예방서

★ (재)푸른나무 청예단 추천도서
★ 한국학교도서관 이달에 꼭 만나볼 책
★ 아침독서추천도서
★ 꿈꾸는도서관 추천도서

코딩에서 4차산업혁명까지 세상을 움직이는 인터넷의 모든 것!

인터넷, 알고는 사용하니?

카린 뉘고츠 글 | 유한나 크리스티안손 그림 | 이유진 옮김 | 64쪽

뭐든 물어 봐, 인터넷에 대한 모든 것!
디지털 세상에 대한 이해를 돕는 필수 입문서!

★ 고래가숨쉬는도서관 겨울방학 추천도서
★ 꿈꾸는도서관 추천도서
★ 책과노는아이들 추천도서

핀란드에서 가장 많이 보는 1등 수학 교과서!
핀란드 초등학교 수학 교육 최고 전문가들이 만든
혼공 시대에 꼭 필요한 자기주도 수학 교과서를 만나요!

123
456
789

핀란드 수학 교과서, 왜 특별할까?

수학적 구조를 발견하고 이해하게 하여 수학 공식을 암기할 필요가 없어요.

수학적 이야기가 풍부한 그림으로 수학 학습에 영감을 불어넣어요.

교구를 활용한 놀이를 통해 수학 개념을 이해시켜요.

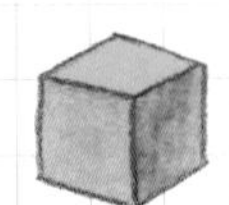

수학과 연계하여 컴퓨팅 사고와 문제 해결력을 키워 줘요.

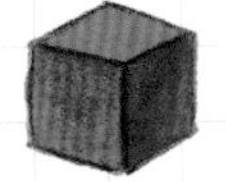

연산, 서술형, 응용과 심화, 사고력 문제가 한 권에 모두 들어 있어요.

어떤 문제를 푸느냐에
따라 수학 사고력은
달라집니다!

개별가 없음(세트로만 판매)

64410
9 791192 183329

ISBN 979-11-92183-32-9
979-11-92183-29-9 (세트)

무형광 종이 인쇄로 아이들 눈을 지켜 줘요.

핀란드 5학년 수학 교과서

정답과 해설

핀란드 5학년 수학 교과서 5-2

정답과 해설

1권

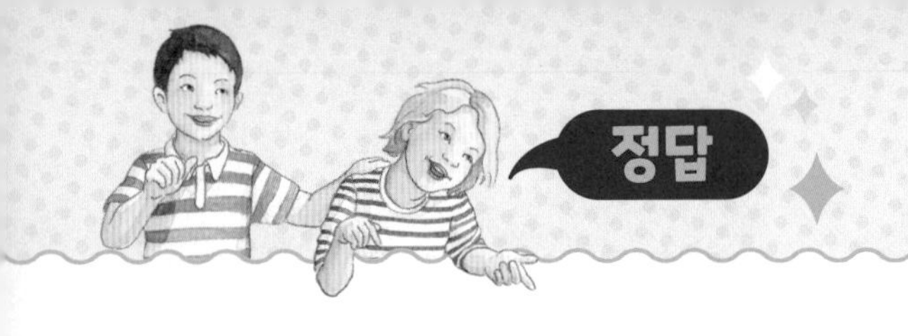

12-13쪽

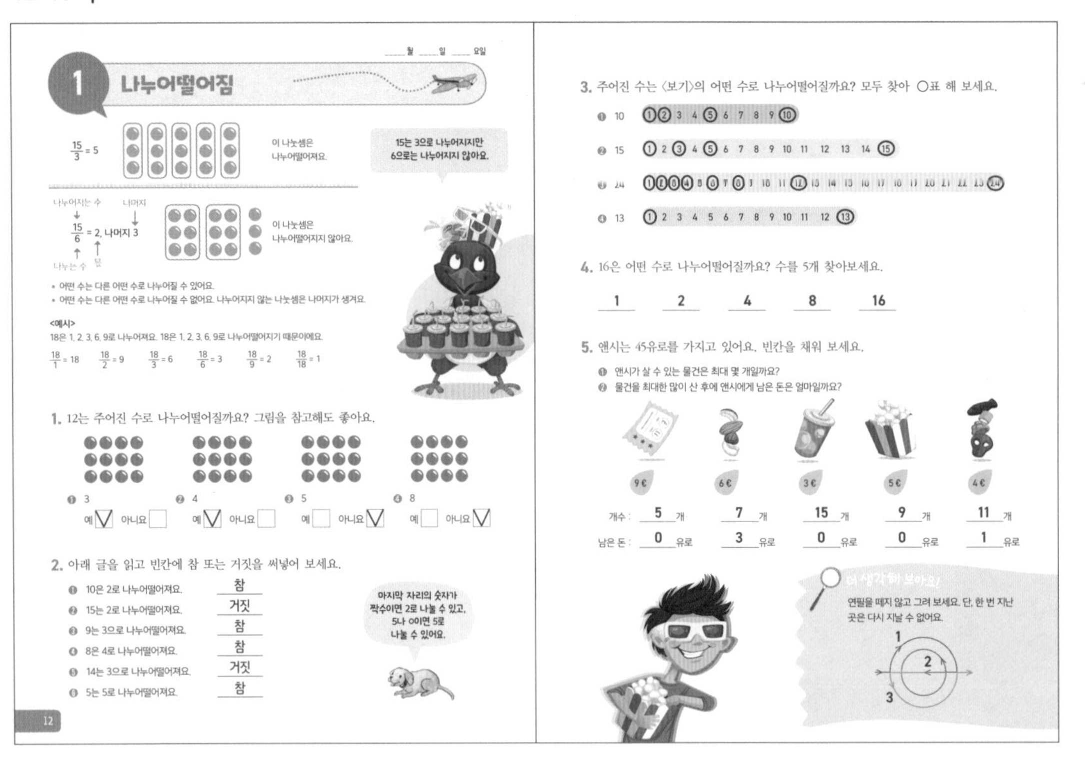

___월 ___일 ___요일

1 나누어떨어짐

$\frac{15}{3}=5$ 이 나눗셈은 나누어떨어져요.

나누어지는 수, 나머지

$\frac{15}{6}=2$, 나머지 3 이 나눗셈은 나누어떨어지지 않아요.

나누는 수, 몫

15는 3으로 나누어지지만 6으로는 나누어지지 않아요.

- 어떤 수는 다른 어떤 수로 나누어질 수 있어요.
- 어떤 수는 다른 어떤 수로 나누어질 수 없어요. 나누어지지 않는 나눗셈은 나머지가 생겨요.

<예시>

18은 1, 2, 3, 6, 9로 나누어져요. 18은 1, 2, 3, 6, 9로 나누어떨어지기 때문이에요.

$\frac{18}{1}=18$ $\frac{18}{2}=9$ $\frac{18}{3}=6$ $\frac{18}{6}=3$ $\frac{18}{9}=2$ $\frac{18}{18}=1$

1. 12는 주어진 수로 나누어떨어질까요? 그림을 참고해도 좋아요.

❶ 3 예 ☑ 아니요 ☐
❷ 4 예 ☑ 아니요 ☐
❸ 5 예 ☐ 아니요 ☑
❹ 8 예 ☐ 아니요 ☑

2. 아래 글을 읽고 빈칸에 참 또는 거짓을 써넣어 보세요.

❶ 10은 2로 나누어떨어져요. 참
❷ 15는 2로 나누어떨어져요. 거짓
❸ 9는 3으로 나누어떨어져요. 참
❹ 8은 4로 나누어떨어져요. 참
❺ 14는 3으로 나누어떨어져요. 거짓
❻ 5는 5로 나누어떨어져요. 참

마지막 자리의 숫자가 짝수이면 2로 나눌 수 있고, 5나 0이면 5로 나눌 수 있어요.

12

3. 주어진 수는 〈보기〉의 어떤 수로 나누어떨어질까요? 모두 찾아 ○표 해 보세요.

❶ 10 ①②3 4⑤6 7 8 9⑩
❷ 15 ①2③4⑤6 7 8 9 10 11 12 13 14⑮
❸ 24 ①②③④5⑥7⑧9 10 11⑫13 14 15 16 17 18 19 20 21 22 23㉔
❹ 13 ①2 3 4 5 6 7 8 9 10 11 12⑬

4. 16은 어떤 수로 나누어떨어질까요? 수를 5개 찾아보세요.

1 2 4 8 16

5. 앤시는 45유로를 가지고 있어요. 빈칸을 채워 보세요.

❶ 앤시가 살 수 있는 물건은 최대 몇 개일까요?
❷ 물건을 최대한 많이 산 후에 앤시에게 남은 돈은 얼마일까요?

	9€	6€	3€	5€	4€
개수 :	5 개	7 개	15 개	9 개	11 개
남은 돈 :	0 유로	3 유로	0 유로	0 유로	1 유로

더 생각해 보아요!

연필을 떼지 않고 그려 보세요. 단, 한 번 지난 곳은 다시 지날 수 없어요.

1 2 3

보충 가이드 | 12쪽

$\frac{15}{3}=5$에서 15는 3으로 나누어떨어져요. 나누어떨어지는 수 15는 3의 배수이고, 3은 15의 약수가 되지요.
$\frac{15}{6}$는 몫은 2, 나머지는 3이에요. 15는 6으로 나누어떨어지지 않아요.
따라서 나머지가 0, 즉 나누어떨어지기 위해서는 나누어지는 수와 나누는 수가 배수와 약수의 관계에 있는지 살펴보면 됩니다.

13쪽 3번

주어진 수를 나타낼 수 있는 곱셈식을 모두 만들면 나누어떨어지는 수를 쉽게 구할 수 있어요.

❶ **10**
1×10
2×5

❷ **15**
1×15
3×5

❸ **24**
1×24
2×12
3×8
4×6

❹ **13**
1×13

13처럼 1과 13, 즉 1과 자기 자신만으로 나누어떨어지고 1보다 큰 양의 정수를 소수라고 해요. 2, 3, 5, 7, 11, 13, 17, 19, 23… 등이 있어요.

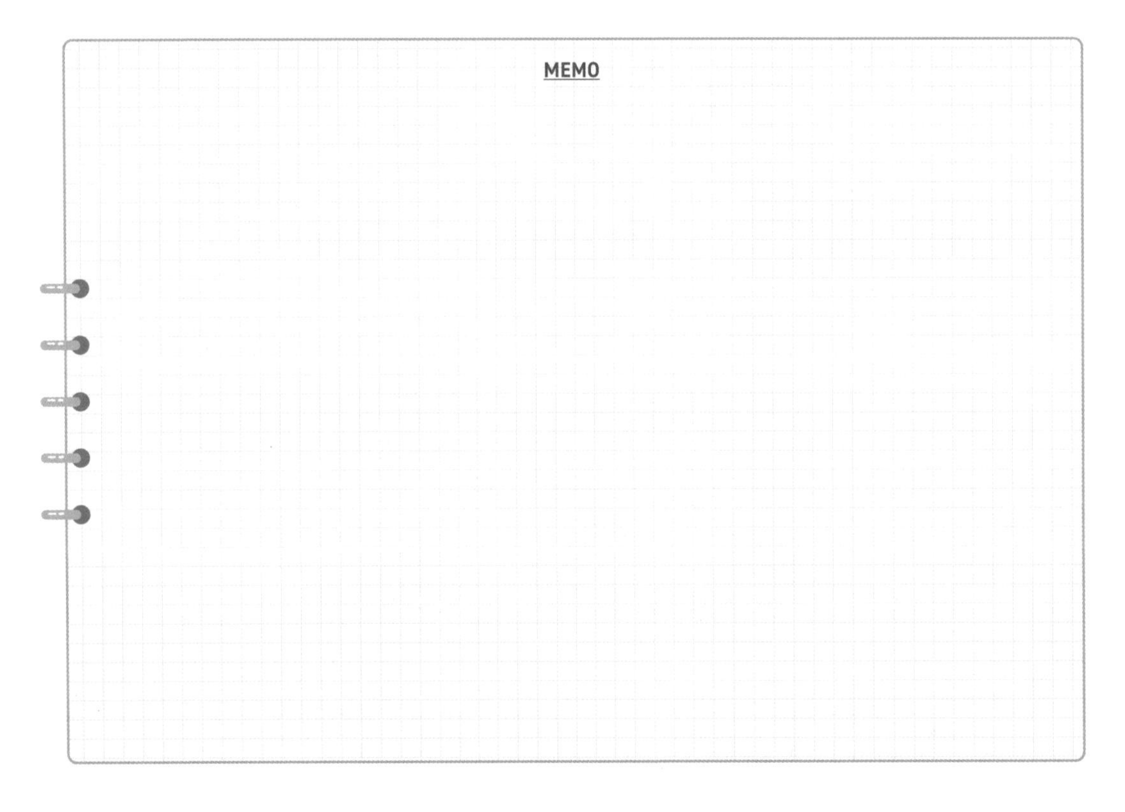

4-15쪽

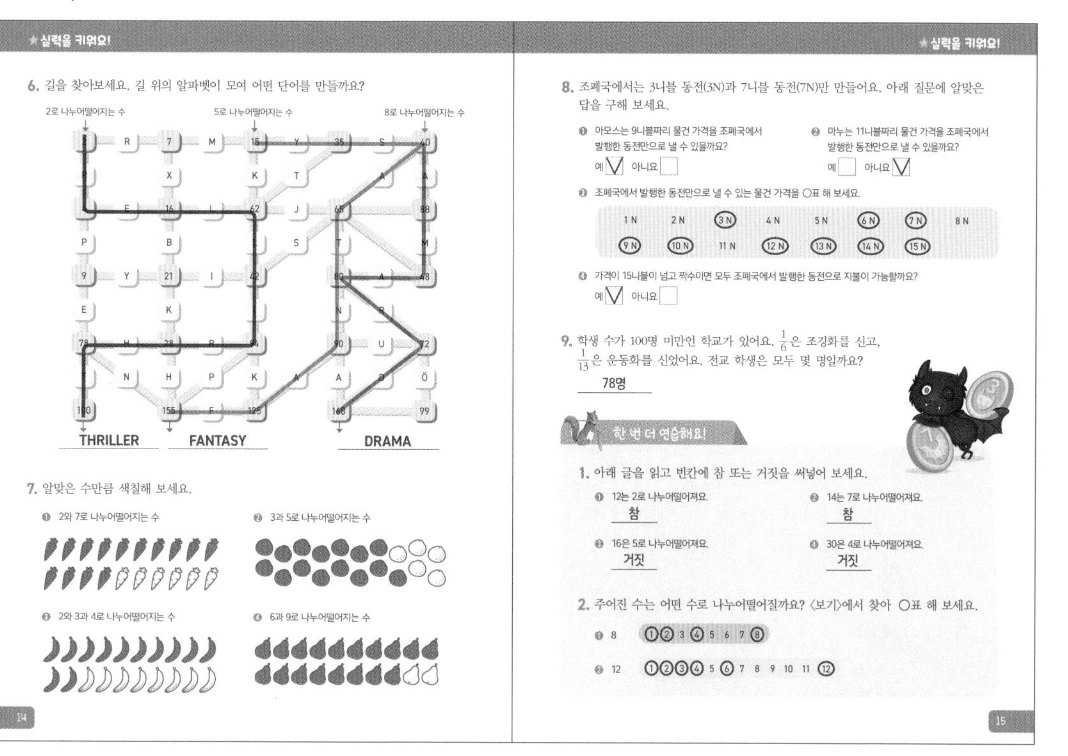

★실력을 키워요!

6. 길을 찾아보세요. 길 위의 알파벳이 모여 어떤 단어를 만들까요?

7. 알맞은 수만큼 색칠해 보세요.

❶ 2와 7로 나누어떨어지는 수

❷ 3과 5로 나누어떨어지는 수

❸ 2와 3과 4로 나누어떨어지는 수

❹ 6과 9로 나누어떨어지는 수

14

★실력을 키워요!

8. 조폐국에서는 3니블 동전(3N)과 7니블 동전(7N)만 만들어요. 아래 질문에 알맞은 답을 구해 보세요.

❶ 아모스는 9니블짜리 물건 가격을 조폐국에서 발행한 동전만으로 낼 수 있을까요? 예 ☑ 아니요 ☐

❷ 마누는 11니블짜리 물건 가격을 조폐국에서 발행한 동전만으로 낼 수 있을까요? 예 ☐ 아니요 ☑

❸ 조폐국에서 발행한 동전만으로 낼 수 있는 물건 가격을 ○표 해 보세요.

1N 2N (3N) 4N 5N (6N) (7N) 8N (9N) (10N) 11N (12N) (13N) (14N) (15N)

❹ 가격이 15니블이 넘고 짝수이면 모두 조폐국에서 발행한 동전으로 지불이 가능할까요? 예 ☑ 아니요 ☐

9. 학생 수가 100명 미만인 학교가 있어요. $\frac{1}{6}$은 조깅화를 신고, $\frac{1}{13}$은 운동화를 신었어요. 전교 학생은 모두 몇 명일까요?

78명

한 번 더 연습해요!

1. 아래 글을 읽고 빈칸에 참 또는 거짓을 써넣어 보세요.

❶ 12는 2로 나누어떨어져요. 참

❷ 14는 7로 나누어떨어져요. 참

❸ 16은 5로 나누어떨어져요. 거짓

❹ 30은 4로 나누어떨어져요. 거짓

2. 주어진 수는 어떤 수로 나누어떨어질까요? 〈보기〉에서 찾아 ○표 해 보세요.

❶ 8 (1) (2) 3 (4) 5 6 7 (8)

❷ 12 (1) (2) (3) (4) 5 (6) 7 8 9 10 11 (12)

15

14쪽 6번

2의 배수는 일의 자리가 짝수로 끝나요.
5의 배수는 일의 자리가 0과 5로 끝나요.
8의 배수는 끝의 세 자리가 000으로 끝나거나 8의 배수예요.

15쪽 9번

100 미만의 수에서 6과 13의 공배수를 구하면 6×13=78이므로 학생 수는 78명이 나와요. 13명은 조깅화, 6명은 운동화를 신었어요.

MEMO

15쪽 8번

❶ 3N 3개로 가능해요.

❸ 3의 배수, 7의 배수, 10의 배수, 3과 7의 합으로 만들 수 있는 수는 모두 가능해요.

❹ 15 이상의 모든 수를 3의 배수로 나타내고, 여기에 7의 배수를 넣어 식을 만들면 다음과 같이 나와요.
3n, 3n+1, 3n+2 단, 여기서 n은 5보다 크거나 같아야 해요.

$$3n+1=3(2+(n-2))+1$$
$$=3\times2+1+3(n-2)$$
$$=7\times1+3(n-2)$$
$$3n+2=3(4+(n-4))+2$$
$$=3\times4+2+3(n-4)$$
$$=2\times(3\times2+1)+3(n-4)$$
$$=7\times2+3(n-4)$$

15 이상의 수는 짝수뿐만 아니라 홀수까지 3의 배수와 7의 배수의 합으로 나타낼 수 있기 때문에 가격이 모두 짝수이면 15니블 이상의 물건을 모두 조폐국 동전으로 낼 수 있어요.

핀란드의 수학 교과서에는 때때로 교과 과정을 벗어난 어려운 문제가 등장해요. 핀란드에서는 학생들이 이 모든 문제를 풀지 않아도 된다고 생각해요. 도전 문제로 제시한 문제이기 때문이에요.

16-17쪽

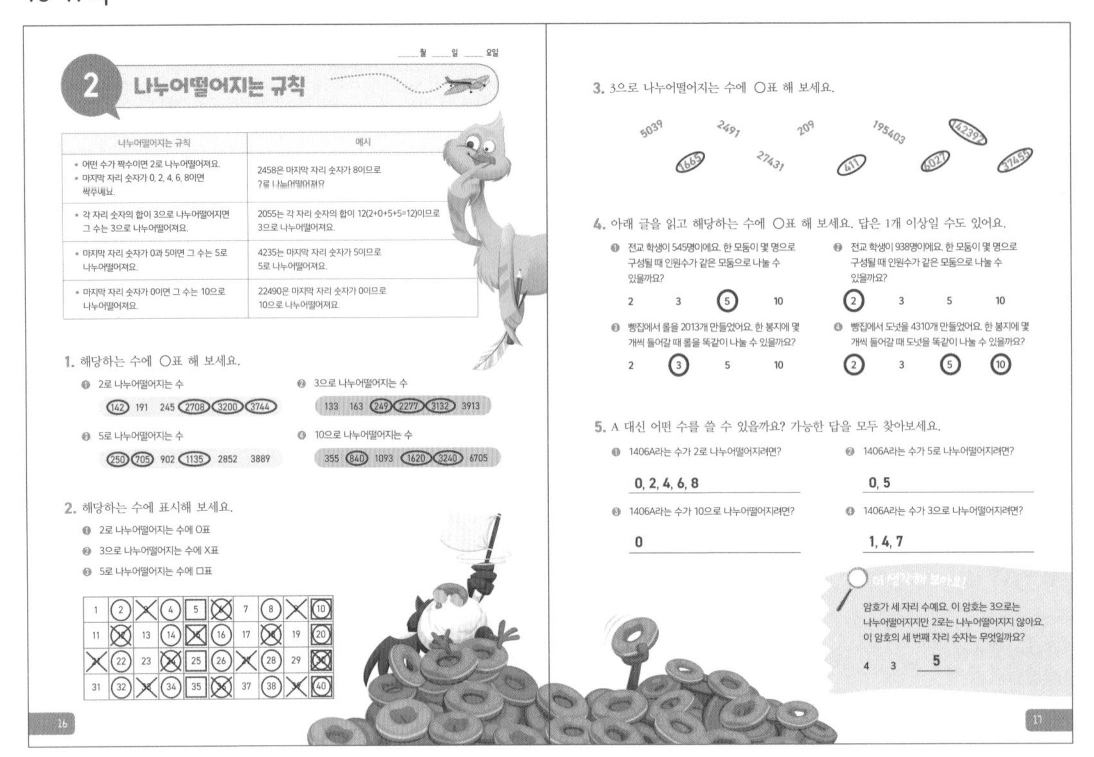

월 일 요일

2 나누어떨어지는 규칙

나누어떨어지는 규칙	예시
• 어떤 수가 짝수이면 2로 나누어떨어져요. • 마지막 자리 숫자가 0, 2, 4, 6, 8이면 짝수예요.	2458은 마지막 자리 숫자가 8이므로 2로 나누어떨어져요.
• 각 자리 숫자의 합이 3으로 나누어떨어지면 그 수는 3으로 나누어떨어져요.	2055는 각 자리 숫자의 합이 12(2+0+5+5=12)이므로 3으로 나누어떨어져요.
• 마지막 자리 숫자가 0과 5이면 그 수는 5로 나누어떨어져요.	4235는 마지막 자리 숫자가 5이므로 5로 나누어떨어져요.
• 마지막 자리 숫자가 0이면 그 수는 10으로 나누어떨어져요.	22490은 마지막 자리 숫자가 0이므로 10으로 나누어떨어져요.

1. 해당하는 수에 ○표 해 보세요.

❶ 2로 나누어떨어지는 수
(142) 191 245 (2708) (3200) (3744)

❷ 3으로 나누어떨어지는 수
133 163 (249) (2277) (3132) 3913

❸ 5로 나누어떨어지는 수
(250) (705) 902 (1135) 2852 3889

❹ 10으로 나누어떨어지는 수
355 (840) 1093 (1620) (3240) 6705

2. 해당하는 수에 표시해 보세요.

❶ 2로 나누어떨어지는 수에 ○표
❷ 3으로 나누어떨어지는 수에 X표
❸ 5로 나누어떨어지는 수에 □표

1	(2)	X	(4)	[5]	⊗	7	(8)	X	(10)
11	⊗	13	(14)	⊠	(16)	17	⊗	19	(20)
X	(22)	23	⊗	[25]	(26)	X	(28)	29	⊗
31	(32)	X	(34)	[35]	⊗	37	(38)	X	(40)

16

3. 3으로 나누어떨어지는 수에 ○표 해 보세요.

5039 2491 (1665) 27431 209 (411) 195403 (6027) (14239) (27435)

4. 아래 글을 읽고 해당하는 수에 ○표 해 보세요. 답은 1개 이상일 수도 있어요.

❶ 전교 학생이 545명이에요. 한 모둠이 몇 명으로 구성될 때 인원수가 같은 모둠으로 나눌 수 있을까요?
2 3 (5) 10

❷ 전교 학생이 938명이에요. 한 모둠이 몇 명으로 구성될 때 인원수가 같은 모둠으로 나눌 수 있을까요?
(2) 3 5 10

❸ 빵집에서 롤을 2013개 만들었어요. 한 봉지에 몇 개씩 들어갈 때 롤을 똑같이 나눌 수 있을까요?
2 (3) 5 10

❹ 빵집에서 도넛을 4310개 만들었어요. 한 봉지에 몇 개씩 들어갈 때 도넛을 똑같이 나눌 수 있을까요?
(2) 3 (5) (10)

5. A 대신 어떤 수를 쓸 수 있을까요? 가능한 답을 모두 찾아보세요.

❶ 1406A라는 수가 2로 나누어떨어지려면? **0, 2, 4, 6, 8**

❷ 1406A라는 수가 5로 나누어떨어지려면? **0, 5**

❸ 1406A라는 수가 10으로 나누어떨어지려면? **0**

❹ 1406A라는 수가 3으로 나누어떨어지려면? **1, 4, 7**

더 생각해 보아요!
암호가 세 자리 수예요. 이 암호는 3으로는 나누어떨어지지만 2로는 나누어떨어지지 않아요. 이 암호의 세 번째 자리 숫자는 무엇일까요?
4 3 **5**

17

4 3 □
2로 나누어떨어지지 않으므로 마지막 자리 숫자가 2, 4, 6, 8, 0은 아니에요. 3으로 나누어떨어지려면 각 자리 숫자의 합이 3으로 나누어떨어져야 해요. 1, 3, 5, 7, 9 가운데 5를 더하면 12가 되어 3으로 나누어떨어져요.

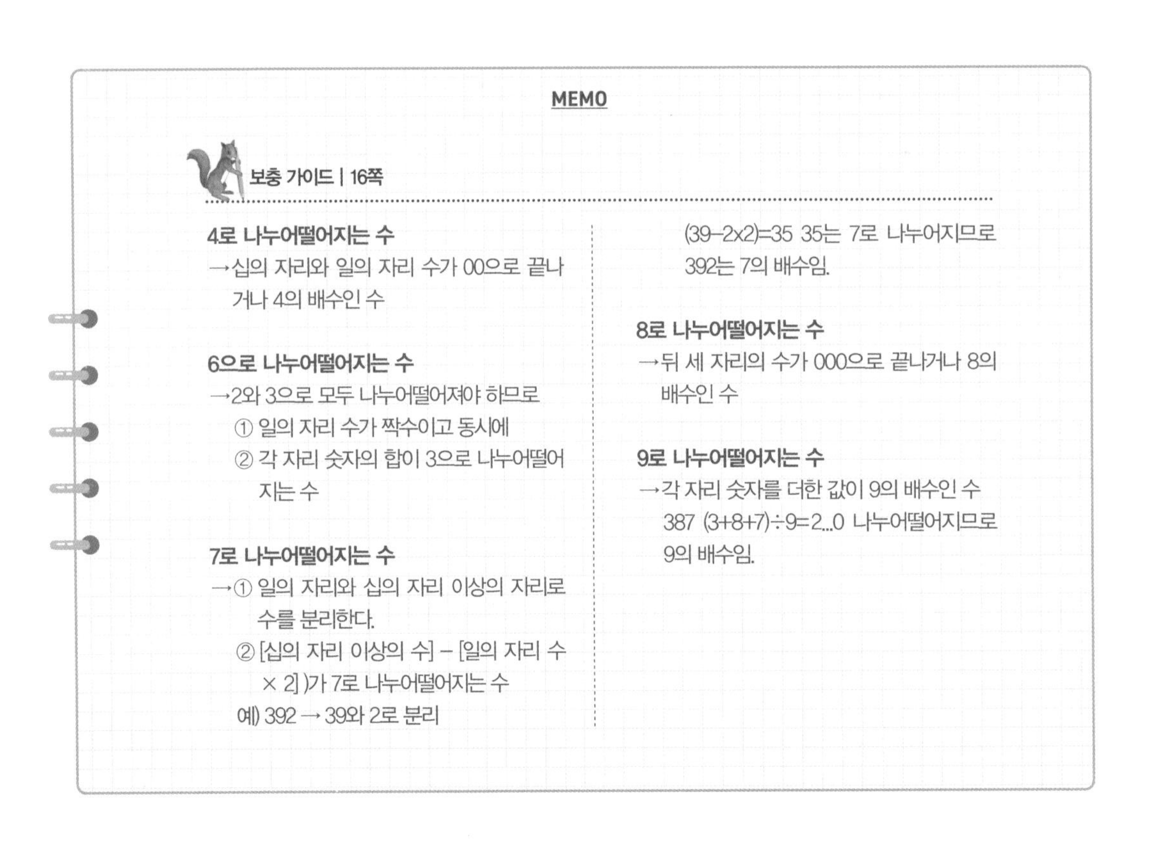

MEMO

보충 가이드 | 16쪽

4로 나누어떨어지는 수
→십의 자리와 일의 자리 수가 00으로 끝나거나 4의 배수인 수

6으로 나누어떨어지는 수
→2와 3으로 모두 나누어떨어져야 하므로
① 일의 자리 수가 짝수이고 동시에
② 각 자리 숫자의 합이 3으로 나누어떨어지는 수

7로 나누어떨어지는 수
→① 일의 자리와 십의 자리 이상의 자리로 수를 분리한다.
② [십의 자리 이상의 수] − [일의 자리 수 × 2])가 7로 나누어떨어지는 수
예) 392 → 39와 2로 분리
(39−2x2)=35 35는 7로 나누어지므로 392는 7의 배수임.

8로 나누어떨어지는 수
→뒤 세 자리의 수가 000으로 끝나거나 8의 배수인 수

9로 나누어떨어지는 수
→각 자리 숫자를 더한 값이 9의 배수인 수
387 (3+8+7)÷9=2...0 나누어떨어지므로 9의 배수임.

18-19쪽

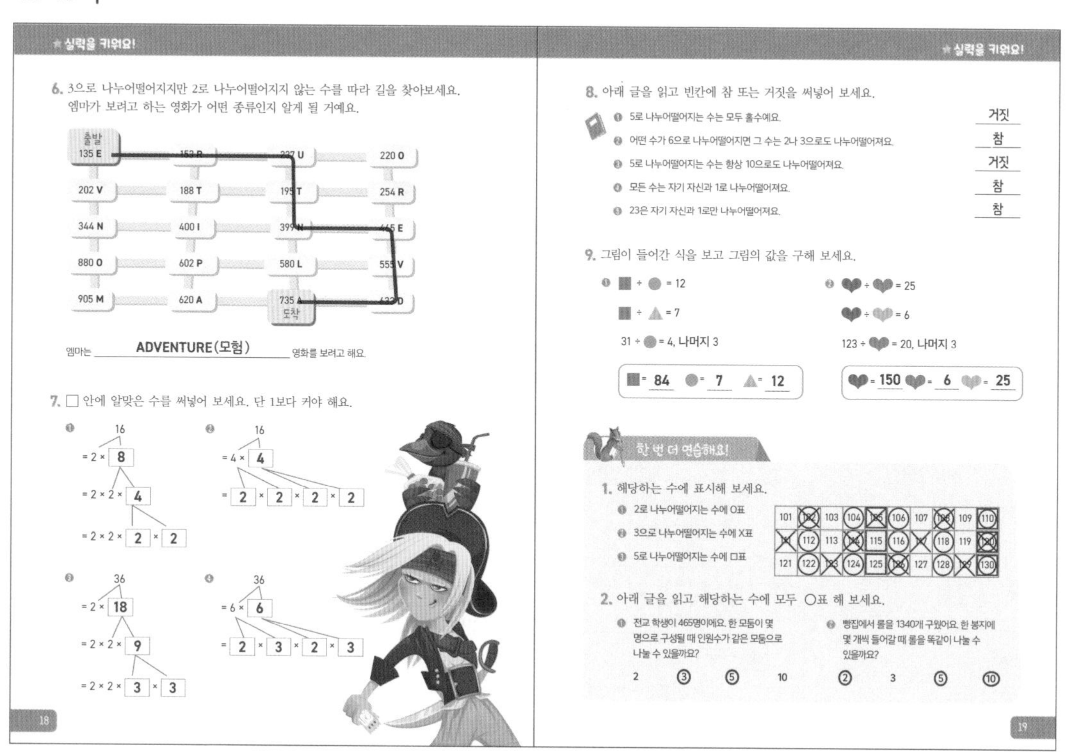

★ 실력을 키워요!

6. 3으로 나누어떨어지지만 2로 나누어떨어지지 않는 수를 따라 길을 찾아보세요. 엠마가 보려고 하는 영화가 어떤 종류인지 알게 될 거예요.

출발 135 E	153 R	237 U	220 O
202 V	188 T	195 T	254 R
344 N	400 I	399 N	465 E
880 O	602 P	580 L	555 V
905 M	620 A	735 A 도착	632 D

엠마는 ADVENTURE(모험) 영화를 보려고 해요.

7. □ 안에 알맞은 수를 써넣어 보세요. 단 1보다 커야 해요.

❶ 16 = 2 × 8 = 2 × 2 × 4 = 2 × 2 × 2 × 2

❷ 16 = 4 × 4 = 2 × 2 × 2 × 2

❸ 36 = 2 × 18 = 2 × 2 × 9 = 2 × 2 × 3 × 3

❹ 36 = 6 × 6 = 2 × 3 × 2 × 3

18

★ 실력을 키워요!

8. 아래 글을 읽고 빈칸에 참 또는 거짓을 써넣어 보세요.

❶ 5로 나누어떨어지는 수는 모두 홀수예요. 거짓

❷ 어떤 수가 6으로 나누어떨어지면 그 수는 2나 3으로도 나누어떨어져요. 참

❸ 5로 나누어떨어지는 수는 항상 10으로도 나누어떨어져요. 거짓

❹ 모든 수는 자기 자신과 1로 나누어떨어져요. 참

❺ 23은 자기 자신과 1로만 나누어떨어져요. 참

9. 그림이 들어간 식을 보고 그림의 값을 구해 보세요.

❶ ■ ÷ ● = 12
■ ÷ ▲ = 7
31 ÷ ● = 4, 나머지 3
■ = 84 ● = 7 ▲ = 12

❷ ♥ ÷ ♥ = 25
♥ ÷ ♥ = 6
123 ÷ ♥ = 20, 나머지 3
♥ = 150 ♥ = 6 ♥ = 25

한 번 더 연습해요!

1. 해당하는 수에 표시해 보세요.

❶ 2로 나누어떨어지는 수에 O표
❷ 3으로 나누어떨어지는 수에 X표
❸ 5로 나누어떨어지는 수에 □표

101	102	103	104	105	106	107	108	109	110
111	112	113	114	115	116	117	118	119	120
121	122	123	124	125	126	127	128	129	130

2. 아래 글을 읽고 해당하는 수에 모두 ○표 해 보세요.

❶ 전교 학생이 465명이에요. 한 모둠이 몇 명으로 구성될 때 인원수가 같은 모둠으로 나눌 수 있을까요?
2 ③ ⑤ 10

❷ 빵집에서 롤을 1340개 구웠어요. 한 봉지에 몇 개씩 들어갈 때 롤을 똑같이 나눌 수 있을까요?
② 3 ⑤ ⑩

19

19쪽 8번

❶ 마지막 자리 숫자가 0이나 5이면 5로 나누어떨어져요. 마지막 자리 숫자가 0이면 짝수예요.

❸ 마지막 자리 숫자가 5이면 5로 나누어떨어지지만 10으로는 나누어떨어지지 않아요.

19쪽 9번

❶ 31÷●=4, 나머지 3
4×●+3=31
●=7

■÷●=12
■÷7=12
■=84

■÷▲=7
84÷▲=7
▲=12

❷ 123÷♥=20, 나머지 3
20×♥+3=123
♥=6

♥÷♥=25
♥÷6=25
♥=150

♥÷♥=6
150÷♥=6
♥=25

MEMO

보충 가이드 | 18쪽 7번

17처럼 1과 17, 즉 1과 자기 자신만으로 나누어떨어지는 1보다 큰 양의 정수를 소수라고 해요.
그림처럼 소수가 나올 때까지 나누는 것을 소인수 분해라고 해요.

〈소인수 분해 방법〉
① 나누어떨어지는 소수로만 나눈다.
② 나누는 순서는 상관없지만 일반적으로 2, 3, 5, 7…의 순서로 작은 소수부터 나누어 간다.
③ 몫이 소수가 될 때까지 나눈다.
④ 나눈 소수들과 마지막 몫을 거듭제곱을 사용하여 곱셈 기호 ×로 연결한다.

예) 72를 소인수 분해 하시오.

① 2) 72
2) 36
2) 18
3) 9
3

② 72 → 2, 36
36 → 2, 18
18 → 2, 9
9 → 3, 3

$72 = 2 \times 2 \times 2 \times 3 \times 3$
$= 2^3 \times 3^2$

20-21쪽

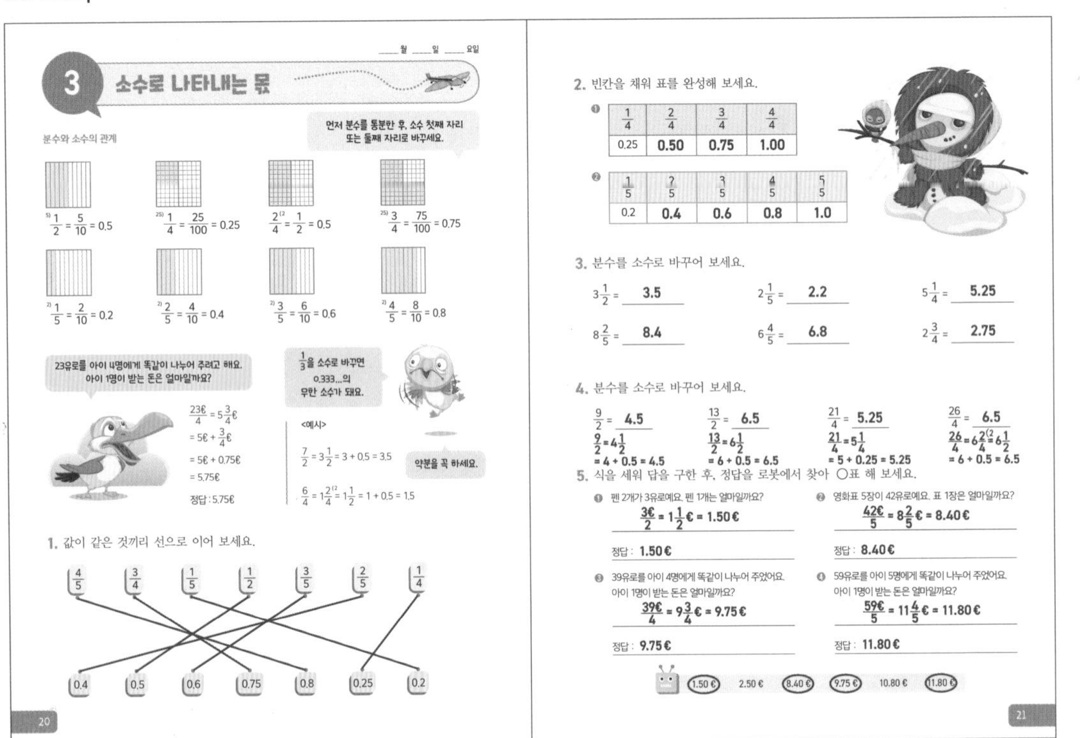

___월 ___일 ___요일

3 소수로 나타내는 몫

분수와 소수의 관계

먼저 분수를 통분한 후, 소수 첫째 자리 또는 둘째 자리로 바꾸세요.

$\frac{1}{2} = \frac{5}{10} = 0.5$ $\frac{1}{4} = \frac{25}{100} = 0.25$ $\frac{2}{4} = \frac{1}{2} = 0.5$ $\frac{3}{4} = \frac{75}{100} = 0.75$

$\frac{1}{5} = \frac{2}{10} = 0.2$ $\frac{2}{5} = \frac{4}{10} = 0.4$ $\frac{3}{5} = \frac{6}{10} = 0.6$ $\frac{4}{5} = \frac{8}{10} = 0.8$

23유로를 아이 4명에게 똑같이 나누어 주려고 해요. 아이 1명이 받는 돈은 얼마일까요?

$\frac{23€}{4} = 5\frac{3}{4}€$
$= 5€ + \frac{3}{4}€$
$= 5€ + 0.75€$
$= 5.75€$
정답 : 5.75€

$\frac{1}{3}$을 소수로 바꾸면 0.333...의 무한 소수가 돼요.

<예시>

$\frac{7}{2} = 3\frac{1}{2} = 3 + 0.5 = 3.5$

$\frac{6}{4} = 1\frac{2}{4} = 1\frac{1}{2} = 1 + 0.5 = 1.5$

약분을 꼭 하세요.

1. 값이 같은 것끼리 선으로 이어 보세요.

$\frac{4}{5}$ $\frac{3}{4}$ $\frac{1}{5}$ $\frac{1}{2}$ $\frac{3}{5}$ $\frac{2}{5}$ $\frac{1}{4}$

0.4 0.5 0.6 0.75 0.8 0.25 0.2

20

2. 빈칸을 채워 표를 완성해 보세요.

❶

$\frac{1}{4}$	$\frac{2}{4}$	$\frac{3}{4}$	$\frac{4}{4}$
0.25	0.50	0.75	1.00

❷

$\frac{1}{5}$	$\frac{2}{5}$	$\frac{3}{5}$	$\frac{4}{5}$	$\frac{5}{5}$
0.2	0.4	0.6	0.8	1.0

3. 분수를 소수로 바꾸어 보세요.

$3\frac{1}{2} = 3.5$ $2\frac{1}{5} = 2.2$ $5\frac{1}{4} = 5.25$

$8\frac{2}{5} = 8.4$ $6\frac{4}{5} = 6.8$ $2\frac{3}{4} = 2.75$

4. 분수를 소수로 바꾸어 보세요.

$\frac{9}{2} = 4.5$, $\frac{9}{2} = 4\frac{1}{2} = 4 + 0.5 = 4.5$

$\frac{13}{2} = 6.5$, $\frac{13}{2} = 6\frac{1}{2} = 6 + 0.5 = 6.5$

$\frac{21}{4} = 5.25$, $\frac{21}{4} = 5\frac{1}{4} = 5 + 0.25 = 5.25$

$\frac{26}{4} = 6.5$, $\frac{26}{4} = 6\frac{2}{4} = 6\frac{1}{2} = 6 + 0.5 = 6.5$

5. 식을 세워 답을 구한 후, 정답을 로봇에서 찾아 ○표 해 보세요.

❶ 펜 2개가 3유로예요. 펜 1개는 얼마일까요?
$\frac{3€}{2} = 1\frac{1}{2}€ = 1.50€$
정답 : 1.50€

❷ 영화표 5장이 42유로예요. 표 1장은 얼마일까요?
$\frac{42€}{5} = 8\frac{2}{5}€ = 8.40€$
정답 : 8.40€

❸ 39유로를 아이 4명에게 똑같이 나누어 주었어요. 아이 1명이 받는 돈은 얼마일까요?
$\frac{39€}{4} = 9\frac{3}{4}€ = 9.75€$
정답 : 9.75€

❹ 59유로를 아이 5명에게 똑같이 나누어 주었어요. 아이 1명이 받는 돈은 얼마일까요?
$\frac{59€}{5} = 11\frac{4}{5}€ = 11.80€$
정답 : 11.80€

1.50€ 2.50€ 8.40€ 9.75€ 10.80€ 11.80€

21

보충 가이드 | 20쪽

분수를 소수로 만들기 위해서는 십진 기수법에 따라 분모를 10, 100, 1000과 같은 형태로 만들어야 해요. 소수는 분수를 십진 위치 기수법으로 표현했기 때문이에요.

- 분모 2와 5는 10의 약수이므로 10으로
- 분모 4는 100의 약수이므로 100으로
- 분모 8은 1000의 약수이므로 1000으로 통분한 후 소수로 나타낼 수 있어요.

하지만 분모가 3, 6, 9, 7인 경우 3, 6, 9, 7이 10, 100, 1000 등의 약수가 아니므로 소수로 나타낼 수 없어요.

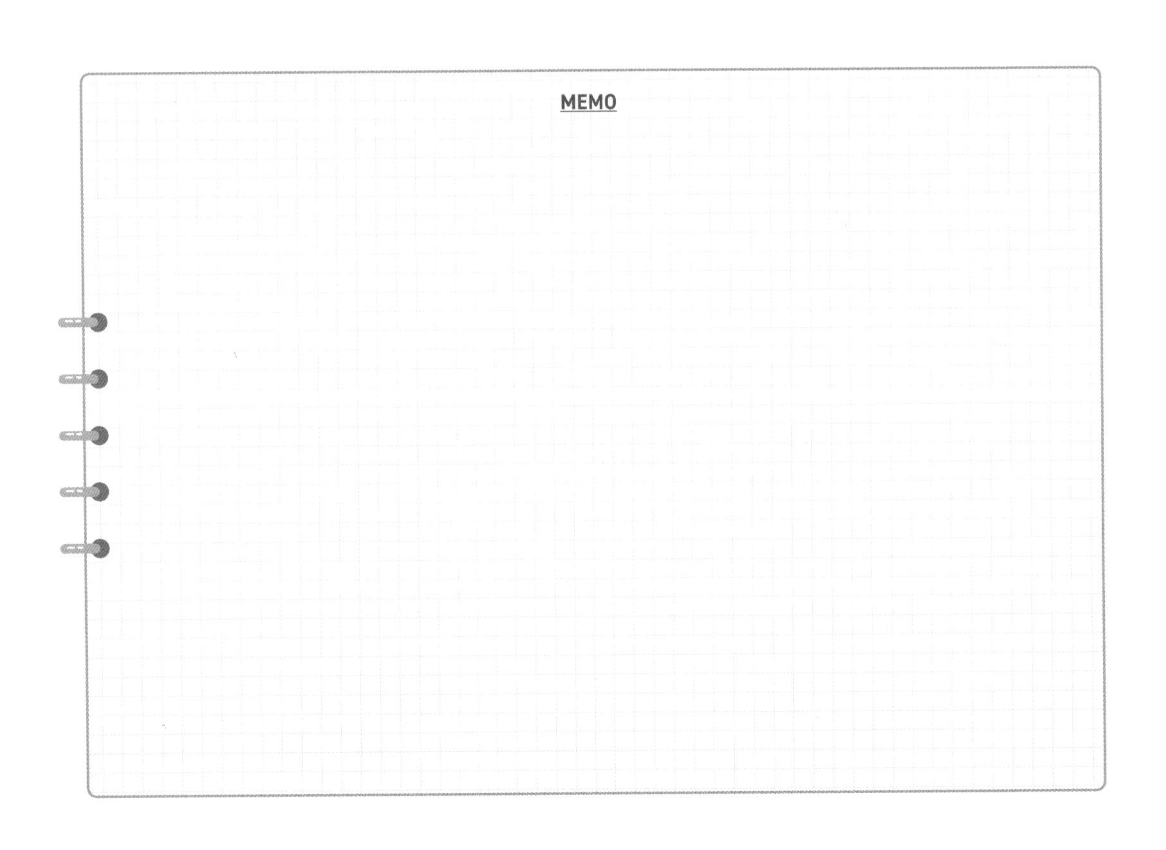

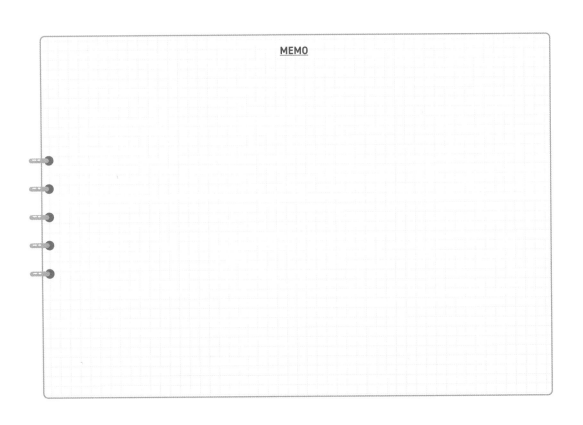

22-23쪽

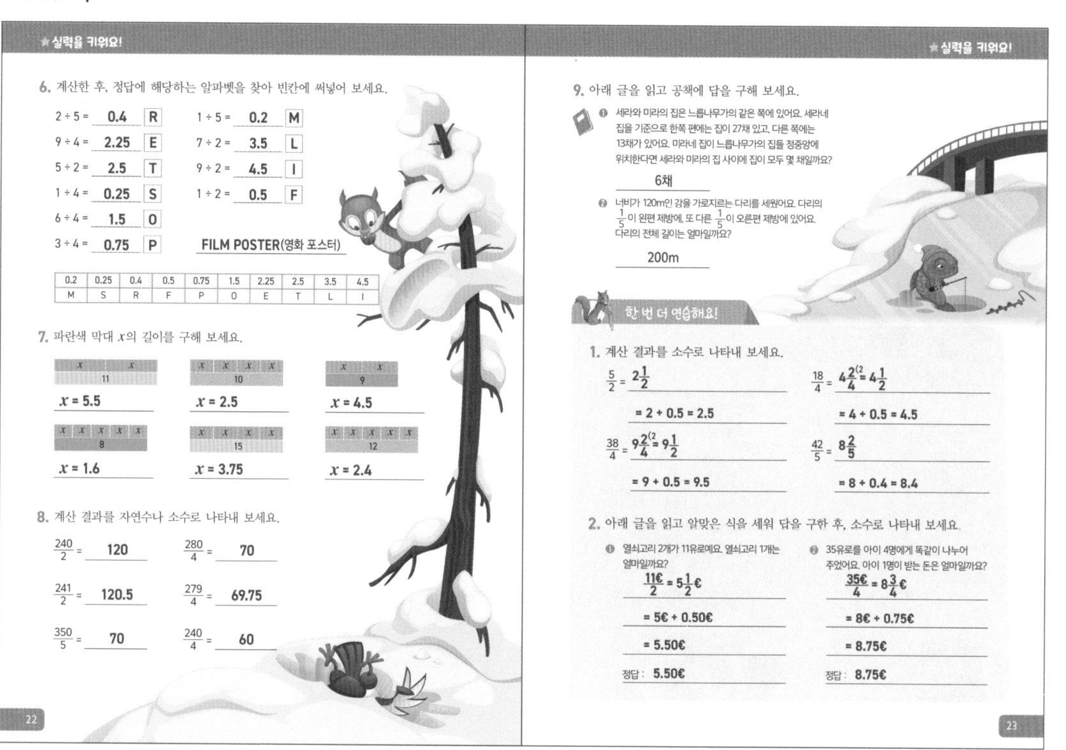

실력을 키워요!

6. 계산한 후, 정답에 해당하는 알파벳을 찾아 빈칸에 써넣어 보세요.

$2 \div 5 =$ 0.4 R　　$1 \div 5 =$ 0.2 M
$9 \div 4 =$ 2.25 E　　$7 \div 2 =$ 3.5 L
$5 \div 2 =$ 2.5 T　　$9 \div 2 =$ 4.5 I
$1 \div 4 =$ 0.25 S　　$1 \div 2 =$ 0.5 F
$6 \div 4 =$ 1.5 O
$3 \div 4 =$ 0.75 P　　FILM POSTER(영화 포스터)

0.2	0.25	0.4	0.5	0.75	1.5	2.25	2.5	3.5	4.5
M	S	R	F	P	O	E	T	L	I

7. 파란색 막대 x의 길이를 구해 보세요.

11: $x = 5.5$　　10: $x = 2.5$　　9: $x = 4.5$
8: $x = 1.6$　　15: $x = 3.75$　　12: $x = 2.4$

8. 계산 결과를 자연수나 소수로 나타내 보세요.

$\frac{240}{2} =$ 120　　$\frac{280}{4} =$ 70
$\frac{241}{2} =$ 120.5　　$\frac{279}{4} =$ 69.75
$\frac{350}{5} =$ 70　　$\frac{240}{4} =$ 60

22

실력을 키워요!

9. 아래 글을 읽고 공책에 답을 구해 보세요.

❶ 세라와 미라의 집은 느릅나무가의 같은 쪽에 있어요. 세라네 집을 기준으로 한쪽 편에는 집이 27채 있고, 다른 쪽에는 13채가 있어요. 미라네 집이 느릅나무가의 집들 정중앙에 위치한다면 세라와 미라의 집 사이에 집이 모두 몇 채일까요?

6채

❷ 너비가 120m인 강을 가로지르는 다리를 세웠어요. 다리의 $\frac{1}{5}$이 왼편 제방에, 또 다른 $\frac{1}{5}$이 오른편 제방에 있어요. 다리의 전체 길이는 얼마일까요?

200m

한 번 더 연습해요!

1. 계산 결과를 소수로 나타내 보세요.

$\frac{5}{2} = 2\frac{1}{2}$ $= 2 + 0.5 = 2.5$　　$\frac{18}{4} = 4\frac{2}{4} = 4\frac{1}{2}$ $= 4 + 0.5 = 4.5$

$\frac{38}{4} = 9\frac{2}{4} = 9\frac{1}{2}$ $= 9 + 0.5 = 9.5$　　$\frac{42}{5} = 8\frac{2}{5}$ $= 8 + 0.4 = 8.4$

2. 아래 글을 읽고 알맞은 식을 세워 답을 구한 후, 소수로 나타내 보세요.

❶ 열쇠고리 2개가 11유로예요. 열쇠고리 1개는 얼마일까요?

$\frac{11€}{2} = 5\frac{1}{2}€$
$= 5€ + 0.50€$
$= 5.50€$
정답 : 5.50€

❷ 35유로를 아이 4명에게 똑같이 나누어 주었어요. 아이 1명이 받는 돈은 얼마일까요?

$\frac{35€}{4} = 8\frac{3}{4}€$
$= 8€ + 0.75€$
$= 8.75€$
정답 : 8.75€

23

22쪽 8번

분자를 분모로 나누어서 소수로 나타낼 수도 있어요.

$$\begin{array}{r} 69.75 \\ 4\overline{)279} \\ -24 \\ \hline 39 \\ -36 \\ \hline 30 \\ -28 \\ \hline 20 \\ -20 \\ \hline 0 \end{array}$$

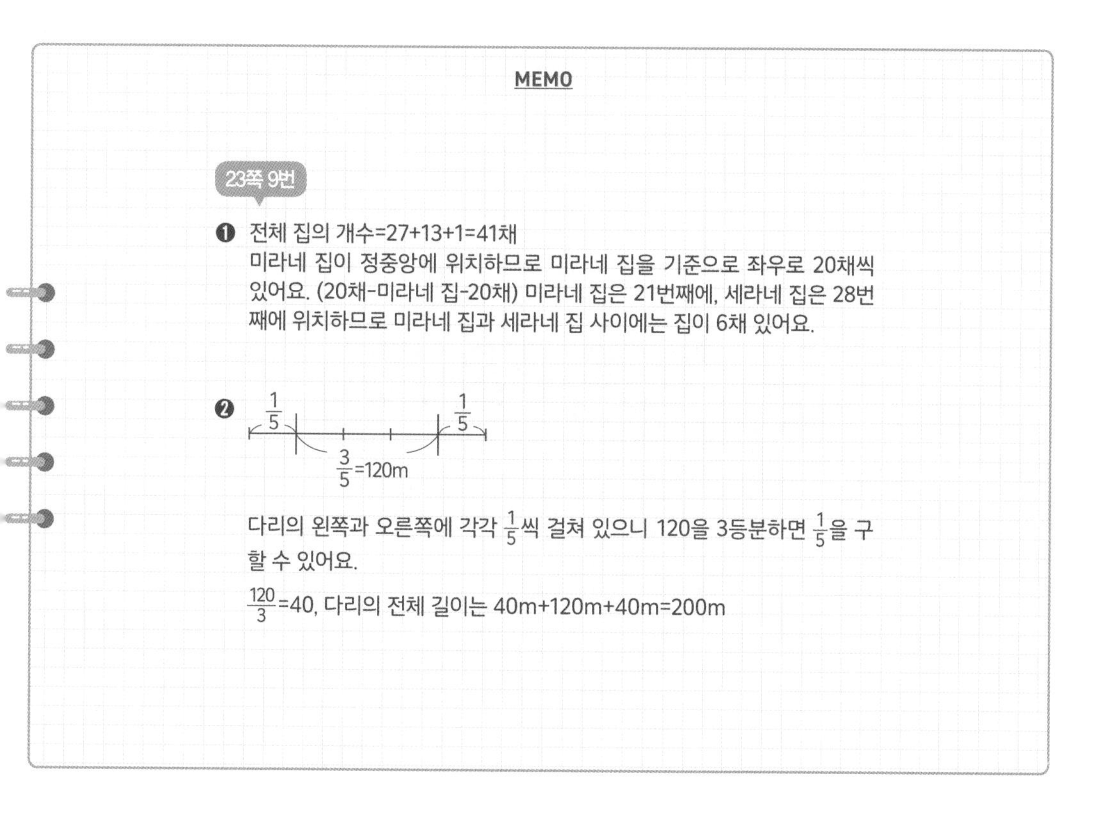

MEMO

23쪽 9번

❶ 전체 집의 개수=27+13+1=41채
미라네 집이 정중앙에 위치하므로 미라네 집을 기준으로 좌우로 20채씩 있어요. (20채-미라네 집-20채) 미라네 집은 21번째에, 세라네 집은 28번째에 위치하므로 미라네 집과 세라네 집 사이에는 집이 6채 있어요.

❷

다리의 왼쪽과 오른쪽에 각각 $\frac{1}{5}$씩 걸쳐 있으니 120을 3등분하면 $\frac{1}{5}$을 구할 수 있어요.

$\frac{120}{3}$=40, 다리의 전체 길이는 40m+120m+40m=200m

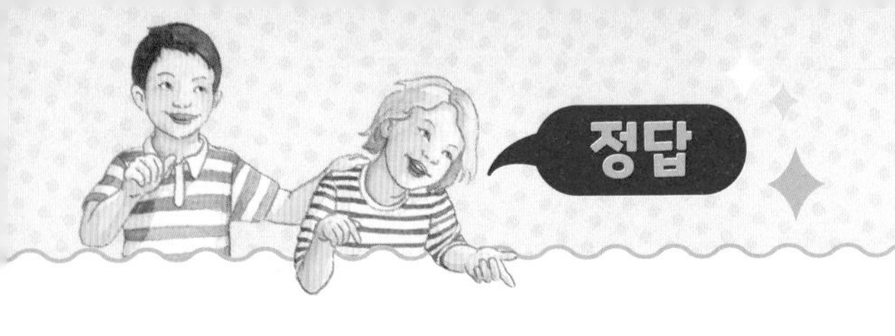

24-25쪽

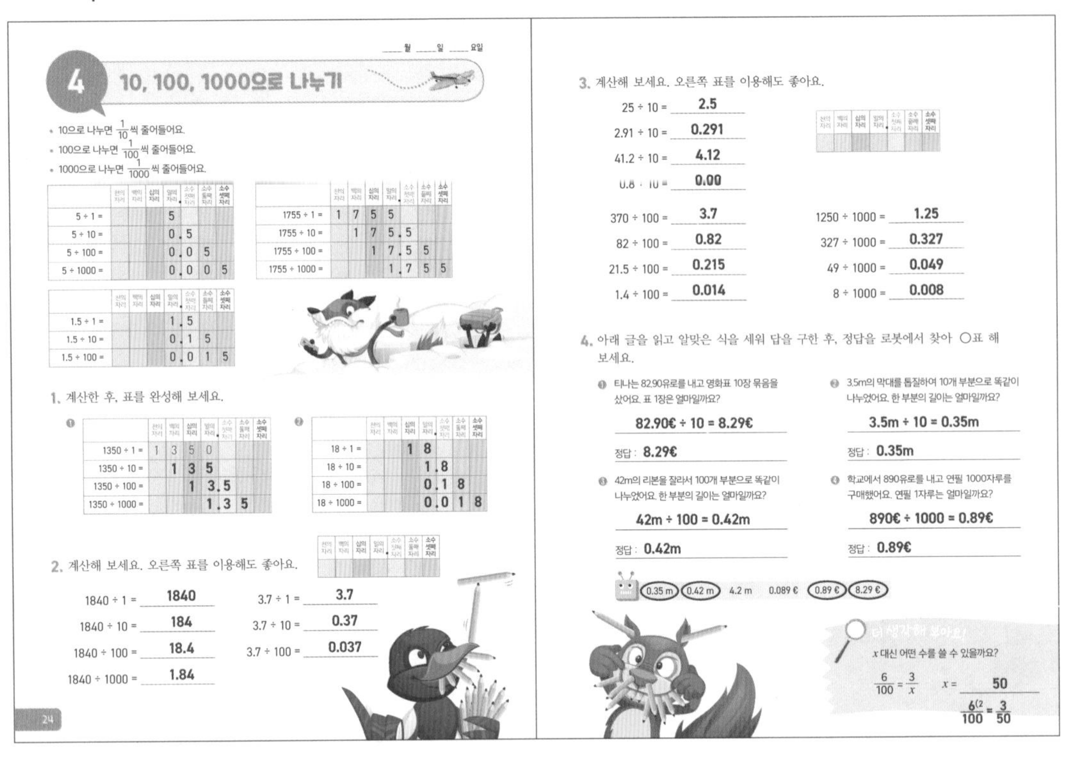

___월 ___일 ___요일

4 10, 100, 1000으로 나누기

- 10으로 나누면 $\frac{1}{10}$씩 줄어들어요.
- 100으로 나누면 $\frac{1}{100}$씩 줄어들어요.
- 1000으로 나누면 $\frac{1}{1000}$씩 줄어들어요.

	천의 자리	백의 자리	십의 자리	일의 자리	소수 첫째 자리	소수 둘째 자리	소수 셋째 자리
5 ÷ 1 =				5			
5 ÷ 10 =				0	5		
5 ÷ 100 =				0	0	5	
5 ÷ 1000 =				0	0	0	5

	천의 자리	백의 자리	십의 자리	일의 자리	소수 첫째 자리	소수 둘째 자리	소수 셋째 자리
1755 ÷ 1 =	1	7	5	5			
1755 ÷ 10 =		1	7	5	5		
1755 ÷ 100 =			1	7	5	5	
1755 ÷ 1000 =				1	7	5	5

	천의 자리	백의 자리	십의 자리	일의 자리	소수 첫째 자리	소수 둘째 자리	소수 셋째 자리
1.5 ÷ 1 =				1	5		
1.5 ÷ 10 =				0	1	5	
1.5 ÷ 100 =				0	0	1	5

1. 계산한 후, 표를 완성해 보세요.

❶

	천의 자리	백의 자리	십의 자리	일의 자리	소수 첫째 자리	소수 둘째 자리	소수 셋째 자리
1350 ÷ 1 =	1	3	5	0			
1350 ÷ 10 =		1	3	5			
1350 ÷ 100 =			1	3	5		
1350 ÷ 1000 =				1	3	5	

❷

	천의 자리	백의 자리	십의 자리	일의 자리	소수 첫째 자리	소수 둘째 자리	소수 셋째 자리
18 ÷ 1 =			1	8			
18 ÷ 10 =				1	8		
18 ÷ 100 =				0	1	8	
18 ÷ 1000 =				0	0	1	8

2. 계산해 보세요. 오른쪽 표를 이용해도 좋아요.

1840 ÷ 1 = 1840
1840 ÷ 10 = 184
1840 ÷ 100 = 18.4
1840 ÷ 1000 = 1.84
3.7 ÷ 1 = 3.7
3.7 ÷ 10 = 0.37
3.7 ÷ 100 = 0.037

24

3. 계산해 보세요. 오른쪽 표를 이용해도 좋아요.

25 ÷ 10 = 2.5
2.91 ÷ 10 = 0.291
41.2 ÷ 10 = 4.12
0.8 ÷ 10 = 0.08
370 ÷ 100 = 3.7
82 ÷ 100 = 0.82
21.5 ÷ 100 = 0.215
1.4 ÷ 100 = 0.014
1250 ÷ 1000 = 1.25
327 ÷ 1000 = 0.327
49 ÷ 1000 = 0.049
8 ÷ 1000 = 0.008

4. 아래 글을 읽고 알맞은 식을 세워 답을 구한 후, 정답을 로봇에서 찾아 ○표 해 보세요.

❶ 티나는 82.90유로를 내고 영화표 10장 묶음을 샀어요. 표 1장은 얼마일까요?
82.90€ ÷ 10 = 8.29€
정답: 8.29€

❷ 3.5m의 막대를 톱질하여 10개 부분으로 똑같이 나누었어요. 한 부분의 길이는 얼마일까요?
3.5m ÷ 10 = 0.35m
정답: 0.35m

❸ 42m의 리본을 잘라서 100개 부분으로 똑같이 나누었어요. 한 부분의 길이는 얼마일까요?
42m ÷ 100 = 0.42m
정답: 0.42m

❹ 학교에서 890유로를 내고 연필 1000자루를 구매했어요. 연필 1자루는 얼마일까요?
890€ ÷ 1000 = 0.89€
정답: 0.89€

(0.35 m) (0.42 m) 4.2 m 0.089 € (0.89 €) (8.29 €)

더 생각해 봐요!
x 대신 어떤 수를 쓸 수 있을까요?
$\frac{6}{100} = \frac{3}{x}$ x = 50
$\frac{6}{100} = \frac{3}{50}$

26-27쪽

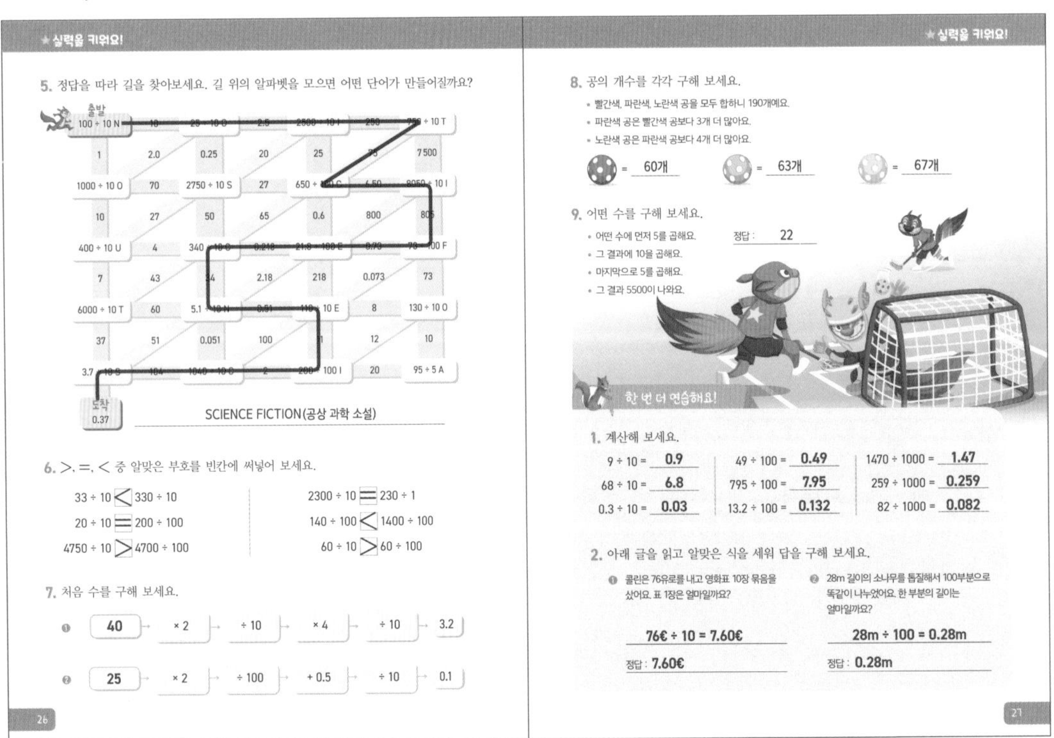

★ 실력을 키워요!

5. 정답을 따라 길을 찾아보세요. 길 위의 알파벳을 모으면 어떤 단어가 만들어질까요?

출발 100 ÷ 10 N … 도착 0.37

SCIENCE FICTION(공상 과학 소설)

6. >, =, < 중 알맞은 부호를 빈칸에 써넣어 보세요.

33 ÷ 10 < 330 ÷ 10
20 ÷ 10 = 200 ÷ 100
4750 ÷ 10 > 4700 ÷ 100
2300 ÷ 10 = 230 ÷ 1
140 ÷ 100 < 1400 ÷ 100
60 ÷ 10 > 60 ÷ 100

7. 처음 수를 구해 보세요.

❶ 40 → × 2 → ÷ 10 → × 4 → ÷ 10 → 3.2
❷ 25 → × 2 → ÷ 100 → + 0.5 → ÷ 10 → 0.1

26

★ 실력을 키워요!

8. 공의 개수를 각각 구해 보세요.

- 빨간색, 파란색, 노란색 공을 모두 합하니 190개예요.
- 파란색 공은 빨간색 공보다 3개 더 많아요.
- 노란색 공은 파란색 공보다 4개 더 많아요.

● = 60개 ◐ = 63개 ○ = 67개

9. 어떤 수를 구해 보세요.

- 어떤 수에 먼저 5를 곱해요.
- 그 결과에 10을 곱해요.
- 마지막으로 5를 곱해요.
- 그 결과 5500이 나와요.

정답: 22

한 번 더 연습해요!

1. 계산해 보세요.

9 ÷ 10 = 0.9
68 ÷ 10 = 6.8
0.3 ÷ 10 = 0.03
49 ÷ 100 = 0.49
795 ÷ 100 = 7.95
13.2 ÷ 100 = 0.132
1470 ÷ 1000 = 1.47
259 ÷ 1000 = 0.259
82 ÷ 1000 = 0.082

2. 아래 글을 읽고 알맞은 식을 세워 답을 구해 보세요.

❶ 콜린은 76유로를 내고 영화표 10장 묶음을 샀어요. 표 1장은 얼마일까요?
76€ ÷ 10 = 7.60€
정답: 7.60€

❷ 28m 길이의 소나무를 톱질해서 100부분으로 똑같이 나누었어요. 한 부분의 길이는 얼마일까요?
28m ÷ 100 = 0.28m
정답: 0.28m

27

26쪽 6번

분모와 분자에 0이 모두 있을 때는 같은 개수만큼의 0을 약분할 수 있어요.

$\frac{330}{10} = \frac{33}{1} = 33$

$\frac{2300}{10} = \frac{230}{1} = 230$

$\frac{60}{100} = \frac{6}{10} = 0.6$

27쪽 8번

❶ ● + ◐ + ○ = 190
❷ ◐ = ● + 3
❸ ○ = ◐ + 4
❷를 ❸에 대입하면
○ = ● + 3 + 4, ○ = ● + 7

❶에 ❷와 ❸을 대입하면
● + ● + 3 + ● + 7 = 190
3 × ● + 10 = 190
3 × ● = 180
● = 60
◐ = 60 + 3 = 63
○ = 60 + 7 = 67

한 번 더 연습해요! | 27쪽 1번

분자가 소수일 때 자연수로 만들기 위해 분모와 분자에 10의 배수를 곱해 준 후 소수로 나타내요.

$\frac{0.3}{10} = \frac{0.3 \times 10}{10 \times 10} = \frac{3}{100} = 0.03$

$\frac{13.2}{100} = \frac{13.2 \times 10}{100 \times 10} = \frac{132}{1000} = 0.132$

28-29쪽

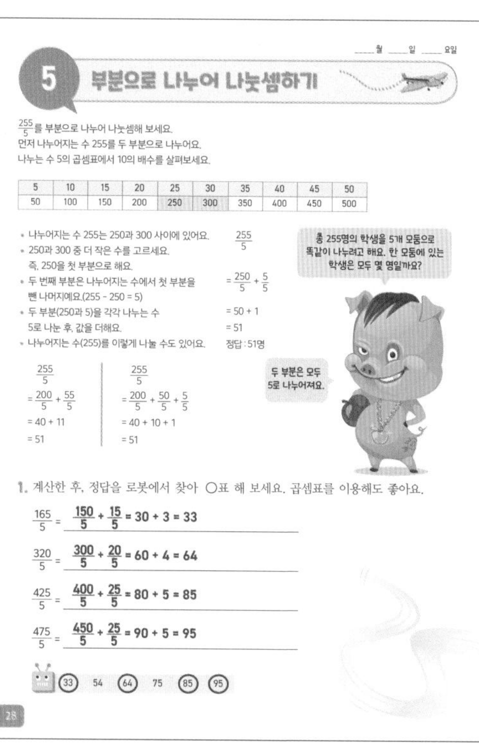

___월 ___일 ___요일

5 부분으로 나누어 나눗셈하기

$\frac{255}{5}$를 부분으로 나누어 나눗셈해 보세요.
먼저 나누어지는 수 255를 두 부분으로 나누어요.
나누는 수 5의 곱셈표에서 10의 배수를 살펴보세요.

5	10	15	20	25	30	35	40	45	50
50	100	150	200	250	300	350	400	450	500

- 나누어지는 수 255는 250과 300 사이에 있어요.
- 250과 300 중 더 작은 수를 고르세요. 즉, 250을 첫 부분으로 해요.
- 두 번째 부분은 나누어지는 수에서 첫 부분을 뺀 나머지예요.(255 - 250 = 5)
- 두 부분(250과 5)을 각각 나누는 수 5로 나눈 후, 값을 더해요.
- 나누어지는 수(255)를 이렇게 나눌 수도 있어요.

$\frac{255}{5} = \frac{250}{5} + \frac{5}{5} = 50 + 1 = 51$

정답 : 51명

총 255명의 학생을 5개 모둠으로 똑같이 나누려고 해요. 한 모둠에 있는 학생은 모두 몇 명일까요?
두 부분은 모두 5로 나누어져요.

$\frac{255}{5} = \frac{200}{5} + \frac{55}{5} = 40 + 11 = 51$

$\frac{255}{5} = \frac{200}{5} + \frac{50}{5} + \frac{5}{5} = 40 + 10 + 1 = 51$

1. 계산한 후, 정답을 로봇에서 찾아 ○표 해 보세요. 곱셈표를 이용해도 좋아요.

$\frac{165}{5} = \frac{150}{5} + \frac{15}{5} = 30 + 3 = 33$

$\frac{320}{5} = \frac{300}{5} + \frac{20}{5} = 60 + 4 = 64$

$\frac{425}{5} = \frac{400}{5} + \frac{25}{5} = 80 + 5 = 85$

$\frac{475}{5} = \frac{450}{5} + \frac{25}{5} = 90 + 5 = 95$

(33) 54 (64) 75 (85) (95)

28

2. 곱셈표를 완성해 보세요.

3	6	9	12	15	18	21	24	27	30
30	60	90	120	150	180	210	240	270	300

3. 공책에 계산한 후, 정답을 로봇에서 찾아 ○표 해 보세요.

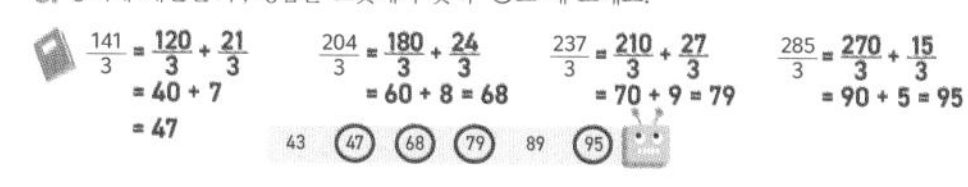

$\frac{141}{3} = \frac{120}{3} + \frac{21}{3} = 40 + 7 = 47$

$\frac{204}{3} = \frac{180}{3} + \frac{24}{3} = 60 + 8 = 68$

$\frac{237}{3} = \frac{210}{3} + \frac{27}{3} = 70 + 9 = 79$

$\frac{285}{3} = \frac{270}{3} + \frac{15}{3} = 90 + 5 = 95$

43 (47) (68) (79) 89 (95)

4. 아래 글을 읽고 알맞은 식을 세워 답을 구한 후, 정답을 로봇에서 찾아 ○표 해 보세요.

① 영화관 3곳에 총 246석이 있어요. 각 영화관의 좌석 수는 모두 같아요. 영화관 1곳의 좌석은 몇 개일까요?
$\frac{246}{3} = \frac{240}{3} + \frac{6}{3} = 80 + 2 = 82$ 정답 : 82석

② 총 425명의 학생을 5모둠으로 나누었어요. 한 모둠에 있는 학생은 몇 명일까요?
$\frac{425}{5} = \frac{400}{5} + \frac{25}{5} = 80 + 5 = 85$ 정답 : 85명

③ 312명의 학생을 4모둠으로 나누었어요. 한 모둠에 있는 학생은 몇 명일까요?
$\frac{312}{4} = \frac{280}{4} + \frac{32}{4} = 70 + 8 = 78$ 정답 : 78명

④ 영화관 4곳에 총 384석이 있어요. 각 영화관의 좌석 수는 모두 같아요. 영화관 1곳의 좌석은 몇 개일까요?
$\frac{384}{4} = \frac{360}{4} + \frac{24}{4} = 90 + 6 = 96$ 정답 : 96석

⑤ 456개의 롤을 6개들이 봉지에 똑같이 나누어 담았어요. 필요한 봉지는 몇 개일까요?
$\frac{456}{6} = \frac{420}{6} + \frac{36}{6} = 70 + 6 = 76$ 정답 : 76개

⑥ 756개의 롤을 9개들이 봉지에 똑같이 나누어 담았어요. 필요한 봉지는 몇 개일까요?
$\frac{756}{9} = \frac{720}{9} + \frac{36}{9} = 80 + 4 = 84$ 정답 : 84개

(76) (78) (82) (84) (85) 86 92 (96)

더 생각해 보아요!

사과가 6개씩 9줄 있어요. 가로 2줄, 세로 2줄에 있는 사과를 빼면 남은 사과는 모두 몇 개일까요?

28개

29

더 생각해 보아요! | 29쪽

처음 사과 개수 6×9=54개
가로 2줄 사과 개수 6×2=12개
가로 2줄을 빼고 남은 사과 개수 6×7=42개
세로 2줄 사과 개수 7×2=14개
세로 2줄을 빼고 남은 사과 개수 4×7=28개

30-31쪽

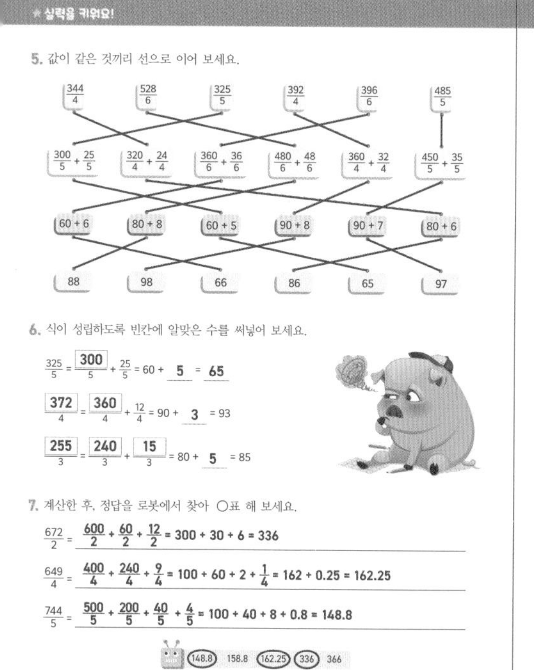

★ 실력을 키워요!

5. 값이 같은 것끼리 선으로 이어 보세요.

$\frac{344}{4}$ $\frac{528}{6}$ $\frac{325}{5}$ $\frac{392}{4}$ $\frac{396}{6}$ $\frac{485}{5}$

$\frac{300}{5}+\frac{25}{5}$ $\frac{320}{4}+\frac{24}{4}$ $\frac{360}{6}+\frac{36}{6}$ $\frac{480}{6}+\frac{48}{6}$ $\frac{360}{4}+\frac{32}{4}$ $\frac{450}{5}+\frac{35}{5}$

60 + 6 80 + 8 60 + 5 90 + 8 90 + 7 80 + 6

88 98 66 86 65 97

6. 식이 성립하도록 빈칸에 알맞은 수를 써넣어 보세요.

$\frac{325}{5} = \frac{300}{5} + \frac{25}{5} = 60 + 5 = 65$

$\frac{372}{4} = \frac{360}{4} + \frac{12}{4} = 90 + 3 = 93$

$\frac{255}{3} = \frac{240}{3} + \frac{15}{3} = 80 + 5 = 85$

7. 계산한 후, 정답을 로봇에서 찾아 ○표 해 보세요.

$\frac{672}{2} = \frac{600}{2} + \frac{60}{2} + \frac{12}{2} = 300 + 30 + 6 = 336$

$\frac{649}{4} = \frac{400}{4} + \frac{240}{4} + \frac{9}{4} = 100 + 60 + 2 + \frac{1}{4} = 162 + 0.25 = 162.25$

$\frac{744}{5} = \frac{500}{5} + \frac{200}{5} + \frac{40}{5} + \frac{4}{5} = 100 + 40 + 8 + 0.8 = 148.8$

(148.8) 158.8 (162.25) (336) 366

30

★ 실력을 키워요!

8. 아래 글을 읽고 관람자의 이름, 영화, 그리고 간식을 알아맞혀 보세요.

이름	리나	미라	버디	베라
영화	모험 영화	스릴러 영화	판타지 영화	만화 영화
간식	과일	땅콩	사탕	팝콘

① 스릴러를 보는 아이는 땅콩을 먹어요.
② 미라 옆에 있는 아이는 모험 영화를 봐요.
③ 오른쪽 끝에 있는 아이는 팝콘을 먹어요.
④ 팝콘을 먹는 아이와 리나는 나란히 있지 않아요.
⑤ 미라와 베라 사이에 있는 아이는 판타지 영화를 봐요.
⑥ 리나는 과일을 먹어요.
⑦ 버디와 리나 사이의 아이는 스릴러 영화를 봐요.
⑧ 버디는 사탕을 먹어요.
⑨ 리나는 미라 옆에 있어요.
⑩ 판타지 영화를 보는 아이는 만화 영화를 보는 아이 옆에 있어요.
⑪ 베라는 팝콘을 먹어요.

한 번 더 연습해요!

1. 계산해 보세요.

$\frac{192}{3} = \frac{180}{3} + \frac{12}{3} = 60 + 4 = 64$

$\frac{465}{5} = \frac{450}{5} + \frac{15}{5} = 90 + 3 = 93$

2. 아래 글을 읽고 알맞은 식을 세워 답을 구해 보세요.

① 영화관 3곳에 총 288석이 있어요. 각 영화관의 좌석 수는 모두 같아요. 영화관 1곳의 좌석은 모두 몇 개일까요?
$\frac{288}{3} = \frac{270}{3} + \frac{18}{3} = 90 + 6 = 96$
정답 : 96석

② 영화관 5곳에 총 375석이 있어요. 각 영화관의 좌석 수는 모두 같아요. 영화관 1곳의 좌석은 모두 몇 개일까요?
$\frac{375}{5} = \frac{350}{5} + \frac{25}{5} = 70 + 5 = 75$
정답 : 75석

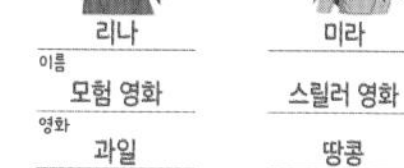

31

31쪽 8번

	●	●	●	●
이름	리나	리나		베라
영화				
간식				팝콘

③ 오른쪽 끝에 있는 아이는 팝콘을 먹어요.
⑪ 베라는 팝콘을 먹어요.
④ 팝콘을 먹는 아이와 리나는 나란히 있지 않아요.

	●	●	●	●
이름	리나	리나 미라		베라
영화	모험 영화		판타지 영화	
간식	과일			팝콘

⑤ 미라와 베라 사이에 있는 아이는 판타지 영화를 봐요.
⑨ 리나는 미라 옆에 있어요.
⑥ 리나는 과일을 먹어요.
② 미라 옆에 있는 아이는 모험 영화를 봐요.

	●	●	●	●
이름	리나	미라	버디	베라
영화	모험 영화	스릴러 영화	판타지 영화	만화 영화
간식	과일	땅콩	사탕	팝콘

⑦ 버디와 리나 사이의 아이는 스릴러 영화를 봐요.
⑧ 버디는 사탕을 먹어요.
① 스릴러를 보는 아이는 땅콩을 먹어요.
⑩ 판타지 영화를 보는 아이는 만화 영화를 보는 아이 옆에 있어요.

32-33쪽

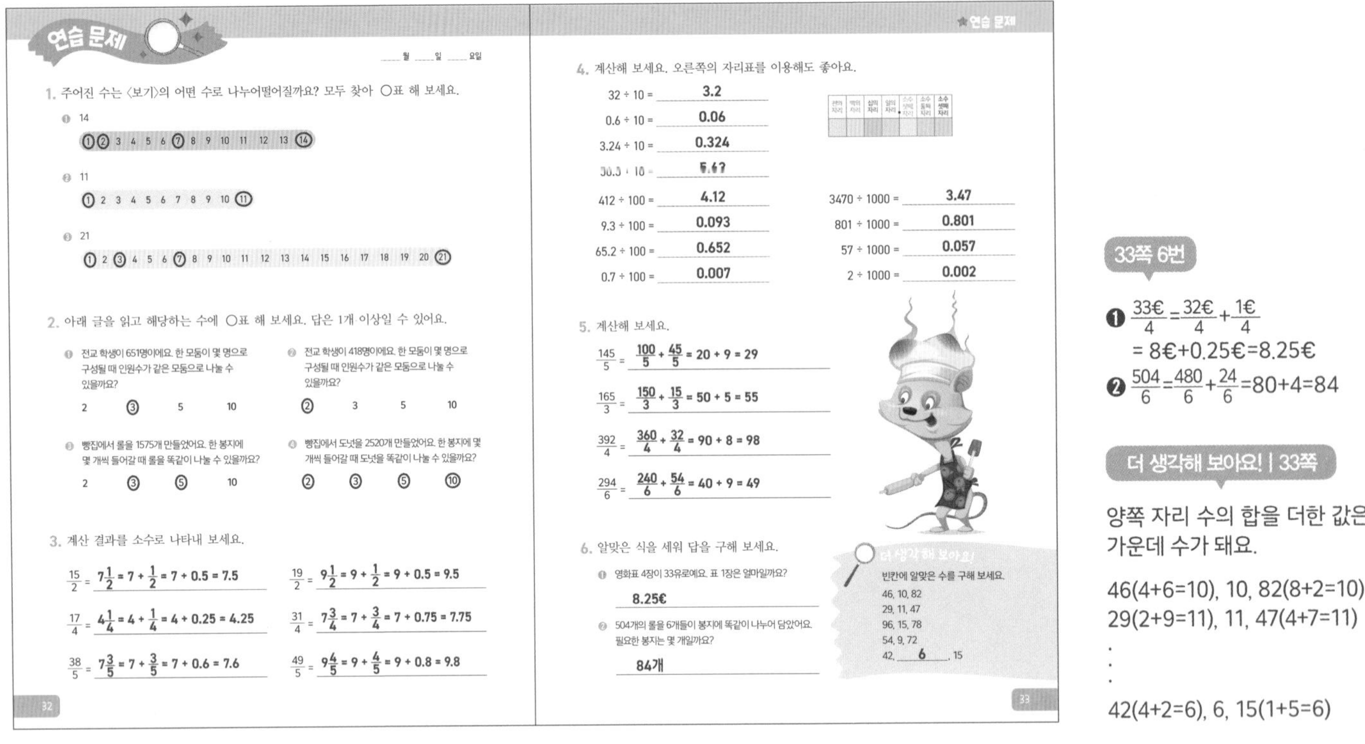

연습 문제

____월 ____일 ____요일

1. 주어진 수는 〈보기〉의 어떤 수로 나누어떨어질까요? 모두 찾아 ○표 해 보세요.

❶ 14

(1) (2) 3 4 5 6 (7) 8 9 10 11 12 13 (14)

❷ 11

(1) 2 3 4 5 6 7 8 9 10 (11)

❸ 21

(1) 2 (3) 4 5 6 (7) 8 9 10 11 12 13 14 15 16 17 18 19 20 (21)

2. 아래 글을 읽고 해당하는 수에 ○표 해 보세요. 답은 1개 이상일 수 있어요.

❶ 전교 학생이 651명이에요. 한 모둠이 몇 명으로 구성될 때 인원수가 같은 모둠으로 나눌 수 있을까요?

2 (3) 5 10

❷ 전교 학생이 418명이에요. 한 모둠이 몇 명으로 구성될 때 인원수가 같은 모둠으로 나눌 수 있을까요?

(2) 3 5 10

❸ 빵집에서 롤을 1575개 만들었어요. 한 봉지에 몇 개씩 들어갈 때 롤을 똑같이 나눌 수 있을까요?

2 (3) (5) 10

❹ 빵집에서 도넛을 2520개 만들었어요. 한 봉지에 몇 개씩 들어갈 때 도넛을 똑같이 나눌 수 있을까요?

(2) (3) (5) (10)

3. 계산 결과를 소수로 나타내 보세요.

$\frac{15}{2} = 7\frac{1}{2} = 7 + \frac{1}{2} = 7 + 0.5 = 7.5$

$\frac{19}{2} = 9\frac{1}{2} = 9 + \frac{1}{2} = 9 + 0.5 = 9.5$

$\frac{17}{4} = 4\frac{1}{4} = 4 + \frac{1}{4} = 4 + 0.25 = 4.25$

$\frac{31}{4} = 7\frac{3}{4} = 7 + \frac{3}{4} = 7 + 0.75 = 7.75$

$\frac{38}{5} = 7\frac{3}{5} = 7 + \frac{3}{5} = 7 + 0.6 = 7.6$

$\frac{49}{5} = 9\frac{4}{5} = 9 + \frac{4}{5} = 9 + 0.8 = 9.8$

32

연습 문제

4. 계산해 보세요. 오른쪽의 자리표를 이용해도 좋아요.

32 ÷ 10 = 3.2

0.6 ÷ 10 = 0.06

3.24 ÷ 10 = 0.324

36.3 ÷ 10 = 3.63

412 ÷ 100 = 4.12

9.3 ÷ 100 = 0.093

65.2 ÷ 100 = 0.652

0.7 ÷ 100 = 0.007

3470 ÷ 1000 = 3.47

801 ÷ 1000 = 0.801

57 ÷ 1000 = 0.057

2 ÷ 1000 = 0.002

5. 계산해 보세요.

$\frac{145}{5} = \frac{100}{5} + \frac{45}{5} = 20 + 9 = 29$

$\frac{165}{3} = \frac{150}{3} + \frac{15}{3} = 50 + 5 = 55$

$\frac{392}{4} = \frac{360}{4} + \frac{32}{4} = 90 + 8 = 98$

$\frac{294}{6} = \frac{240}{6} + \frac{54}{6} = 40 + 9 = 49$

6. 알맞은 식을 세워 답을 구해 보세요.

❶ 영화표 4장이 33유로예요. 표 1장은 얼마일까요?

8.25€

❷ 504개의 롤을 6개들이 봉지에 똑같이 나누어 담았어요. 필요한 봉지는 몇 개일까요?

84개

더 생각해 보아요!

빈칸에 알맞은 수를 구해 보세요.

46, 10, 82

29, 11, 47

96, 15, 78

54, 9, 72

42, 6, 15

33

33쪽 6번

❶ $\frac{33€}{4} = \frac{32€}{4} + \frac{1€}{4}$
$= 8€ + 0.25€ = 8.25€$

❷ $\frac{504}{6} = \frac{480}{6} + \frac{24}{6} = 80 + 4 = 84$

더 생각해 보아요! | 33쪽

양쪽 자리 수의 합을 더한 값은 가운데 수가 돼요.

46(4+6=10), 10, 82(8+2=10)
29(2+9=11), 11, 47(4+7=11)
⋮
42(4+2=6), 6, 15(1+5=6)

34-35쪽

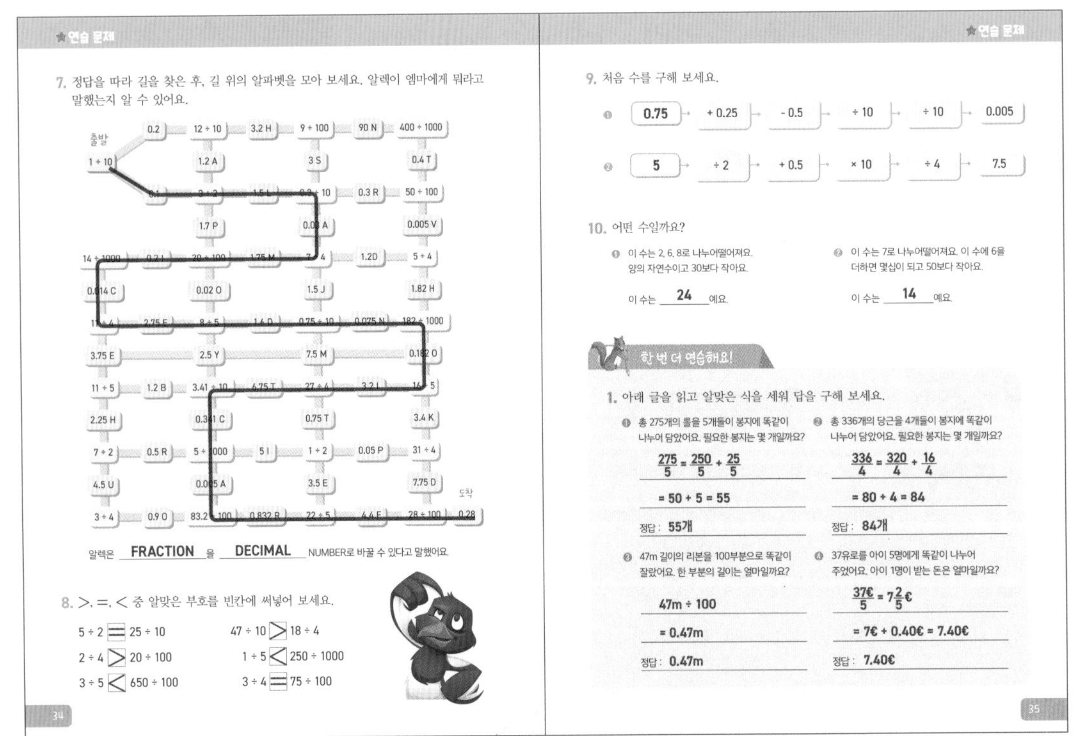

연습 문제

7. 정답을 따라 길을 찾은 후, 길 위의 알파벳을 모아 보세요. 알렉이 엄마에게 뭐라고 말했는지 알 수 있어요.

출발 1 ÷ 10 … 도착

알렉은 FRACTION 을 DECIMAL NUMBER로 바꿀 수 있다고 말했어요.

8. >, =, < 중 알맞은 부호를 빈칸에 써넣어 보세요.

5 ÷ 2 = 25 ÷ 10

47 ÷ 10 > 18 ÷ 4

2 ÷ 4 > 20 ÷ 100

1 ÷ 5 < 250 ÷ 1000

3 ÷ 5 < 650 ÷ 100

3 ÷ 4 = 75 ÷ 100

34

연습 문제

9. 처음 수를 구해 보세요.

❶ 0.75 → + 0.25 → − 0.5 → ÷ 10 → ÷ 10 → 0.005

❷ 5 → ÷ 2 → + 0.5 → × 10 → ÷ 4 → 7.5

10. 어떤 수일까요?

❶ 이 수는 2, 6, 8로 나누어떨어져요. 양의 자연수이고 30보다 작아요.

이 수는 24 예요.

❷ 이 수는 7로 나누어떨어져요. 이 수에 6을 더하면 몇십이 되고 50보다 작아요.

이 수는 14 예요.

한 번 더 연습해요!

1. 아래 글을 읽고 알맞은 식을 세워 답을 구해 보세요.

❶ 총 275개의 롤을 5개들이 봉지에 똑같이 나누어 담았어요. 필요한 봉지는 몇 개일까요?

$\frac{275}{5} = \frac{250}{5} + \frac{25}{5}$

$= 50 + 5 = 55$

정답: 55개

❷ 총 336개의 당근을 4개들이 봉지에 똑같이 나누어 담았어요. 필요한 봉지는 몇 개일까요?

$\frac{336}{4} = \frac{320}{4} + \frac{16}{4}$

$= 80 + 4 = 84$

정답: 84개

❸ 47m 길이의 리본을 100부분으로 똑같이 잘랐어요. 한 부분의 길이는 얼마일까요?

47m ÷ 100

= 0.47m

정답: 0.47m

❹ 37유로를 아이 5명에게 똑같이 나누어 주었어요. 아이 1명이 받는 돈은 얼마일까요?

$\frac{37€}{5} = 7\frac{2}{5}€$

= 7€ + 0.40€ = 7.40€

정답: 7.40€

35

34쪽 7번

알렉은 FRACTION (분수)을 DECIMAL NUMBER (소수)로 바꿀 수 있다고 말했어요.

35쪽 10번

❶ 2, 6, 8로 나누어떨어지고 30보다 작은 수를 구하려면 2, 6, 8의 최소공배수를 구해야 해요. 답은 24예요.

❷ 50보다 작은 7단을 나열해 보면 7, 14, 21, 28, 35, 42, 49예요. 이 가운데 6을 더하면 몇십이 되는 수는 14예요.

36-37쪽

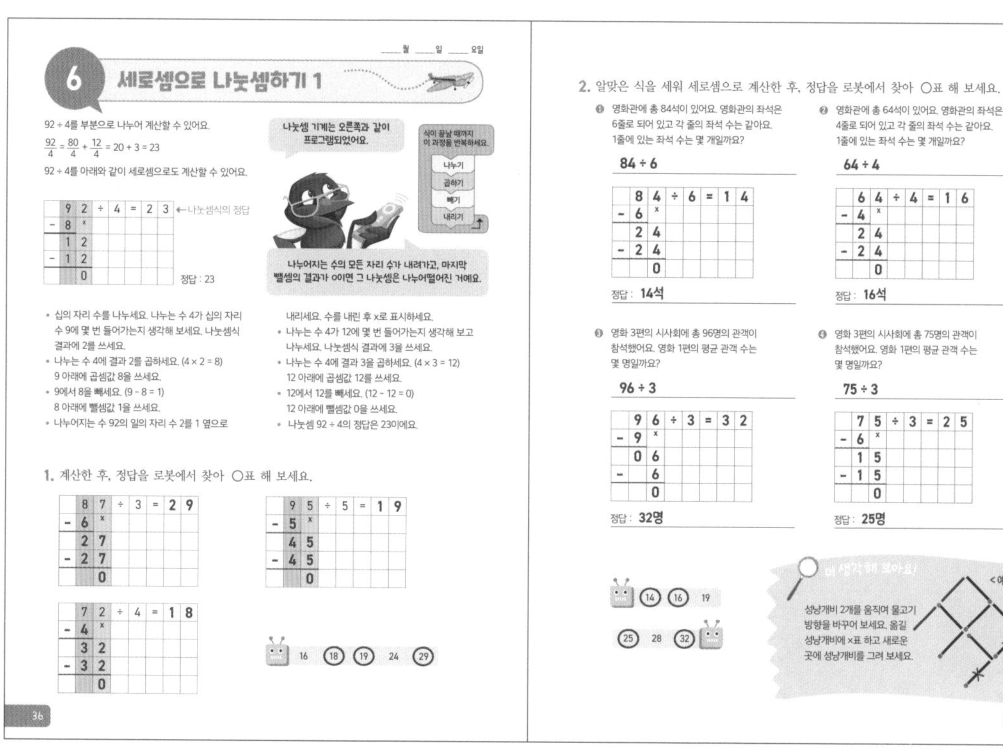

보충 가이드 | 36쪽

세로셈에서는 자릿값을 지키는 것이 중요하므로 처음에는 격자가 있는 곳에서 연습한 후 자릿값에 익숙해지면 백지에서 연습하면 좋아요. 한국식 세로셈과도 비교해 보세요. 형식은 달라도 아이디어는 같다는 것을 알 수 있어요.

핀란드식 세로셈

					①	②
	8	7	÷	3	=	2	9
−	6	×	=3×2①			
	2	7				
−	2	7	=3×9②			
		0				

한국식 세로셈

$$\begin{array}{r} 2\ 9 \\ 3\overline{)\,8\ 7} \\ -\ 6\ \ \ =3\times2\ ① \\ \hline 2\ 7 \\ -\ 2\ 7\ =3\times9\ ② \\ \hline 0 \end{array}$$

38-39쪽

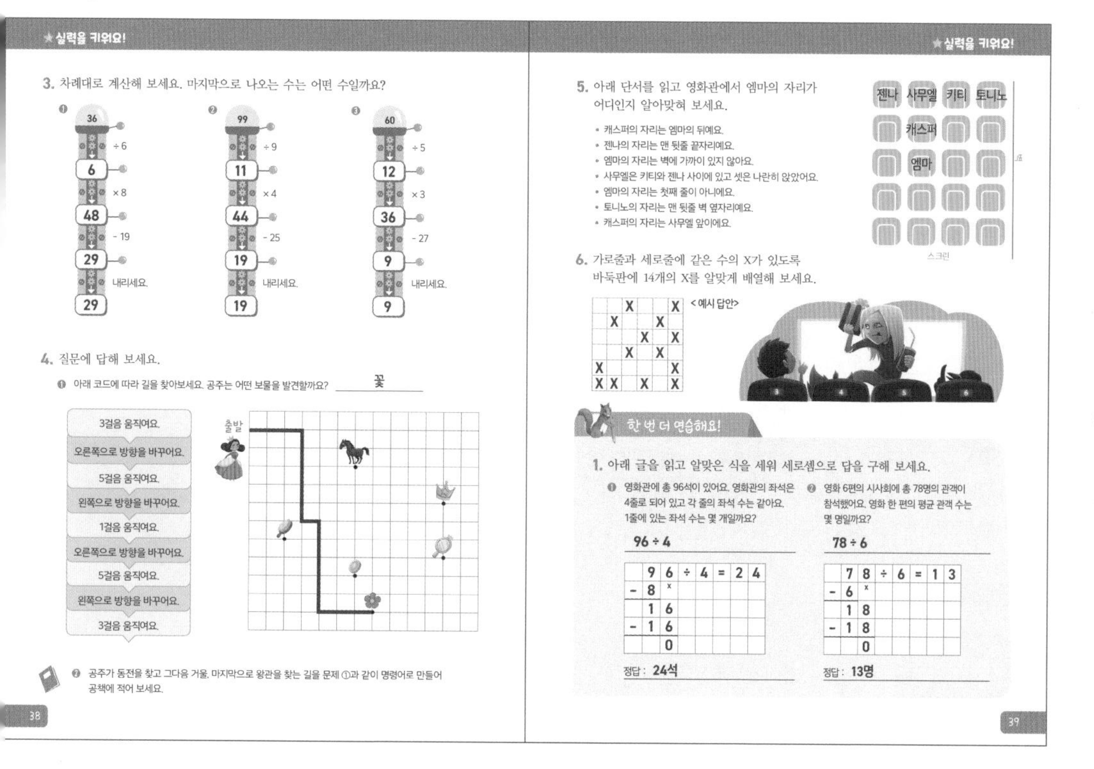

38쪽 4번

<예시 답안>

❷ 3걸음 움직여요.
오른쪽으로 방향을 바꾸어요.
8걸음 움직여요.
왼쪽으로 방향을 바꾸어요.
3걸음 움직여요.
5걸음 움직여요.
왼쪽으로 방향을 바꾸어요.
1걸음 움직여요.
3걸음 움직여요.

40-41쪽

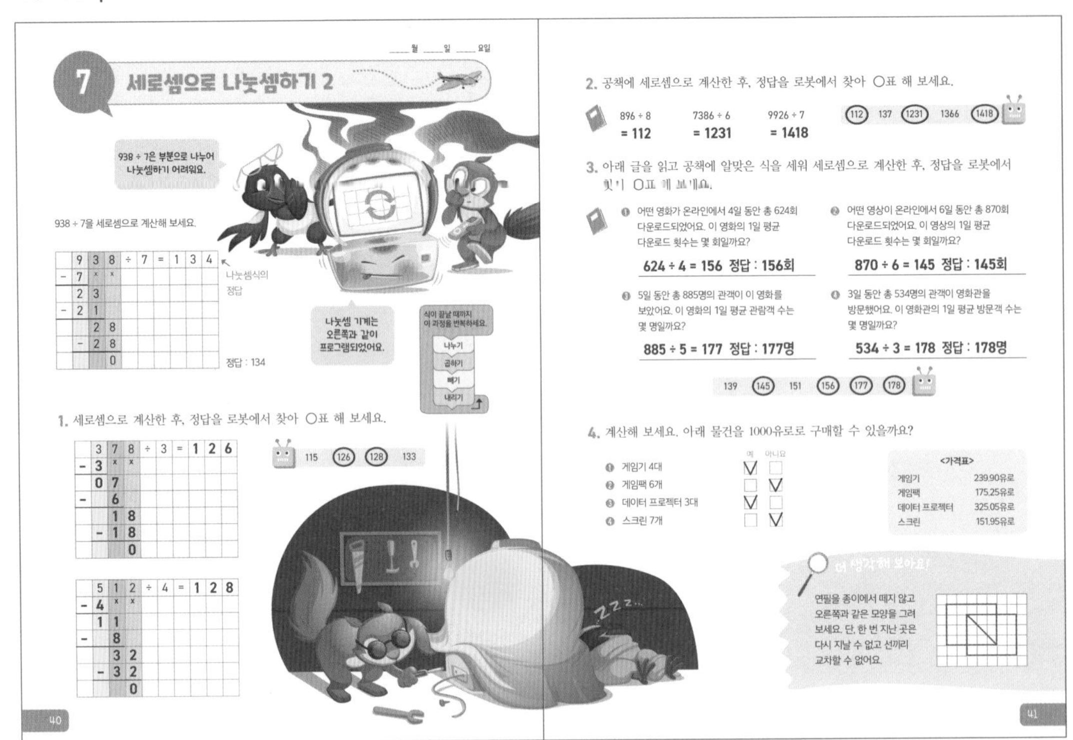

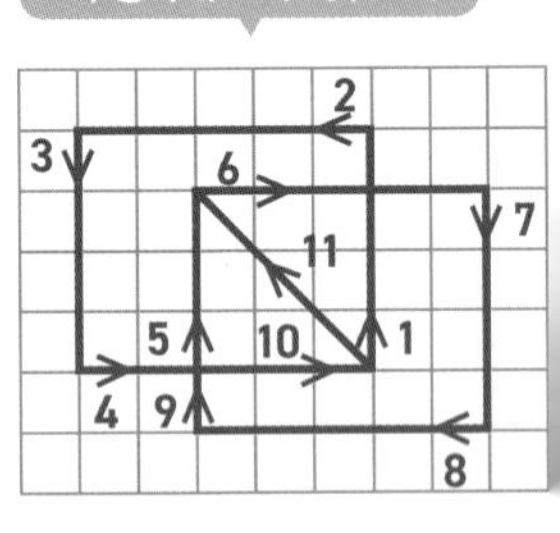

42-43쪽

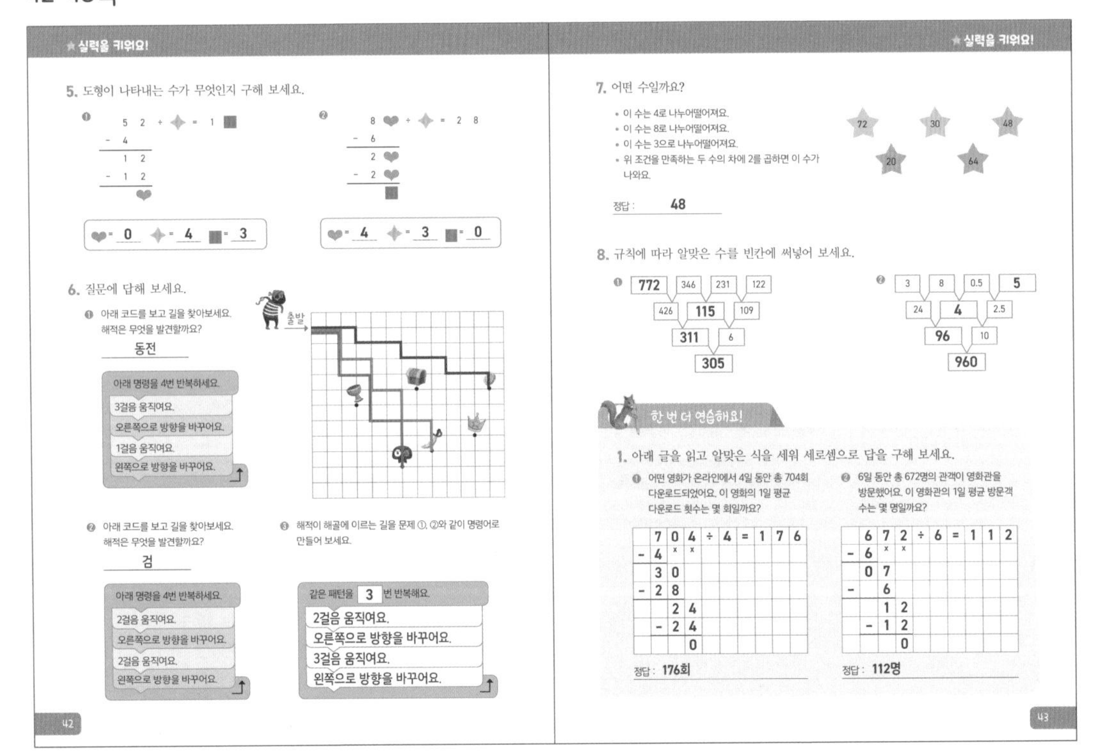

43쪽 7번

4로 나누어떨어지는 수:
72, 48, 20, 64
8로 나누어떨어지는 수:
72, 48, 64
3으로 나누어떨어지는 수:
72, 30, 48
모든 조건을 만족하는 두 수의 차: 72-48=24
24×2=48
정답: 48

44-45쪽

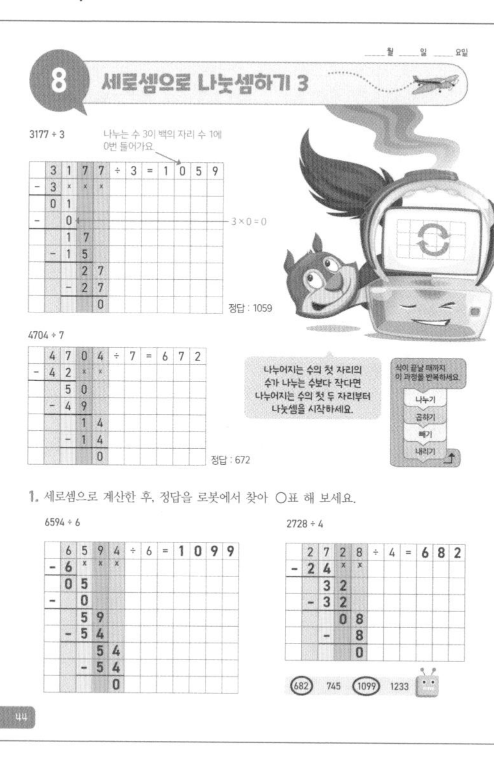

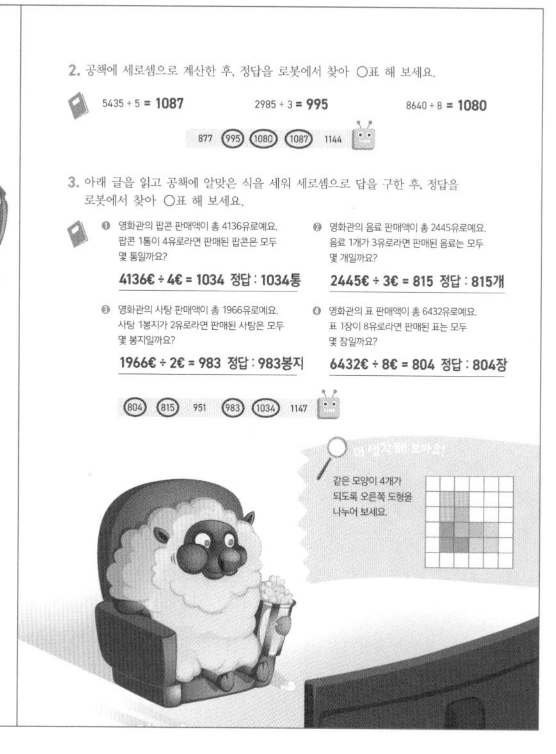

46-47쪽

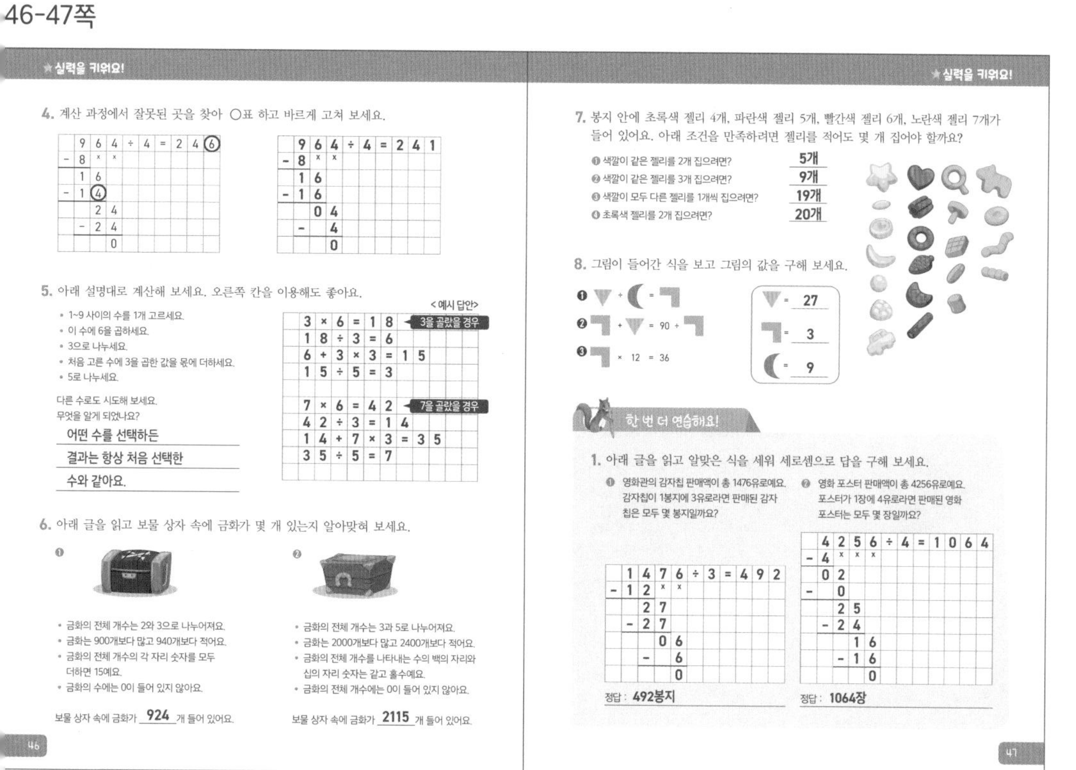

46쪽 6번

❶ 900보다 크고 940보다 작은 수 가운데 6으로 나누어 떨어지는 수를 나열해 봐요.
906, 912, 918, 924, 930, 936, 942, 948
이 가운데 0이 없고, 각 자리 숫자의 합이 15인 수는 924

❷ 2000보다 크고 2400보다 작은 수 가운데 15로 나누어 떨어지고 0이 없는 수를 나열해 봐요.
2115 2145 2175 2235 2265 2295 2325 2355 2385
이 가운데 백의 자리와 십의 자리 숫자가 같고 홀수인 수는 2115

47쪽 7번

❶ 노, 빨, 파, 초를 각각 한 개씩 집은 후 어떤 색깔의 젤리를 집어도 같은 색깔이 2개가 돼요.(4+1=5)
❷ 노, 빨, 파, 초를 각각 2개씩 집은 후 어떤 색깔의 젤리를 집어도 같은 색깔이 3개가 돼요.(8+1=9)
❸ 노란색 젤리 7개, 빨간색 젤리 6개, 파란색 젤리 5개를 집은 후 초록색 젤리 1개를 집으면 모두 다른 색깔의 젤리를 집게 돼요.(7+6+5+1=19)
❹ 노란색 젤리 7개, 빨간색 젤리 6개, 파란색 젤리 5개를 집은 후 초록색 젤리 2개를 집어요.(7+6+5+2=20)

47쪽 8번

❸ ▜×12=36
▜=3

❷ ▜+▼=90÷▜
3+▼=90÷3
3+▼=30
▼=27

❶ ▼÷☾=▜
27÷☾=3
☾=9

48-49쪽

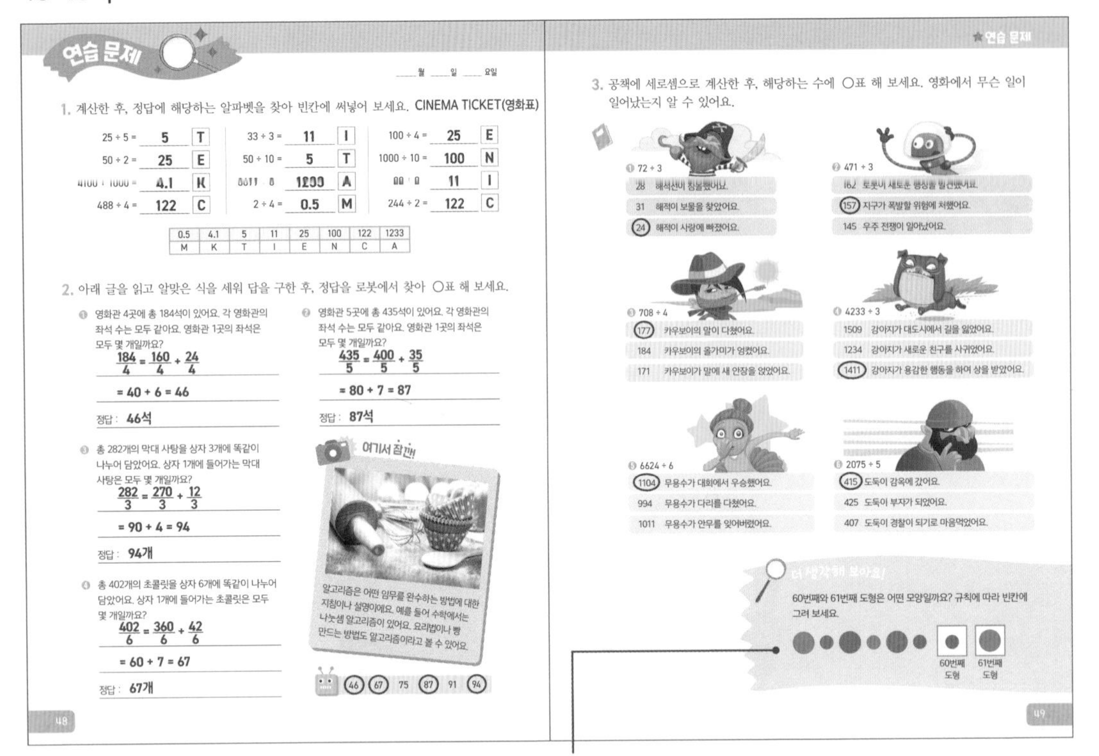

연습 문제

___월 ___일 ___요일

1. 계산한 후, 정답에 해당하는 알파벳을 찾아 빈칸에 써넣어 보세요. CINEMA TICKET(영화표)

25 ÷ 5 = 5 T
50 ÷ 2 = 25 E
4100 ÷ 1000 = 4.1 K
488 ÷ 4 = 122 C

33 ÷ 3 = 11 I
50 ÷ 10 = 5 T
[illegible] = 1233 A
2 ÷ 4 = 0.5 M

100 ÷ 4 = 25 E
1000 ÷ 10 = 100 N
[illegible] = 11 I
244 ÷ 2 = 122 C

0.5	4.1	5	11	25	100	122	1233
M	K	T	I	E	N	C	A

2. 아래 글을 읽고 알맞은 식을 세워 답을 구한 후, 정답을 로봇에서 찾아 ○표 해 보세요.

① 영화관 4곳에 총 184석이 있어요. 각 영화관의 좌석 수는 모두 같아요. 영화관 1곳의 좌석은 모두 몇 개일까요?

$\frac{184}{4} = \frac{160}{4} + \frac{24}{4}$

$= 40 + 6 = 46$

정답 : 46석

② 영화관 5곳에 총 435석이 있어요. 각 영화관의 좌석 수는 모두 같아요. 영화관 1곳의 좌석은 모두 몇 개일까요?

$\frac{435}{5} = \frac{400}{5} + \frac{35}{5}$

$= 80 + 7 = 87$

정답 : 87석

③ 총 282개의 막대 사탕을 상자 3개에 똑같이 나누어 담았어요. 상자 1개에 들어가는 막대 사탕은 모두 몇 개일까요?

$\frac{282}{3} = \frac{270}{3} + \frac{12}{3}$

$= 90 + 4 = 94$

정답 : 94개

④ 총 402개의 초콜릿을 상자 6개에 똑같이 나누어 담았어요. 상자 1개에 들어가는 초콜릿은 모두 몇 개일까요?

$\frac{402}{6} = \frac{360}{6} + \frac{42}{6}$

$= 60 + 7 = 67$

정답 : 67개

여기서 잠깐!

알고리즘은 어떤 임무를 완수하는 방법에 대한 지침이나 설명이에요. 예를 들어 수학에서는 나눗셈 알고리즘이 있어요. 요리법이나 빵 만드는 방법도 알고리즘이라고 볼 수 있어요.

(46) (67) 75 (87) 91 (94)

3. 공책에 세로셈으로 계산한 후, 해당하는 수에 ○표 해 보세요. 영화에서 무슨 일이 일어났는지 알 수 있어요.

① 72 ÷ 3
28 해적선이 침몰했어요.
31 해적이 보물을 찾았어요.
(24) 해적이 사랑에 빠졌어요.

② 471 ÷ 3
162 로봇이 새로운 행성을 발견했어요.
(157) 지구가 폭발할 위험에 처했어요.
145 우주 전쟁이 일어났어요.

③ 708 ÷ 4
(177) 카우보이의 말이 다쳤어요.
184 카우보이의 올가미가 엉켰어요.
171 카우보이가 말에 새 안장을 얹었어요.

④ 4233 ÷ 3
1509 강아지가 대도시에서 길을 잃었어요.
1234 강아지가 새로운 친구를 사귀었어요.
(1411) 강아지가 용감한 행동을 하여 상을 받았어요.

⑤ 6624 ÷ 6
(1104) 무용수가 대회에서 우승했어요.
994 무용수가 다리를 다쳤어요.
1011 무용수가 안무를 잊어버렸어요.

⑥ 2075 ÷ 5
(415) 도둑이 감옥에 갔어요.
425 도둑이 부자가 되었어요.
407 도둑이 경찰이 되기로 마음먹었어요.

더 생각해 보아요!

60번째와 61번째 도형은 어떤 모양일까요? 규칙에 따라 빈칸에 그려 보세요.

60번째 도형 61번째 도형

48 49

홀수 번째에는 큰 원의 색깔이 파, 보, 빨의 순서대로 반복되고, 짝수 번째에는 작은 원의 색깔이 빨, 파, 보의 순서대로 반복되는 규칙이에요.

50쪽 6번

♥ + ☾ = 9, ♥ ÷ ☾ = 0.8

더해서 9가 되는 자연수를 찾아보면 1과 8, 2와 7, 3과 6, 4와 5예요.

이 가운데 나누었을 때 몫이 0.8인 수는 4와 5예요.

♥ = 4, ☾ = 5

4 ÷ 5 + ✸ = 5 × 4

0.8 + ✸ = 20

✸ = 19.2

51쪽 8번

	●	○	●	●
이름	마틴			
나이				
좋아하는 영화				SF 영화

❸ 마틴은 왼쪽 끝에 있어요.

❻ 오른쪽 끝에 있는 아이는 SF 영화를 좋아해요.

	●	○	●	●
이름	마틴			트레버
나이				12살
좋아하는 영화				SF 영화

❹ 가장 나이가 많은 아이는 SF 영화를 좋아해요.

❺ 랜스는 9살이에요. 가장 나이가 적은 아이보다 4살 많고, 가장 나이가 많은 아이보다 3살 적어요.

❷ 트레버는 나이가 가장 많아요.

	●	○	●	●
이름	마틴	랜스	헨릭	트레버
나이	8살	9살	5살	12살
좋아하는 영화	만화 영화	모험 영화	동물 영화	SF 영화

❼ 랜스보다 1살 어린 마틴은 랜스 옆에 있어요.

❾ 8살인 아이는 만화 영화를 좋아해요.

❶ 헨릭은 동물 영화를 좋아해요.

❽ 동물 영화를 가장 좋아하는 아이와 모험 영화를 가장 좋아하는 아이는 나란히 있어요.

❺ 랜스는 9살이에요. 가장 나이가 적은 아이보다 4살 많고, 가장 나이가 많은 아이보다 3살 적어요.

50-51쪽

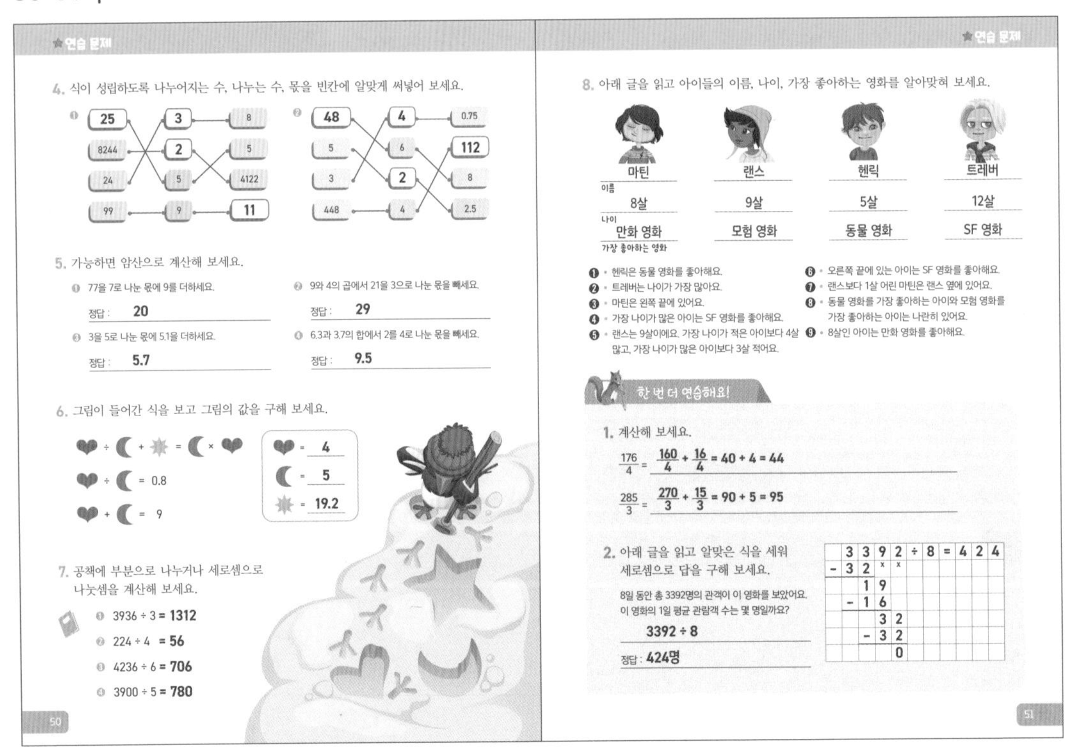

연습 문제

4. 식이 성립하도록 나누어지는 수, 나누는 수, 몫을 빈칸에 알맞게 써넣어 보세요.

① 25, 8244, 24, 99 / 3, 2, 5, 9 / 8, 5, 4122, 11

② 48, 5, 3, 448 / 4, 6, 2, 4 / 0.75, 112, 8, 2.5

5. 가능하면 암산으로 계산해 보세요.

① 77을 7로 나눈 몫에 9를 더하세요.
정답 : 20

② 9와 4의 곱에서 21을 3으로 나눈 몫을 빼세요.
정답 : 29

③ 3을 5로 나눈 몫에 5.1을 더하세요.
정답 : 5.7

④ 6.3과 3.7의 합에서 2를 4로 나눈 몫을 빼세요.
정답 : 9.5

6. 그림이 들어간 식을 보고 그림의 값을 구해 보세요.

♥ ÷ ☾ + ✸ = ☾ × ♥
♥ ÷ ☾ = 0.8
♥ + ☾ = 9

♥ = 4
☾ = 5
✸ = 19.2

7. 공책에 부분으로 나누거나 세로셈으로 나눗셈을 계산해 보세요.

① 3936 ÷ 3 = 1312
② 224 ÷ 4 = 56
③ 4236 ÷ 6 = 706
④ 3900 ÷ 5 = 780

8. 아래 글을 읽고 아이들의 이름, 나이, 가장 좋아하는 영화를 알아맞혀 보세요.

이름	마틴	랜스	헨릭	트레버
나이	8살	9살	5살	12살
가장 좋아하는 영화	만화 영화	모험 영화	동물 영화	SF 영화

❶ · 헨릭은 동물 영화를 좋아해요.
❷ · 트레버는 나이가 가장 많아요.
❸ · 마틴은 왼쪽 끝에 있어요.
❹ · 가장 나이가 많은 아이는 SF 영화를 좋아해요.
❺ · 랜스는 9살이에요. 가장 나이가 적은 아이보다 4살 많고, 가장 나이가 많은 아이보다 3살 적어요.
❻ · 오른쪽 끝에 있는 아이는 SF 영화를 좋아해요.
❼ · 랜스보다 1살 어린 마틴은 랜스 옆에 있어요.
❽ · 동물 영화를 가장 좋아하는 아이와 모험 영화를 가장 좋아하는 아이는 나란히 있어요.
❾ · 8살인 아이는 만화 영화를 좋아해요.

한 번 더 연습해요!

1. 계산해 보세요.

$\frac{176}{4} = \frac{160}{4} + \frac{16}{4} = 40 + 4 = 44$

$\frac{285}{3} = \frac{270}{3} + \frac{15}{3} = 90 + 5 = 95$

2. 아래 글을 읽고 알맞은 식을 세워 세로셈으로 답을 구해 보세요.

8일 동안 총 3392명의 관객이 이 영화를 보았어요. 이 영화의 1일 평균 관람객 수는 몇 명일까요?

3392 ÷ 8

정답 : 424명

$$\begin{array}{l} 3392 \div 8 = 424 \\ -32 \\ \quad 19 \\ \ -16 \\ \quad\ \ 32 \\ \ \ -32 \\ \qquad 0 \end{array}$$

50 51

52-53쪽

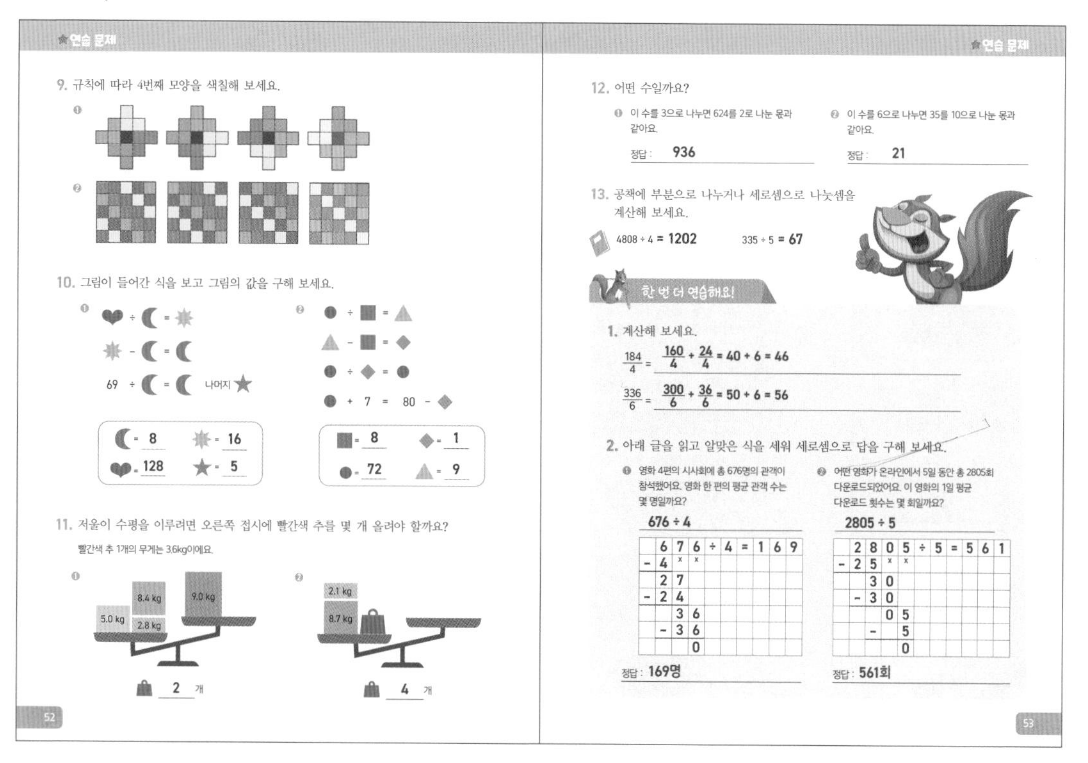

★연습 문제

9. 규칙에 따라 4번째 모양을 색칠해 보세요.

10. 그림이 들어간 식을 보고 그림의 값을 구해 보세요.

❶ ♥ ÷ ☾ = ✸

✸ - ☾ = ☾

69 ÷ ☾ = ☾ 나머지 ★

☾ = 8 ✸ = 16 ♥ = 128 ★ = 5

❷ ● ÷ ■ = ▲

▲ - ■ = ◆

● ÷ ◆ = ●

● + 7 = 80 - ◆

■ = 8 ◆ = 1 ● = 72 ▲ = 9

11. 저울이 수평을 이루려면 오른쪽 접시에 빨간색 추를 몇 개 올려야 할까요?

빨간색 추 1개의 무게는 3.6kg이에요.

❶ 5.0 kg, 8.4 kg, 2.8 kg / 9.0 kg — 2 개

❷ 2.1 kg, 8.7 kg — 4 개

52

★연습 문제

12. 어떤 수일까요?

❶ 이 수를 3으로 나누면 624를 2로 나눈 몫과 같아요. 정답: 936

❷ 이 수를 6으로 나누면 35를 10으로 나눈 몫과 같아요. 정답: 21

13. 곱셈에 부분으로 나누거나 세로셈으로 나눗셈을 계산해 보세요.

4808 ÷ 4 = 1202 335 ÷ 5 = 67

한 번 더 연습해요!

1. 계산해 보세요.

$\frac{184}{4} = \frac{160}{4} + \frac{24}{4} = 40 + 6 = 46$

$\frac{336}{6} = \frac{300}{6} + \frac{36}{6} = 50 + 6 = 56$

2. 아래 글을 읽고 알맞은 식을 세워 세로셈으로 답을 구해 보세요.

❶ 영화 4편의 시사회에 총 676명의 관객이 참석했어요. 영화 한 편의 평균 관객 수는 몇 명일까요?

676 ÷ 4 (6 7 6 ÷ 4 = 1 6 9)

정답: 169명

❷ 어떤 영화가 온라인에서 5일 동안 총 2805회 다운로드되었어요. 이 영화의 1일 평균 다운로드 횟수는 몇 회일까요?

2805 ÷ 5 (2 8 0 5 ÷ 5 = 5 6 1)

정답: 561회

53

52쪽 10번

❶ 69÷☾=☾ 나머지 ★

☾×☾+★=69

나머지가 몫보다 작아야 하므로 같은 수를 곱했을 때 69에 가까운 수가 나오는 곱은 8임을 알 수 있어요.

69÷8=8…5 이므로

☾=8, ★=5

✸-☾=☾, ✸=☾+☾

✸=8+8=16

♥÷☾=✸, ♥÷8=16

♥=128

❷ ●÷◆=● 몫이 나누어지는 수와 같으므로 ◆=1

●+7=80-◆, ●+7=79

●=72

▲-■=◆, ▲=■+1

●÷■=▲에 ▲=■+1을 대입하면 ●÷■=■+1

72÷■=■+1, ■=8

▲=■+1, ▲=8+1=9

52쪽 11번

❶ 5.0+8.4+2.8=9.0+x

16.2=9.0+x

x=16.2-9.0

x=7.2

7.2÷3.6=2

2개

❷ 2.1+8.7+3.6=x

14.4=x

14.4÷3.6=4

4개

53쪽 12번

❶ x÷3=624÷2

x÷3=312

x=936

❷ x÷6=35÷10

x÷6=3.5

x=21

54-55쪽

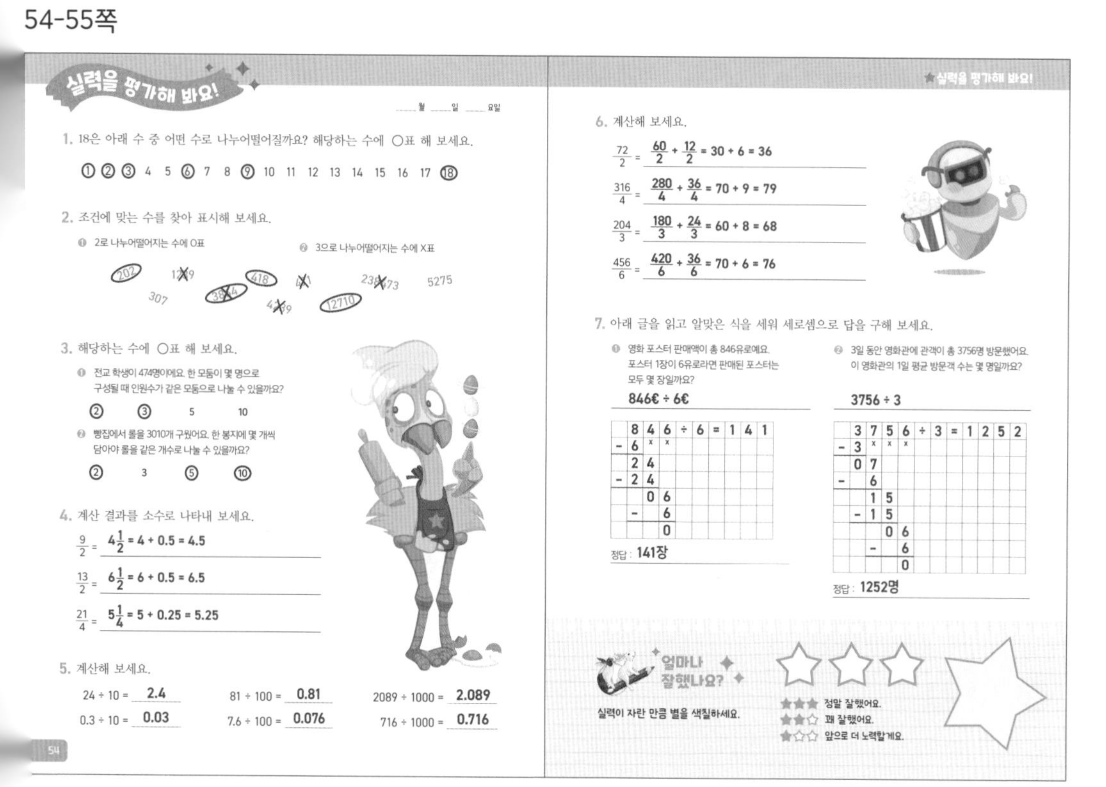

실력을 평가해 봐요!

___월 ___일 ___요일

1. 18은 아래 수 중 어떤 수로 나누어떨어질까요? 해당하는 수에 ○표 해 보세요.

①② ③ 4 5 ⑥ 7 8 ⑨ 10 11 12 13 14 15 16 17 ⑱

2. 조건에 맞는 수를 찾아 표시해 보세요.

❶ 2로 나누어떨어지는 수에 ○표 ❷ 3으로 나누어떨어지는 수에 X표

202, 129, 307, 3054, 418, 41, 4179, 23973, 12710, 5275

3. 해당하는 수에 ○표 해 보세요.

❶ 전교 학생이 474명이에요. 한 모둠이 몇 명으로 구성될 때 인원수가 같은 모둠으로 나눌 수 있을까요?

② ③ 5 10

❷ 빵집에서 롤을 3010개 구웠어요. 한 봉지에 몇 개씩 담아야 롤을 같은 개수로 나눌 수 있을까요?

② 3 ⑤ ⑩

4. 계산 결과를 소수로 나타내 보세요.

$\frac{9}{2} = 4\frac{1}{2} = 4 + 0.5 = 4.5$

$\frac{13}{2} = 6\frac{1}{2} = 6 + 0.5 = 6.5$

$\frac{21}{4} = 5\frac{1}{4} = 5 + 0.25 = 5.25$

5. 계산해 보세요.

24 ÷ 10 = 2.4 81 ÷ 100 = 0.81 2089 ÷ 1000 = 2.089

0.3 ÷ 10 = 0.03 7.6 ÷ 100 = 0.076 716 ÷ 1000 = 0.716

54

★실력을 평가해 봐요!

6. 계산해 보세요.

$\frac{72}{2} = \frac{60}{2} + \frac{12}{2} = 30 + 6 = 36$

$\frac{316}{4} = \frac{280}{4} + \frac{36}{4} = 70 + 9 = 79$

$\frac{204}{3} = \frac{180}{3} + \frac{24}{3} = 60 + 8 = 68$

$\frac{456}{6} = \frac{420}{6} + \frac{36}{6} = 70 + 6 = 76$

7. 아래 글을 읽고 알맞은 식을 세워 세로셈으로 답을 구해 보세요.

❶ 영화 포스터 판매액이 총 846유로예요. 포스터 1장이 6유로라면 판매된 포스터는 모두 몇 장일까요?

846€ ÷ 6€ (8 4 6 ÷ 6 = 1 4 1)

정답: 141장

❷ 3일 동안 영화관에 관객이 총 3756명 방문했어요. 이 영화관의 1일 평균 방문객 수는 몇 명일까요?

3756 ÷ 3 (3 7 5 6 ÷ 3 = 1 2 5 2)

정답: 1252명

얼마나 잘했나요?

실력이 자란 만큼 별을 색칠하세요.

★★★ 정말 잘했어요.

★★☆ 꽤 잘했어요.

★☆☆ 앞으로 더 노력할게요.

56-57쪽

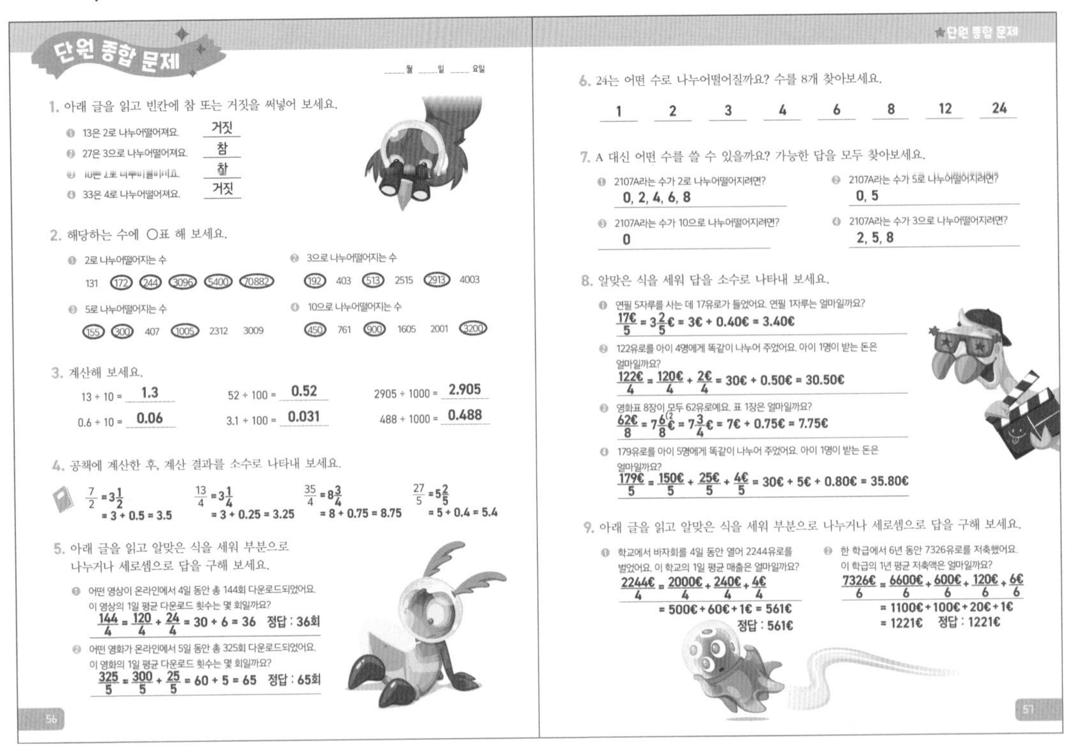

단원 종합 문제 ___월 ___일 ___요일

1. 아래 글을 읽고 빈칸에 참 또는 거짓을 써넣어 보세요.
   - ① 13은 2로 나누어떨어져요. 거짓
   - ② 27은 3으로 나누어떨어져요. 참
   - ③ 10은 2로 나누어떨어져요. 참
   - ④ 33은 4로 나누어떨어져요. 거짓

2. 해당하는 수에 ○표 해 보세요.
   - ① 2로 나누어떨어지는 수: 131 (172) (244) (3096) (5400) (70882)
   - ② 3으로 나누어떨어지는 수: (192) 403 (513) 2515 (2913) 4003
   - ③ 5로 나누어떨어지는 수: (155) (300) 407 (1005) 2312 3009
   - ④ 10으로 나누어떨어지는 수: (450) 761 (900) 1605 2001 (3200)

3. 계산해 보세요.
   - $13 \div 10 = 1.3$, $52 \div 100 = 0.52$, $2905 \div 1000 = 2.905$
   - $0.6 \div 10 = 0.06$, $3.1 \div 100 = 0.031$, $488 \div 1000 = 0.488$

4. 공책에 계산한 후, 계산 결과를 소수로 나타내 보세요.
   - $\frac{7}{2} = 3\frac{1}{2} = 3 + 0.5 = 3.5$
   - $\frac{13}{4} = 3\frac{1}{4} = 3 + 0.25 = 3.25$
   - $\frac{35}{4} = 8\frac{3}{4} = 8 + 0.75 = 8.75$
   - $\frac{27}{5} = 5\frac{2}{5} = 5 + 0.4 = 5.4$

5. 아래 글을 읽고 알맞은 식을 세워 부분으로 나누거나 세로셈으로 답을 구해 보세요.
   - ① 어떤 영상이 온라인에서 4일 동안 총 144회 다운로드되었어요. 이 영상의 1일 평균 다운로드 횟수는 몇 회일까요?
     $\frac{144}{4} = \frac{120}{4} + \frac{24}{4} = 30 + 6 = 36$ 정답 : 36회
   - ② 어떤 영화가 온라인에서 5일 동안 총 325회 다운로드되었어요. 이 영화의 1일 평균 다운로드 횟수는 몇 회일까요?
     $\frac{325}{5} = \frac{300}{5} + \frac{25}{5} = 60 + 5 = 65$ 정답 : 65회

56

단원 종합 문제

6. 24는 어떤 수로 나누어떨어질까요? 수를 8개 찾아보세요.
   1 2 3 4 6 8 12 24

7. A 대신 어떤 수를 쓸 수 있을까요? 가능한 답을 모두 찾아보세요.
   - ① 2107A라는 수가 2로 나누어떨어지려면? 0, 2, 4, 6, 8
   - ② 2107A라는 수가 5로 나누어떨어지려면? 0, 5
   - ③ 2107A라는 수가 10으로 나누어떨어지려면? 0
   - ④ 2107A라는 수가 3으로 나누어떨어지려면? 2, 5, 8

8. 알맞은 식을 세워 답을 소수로 나타내 보세요.
   - ① 연필 5자루를 사는 데 17유로가 들었어요. 연필 1자루는 얼마일까요?
     $\frac{17€}{5} = 3\frac{2}{5}€ = 3€ + 0.40€ = 3.40€$
   - ② 122유로를 아이 4명에게 똑같이 나누어 주었어요. 아이 1명이 받는 돈은 얼마일까요?
     $\frac{122€}{4} = \frac{120€}{4} + \frac{2€}{4} = 30€ + 0.50€ = 30.50€$
   - ③ 영화표 8장이 모두 62유로예요. 표 1장은 얼마일까요?
     $\frac{62€}{8} = 7\frac{6}{8}€ = 7\frac{3}{4}€ = 7€ + 0.75€ = 7.75€$
   - ④ 179유로를 아이 5명에게 똑같이 나누어 주었어요. 아이 1명이 받는 돈은 얼마일까요?
     $\frac{179€}{5} = \frac{150€}{5} + \frac{25€}{5} + \frac{4€}{5} = 30€ + 5€ + 0.80€ = 35.80€$

9. 아래 글을 읽고 알맞은 식을 세워 부분으로 나누거나 세로셈으로 답을 구해 보세요.
   - ① 학교에서 바자회를 4일 동안 열어 2244유로를 벌었어요. 이 학교의 1일 평균 매출은 얼마일까요?
     $\frac{2244€}{4} = \frac{2000€}{4} + \frac{240€}{4} + \frac{4€}{4} = 500€ + 60€ + 1€ = 561€$ 정답 : 561€
   - ② 한 학급에서 6년 동안 7326유로를 저축했어요. 이 학급의 1년 평균 저축액은 얼마일까요?
     $\frac{7326€}{6} = \frac{6600€}{6} + \frac{600€}{6} + \frac{120€}{6} + \frac{6€}{6} = 1100€ + 100€ + 20€ + 1€ = 1221€$ 정답 : 1221€

57

58-59쪽

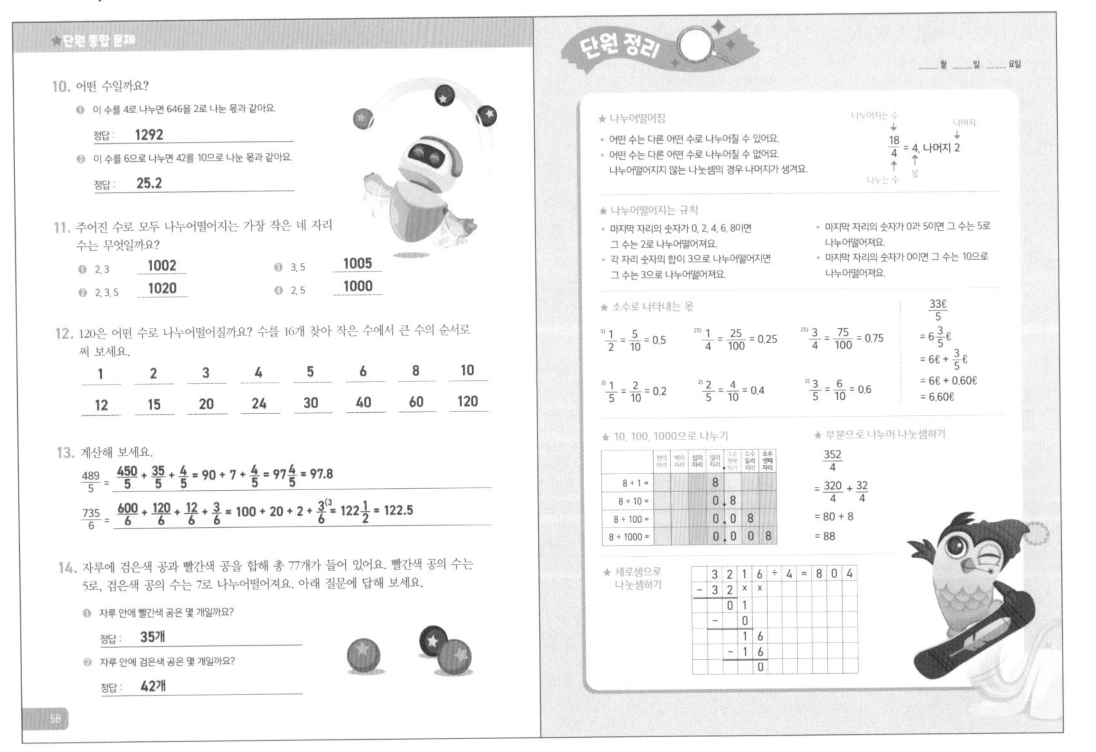

단원 종합 문제

10. 어떤 수일까요?
    - ① 이 수를 4로 나누면 646을 2로 나눈 몫과 같아요. 정답 : 1292
    - ② 이 수를 6으로 나누면 42를 10으로 나눈 몫과 같아요. 정답 : 25.2

11. 주어진 수로 모두 나누어떨어지는 가장 작은 네 자리 수는 무엇일까요?
    - ① 2, 3: 1002
    - ② 2, 3, 5: 1020
    - ③ 3, 5: 1005
    - ④ 2, 5: 1000

12. 120은 어떤 수로 나누어떨어질까요? 수를 16개 찾아 작은 수에서 큰 수의 순서로 써 보세요.
    1 2 3 4 5 6 8 10
    12 15 20 24 30 40 60 120

13. 계산해 보세요.
    - $\frac{489}{5} = \frac{450}{5} + \frac{35}{5} + \frac{4}{5} = 90 + 7 + \frac{4}{5} = 97\frac{4}{5} = 97.8$
    - $\frac{735}{6} = \frac{600}{6} + \frac{120}{6} + \frac{12}{6} + \frac{3}{6} = 100 + 20 + 2 + \frac{3}{6} = 122\frac{1}{2} = 122.5$

14. 자루에 검은색 공과 빨간색 공을 합해 총 77개가 들어 있어요. 빨간색 공의 수는 5로, 검은색 공의 수는 7로 나누어떨어져요. 아래 질문에 답해 보세요.
    - ① 자루 안에 빨간색 공은 몇 개일까요? 정답 : 35개
    - ② 자루 안에 검은색 공은 몇 개일까요? 정답 : 42개

58

단원 정리 ___월 ___일 ___요일

★ 나누어떨어짐
- 어떤 수는 다른 어떤 수로 나누어질 수 있어요.
- 어떤 수는 다른 어떤 수로 나누어질 수 없어요. 나누어떨어지지 않는 나눗셈의 경우 나머지가 생겨요.

나누어지는 수 $\frac{18}{4} = 4$, 나머지 2 (나누는 수, 몫, 나머지)

★ 나누어떨어지는 규칙
- 마지막 자리의 숫자가 0, 2, 4, 6, 8이면 그 수는 2로 나누어떨어져요.
- 각 자리 숫자의 합이 3으로 나누어떨어지면 그 수는 3으로 나누어떨어져요.
- 마지막 자리의 숫자가 0과 5이면 그 수는 5로 나누어떨어져요.
- 마지막 자리의 숫자가 0이면 그 수는 10으로 나누어떨어져요.

★ 소수로 나타내는 몫
- $\frac{1}{2} = \frac{5}{10} = 0.5$, $\frac{1}{4} = \frac{25}{100} = 0.25$, $\frac{3}{4} = \frac{75}{100} = 0.75$
- $\frac{1}{5} = \frac{2}{10} = 0.2$, $\frac{2}{5} = \frac{4}{10} = 0.4$, $\frac{3}{5} = \frac{6}{10} = 0.6$
- $\frac{33€}{5} = 6\frac{3}{5}€ = 6€ + \frac{3}{5}€ = 6€ + 0.60€ = 6.60€$

★ 10, 100, 1000으로 나누기

	천의 자리	백의 자리	십의 자리	일의 자리	소수 첫째 자리	소수 둘째 자리	소수 셋째 자리
8 ÷ 1 =				8			
8 ÷ 10 =				0	8		
8 ÷ 100 =				0	0	8	
8 ÷ 1000 =				0	0	0	8

★ 부분으로 나누어 나눗셈하기
$\frac{352}{4} = \frac{320}{4} + \frac{32}{4} = 80 + 8 = 88$

★ 세로셈으로 나눗셈하기

	3	2	1	6	÷ 4 =	8	0	4
−	3	2	x	x				
		0	1					
	−		0					
			1	6				
		−	1	6				
				0				

58쪽 10번

❶ $x \div 4 = 646 \div 2$
$x \div 4 = 323$
$x = 1292$

❷ $x \div 6 = 42 \div 10$
$x \div 6 = 4.2$
$x = 25.2$

58쪽 14번

빨간색 공은 5로 나누어지고 파란색 공은 7로 나누어지므로, 5단과 7단의 수 가운데 합이 77이 되는 수를 찾아보면 35와 42예요.

62-63쪽

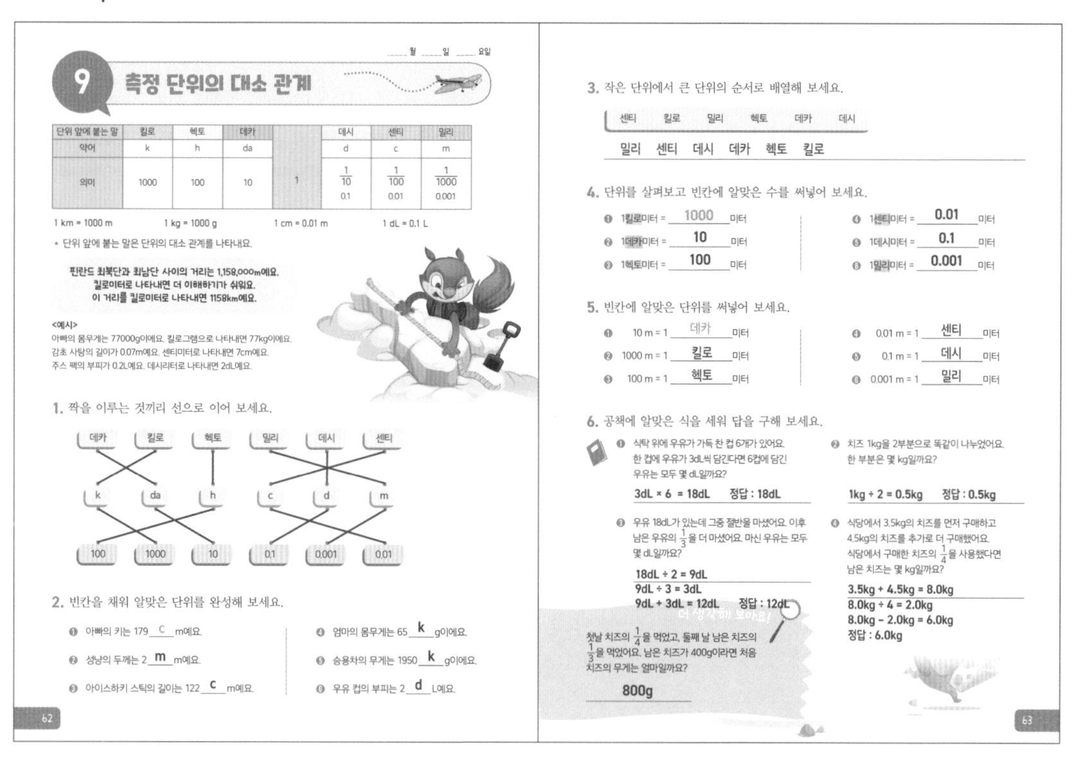

월 일 요일

9 측정 단위의 대소 관계

단위 앞에 붙는 말	킬로	헥토	데카		데시	센티	밀리
약어	k	h	da		d	c	m
의미	1000	100	10	1	$\frac{1}{10}$ 0.1	$\frac{1}{100}$ 0.01	$\frac{1}{1000}$ 0.001

1 km = 1000 m　1 kg = 1000 g　1 cm = 0.01 m　1 dL = 0.1 L

- 단위 앞에 붙는 말은 단위의 대소 관계를 나타내요.

핀란드 최북단과 최남단 사이의 거리는 1,158,000m예요.
킬로미터로 나타내면 더 이해하기가 쉬워요.
이 거리를 킬로미터로 나타내면 1158km예요.

<예시>
아빠의 몸무게는 77000g이에요. 킬로그램으로 나타내면 77kg이에요.
감초 사탕의 길이가 0.07m예요. 센티미터로 나타내면 7cm예요.
주스 팩의 부피가 0.2L예요. 데시리터로 나타내면 2dL예요.

1. 짝을 이루는 것끼리 선으로 이어 보세요.

데카 킬로 헥토 밀리 데시 센티
k da h c d m
100 1000 10 0.1 0.001 0.01

2. 빈칸을 채워 알맞은 단위를 완성해 보세요.

① 아빠의 키는 179 c m예요.
② 성냥의 두께는 2 m m예요.
③ 아이스하키 스틱의 길이는 122 c m예요.
④ 엄마의 몸무게는 65 k g이에요.
⑤ 승용차의 무게는 1950 k g이에요.
⑥ 우유 컵의 부피는 2 d L예요.

62

3. 작은 단위에서 큰 단위의 순서로 배열해 보세요.

센티 킬로 밀리 헥토 데카 데시

밀리 센티 데시 데카 헥토 킬로

4. 단위를 살펴보고 빈칸에 알맞은 수를 써넣어 보세요.

① 1킬로미터 = 1000 미터
② 1데카미터 = 10 미터
③ 1헥토미터 = 100 미터
④ 1센티미터 = 0.01 미터
⑤ 1데시미터 = 0.1 미터
⑥ 1밀리미터 = 0.001 미터

5. 빈칸에 알맞은 단위를 써넣어 보세요.

① 10 m = 1 데카 미터
② 1000 m = 1 킬로 미터
③ 100 m = 1 헥토 미터
④ 0.01 m = 1 센티 미터
⑤ 0.1 m = 1 데시 미터
⑥ 0.001 m = 1 밀리 미터

6. 공책에 알맞은 식을 세워 답을 구해 보세요.

① 식탁 위에 우유가 가득 찬 컵 6개가 있어요. 한 컵에 우유가 3dL씩 담긴다면 6컵에 담긴 우유는 모두 몇 dL일까요?

3dL × 6 = 18dL　정답 : 18dL

② 치즈 1kg을 2부분으로 똑같이 나누었어요. 한 부분은 몇 kg일까요?

1kg ÷ 2 = 0.5kg　정답 : 0.5kg

③ 우유 18dL가 있는데 그중 절반을 마셨어요. 이후 남은 우유의 $\frac{1}{3}$을 더 마셨어요. 마신 우유는 모두 몇 dL일까요?

18dL ÷ 2 = 9dL
9dL ÷ 3 = 3dL
9dL + 3dL = 12dL　정답 : 12dL

④ 식당에서 3.5kg의 치즈를 먼저 구매하고 4.5kg의 치즈를 추가로 더 구매했어요. 식당에서 구매한 치즈의 $\frac{1}{4}$을 사용했다면 남은 치즈는 몇 kg일까요?

3.5kg + 4.5kg = 8.0kg
8.0kg ÷ 4 = 2.0kg
8.0kg − 2.0kg = 6.0kg
정답 : 6.0kg

더 생각해 보아요!

첫날 치즈의 $\frac{1}{4}$을 먹었고, 둘째 날 남은 치즈의 $\frac{1}{3}$을 먹었어요. 남은 치즈가 400g이라면 처음 치즈의 무게는 얼마일까요?

800g

63

더 생각해 보아요! | 63쪽

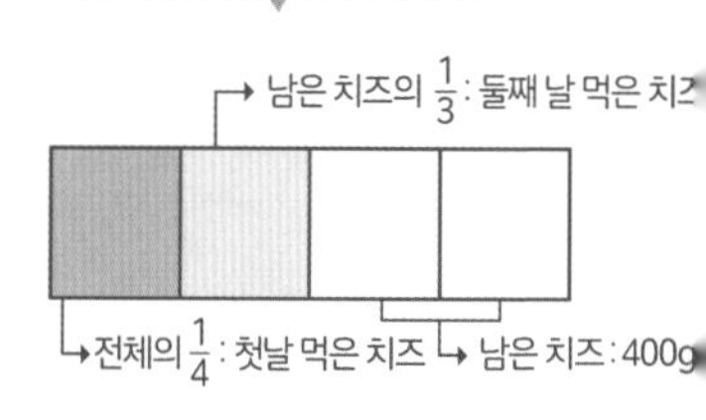

그림으로 그려서 보면, 첫날과 둘째 날 먹은 치즈의 양은 전체 치즈의 $\frac{1}{2}$이므로 처음 치즈의 무게는 800g

64-65쪽

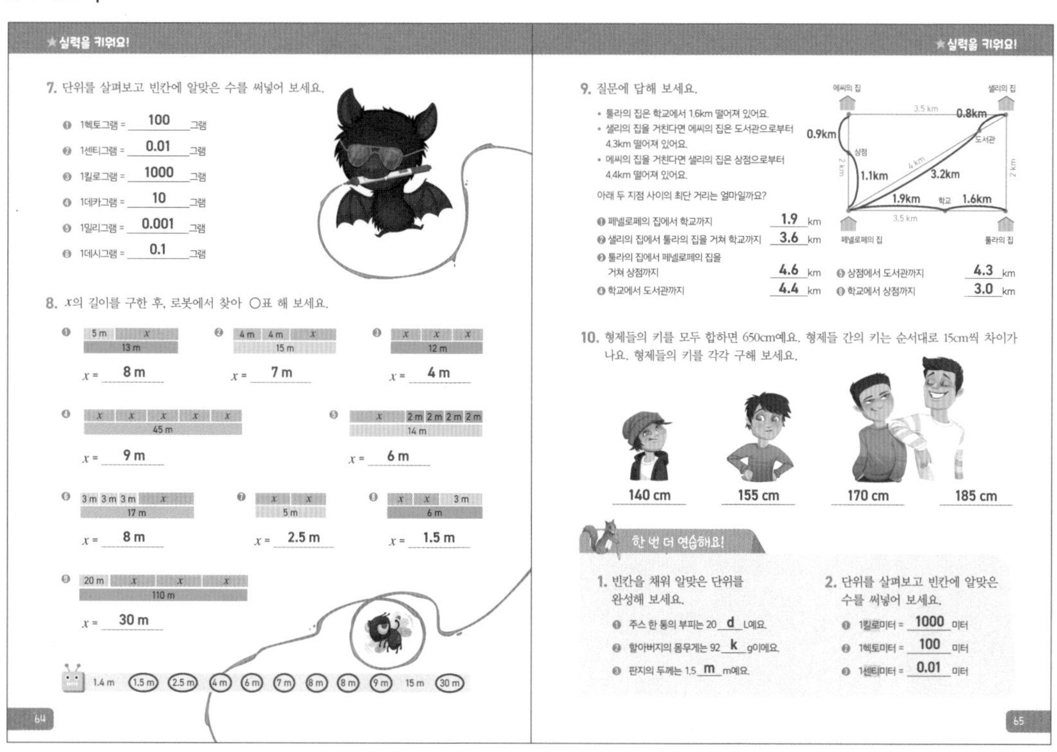

★ 실력을 키워요!

7. 단위를 살펴보고 빈칸에 알맞은 수를 써넣어 보세요.

① 1헥토그램 = 100 그램
② 1센티그램 = 0.01 그램
③ 1킬로그램 = 1000 그램
④ 1데카그램 = 10 그램
⑤ 1밀리그램 = 0.001 그램
⑥ 1데시그램 = 0.1 그램

8. x의 길이를 구한 후, 로봇에서 찾아 ○표 해 보세요.

① 5 m, x / 13 m　x = 8 m
② 4 m, 4 m, x / 15 m　x = 7 m
③ x, x, x / 12 m　x = 4 m
④ x, x, x, x, x / 45 m　x = 9 m
⑤ x, 2 m, 2 m, 2 m, 2 m / 14 m　x = 6 m
⑥ 3 m, 3 m, 3 m, x / 17 m　x = 8 m
⑦ x, x / 5 m　x = 2.5 m
⑧ x, x, 3 m / 6 m　x = 1.5 m
⑨ 20 m, x, x, x / 110 m　x = 30 m

1.4 m (1.5 m) (2.5 m) (4 m) (6 m) (7 m) (8 m) (8 m) (9 m) 15 m (30 m)

64

★ 실력을 키워요!

9. 질문에 답해 보세요.

- 툴라의 집은 학교에서 1.6km 떨어져 있어요.
- 샐리의 집을 거친다면 에씨의 집은 도서관으로부터 4.3km 떨어져 있어요.
- 에씨의 집을 거친다면 샐리의 집은 상점으로부터 4.4km 떨어져 있어요.

아래 두 지점 사이의 최단 거리는 얼마일까요?

에씨의 집　샐리의 집　3.5 km　0.8km　0.9km　도서관　상점　2 km　4 km　1.1km　3.2km　2 km　1.9km　학교　1.6km　3.5 km　페넬로페의 집　툴라의 집

① 페넬로페의 집에서 학교까지 1.9 km
② 샐리의 집에서 툴라의 집을 거쳐 학교까지 3.6 km
③ 툴라의 집에서 페넬로페의 집을 거쳐 상점까지 4.6 km
④ 학교에서 도서관까지 4.4 km
⑤ 상점에서 도서관까지 4.3 km
⑥ 학교에서 상점까지 3.0 km

10. 형제들의 키를 모두 합하면 650cm예요. 형제들 간의 키는 순서대로 15cm씩 차이가 나요. 형제들의 키를 각각 구해 보세요.

140 cm　155 cm　170 cm　185 cm

한 번 더 연습해요!

1. 빈칸을 채워 알맞은 단위를 완성해 보세요.

① 주스 한 통의 부피는 20 d L예요.
② 할아버지의 몸무게는 92 k g이에요.
③ 판지의 두께는 1.5 m m예요.

2. 단위를 살펴보고 빈칸에 알맞은 수를 써넣어 보세요.

① 1킬로미터 = 1000 미터
② 1헥토미터 = 100 미터
③ 1센티미터 = 0.01 미터

65

65쪽 10번

$x+x+15cm+x+30cm+x+45cm$
$=650cm$
$4\times x=560cm$
$x=140cm$

66-67쪽

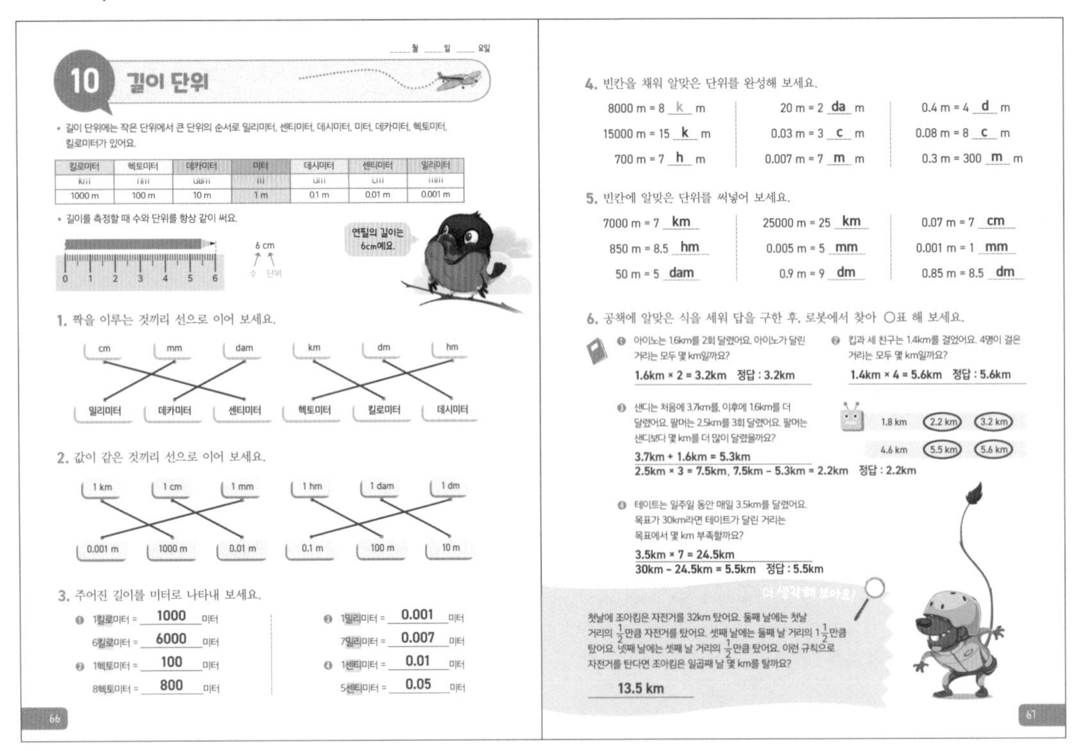

___월 ___일 ___요일

10 길이 단위

• 길이 단위에는 작은 단위에서 큰 단위의 순서로 밀리미터, 센티미터, 데시미터, 미터, 데카미터, 헥토미터, 킬로미터가 있어요.

킬로미터	헥토미터	데카미터	미터	데시미터	센티미터	밀리미터
km	hm	dam	m	dm	cm	mm
1000 m	100 m	10 m	1 m	0.1 m	0.01 m	0.001 m

• 길이를 측정할 때 수와 단위를 항상 같이 써요.

6 cm (수, 단위)

연필의 길이는 6cm예요.

1. 짝을 이루는 것끼리 선으로 이어 보세요.

cm, mm, dam / 밀리미터, 데카미터, 센티미터

km, dm, hm / 헥토미터, 킬로미터, 데시미터

2. 값이 같은 것끼리 선으로 이어 보세요.

1 km, 1 cm, 1 mm / 0.001 m, 1000 m, 0.01 m

1 hm, 1 dam, 1 dm / 0.1 m, 100 m, 10 m

3. 주어진 길이를 미터로 나타내 보세요.

❶ 1킬로미터 = 1000 미터, 6킬로미터 = 6000 미터
❷ 1헥토미터 = 100 미터, 8헥토미터 = 800 미터
❸ 1밀리미터 = 0.001 미터, 7밀리미터 = 0.007 미터
❹ 1센티미터 = 0.01 미터, 5센티미터 = 0.05 미터

66

4. 빈칸을 채워 알맞은 단위를 완성해 보세요.

8000 m = 8 k m, 15000 m = 15 k m, 700 m = 7 h m
20 m = 2 da m, 0.03 m = 3 c m, 0.007 m = 7 m m
0.4 m = 4 d m, 0.08 m = 8 c m, 0.3 m = 300 m m

5. 빈칸에 알맞은 단위를 써넣어 보세요.

7000 m = 7 km, 850 m = 8.5 hm, 50 m = 5 dam
25000 m = 25 km, 0.005 m = 5 mm, 0.9 m = 9 dm
0.07 m = 7 cm, 0.001 m = 1 mm, 0.85 m = 8.5 dm

6. 공책에 알맞은 식을 세워 답을 구한 후, 로봇에서 찾아 ○표 해 보세요.

❶ 아이노는 1.6km를 2회 달렸어요. 아이노가 달린 거리는 모두 몇 km일까요?
1.6km × 2 = 3.2km 정답 : 3.2km

❷ 킴과 세 친구는 1.4km를 걸었어요. 4명이 걸은 거리는 모두 몇 km일까요?
1.4km × 4 = 5.6km 정답 : 5.6km

❸ 샌디는 처음에 3.7km를, 이후에 1.6km를 더 달렸어요. 말머는 2.5km를 3회 달렸어요. 말머는 샌디보다 몇 km를 더 많이 달렸을까요?
3.7km + 1.6km = 5.3km
2.5km × 3 = 7.5km, 7.5km − 5.3km = 2.2km 정답 : 2.2km

1.8 km, (2.2 km), (3.2 km), 4.6 km, (5.5 km), (5.6 km)

❹ 테이트는 일주일 동안 매일 3.5km를 달렸어요. 목표가 30km라면 테이트가 달린 거리는 목표에서 몇 km 부족할까요?
3.5km × 7 = 24.5km
30km − 24.5km = 5.5km 정답 : 5.5km

더 생각해 보아요!

첫날에 조아킴은 자전거를 32km 탔어요. 둘째 날에는 첫날 거리의 $\frac{1}{2}$만큼 자전거를 탔어요. 셋째 날에는 둘째 날 거리의 $1\frac{1}{2}$만큼 탔어요. 넷째 날에는 셋째 날 거리의 $\frac{1}{2}$만큼 탔어요. 이런 규칙으로 자전거를 탄다면 조아킴은 일곱째 날 몇 km를 탈까요?

13.5 km

67

더 생각해 보아요! | 67쪽

첫날	둘째 날
32km	$\frac{32km}{2}$=16km

셋째 날	넷째 날
16km+$\frac{16km}{2}$ =24km	$\frac{24km}{2}$=12km

다섯째 날	여섯째 날
12km+$\frac{12km}{2}$ =18km	$\frac{18km}{2}$=9km

일곱째 날
9km+$\frac{9km}{2}$ =13.5km

68-69쪽

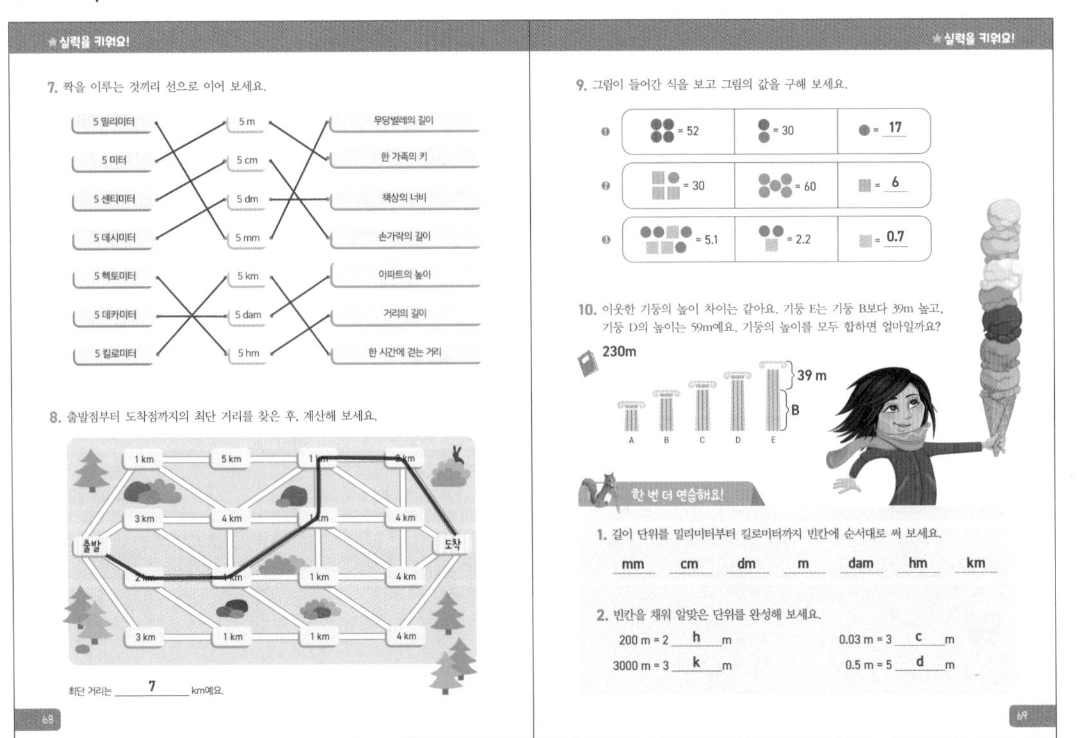

★실력을 키워요!

7. 짝을 이루는 것끼리 선으로 이어 보세요.

5 밀리미터, 5 미터, 5 센티미터, 5 데시미터 / 5 m, 5 cm, 5 dm, 5 mm / 무당벌레의 길이, 한 가족의 키, 책상의 너비, 손가락의 길이

5 헥토미터, 5 데카미터, 5 킬로미터 / 5 km, 5 dam, 5 hm / 아파트의 높이, 거리의 길이, 한 시간에 걷는 거리

8. 출발점부터 도착점까지의 최단 거리를 찾은 후, 계산해 보세요.

최단 거리는 7 km예요.

68

9. 그림이 들어간 식을 보고 그림의 값을 구해 보세요.

❶ ●●●● = 52, ●● = 30, ● = 17
❷ ■■■● = 30, ●■●● = 60, ■ = 6
❸ ●●■●■■ = 5.1, ●●■ = 2.2, ■ = 0.7

10. 이웃한 기둥의 높이 차이는 같아요. 기둥 E는 기둥 B보다 39m 높고, 기둥 D의 높이는 59m예요. 기둥의 높이를 모두 합하면 얼마일까요?

230m

39 m, B, A, B, C, D, E

한 번 더 연습해요!

1. 길이 단위를 밀리미터부터 킬로미터까지 빈칸에 순서대로 써 보세요.

mm, cm, dm, m, dam, hm, km

2. 빈칸을 채워 알맞은 단위를 완성해 보세요.

200 m = 2 h m, 3000 m = 3 k m
0.03 m = 3 c m, 0.5 m = 5 d m

69

69쪽 9번

❶ 52÷4=13, ●=13
13+●=30, ●=17

❷ 60÷5=12, ●=12
■■■●=30,
■■■=30−12,
■■■=18, ■=6

❸ ●●■=2.2를
●●■●●■■=5.1에
대입하면,
2.2+2.2+■=5.1
■=0.7

69쪽 10번

기둥E=기둥B+39m
기둥끼리의 차이:
39m÷3=13m
기둥D=59m를 기준으로 왼쪽으로는 13m를 빼고, 오른쪽으로는 13m를 더해요. 그리고 이웃한 기둥의 높이를 기준으로 그 옆의 기둥 높이를 구해요.
기둥E=59+13=72
기둥C=59−13=46
전체 기둥의 높이
20m+33m+46m+59m+72m
=230m

70-71쪽

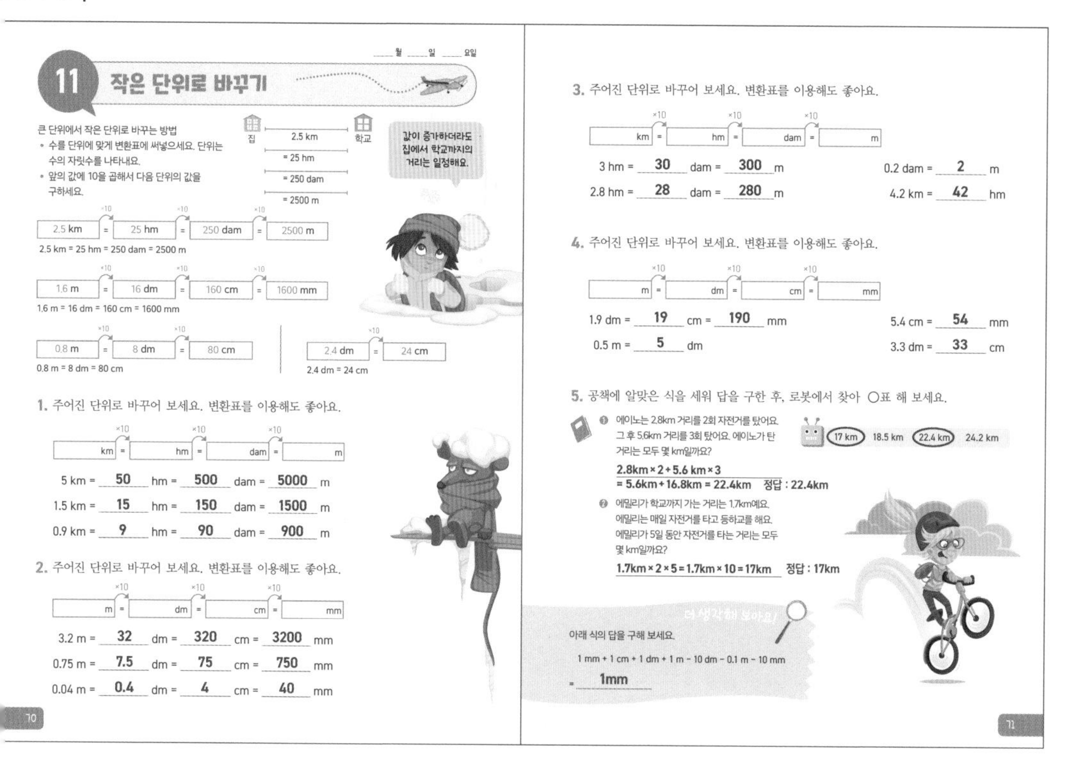

11 작은 단위로 바꾸기

큰 단위에서 작은 단위로 바꾸는 방법
- 수를 단위에 맞게 변환표에 써넣으세요. 단위는 수의 자릿수를 나타내요.
- 앞의 값에 10을 곱해서 다음 단위의 값을 구하세요.

2.5 km = 25 hm = 250 dam = 2500 m

1.6 m = 16 dm = 160 cm = 1600 mm

0.8 m = 8 dm = 80 cm

2.4 dm = 24 cm

1. 주어진 단위로 바꾸어 보세요. 변환표를 이용해도 좋아요.

5 km = 50 hm = 500 dam = 5000 m
1.5 km = 15 hm = 150 dam = 1500 m
0.9 km = 9 hm = 90 dam = 900 m

2. 주어진 단위로 바꾸어 보세요. 변환표를 이용해도 좋아요.

3.2 m = 32 dm = 320 cm = 3200 mm
0.75 m = 7.5 dm = 75 cm = 750 mm
0.04 m = 0.4 dm = 4 cm = 40 mm

3. 주어진 단위로 바꾸어 보세요. 변환표를 이용해도 좋아요.

3 hm = 30 dam = 300 m　　0.2 dam = 2 m
2.8 hm = 28 dam = 280 m　　4.2 km = 42 hm

4. 주어진 단위로 바꾸어 보세요. 변환표를 이용해도 좋아요.

1.9 dm = 19 cm = 190 mm　　5.4 cm = 54 mm
0.5 m = 5 dm　　3.3 dm = 33 cm

5. 공책에 알맞은 식을 세워 답을 구한 후, 로봇에서 찾아 ○표 해 보세요.

❶ 에이노는 2.8km 거리를 2회 자전거를 탔어요. 그 후 5.6km 거리를 3회 탔어요. 에이노가 탄 거리는 모두 몇 km일까요?
2.8km × 2 + 5.6 km × 3 = 5.6km + 16.8km = 22.4km 정답 : 22.4km
(17 km, 18.5 km, 22.4 km, 24.2 km)

❷ 에밀리가 학교까지 가는 거리는 1.7km예요. 에밀리는 매일 자전거를 타고 등하교를 해요. 에밀리가 5일 동안 자전거를 타는 거리는 모두 몇 km일까요?
1.7km × 2 × 5 = 1.7km × 10 = 17km 정답 : 17km

더 생각해 보아요!
아래 식의 답을 구해 보세요.
1 mm + 1 cm + 1 dm + 1 m - 10 dm - 0.1 m - 10 mm
= 1mm

더 생각해 보아요! | 71쪽

10dm=1m
0.1m=1dm
10mm=1cm이므로
1mm+1cm+1dm+1m-1m-1dm-1cm=1mm

72-73쪽

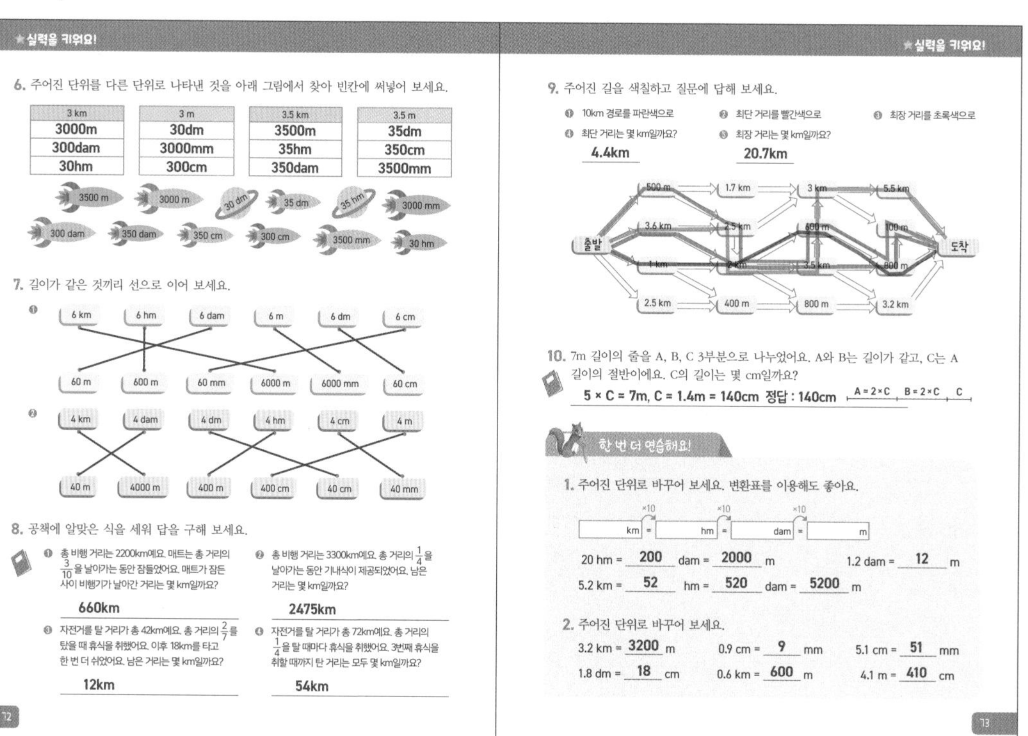

실력을 키워요!

6. 주어진 단위를 다른 단위로 나타낸 것을 아래 그림에서 찾아 빈칸에 써넣어 보세요.

3 km	3 m	3.5 km	3.5 m
3000m	30dm	3500m	35dm
300dam	3000mm	35hm	350cm
30hm	300cm	350dam	3500mm

7. 길이가 같은 것끼리 선으로 이어 보세요.

8. 공책에 알맞은 식을 세워 답을 구해 보세요.

❶ 총 비행 거리는 2200km예요. 매트는 총 거리의 $\frac{3}{10}$을 날아가는 동안 잠들었어요. 매트가 잠든 사이 비행기가 날아간 거리는 몇 km일까요?
660km

❷ 총 비행 거리는 3300km예요. 총 거리의 $\frac{1}{4}$을 날아가는 동안 기내식이 제공되었어요. 남은 거리는 몇 km일까요?
2475km

❸ 자전거를 탈 거리가 총 42km예요. 총 거리의 $\frac{2}{7}$를 탔을 때 휴식을 취했어요. 이후 18km를 타고 한 번 더 쉬었어요. 남은 거리는 몇 km일까요?
12km

❹ 자전거를 탈 거리가 총 72km예요. 총 거리의 $\frac{1}{4}$을 탈 때마다 휴식을 취했어요. 3번째 휴식을 취할 때까지 탄 거리는 모두 몇 km일까요?
54km

9. 주어진 길을 색칠하고 질문에 답해 보세요.

❶ 10km 경로를 파란색으로　❷ 최단 거리를 빨간색으로　❸ 최장 거리를 초록색으로
❹ 최단 거리는 몇 km일까요? 4.4km
❺ 최장 거리는 몇 km일까요? 20.7km

10. 7m 길이의 줄을 A, B, C 3부분으로 나누었어요. A와 B는 길이가 같고, C는 A 길이의 절반이에요. C의 길이는 몇 cm일까요?
5 × C = 7m, C = 1.4m = 140cm 정답 : 140cm

한 번 더 연습해요!

1. 주어진 단위로 바꾸어 보세요. 변환표를 이용해도 좋아요.

20 hm = 200 dam = 2000 m　　1.2 dam = 12 m
5.2 km = 52 hm = 520 dam = 5200 m

2. 주어진 단위로 바꾸어 보세요.

3.2 km = 3200 m　　0.9 cm = 9 mm　　5.1 cm = 51 mm
1.8 dm = 18 cm　　0.6 km = 600 m　　4.1 m = 410 cm

72쪽 8번

❶ $\frac{2200km}{10}$=220km
220km×3=660km

❷ $\frac{3300km}{4}$=825km
825km×3=2475km

❸ $\frac{42km}{7}$=6km
6km×2=12km
42km-(12km+18km)=12km

❹ $\frac{72km}{4}$=18km
18km×3=54km

74-75쪽

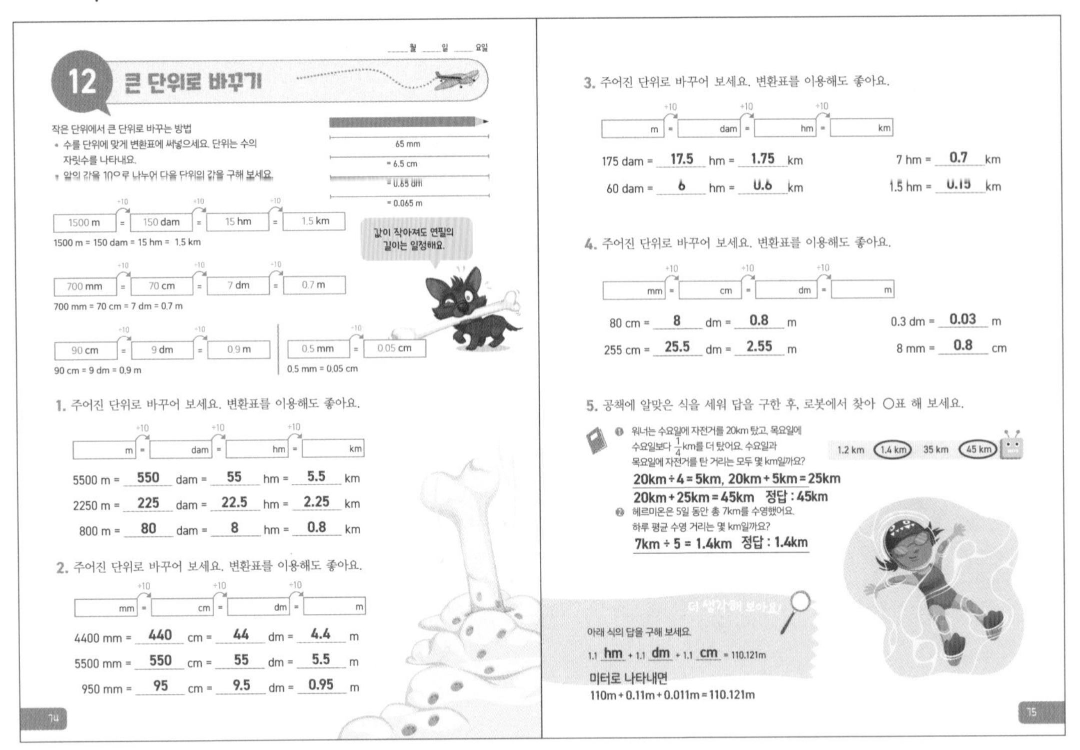

__월 __일 __요일

12 큰 단위로 바꾸기

작은 단위에서 큰 단위로 바꾸는 방법
- 수를 단위에 맞게 변환표에 써넣으세요. 단위는 수의 자릿수를 나타내요.
- 앞의 값을 10으로 나누어 다음 단위의 값을 구해 보세요.

65 mm = 6.5 cm = 0.65 dm = 0.065 m

1500 m = 150 dam = 15 hm = 1.5 km

700 mm = 70 cm = 7 dm = 0.7 m

90 cm = 9 dm = 0.9 m

0.5 mm = 0.05 cm

같이 작아져도 연필의 길이는 일정해요.

1. 주어진 단위로 바꾸어 보세요. 변환표를 이용해도 좋아요.

5500 m = 550 dam = 55 hm = 5.5 km
2250 m = 225 dam = 22.5 hm = 2.25 km
800 m = 80 dam = 8 hm = 0.8 km

2. 주어진 단위로 바꾸어 보세요. 변환표를 이용해도 좋아요.

4400 mm = 440 cm = 44 dm = 4.4 m
5500 mm = 550 cm = 55 dm = 5.5 m
950 mm = 95 cm = 9.5 dm = 0.95 m

3. 주어진 단위로 바꾸어 보세요. 변환표를 이용해도 좋아요.

175 dam = 17.5 hm = 1.75 km　　7 hm = 0.7 km
60 dam = 6 hm = 0.6 km　　1.5 hm = 0.15 km

4. 주어진 단위로 바꾸어 보세요. 변환표를 이용해도 좋아요.

80 cm = 8 dm = 0.8 m　　0.3 dm = 0.03 m
255 cm = 25.5 dm = 2.55 m　　8 mm = 0.8 cm

5. 공책에 알맞은 식을 세워 답을 구한 후, 로봇에서 찾아 ○표 해 보세요.

❶ 워너는 수요일에 자전거를 20km 탔고, 목요일에 수요일보다 $\frac{1}{4}$km를 더 탔어요. 수요일과 목요일에 자전거를 탄 거리는 모두 몇 km일까요?
20km÷4=5km, 20km+5km=25km
20km+25km=45km 정답 : 45km

❷ 헤르미온은 5일 동안 총 7km를 수영했어요. 하루 평균 수영 거리는 몇 km일까요?
7km÷5=1.4km 정답 : 1.4km

1.2 km　(1.4 km)　35 km　(45 km)

더 생각해 보아요!
아래 식의 답을 구해 보세요.
1.1 hm + 1.1 dm + 1.1 cm = 110.121m
미터로 나타내면
110m+0.11m+0.011m=110.121m

74　75

76-77쪽

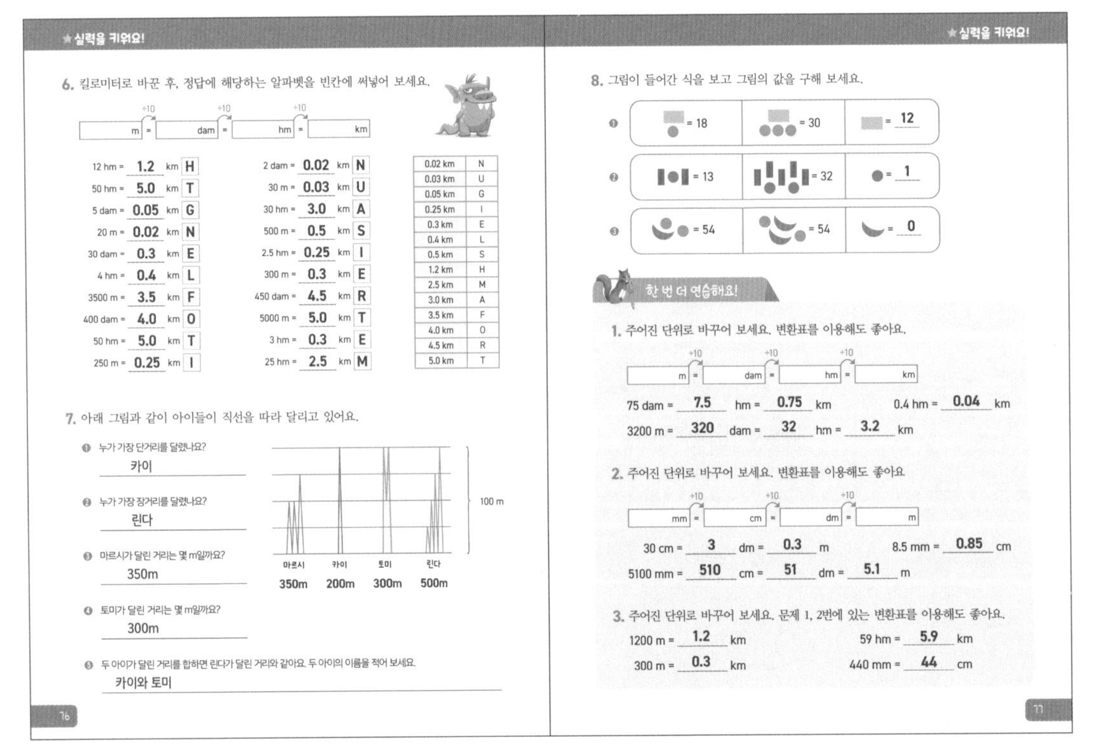

★실력을 키워요!

6. 킬로미터로 바꾼 후, 정답에 해당하는 알파벳을 빈칸에 써넣어 보세요.

12 hm = 1.2 km	H	2 dam = 0.02 km	N		0.02 km	N
50 hm = 5.0 km	T	30 m = 0.03 km	U		0.03 km	U
5 dam = 0.05 km	G	30 hm = 3.0 km	A		0.05 km	G
20 m = 0.02 km	N	500 m = 0.5 km	S		0.25 km	I
30 dam = 0.3 km	E	2.5 hm = 0.25 km	I		0.3 km	E
4 hm = 0.4 km	L	300 m = 0.3 km	E		0.4 km	L
3500 m = 3.5 km	F	450 dam = 4.5 km	R		0.5 km	S
400 dam = 4.0 km	O	5000 m = 5.0 km	T		1.2 km	H
50 hm = 5.0 km	T	3 hm = 0.3 km	E		2.5 km	M
250 m = 0.25 km	I	25 hm = 2.5 km	M		3.0 km	A
					3.5 km	F
					4.0 km	O
					4.5 km	R
					5.0 km	T

7. 아래 그림과 같이 아이들이 직선을 따라 달리고 있어요.

❶ 누가 가장 단거리를 달렸나요? 카이
❷ 누가 가장 장거리를 달렸나요? 린다
❸ 마르시가 달린 거리는 몇 m일까요? 350m
❹ 토미가 달린 거리는 몇 m일까요? 300m
❺ 두 아이가 달린 거리를 합하면 린다가 달린 거리와 같아요. 두 아이의 이름을 적어 보세요. 카이와 토미

100 m
마르시 350m　카이 200m　토미 300m　린다 500m

8. 그림이 들어간 식을 보고 그림의 값을 구해 보세요.

❶ ■● = 18　■●●● = 30　■ = 12
❷ ▮●▮ = 13　▮●▮▮●▮ = 32　● = 1
❸ ●●☾ = 54　●●☾☾ = 54　☾ = 0

한 번 더 연습해요!

1. 주어진 단위로 바꾸어 보세요. 변환표를 이용해도 좋아요.

75 dam = 7.5 hm = 0.75 km　　0.4 hm = 0.04 km
3200 m = 320 dam = 32 hm = 3.2 km

2. 주어진 단위로 바꾸어 보세요. 변환표를 이용해도 좋아요.

30 cm = 3 dm = 0.3 m　　8.5 mm = 0.85 cm
5100 mm = 510 cm = 51 dm = 5.1 m

3. 주어진 단위로 바꾸어 보세요. 문제 1, 2번에 있는 변환표를 이용해도 좋아요.

1200 m = 1.2 km　　59 hm = 5.9 km
300 m = 0.3 km　　440 mm = 44 cm

76　77

76쪽 6번

Metre is a unit of length.
(미터는 길이 단위예요.)

76쪽 7번

100m를 4등분하였으므로 25m 단위로 나뉘었어요.
마르시 : 50×4+75×2=350m
카이 : 100×2=200m
토미 : 100×2+50×2=300m
린다 : 25×2+50×2+75×2+100×2=50+100+150+200=500m

77쪽 8번

❶ ■●=18을 ■●●●=30에 대입하면 18+●●=30
●=6
6+■=18, ■=12
❷ ▮●▮=13을 ▮●▮▮●▮=32에 대입하면 13+13+▮=32, ▮=6
6+6+●=13, ●=1
❸ ●●☾=54를 ●●☾☾=54에 대입하면
54+☾=54, ☾=0

78-79쪽

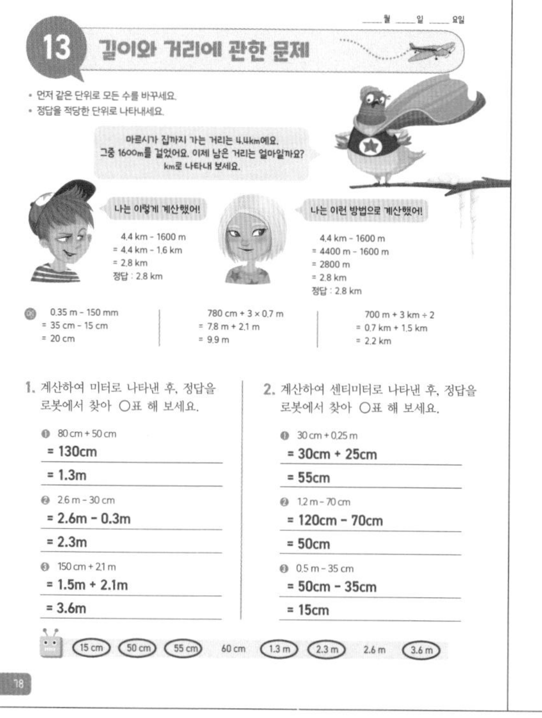

___월 ___일 ___요일

13 길이와 거리에 관한 문제

- 먼저 같은 단위로 모든 수를 바꾸세요.
- 정답을 적당한 단위로 나타내세요.

마르시가 집까지 가는 거리는 4.4km예요. 그중 1600m를 걸었어요. 이제 남은 거리는 얼마일까요? km로 나타내 보세요.

나는 이렇게 계산했어!

4.4 km - 1600 m
= 4.4 km - 1.6 km
= 2.8 km
정답 : 2.8 km

나는 이런 방법으로 계산했어!

4.4 km - 1600 m
= 4400 m - 1600 m
= 2800 m
= 2.8 km
정답 : 2.8 km

예) 0.35 m - 150 mm = 35 cm - 15 cm = 20 cm | 780 cm + 3 × 0.7 m = 7.8 m + 2.1 m = 9.9 m | 700 m + 3 km ÷ 2 = 0.7 km + 1.5 km = 2.2 km

1. 계산하여 미터로 나타낸 후, 정답을 로봇에서 찾아 ○표 해 보세요.

❶ 80 cm + 0.25 m
= 130cm
= 1.3m

❷ 2.6 m - 30 cm
= 2.6m - 0.3m
= 2.3m

❸ 150 cm + 2.1 m
= 1.5m + 2.1m
= 3.6m

2. 계산하여 센티미터로 나타낸 후, 정답을 로봇에서 찾아 ○표 해 보세요.

❶ 30 cm + 0.25 m
= 30cm + 25cm
= 55cm

❷ 1.2 m - 70 cm
= 120cm - 70cm
= 50cm

❸ 0.5 m - 35 cm
= 50cm - 35cm
= 15cm

(15 cm) (50 cm) (55 cm) 60 cm (1.3 m) (2.3 m) 2.6 m (3.6 m)

78

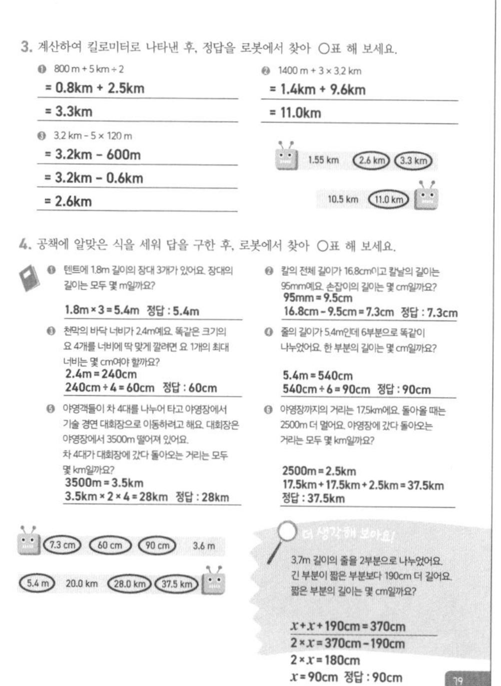

3. 계산하여 킬로미터로 나타낸 후, 정답을 로봇에서 찾아 ○표 해 보세요.

❶ 800 m + 5 km ÷ 2
= 0.8km + 2.5km
= 3.3km

❷ 1400 m + 3 × 3.2 km
= 1.4km + 9.6km
= 11.0km

❸ 3.2 km - 5 × 120 m
= 3.2km - 600m
= 3.2km - 0.6km
= 2.6km

1.55 km (2.6 km) (3.3 km) 10.5 km (11.0 km)

4. 공책에 알맞은 식을 세워 답을 구한 후, 로봇에서 찾아 ○표 해 보세요.

❶ 텐트에 1.8m 길이의 장대 3개가 있어요. 장대의 길이는 모두 몇 m일까요?
1.8m × 3 = 5.4m 정답 : 5.4m

❷ 칼의 전체 길이가 16.8cm이고 칼날의 길이는 95mm예요. 손잡이의 길이는 몇 cm일까요?
95mm = 9.5cm
16.8cm - 9.5cm = 7.3cm 정답 : 7.3cm

❸ 천막의 바닥 너비가 2.4m예요. 똑같은 크기의 요 4개를 너비에 딱 맞게 깔려면 요 1개의 최대 너비는 몇 cm여야 할까요?
2.4m = 240cm
240cm ÷ 4 = 60cm 정답 : 60cm

❹ 줄의 길이가 5.4m인데 6부분으로 똑같이 나누었어요. 한 부분의 길이는 몇 cm일까요?
5.4m = 540cm
540cm ÷ 6 = 90cm 정답 : 90cm

❺ 야영객들이 차 4대를 나누어 타고 야영장에서 기술 경연 대회장으로 이동하려고 해요. 대회장은 야영장에서 3500m 떨어져 있어요. 차 4대가 대회장에 갔다 돌아오는 거리는 모두 몇 km일까요?
3500m = 3.5km
3.5km × 2 × 4 = 28km 정답 : 28km

❻ 야영장까지의 거리는 17.5km예요. 돌아올 때는 2500m 더 멀어요. 야영장에 갔다 돌아오는 거리는 모두 몇 km일까요?
2500m = 2.5km
17.5km + 17.5km + 2.5km = 37.5km
정답 : 37.5km

(7.3 cm) (60 cm) (90 cm) 3.6 m
(5.4 m) 20.0 km (28.0 km) (37.5 km)

더 생각해 보아요!
3.7m 길이의 줄을 2부분으로 나누었어요. 긴 부분이 짧은 부분보다 190cm 더 길어요. 짧은 부분의 길이는 몇 cm일까요?

$x + x + 190cm = 370cm$
$2 \times x = 370cm - 190cm$
$2 \times x = 180cm$
$x = 90cm$ 정답 : 90cm

79

보충 가이드 | 78쪽

단위 간 변환 관계에 맞게 단위를 통일한 후, 덧셈이나 뺄셈을 해야 해요. 단위가 다를 때는 통일할 단위를 정한 후, 하나의 단위에 맞추어 바꾸어 준 후 계산해야 해요. 십진 기수법을 따르기 때문에 10배씩 커지거나 혹은 $\frac{1}{10}$배씩 작아지는 규칙이에요.

	단위 간 변환
1km(킬로미터) ×1000	1000m
1hm(헥토미터) ×100	100m
1dam(데카미터) ×10	10m
1m(미터)	1m
1dm(데시미터) $=\frac{1}{10}=0.1$	0.1m
1cm(센티미터) $=\frac{1}{100}=0.01$	0.01m
1mm(밀리미터) $=\frac{1}{1000}=000.1$	0.001m

80-81쪽

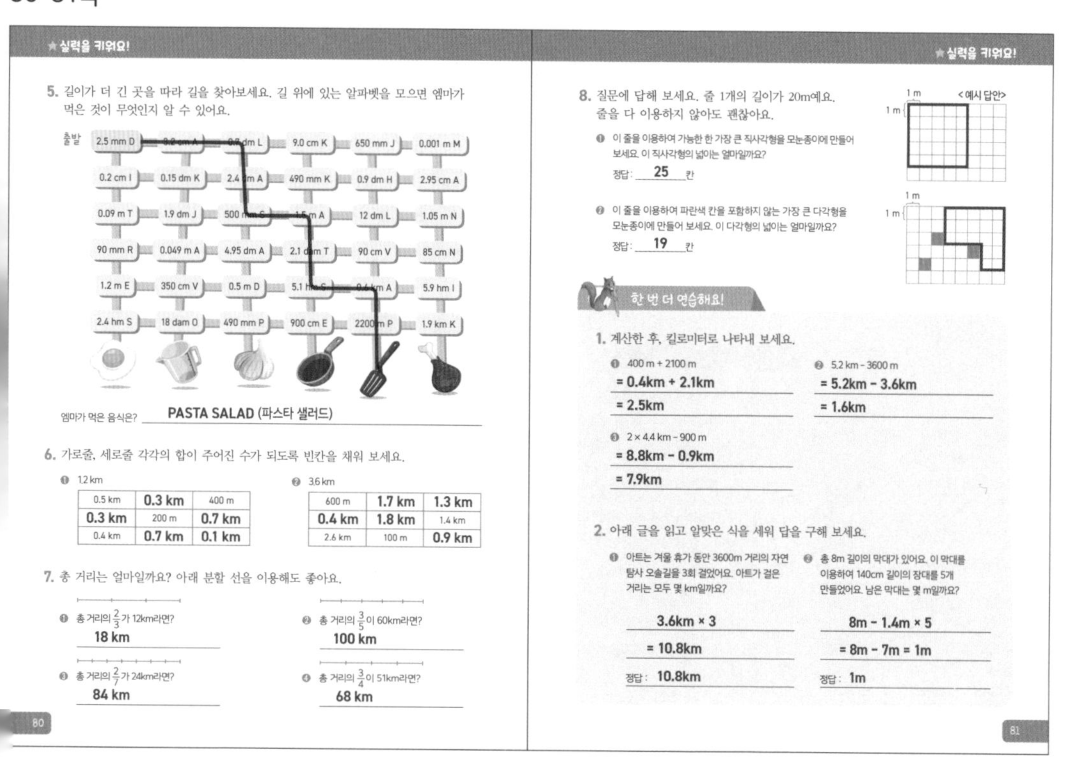

★실력을 키워요!

5. 길이가 더 긴 곳을 따라 길을 찾아보세요. 길 위에 있는 알파벳을 모으면 엠마가 먹은 것이 무엇인지 알 수 있어요.

출발 2.5 mm D	9.0 cm A	0.9 dm L	9.0 cm K	650 mm J	0.001 m M
0.2 cm I	0.15 dm K	2.4 hm A	490 mm K	0.9 dm H	2.95 cm A
0.09 m T	1.9 dm J	500 mm S	1.5 m A	12 dm L	1.05 m N
90 mm R	0.049 m A	4.95 dm A	2.1 dam T	90 cm V	85 cm N
1.2 m E	350 cm V	0.5 m D	5.1 hm S	0.4 km A	5.9 hm I
2.4 hm S	18 dam O	490 mm P	900 cm E	2200 m P	1.9 km K

엠마가 먹은 음식은? PASTA SALAD (파스타 샐러드)

6. 가로줄, 세로줄 각각의 합이 주어진 수가 되도록 빈칸을 채워 보세요.

❶ 1.2 km

0.5 km	0.3 km	400 m
0.3 km	200 m	0.7 km
0.4 km	0.7 km	0.1 km

❷ 3.6 km

600 m	1.7 km	1.3 km
0.4 km	1.8 km	1.4 km
2.6 km	100 m	0.9 km

7. 총 거리는 얼마일까요? 아래 분할 선을 이용해도 좋아요.

❶ 총 거리의 $\frac{2}{3}$가 12km라면? 18 km

❷ 총 거리의 $\frac{3}{5}$이 60km라면? 100 km

❸ 총 거리의 $\frac{2}{7}$가 24km라면? 84 km

❹ 총 거리의 $\frac{3}{4}$이 51km라면? 68 km

80

★실력을 키워요!

8. 질문에 답해 보세요. 줄 1개의 길이가 20m예요. 줄을 다 이용하지 않아도 괜찮아요.

❶ 이 줄을 이용하여 가능한 한 가장 큰 직사각형을 모눈종이에 만들어 보세요. 이 직사각형의 넓이는 얼마일까요?
정답: 25 칸

❷ 이 줄을 이용하여 파란색 칸을 포함하지 않는 가장 큰 다각형을 모눈종이에 만들어 보세요. 이 다각형의 넓이는 얼마일까요?
정답: 19 칸

<예시 답안> 1 m, 1 m

한 번 더 연습해요!

1. 계산한 후, 킬로미터로 나타내 보세요.

❶ 400 m + 2100 m
= 0.4km + 2.1km
= 2.5km

❷ 5.2 km - 3600 m
= 5.2km - 3.6km
= 1.6km

❸ 2 × 4.4 km - 900 m
= 8.8km - 0.9km
= 7.9km

2. 아래 글을 읽고 알맞은 식을 세워 답을 구해 보세요.

❶ 아트는 겨울 휴가 동안 3600m 거리의 자연 탐사 오솔길을 3회 걸었어요. 아트가 걸은 거리는 모두 몇 km일까요?
3.6km × 3
= 10.8km
정답: 10.8km

❷ 총 8m 길이의 막대가 있어요. 이 막대를 이용하여 140cm 길이의 장대를 5개 만들었어요. 남은 막대는 몇 m일까요?
8m - 1.4m × 5
= 8m - 7m = 1m
정답: 1m

81

82-83쪽

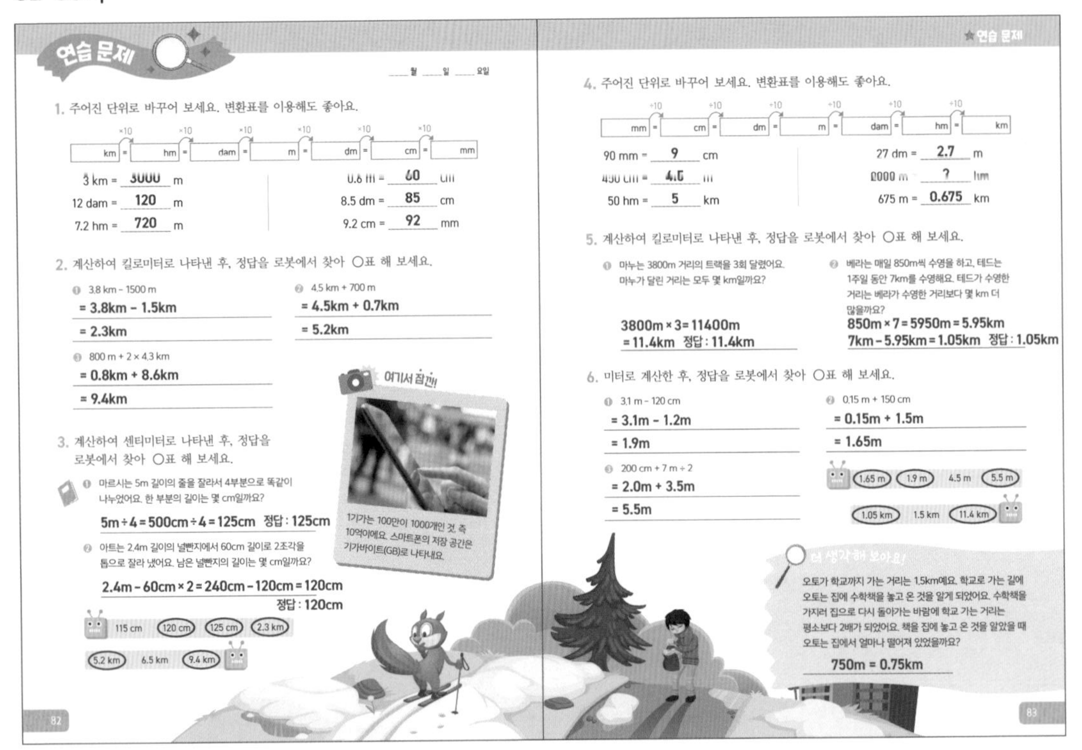

연습 문제

___월 ___일 ___요일

1. 주어진 단위로 바꾸어 보세요. 변환표를 이용해도 좋아요.

km = hm = dam = m = dm = cm = mm (×10)

3 km = 3000 m　　12 dam = 120 m　　7.2 hm = 720 m

0.6 m = 60 cm　　8.5 dm = 85 cm　　9.2 cm = 92 mm

2. 계산하여 킬로미터로 나타낸 후, 정답을 로봇에서 찾아 ○표 해 보세요.

① 3.8 km - 1500 m
= 3.8km - 1.5km
= 2.3km

② 4.5 km + 700 m
= 4.5km + 0.7km
= 5.2km

③ 800 m + 2 × 4.3 km
= 0.8km + 8.6km
= 9.4km

3. 계산하여 센티미터로 나타낸 후, 정답을 로봇에서 찾아 ○표 해 보세요.

① 마르시는 5m 길이의 줄을 잘라서 4부분으로 똑같이 나누었어요. 한 부분의 길이는 몇 cm일까요?
5m÷4=500cm÷4=125cm 정답: 125cm

② 아트는 2.4m 길이의 널빤지에서 60cm 길이로 2조각을 톱으로 잘라 냈어요. 남은 널빤지의 길이는 몇 cm일까요?
2.4m-60cm×2=240cm-120cm=120cm 정답: 120cm

115 cm　120 cm　125 cm　2.3 km　5.2 km　6.5 km　9.4 km

여기서 잠깐!
1기가는 100만이 1000개인 것 즉 10억이에요. 스마트폰의 저장 공간은 기가바이트(GB)로 나타내요.

4. 주어진 단위로 바꾸어 보세요. 변환표를 이용해도 좋아요.

mm = cm = dm = m = dam = hm = km (÷10)

90 mm = 9 cm　　450 cm = 4.5 m　　50 hm = 5 km

27 dm = 2.7 m　　2000 m = ? hm　　675 m = 0.675 km

5. 계산하여 킬로미터로 나타낸 후, 정답을 로봇에서 찾아 ○표 해 보세요.

① 마누는 3800m 거리의 트랙을 3회 달렸어요. 마누가 달린 거리는 모두 몇 km일까요?
3800m×3=11400m
=11.4km 정답: 11.4km

② 베라는 매일 850m씩 수영을 하고, 테드는 1주일 동안 7km를 수영해요. 테드가 수영한 거리는 베라가 수영한 거리보다 몇 km 더 많을까요?
850m×7=5950m=5.95km
7km-5.95km=1.05km 정답: 1.05km

6. 미터로 계산한 후, 정답을 로봇에서 찾아 ○표 해 보세요.

① 3.1 m - 120 cm
= 3.1m - 1.2m
= 1.9m

② 0.15 m + 150 cm
= 0.15m + 1.5m
= 1.65m

③ 200 cm + 7 m ÷ 2
= 2.0m + 3.5m
= 5.5m

1.65 m　1.9 m　4.5 m　5.5 m　1.05 km　1.5 km　11.4 km

더 생각해 보아요!
오토가 학교까지 가는 거리는 1.5km예요. 학교로 가는 길에 오토는 집에 수학책을 놓고 온 것을 알게 되었어요. 수학책을 가지러 집으로 다시 돌아가는 바람에 학교로 가는 거리는 평소보다 2배가 되었어요. 책을 집에 놓고 온 것을 알았을 때 오토는 집에서 얼마나 떨어져 있었을까요?
750m = 0.75km

82　83

더 생각해 보아요! | 83쪽

750m=0.75km
0.75km×2+1.5km=3km

84쪽 8번

우선 조건에 맞는 단위로 모두 바꾼 후, 계산해 보세요.

84-85쪽

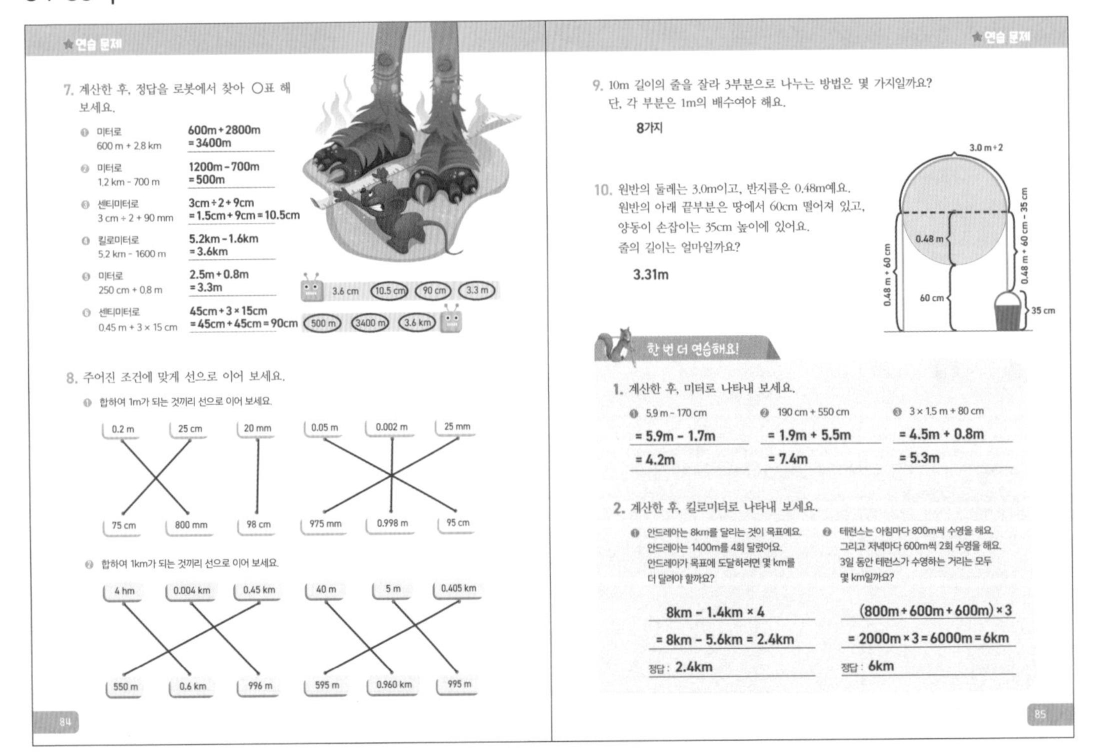

연습 문제

7. 계산한 후, 정답을 로봇에서 찾아 ○표 해 보세요.

① 미터로 600 m + 2.8 km: 600m+2800m =3400m
② 미터로 1.2 km - 700 m: 1200m-700m =500m
③ 센티미터로 3 cm ÷ 2 + 90 mm: 3cm÷2+9cm =1.5cm+9cm=10.5cm
④ 킬로미터로 5.2 km - 1600 m: 5.2km-1.6km =3.6km
⑤ 미터로 250 cm + 0.8 m: 2.5m+0.8m =3.3m
⑥ 센티미터로 0.45 m + 3 × 15 cm: 45cm+3×15cm =45cm+45cm=90cm

3.6 cm　10.5 cm　90 cm　3.3 m　500 m　3400 m　3.6 km

8. 주어진 조건에 맞게 선으로 이어 보세요.

① 합하여 1m가 되는 것끼리 선으로 이어 보세요.
0.2 m　25 cm　20 mm　0.05 m　0.002 m　25 mm
75 cm　800 mm　98 cm　975 mm　0.998 m　95 cm

② 합하여 1km가 되는 것끼리 선으로 이어 보세요.
4 hm　0.004 km　0.45 km　40 m　5 m　0.405 km
550 m　0.6 km　996 m　595 m　0.960 km　995 m

9. 10m 길이의 줄을 잘라 3부분으로 나누는 방법은 몇 가지일까요? 단, 각 부분은 1m의 배수여야 해요.
8가지

10. 원반의 둘레는 3.0m이고, 반지름은 0.48m예요. 원반의 아래 끝부분은 땅에서 60cm 떨어져 있고, 양동이 손잡이는 35cm 높이에 있어요. 줄의 길이는 얼마일까요?
3.31m

한 번 더 연습해요!

1. 계산한 후, 미터로 나타내 보세요.

① 5.9 m - 170 cm
= 5.9m - 1.7m
= 4.2m

② 190 cm + 550 cm
= 1.9m + 5.5m
= 7.4m

③ 3 × 1.5 m + 80 cm
= 4.5m + 0.8m
= 5.3m

2. 계산한 후, 킬로미터로 나타내 보세요.

① 안드레아는 8km를 달리는 것이 목표예요. 안드레아는 1400m를 4회 달렸어요. 안드레아가 목표에 도달하려면 몇 km를 더 달려야 할까요?
8km - 1.4km × 4
= 8km - 5.6km = 2.4km
정답: 2.4km

② 테런스는 아침마다 800m씩 수영을 해요. 그리고 저녁마다 600m씩 2회 수영을 해요. 3일 동안 테런스가 수영하는 거리는 모두 몇 km일까요?
(800m+600m+600m)×3
= 2000m×3=6000m=6km
정답: 6km

84　85

85쪽 9번

모두 8가지 방법이 있어요.

1m 1m 8m
1m 2m 7m
1m 3m 6m
1m 4m 5m
2m 2m 6m
2m 3m 5m
2m 4m 4m
3m 3m 4m

85쪽 10번

원반의 위쪽을 둘러싼 부분의 줄 길이: 3m÷2=1.5m
원반 아래 왼쪽 줄 길이:
0.48m+60cm=0.48m+0.6m
=1.08m
원반 아래 오른쪽 줄 길이:
1.08m-35cm=1.08m-0.35m
=0.73m
전체 줄 길이:
1.5m+1.08m+0.73m=3.31m

86-87쪽

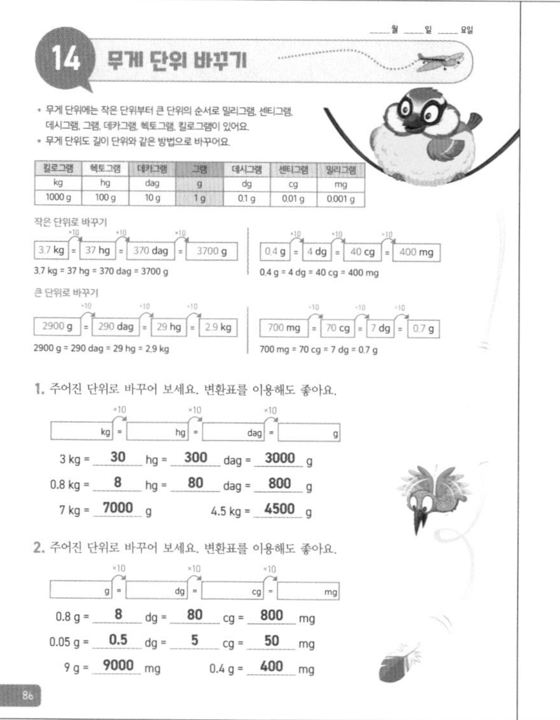

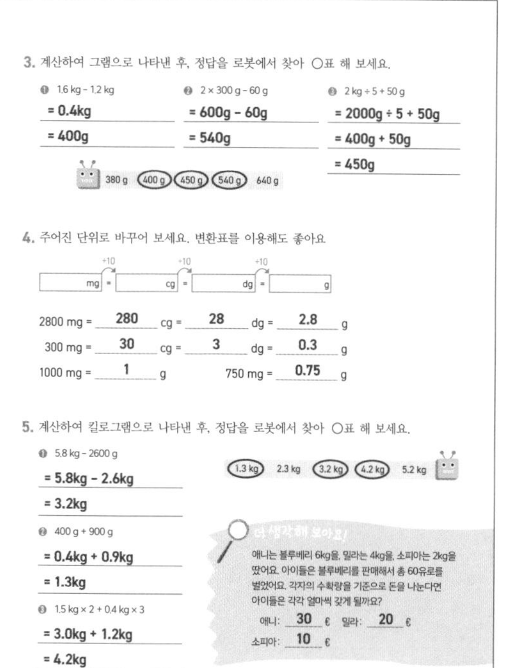

보충 가이드 | 86쪽

미터법은 길이 단위를 미터(meter, 기호 m)로, 질량 단위를 킬로그램(kilogram, 기호 kg)으로, 부피 단위를 리터(liter, 기호 L)로 하며 십진법을 사용하여 길이, 부피, 무게를 재는 법이에요.

더 생각해 보아요! | 87쪽

블루베리 총 생산량 : 6kg+4kg+2kg=12kg

1kg당 판매액 : $\frac{60}{12}$=5€

애니 : 6kg×5€=30€

밀라 : 4kg×5€=20€

소피아 : 2kg×5€=10€

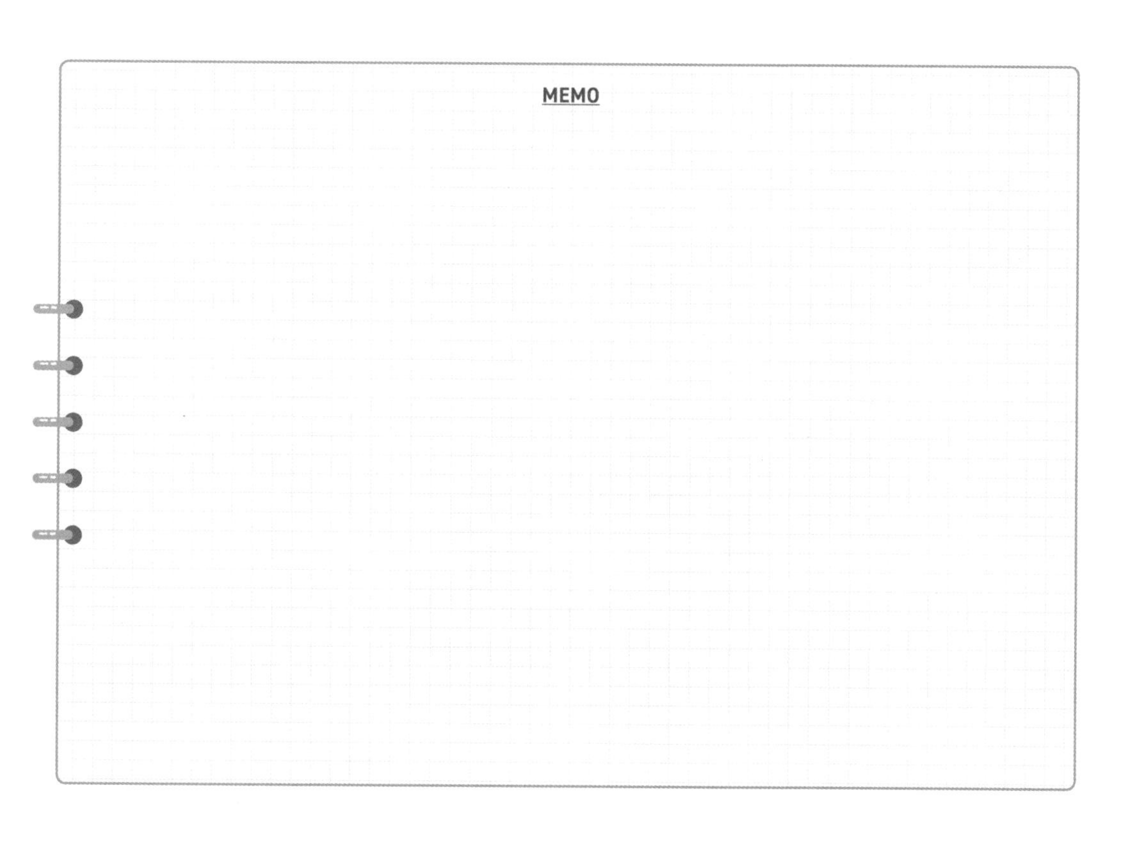

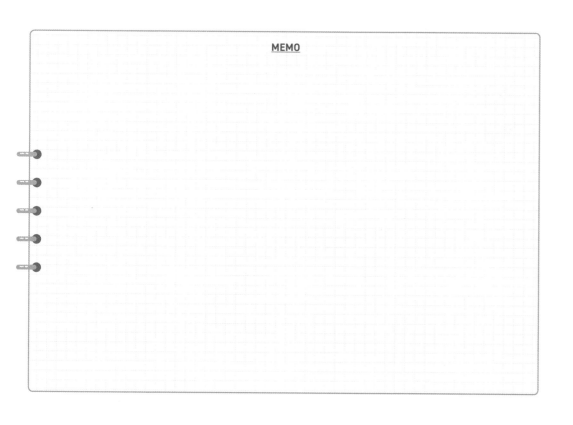

88-89쪽

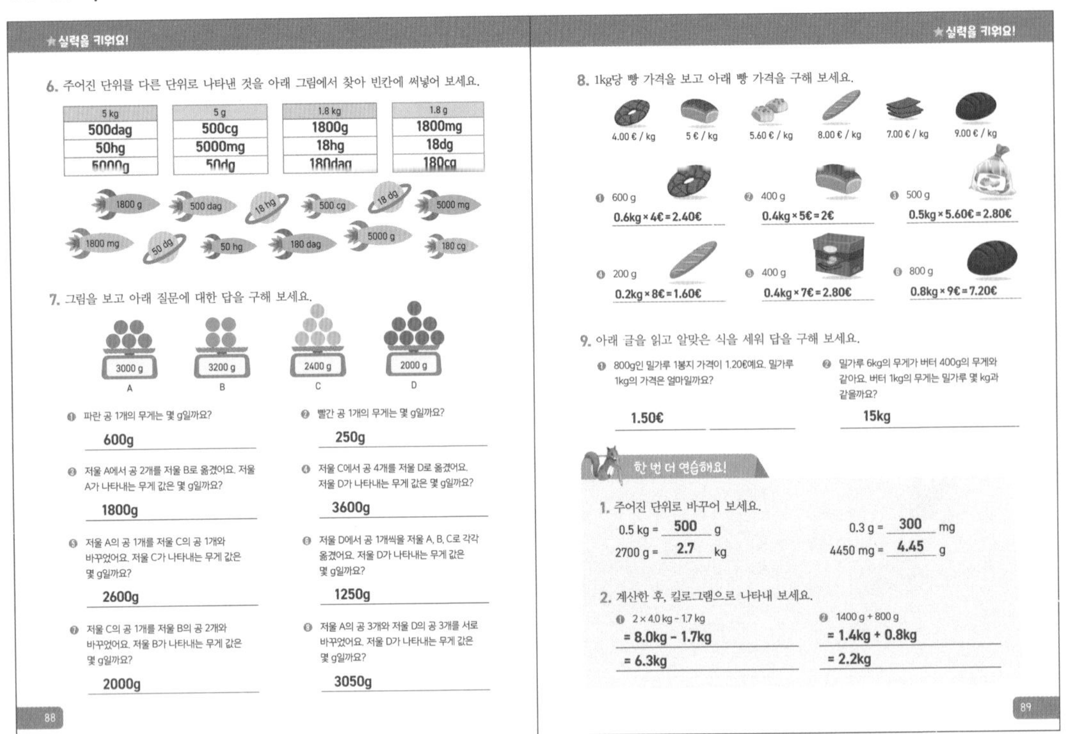

★실력을 키워요!

6. 주어진 단위를 다른 단위로 나타낸 것을 아래 그림에서 찾아 빈칸에 써넣어 보세요.

5 kg	5 g	1.8 kg	1.8 g
500dag	500cg	1800g	1800mg
50hg	5000mg	18hg	18dg
5000g	50dg	180dag	180cg

7. 그림을 보고 아래 질문에 대한 답을 구해 보세요.

❶ 파란 공 1개의 무게는 몇 g일까요?
600g

❷ 빨간 공 1개의 무게는 몇 g일까요?
250g

❸ 저울 A에서 공 2개를 저울 B로 옮겼어요. 저울 A가 나타내는 무게 값은 몇 g일까요?
1800g

❹ 저울 C에서 공 4개를 저울 D로 옮겼어요. 저울 D가 나타내는 무게 값은 몇 g일까요?
3600g

❺ 저울 A의 공 1개를 저울 C의 공 1개와 바꾸었어요. 저울 C가 나타내는 무게 값은 몇 g일까요?
2600g

❻ 저울 D에서 공 1개씩을 저울 A, B, C로 각각 옮겼어요. 저울 D가 나타내는 무게 값은 몇 g일까요?
1250g

❼ 저울 C의 공 1개를 저울 B의 공 2개와 바꾸었어요. 저울 B가 나타내는 무게 값은 몇 g일까요?
2000g

❽ 저울 A의 공 3개와 저울 D의 공 3개를 서로 바꾸었어요. 저울 D가 나타내는 무게 값은 몇 g일까요?
3050g

88

★실력을 키워요!

8. 1kg당 빵 가격을 보고 아래 빵 가격을 구해 보세요.

❶ 600 g
0.6kg × 4€ = 2.40€

❷ 400 g
0.4kg × 5€ = 2€

❸ 500 g
0.5kg × 5.60€ = 2.80€

❹ 200 g
0.2kg × 8€ = 1.60€

❺ 400 g
0.4kg × 7€ = 2.80€

❻ 800 g
0.8kg × 9€ = 7.20€

9. 아래 글을 읽고 알맞은 식을 세워 답을 구해 보세요.

❶ 800g인 밀가루 1봉지 가격이 1.20€예요. 밀가루 1kg의 가격은 얼마일까요?
1.50€

❷ 밀가루 6kg의 무게가 버터 400g의 무게와 같아요. 버터 1kg의 무게는 밀가루 몇 kg과 같을까요?
15kg

한 번 더 연습해요!

1. 주어진 단위로 바꾸어 보세요.

0.5 kg = 500 g
2700 g = 2.7 kg
0.3 g = 300 mg
4450 mg = 4.45 g

2. 계산한 후, 킬로그램으로 나타내 보세요.

❶ 2 × 4.0 kg - 1.7 kg
= 8.0kg - 1.7kg
= 6.3kg

❷ 1400 g + 800 g
= 1.4kg + 0.8kg
= 2.2kg

89

88쪽 7번

❶ 3000g÷5=600g
❷ 2000g÷8=250g
❸ 3000g-600g×2=1800g
❹ 2400g÷6=400g
2000g+400g×4=3600g
❺ 2400g-400g+600g
=2600g
❻ 2000g-250g×3=1250g
❼ 3200g÷2+400g
= 1600g+400g=2000g
❽ 2000g-750g+1800g
= 3050g

89쪽 9번

❶ 200g당 밀가루 가격:
1.20€÷4=0.30€
1kg 가격: 0.30€×5=1.50€
❷ 버터 100g과 같은 밀가루 무게: 6kg÷4=1.5kg
버터 1kg과 같은 밀가루 무게: 1.5kg×10=15kg

90-91쪽

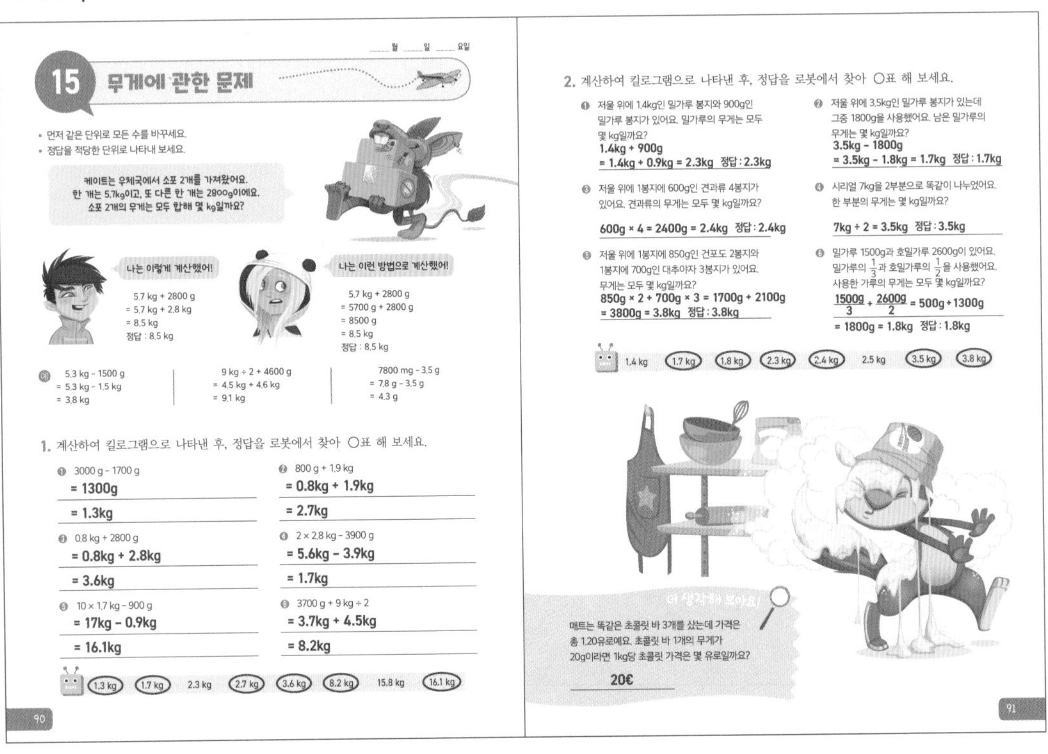

____월 ____일 ____요일

15 무게에 관한 문제

- 먼저 같은 단위로 모든 수를 바꾸세요.
- 정답을 적당한 단위로 나타내 보세요.

케이트는 우체국에서 소포 2개를 가져왔어요.
한 개는 5.7kg이고, 또 다른 한 개는 2800g이에요.
소포 2개의 무게는 모두 합해 몇 kg일까요?
나는 이렇게 계산했어!
나는 이런 방법으로 계산했어!

5.7 kg + 2800 g
= 5.7 kg + 2.8 kg
= 8.5 kg
정답 : 8.5 kg

5.7 kg + 2800 g
= 5700 g + 2800 g
= 8500 g
= 8.5 kg
정답 : 8.5 kg

예
5.3 kg - 1500 g
= 5.3 kg - 1.5 kg
= 3.8 kg

9 kg ÷ 2 + 4600 g
= 4.5 kg + 4.6 kg
= 9.1 kg

7800 mg - 3.5 g
= 7.8 g - 3.5 g
= 4.3 g

1. 계산하여 킬로그램으로 나타낸 후, 정답을 로봇에서 찾아 ○표 해 보세요.

❶ 3000 g - 1700 g
= 1300g
= 1.3kg

❷ 800 g + 1.9 kg
= 0.8kg + 1.9kg
= 2.7kg

❸ 0.8 kg + 2800 g
= 0.8kg + 2.8kg
= 3.6kg

❹ 2 × 2.8 kg - 3900 g
= 5.6kg - 3.9kg
= 1.7kg

❺ 10 × 1.7 kg - 900 g
= 17kg - 0.9kg
= 16.1kg

❻ 3700 g + 9 kg ÷ 2
= 3.7kg + 4.5kg
= 8.2kg

(1.3 kg) (1.7 kg) 2.3 kg (2.7 kg) (3.6 kg) (8.2 kg) 15.8 kg (16.1 kg)

90

2. 계산하여 킬로그램으로 나타낸 후, 정답을 로봇에서 찾아 ○표 해 보세요.

❶ 저울 위에 1.4kg인 밀가루 봉지와 900g인 밀가루 봉지가 있어요. 밀가루의 무게는 모두 몇 kg일까요?
1.4kg + 900g
= 1.4kg + 0.9kg = 2.3kg 정답 : 2.3kg

❷ 저울 위에 3.5kg인 밀가루 봉지가 있는데 그중 1800g을 사용했어요. 남은 밀가루의 무게는 몇 kg일까요?
3.5kg - 1800g
= 3.5kg - 1.8kg = 1.7kg 정답 : 1.7kg

❸ 저울 위에 1봉지에 600g인 견과류 4봉지가 있어요. 견과류의 무게는 모두 몇 kg일까요?
600g × 4 = 2400g = 2.4kg 정답 : 2.4kg

❹ 시리얼 7kg을 2부분으로 똑같이 나누었어요. 한 부분의 무게는 몇 kg일까요?
7kg ÷ 2 = 3.5kg 정답 : 3.5kg

❺ 저울 위에 1봉지에 850g인 건포도 2봉지와 1봉지에 700g인 대추야자 3봉지가 있어요. 무게는 모두 몇 kg일까요?
850g × 2 + 700g × 3 = 1700g + 2100g
= 3800g = 3.8kg 정답 : 3.8kg

❻ 밀가루 1500g과 호밀가루 2600g이 있어요. 밀가루의 $\frac{1}{3}$과 호밀가루의 $\frac{1}{2}$을 사용했어요. 사용한 가루의 무게는 모두 몇 kg일까요?
$\frac{1500g}{3} + \frac{2600g}{2}$ = 500g + 1300g
= 1800g = 1.8kg 정답 : 1.8kg

1.4 kg (1.7 kg) (1.8 kg) (2.3 kg) (2.4 kg) 2.5 kg (3.5 kg) (3.8 kg)

더 생각해 보아요!

매트는 똑같은 초콜릿 바 3개를 샀는데 가격은 총 1.20유로예요. 초콜릿 바 1개의 무게가 20g이라면 1kg당 초콜릿 가격은 몇 유로일까요?
20€

91

더 생각해 보아요! | 91쪽

초콜릿 바 1개의 가격:
1.20€÷3=0.40€=40c
초콜릿 바 1개의 무게는 20g이므로 1kg당 초콜릿 가격을 구하려면 50을 곱하여야 해요.
40c×50=2000c=20€

92-93쪽

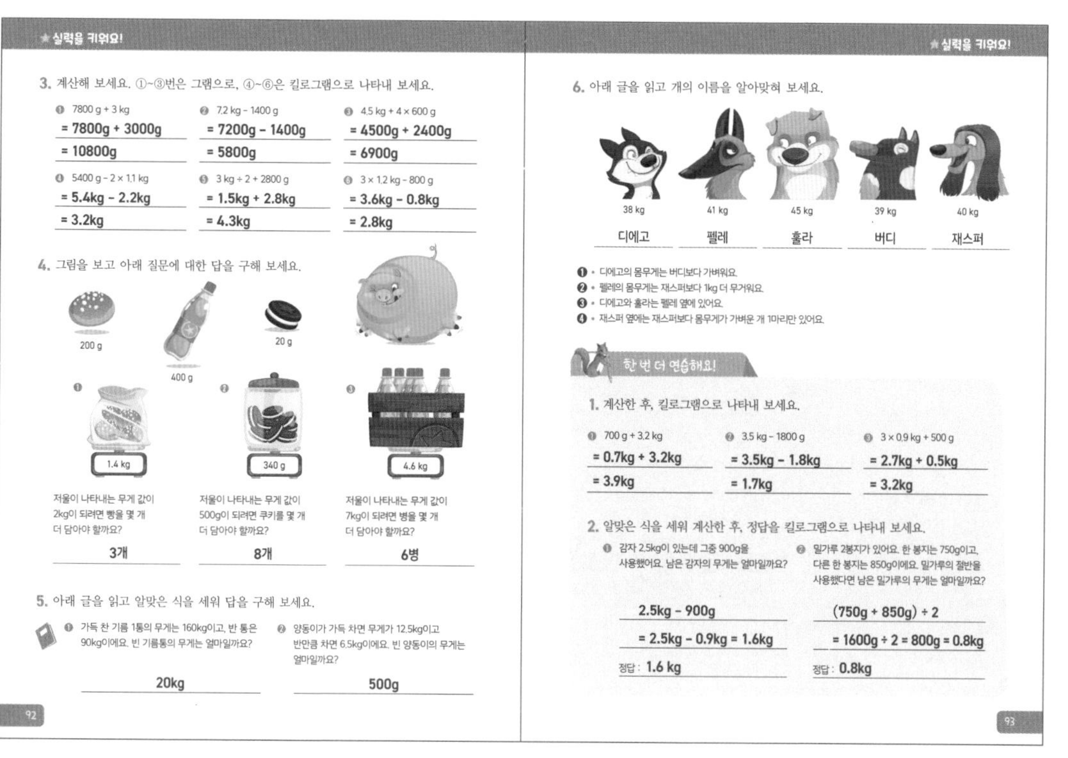

★실력을 키워요!

3. 계산해 보세요. ①~③번은 그램으로, ④~⑥은 킬로그램으로 나타내 보세요.

① 7800 g + 3 kg
= 7800g + 3000g
= 10800g

② 7.2 kg - 1400 g
= 7200g - 1400g
= 5800g

③ 4.5 kg + 4 × 600 g
= 4500g + 2400g
= 6900g

④ 5400 g - 2 × 1.1 kg
= 5.4kg - 2.2kg
= 3.2kg

⑤ 3 kg ÷ 2 + 2800 g
= 1.5kg + 2.8kg
= 4.3kg

⑥ 3 × 1.2 kg - 800 g
= 3.6kg - 0.8kg
= 2.8kg

4. 그림을 보고 아래 질문에 대한 답을 구해 보세요.

200 g, 400 g, 20 g

① 1.4 kg ② 340 g ③ 4.6 kg

① 저울이 나타내는 무게 값이 2kg이 되려면 빵을 몇 개 더 담아야 할까요? 3개

② 저울이 나타내는 무게 값이 500g이 되려면 쿠키를 몇 개 더 담아야 할까요? 8개

③ 저울이 나타내는 무게 값이 7kg이 되려면 병을 몇 개 더 담아야 할까요? 6병

5. 아래 글을 읽고 알맞은 식을 세워 답을 구해 보세요.

① 가득 찬 기름 1통의 무게는 160kg이고, 반 통은 90kg이에요. 빈 기름통의 무게는 얼마일까요? 20kg

② 양동이가 가득 차면 무게가 12.5kg이고, 반만큼 차면 6.5kg이에요. 빈 양동이의 무게는 얼마일까요? 500g

92

★실력을 키워요!

6. 아래 글을 읽고 개의 이름을 알아맞혀 보세요.

38 kg	41 kg	45 kg	39 kg	40 kg
디에고	펠레	훌라	버디	재스퍼

❶ • 디에고의 몸무게는 버디보다 가벼워요.
❷ • 펠레의 몸무게는 재스퍼보다 1kg 더 무거워요.
❸ • 디에고와 훌라는 펠레 옆에 있어요.
❹ • 재스퍼 옆에는 재스퍼보다 몸무게가 가벼운 개 1마리만 있어요.

한 번 더 연습해요!

1. 계산한 후, 킬로그램으로 나타내 보세요.

① 700 g + 3.2 kg
= 0.7kg + 3.2kg
= 3.9kg

② 3.5 kg - 1800 g
= 3.5kg - 1.8kg
= 1.7kg

③ 3 × 0.9 kg + 500 g
= 2.7kg + 0.5kg
= 3.2kg

2. 알맞은 식을 세워 계산한 후, 정답을 킬로그램으로 나타내 보세요.

① 감자 2.5kg이 있는데 그중 900g을 사용했어요. 남은 감자의 무게는 얼마일까요?

2.5kg - 900g
= 2.5kg - 0.9kg = 1.6kg
정답 : 1.6 kg

② 밀가루 2봉지가 있어요. 한 봉지는 750g이고, 다른 한 봉지는 850g이에요. 밀가루의 절반을 사용했다면 남은 밀가루의 무게는 얼마일까요?

(750g + 850g) ÷ 2
= 1600g ÷ 2 = 800g = 0.8kg
정답 : 0.8kg

93

92쪽 4번

❶ 2kg-1.4kg=0.6kg
0.6kg=600g
600g÷200g=3
3개

❷ 500g-340g=160g
160g÷20g=8
8개

❸ 7kg-4.6kg=2.4kg
2.4kg=2400g
2400g÷400g=6
6병

92쪽 5번

❶ 160kg-90kg=70kg
90kg-70kg=20kg

❷ 12.5kg-6.5kg=6kg
6.5kg-6kg=0.5kg=500g

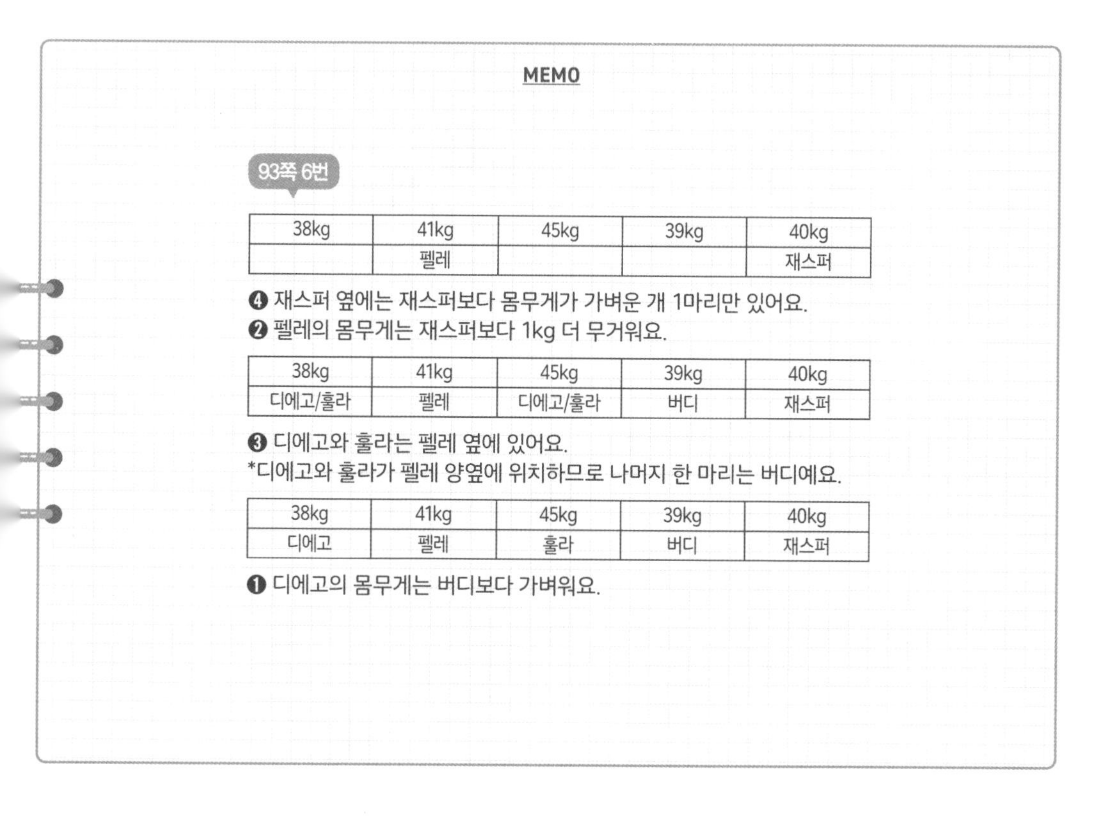

MEMO

93쪽 6번

38kg	41kg	45kg	39kg	40kg
	펠레			재스퍼

❹ 재스퍼 옆에는 재스퍼보다 몸무게가 가벼운 개 1마리만 있어요.
❷ 펠레의 몸무게는 재스퍼보다 1kg 더 무거워요.

38kg	41kg	45kg	39kg	40kg
디에고/훌라	펠레	디에고/훌라	버디	재스퍼

❸ 디에고와 훌라는 펠레 옆에 있어요.
*디에고와 훌라가 펠레 양옆에 위치하므로 나머지 한 마리는 버디예요.

38kg	41kg	45kg	39kg	40kg
디에고	펠레	훌라	버디	재스퍼

❶ 디에고의 몸무게는 버디보다 가벼워요.

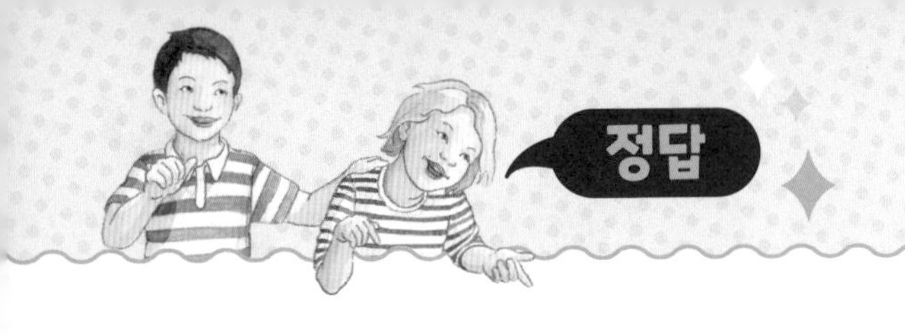

94-95쪽

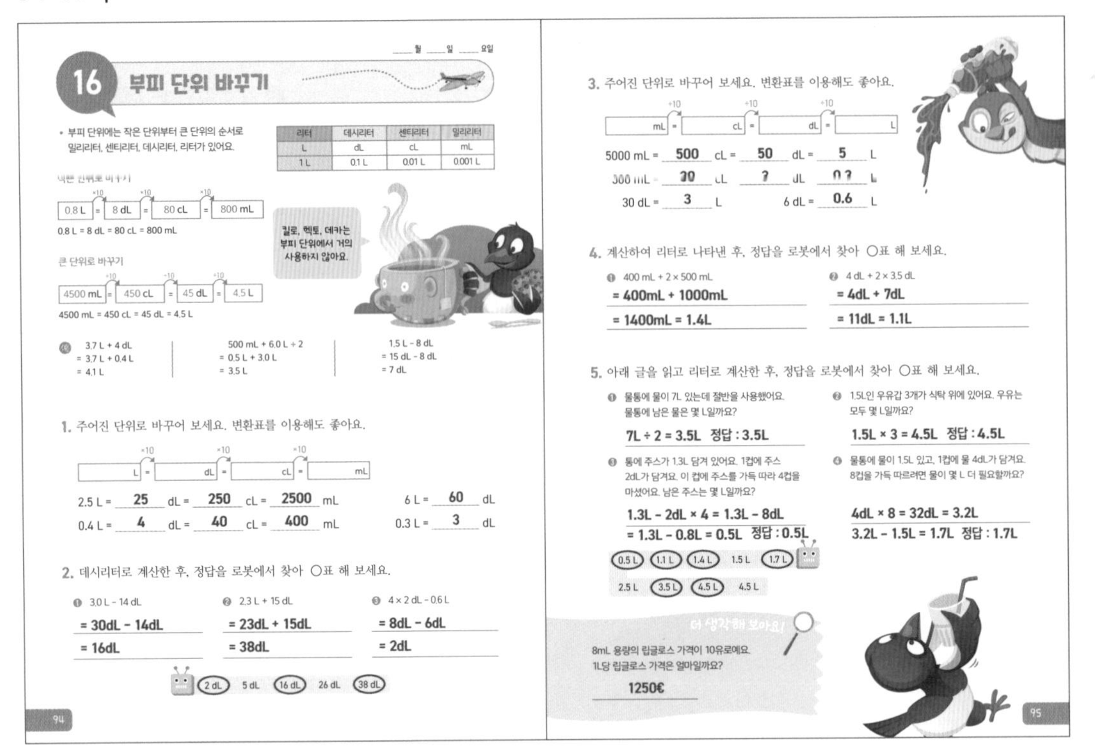

보충 가이드 | 94쪽

부피는 입체가 차지하는 공간의 크기를 나타내고, 들이는 그릇 등과 같은 용기 안의 부피를 나타내요. 부피와 들이 모두 (가로)×(세로)×(높이)로 계산하지만 들이는 안쪽의 치수로 계산해요. 실제 안에 담을 수 있는 양의 크기를 나타내기 때문이지요.

더 생각해 보아요! | 95쪽

1mL당 립글로스 가격 1.25€
1L=1000mL이므로
1.25€×1000=1250€

96-97쪽

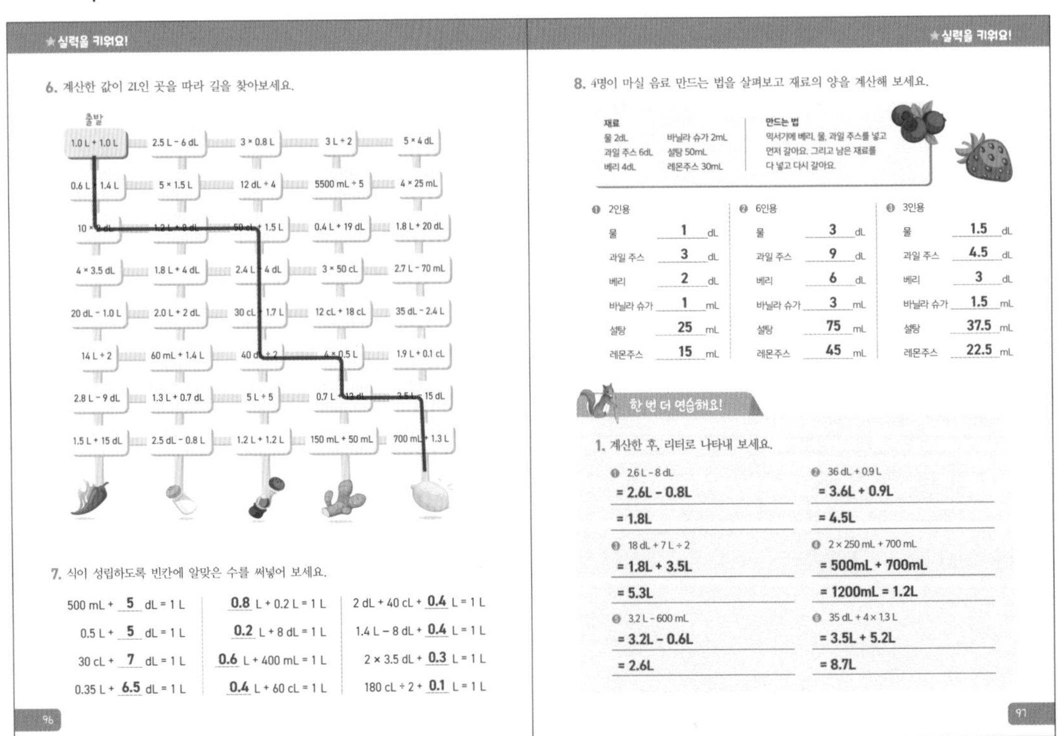

98-99쪽

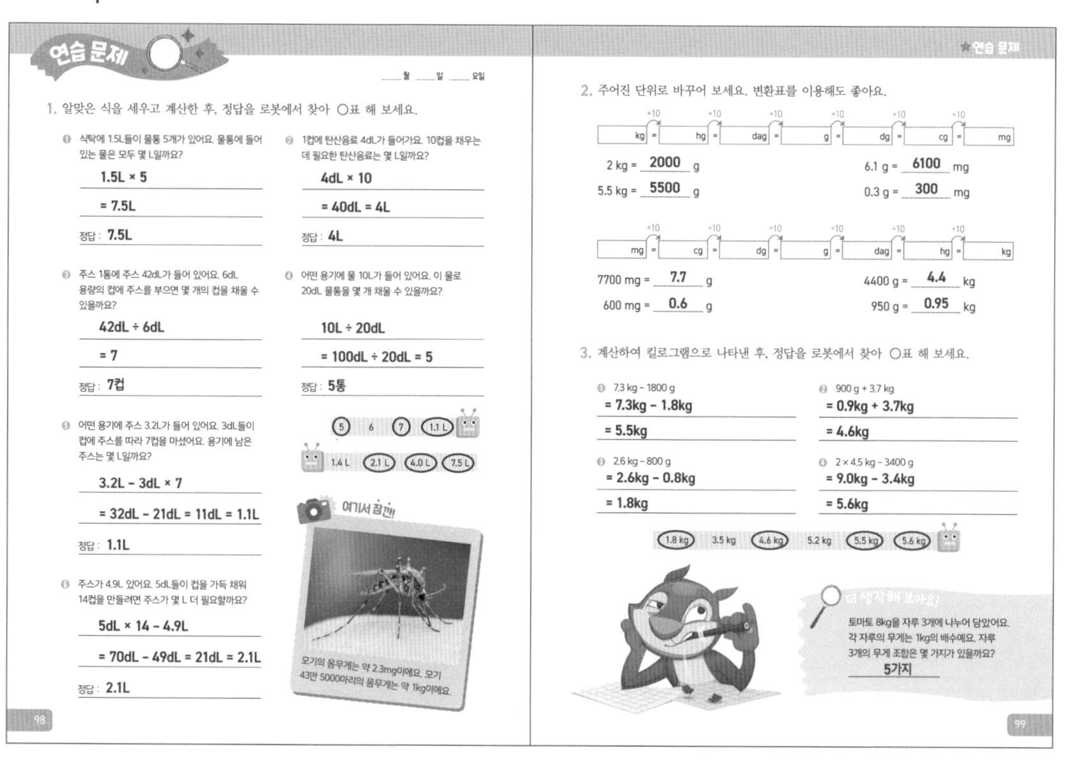

연습 문제

___월 ___일 ___요일

1. 알맞은 식을 세우고 계산한 후, 정답을 로봇에서 찾아 ○표 해 보세요.

① 식탁에 1.5L들이 물통 5개가 있어요. 물통에 들어 있는 물은 모두 몇 L일까요?
1.5L × 5
= 7.5L
정답 : 7.5L

② 1컵에 탄산음료 4dL가 들어가요. 10컵을 채우는 데 필요한 탄산음료는 몇 L일까요?
4dL × 10
= 40dL = 4L
정답 : 4L

③ 주스 1통에 주스 42dL가 들어 있어요. 6dL 용량의 컵에 주스를 부으면 몇 개의 컵을 채울 수 있을까요?
42dL ÷ 6dL
= 7
정답 : 7컵

④ 어떤 용기에 물 10L가 들어 있어요. 이 물로 20dL 물통을 몇 개 채울 수 있을까요?
10L ÷ 20dL
= 100dL ÷ 20dL = 5
정답 : 5통

⑤ 어떤 용기에 주스 3.2L가 들어 있어요. 3dL들이 컵에 주스를 따라 7컵을 마셨어요. 용기에 남은 주스는 몇 L일까요?
3.2L - 3dL × 7
= 32dL - 21dL = 11dL = 1.1L
정답 : 1.1L

⑥ 주스가 4.9L 있어요. 5dL들이 컵을 가득 채워 14컵을 만들려면 주스가 몇 L 더 필요할까요?
5dL × 14 - 4.9L
= 70dL - 49dL = 21dL = 2.1L
정답 : 2.1L

5 6 7 1.1L
1.4L 2.1L 4.0L 7.5L

여기서 잠깐!
모기의 몸무게는 약 2.3mg이에요. 모기 43만 5000마리의 몸무게는 약 1kg이에요.

98

연습 문제

2. 주어진 단위로 바꾸어 보세요. 변환표를 이용해도 좋아요.

kg ×10 hg ×10 dag ×10 g ×10 dg ×10 cg ×10 mg

2 kg = 2000 g
5.5 kg = 5500 g
6.1 g = 6100 mg
0.3 g = 300 mg

mg ÷10 cg ÷10 dg ÷10 g ÷10 dag ÷10 hg ÷10 kg

7700 mg = 7.7 g
600 mg = 0.6 g
4400 g = 4.4 kg
950 g = 0.95 kg

3. 계산하여 킬로그램으로 나타낸 후, 정답을 로봇에서 찾아 ○표 해 보세요.

① 7.3 kg - 1800 g
= 7.3kg - 1.8kg
= 5.5kg

② 900 g + 3.7 kg
= 0.9kg + 3.7kg
= 4.6kg

③ 2.6 kg - 800 g
= 2.6kg - 0.8kg
= 1.8kg

④ 2 × 4.5 kg - 3400 g
= 9.0kg - 3.4kg
= 5.6kg

1.8 kg 3.5 kg 4.6 kg 5.2 kg 5.5 kg 5.6 kg

더 생각해 보아요!
토마토 8kg을 자루 3개에 나누어 담았어요. 각 자루의 무게는 1kg의 배수예요. 자루 3개의 무게 조합은 몇 가지가 있을까요?
5가지

99

더 생각해 보아요! | 99쪽

1kg 1kg 6kg
1kg 2kg 5kg
1kg 3kg 4kg
2kg 2kg 4kg
2kg 3kg 3kg

100-101쪽

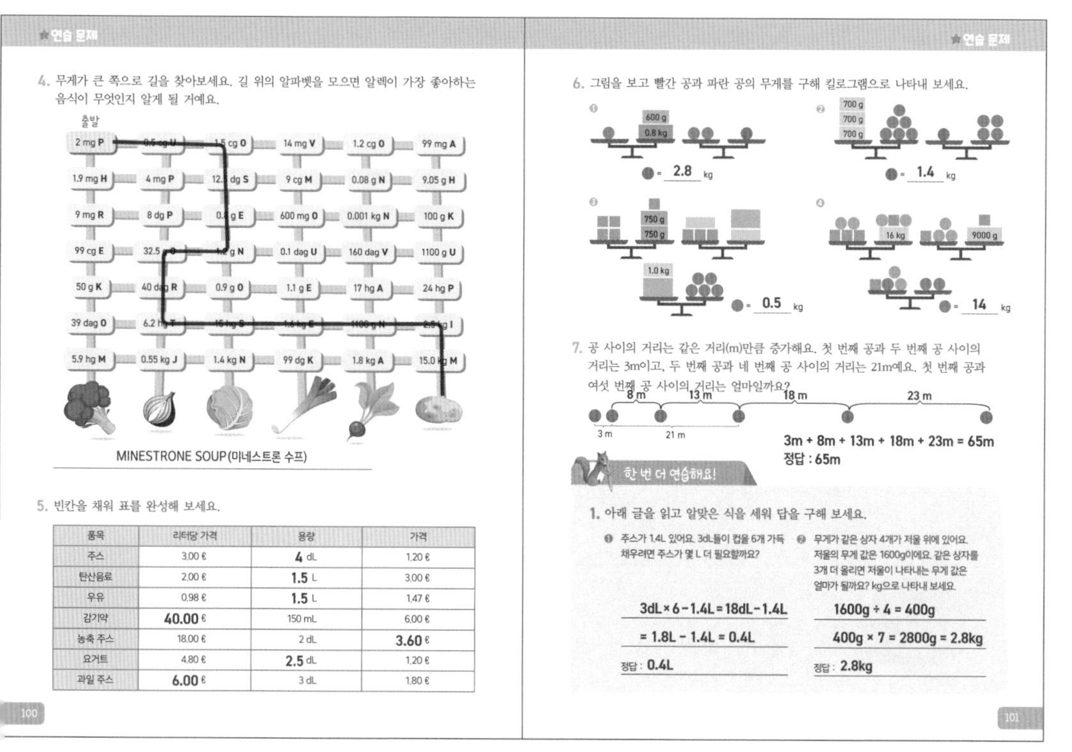

연습 문제

4. 무게가 큰 쪽으로 길을 찾아보세요. 길 위의 알파벳을 모으면 알렉이 가장 좋아하는 음식이 무엇인지 알게 될 거예요.

출발

2 mg P	0.5 cg U	1.5 cg O	14 mg V	1.2 cg O	99 mg A
1.9 mg H	4 mg P	12 dg S	9 cg M	0.08 g N	9.05 g H
9 mg R	8 dg P	0.9 g E	600 mg O	0.001 kg N	100 g K
99 cg E	32.5 g T	1 hg N	0.1 dag U	160 dag V	1100 g U
50 g K	40 dag R	0.9 g O	1.1 g E	17 hg A	24 hg P
39 dag O	6.2 hg T	15 hg S	1.6 kg E	1100 g N	2.5 kg I
5.9 hg M	0.55 kg J	1.4 kg N	99 dg K	1.8 kg A	15.0 kg M

MINESTRONE SOUP(미네스트론 수프)

5. 빈칸을 채워 표를 완성해 보세요.

품목	리터당 가격	용량	가격
주스	3.00 €	4 dL	1.20 €
탄산음료	2.00 €	1.5 L	3.00 €
우유	0.98 €	1.5 L	1.47 €
감기약	40.00 €	150 mL	6.00 €
농축 주스	18.00 €	2 dL	3.60 €
요거트	4.80 €	2.5 dL	1.20 €
과일 주스	6.00 €	3 dL	1.80 €

100

연습 문제

6. 그림을 보고 빨간 공과 파란 공의 무게를 구해 킬로그램으로 나타내 보세요.

① 600 g, 0.8 kg — ● = 2.8 kg
② 700 g, 700 g, 700 g — ● = 1.4 kg
③ 750 g, 750 g, 1.0 kg — ● = 0.5 kg
④ 16 kg, 9000 g — ● = 14 kg

7. 공 사이의 거리는 같은 거리(m)만큼 증가해요. 첫 번째 공과 두 번째 공 사이의 거리는 3m이고, 두 번째 공과 네 번째 공 사이의 거리는 21m예요. 첫 번째 공과 여섯 번째 공 사이의 거리는 얼마일까요?

3 m, 8 m, 13 m, 18 m, 23 m, 21 m

3m + 8m + 13m + 18m + 23m = 65m
정답 : 65m

한 번 더 연습해요!

1. 아래 글을 읽고 알맞은 식을 세워 답을 구해 보세요.

① 주스가 1.4L 있어요. 3dL들이 컵을 6개 가득 채우려면 주스가 몇 L 더 필요할까요?
3dL × 6 - 1.4L = 18dL - 1.4L
= 1.8L - 1.4L = 0.4L
정답 : 0.4L

② 무게가 같은 상자 4개가 저울 위에 있어요. 저울의 무게 값은 1600g이에요. 같은 상자를 3개 더 올리면 저울이 나타내는 무게 값은 얼마가 될까요? kg으로 나타내 보세요.
1600g ÷ 4 = 400g
400g × 7 = 2800g = 2.8kg
정답 : 2.8kg

101

101쪽 6번

❶ ●=0.6kg+0.8kg=1.4kg
●=●●, ●=1.4kg×2=2.8kg
❷ ●=2100g÷6=350g=0.35kg
●=●●●●
●=0.35kg×4=1.4kg
❸ 양팔저울의 좌우 접시에서 같은 모양을 각각 지우고 남은 추를 가지고 무게를 비교해요.
■■■=1500g, ■=500g
■■■=■
■=1500g=1.5kg
1.0kg+1.5kg=●●●●●
●=2.5kg÷5=0.5kg
❹ ■■=16kg, ■=8kg
●●●=9000g
●=3000g=3kg
■●●=●
8kg+3kg+3kg=●, ●=14kg

101쪽 7번

같은 거리만큼 증가하므로 같은 거리=x라 하면

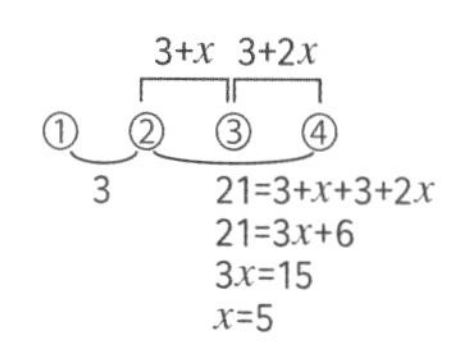

$21=3x+6$
$3x=15$
$x=5$

① ② ③ ④ ⑤ ⑥
$x=5$: 3, $3+x$, $3+2x$, $3+3x$, $3+4x$
$3+8+13+18+23=65$

3+8+13+18+23=65이므로
정답은 65m

102-103쪽

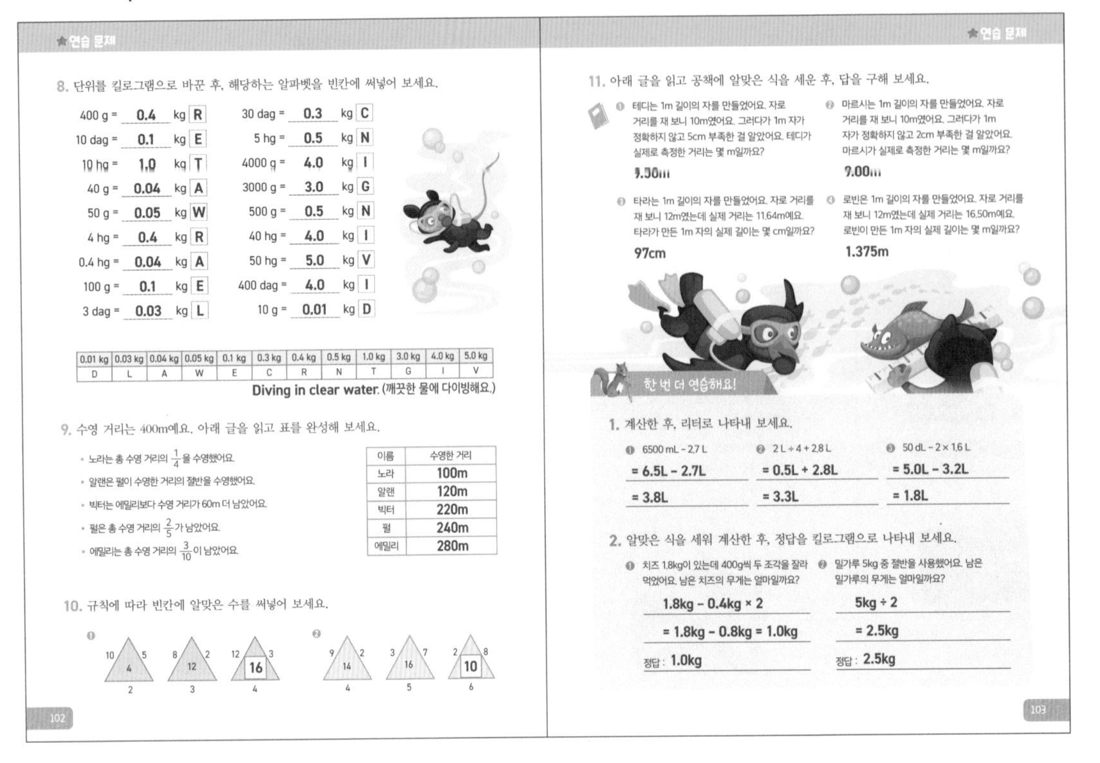

★ 연습 문제

8. 단위를 킬로그램으로 바꾼 후, 해당하는 알파벳을 빈칸에 써넣어 보세요.

400 g = 0.4 kg	R	30 dag = 0.3 kg	C
10 dag = 0.1 kg	E	5 hg = 0.5 kg	N
10 hg = 1.0 kg	T	4000 g = 4.0 kg	I
40 g = 0.04 kg	A	3000 g = 3.0 kg	G
50 g = 0.05 kg	W	500 g = 0.5 kg	N
4 hg = 0.4 kg	R	40 hg = 4.0 kg	I
0.4 hg = 0.04 kg	A	50 hg = 5.0 kg	V
100 g = 0.1 kg	E	400 dag = 4.0 kg	I
3 dag = 0.03 kg	L	10 g = 0.01 kg	D

0.01 kg	0.03 kg	0.04 kg	0.05 kg	0.1 kg	0.3 kg	0.4 kg	0.5 kg	1.0 kg	3.0 kg	4.0 kg	5.0 kg
D	L	A	W	E	C	R	N	T	G	I	V

Diving in clear water.(깨끗한 물에 다이빙해요.)

9. 수영 거리는 400m예요. 아래 글을 읽고 표를 완성해 보세요.

- 노라는 총 수영 거리의 $\frac{1}{4}$을 수영했어요.
- 알렌은 펄이 수영한 거리의 절반을 수영했어요.
- 빅터는 에밀리보다 수영 거리가 60m 더 남았어요.
- 펄은 총 수영 거리의 $\frac{2}{5}$가 남았어요.
- 에밀리는 총 수영 거리의 $\frac{3}{10}$이 남았어요.

이름	수영한 거리
노라	100m
알렌	120m
빅터	220m
펄	240m
에밀리	280m

10. 규칙에 따라 빈칸에 알맞은 수를 써넣어 보세요.

❶ (10, 5 / 4 / 2), (8, 2 / 12 / 3), (12, 3 / 16 / 4)

❷ (9, 2 / 14 / 4), (3, 7 / 16 / 5), (2, 8 / 10 / 6)

102

★ 연습 문제

11. 아래 글을 읽고 공책에 알맞은 식을 세운 후, 답을 구해 보세요.

❶ 테디는 1m 길이의 자를 만들었어요. 자로 거리를 재 보니 10m였어요. 그러다가 1m 자가 정확하지 않고 5cm 부족한 걸 알았어요. 테디가 실제로 측정한 거리는 몇 m일까요?
9.50m

❷ 마르시는 1m 길이의 자를 만들었어요. 자로 거리를 재 보니 10m였어요. 그러다가 1m 자가 정확하지 않고 2cm 부족한 걸 알았어요. 마르시가 실제로 측정한 거리는 몇 m일까요?
9.80m

❸ 타라는 1m 길이의 자를 만들었어요. 자로 거리를 재 보니 12m였는데 실제 거리는 11.64m예요. 타라가 만든 1m 자의 실제 길이는 몇 cm일까요?
97cm

❹ 로빈은 1m 길이의 자를 만들었어요. 자로 거리를 재 보니 12m였는데 실제 거리는 16.50m예요. 로빈이 만든 1m 자의 실제 길이는 몇 m일까요?
1.375m

한 번 더 연습해요!

1. 계산한 후, 리터로 나타내 보세요.

❶ 6500 mL − 2.7 L = 6.5L − 2.7L = 3.8L

❷ 2 L ÷ 4 + 2.8 L = 0.5L + 2.8L = 3.3L

❸ 50 dL − 2 × 1.6 L = 5.0L − 3.2L = 1.8L

2. 알맞은 식을 세워 계산한 후, 정답을 킬로그램으로 나타내 보세요.

❶ 치즈 1.8kg이 있는데 400g씩 두 조각을 잘라 먹었어요. 남은 치즈의 무게는 얼마일까요?
1.8kg − 0.4kg × 2
= 1.8kg − 0.8kg = 1.0kg
정답: 1.0kg

❷ 밀가루 5kg 중 절반을 사용했어요. 남은 밀가루의 무게는 얼마일까요?
5kg ÷ 2
= 2.5kg
정답: 2.5kg

103

104-105쪽

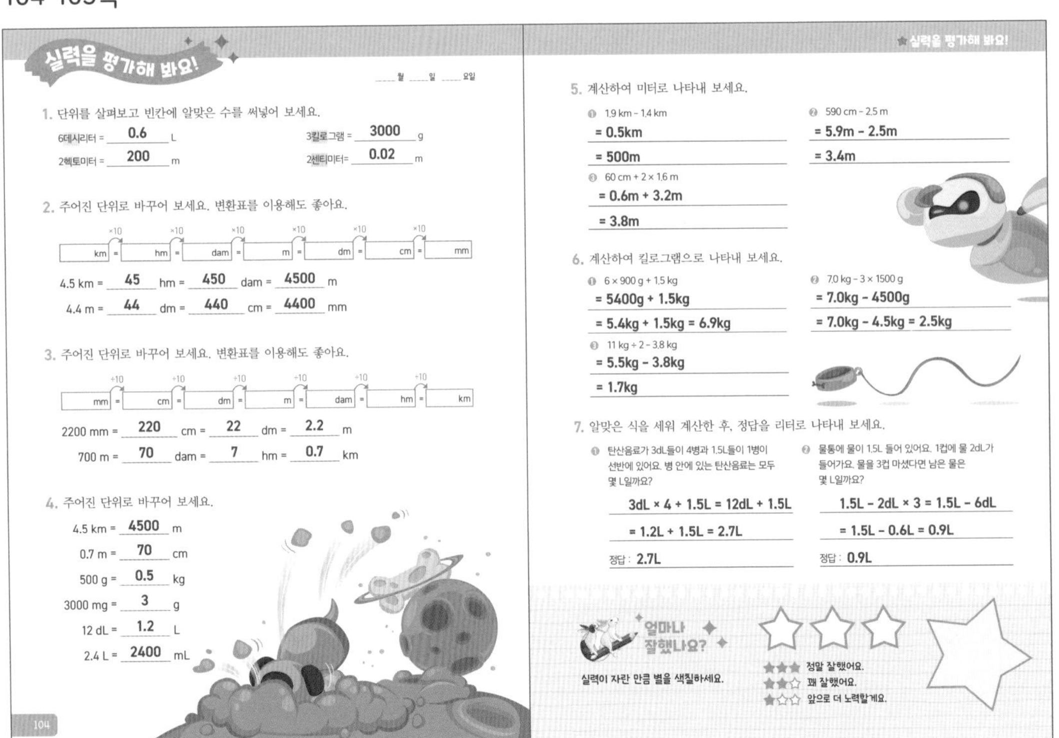

실력을 평가해 봐요!

___월 ___일 ___요일

1. 단위를 살펴보고 빈칸에 알맞은 수를 써넣어 보세요.

6데시리터 = 0.6 L
3킬로그램 = 3000 g
2헥토미터 = 200 m
2센티미터 = 0.02 m

2. 주어진 단위로 바꾸어 보세요. 변환표를 이용해도 좋아요.

km ×10 hm ×10 dam ×10 m ×10 dm ×10 cm ×10 mm

4.5 km = 45 hm = 450 dam = 4500 m
4.4 m = 44 dm = 440 cm = 4400 mm

3. 주어진 단위로 바꾸어 보세요. 변환표를 이용해도 좋아요.

mm ÷10 cm ÷10 dm ÷10 m ÷10 dam ÷10 hm ÷10 km

2200 mm = 220 cm = 22 dm = 2.2 m
700 m = 70 dam = 7 hm = 0.7 km

4. 주어진 단위로 바꾸어 보세요.

4.5 km = 4500 m
0.7 m = 70 cm
500 g = 0.5 kg
3000 mg = 3 g
12 dL = 1.2 L
2.4 L = 2400 mL

104

★ 실력을 평가해 봐요!

5. 계산하여 미터로 나타내 보세요.

❶ 1.9 km − 1.4 km = 0.5km = 500m

❷ 590 cm − 2.5 m = 5.9m − 2.5m = 3.4m

❸ 60 cm + 2 × 1.6 m = 0.6m + 3.2m = 3.8m

6. 계산하여 킬로그램으로 나타내 보세요.

❶ 6 × 900 g + 1.5 kg = 5400g + 1.5kg = 5.4kg + 1.5kg = 6.9kg

❷ 7.0 kg − 3 × 1500 g = 7.0kg − 4500g = 7.0kg − 4.5kg = 2.5kg

❸ 11 kg ÷ 2 − 3.8 kg = 5.5kg − 3.8kg = 1.7kg

7. 알맞은 식을 세워 계산한 후, 정답을 리터로 나타내 보세요.

❶ 탄산음료가 3dL들이 4병과 1.5L들이 1병이 선반에 있어요. 병 안에 있는 탄산음료는 모두 몇 L일까요?
3dL × 4 + 1.5L = 12dL + 1.5L
= 1.2L + 1.5L = 2.7L
정답: 2.7L

❷ 물통에 물이 1.5L 들어 있어요. 1컵에 물 2dL가 들어가요. 물을 3컵 마셨다면 남은 물은 몇 L일까요?
1.5L − 2dL × 3 = 1.5L − 6dL
= 1.5L − 0.6L = 0.9L
정답: 0.9L

얼마나 잘했나요?
실력이 자란 만큼 별을 색칠하세요.
★★★ 정말 잘했어요.
★★☆ 꽤 잘했어요.
★☆☆ 앞으로 더 노력할게요.

102쪽 9번

노라: $\frac{400m}{4}$=100m

펄: $\frac{400m}{5}$=80m, 80m×3=240m

알렌: $\frac{240m}{2}$=120m

에밀리: $\frac{400m}{10}$=40m×7=280m

빅터: 280m−60m=220m

102쪽 10번

❶ 왼쪽 수를 오른쪽 수로 나눈 후, 밑변의 수를 곱하면 가운데 수가 나와요.
12÷3=4, 4×4=16

❷ 왼쪽과 오른쪽 수를 곱한 후, 밑변의 수를 빼면 가운데 수가 나와요.
2×8=16, 16−6=10

103쪽 11번

❶ 1m=100cm
100cm−5cm=95cm
95cm×10=950cm=9.5m

❷ 1m=100cm
100cm−2cm=98cm
98cm×10=980cm=9.8m

❸ 12m−11.64m=0.36m
0.36m÷12=0.03m
1m−0.03m=0.97m=97cm

❹ 16.50m−12m=4.5m
4.5m÷12=0.375m
1m+0.375m=1.375m

106-107쪽

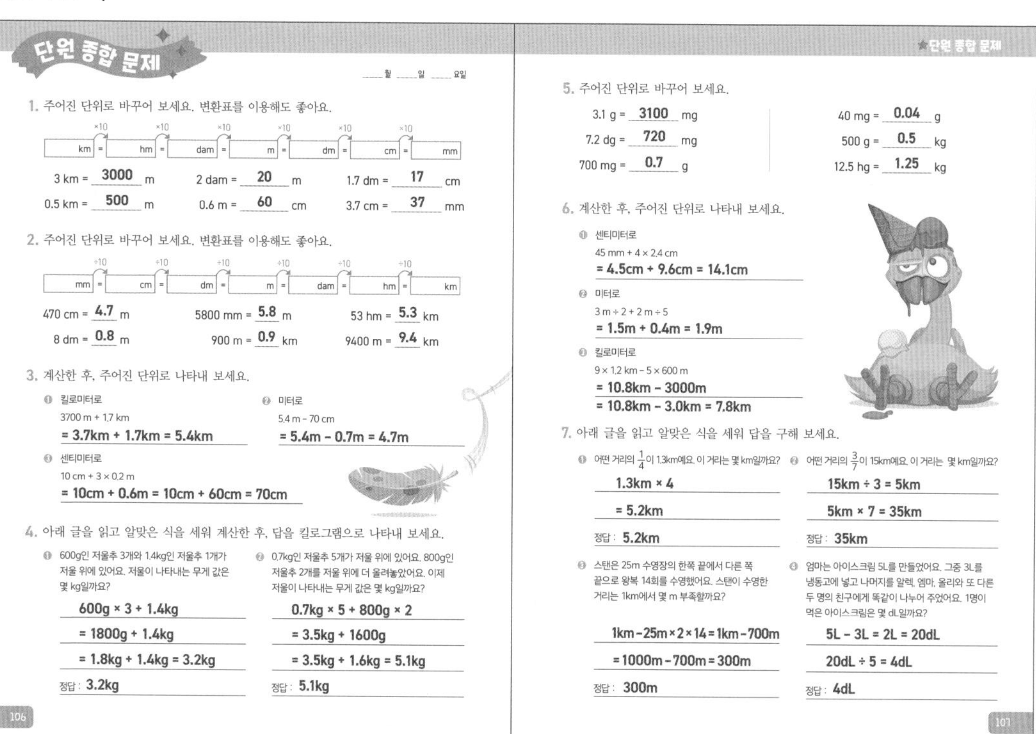

단원 종합 문제

___월 ___일 ___요일

1. 주어진 단위로 바꾸어 보세요. 변환표를 이용해도 좋아요.

km ×10 = hm ×10 = dam ×10 = m ×10 = dm ×10 = cm ×10 = mm

3 km = 3000 m　　2 dam = 20 m　　1.7 dm = 17 cm
0.5 km = 500 m　　0.6 m = 60 cm　　3.7 cm = 37 mm

2. 주어진 단위로 바꾸어 보세요. 변환표를 이용해도 좋아요.

mm ÷10 = cm ÷10 = dm ÷10 = m ÷10 = dam ÷10 = hm ÷10 = km

470 cm = 4.7 m　　5800 mm = 5.8 m　　53 hm = 5.3 km
8 dm = 0.8 m　　900 m = 0.9 km　　9400 m = 9.4 km

3. 계산한 후, 주어진 단위로 나타내 보세요.

❶ 킬로미터로
3700 m + 1.7 km
= 3.7km + 1.7km = 5.4km

❷ 미터로
5.4 m − 70 cm
= 5.4m − 0.7m = 4.7m

❸ 센티미터로
10 cm + 3 × 0.2 m
= 10cm + 0.6m = 10cm + 60cm = 70cm

4. 아래 글을 읽고 알맞은 식을 세워 계산한 후, 답을 킬로그램으로 나타내 보세요.

❶ 600g인 저울추 3개와 1.4kg인 저울추 1개가 저울 위에 있어요. 저울이 나타내는 무게 값은 몇 kg일까요?
600g × 3 + 1.4kg
= 1800g + 1.4kg
= 1.8kg + 1.4kg = 3.2kg
정답: 3.2kg

❷ 0.7kg인 저울추 5개가 저울 위에 있어요. 800g인 저울추 2개를 저울 위에 더 올려놓았어요. 이제 저울이 나타내는 무게 값은 몇 kg일까요?
0.7kg × 5 + 800g × 2
= 3.5kg + 1600g
= 3.5kg + 1.6kg = 5.1kg
정답: 5.1kg

106

★단원 종합 문제

5. 주어진 단위로 바꾸어 보세요.

3.1 g = 3100 mg　　40 mg = 0.04 g
7.2 dg = 720 mg　　500 g = 0.5 kg
700 mg = 0.7 g　　12.5 hg = 1.25 kg

6. 계산한 후, 주어진 단위로 나타내 보세요.

❶ 센티미터로
45 mm + 4 × 2.4 cm
= 4.5cm + 9.6cm = 14.1cm

❷ 미터로
3 m ÷ 2 + 2 m ÷ 5
= 1.5m + 0.4m = 1.9m

❸ 킬로미터로
9 × 1.2 km − 5 × 600 m
= 10.8km − 3000m
= 10.8km − 3.0km = 7.8km

7. 아래 글을 읽고 알맞은 식을 세워 답을 구해 보세요.

❶ 어떤 거리의 $\frac{1}{4}$이 1.3km예요. 이 거리는 몇 km일까요?
1.3km × 4
= 5.2km
정답: 5.2km

❷ 어떤 거리의 $\frac{3}{7}$이 15km예요. 이 거리는 몇 km일까요?
15km ÷ 3 = 5km
5km × 7 = 35km
정답: 35km

❸ 스탠은 25m 수영장의 한쪽 끝에서 다른 쪽 끝으로 왕복 14회를 수영했어요. 스탠이 수영한 거리는 1km에서 몇 m 부족할까요?
1km − 25m × 2 × 14 = 1km − 700m
= 1000m − 700m = 300m
정답: 300m

❹ 엄마는 아이스크림 5L를 만들었어요. 그중 3L를 냉동고에 넣고 나머지를 알렉, 엠마, 올리와 또 다른 두 명의 친구에게 똑같이 나누어 주었어요. 1명이 먹은 아이스크림은 몇 dL일까요?
5L − 3L = 2L = 20dL
20dL ÷ 5 = 4dL
정답: 4dL

107

08-109쪽

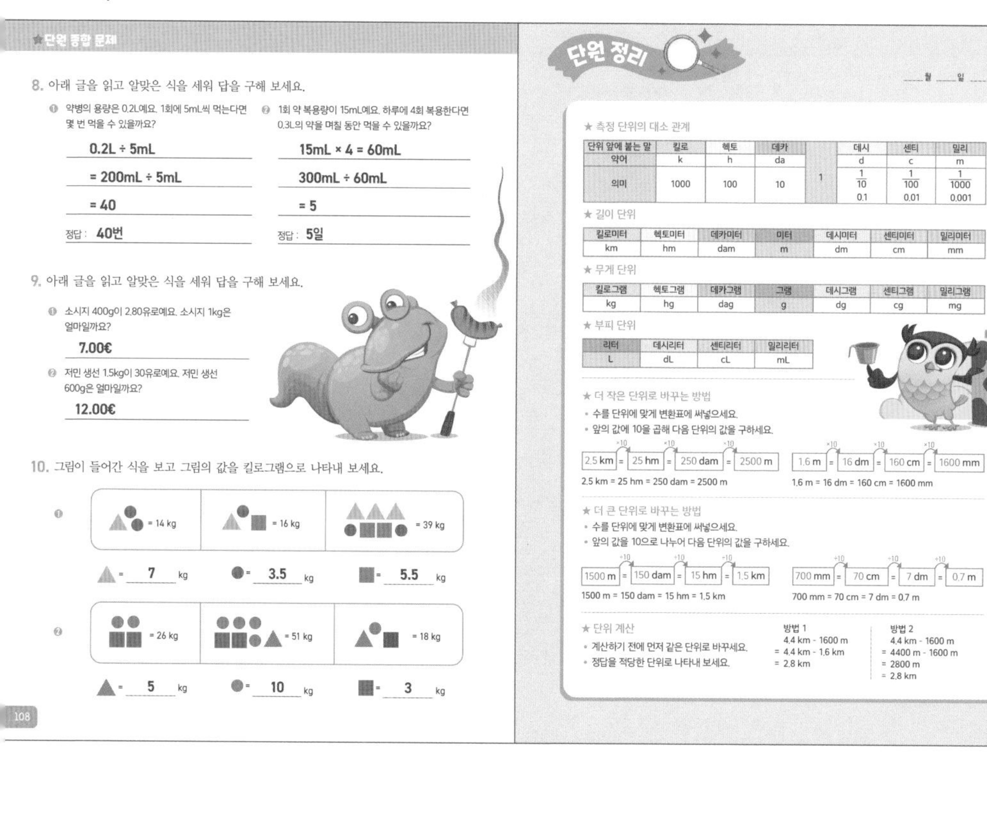

★단원 종합 문제

8. 아래 글을 읽고 알맞은 식을 세워 답을 구해 보세요.

❶ 약병의 용량은 0.2L예요. 1회에 5mL씩 먹는다면 몇 번 먹을 수 있을까요?
0.2L ÷ 5mL
= 200mL ÷ 5mL
= 40
정답: 40번

❷ 1회 약 복용량이 15mL예요. 하루에 4회 복용한다면 0.3L의 약을 며칠 동안 먹을 수 있을까요?
15mL × 4 = 60mL
300mL ÷ 60mL
= 5
정답: 5일

9. 아래 글을 읽고 알맞은 식을 세워 답을 구해 보세요.

❶ 소시지 400g이 2.80유로예요. 소시지 1kg은 얼마일까요?
7.00€

❷ 저민 생선 1.5kg이 30유로예요. 저민 생선 600g은 얼마일까요?
12.00€

10. 그림이 들어간 식을 보고 그림의 값을 킬로그램으로 나타내 보세요.

❶ ▲●● = 14 kg　　▲●■ = 16 kg　　▲▲▲●■■● = 39 kg
▲ = 7 kg　　● = 3.5 kg　　■ = 5.5 kg

❷ ●●■■ = 26 kg　　●●●■■■●▲ = 51 kg　　▲●■ = 18 kg
▲ = 5 kg　　● = 10 kg　　■ = 3 kg

108

단원 정리

___월 ___일 ___요일

★ 측정 단위의 대소 관계

단위 앞에 붙는 말 약어	킬로 k	헥토 h	데카 da		데시 d	센티 c	밀리 m
의미	1000	100	10	1	$\frac{1}{10}$ 0.1	$\frac{1}{100}$ 0.01	$\frac{1}{1000}$ 0.001

★ 길이 단위

킬로미터	헥토미터	데카미터	미터	데시미터	센티미터	밀리미터
km	hm	dam	m	dm	cm	mm

★ 무게 단위

킬로그램	헥토그램	데카그램	그램	데시그램	센티그램	밀리그램
kg	hg	dag	g	dg	cg	mg

★ 부피 단위

리터	데시리터	센티리터	밀리리터
L	dL	cL	mL

★ 더 작은 단위로 바꾸는 방법
- 수를 단위에 맞게 변환표에 써넣으세요.
- 앞의 값에 10을 곱해 다음 단위의 값을 구하세요.

2.5 km ×10 = 25 hm ×10 = 250 dam ×10 = 2500 m
2.5 km = 25 hm = 250 dam = 2500 m

1.6 m ×10 = 16 dm ×10 = 160 cm ×10 = 1600 mm
1.6 m = 16 dm = 160 cm = 1600 mm

★ 더 큰 단위로 바꾸는 방법
- 수를 단위에 맞게 변환표에 써넣으세요.
- 앞의 값을 10으로 나누어 다음 단위의 값을 구하세요.

1500 m ÷10 = 150 dam ÷10 = 15 hm ÷10 = 1.5 km
1500 m = 150 dam = 15 hm = 1.5 km

700 mm ÷10 = 70 cm ÷10 = 7 dm ÷10 = 0.7 m
700 mm = 70 cm = 7 dm = 0.7 m

★ 단위 계산
- 계산하기 전에 먼저 같은 단위로 바꾸세요.
- 정답을 적당한 단위로 나타내 보세요.

방법 1
4.4 km − 1600 m
= 4.4 km − 1.6 km
= 2.8 km

방법 2
4.4 km − 1600 m
= 4400 m − 1600 m
= 2800 m
= 2.8 km

108쪽 9번

❶ 2.80€÷4=0.7€
0.7€×10=7€

❷ 30€=3000c
3000c÷1500g=2c
2c×600g=1200c=12€

108쪽 10번

❶ ●▲■=16kg을 ▲▲▲●●■■=39kg에 대입하면
16kg+16kg+▲=39kg
▲=7kg
▲=7kg을 ▲●●=14kg에 대입하면 7kg+●●=14kg
●●=7kg, ●=3.5kg
●▲■=16kg에 ▲=7kg과 ●=3.5kg을 대입하면
3.5kg+7kg+■=16kg
■=5.5kg

❷ ●■●■=26kg이므로
●■=13kg
▲●■=18kg
▲+13kg=18kg, ▲=5kg
●●●●■■▲=51kg
13kg+13kg+5kg+●●=51kg
●●=20kg, ●=10kg
●■=13kg, 10kg+■=13kg
■=3kg

110-111쪽

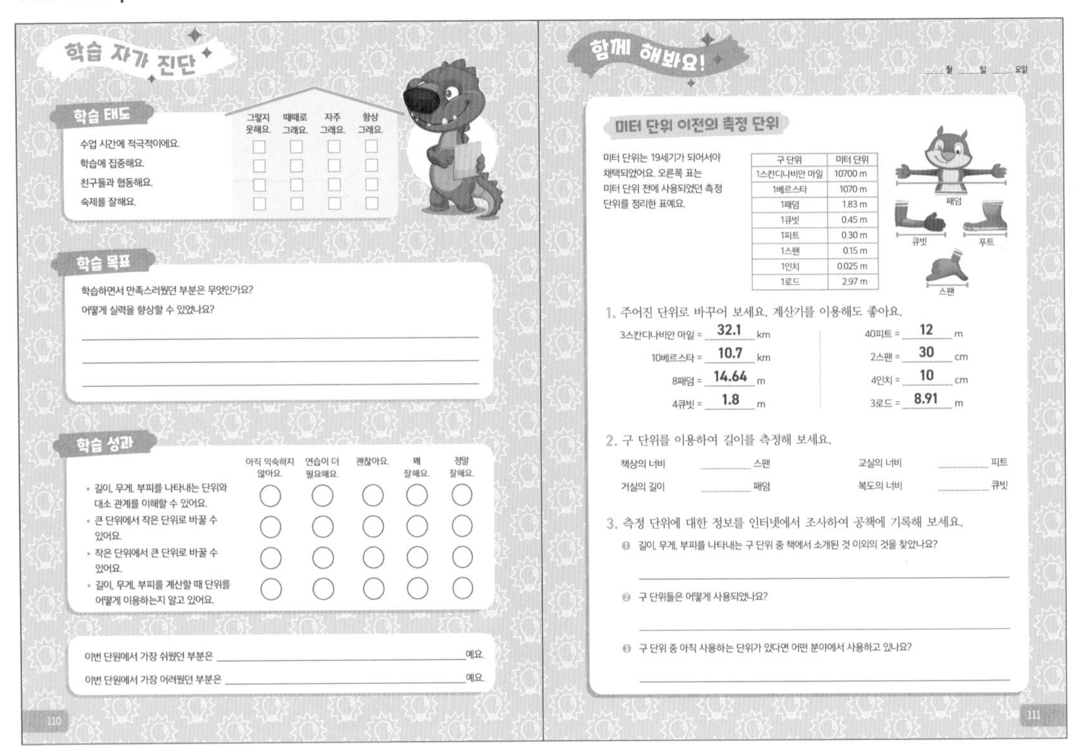

112-113쪽

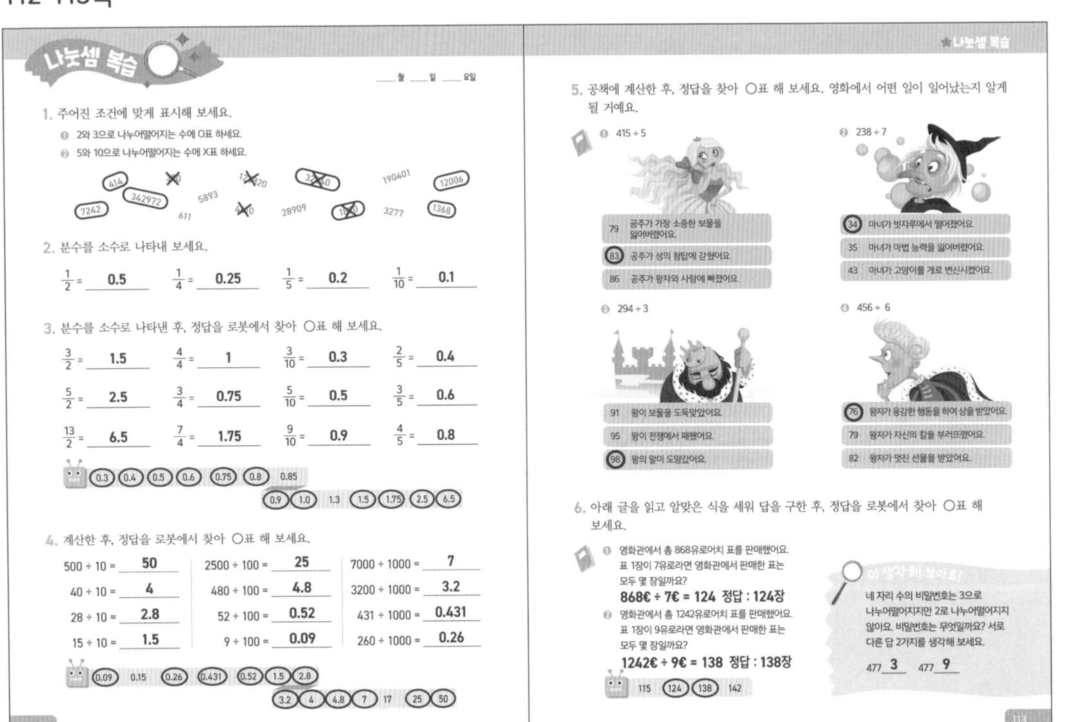

더 생각해 보아요! | 113쪽

3으로 나누어지지만 2로 나누어지지 않으므로 마지막 자릿수는 홀수예요.
1, 3, 5, 7, 9 가운데 3으로 나누어지는 수는 3과 9예요.

114-115쪽

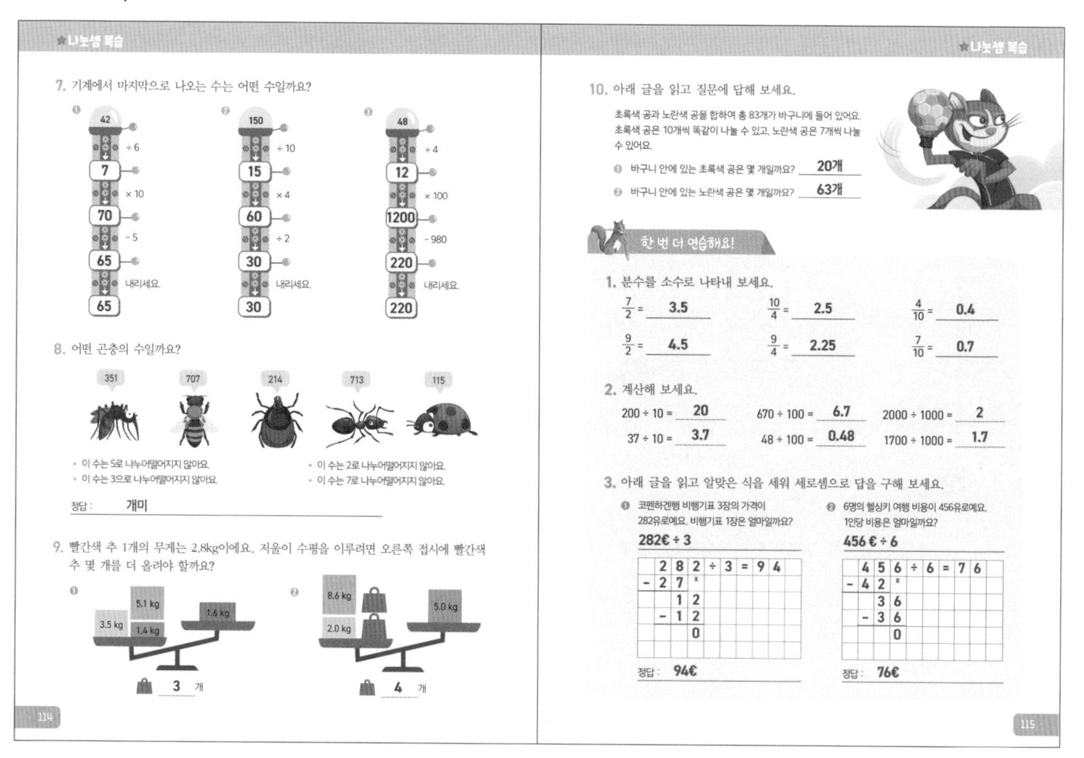

나눗셈 복습

7. 기계에서 마지막으로 나오는 수는 어떤 수일까요?

❶ 42 ÷6 → 7 ×10 → 70 -5 → 65 내리세요. → 65

❷ 150 ÷10 → 15 ×4 → 60 ÷2 → 30 내리세요. → 30

❸ 48 ÷4 → 12 ×100 → 1200 -980 → 220 내리세요. → 220

8. 어떤 곤충의 수일까요?

351 707 214 713 115

- 이 수는 5로 나누어떨어지지 않아요.
- 이 수는 3으로 나누어떨어지지 않아요.
- 이 수는 2로 나누어떨어지지 않아요.
- 이 수는 7로 나누어떨어지지 않아요.

정답: 개미

9. 빨간색 추 1개의 무게는 2.8kg이에요. 저울이 수평을 이루려면 오른쪽 접시에 빨간색 추 몇 개를 더 올려야 할까요?

❶ 5.1 kg, 3.5 kg, 1.4 kg / 1.6 kg → 3 개

❷ 8.6 kg, 2.0 kg / 5.0 kg → 4 개

114

나눗셈 복습

10. 아래 글을 읽고 질문에 답해 보세요.

초록색 공과 노란색 공을 합하여 총 83개가 바구니에 들어 있어요. 초록색 공은 10개씩 똑같이 나눌 수 있고, 노란색 공은 7개씩 나눌 수 있어요.

❶ 바구니 안에 있는 초록색 공은 몇 개일까요? 20개

❷ 바구니 안에 있는 노란색 공은 몇 개일까요? 63개

한 번 더 연습해요!

1. 분수를 소수로 나타내 보세요.

$\frac{7}{2}$ = 3.5 $\frac{10}{4}$ = 2.5 $\frac{4}{10}$ = 0.4

$\frac{9}{2}$ = 4.5 $\frac{9}{4}$ = 2.25 $\frac{7}{10}$ = 0.7

2. 계산해 보세요.

200 ÷ 10 = 20 670 ÷ 100 = 6.7 2000 ÷ 1000 = 2

37 ÷ 10 = 3.7 48 ÷ 100 = 0.48 1700 ÷ 1000 = 1.7

3. 아래 글을 읽고 알맞은 식을 세워 세로셈으로 답을 구해 보세요.

❶ 코펜하겐행 비행기표 3장의 가격이 282유로예요. 비행기표 1장은 얼마일까요?

282€ ÷ 3

282 ÷ 3 = 94

정답: 94€

❷ 6명의 헬싱키 여행 비용이 456유로예요. 1인당 비용은 얼마일까요?

456 € ÷ 6

456 ÷ 6 = 76

정답: 76€

115

114쪽 8번

- 이 수는 5로 나누어지지 않아요.→115 탈락
- 이 수는 3으로 나누어지지 않아요.→351 탈락
- 이 수는 2로 나누어지지 않아요.→214 탈락
- 이 수는 7로 나누어지지 않아요.→707 탈락
  답은 개미예요.

114쪽 9번

❶ 3.5kg+1.4kg+5.1kg
=1.6kg+x
10kg=1.6kg+x
8.4kg=x
8.4kg÷2.8kg=3

❷ 8.6kg+2.0kg+2.8kg+2.8kg
=5.0kg+x
16.2kg=5.0kg+x
11.2kg=x
11.2kg÷2.8kg=4

115쪽 10번

노란색 공 7, 14, 21, 28, 35, 42, 49, 56, 63…
초록색 공 10, 20, 30, 40, 50…
합해서 83개가 되려면 노란색 공 63개, 초록색 공 20개예요.

116-117쪽

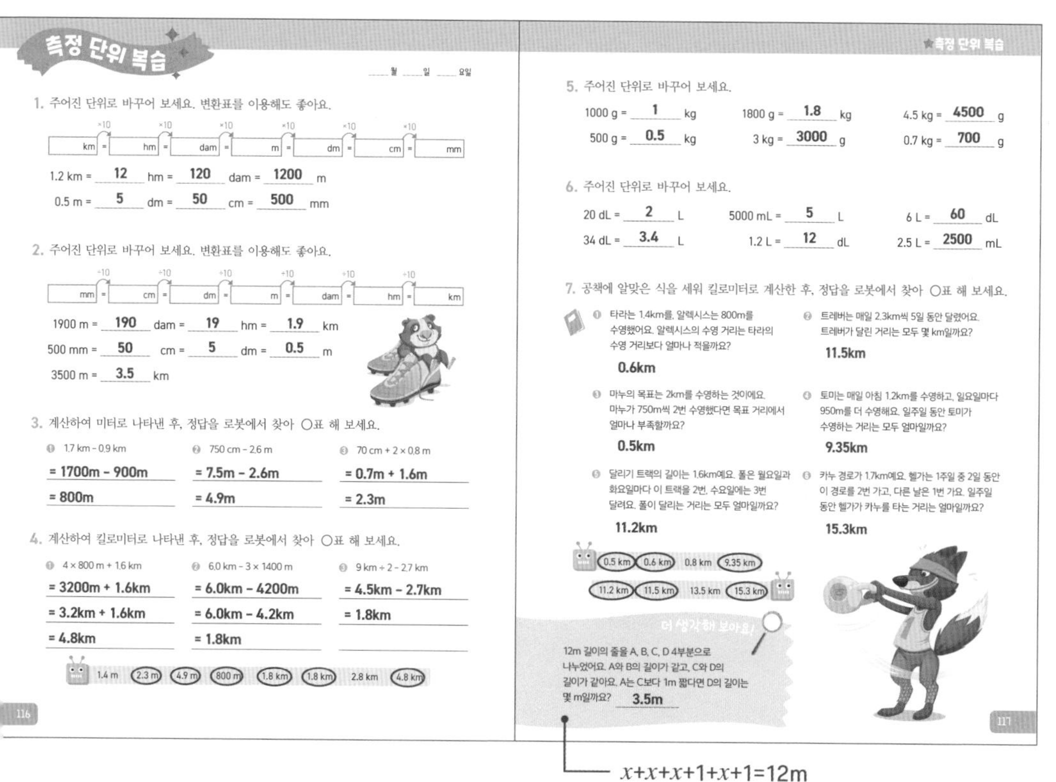

측정 단위 복습

___월 ___일 ___요일

1. 주어진 단위로 바꾸어 보세요. 변환표를 이용해도 좋아요.

km ×10 hm ×10 dam ×10 m ×10 dm ×10 cm ×10 mm

1.2 km = 12 hm = 120 dam = 1200 m

0.5 m = 5 dm = 50 cm = 500 mm

2. 주어진 단위로 바꾸어 보세요. 변환표를 이용해도 좋아요.

mm ÷10 cm ÷10 dm ÷10 m ÷10 dam ÷10 hm ÷10 km

1900 m = 190 dam = 19 hm = 1.9 km

500 mm = 50 cm = 5 dm = 0.5 m

3500 m = 3.5 km

3. 계산하여 미터로 나타낸 후, 정답을 로봇에서 찾아 ○표 해 보세요.

❶ 1.7 km - 0.9 km = 1700m - 900m = 800m

❷ 750 cm - 2.6 m = 7.5m - 2.6m = 4.9m

❸ 70 cm + 2 × 0.8 m = 0.7m + 1.6m = 2.3m

4. 계산하여 킬로미터로 나타낸 후, 정답을 로봇에서 찾아 ○표 해 보세요.

❶ 4 × 800 m + 1.6 km = 3200m + 1.6km = 3.2km + 1.6km = 4.8km

❷ 6.0 km - 3 × 1400 m = 6.0km - 4200m = 6.0km - 4.2km = 1.8km

❸ 9 km ÷ 2 - 2.7 km = 4.5km - 2.7km = 1.8km

1.4 m (2.3 m) (4.9 m) (800 m) (1.8 km) (1.8 km) 2.8 km (4.8 km)

116

측정 단위 복습

5. 주어진 단위로 바꾸어 보세요.

1000 g = 1 kg 1800 g = 1.8 kg 4.5 kg = 4500 g

500 g = 0.5 kg 3 kg = 3000 g 0.7 kg = 700 g

6. 주어진 단위로 바꾸어 보세요.

20 dL = 2 L 5000 mL = 5 L 6 L = 60 dL

34 dL = 3.4 L 1.2 L = 12 dL 2.5 L = 2500 mL

7. 공책에 알맞은 식을 세워 킬로미터로 계산한 후, 정답을 로봇에서 찾아 ○표 해 보세요.

❶ 타라는 1.4km를, 알렉시스는 800m를 수영했어요. 알렉시스의 수영 거리는 타라의 수영 거리보다 얼마나 적을까요? 0.6km

❷ 트레버는 매일 2.3km씩 5일 동안 달렸어요. 트레버가 달린 거리는 모두 몇 km일까요? 11.5km

❸ 마누의 목표는 2km를 수영하는 것이에요. 마누가 750m씩 2번 수영했다면 목표 거리에서 얼마나 부족할까요? 0.5km

❹ 토미는 매일 아침 1.2km를 수영하고, 일요일마다 950m를 더 수영해요. 일주일 동안 토미가 수영하는 거리는 모두 얼마일까요? 9.35km

❺ 달리기 트랙의 길이는 1.6km예요. 폴은 월요일과 화요일마다 이 트랙을 2번, 수요일에는 3번 달려요. 폴이 달리는 거리는 모두 얼마일까요? 11.2km

❻ 카누 경로가 1.7km예요. 헬가는 1주일 중 2일 동안 이 경로를 2번 가고, 다른 날은 1번 가요. 일주일 동안 헬가가 카누를 타는 거리는 얼마일까요? 15.3km

(0.5 km) (0.6 km) 0.8 km (9.35 km) (11.2 km) (11.5 km) 13.5 km (15.3 km)

더 생각해 보아요!

12m 길이의 줄을 A, B, C, D 4부분으로 나누었어요. A와 B의 길이가 같고, C와 D의 길이가 같아요. A는 C보다 1m 짧다면 D의 길이는 몇 m일까요? 3.5m

117

x+x+x+1+x+1=12m
4x=10m
x=2.5m
A와 B=2.5m이므로 C와 D는 2.5m+1m=3.5m

117쪽 7번

❶ 1.4km-800m
=1.4km-0.8km
=0.6km

❷ 2.3km×5=11.5km

❸ 2km-750m×2
=2km-1500m
=2km-1.5km=0.5km

❹ 1.2km×7+950m
=8.4km+0.95km
=9.35km

❺ 1.6km×2+1.6km×2+1.6km×3
=3.2km+3.2km+4.8km
=11.2km

❻ 1.7km×2+1.7km×2+1.7km×5
=3.4km+3.4km+8.5km
=15.3km

118-119쪽

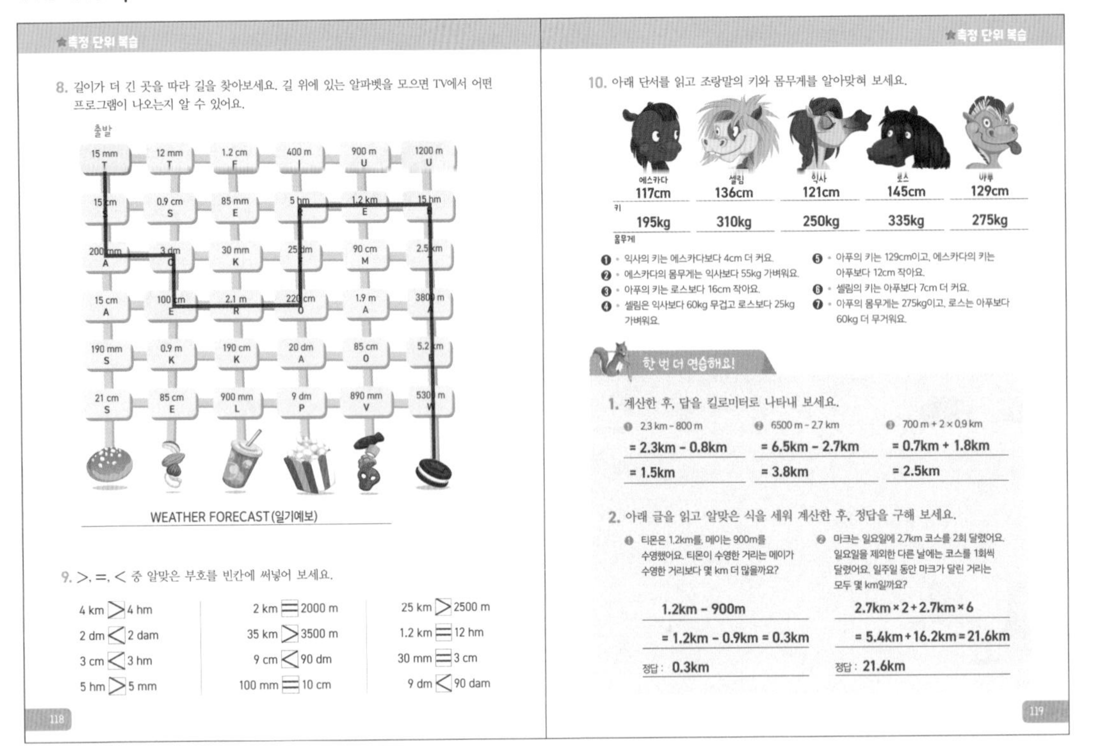

8. 길이가 더 긴 곳을 따라 길을 찾아보세요. 길 위에 있는 알파벳을 모으면 TV에서 어떤 프로그램이 나오는지 알 수 있어요.

출발

15 mm T	12 mm T	1.2 cm F	400 m I	900 m U	1200 m U
15 cm S	0.9 cm S	85 mm E	5 hm R	1.2 km E	15 hm R
200 mm A	3 dm C	30 mm K	25 dm F	90 cm M	2.5 km T
15 cm A	100 cm E	2.1 m R	220 cm O	1.9 m A	3800 m A
190 mm S	0.9 m K	190 cm K	20 dm A	85 cm O	5.2 km E
21 cm S	85 cm E	900 mm L	9 dm P	890 mm V	5300 m W

WEATHER FORECAST(일기예보)

9. >, =, < 중 알맞은 부호를 빈칸에 써넣어 보세요.

4 km > 4 hm	2 km = 2000 m	25 km > 2500 m
2 dm < 2 dam	35 km > 3500 m	1.2 km = 12 hm
3 cm < 3 hm	9 cm < 90 dm	30 mm = 3 cm
5 hm > 5 mm	100 mm = 10 cm	9 dm < 90 dam

10. 아래 단서를 읽고 조랑말의 키와 몸무게를 알아맞혀 보세요.

	에스카다	셀림	익사	로스	아푸
키	117cm	136cm	121cm	145cm	129cm
몸무게	195kg	310kg	250kg	335kg	275kg

❶ • 익사의 키는 에스카다보다 4cm 더 커요.
❷ • 에스카다의 몸무게는 익사보다 55kg 가벼워요.
❸ • 아푸의 키는 로스보다 16cm 작아요.
❹ • 셀림은 익사보다 60kg 무겁고 로스보다 25kg 가벼워요.
❺ • 아푸의 키는 129cm이고, 에스카다의 키는 아푸보다 12cm 작아요.
❻ • 셀림의 키는 아푸보다 7cm 더 커요.
❼ • 아푸의 몸무게는 275kg이고, 로스는 아푸보다 60kg 더 무거워요.

한 번 더 연습해요!

1. 계산한 후, 답을 킬로미터로 나타내 보세요.

❶ 2.3 km − 800 m
= 2.3km − 0.8km
= 1.5km

❷ 6500 m − 2.7 km
= 6.5km − 2.7km
= 3.8km

❸ 700 m + 2 × 0.9 km
= 0.7km + 1.8km
= 2.5km

2. 아래 글을 읽고 알맞은 식을 세워 계산한 후, 정답을 구해 보세요.

❶ 티몬은 1.2km를, 메이는 900m를 수영했어요. 티몬이 수영한 거리는 메이가 수영한 거리보다 몇 km 더 많을까요?

1.2km − 900m
= 1.2km − 0.9km = 0.3km
정답 : 0.3km

❷ 마크는 일요일에 2.7km 코스를 2회 달렸어요. 일요일을 제외한 다른 날에는 코스를 1회씩 달렸어요. 일주일 동안 마크가 달린 거리는 모두 몇 km일까요?

2.7km × 2 + 2.7km × 6
= 5.4km + 16.2km = 21.6km
정답 : 21.6km

119쪽 10번

	에스카다	셀림	익사	로스	아푸
키	117cm (129-12)	136cm (129+7)	121cm (117+4)	145cm (129+16)	129cm
몸무게	195kg (250-55)	310kg (335-25)	250kg (310-60)	335kg (275+60)	275kg

❺ 아푸의 키는 129cm이고, 에스카다의 키는 아푸보다 12cm 작아요.
❶ 익사의 키는 에스카다보다 4cm 더 커요.
❸ 아푸의 키는 로스보다 16cm 작아요.
❻ 셀림의 키는 아푸보다 7cm 더 커요.
❼ 아푸의 몸무게는 275kg이고, 로스는 아푸보다 60kg 더 무거워요.
❹ 셀림은 익사보다 60kg 무겁고 로스보다 25kg 가벼워요.
❷ 에스카다의 몸무게는 익사보다 55kg 가벼워요.

123쪽

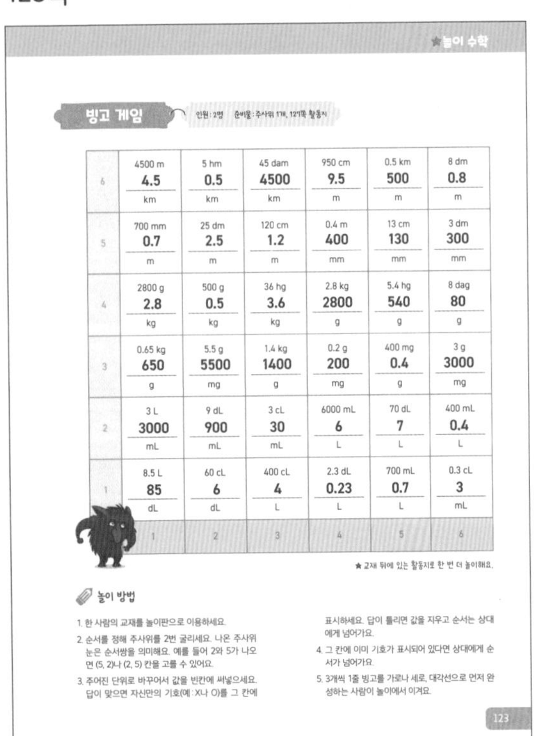

빙고 게임 인원 : 2명 준비물 : 주사위 1개, 127쪽 활동지

6	4500 m 4.5 km	5 hm 0.5 km	45 dam 4500 km	950 cm 9.5 m	0.5 km 500 m	8 dm 0.8 m
5	700 mm 0.7 m	25 dm 2.5 m	120 cm 1.2 m	0.4 m 400 mm	13 cm 130 mm	3 dm 300 mm
4	2800 g 2.8 kg	500 g 0.5 kg	36 hg 3.6 kg	2.8 kg 2800 g	5.4 hg 540 g	8 dag 80 g
3	0.65 kg 650 g	5.5 g 5500 mg	1.4 kg 1400 g	0.2 g 200 mg	400 mg 0.4 g	3 g 3000 mg
2	3 L 3000 mL	9 dL 900 mL	3 cL 30 mL	6000 mL 6 L	70 dL 7 L	400 mL 0.4 L
1	8.5 L 85 dL	60 cL 6 dL	400 cL 4 L	2.3 dL 0.23 L	700 mL 0.7 L	0.3 cL 3 mL
	1	2	3	4	5	6

★ 교재 뒤에 있는 활동지로 한 번 더 놀이해요.

놀이 방법

1. 한 사람의 교재를 놀이판으로 이용하세요.
2. 순서를 정해 주사위를 2번 굴리세요. 나온 주사위 눈은 순서쌍을 의미해요. 예를 들어 2와 5가 나오면 (5, 2)나 (2, 5) 칸을 고를 수 있어요.
3. 주어진 단위로 바꾸어서 값을 빈칸에 써넣으세요. 답이 맞으면 자신만의 기호(예 : X나 O)를 그 칸에 표시하세요. 답이 틀리면 값을 지우고 순서는 상대에게 넘어가요.
4. 그 칸에 이미 기호가 표시되어 있다면 상대에게 순서가 넘어가요.
5. 3개씩 1줄 빙고를 가로나 세로, 대각선으로 먼저 완성하는 사람이 놀이에서 이겨요.

핀란드 5학년 수학 교과서 5-2

정답과 해설

2권

8-9쪽

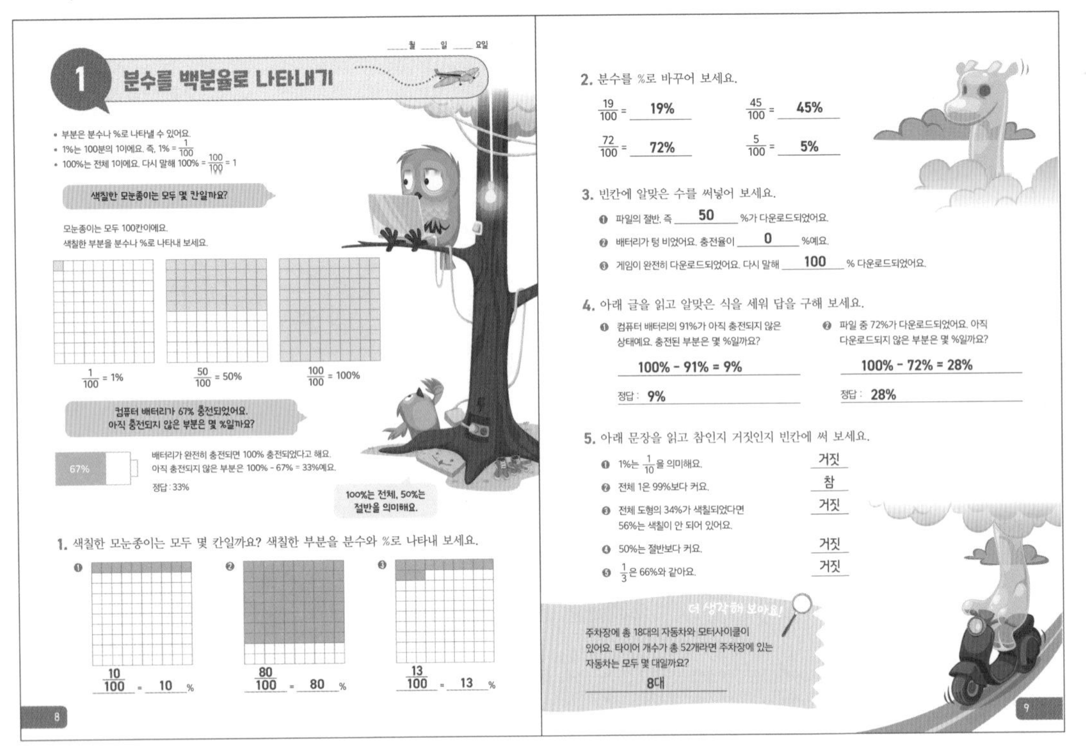

____월 ____일 ____요일

1 분수를 백분율로 나타내기

- 부분은 분수나 %로 나타낼 수 있어요.
- 1%는 100분의 1이에요. 즉, 1% = $\frac{1}{100}$
- 100%는 전체 1이에요. 다시 말해 100% = $\frac{100}{100}$ = 1

색칠한 모눈종이는 모두 몇 칸일까요?

모눈종이는 모두 100칸이에요.
색칠한 부분을 분수나 %로 나타내 보세요.

$\frac{1}{100}$ = 1%　$\frac{50}{100}$ = 50%　$\frac{100}{100}$ = 100%

컴퓨터 배터리가 67% 충전되었어요.
아직 충전되지 않은 부분은 몇 %일까요?

67%

배터리가 완전히 충전되면 100% 충전되었다고 해요.
아직 충전되지 않은 부분은 100% - 67% = 33%예요.

정답 : 33%

100%는 전체, 50%는 절반을 의미해요.

1. 색칠한 모눈종이는 모두 몇 칸일까요? 색칠한 부분을 분수와 %로 나타내 보세요.

❶ $\frac{10}{100}$ = 10 %　❷ $\frac{80}{100}$ = 80 %　❸ $\frac{13}{100}$ = 13 %

8

2. 분수를 %로 바꾸어 보세요.

$\frac{19}{100}$ = 19%　$\frac{45}{100}$ = 45%

$\frac{72}{100}$ = 72%　$\frac{5}{100}$ = 5%

3. 빈칸에 알맞은 수를 써넣어 보세요.

❶ 파일의 절반, 즉 50 %가 다운로드되었어요.
❷ 배터리가 텅 비었어요. 충전율이 0 %예요.
❸ 게임이 완전히 다운로드되었어요. 다시 말해 100 % 다운로드되었어요.

4. 아래 글을 읽고 알맞은 식을 세워 답을 구해 보세요.

❶ 컴퓨터 배터리의 91%가 아직 충전되지 않은 상태예요. 충전된 부분은 몇 %일까요?

100% - 91% = 9%

정답 : 9%

❷ 파일 중 72%가 다운로드되었어요. 아직 다운로드되지 않은 부분은 몇 %일까요?

100% - 72% = 28%

정답 : 28%

5. 아래 문장을 읽고 참인지 거짓인지 빈칸에 써 보세요.

❶ 1%는 $\frac{1}{10}$을 의미해요. 거짓
❷ 전체 1은 99%보다 커요. 참
❸ 전체 도형의 34%가 색칠되었다면 56%는 색칠이 안 되어 있어요. 거짓
❹ 50%는 절반보다 커요. 거짓
❺ $\frac{1}{3}$은 66%와 같아요. 거짓

더 생각해 보아요!

주차장에 총 18대의 자동차와 모터사이클이 있어요. 타이어 개수가 총 52개라면 주차장에 있는 자동차는 모두 몇 대일까요?

8대

9

보충 가이드 | 8쪽

백분율을 분모가 100인 분수로 나타낸 후, 약분해서 분수로 다시 나타낼 수 있어요.

9쪽 5번

❶ 1%는 $\frac{1}{100}$을 의미해요.
❸ 100%-34%=66%, 66%가 색칠이 안 되어 있어요.
❹ 50%는 절반이에요.
❺ $\frac{1}{3}$은 33.333…%와 같아요.

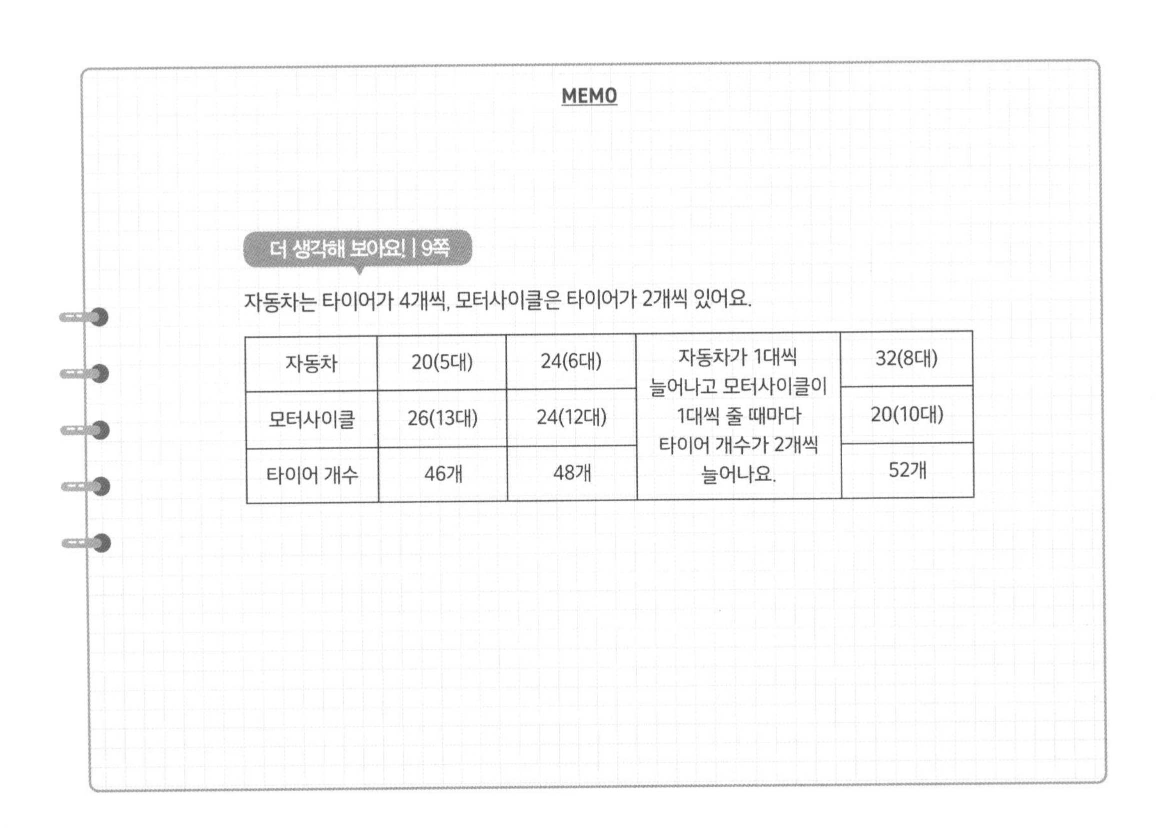

MEMO

더 생각해 보아요! | 9쪽

자동차는 타이어가 4개씩, 모터사이클은 타이어가 2개씩 있어요.

자동차	20(5대)	24(6대)	자동차가 1대씩 늘어나고 모터사이클이 1대씩 줄 때마다 타이어 개수가 2개씩 늘어나요.	32(8대)
모터사이클	26(13대)	24(12대)		20(10대)
타이어 개수	46개	48개		52개

10-11쪽

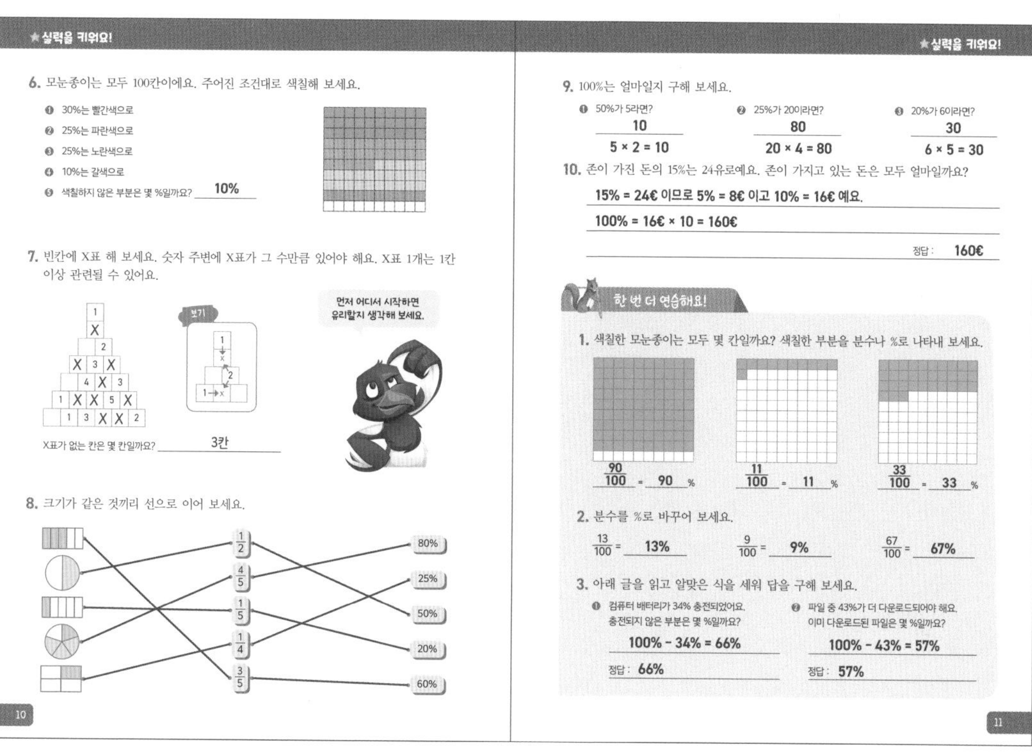

12-13쪽

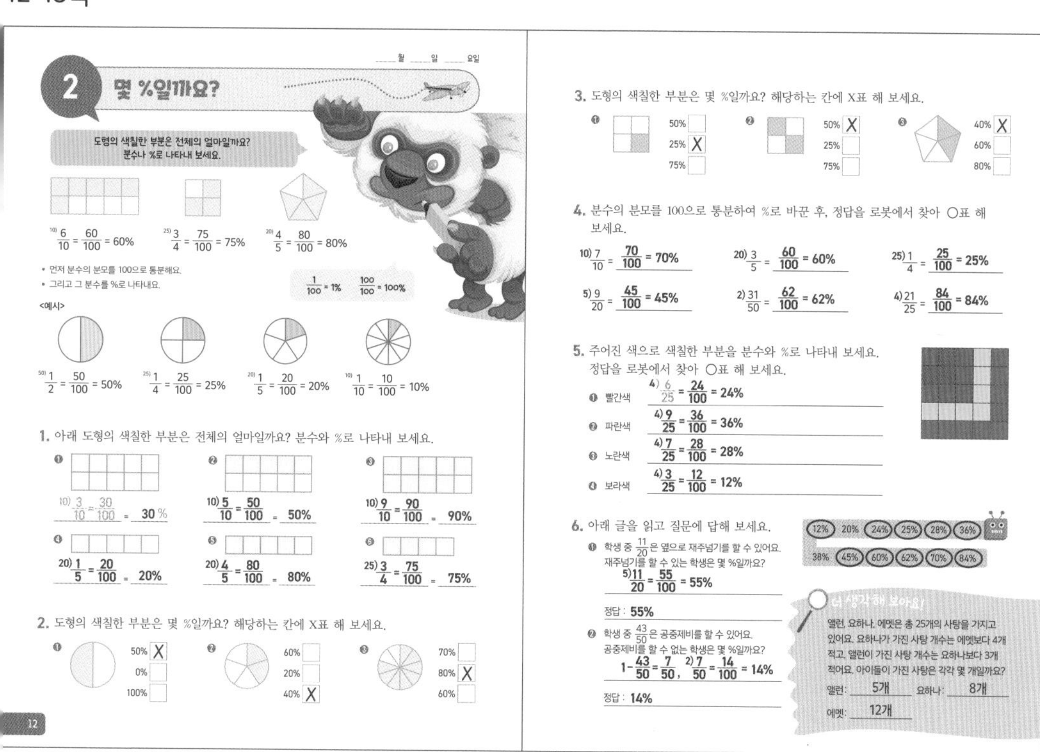

더 생각해 보아요! | 13쪽

요하나가 가진 사탕 수=x
에멧이 가진 사탕 수=$x+4$
앨런이 가진 사탕 수=$x-3$
$x+x+4+x-3=25$
$x+x+x+1=24+1$
$x+x+x=24$
$x+x+x=8+8+8$
$x=8$
요하나=8개, 에멧=12개, 앨런=5개

14-15쪽

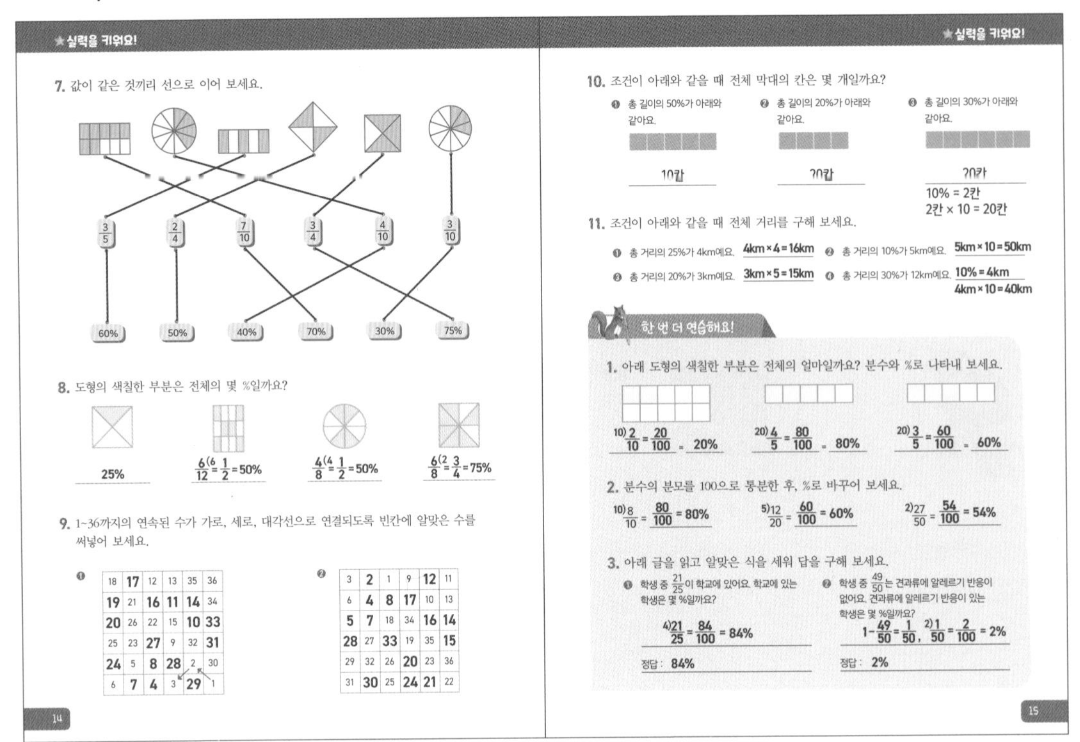

★실력을 키워요!

7. 값이 같은 것끼리 선으로 이어 보세요.

$\frac{3}{5}$ $\frac{2}{4}$ $\frac{7}{10}$ $\frac{3}{4}$ $\frac{4}{10}$ $\frac{3}{10}$

60% 50% 40% 70% 30% 75%

8. 도형의 색칠한 부분은 전체의 몇 %일까요?

25% $\frac{6}{12}=\frac{1}{2}=50\%$ $\frac{4}{8}=\frac{1}{2}=50\%$ $\frac{6}{8}=\frac{3}{4}=75\%$

9. 1~36까지의 연속된 수가 가로, 세로, 대각선으로 연결되도록 빈칸에 알맞은 수를 써넣어 보세요.

①

18	17	12	13	35	36
19	21	16	11	14	34
20	26	22	15	10	33
25	23	27	9	32	31
24	5	8	28	2	30
6	7	4	3	29	1

②

3	2	1	9	12	11
6	4	8	17	10	13
5	7	18	34	16	14
28	27	33	19	35	15
29	32	26	20	23	36
31	30	25	24	21	22

14

★실력을 키워요!

10. 조건이 아래와 같을 때 전체 막대의 칸은 몇 개일까요?

① 총 길이의 50%가 아래와 같아요. 10칸

② 총 길이의 20%가 아래와 같아요. 20칸

③ 총 길이의 30%가 아래와 같아요. 20칸
10% = 2칸
2칸 × 10 = 20칸

11. 조건이 아래와 같을 때 전체 거리를 구해 보세요.

① 총 거리의 25%가 4km예요. 4km×4=16km

② 총 거리의 10%가 5km예요. 5km×10=50km

③ 총 거리의 20%가 3km예요. 3km×5=15km

④ 총 거리의 30%가 12km예요. 10%=4km
4km×10=40km

한 번 더 연습해요!

1. 아래 도형의 색칠한 부분은 전체의 얼마일까요? 분수와 %로 나타내 보세요.

$\frac{2}{10}=\frac{20}{100}$, 20% $\frac{4}{5}=\frac{80}{100}$, 80% $\frac{3}{5}=\frac{60}{100}$, 60%

2. 분수의 분모를 100으로 통분한 후, %로 바꾸어 보세요.

$\frac{8}{10}=\frac{80}{100}=80\%$ $\frac{12}{20}=\frac{60}{100}=60\%$ $\frac{27}{50}=\frac{54}{100}=54\%$

3. 아래 글을 읽고 알맞은 식을 세워 답을 구해 보세요.

① 학생 중 $\frac{21}{25}$이 학교에 있어요. 학교에 있는 학생은 몇 %일까요?
$\frac{21}{25}=\frac{84}{100}=84\%$
정답: 84%

② 학생 중 $\frac{49}{50}$는 견과류에 알레르기 반응이 없어요. 견과류에 알레르기 반응이 있는 학생은 몇 %일까요?
$1-\frac{49}{50}=\frac{1}{50}$, $\frac{1}{50}=\frac{2}{100}=2\%$
정답: 2%

15

16-17쪽

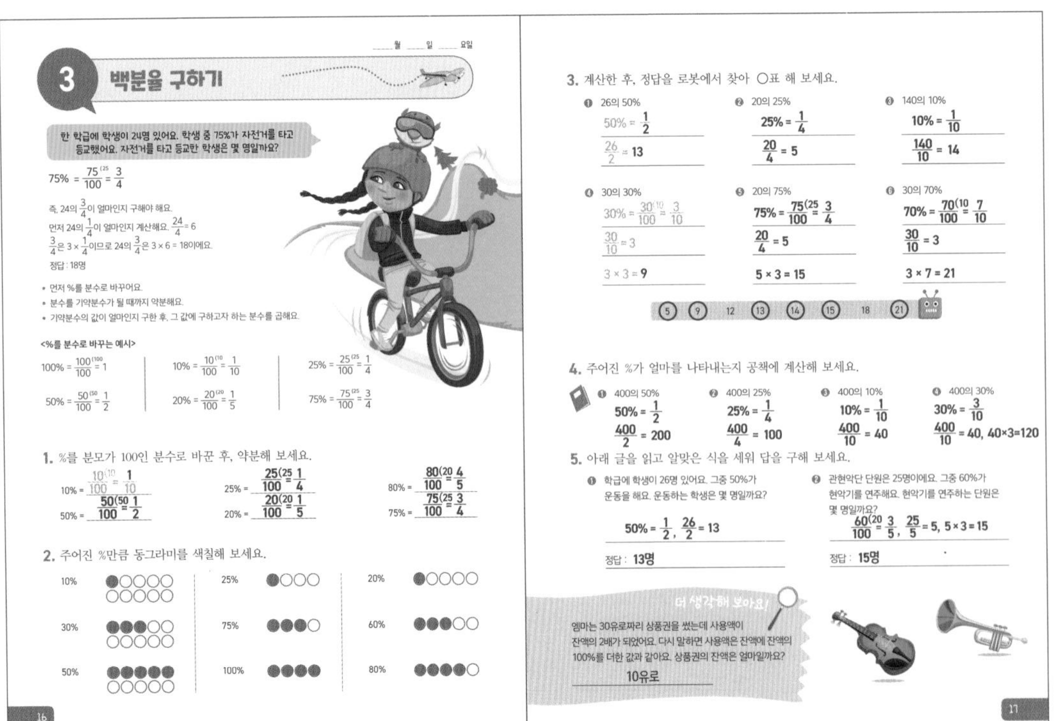

3 백분율 구하기

한 학급에 학생이 24명 있어요. 학생 중 75%가 자전거를 타고 등교했어요. 자전거를 타고 등교한 학생은 몇 명일까요?

$75\%=\frac{75}{100}=\frac{3}{4}$

즉, 24의 $\frac{3}{4}$이 얼마인지 구해야 해요.
먼저 24의 $\frac{1}{4}$이 얼마인지 계산해요. $\frac{24}{4}=6$
$\frac{3}{4}$은 $3\times\frac{1}{4}$이므로 24의 $\frac{3}{4}$은 $3\times6=18$이에요.
정답: 18명

- 먼저 %를 분수로 바꾸어요.
- 분수를 기약분수가 될 때까지 약분해요.
- 기약분수의 값이 얼마인지 구한 후, 그 값에 구하고자 하는 분수를 곱해요.

<%를 분수로 바꾸는 예시>

$100\%=\frac{100}{100}=1$ $10\%=\frac{10}{100}=\frac{1}{10}$ $25\%=\frac{25}{100}=\frac{1}{4}$
$50\%=\frac{50}{100}=\frac{1}{2}$ $20\%=\frac{20}{100}=\frac{1}{5}$ $75\%=\frac{75}{100}=\frac{3}{4}$

1. %를 분모가 100인 분수로 바꾼 후, 약분해 보세요.

$10\%=\frac{10}{100}=\frac{1}{10}$ $25\%=\frac{25}{100}=\frac{1}{4}$ $80\%=\frac{80}{100}=\frac{4}{5}$
$50\%=\frac{50}{100}=\frac{1}{2}$ $20\%=\frac{20}{100}=\frac{1}{5}$ $75\%=\frac{75}{100}=\frac{3}{4}$

2. 주어진 %만큼 동그라미를 색칠해 보세요.

10% 25% 20%
30% 75% 60%
50% 100% 80%

16

3. 계산한 후, 정답을 로봇에서 찾아 ○표 해 보세요.

① 26의 50%: $50\%=\frac{1}{2}$, $\frac{26}{2}=13$

② 20의 25%: $25\%=\frac{1}{4}$, $\frac{20}{4}=5$

③ 140의 10%: $10\%=\frac{1}{10}$, $\frac{140}{10}=14$

④ 30의 30%: $30\%=\frac{30}{100}=\frac{3}{10}$, $\frac{30}{10}=3$, $3\times3=9$

⑤ 20의 75%: $75\%=\frac{75}{100}=\frac{3}{4}$, $\frac{20}{4}=5$, $5\times3=15$

⑥ 30의 70%: $70\%=\frac{70}{100}=\frac{7}{10}$, $\frac{30}{10}=3$, $3\times7=21$

5 9 12 13 14 15 18 21

4. 주어진 %가 얼마를 나타내는지 공책에 계산해 보세요.

① 400의 50%: $50\%=\frac{1}{2}$, $\frac{400}{2}=200$

② 400의 25%: $25\%=\frac{1}{4}$, $\frac{400}{4}=100$

③ 400의 10%: $10\%=\frac{1}{10}$, $\frac{400}{10}=40$

④ 400의 30%: $30\%=\frac{3}{10}$, $\frac{400}{10}=40$, $40\times3=120$

5. 아래 글을 읽고 알맞은 식을 세워 답을 구해 보세요.

① 학급에 학생이 26명 있어요. 그중 50%가 운동을 해요. 운동을 하는 학생은 몇 명일까요?
$50\%=\frac{1}{2}$, $\frac{26}{2}=13$
정답: 13명

② 관현악단 단원은 25명이에요. 그중 60%가 현악기를 연주해요. 현악기를 연주하는 단원은 몇 명일까요?
$\frac{60}{100}=\frac{3}{5}$, $\frac{25}{5}=5$, $5\times3=15$
정답: 15명

더 생각해 보아요!
엠마는 30유로짜리 상품권을 썼는데 사용액이 잔액의 2배가 되었어요. 다시 말하면 사용액은 잔액에 잔액의 100%를 더한 값과 같아요. 상품권의 잔액은 얼마일까요?
10유로

17

더 생각해 보아요! | 17쪽

잔액=x이면 사용액=$2x$
$x+2x=30$€
$3x=30$€
$x=10$€

18-19쪽

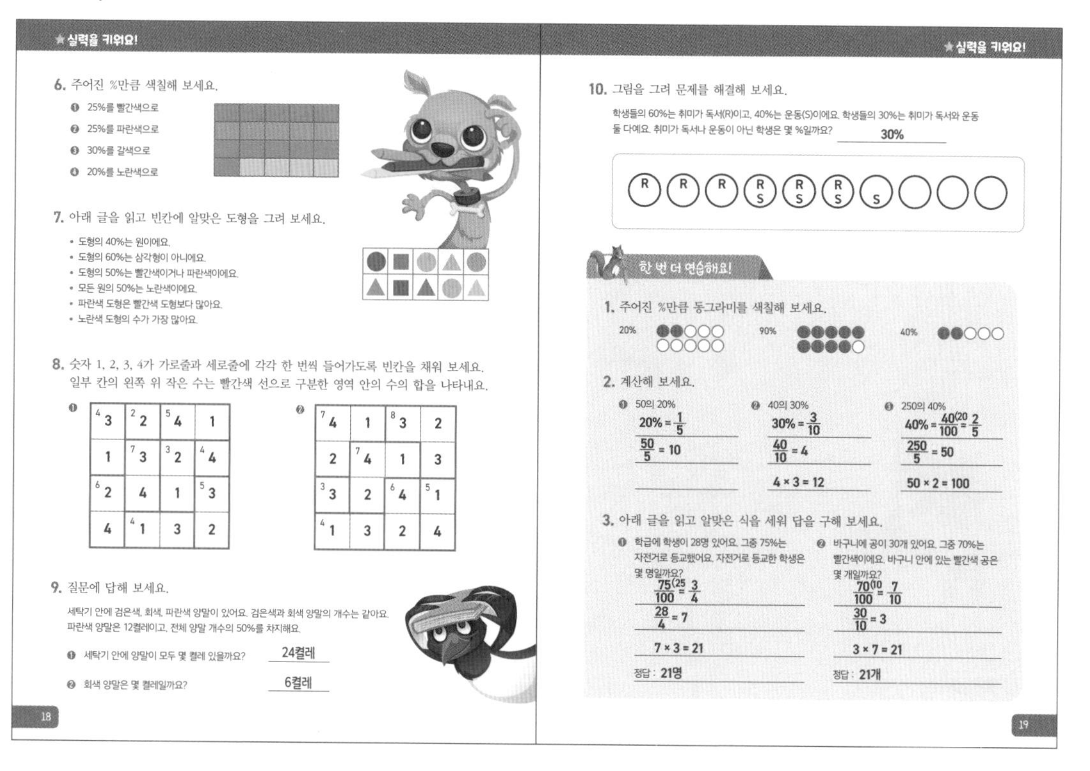

18쪽 9번

❶ 12켤레×2=24켤레
❷ 파란색 양말을 뺀 나머지 양말은 50%이고, 검은색과 회색 양말의 개수가 같으므로 각각 25%예요.
25%=$\frac{1}{4}$, $\frac{24}{4}$=6켤레

20-21쪽

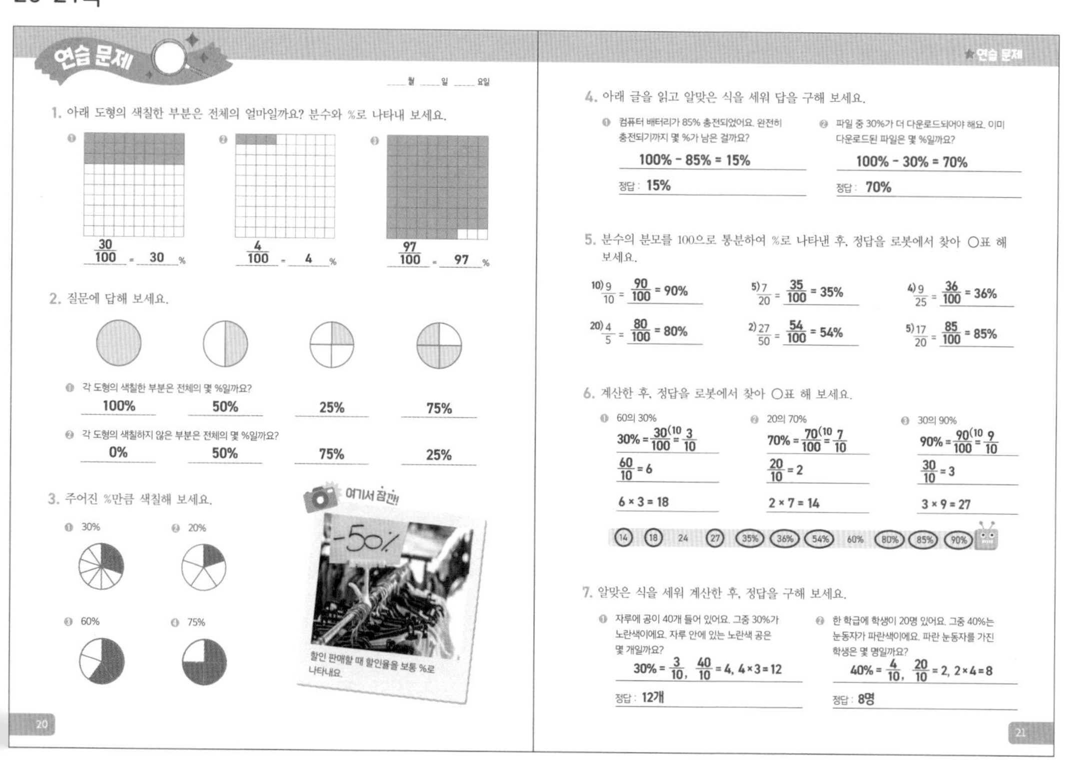

22-23쪽

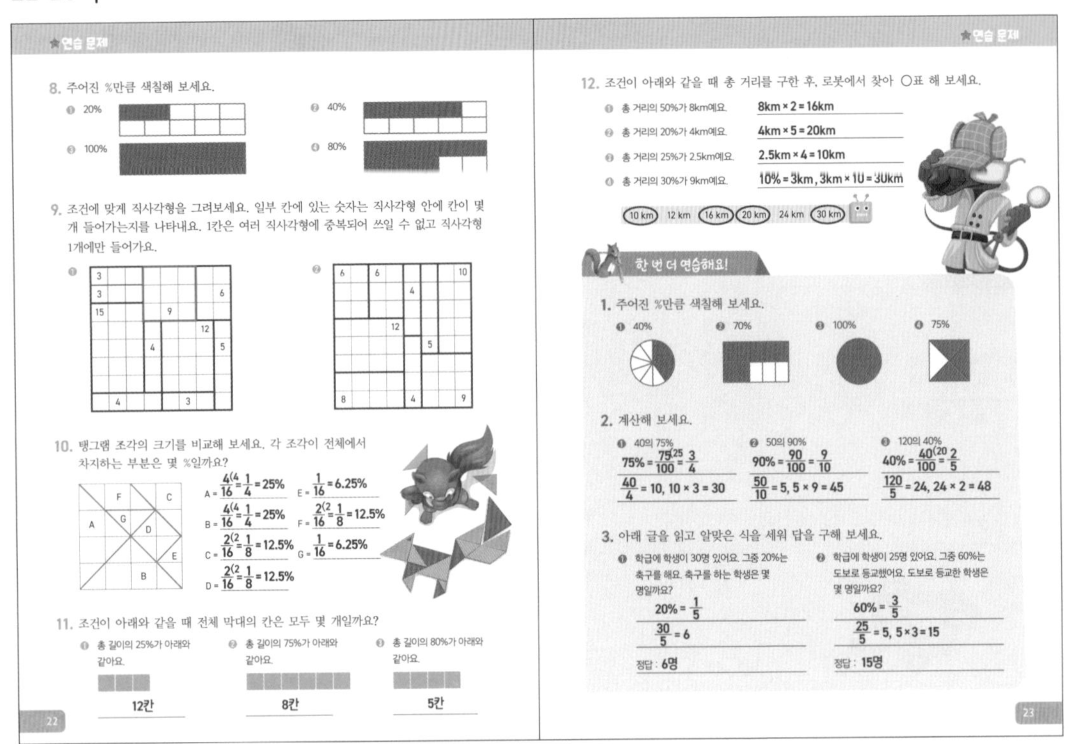

★연습 문제

8. 주어진 %만큼 색칠해 보세요.

❶ 20% ❷ 40% ❸ 100% ❹ 80%

9. 조건에 맞게 직사각형을 그려보세요. 일부 칸에 있는 숫자는 직사각형 안에 칸이 몇 개 들어가는지를 나타내요. 1칸은 여러 직사각형에 중복되어 쓰일 수 없고 직사각형 1개에만 들어가요.

10. 탱그램 조각의 크기를 비교해 보세요. 각 조각이 전체에서 차지하는 부분은 몇 %일까요?

$A = \frac{4}{16} = \frac{1}{4} = 25\%$, $B = \frac{4}{16} = \frac{1}{4} = 25\%$, $C = \frac{2}{16} = \frac{1}{8} = 12.5\%$, $D = \frac{2}{16} = \frac{1}{8} = 12.5\%$

$E = \frac{1}{16} = 6.25\%$, $F = \frac{2}{16} = \frac{1}{8} = 12.5\%$, $G = \frac{1}{16} = 6.25\%$

11. 조건이 아래와 같을 때 전체 막대의 칸은 모두 몇 개일까요?

❶ 총 길이의 25%가 아래와 같아요. 12칸
❷ 총 길이의 75%가 아래와 같아요. 8칸
❸ 총 길이의 80%가 아래와 같아요. 5칸

22

★연습 문제

12. 조건이 아래와 같을 때 총 거리를 구한 후, 로봇에서 찾아 ○표 해 보세요.

❶ 총 거리의 50%가 8km예요. 8km × 2 = 16km
❷ 총 거리의 20%가 4km예요. 4km × 5 = 20km
❸ 총 거리의 25%가 2.5km예요. 2.5km × 4 = 10km
❹ 총 거리의 30%가 9km예요. 10% = 3km, 3km × 10 = 30km

(10 km) 12 km (16 km) (20 km) 24 km (30 km)

한 번 더 연습해요!

1. 주어진 %만큼 색칠해 보세요.

❶ 40% ❷ 70% ❸ 100% ❹ 75%

2. 계산해 보세요.

❶ 40의 75%
$75\% = \frac{75}{100} = \frac{3}{4}$
$\frac{40}{4} = 10$, $10 \times 3 = 30$

❷ 50의 90%
$90\% = \frac{90}{100} = \frac{9}{10}$
$\frac{50}{10} = 5$, $5 \times 9 = 45$

❸ 120의 40%
$40\% = \frac{40}{100} = \frac{2}{5}$
$\frac{120}{5} = 24$, $24 \times 2 = 48$

3. 아래 글을 읽고 알맞은 식을 세워 답을 구해 보세요.

❶ 학급에 학생이 30명 있어요. 그중 20%는 축구를 해요. 축구를 하는 학생은 몇 명일까요?
$20\% = \frac{1}{5}$
$\frac{30}{5} = 6$
정답 : 6명

❷ 학급에 학생이 25명 있어요. 그중 60%는 도보로 등교했어요. 도보로 등교한 학생은 몇 명일까요?
$60\% = \frac{3}{5}$
$\frac{25}{5} = 5$, $5 \times 3 = 15$
정답 : 15명

23

24-25쪽

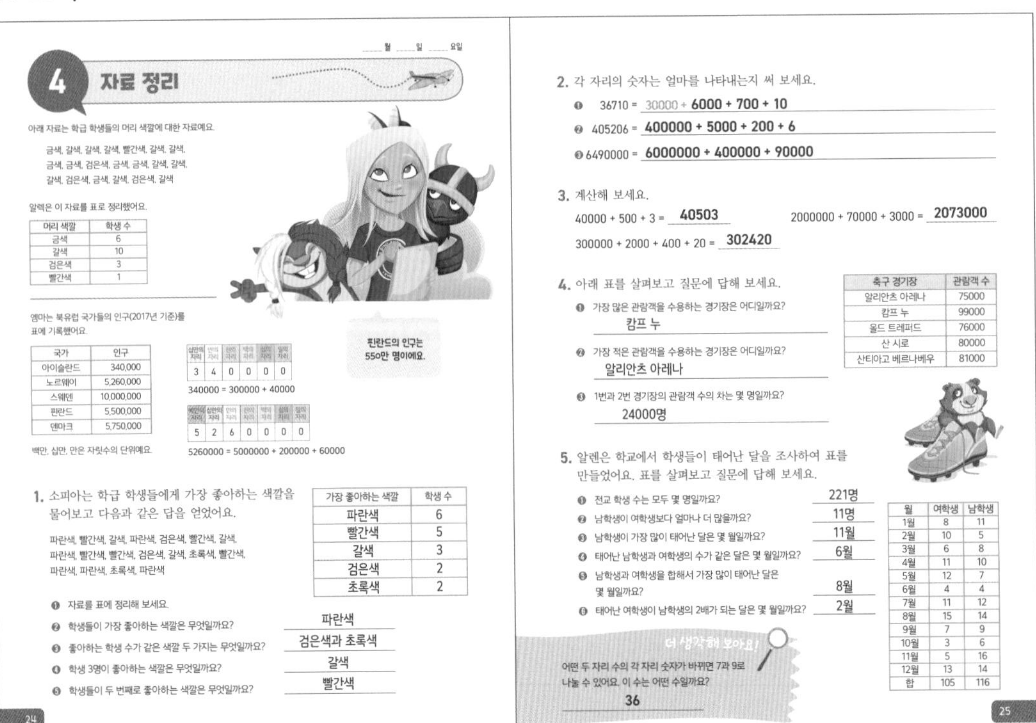

____월 ____일 ____요일

4 자료 정리

아래 자료는 학급 학생들의 머리 색깔에 대한 자료예요.

금색, 갈색, 갈색, 갈색, 빨간색, 갈색, 갈색,
금색, 금색, 검은색, 금색, 금색, 갈색, 갈색,
갈색, 검은색, 금색, 갈색, 검은색, 갈색

알렉은 이 자료를 표로 정리했어요.

머리 색깔	학생 수
금색	6
갈색	10
검은색	3
빨간색	1

엠마는 북유럽 국가들의 인구(2017년 기준)를 표에 기록했어요.

국가	인구
아이슬란드	340,000
노르웨이	5,260,000
스웨덴	10,000,000
핀란드	5,500,000
덴마크	5,750,000

백만, 십만, 만은 자릿수의 단위예요.

십만의 자리	만의 자리	천의 자리	백의 자리	십의 자리	일의 자리
3	4	0	0	0	0

340000 = 300000 + 40000

백만의 자리	십만의 자리	만의 자리	천의 자리	백의 자리	십의 자리	일의 자리
5	2	6	0	0	0	0

5260000 = 5000000 + 200000 + 60000

핀란드의 인구는 550만 명이에요.

1. 소피아는 학급 학생들에게 가장 좋아하는 색깔을 물어보고 다음과 같은 답을 얻었어요.

파란색, 빨간색, 갈색, 파란색, 검은색, 빨간색, 갈색,
파란색, 빨간색, 빨간색, 검은색, 갈색, 초록색, 빨간색,
파란색, 파란색, 초록색, 파란색

가장 좋아하는 색깔	학생 수
파란색	6
빨간색	5
갈색	3
검은색	2
초록색	2

❶ 자료를 표에 정리해 보세요.
❷ 학생들이 가장 좋아하는 색깔은 무엇일까요? 파란색
❸ 좋아하는 학생 수가 같은 색깔 두 가지는 무엇일까요? 검은색과 초록색
❹ 학생 3명이 좋아하는 색깔은 무엇일까요? 갈색
❺ 학생들이 두 번째로 좋아하는 색깔은 무엇일까요? 빨간색

24

2. 각 자리의 숫자는 얼마를 나타내는지 써 보세요.

❶ 36710 = 30000 + 6000 + 700 + 10
❷ 405206 = 400000 + 5000 + 200 + 6
❸ 6490000 = 6000000 + 400000 + 90000

3. 계산해 보세요.

40000 + 500 + 3 = 40503
2000000 + 70000 + 3000 = 2073000
300000 + 2000 + 400 + 20 = 302420

4. 아래 표를 살펴보고 질문에 답해 보세요.

축구 경기장	관람객 수
알리안츠 아레나	75000
캄프 누	99000
올드 트레퍼드	76000
산 시로	80000
산티아고 베르나베우	81000

❶ 가장 많은 관람객을 수용하는 경기장은 어디일까요? 캄프 누
❷ 가장 적은 관람객을 수용하는 경기장은 어디일까요? 알리안츠 아레나
❸ 1번과 2번 경기장의 관람객 수의 차는 몇 명일까요? 24000명

5. 알렌은 학교에서 학생들이 태어난 달을 조사하여 표를 만들었어요. 표를 살펴보고 질문에 답해 보세요.

월	여학생	남학생
1월	8	11
2월	10	5
3월	6	8
4월	11	10
5월	12	7
6월	4	4
7월	11	12
8월	15	14
9월	7	9
10월	3	6
11월	5	16
12월	13	14
합	105	116

❶ 전교 학생 수는 모두 몇 명일까요? 221명
❷ 남학생이 여학생보다 얼마나 더 많을까요? 11명
❸ 남학생이 가장 많이 태어난 달은 몇 월일까요? 11월
❹ 태어난 남학생과 여학생의 수가 같은 달은 몇 월일까요? 6월
❺ 남학생과 여학생을 합해서 가장 많이 태어난 달은 몇 월일까요? 8월
❻ 태어난 여학생이 남학생의 2배가 되는 달은 몇 월일까요? 2월

더 생각해 보아요!

어떤 두 자리 수의 각 자리 숫자가 바뀌면 7과 9로 나눌 수 있어요. 이 수는 어떤 수일까요?
36

25

보충 가이드 | 24쪽

자료를 조사하여 표를 만들고, 표를 활용하여 그래프를 만들어요.
표는 조사한 자료를 일정한 기준에 따라 직사각형 모양의 칸에 알아보기 쉽게 정리한 것을 말해요.
그래프는 자료를 점, 직선, 곡선, 막대, 그림 등을 사용하여 나타낸 것이에요.

7과 9의 최대공약수는 63이에요. 63의 각 자리 숫자가 바뀌면 36이에요.

26-27쪽

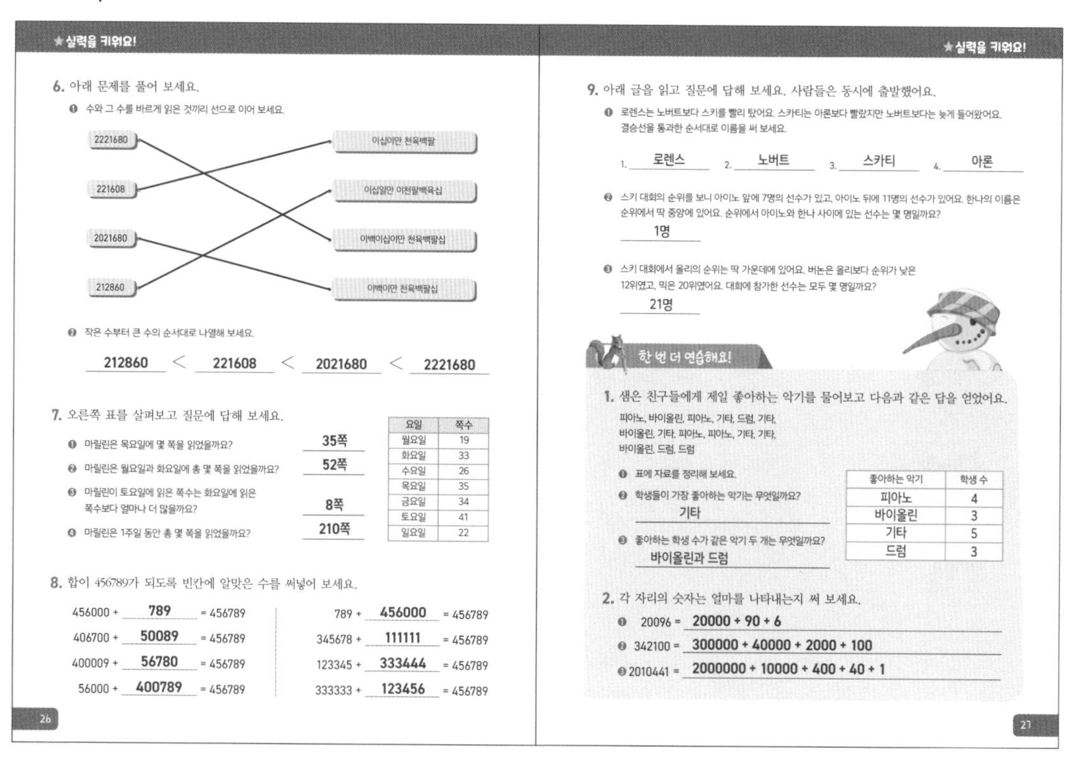

★ 실력을 키워요!

6. 아래 문제를 풀어 보세요.

❶ 수와 그 수를 바르게 읽은 것끼리 선으로 이어 보세요.

- 2221680 — 이백이십이만 천육백팔십
- 221608 — 이십이만 천육백팔
- 2021680 — 이백이만 천육백팔십
- 212860 — 이십일만 이천팔백육십

❷ 작은 수부터 큰 수의 순서대로 나열해 보세요.

212860 < **221608** < **2021680** < **2221680**

7. 오른쪽 표를 살펴보고 질문에 답해 보세요.

요일	쪽수
월요일	19
화요일	33
수요일	26
목요일	35
금요일	34
토요일	41
일요일	22

❶ 마릴린은 목요일에 몇 쪽을 읽었을까요? **35쪽**

❷ 마릴린은 월요일과 화요일에 총 몇 쪽을 읽었을까요? **52쪽**

❸ 마릴린이 토요일에 읽은 쪽수는 화요일에 읽은 쪽수보다 얼마나 더 많을까요? **8쪽**

❹ 마릴린은 1주일 동안 총 몇 쪽을 읽었을까요? **210쪽**

8. 합이 456789가 되도록 빈칸에 알맞은 수를 써넣어 보세요.

456000 + **789** = 456789
406700 + **50089** = 456789
400009 + **56780** = 456789
56000 + **400789** = 456789

789 + **456000** = 456789
345678 + **111111** = 456789
123345 + **333444** = 456789
333333 + **123456** = 456789

26

★ 실력을 키워요!

9. 아래 글을 읽고 질문에 답해 보세요. 사람들은 동시에 출발했어요.

❶ 로렌스는 노버트보다 스키를 빨리 탔어요. 스카티는 아론보다 빨랐지만 노버트보다는 늦게 들어왔어요. 결승선을 통과한 순서대로 이름을 써 보세요.

1. **로렌스** 2. **노버트** 3. **스카티** 4. **아론**

❷ 스키 대회의 순위를 보니 아이노 앞에 7명의 선수가 있고, 아이노 뒤에 11명의 선수가 있어요. 한나의 이름은 순위에서 딱 중앙에 있어요. 순위에서 아이노와 한나 사이에 있는 선수는 몇 명일까요?

1명

❸ 스키 대회에서 올리의 순위는 딱 가운데에 있어요. 버논은 올리보다 순위가 낮은 12위였고, 믹은 20위였어요. 대회에 참가한 선수는 모두 몇 명일까요?

21명

한 번 더 연습해요!

1. 샘은 친구들에게 제일 좋아하는 악기를 물어보고 다음과 같은 답을 얻었어요.

피아노, 바이올린, 피아노, 기타, 드럼, 기타,
바이올린, 기타, 피아노, 피아노, 기타, 기타,
바이올린, 드럼, 드럼

❶ 표에 자료를 정리해 보세요.

좋아하는 악기	학생 수
피아노	4
바이올린	3
기타	5
드럼	3

❷ 학생들이 가장 좋아하는 악기는 무엇일까요? **기타**

❸ 좋아하는 학생 수가 같은 악기 두 개는 무엇일까요? **바이올린과 드럼**

2. 각 자리의 숫자는 얼마를 나타내는지 써 보세요.

❶ 20096 = **20000 + 90 + 6**

❷ 342100 = **300000 + 40000 + 2000 + 100**

❸ 2010441 = **2000000 + 10000 + 400 + 40 + 1**

27

27쪽 9번

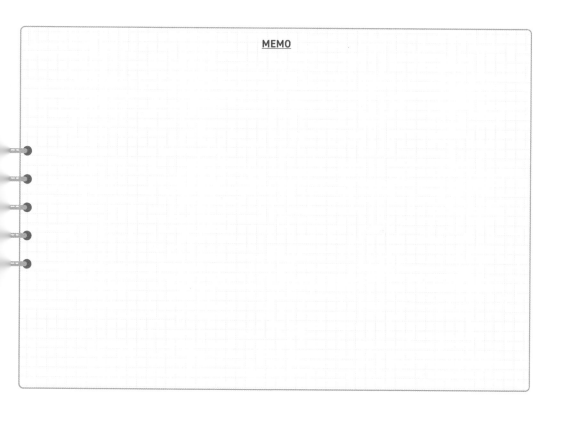

❶ 로렌스>노버트
노버트>스카티>아론
로렌스>노버트>스카티>아론의 순서로 결승선을 통과했어요.

❷ 7명-아이노-11명
선수는 총 19명(7+1+11)이에요. 한나의 이름이 중앙에 있으므로 한나 앞으로 9명, 한나는 10번째, 한나 뒤로 9명이 있어요. 아이노는 8번째이므로 한나와 아이노 사이에는 1명이 있어요.

❸ 올리-버논(12위)-믹(20위)
올리가 버논보다 순위가 앞서고 순위가 딱 중간이므로 11위예요. 올리 앞으로 10명, 올리 뒤로 10명이 있으면 참가한 선수는 총 21명이에요. 11위보다 앞서면 참가한 선수가 20명보다 적으므로 조건에 맞지 않아요.

MEMO

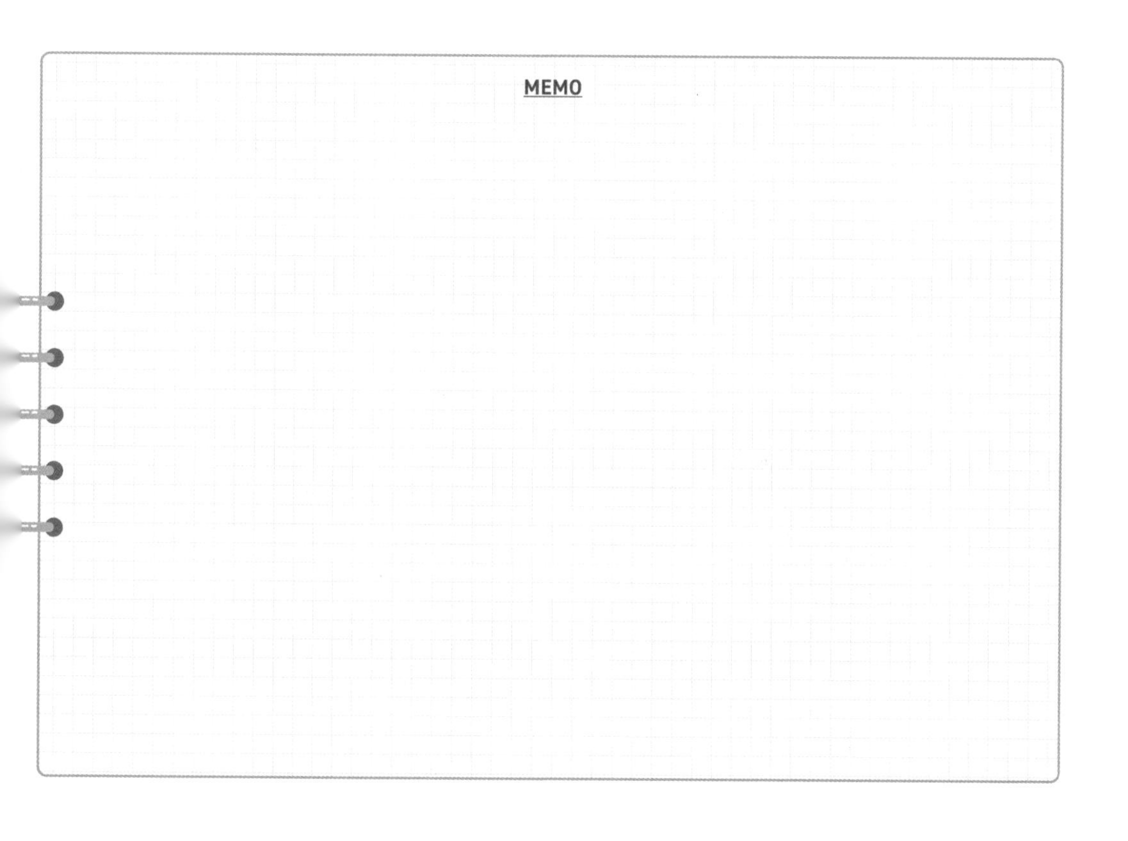

28-29쪽

보충 가이드 | 28쪽

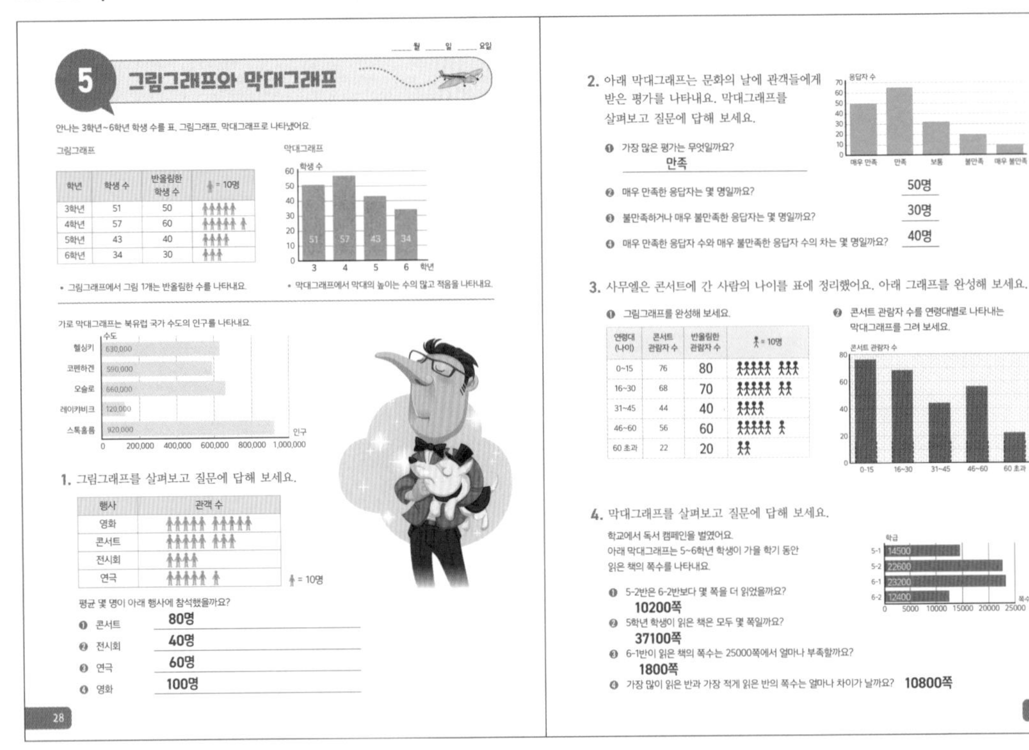

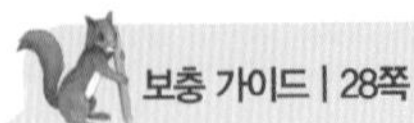

- 그림그래프
  자료의 수를 알기 쉽게 그림 등을 사용하여 표현한 그래프예요. 자료의 크기와 분포 상태를 쉽게 알 수 있어요.
  자료의 수를 그림으로 나타내기 때문에 어림수를 많이 사용해요.
- 막대그래프
  조사한 수를 막대 모양으로 나타낸 그래프예요. 자료의 크기를 쉽게 비교할 수 있어요. 그림그래프는 어림수를 사용해야 하지만 막대그래프는 자료의 수를 정확하게 나타낼 수 있어요.

29쪽 4번

❶ 22600-12400=10200
❷ 14500+22600=37100
❸ 25000-23200=1800
❹ 23200-12400=10800

MEMO

30-31쪽

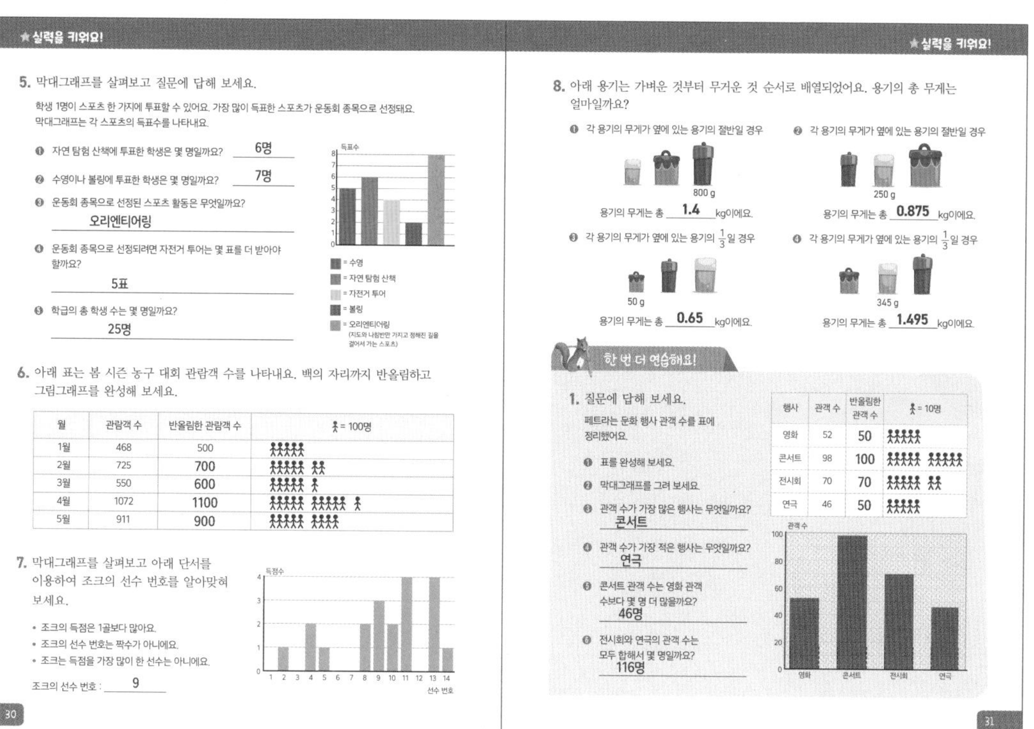

30쪽 7번

조크의 득점은 1골보다 많아요.
→1, 2, 3, 5, 6, 7, 12, 14번 탈락
조크의 선수 번호는 짝수가 아니에요.→4, 8, 10번 탈락
조크는 득점을 가장 많이 한 선수는 아니에요.→11, 13번 탈락
정답은 9번이에요.

31쪽 8번

❶ 200g+400g+800g
=1400g=1.4kg
❷ 125g+250g+500g
=875g=0.875kg
❸ 50g+150g+450g
=650g=0.65kg
❹ 115g+345g+1035g
=1495g=1.495kg

32-33쪽

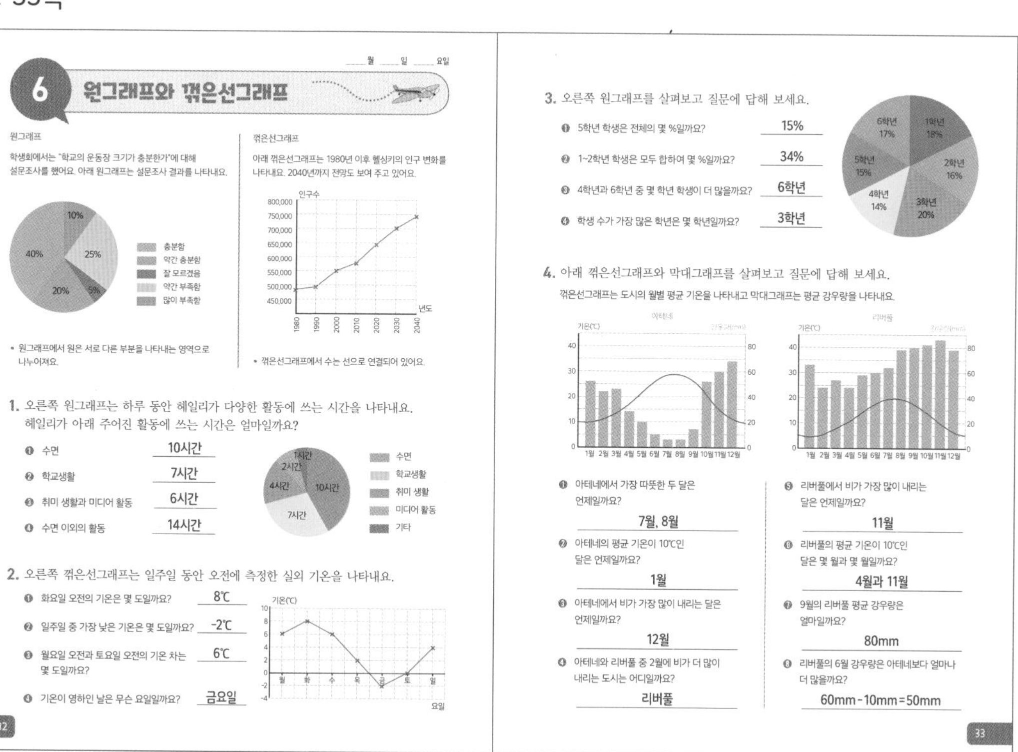

보충 가이드 | 32쪽

- 원그래프
  원그래프는 전체에 대한 각 부분의 비율을 원 모양으로 나타낸 그래프예요. 전체에 대한 부분의 비율을 한눈에 알 수 있어요.
- 꺾은선그래프
  각 수량을 점으로 표시하고 그 점들을 선분으로 이어 그린 그래프예요. 꺾은선그래프는 수량이 변화하는 모양과 정도를 쉽게 알 수 있어요.

34-35쪽

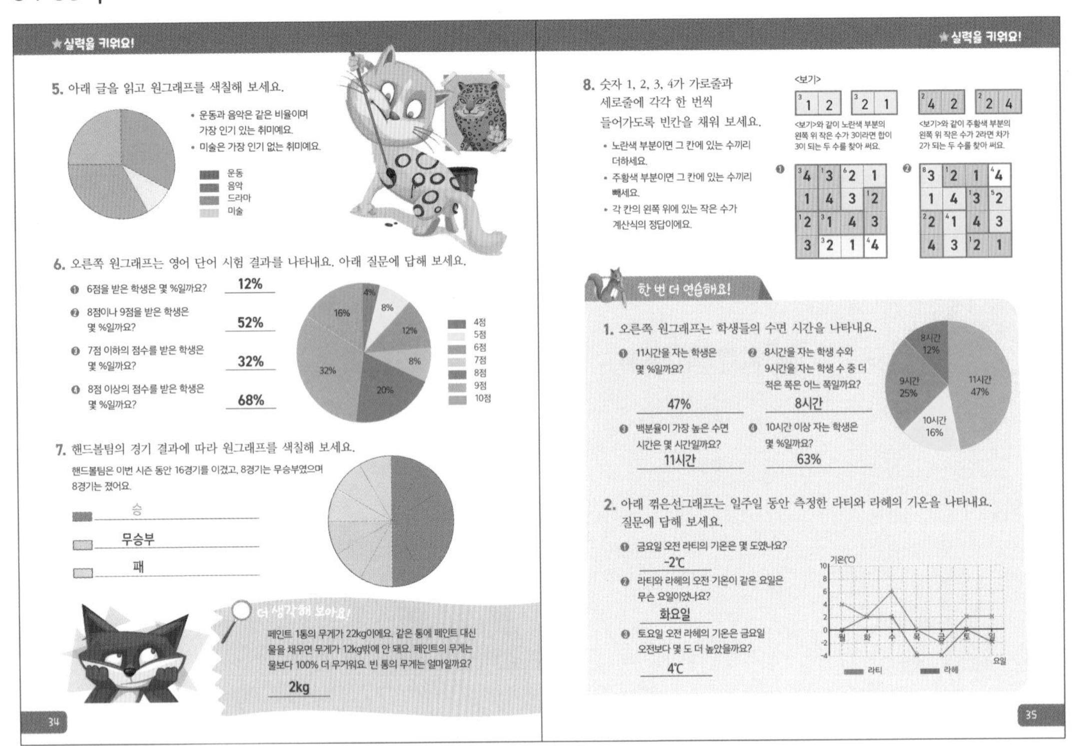

★실력을 키워요!

5. 아래 글을 읽고 원그래프를 색칠해 보세요.

- 운동과 음악은 같은 비율이며 가장 인기 있는 취미예요.
- 미술은 가장 인기 없는 취미예요.

운동 / 음악 / 드라마 / 미술

6. 오른쪽 원그래프는 영어 단어 시험 결과를 나타내요. 아래 질문에 답해 보세요.

❶ 6점을 받은 학생은 몇 %일까요? 12%

❷ 8점이나 9점을 받은 학생은 몇 %일까요? 52%

❸ 7점 이하의 점수를 받은 학생은 몇 %일까요? 32%

❹ 8점 이상의 점수를 받은 학생은 몇 %일까요? 68%

4%, 8%, 12%, 8%, 20%, 32%, 16%
4점 / 5점 / 6점 / 7점 / 8점 / 9점 / 10점

7. 핸드볼팀의 경기 결과에 따라 원그래프를 색칠해 보세요.

핸드볼팀은 이번 시즌 동안 16경기를 이겼고, 8경기는 무승부였으며 8경기는 졌어요.

승 / 무승부 / 패

더 생각해 보아요!

페인트 1통의 무게가 22kg이에요. 같은 통에 페인트 대신 물을 채우면 무게가 12kg밖에 안 돼요. 페인트의 무게는 물보다 100% 더 무거워요. 빈 통의 무게는 얼마일까요?

2kg

34

★실력을 키워요!

8. 숫자 1, 2, 3, 4가 가로줄과 세로줄에 각각 한 번씩 들어가도록 빈칸을 채워 보세요.

- 노란색 부분이면 그 칸에 있는 수끼리 더하세요.
- 주황색 부분이면 그 칸에 있는 수끼리 빼세요.
- 각 칸의 왼쪽 위에 있는 작은 수가 계산식의 정답이에요.

<보기>
<보기>와 같이 노란색 부분의 왼쪽 위 작은 수가 3이라면 합이 3이 되는 두 수를 찾아 써요.
<보기>와 같이 주황색 부분의 왼쪽 위 작은 수가 2라면 차가 2가 되는 두 수를 찾아 써요.

❶

4	3	2	1
1	4	3	2
2	1	4	3
3	2	1	4

❷

3	2	1	4
1	4	3	2
2	1	4	3
4	3	2	1

한 번 더 연습해요!

1. 오른쪽 원그래프는 학생들의 수면 시간을 나타내요.

❶ 11시간을 자는 학생은 몇 %일까요? 47%

❷ 8시간을 자는 학생 수와 9시간을 자는 학생 수 중 더 적은 쪽은 어느 쪽일까요? 8시간

❸ 백분율이 가장 높은 수면 시간은 몇 시간일까요? 11시간

❹ 10시간 이상 자는 학생은 몇 %일까요? 63%

8시간 12%, 9시간 25%, 10시간 16%, 11시간 47%

2. 아래 꺾은선그래프는 일주일 동안 측정한 라티와 라헤의 기온을 나타내요. 질문에 답해 보세요.

❶ 금요일 오전 라티의 기온은 몇 도였나요? -2℃

❷ 라티와 라헤의 오전 기온이 같은 요일은 무슨 요일이었나요? 화요일

❸ 토요일 오전 라헤의 기온은 금요일 오전보다 몇 도 더 높았을까요? 4℃

기온(℃) / 요일 / 라티 / 라헤

35

34쪽 7번

총 경기 수는 16+8+8=32회
이긴 경기는 32회의 절반이므로 50%
진 경기는 8회이므로 25%
무승부인 경기도 8회이므로 25%

더 생각해 보아요! | 34쪽

12kg×2=24kg
24kg-22kg=2kg

36-37쪽

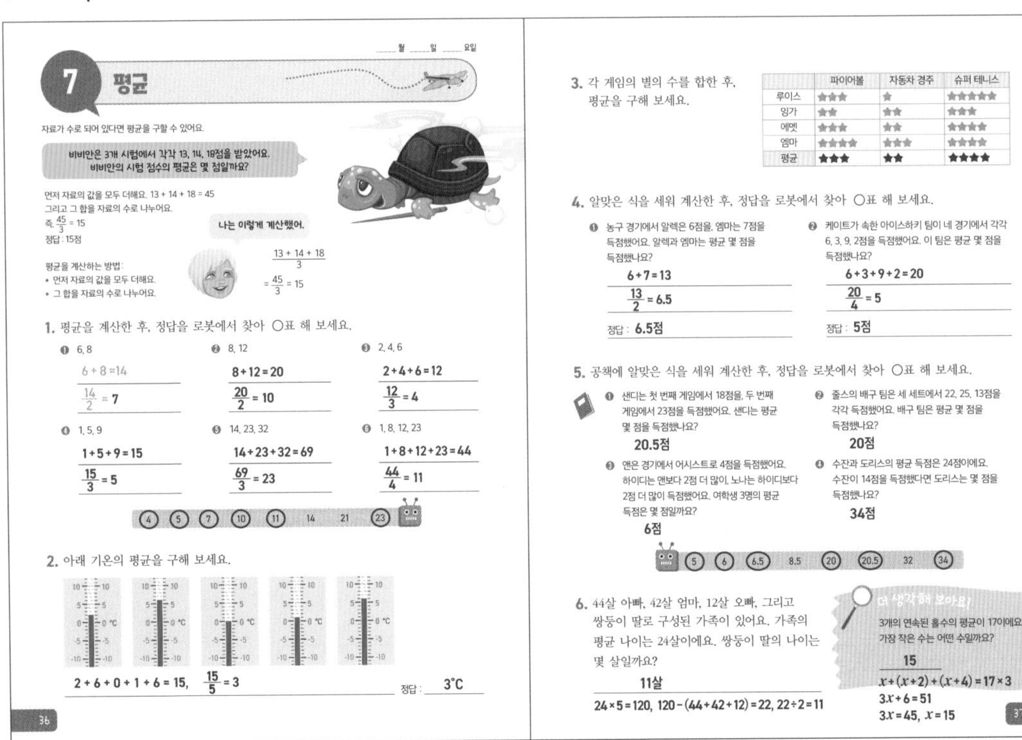

___월 ___일 ___요일

7 평균

자료가 수로 되어 있다면 평균을 구할 수 있어요.

비비안은 3개 시험에서 각각 13, 14, 18점을 받았어요. 비비안의 시험 점수의 평균은 몇 점일까요?

먼저 자료의 값을 모두 더해요. 13 + 14 + 18 = 45
그리고 그 합을 자료의 수로 나누어요.
즉, $\frac{45}{3} = 15$
정답 : 15점

나는 이렇게 계산했어.
$\frac{13+14+18}{3} = \frac{45}{3} = 15$

평균을 계산하는 방법:
- 먼저 자료의 값을 모두 더해요.
- 그 합을 자료의 수로 나누어요.

1. 평균을 계산한 후, 정답을 로봇에서 찾아 ○표 해 보세요.

❶ 6, 8: $6+8=14$, $\frac{14}{2}=7$

❷ 8, 12: $8+12=20$, $\frac{20}{2}=10$

❸ 2, 4, 6: $2+4+6=12$, $\frac{12}{3}=4$

❹ 1, 5, 9: $1+5+9=15$, $\frac{15}{3}=5$

❺ 14, 23, 32: $14+23+32=69$, $\frac{69}{3}=23$

❻ 1, 8, 12, 23: $1+8+12+23=44$, $\frac{44}{4}=11$

(4) (5) (7) (10) (11) 14 21 (23)

2. 아래 기온의 평균을 구해 보세요.

$2+6+0+1+6=15$, $\frac{15}{5}=3$ 정답 : 3℃

36

3. 각 게임의 별의 수를 합한 후, 평균을 구해 보세요.

	파이어볼	자동차 경주	슈퍼 테니스
루이스	★★★	★	★★★★★
잉가	★★	★★	★★★
에멧	★★★	★★	★★★★
엠마	★★★★	★★★	★★★★
평균	★★★	★★	★★★★

4. 알맞은 식을 세워 계산한 후, 정답을 로봇에서 찾아 ○표 해 보세요.

❶ 농구 경기에서 알렉은 6점을, 엠마는 7점을 득점했어요. 알렉과 엠마는 평균 몇 점을 득점했나요?
$6+7=13$, $\frac{13}{2}=6.5$ 정답 : 6.5점

❷ 케이트가 속한 아이스하키 팀이 네 경기에서 각각 6, 3, 9, 2점을 득점했어요. 이 팀은 평균 몇 점을 득점했나요?
$6+3+9+2=20$, $\frac{20}{4}=5$ 정답 : 5점

5. 공책에 알맞은 식을 세워 계산한 후, 정답을 로봇에서 찾아 ○표 해 보세요.

❶ 샌디는 첫 번째 게임에서 18점을, 두 번째 게임에서 23점을 득점했어요. 샌디는 평균 몇 점을 득점했나요? 20.5점

❷ 줄스의 배구 팀은 세 세트에서 22, 25, 13점을 각각 득점했어요. 배구 팀은 평균 몇 점을 득점했나요? 20점

❸ 앤은 경기에서 어시스트로 4점을 득점했어요. 하이디는 앤보다 2점 더 많이, 노나는 하이디보다 2점 더 많이 득점했어요. 여학생 3명의 평균 득점은 몇 점일까요? 6점

❹ 수잔과 도리스의 평균 득점은 24점이에요. 수잔이 14점을 득점했다면 도리스는 몇 점을 득점했나요? 34점

(5) (6) (6.5) 8.5 (20) (20.5) 32 (34)

6. 44살 아빠, 42살 엄마, 12살 오빠, 그리고 쌍둥이 딸로 구성된 가족이 있어요. 가족의 평균 나이는 24살이에요. 쌍둥이 딸의 나이는 몇 살일까요?

11살
$24\times5=120$, $120-(44+42+12)=22$, $22\div2=11$

더 생각해 보아요!

3개의 연속된 홀수의 평균이 17이에요. 가장 작은 수는 어떤 수일까요?

15
$x+(x+2)+(x+4)=17\times3$
$3x+6=51$
$3x=45$, $x=15$

37

보충 가이드 | 36쪽

'평균'이란 자료 전체의 합을 자료의 개수로 나눈 값을 말해요. 평균값을 구한다고 할 때는 대개 평균을 말해요. 평균은 집에서 학교까지 걸리는 시간을 구하거나 일주일 동안 평균적으로 쓰는 용돈을 구하는 등 일상생활에서 유용하게 사용돼요.

37쪽 5번

❶ $18+23=41$, $\frac{41}{2}=20.5$
❷ $22+25+13=60$, $\frac{60}{3}=20$
❸ 앤 : 4점
하이디 : 4+2=6점
노나 : 6+2=8점
$4+6+8=18$, $\frac{18}{3}=6$
❹ $24+24=48$, $48-14=34$

38-39쪽

7. 에디, 레이븐, 키아는 낚시를 하러 갔어요. 에디는 8마리, 레이븐은 9마리, 키아는 4마리를 잡았어요. 셋은 평균 몇 마리의 물고기를 잡았나요?

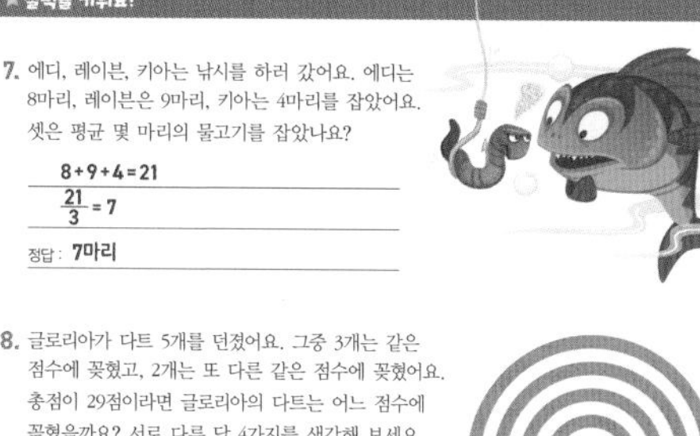

8+9+4=21

$\frac{21}{3}=7$

정답 : **7마리**

8. 글로리아가 다트 5개를 던졌어요. 그중 3개는 같은 점수에 꽂혔고, 2개는 또 다른 같은 점수에 꽂혔어요. 총점이 29점이라면 글로리아의 다트는 어느 점수에 꽂혔을까요? 서로 다른 답 4가지를 생각해 보세요.

9 + 9 + 9 + 1 + 1 = 29

5 + 5 + 5 + 7 + 7 = 29

3 + 3 + 3 + 10 + 10 = 29

7 + 7 + 7 + 4 + 4 = 29

9. 빈칸에 X표 해 보세요. 숫자 주변에 X표가 그 수만큼 있어야 해요. X표 1개는 1칸 이상 관련될 수 있어요.

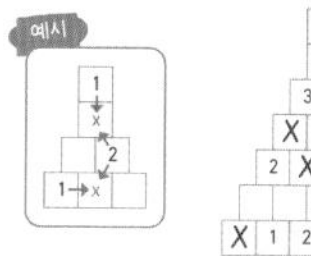

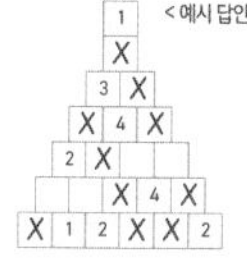

<예시 답안>

X표가 없는 칸은 몇 개일까요?

4개

10. 아모스는 45유로를 주고 공책과 사인펜 세트를 샀어요. 사인펜 1세트는 7유로이고, 공책은 권당 4유로예요. 아모스는 공책과 사인펜 세트를 몇 개씩 샀을까요?

공책 6권, 사인펜 3세트

38

★실력을 키워요!

11. 가로나 세로선으로 원을 연결해 보세요. 원 안의 숫자는 원에 연결되는 선의 개수를 의미해요. 선끼리 서로 교차할 수 없고 원 2개가 선 1개 이상과 연결될 수 있어요.

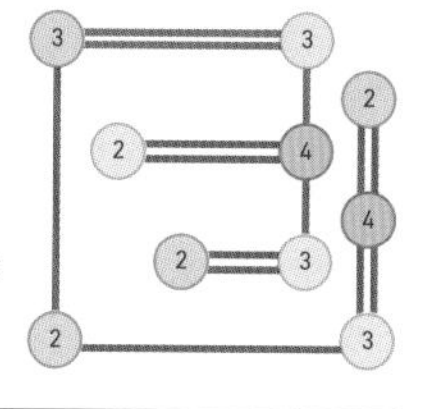

12. 놀이공원에서 팔찌를 산 사람의 80%는 어린이예요. 그중 75%는 10살이 넘어요. 10살 이하인 어린이는 200명이에요. 놀이공원에서 팔찌를 산 성인은 몇 명일까요?

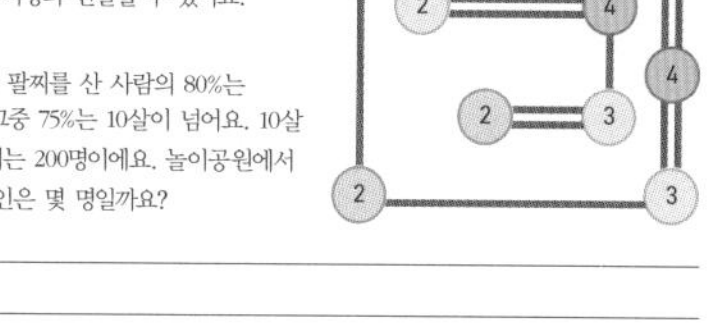

정답 : **200명**

한 번 더 연습해요!

1. 평균을 계산해 보세요.

❶ 7, 9

7+9=16

$\frac{16}{2}=8$

❷ 2, 14, 20

2+14+20=36

$\frac{36}{3}=13$

❸ 14, 15, 28, 43

14+15+28+43=100

$\frac{100}{4}=25$

2. 아래 글을 읽고 알맞은 식을 세워 답을 구해 보세요.

❶ 에이노는 홈 경기에서 어시스트 5개, 원정 경기에서 어시스트 1개를 기록했어요. 에이노의 어시스트 평균은 몇 점일까요?

5+1=6

$\frac{6}{2}=3$

정답 : **3점**

❷ 미아의 축구팀은 네 경기에서 각각 8, 3, 4, 9점을 득점했어요. 팀의 네 경기 평균 득점은 몇 점일까요?

8+3+4+9=24

$\frac{24}{4}=6$

정답 : **6점**

39

38쪽 9번

< 예시 답안>

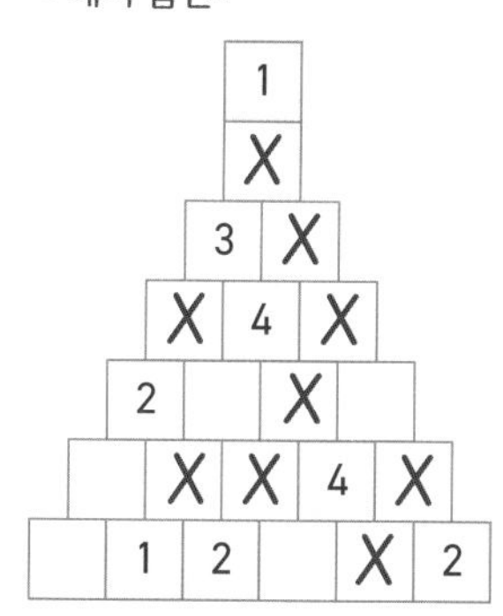

x표가 없는 칸이 5개가 나올 수도 있어요.

39쪽 12번

10살 이하인 어린이의 비율
100%-75%=25%
25%=200명이므로 전체 어린이 수는 800명(200명×4)이에요.
100%-80%=20%
80%=800명이므로
10%=100명이에요.
어른의 비율은 100%-80%=20%이므로 200명이에요.

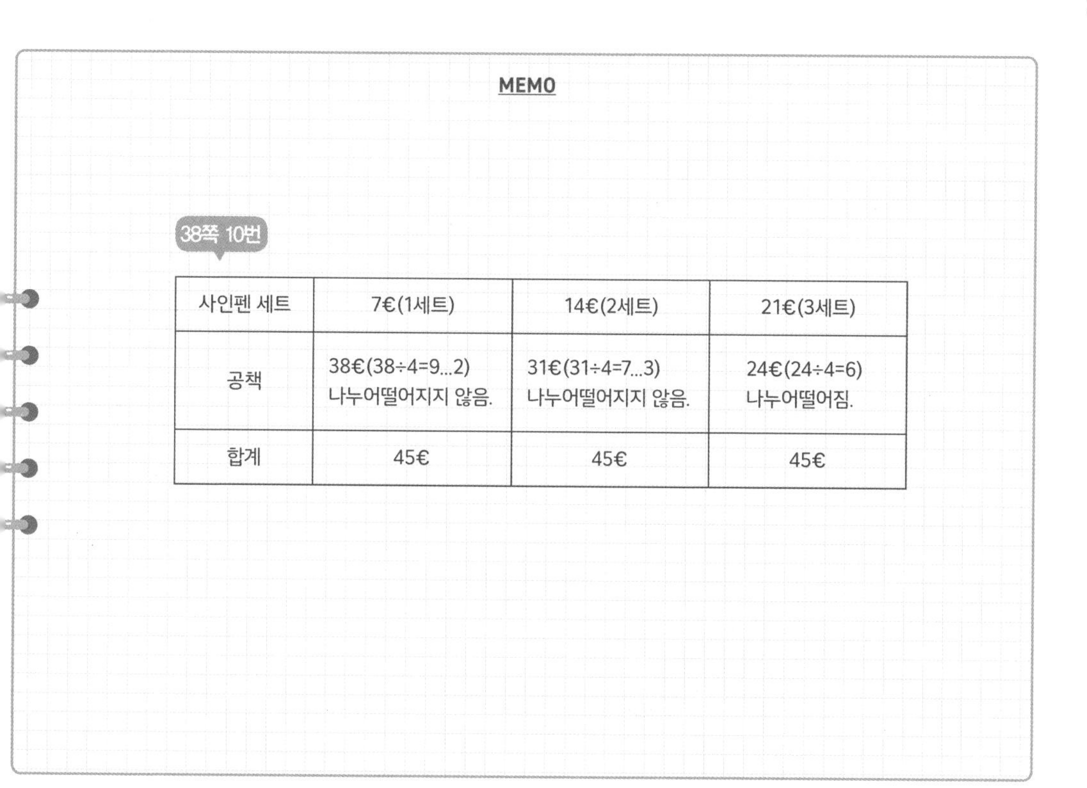

MEMO

38쪽 10번

사인펜 세트	7€(1세트)	14€(2세트)	21€(3세트)
공책	38€(38÷4=9...2) 나누어떨어지지 않음.	31€(31÷4=7...3) 나누어떨어지지 않음.	24€(24÷4=6) 나누어떨어짐.
합계	45€	45€	45€

40-41쪽

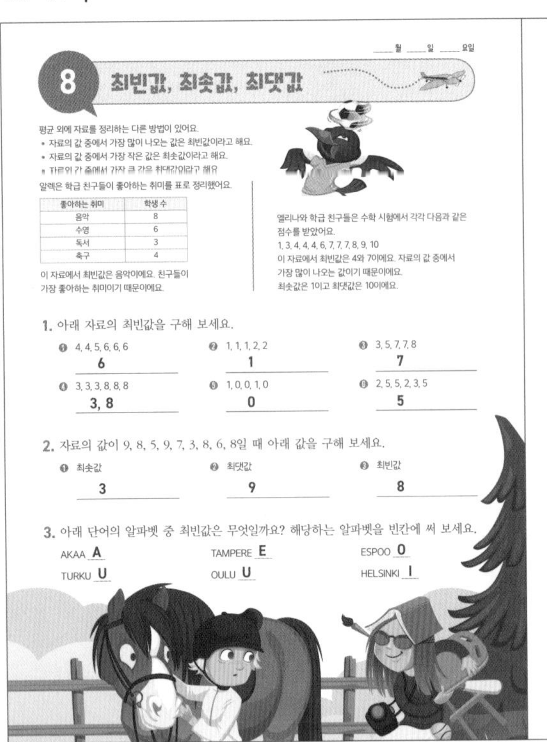

____월 ____일 ____요일

8 최빈값, 최솟값, 최댓값

평균 외에 자료를 정리하는 다른 방법이 있어요.
- 자료의 값 중에서 가장 많이 나오는 값은 최빈값이라고 해요.
- 자료의 값 중에서 가장 작은 값은 최솟값이라고 해요.
- 자료의 값 중에서 가장 큰 값은 최댓값이라고 해요.

알렉은 학급 친구들이 좋아하는 취미를 표로 정리했어요.

좋아하는 취미	학생 수
음악	8
수영	6
독서	3
축구	4

이 자료에서 최빈값은 음악이에요. 친구들이 가장 좋아하는 취미이기 때문이에요.

엘리나와 학급 친구들은 수학 시험에서 각각 다음과 같은 점수를 받았어요.
1, 3, 4, 4, 4, 6, 7, 7, 7, 8, 9, 10
이 자료에서 최빈값은 4와 7이에요. 자료의 값 중에서 가장 많이 나오는 값이기 때문이에요.
최솟값은 1이고 최댓값은 10이에요.

1. 아래 자료의 최빈값을 구해 보세요.

① 4, 4, 5, 6, 6, 6 **6**
② 1, 1, 1, 2, 2 **1**
③ 3, 5, 7, 7, 8 **7**
④ 3, 3, 3, 8, 8, 8 **3, 8**
⑤ 1, 0, 0, 1, 0 **0**
⑥ 2, 5, 5, 2, 3, 5 **5**

2. 자료의 값이 9, 8, 5, 9, 7, 3, 8, 6, 8일 때 아래 값을 구해 보세요.

① 최솟값 **3**
② 최댓값 **9**
③ 최빈값 **8**

3. 아래 단어의 알파벳 중 최빈값은 무엇일까요? 해당하는 알파벳을 빈칸에 써 보세요.

AKAA **A** TAMPERE **E** ESPOO **O**
TURKU **U** OULU **U** HELSINKI **I**

4. 아래 표를 살펴본 후, 5학년 2반 학생들의 취미, 반려동물, 좋아하는 과목의 최빈값을 구해 보세요.

①

좋아하는 취미	학생 수
그림 그리기	3
수영	6
야구	3
사진 찍기	4
독서	7
기타	1

최빈값: **독서**

②

반려동물	학생 수
고양이	4
개	6
햄스터	2
토끼	4
말	6
기타	3

최빈값: **개, 말**

③

좋아하는 과목	학생 수
국어	3
체육	6
수학	4
미술	3
역사	4
기타	5

최빈값: **체육**

5. 전시회 관람객 수를 표를 만들어 정리했어요. 표를 살펴보고 질문에 답해 보세요.

요일	월	화	수	목	금	토
관람객 수	29	14	30	11	14	22

① 관람객이 가장 많았던 요일은 언제일까요? **수요일**
② 관람객이 가장 적었던 요일은 언제일까요? **목요일**
③ 관람객 수의 최빈값은 얼마일까요? **14**
④ 하루 평균 관람객 수는 몇 명일까요?
29 + 14 + 30 + 11 + 14 + 22 = 120, $\frac{120}{6}$ = 20
정답: **20명**

더 생각해 보아요!
세 수의 평균이 0이고, 최빈값은 2예요.
세 수는 어떤 수일까요?
-4, 2, 2

41

보충 가이드 | 40쪽

대푯값은 자룟값의 분포를 나타내는 값으로 평균, 중앙값, 최빈값 등을 주로 사용해요. 평균이란 자료 전체의 합을 자료의 개수로 나눈 평균값을 말해요. 중위수는 중앙값이라고도 하며 자료를 크기순으로 나열했을 때 한가운데에 위치하는 자룟값을 말해요. 자료가 홀수 개이면 정중앙 값이 중앙값이 되지만, 짝수 개이면 중앙에 위치한 값이 두 개가 되므로 이 경우에는 두 값의 평균을 중앙값으로 해요. 자료 중 빈도수가 가장 높은 자룟값을 최빈값이라고 해요.

42-43쪽

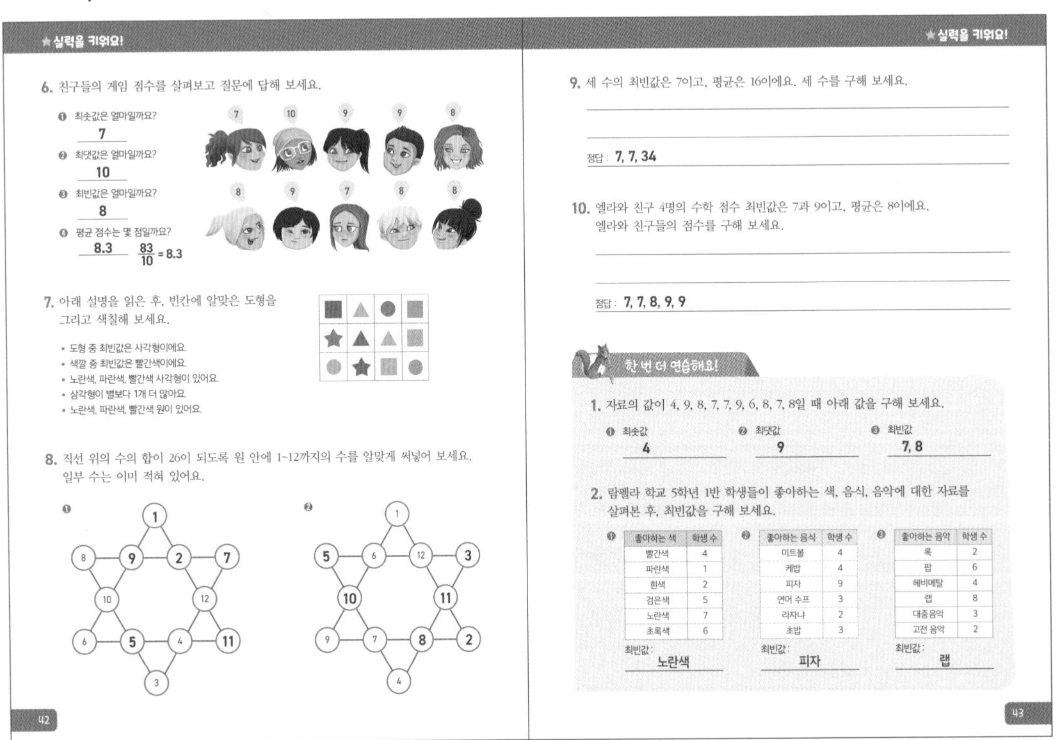

★실력을 키워요!

6. 친구들의 게임 점수를 살펴보고 질문에 답해 보세요.

① 최솟값은 얼마일까요? **7**
② 최댓값은 얼마일까요? **10**
③ 최빈값은 얼마일까요? **8**
④ 평균 점수는 몇 점일까요? **8.3** $\frac{83}{10}$ = 8.3

7. 아래 설명을 읽은 후, 빈칸에 알맞은 도형을 그리고 색칠해 보세요.
- 도형 중 최빈값은 사각형이에요.
- 색깔 중 최빈값은 빨간색이에요.
- 노란색, 파란색, 빨간색 사각형이 있어요.
- 삼각형이 별보다 1개 더 많아요.
- 노란색, 파란색, 빨간색 원이 있어요.

8. 직선 위의 수의 합이 26이 되도록 원 안에 1~12까지의 수를 알맞게 써넣어 보세요. 일부 수는 이미 적혀 있어요.

42

★실력을 키워요!

9. 세 수의 최빈값은 7이고, 평균은 16이에요. 세 수를 구해 보세요.

정답: **7, 7, 34**

10. 엘라와 친구 4명의 수학 점수 최빈값은 7과 9이고, 평균은 8이에요. 엘라와 친구들의 점수를 구해 보세요.

정답: **7, 7, 8, 9, 9**

한 번 더 연습해요!

1. 자료의 값이 4, 9, 8, 7, 7, 9, 6, 8, 7, 8일 때 아래 값을 구해 보세요.

① 최솟값 **4**
② 최댓값 **9**
③ 최빈값 **7, 8**

2. 람펠라 학교 5학년 1반 학생들이 좋아하는 색, 음식, 음악에 대한 자료를 살펴본 후, 최빈값을 구해 보세요.

①

좋아하는 색	학생 수
빨간색	4
파란색	1
흰색	2
검은색	5
노란색	7
초록색	6

최빈값: **노란색**

②

좋아하는 음식	학생 수
미트볼	4
케밥	4
피자	9
연어 수프	3
리자냐	2
초밥	3

최빈값: **피자**

③

좋아하는 음악	학생 수
록	2
팝	6
헤비메탈	4
랩	8
대중음악	3
고전 음악	2

최빈값: **랩**

43

43쪽 9번

평균이 16이므로 세 수의 합
16+16+16=48
최빈값이 7이므로 7이 2개
상이에요. 48-7-7=34
정답은 34, 7, 7

43쪽 10번

5명의 점수의 합
8+8+8+8+8=40
최빈값이 7과 9이므로 7과 9
각각 2개씩이에요.
7+7+9+9=32, 40-32=8
정답은 7, 7, 8, 9, 9

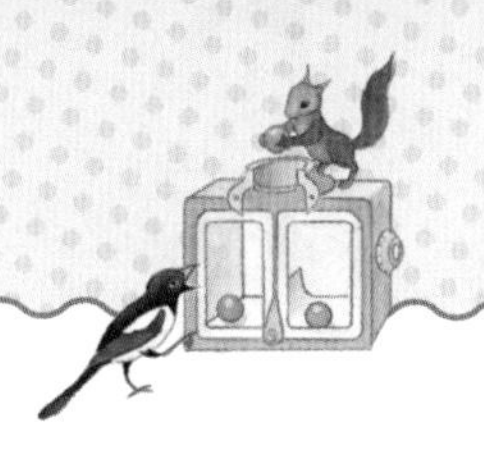

44-45쪽

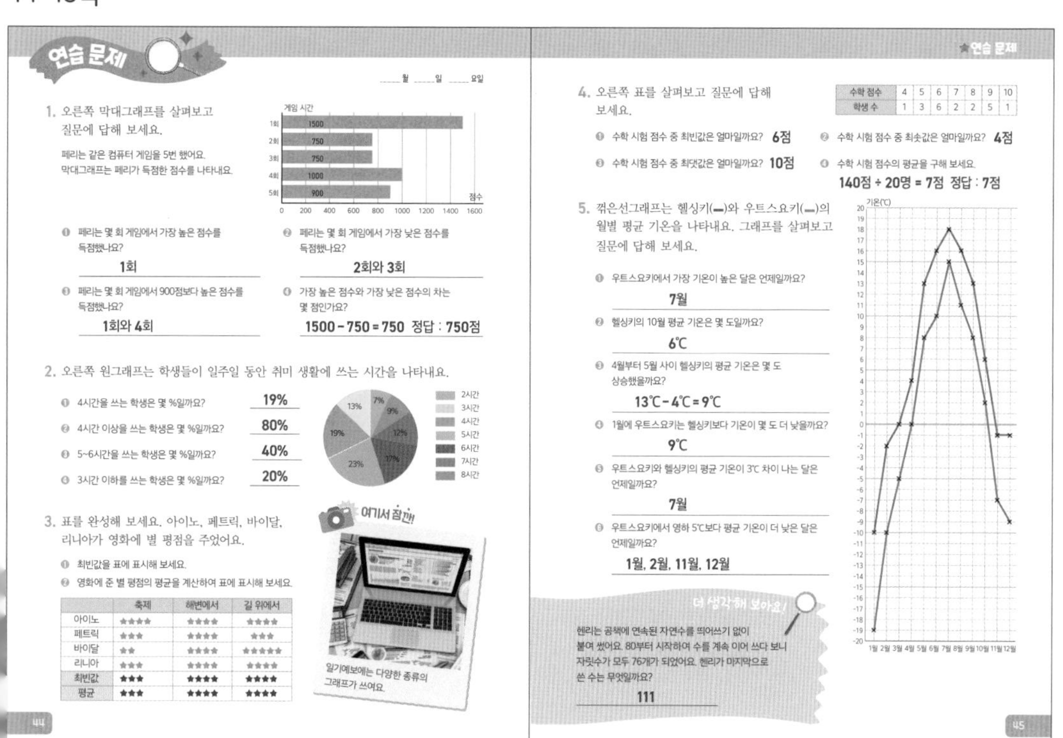

연습 문제

____월 ____일 ____요일

1. 오른쪽 막대그래프를 살펴보고 질문에 답해 보세요.

페리는 같은 컴퓨터 게임을 5번 했어요.
막대그래프는 페리가 득점한 점수를 나타내요.

게임 시간
1회 1500
2회 750
3회 750
4회 1000
5회 900
점수
0 200 400 600 800 1000 1200 1400 1600

❶ 페리는 몇 회 게임에서 가장 높은 점수를 득점했나요? **1회**

❷ 페리는 몇 회 게임에서 가장 낮은 점수를 득점했나요? **2회와 3회**

❸ 페리는 몇 회 게임에서 900점보다 높은 점수를 득점했나요? **1회와 4회**

❹ 가장 높은 점수와 가장 낮은 점수의 차는 몇 점인가요? **1500 - 750 = 750 정답 : 750점**

2. 오른쪽 원그래프는 학생들이 일주일 동안 취미 생활에 쓰는 시간을 나타내요.

❶ 4시간을 쓰는 학생은 몇 %일까요? **19%**

❷ 4시간 이상을 쓰는 학생은 몇 %일까요? **80%**

❸ 5~6시간을 쓰는 학생은 몇 %일까요? **40%**

❹ 3시간 이하를 쓰는 학생은 몇 %일까요? **20%**

7% 9% 12% 17% 23% 19% 13%
2시간 3시간 4시간 5시간 6시간 7시간 8시간

3. 표를 완성해 보세요. 아이노, 페트릭, 바이달, 리니아가 영화에 별 평점을 주었어요.

❶ 최빈값을 표에 표시해 보세요.

❷ 영화에 준 별 평점의 평균을 계산하여 표에 표시해 보세요.

	축제	해변에서	길 위에서
아이노	★★★★	★★★★	★★★★
페트릭	★★★	★★★★	★★★
바이달	★★	★★★★	★★★★★
리니아	★★★	★★★★	★★★★
최빈값	★★★	★★★★	★★★★
평균	★★★	★★★★	★★★★

여기서 잠깐!

일기예보에는 다양한 종류의 그래프가 쓰여요.

44

연습 문제

4. 오른쪽 표를 살펴보고 질문에 답해 보세요.

수학 점수	4	5	6	7	8	9	10
학생 수	1	3	6	2	2	5	1

❶ 수학 시험 점수 중 최빈값은 얼마일까요? **6점**

❷ 수학 시험 점수 중 최솟값은 얼마일까요? **4점**

❸ 수학 시험 점수 중 최댓값은 얼마일까요? **10점**

❹ 수학 시험 점수의 평균을 구해 보세요. **140점 ÷ 20명 = 7점 정답 : 7점**

5. 꺾은선그래프는 헬싱키(—)와 우트스요키(—)의 월별 평균 기온을 나타내요. 그래프를 살펴보고 질문에 답해 보세요.

❶ 우트스요키에서 가장 기온이 높은 달은 언제일까요? **7월**

❷ 헬싱키의 10월 평균 기온은 몇 도일까요? **6℃**

❸ 4월부터 5월 사이 헬싱키의 평균 기온은 몇 도 상승했을까요? **13℃ - 4℃ = 9℃**

❹ 1월에 우트스요키는 헬싱키보다 기온이 몇 도 더 낮을까요? **9℃**

❺ 우트스요키와 헬싱키의 평균 기온이 3℃ 차이 나는 달은 언제일까요? **7월**

❻ 우트스요키에서 영하 5℃보다 평균 기온이 더 낮은 달은 언제일까요? **1월, 2월, 11월, 12월**

기온(℃)
1월 2월 3월 4월 5월 6월 7월 8월 9월 10월 11월 12월

더 생각해 보아요!

헨리는 공책에 연속된 자연수를 띄어쓰기 없이 붙여 썼어요. 80부터 시작하여 수를 계속 이어 쓰다 보니 자릿수가 모두 76개가 되었어요. 헨리가 마지막으로 쓴 수는 무엇일까요? **111**

45

더 생각해 보아요! | 45쪽

수를 띄어쓰기 없이 연속해서 쓸 경우 80~89까지 자릿수가 20개, 90~99까지 20개예요. 100부터는 세 자리 수이므로 100~109까지 30개이므로 80~109까지 자릿수가 모두 70개예요. 110111까지 6개를 더 하면 76개예요.

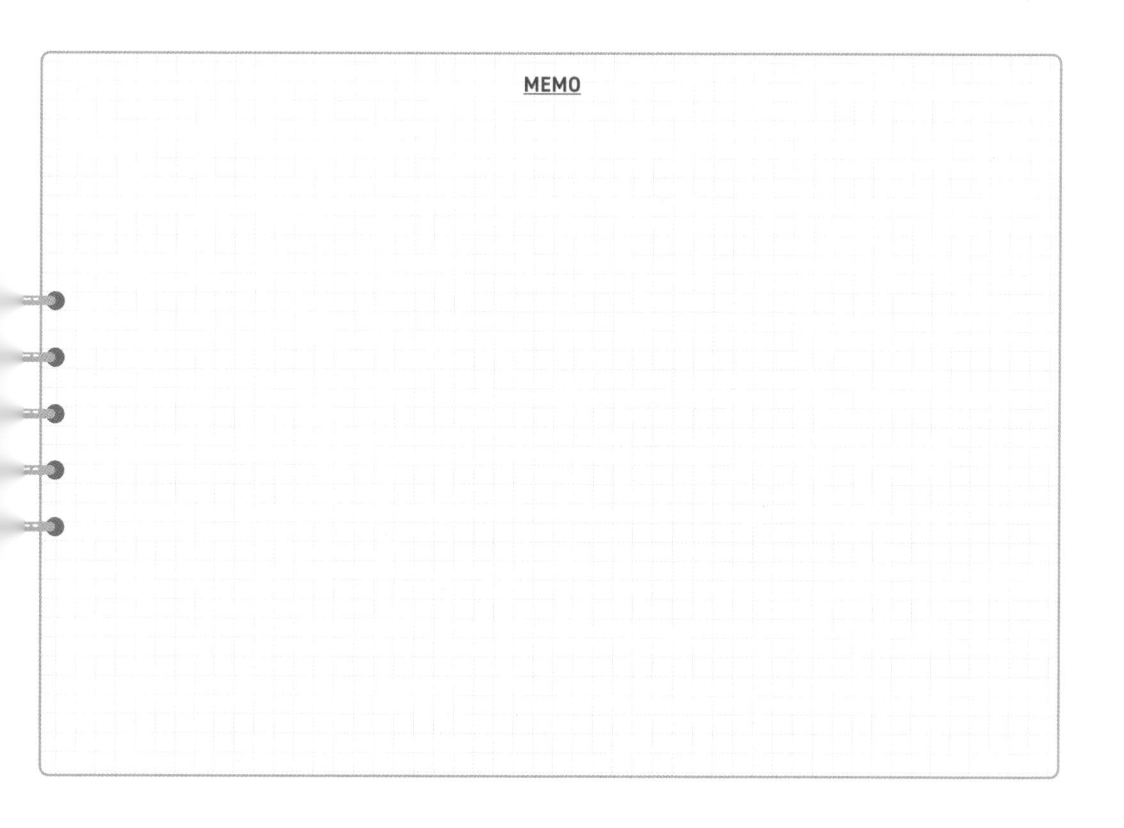

46-47쪽

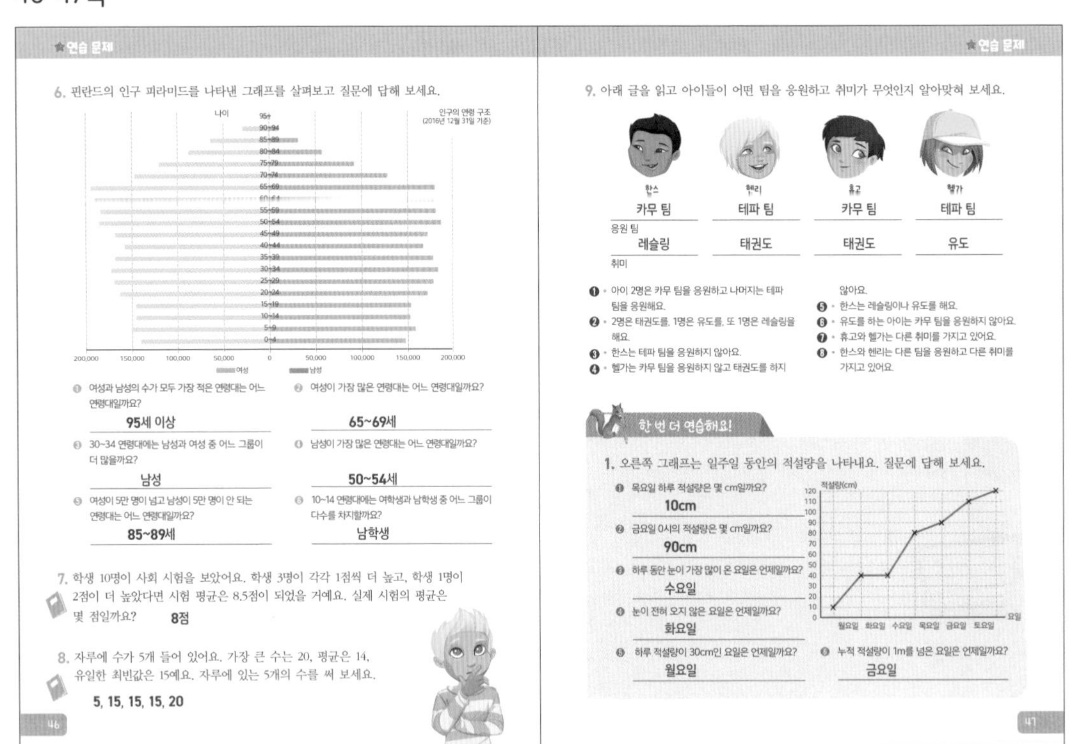

★ 연습 문제

6. 핀란드의 인구 피라미드를 나타낸 그래프를 살펴보고 질문에 답해 보세요.

인구의 연령 구조 (2016년 12월 31일 기준)

❶ 여성과 남성의 수가 모두 가장 적은 연령대는 어느 연령대일까요? **95세 이상**

❷ 여성이 가장 많은 연령대는 어느 연령대일까요? **65~69세**

❸ 30~34 연령대에는 남성과 여성 중 어느 그룹이 더 많을까요? **남성**

❹ 남성이 가장 많은 연령대는 어느 연령대일까요? **50~54세**

❺ 여성이 5만 명이 넘고 남성이 5만 명이 안 되는 연령대는 어느 연령대일까요? **85~89세**

❻ 10~14 연령대에는 여학생과 남학생 중 어느 그룹이 다수를 차지할까요? **남학생**

7. 학생 10명이 사회 시험을 보았어요. 학생 3명이 각각 1점씩 더 높고, 학생 1명이 2점이 더 높았다면 시험 평균은 8.5점이 되었을 거예요. 실제 시험의 평균은 몇 점일까요? **8점**

8. 자루에 수가 5개 들어 있어요. 가장 큰 수는 20, 평균은 14, 유일한 최빈값은 15예요. 자루에 있는 5개의 수를 써 보세요.

5, 15, 15, 15, 20

46

★ 연습 문제

9. 아래 글을 읽고 아이들이 어떤 팀을 응원하고 취미가 무엇인지 알아맞혀 보세요.

	한스	헨리	휴고	헬가
응원 팀	카무 팀	테파 팀	카무 팀	테파 팀
취미	레슬링	태권도	태권도	유도

❶ • 아이 2명은 카무 팀을 응원하고 나머지는 테파 팀을 응원해요.
❷ • 2명은 태권도를, 1명은 유도를, 또 1명은 레슬링을 해요.
❸ • 한스는 테파 팀을 응원하지 않아요.
❹ • 헬가는 카무 팀을 응원하지 않고 태권도를 하지 않아요.
❺ • 한스는 레슬링이나 유도를 해요.
❻ • 유도를 하는 아이는 카무 팀을 응원하지 않아요.
❼ • 휴고와 헬가는 다른 취미를 가지고 있어요.
❽ • 한스와 헨리는 다른 팀을 응원하고 다른 취미를 가지고 있어요.

한 번 더 연습해요!

1. 오른쪽 그래프는 일주일 동안의 적설량을 나타내요. 질문에 답해 보세요.

❶ 목요일 하루 적설량은 몇 cm일까요? **10cm**

❷ 금요일 0시의 적설량은 몇 cm일까요? **90cm**

❸ 하루 동안 눈이 가장 많이 온 요일은 언제일까요? **수요일**

❹ 눈이 전혀 오지 않은 요일은 언제일까요? **화요일**

❺ 하루 적설량이 30cm인 요일은 언제일까요? **월요일**

❻ 누적 적설량이 1m를 넘은 요일은 언제일까요? **금요일**

47

46쪽 7번

총점 : 8.5×10=85점
85-1-1-1-2=80
$\frac{80}{10}$=8

46쪽 8번

수의 총합 : 14×5=70
가장 큰 수 : 20
유일한 최빈값이 15이므로 15가 3개예요.
70-(20+15+15+15)=5
자루의 수는 5, 15, 15, 15, 20이에요.

MEMO

47쪽 9번

이름	한스	헨리	휴고	헬가
응원 팀	카무 팀			테파 팀
취미	레슬링, 유도			~~태권도~~

❸ 한스는 테파 팀을 응원하지 않아요.
❺ 한스는 레슬링이나 유도를 해요.
❹ 헬가는 카무 팀을 응원하지 않고 태권도를 하지 않아요.

이름	한스	헨리	휴고	헬가
응원 팀	카무 팀			테파 팀
취미	레슬링, ~~유도~~	태권도	태권도	유도

❻ 유도를 하는 아이는 카무 팀을 응원하지 않아요.

❷ 2명은 태권도를, 1명은 유도를, 또 1명은 레슬링을 해요.
❼ 휴고와 헬가는 다른 취미를 가지고 있어요.

이름	한스	헨리	휴고	헬가
응원 팀	카무 팀	테파 팀	카무 팀	테파 팀
취미	레슬링	태권도	태권도	유도

❽ 한스와 헨리는 다른 팀을 응원하고 다른 취미를 가지고 있어요.
❶ 아이 2명은 카무 팀을 응원하고 나머지는 테파 팀을 응원해요.

48-49쪽

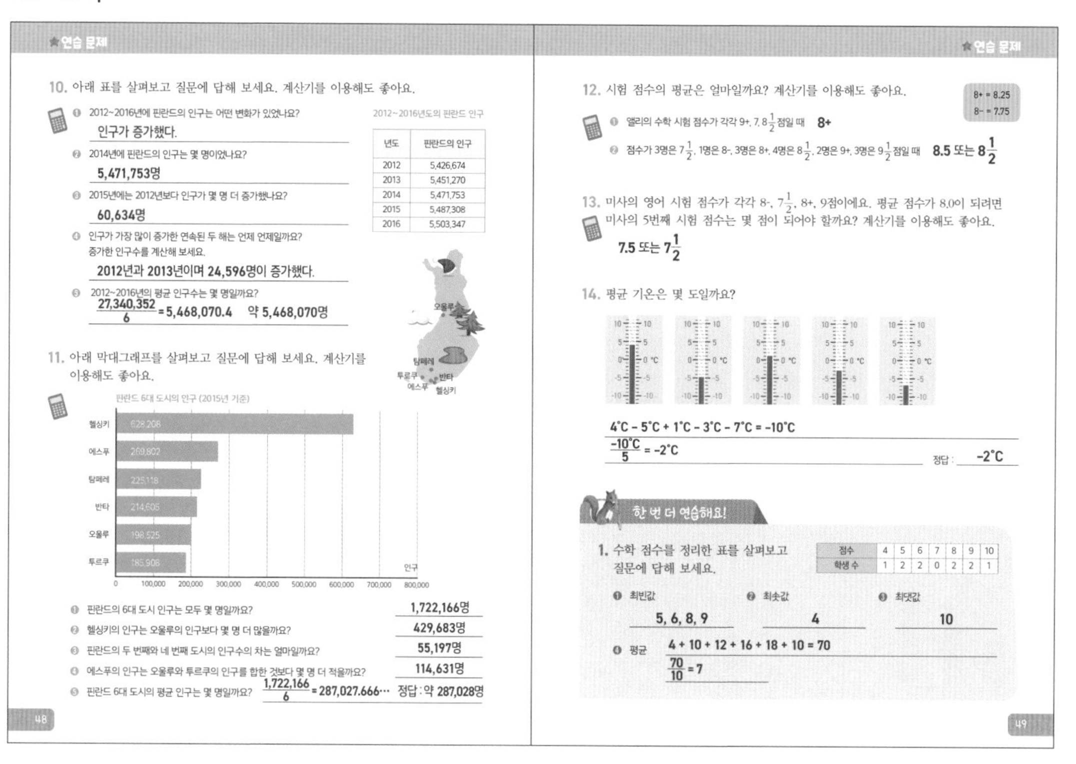

연습 문제

10. 아래 표를 살펴보고 질문에 답해 보세요. 계산기를 이용해도 좋아요.

❶ 2012~2016년에 핀란드의 인구는 어떤 변화가 있었나요? 인구가 증가했다.

❷ 2014년에 핀란드의 인구는 몇 명이었나요? 5,471,753명

❸ 2015년에는 2012년보다 인구가 몇 명 더 증가했나요? 60,634명

❹ 인구가 가장 많이 증가한 연속된 두 해는 언제 언제일까요? 증가한 인구수를 계산해 보세요. 2012년과 2013년이며 24,596명이 증가했다.

❺ 2012~2016년의 평균 인구수는 몇 명일까요? $\frac{27,340,352}{6}$ = 5,468,070.4 약 5,468,070명

2012~2016년도의 핀란드 인구

년도	핀란드의 인구
2012	5,426,674
2013	5,451,270
2014	5,471,753
2015	5,487,308
2016	5,503,347

11. 아래 막대그래프를 살펴보고 질문에 답해 보세요. 계산기를 이용해도 좋아요.

핀란드 6대 도시의 인구 (2015년 기준)

도시	인구
헬싱키	628,208
에스푸	269,802
탐페레	225,118
반타	214,605
오울루	198,525
투르쿠	185,908

❶ 핀란드의 6대 도시 인구는 모두 몇 명일까요? 1,722,166명

❷ 헬싱키의 인구는 오울루의 인구보다 몇 명 더 많을까요? 429,683명

❸ 핀란드의 두 번째와 네 번째 도시의 인구수의 차는 얼마일까요? 55,197명

❹ 에스푸의 인구는 오울루와 투르쿠의 인구를 합한 것보다 몇 명 더 적을까요? 114,631명

❺ 핀란드 6대 도시의 평균 인구는 몇 명일까요? $\frac{1,722,166}{6}$ = 287,027.666… 정답 : 약 287,028명

12. 시험 점수의 평균은 얼마일까요? 계산기를 이용해도 좋아요. (8+ = 8.25, 8− = 7.75)

❶ 엘리의 수학 시험 점수가 각각 9+, 7, $8\frac{1}{2}$점일 때 8+

❷ 점수가 3명은 $7\frac{1}{2}$, 1명은 8−, 3명은 8+, 4명은 $8\frac{1}{2}$, 2명은 9+, 3명은 $9\frac{1}{2}$점일 때 8.5 또는 $8\frac{1}{2}$

13. 미사의 영어 시험 점수가 각각 8−, $7\frac{1}{2}$, 8+, 9점이에요. 평균 점수가 8.0이 되려면 미사의 5번째 시험 점수는 몇 점이 되어야 할까요? 계산기를 이용해도 좋아요.

7.5 또는 $7\frac{1}{2}$

14. 평균 기온은 몇 도일까요?

4°C − 5°C + 1°C − 3°C − 7°C = −10°C

$\frac{-10°C}{5}$ = −2°C 정답 : −2°C

한 번 더 연습해요!

1. 수학 점수를 정리한 표를 살펴보고 질문에 답해 보세요.

점수	4	5	6	7	8	9	10
학생 수	1	2	2	0	2	2	1

❶ 최빈값 5, 6, 8, 9 ❷ 최솟값 4 ❸ 최댓값 10

❹ 평균 4 + 10 + 12 + 16 + 18 + 10 = 70, $\frac{70}{10}$ = 7

49쪽 12번

❶ 9.25+7+8.5=24.75
$\frac{24.75}{3}$=8.25=8+

❷ 7.5×3+7.75+8.25×3+8.5×4+9.25×2+9.5×3=136
$\frac{136}{16}$=8.5

49쪽 13번

평균 점수가 8.0이 되려면 총점이 40점이 되어야 해요. (8×5=40)
4번째 시험 점수까지의 총점: 7.75+7.5+8.25+9=32.5
40-32.5=7.5=$7\frac{1}{2}$

50-51쪽

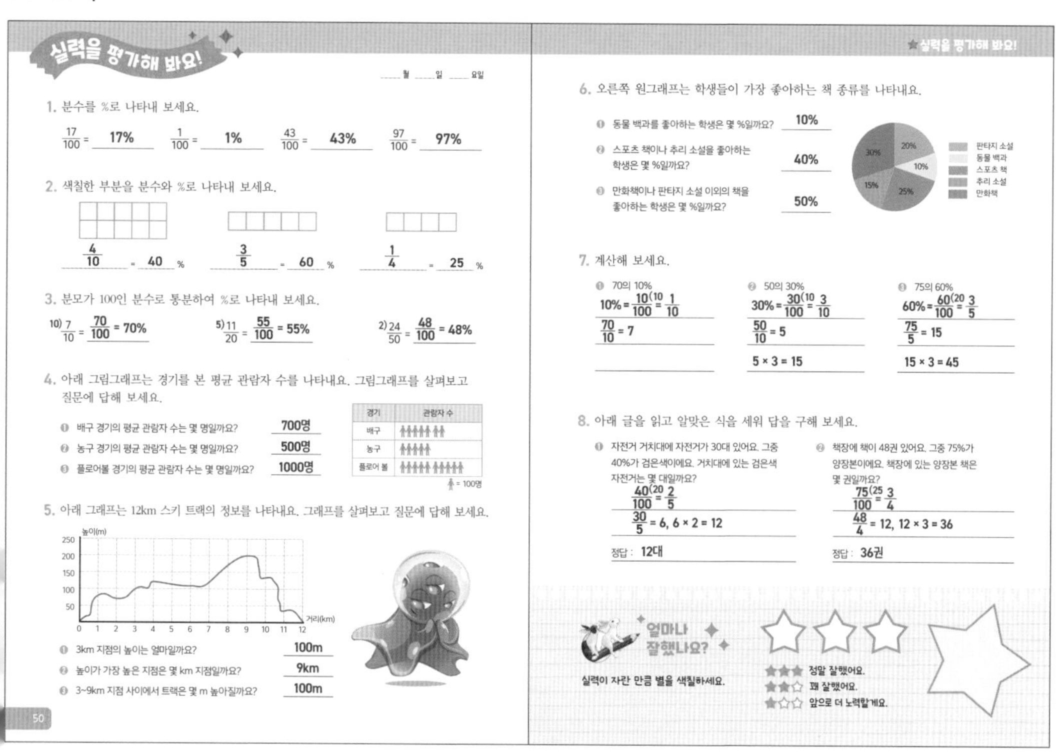

실력을 평가해 봐요!

1. 분수를 %로 나타내 보세요.

$\frac{17}{100}$ = 17% $\frac{1}{100}$ = 1% $\frac{43}{100}$ = 43% $\frac{97}{100}$ = 97%

2. 색칠한 부분을 분수와 %로 나타내 보세요.

$\frac{4}{10}$ = 40 % $\frac{3}{5}$ = 60 % $\frac{1}{4}$ = 25 %

3. 분모가 100인 분수로 통분하여 %로 나타내 보세요.

$\frac{7}{10} = \frac{70}{100}$ = 70% $\frac{11}{20} = \frac{55}{100}$ = 55% $\frac{24}{50} = \frac{48}{100}$ = 48%

4. 아래 그림그래프는 경기를 본 평균 관람자 수를 나타내요. 그림그래프를 살펴보고 질문에 답해 보세요.

❶ 배구 경기의 평균 관람자 수는 몇 명일까요? 700명

❷ 농구 경기의 평균 관람자 수는 몇 명일까요? 500명

❸ 플로어볼 경기의 평균 관람자 수는 몇 명일까요? 1000명

5. 아래 그래프는 12km 스키 트랙의 정보를 나타내요. 그래프를 살펴보고 질문에 답해 보세요.

❶ 3km 지점의 높이는 얼마일까요? 100m

❷ 높이가 가장 높은 지점은 몇 km 지점일까요? 9km

❸ 3~9km 지점 사이에서 트랙은 몇 m 높아질까요? 100m

6. 오른쪽 원그래프는 학생들이 가장 좋아하는 책 종류를 나타내요.

❶ 동물 백과를 좋아하는 학생은 몇 %일까요? 10%

❷ 스포츠 책이나 추리 소설을 좋아하는 학생은 몇 %일까요? 40%

❸ 만화책이나 판타지 소설 이외의 책을 좋아하는 학생은 몇 %일까요? 50%

7. 계산해 보세요.

❶ 70의 10%: 10% = $\frac{10}{100} = \frac{1}{10}$, $\frac{70}{10}$ = 7

❷ 50의 30%: 30% = $\frac{30}{100} = \frac{3}{10}$, $\frac{50}{10}$ = 5, 5 × 3 = 15

❸ 75의 60%: 60% = $\frac{60}{100} = \frac{3}{5}$, $\frac{75}{5}$ = 15, 15 × 3 = 45

8. 아래 글을 읽고 알맞은 식을 세워 답을 구해 보세요.

❶ 자전거 거치대에 자전거가 30대 있어요. 그중 40%가 검은색이에요. 거치대에 있는 검은색 자전거는 몇 대일까요?
$\frac{40}{100} = \frac{2}{5}$, $\frac{30}{5}$ = 6, 6 × 2 = 12 정답: 12대

❷ 책장에 책이 48권 있어요. 그중 75%가 양장본이에요. 책장에 있는 양장본 책은 몇 권일까요?
$\frac{75}{100} = \frac{3}{4}$, $\frac{48}{4}$ = 12, 12 × 3 = 36 정답: 36권

얼마나 잘했나요? 실력이 자란 만큼 별을 색칠하세요.

52-53쪽

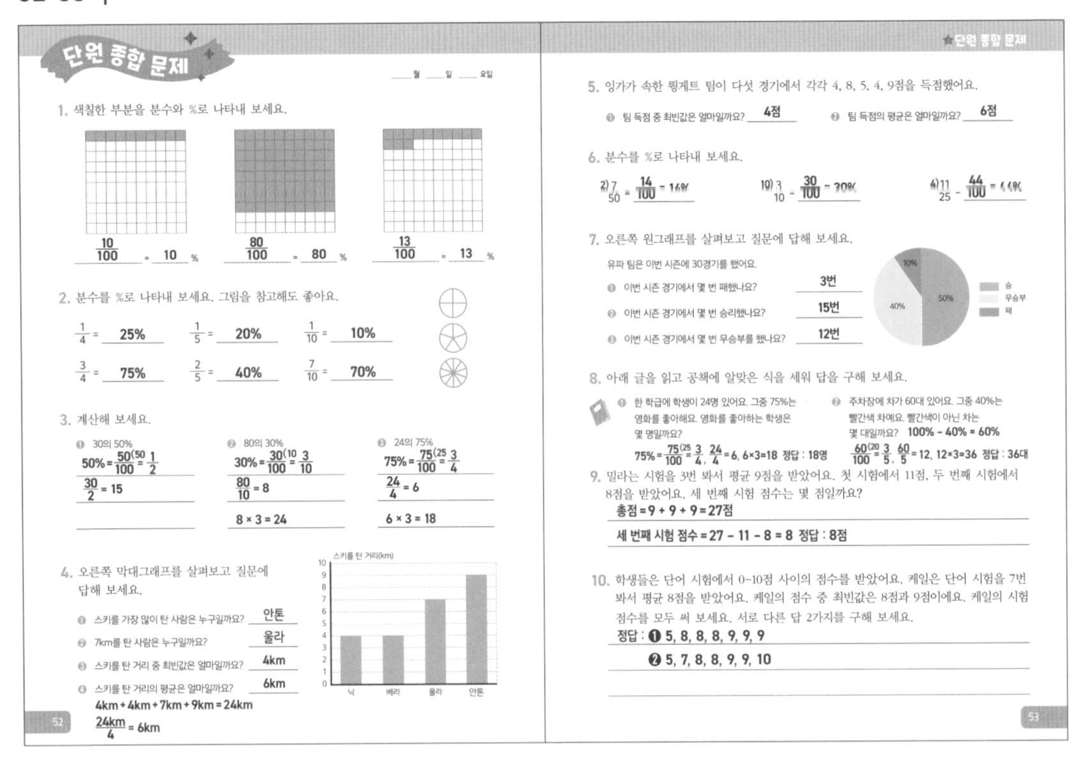

단원 종합 문제

___월 ___일 ___요일

1. 색칠한 부분을 분수와 %로 나타내 보세요.

$\frac{10}{100}$ = 10 %　$\frac{80}{100}$ = 80 %　$\frac{13}{100}$ = 13 %

2. 분수를 %로 나타내 보세요. 그림을 참고해도 좋아요.

$\frac{1}{4}$ = 25%　$\frac{1}{5}$ = 20%　$\frac{1}{10}$ = 10%

$\frac{3}{4}$ = 75%　$\frac{2}{5}$ = 40%　$\frac{7}{10}$ = 70%

3. 계산해 보세요.

① 30의 50%
$50\% = \frac{50}{100} = \frac{1}{2}$
$\frac{30}{2} = 15$

② 80의 30%
$30\% = \frac{30}{100} = \frac{3}{10}$
$\frac{80}{10} = 8$
$8 \times 3 = 24$

③ 24의 75%
$75\% = \frac{75}{100} = \frac{3}{4}$
$\frac{24}{4} = 6$
$6 \times 3 = 18$

4. 오른쪽 막대그래프를 살펴보고 질문에 답해 보세요.

① 스키를 가장 많이 탄 사람은 누구일까요? 안톤
② 7km를 탄 사람은 누구일까요? 울라
③ 스키를 탄 거리 중 최빈값은 얼마일까요? 4km
④ 스키를 탄 거리의 평균은 얼마일까요? 6km
4km + 4km + 7km + 9km = 24km
$\frac{24km}{4}$ = 6km

5. 잉가가 속한 핑퐁게트 팀이 다섯 경기에서 각각 4, 8, 5, 4, 9점을 득점했어요.

① 팀 득점 중 최빈값은 얼마일까요? 4점
② 팀 득점의 평균은 얼마일까요? 6점

6. 분수를 %로 나타내 보세요.

$\frac{7}{50} = \frac{14}{100} = 14\%$　$\frac{3}{10} = \frac{30}{100} = 30\%$　$\frac{11}{25} = \frac{44}{100} = 44\%$

7. 오른쪽 원그래프를 살펴보고 질문에 답해 보세요.

유파 팀은 이번 시즌에 30경기를 했어요.

① 이번 시즌 경기에서 몇 번 패했나요? 3번
② 이번 시즌 경기에서 몇 번 승리했나요? 15번
③ 이번 시즌 경기에서 몇 번 무승부를 했나요? 12번

8. 아래 글을 읽고 공책에 알맞은 식을 세워 답을 구해 보세요.

① 한 학급에 학생이 24명 있어요. 그중 75%는 영화를 좋아해요. 영화를 좋아하는 학생은 몇 명일까요?
$75\% = \frac{75}{100} = \frac{3}{4}$, $\frac{24}{4} = 6$, 6×3=18 정답 : 18명

② 주차장에 차가 60대 있어요. 그중 40%는 빨간색 차예요. 빨간색이 아닌 차는 몇 대일까요? 100% - 40% = 60%
$\frac{60}{100} = \frac{3}{5}$, $\frac{60}{5} = 12$, 12×3=36 정답 : 36대

9. 밀라는 시험을 3번 봐서 평균 9점을 받았어요. 첫 시험에서 11점, 두 번째 시험에서 8점을 받았어요. 세 번째 시험 점수는 몇 점일까요?

총점 = 9 + 9 + 9 = 27점
세 번째 시험 점수 = 27 - 11 - 8 = 8 정답 : 8점

10. 학생들은 단어 시험에서 0~10점 사이의 점수를 받았어요. 케일은 단어 시험을 7번 봐서 평균 8점을 받았어요. 케일의 점수 중 최빈값은 8점과 9점이에요. 케일의 시험 점수를 모두 써 보세요. 서로 다른 답 2가지를 구해 보세요.

정답 : ❶ 5, 8, 8, 8, 9, 9, 9
❷ 5, 7, 8, 8, 9, 9, 10

53쪽 7번

❶ $10\% = \frac{1}{10}$, $\frac{30}{10} = 3$

❷ $50\% = \frac{1}{2}$, $\frac{30}{2} = 15$

❸ $40\% = \frac{4}{10} = \frac{2}{5}$, $\frac{30}{5} = 6$
6×2=12

53쪽 10번

총점=8×7=56

- 8점과 9점을 각 3번씩 받았을 경우 : 8, 8, 8, 9, 9, 9
  나머지 시험 점수는 1개이며 56-8-8-8-9-9-9=5점
  케일의 시험 점수 : 5, 8, 8, 8, 9, 9, 9
- 8점과 9점을 각 2번씩 받았을 경우 : 8, 8, 9, 9
  나머지 시험 점수는 3개이며 56-8-8-9-9=22점
  5, 7, 10점이에요.
  0~4점일 경우 : 나머지 수가 10점이 넘거나 최빈값이 2개 이상이 되어 조건에 안 맞아요.
  케일의 시험 점수 : 5, 7, 8, 8, 9, 9, 10

54-55쪽

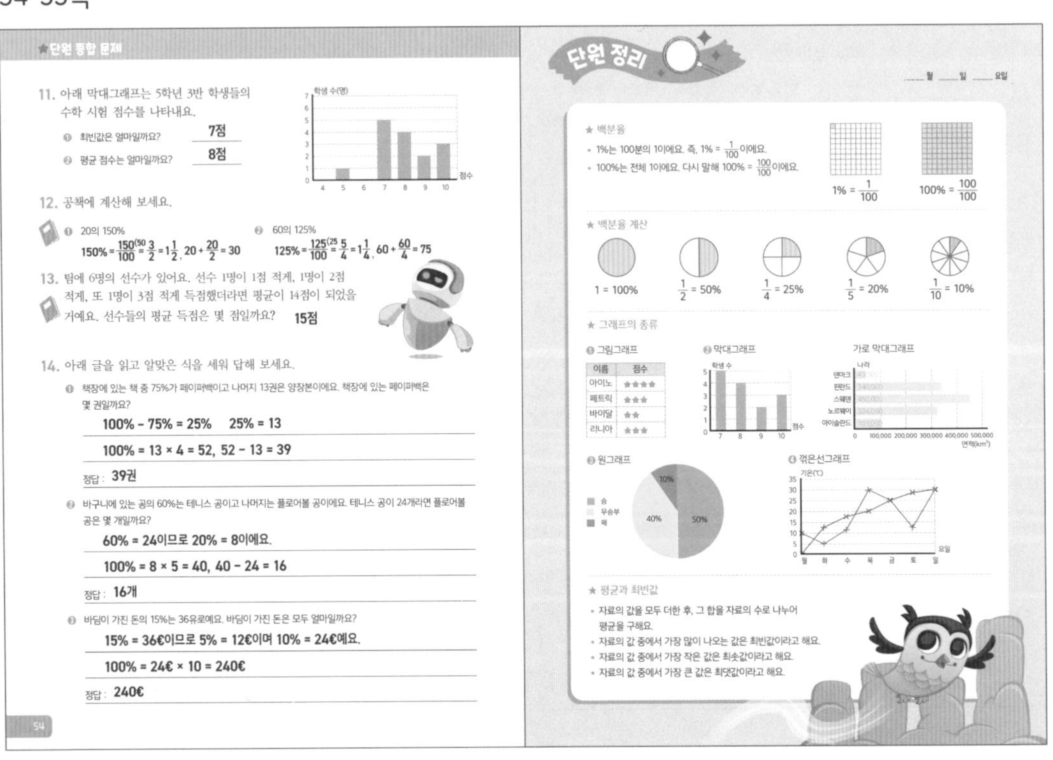

단원 종합 문제

11. 아래 막대그래프는 5학년 3반 학생들의 수학 시험 점수를 나타내요.

① 최빈값은 얼마일까요? 7점
② 평균 점수는 얼마일까요? 8점

12. 공책에 계산해 보세요.

① 20의 150%
$150\% = \frac{150}{100} = \frac{3}{2} = 1\frac{1}{2}$, $20 + \frac{20}{2} = 30$

② 60의 125%
$125\% = \frac{125}{100} = \frac{5}{4} = 1\frac{1}{4}$, $60 + \frac{60}{4} = 75$

13. 팀에 6명의 선수가 있어요. 선수 1명이 1점 적게, 1명이 2점 적게, 또 1명이 3점 적게 득점했더라면 평균이 14점이 되었을 거예요. 선수들의 평균 득점은 몇 점일까요? 15점

14. 아래 글을 읽고 알맞은 식을 세워 답해 보세요.

① 책장에 있는 책 중 75%가 페이퍼백이고 나머지 13권은 양장본이에요. 책장에 있는 페이퍼백은 몇 권일까요?
100% - 75% = 25%　25% = 13
100% = 13 × 4 = 52, 52 - 13 = 39
정답 : 39권

② 바구니에 있는 공의 60%는 테니스 공이고 나머지는 플로어볼 공이에요. 테니스 공이 24개라면 플로어볼 공은 몇 개일까요?
60% = 24이므로 20% = 8이에요.
100% = 8 × 5 = 40, 40 - 24 = 16
정답 : 16개

③ 바딤이 가진 돈의 15%는 36유로예요. 바딤이 가진 돈은 모두 얼마일까요?
15% = 36€이므로 5% = 12€이며 10% = 24€예요.
100% = 24€ × 10 = 240€
정답 : 240€

단원 정리

★ 백분율
- 1%는 100분의 1이에요. 즉, 1% = $\frac{1}{100}$이에요.
- 100%는 전체 1이에요. 다시 말해 100% = $\frac{100}{100}$이에요.

1% = $\frac{1}{100}$　100% = $\frac{100}{100}$

★ 백분율 계산

1 = 100%　$\frac{1}{2}$ = 50%　$\frac{1}{4}$ = 25%　$\frac{1}{5}$ = 20%　$\frac{1}{10}$ = 10%

★ 그래프의 종류

① 그림그래프　② 막대그래프　가로 막대그래프　③ 원그래프　④ 꺾은선그래프

★ 평균과 최빈값
- 자료의 값을 모두 더한 후, 그 합을 자료의 수로 나누어 평균을 구해요.
- 자료의 값 중에서 가장 많이 나오는 값은 최빈값이라고 해요.
- 자료의 값 중에서 가장 작은 값은 최솟값이라고 해요.
- 자료의 값 중에서 가장 큰 값은 최댓값이라고 해요.

54쪽 13번

평균이 14점일 경우 총점 : 14×6=84
실제 얻은 총점 : 84+1+2+3=90
평균 득점 : $\frac{90}{6}$=15

58-59쪽

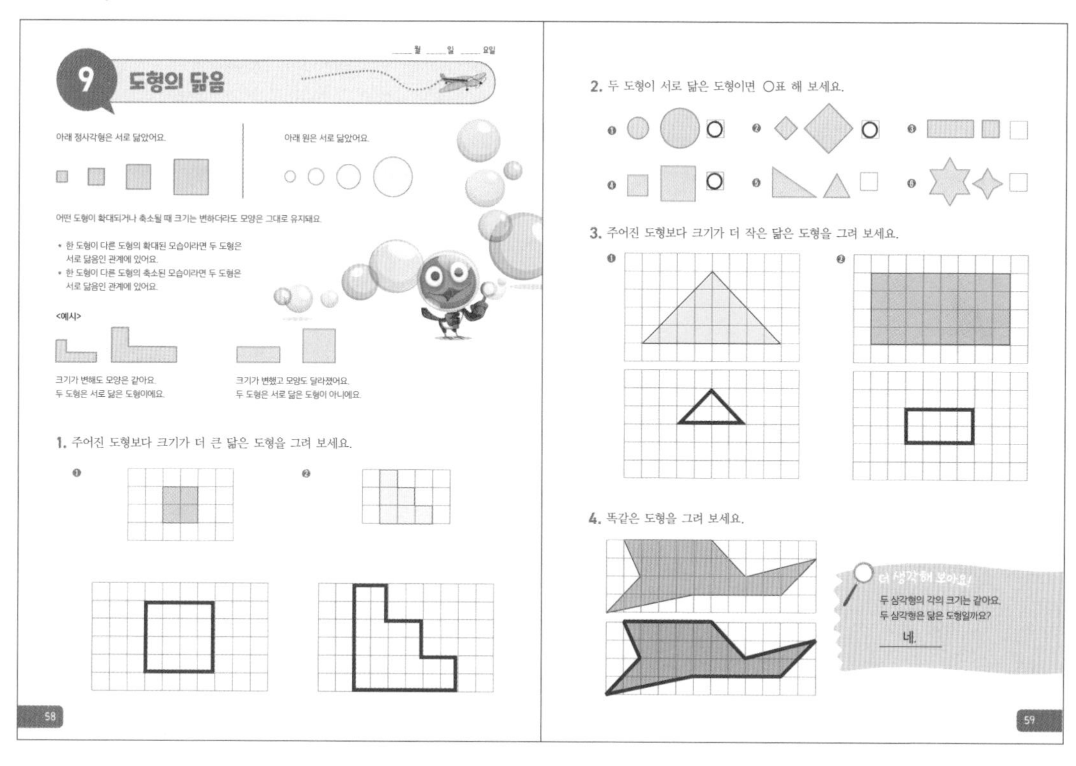

보충 가이드 | 58쪽

도형 P를 일정한 비율로 확대하거나 축소한 도형이 도형 Q와 합동일 때 두 도형 P, Q는 닮음인 관계에 있다고 하고 기호로는 P∽Q로 나타내요. 닮음인 관계에 있는 도형에서 서로 대응하는 부분의 비는 항상 같아요.

더 생각해 보아요! | 59쪽

두 삼각형의 각의 크기가 같으면 두 삼각형은 서로 닮은 도형이에요.

60-61쪽

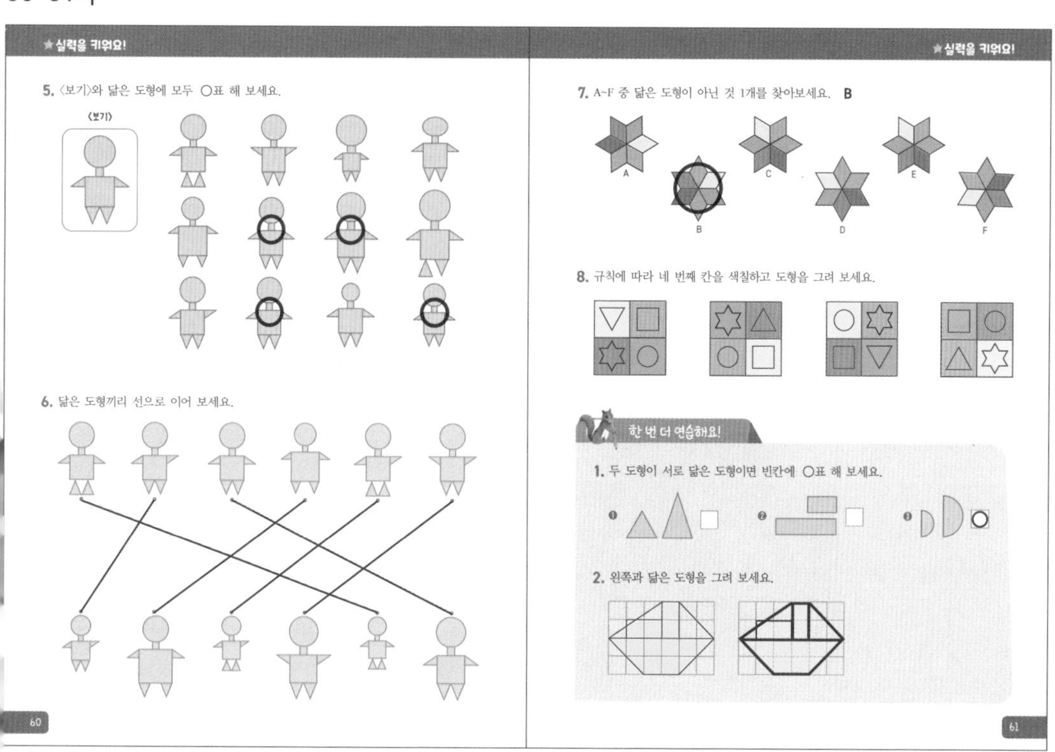

62-63쪽

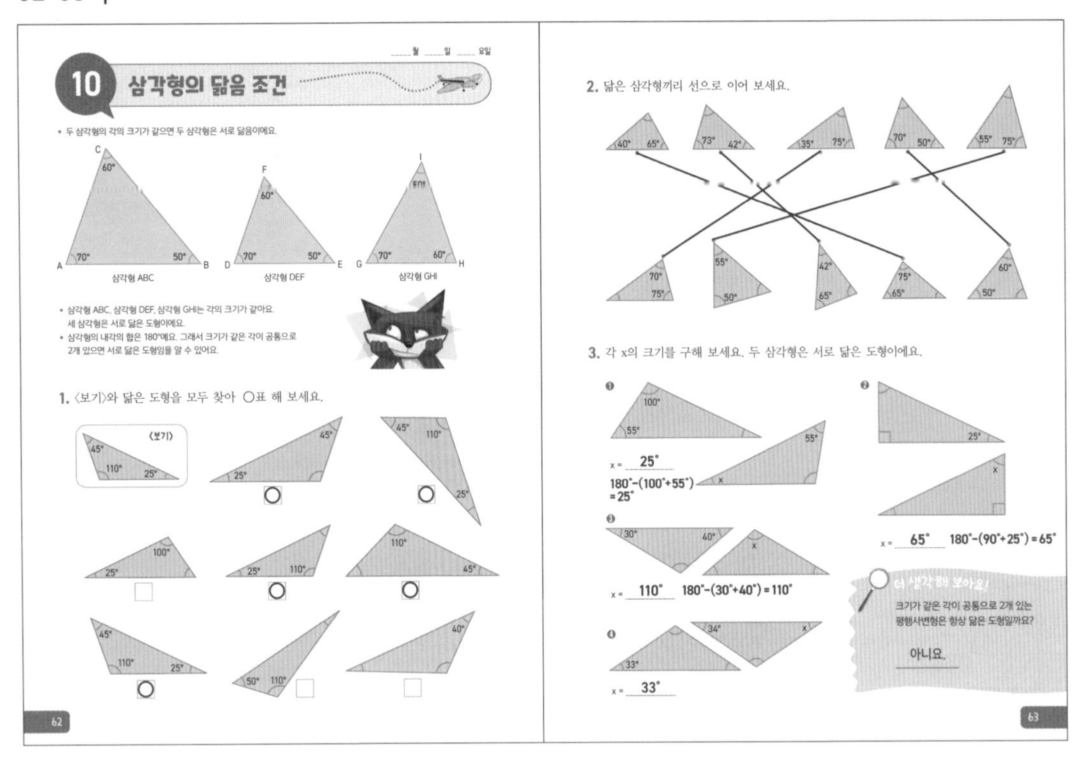

월 일 요일
10 삼각형의 닮음 조건
• 두 삼각형의 각의 크기가 같으면 두 삼각형은 서로 닮음이에요.
삼각형 ABC
삼각형 DEF
삼각형 GHI
• 삼각형 ABC, 삼각형 DEF, 삼각형 GHI는 각의 크기가 같아요. 세 삼각형은 서로 닮은 도형이에요.
• 삼각형의 내각의 합은 180°예요. 그래서 크기가 같은 각이 공통으로 2개 있으면 서로 닮은 도형임을 알 수 있어요.
1. 〈보기〉와 닮은 도형을 모두 찾아 ○표 해 보세요.
2. 닮은 삼각형끼리 선으로 이어 보세요.
3. 각 x의 크기를 구해 보세요. 두 삼각형은 서로 닮은 도형이에요.
x = 25°
180°-(100°+55°) = 25°
x = 65° 180°-(90°+25°) = 65°
x = 110° 180°-(30°+40°) = 110°
x = 33°
더 생각해 보아요!
크기가 같은 각이 공통으로 2개 있는 평행사변형은 항상 닮은 도형일까요?
아니요.
62
63

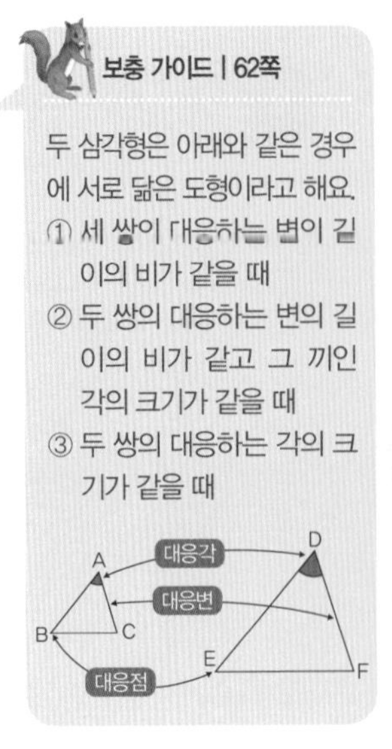

더 생각해 보아요! | 63쪽

크기가 같은 각이 공통으로 2개 있더라도 변의 길이의 비가 다르면 닮음비가 아니기 때문이에요.

64-65쪽

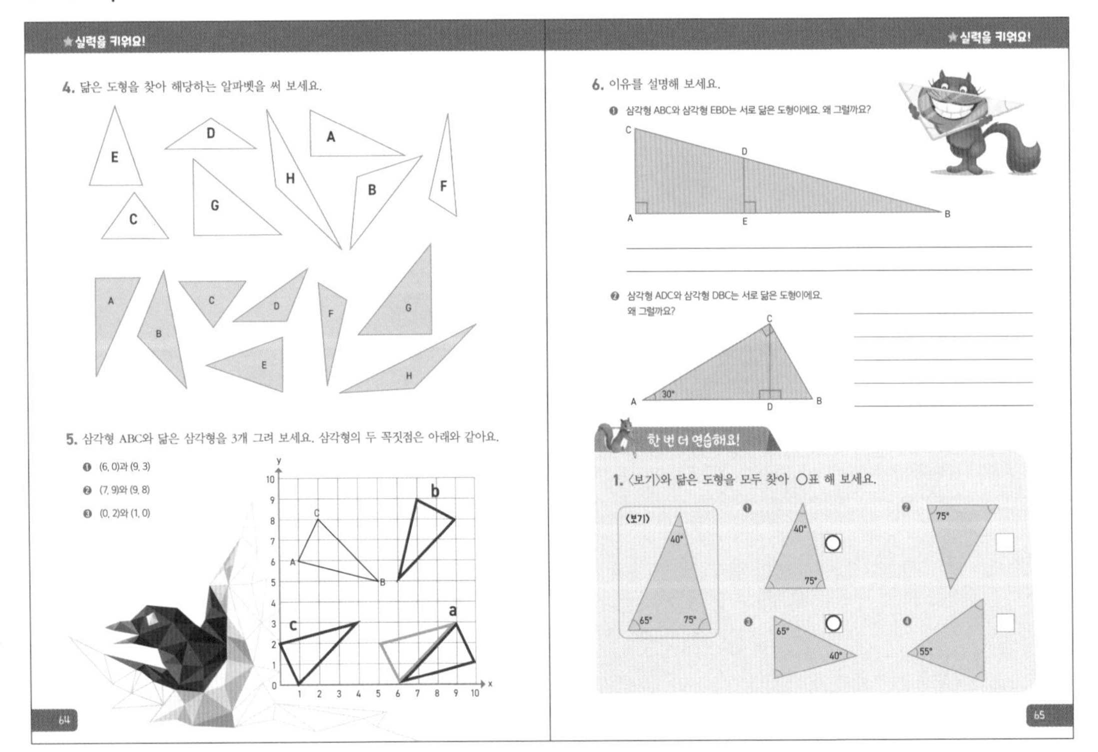

실력을 키워요!
4. 닮은 도형을 찾아 해당하는 알파벳을 써 보세요.
5. 삼각형 ABC와 닮은 삼각형을 3개 그려 보세요. 삼각형의 두 꼭짓점은 아래와 같아요.
❶ (6, 0)과 (9, 3)
❷ (7, 9)와 (9, 8)
❸ (0, 2)와 (1, 0)
6. 이유를 설명해 보세요.
❶ 삼각형 ABC와 삼각형 EBD는 서로 닮은 도형이에요. 왜 그럴까요?
❷ 삼각형 ADC와 삼각형 DBC는 서로 닮은 도형이에요. 왜 그럴까요?
한 번 더 연습해요!
1. 〈보기〉와 닮은 도형을 모두 찾아 ○표 해 보세요.
64
65

65쪽 6번

❶ 두 삼각형 모두 직각이 있고 각 B가 같아요.

❷ 각 B는 180˚-(30˚+90˚) =60˚

삼각형 DBC의 각은 90˚, 60˚, 30˚

삼각형 ADC의 각은 30˚, 90˚, 60˚

두 삼각형의 세 각이 같으므로 서로 닮은 도형이에요.

66-67쪽

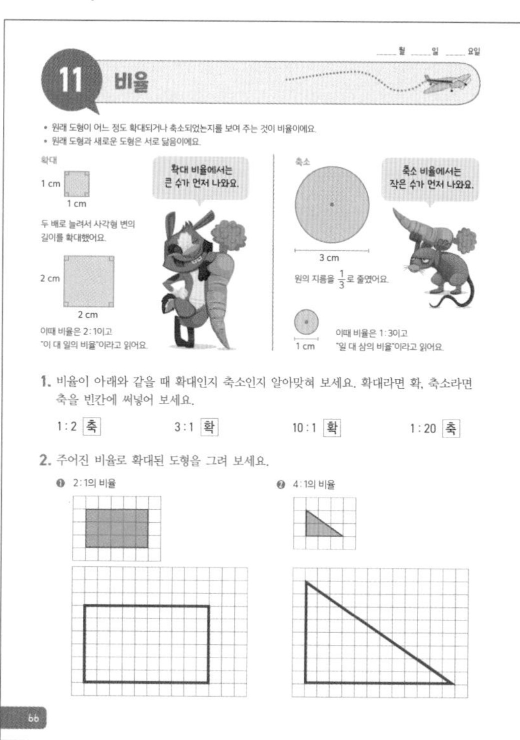

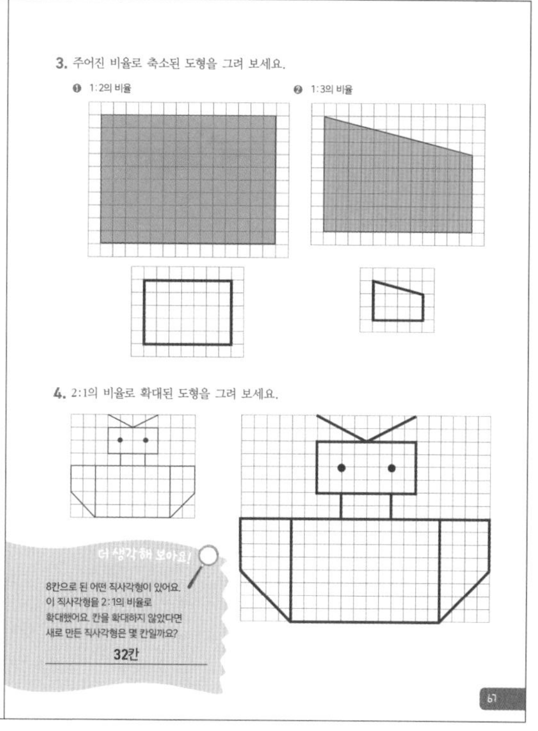

보충 가이드 | 66쪽

도형 P를 일정한 비율로 확대하거나 축소한 도형이 도형 Q와 합동일 때, 두 도형 P, Q는 닮음인 관계에 있다고 배웠어요.
기준량에 대한 비교하는 양의 크기, 즉 (비교하는 양)/(기준량)을 비율이라고 해요. 따라서 비율을 구할 때 기준량이 바뀌면 비율도 바뀌어요. 두 양 사이의 관계를 나타내는 비를 이해하는 것이 가장 중요하답니다. 그러므로 항상 기준량이 무엇인지 확인한 후에 문제를 해결해야 해요.

더 생각해 보아요! | 67쪽

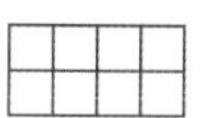

↓2 : 1의 비율로 확대

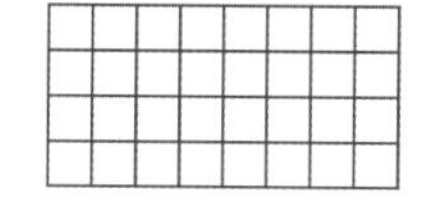

68-69쪽

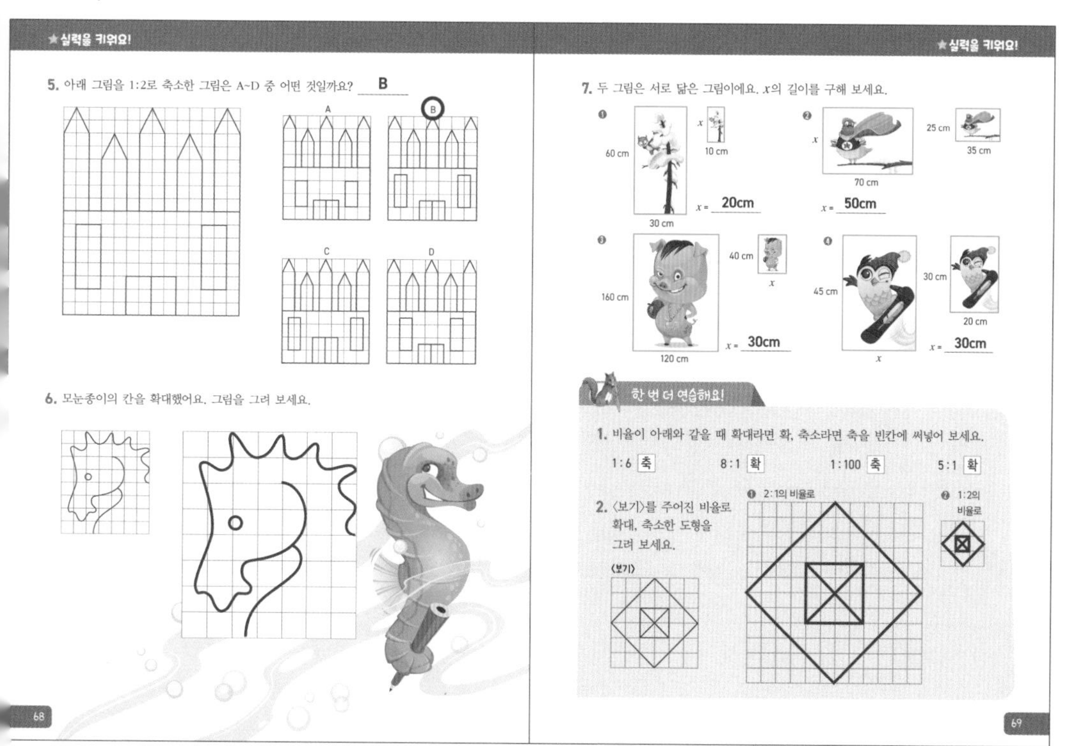

69쪽 7번

❶ 1 : 3의 비율로 축소됐어요.
60cm÷3=20cm
❷ 2 : 1의 비율로 확대됐어요.
25cm×2=50cm
❸ 1 : 4의 비율로 축소됐어요.
120cm÷4=30cm
❹ 1.5 : 1의 비율로 확대됐어요.
20cm×1.5=30cm

70-71쪽

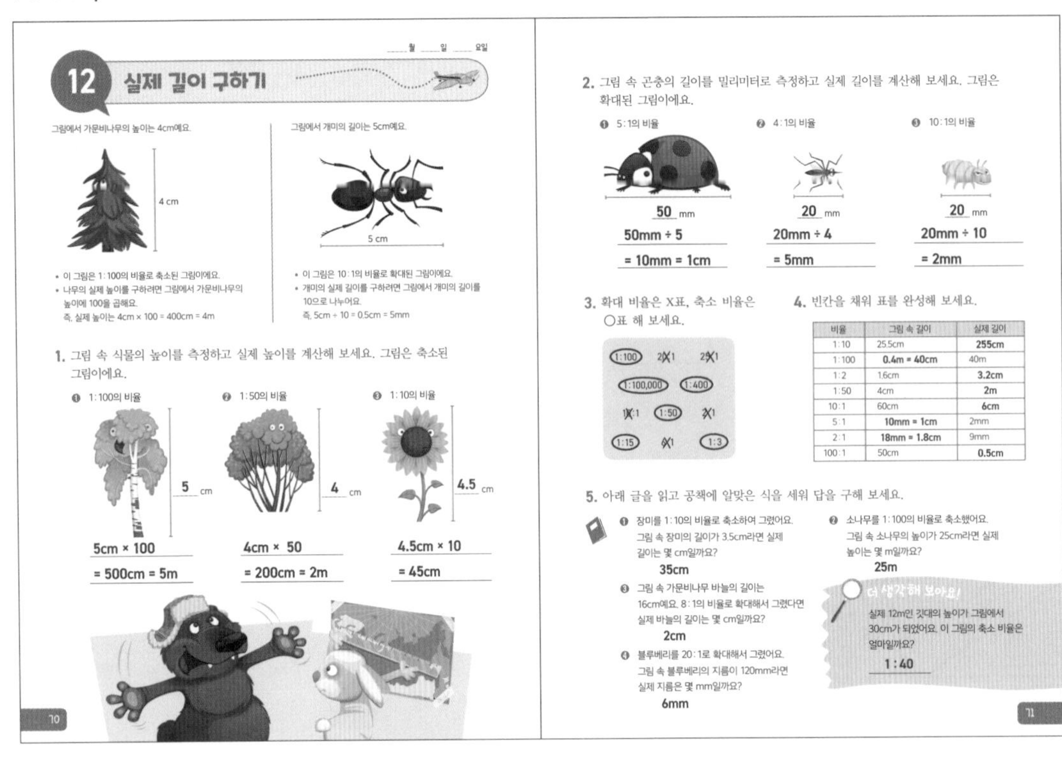

12 실제 길이 구하기

그림에서 가문비나무의 높이는 4cm예요.

- 이 그림은 1:100의 비율로 축소된 그림이에요.
- 나무의 실제 높이를 구하려면 그림에서 가문비나무의 높이에 100을 곱해요.
  즉, 실제 높이는 4cm × 100 = 400cm = 4m

그림에서 개미의 길이는 5cm예요.

- 이 그림은 10:1의 비율로 확대된 그림이에요.
- 개미의 실제 길이를 구하려면 그림에서 개미의 길이를 10으로 나누어요.
  즉, 5cm ÷ 10 = 0.5cm = 5mm

1. 그림 속 식물의 높이를 측정하고 실제 높이를 계산해 보세요. 그림은 축소된 그림이에요.

❶ 1:100의 비율 — 5 cm, 5cm × 100 = 500cm = 5m
❷ 1:50의 비율 — 4 cm, 4cm × 50 = 200cm = 2m
❸ 1:10의 비율 — 4.5 cm, 4.5cm × 10 = 45cm

2. 그림 속 곤충의 길이를 밀리미터로 측정하고 실제 길이를 계산해 보세요. 그림은 확대된 그림이에요.

❶ 5:1의 비율 — 50 mm, 50mm ÷ 5 = 10mm = 1cm
❷ 4:1의 비율 — 20 mm, 20mm ÷ 4 = 5mm
❸ 10:1의 비율 — 20 mm, 20mm ÷ 10 = 2mm

3. 확대 비율은 X표, 축소 비율은 ○표 해 보세요.

(1:100) 2X1 2X1 (1:100,000) (1:400) 1X1 (1:50) X1 (1:15) X1 (1:3)

4. 빈칸을 채워 표를 완성해 보세요.

비율	그림 속 길이	실제 길이
1:10	25.5cm	255cm
1:100	0.4m = 40cm	40m
1:2	1.6cm	3.2cm
1:50	4cm	2m
10:1	60cm	6cm
5:1	10mm = 1cm	2mm
2:1	18mm = 1.8cm	9mm
100:1	50cm	0.5cm

5. 아래 글을 읽고 공책에 알맞은 식을 세워 답을 구해 보세요.

❶ 장미를 1:10의 비율로 축소하여 그렸어요. 그림 속 장미의 길이가 3.5cm라면 실제 길이는 몇 cm일까요? 35cm
❷ 소나무를 1:100의 비율로 축소했어요. 그림 속 소나무의 높이가 25cm라면 실제 높이는 몇 m일까요? 25m
❸ 그림 속 가문비나무 바늘의 길이는 16cm예요. 8:1의 비율로 확대해서 그렸다면 실제 바늘의 길이는 몇 cm일까요? 2cm
❹ 블루베리를 20:1로 확대해서 그렸어요. 그림 속 블루베리의 지름이 120mm라면 실제 지름은 몇 mm일까요? 6mm

더 생각해 보아요! 실제 12m인 깃대의 높이가 그림에서 30cm가 되었어요. 이 그림의 축소 비율은 얼마일까요? 1:40

71쪽 5번

❶ 3.5cm×10=35cm
❷ 25cm×100=
2500cm=25m
❸ 16cm÷8=2cm
❹ 120mm÷20=6mm

더 생각해 보아요! | 71쪽

12m=1200cm
1200cm÷30cm=40
1:40

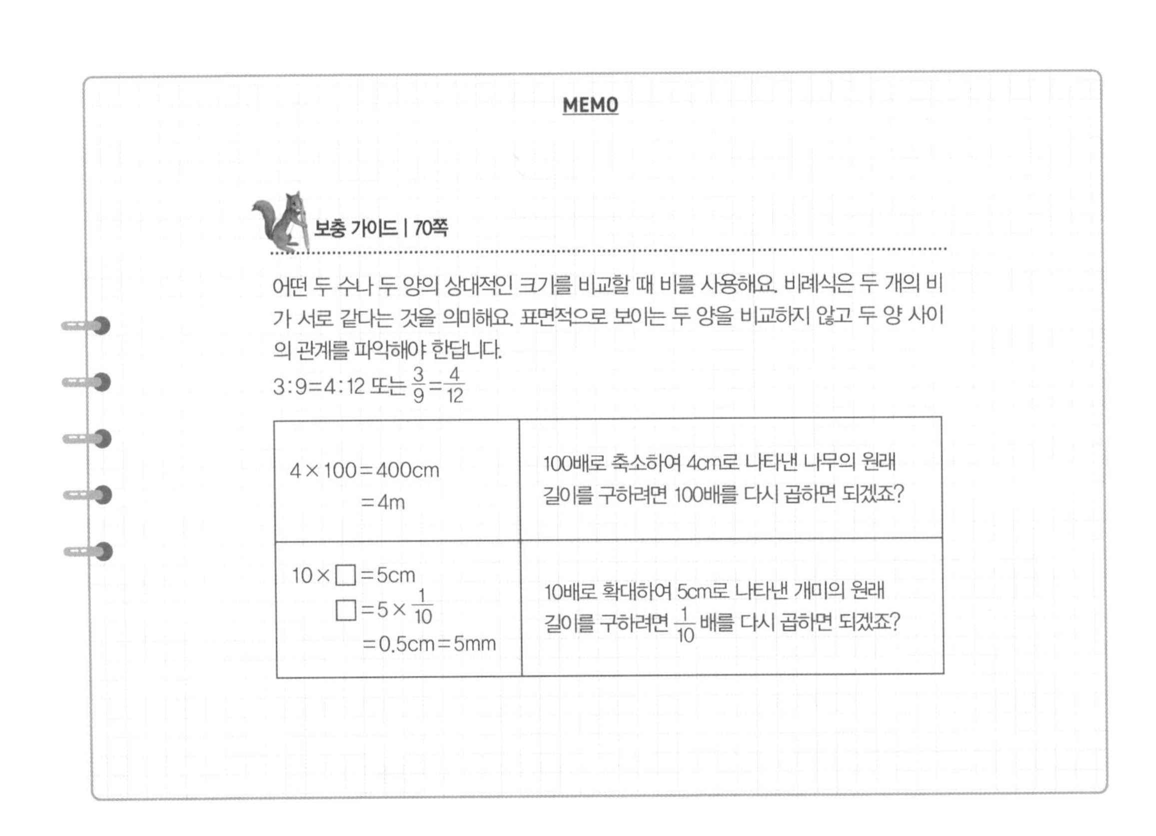

MEMO

보충 가이드 | 70쪽

어떤 두 수나 두 양의 상대적인 크기를 비교할 때 비를 사용해요. 비례식은 두 개의 비가 서로 같다는 것을 의미해요. 표면적으로 보이는 두 양을 비교하지 않고 두 양 사이의 관계를 파악해야 한답니다.

3:9=4:12 또는 $\frac{3}{9}=\frac{4}{12}$

4×100=400cm =4m	100배로 축소하여 4cm로 나타낸 나무의 원래 길이를 구하려면 100배를 다시 곱하면 되겠죠?
10×□=5cm □=5×$\frac{1}{10}$ =0.5cm=5mm	10배로 확대하여 5cm로 나타낸 개미의 원래 길이를 구하려면 $\frac{1}{10}$배를 다시 곱하면 되겠죠?

72-73쪽

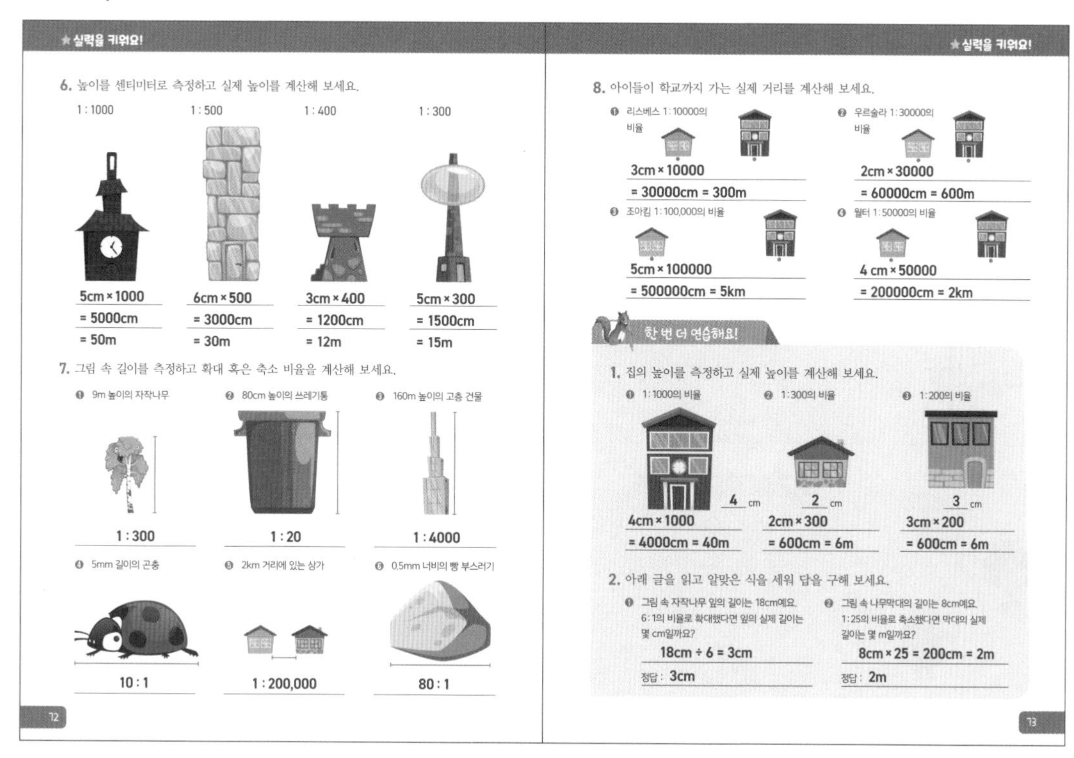

★실력을 키워요!

6. 높이를 센티미터로 측정하고 실제 높이를 계산해 보세요.

1 : 1000	1 : 500	1 : 400	1 : 300
5cm × 1000	6cm × 500	3cm × 400	5cm × 300
= 5000cm	= 3000cm	= 1200cm	= 1500cm
= 50m	= 30m	= 12m	= 15m

7. 그림 속 길이를 측정하고 확대 혹은 축소 비율을 계산해 보세요.

❶ 9m 높이의 자작나무 1 : 300
❷ 80cm 높이의 쓰레기통 1 : 20
❸ 160m 높이의 고층 건물 1 : 4000
❹ 5mm 길이의 곤충 10 : 1
❺ 2km 거리에 있는 상가 1 : 200,000
❻ 0.5mm 너비의 빵 부스러기 80 : 1

72

★실력을 키워요!

8. 아이들이 학교까지 가는 실제 거리를 계산해 보세요.

❶ 리스베스 1 : 10000의 비율
3cm × 10000
= 30000cm = 300m

❷ 우르술라 1 : 30000의 비율
2cm × 30000
= 60000cm = 600m

❸ 조아킴 1 : 100,000의 비율
5cm × 100000
= 500000cm = 5km

❹ 월터 1 : 50000의 비율
4 cm × 50000
= 200000cm = 2km

한 번 더 연습해요!

1. 집의 높이를 측정하고 실제 높이를 계산해 보세요.

❶ 1 : 1000의 비율 4 cm
4cm × 1000
= 4000cm = 40m

❷ 1 : 300의 비율 2 cm
2cm × 300
= 600cm = 6m

❸ 1 : 200의 비율 3 cm
3cm × 200
= 600cm = 6m

2. 아래 글을 읽고 알맞은 식을 세워 답을 구해 보세요.

❶ 그림 속 자작나무 잎의 길이는 18cm예요. 6 : 1의 비율로 확대했다면 잎의 실제 길이는 몇 cm일까요?
18cm ÷ 6 = 3cm
정답 : 3cm

❷ 그림 속 나무막대의 길이는 8cm예요. 1 : 25의 비율로 축소했다면 막대의 실제 길이는 몇 m일까요?
8cm × 25 = 200cm = 2m
정답 : 2m

73

72쪽 7번

❶ 9m=900cm
900cm÷3cm=300
1:300

❷ 80cm÷4cm=20
1:20

❸ 160m=16000cm
16000cm÷4cm=4000
1:4000

❹ 5cm=50mm
50mm÷5mm=10
10:1

❺ 2km=200,000cm
200,000cm÷1cm=200,000
1:200,000

❻ 4cm=40mm
40mm÷0.5mm=80
80:1

74-75쪽

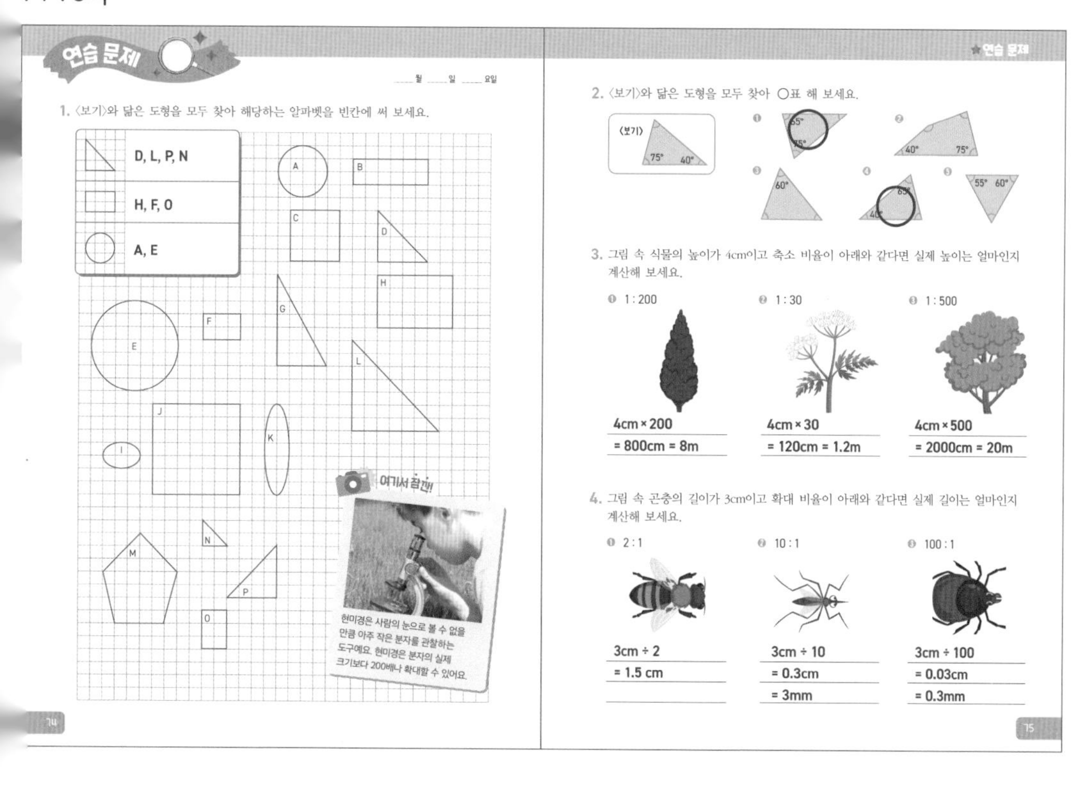

연습 문제

____월 ____일 ____요일

1. 〈보기〉와 닮은 도형을 모두 찾아 해당하는 알파벳을 빈칸에 써 보세요.

(직각삼각형)	D, L, P, N
(정사각형)	H, F, O
(원)	A, E

74

★연습 문제

2. 〈보기〉와 닮은 도형을 모두 찾아 ○표 해 보세요.

3. 그림 속 식물의 높이가 4cm이고 축소 비율이 아래와 같다면 실제 높이는 얼마인지 계산해 보세요.

❶ 1 : 200
4cm × 200
= 800cm = 8m

❷ 1 : 30
4cm × 30
= 120cm = 1.2m

❸ 1 : 500
4cm × 500
= 2000cm = 20m

4. 그림 속 곤충의 길이가 3cm이고 확대 비율이 아래와 같다면 실제 길이는 얼마인지 계산해 보세요.

❶ 2 : 1
3cm ÷ 2
= 1.5 cm

❷ 10 : 1
3cm ÷ 10
= 0.3cm
= 3mm

❸ 100 : 1
3cm ÷ 100
= 0.03cm
= 0.3mm

75

76-77쪽

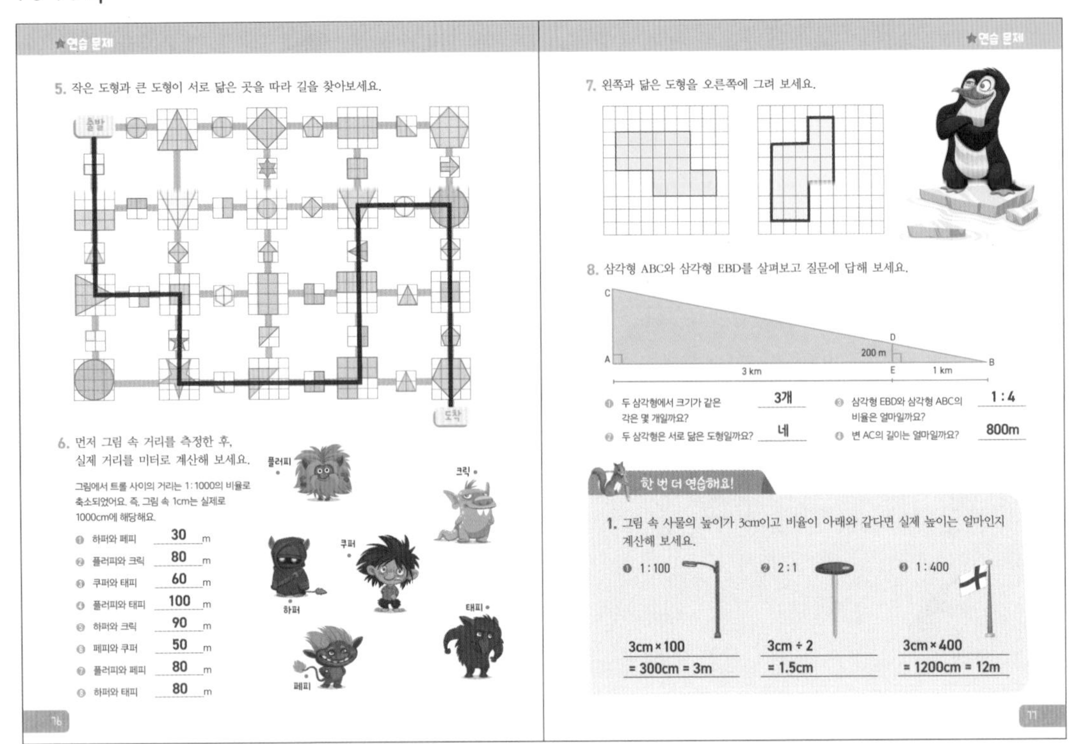

77쪽 8번

❶ 각 B가 같고, 두 삼각형 모두 직각이 있으므로 나머지 한 각의 크기도 같아요.
❷ 세 각이 크기가 같으므로 두 삼각형은 닮은 도형이에요.
❸ 변 EB는 1km이고, 변 AB는 4km이므로 1:4의 비율이에요.
❹ 변 AC의 길이
200m×4=800m

78-79쪽

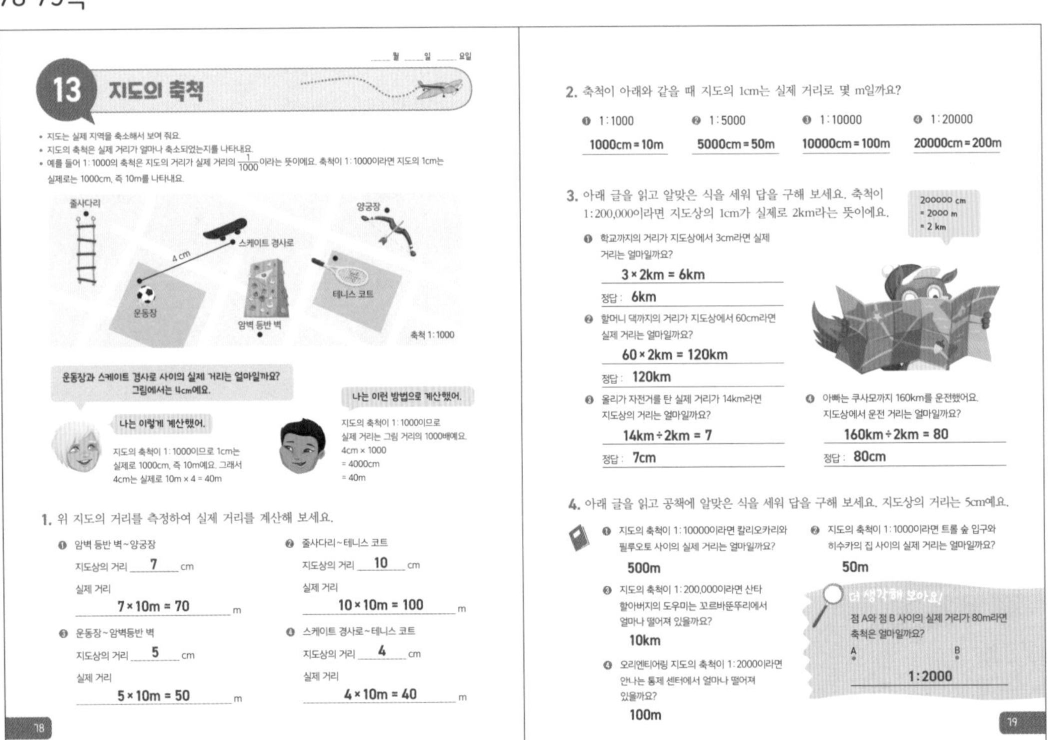

보충 가이드 | 78쪽

• 축척
지도를 만들려면 먼저 실제 땅의 크기를 아주 작게 줄여서 종이에 그려야 해요. 축척은 지도를 그릴 때 실제 거리를 얼마만큼 줄였는지를 나타내는 것이에요. 5만분의 1 지도라든가 20만분의 1 지도가 바로 축척을 나타내요. 그래서 5만분의 1 지도라는 것은 실제 길이를 5만분의 1로 줄여서 지도에 표시했다는 뜻이에요. 축척을 표시하는 방법에는 분수, 비례, 막대자 등이 있어요.

79쪽 4번

❶ 5cm×10000=50000cm
=500m
❷ 5cm×1000=5000cm=50m
❸ 5cm×200,000=1,000,000cm
=10km
❹ 5cm×2000=10000cm
=100m

더 생각해 보아요! | 79쪽

점 A와 B 사이의 실제 거리 4cm
80m=8000cm
8000cm÷4cm=2000
1:2000

80-81쪽

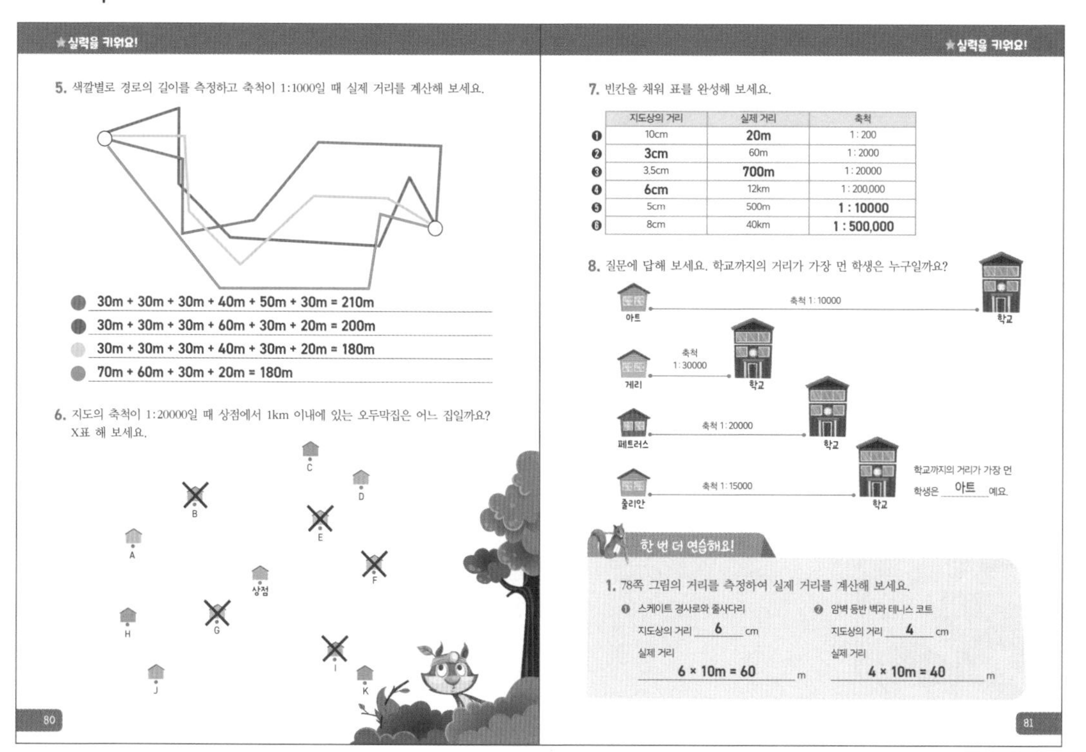
★실력을 키워요!

5. 색깔별로 경로의 길이를 측정하고 축척이 1:1000일 때 실제 거리를 계산해 보세요.

- 30m + 30m + 30m + 40m + 50m + 30m = 210m
- 30m + 30m + 30m + 60m + 30m + 20m = 200m
- 30m + 30m + 30m + 40m + 30m + 20m = 180m
- 70m + 60m + 30m + 20m = 180m

6. 지도의 축척이 1:20000일 때 상점에서 1km 이내에 있는 오두막집은 어느 집일까요? X표 해 보세요.

★실력을 키워요!

7. 빈칸을 채워 표를 완성해 보세요.

	지도상의 거리	실제 거리	축척
❶	10cm	20m	1:200
❷	3cm	60m	1:2000
❸	3.5cm	700m	1:20000
❹	6cm	12km	1:200,000
❺	5cm	500m	1:10000
❻	8cm	40km	1:500,000

8. 질문에 답해 보세요. 학교까지의 거리가 가장 먼 학생은 누구일까요?

학교까지의 거리가 가장 먼 학생은 아트예요.

한 번 더 연습해요!

1. 78쪽 그림의 거리를 측정하여 실제 거리를 계산해 보세요.

❶ 스케이트 경사로와 줄사다리
지도상의 거리 6 cm
실제 거리 6 × 10m = 60 m

❷ 암벽 등반 벽과 테니스 코트
지도상의 거리 4 cm
실제 거리 4 × 10m = 40 m

80쪽 5번

축척이 1:1000이므로 1cm는 실제 거리로 10m예요.

80쪽 6번

축척이 1:20000이므로 지도에서 1cm는 실제 거리로는 200m=0.2km예요.
실제 거리 1km는 지도에서 5cm이므로 5cm보다 가까운 거리에 있는 오두막집을 찾으면 돼요.

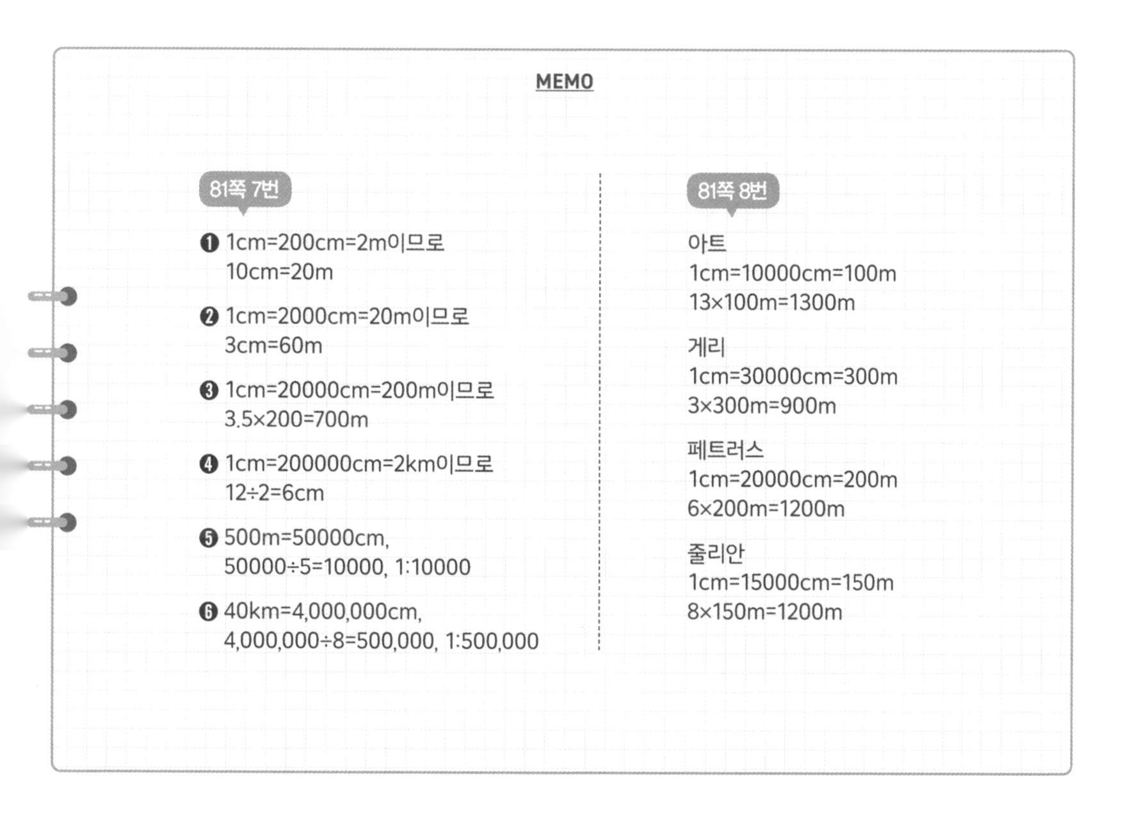

MEMO

81쪽 7번

❶ 1cm=200cm=2m이므로
10cm=20m

❷ 1cm=2000cm=20m이므로
3cm=60m

❸ 1cm=20000cm=200m이므로
3.5×200=700m

❹ 1cm=200000cm=2km이므로
12÷2=6cm

❺ 500m=50000cm,
50000÷5=10000, 1:10000

❻ 40km=4,000,000cm,
4,000,000÷8=500,000, 1:500,000

81쪽 8번

아트
1cm=10000cm=100m
13×100m=1300m

게리
1cm=30000cm=300m
3×300m=900m

페트러스
1cm=20000cm=200m
6×200m=1200m

줄리안
1cm=15000cm=150m
8×150m=1200m

82-83쪽

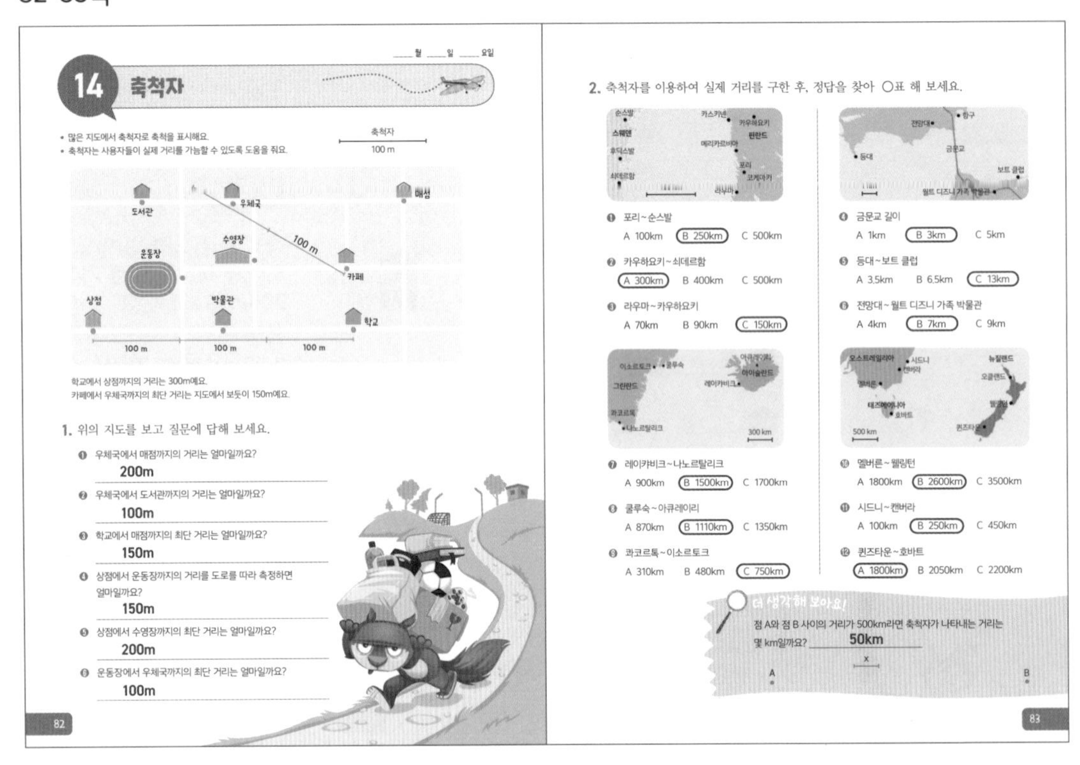

____월 ____일 ____요일

14 축척자

- 많은 지도에서 축척자로 축척을 표시해요.
- 축척자는 사용자들이 실제 거리를 가늠할 수 있도록 도움을 줘요.

축척자
100 m

학교에서 상점까지의 거리는 300m예요.
카페에서 우체국까지의 최단 거리는 지도에서 보듯이 150m예요.

1. 위의 지도를 보고 질문에 답해 보세요.

❶ 우체국에서 매점까지의 거리는 얼마일까요?
200m

❷ 우체국에서 도서관까지의 거리는 얼마일까요?
100m

❸ 학교에서 매점까지의 최단 거리는 얼마일까요?
150m

❹ 상점에서 운동장까지의 거리를 도로를 따라 측정하면 얼마일까요?
150m

❺ 상점에서 수영장까지의 최단 거리는 얼마일까요?
200m

❻ 운동장에서 우체국까지의 최단 거리는 얼마일까요?
100m

82

2. 축척자를 이용하여 실제 거리를 구한 후, 정답을 찾아 ○표 해 보세요.

❶ 포리~순스발
A 100km (B 250km) C 500km

❷ 카우하요키~쇠데르함
(A 300km) B 400km C 500km

❸ 라우마~카우하요키
A 70km B 90km (C 150km)

❹ 금문교 길이
A 1km (B 3km) C 5km

❺ 등대~보트 클럽
A 3.5km B 6.5km (C 13km)

❻ 전망대~월트 디즈니 가족 박물관
A 4km (B 7km) C 9km

❼ 레이캬비크~나노르탈리크
A 900km (B 1500km) C 1700km

❽ 쿨루숙~아큐레이리
A 870km (B 1110km) C 1350km

❾ 콰코르톡~이소르토크
A 310km B 480km (C 750km)

❿ 멜버른~웰링턴
A 1800km (B 2600km) C 3500km

⓫ 시드니~캔버라
A 100km (B 250km) C 450km

⓬ 퀸즈타운~호바트
(A 1800km) B 2050km C 2200km

더 생각해 보아요!
점 A와 점 B 사이의 거리가 500km라면 축척자가 나타내는 거리는 몇 km일까요? **50km**

83

더 생각해 보아요! | 83쪽

실제 거리는 500km
그림의 거리 10cm
500km=50,000,000cm
50,000,000cm÷10cm
=5,000,000cm=50000m=50km

보충 가이드 | 82쪽

축척은 지도를 그릴 때 실제 거리를 얼마만큼 줄였는지를 나타내는 것이라고 배웠어요. 축척을 표시하는 방법에는 분수, 비례, 막대자 등이 있는데 이 단원에서는 축척자를 다루었어요. 실제 100m 길이를 제시된 선의 길이로 나타내었다고 축척자가 말해 주고 있어요. 축척자를 이용할 때는 직선거리의 길이를 구해야 해요.

보충 가이드 | 83쪽

거리를 체감하기 위해 1시간에 80km의 속도로 가는 버스를 타고 있다고 생각해 봐요. 160km 거리에 있는 도시에 가려면 이 버스는 몇 시간 동안 가야 할까요? 2시간 거리가 나오네요. 서울에서 여주까지의 거리는 약 88km니까 1시간에 80km의 속도로 간다면 1시간 10분 정도가 걸려요. 지도를 보고 축척자를 이용하여 거리를 가늠하는 것도 아주 중요해요. 또한 버스나 자동차를 타고 80km의 거리를 체감적으로 느끼면서 거리 공부를 하는 것도 중요하지요. 이제 150km나 250km를 가려면 시간이 얼마나 걸리는지 감이 왔나요? 그리고 축척자가 보여 주는 지도에 나온 실제 땅의 거리는 어느 정도인지 감을 잡을 수 있나요?

84-85쪽

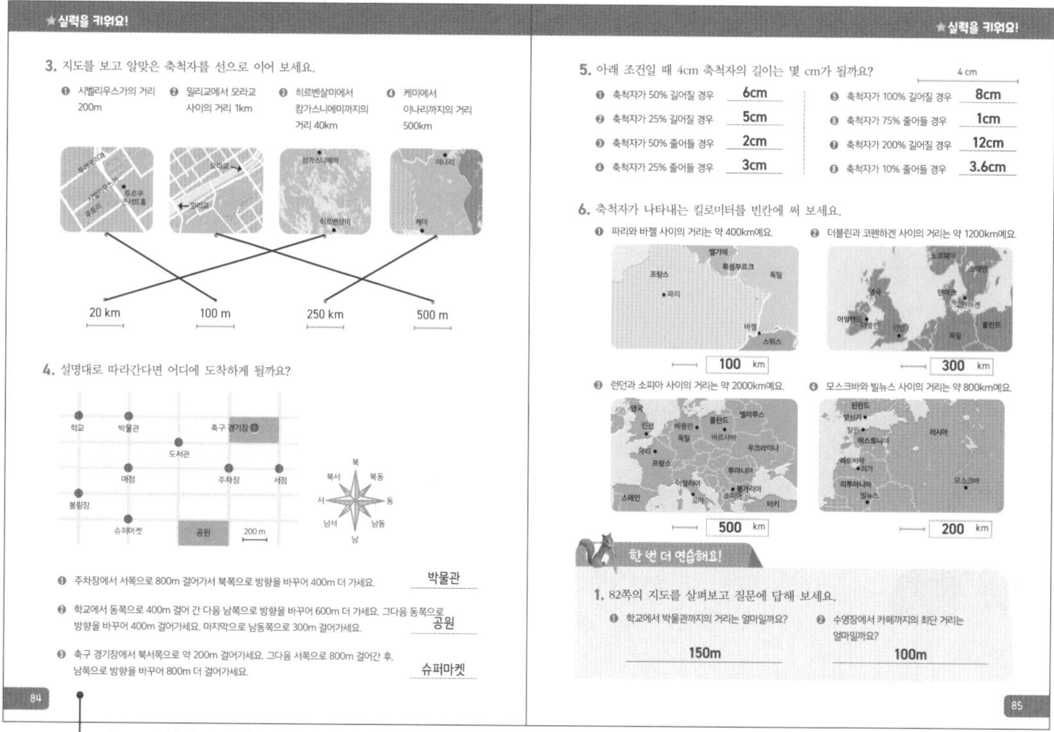

★실력을 키워요!

3. 지도를 보고 알맞은 축척자를 선으로 이어 보세요.

❶ 시벨리우스가의 거리 200m ❷ 밀리교에서 오라교 사이의 거리 1km ❸ 히르벤살미에서 캉가스니에미까지의 거리 40km ❹ 케미에서 이나리까지의 거리 500km

20 km / 100 m / 250 km / 500 m

4. 설명대로 따라간다면 어디에 도착하게 될까요?

❶ 주차장에서 서쪽으로 800m 걸어가서 북쪽으로 방향을 바꾸어 400m 더 가세요. 박물관

❷ 학교에서 동쪽으로 400m 걸어 간 다음 남쪽으로 방향을 바꾸어 600m 더 가세요. 그다음 동쪽으로 방향을 바꾸어 400m 걸어가세요. 마지막으로 남동쪽으로 300m 걸어가세요. 공원

❸ 축구 경기장에서 북서쪽으로 약 200m 걸어가세요. 그다음 서쪽으로 800m 걸어간 후, 남쪽으로 방향을 바꾸어 800m 더 걸어가세요. 슈퍼마켓

5. 아래 조건일 때 4cm 축척자의 길이는 몇 cm가 될까요?

❶ 축척자가 50% 길어질 경우 6cm
❷ 축척자가 25% 길어질 경우 5cm
❸ 축척자가 50% 줄어들 경우 2cm
❹ 축척자가 25% 줄어들 경우 3cm
❺ 축척자가 100% 길어질 경우 8cm
❻ 축척자가 75% 줄어들 경우 1cm
❼ 축척자가 200% 길어질 경우 12cm
❽ 축척자가 10% 줄어들 경우 3.6cm

6. 축척자가 나타내는 킬로미터를 빈칸에 써 보세요.

❶ 파리와 바젤 사이의 거리는 약 400km예요. 100 km
❷ 더블린과 코펜하겐 사이의 거리는 약 1200km예요. 300 km
❸ 런던과 소피아 사이의 거리는 약 2000km예요. 500 km
❹ 모스크바와 빌뉴스 사이의 거리는 약 800km예요. 200 km

한 번 더 연습해요!

1. 82쪽의 지도를 살펴보고 질문에 답해 보세요.

❶ 학교에서 박물관까지의 거리는 얼마일까요? 150m
❷ 수영장에서 카페까지의 최단 거리는 얼마일까요? 100m

84 85

1cm=200m이므로 800m는 4cm, 400m는 2cm예요.
거리와 방향에 따라 길을 찾아보세요.

84쪽 3번

❶ 시벨리우스가의 거리 200m=3cm이므로 축척자는 100m=1.5cm
❷ 밀리교에서 오라교 사이의 거리 1km=3cm이므로 축척자는 500m=1.5cm
❸ 히르벤살미에서 캉가스니에미까지의 거리 40km=3cm이므로 축척자는 20km=1.5cm
❹ 케미에서 이나리까지의 거리 500km=3cm이므로 축척자는 250km=1.5cm

85쪽 6번

❶ 지도상 거리 4cm, 실제 거리 400km 1cm=100km
❷ 지도상 거리 4cm, 실제 거리 1200km 1cm=300km
❸ 지도상 거리 4cm, 실제 거리 2000km 1cm=500km
❹ 지도상 거리 4cm, 실제 거리 800km 1cm=200km

86-87쪽

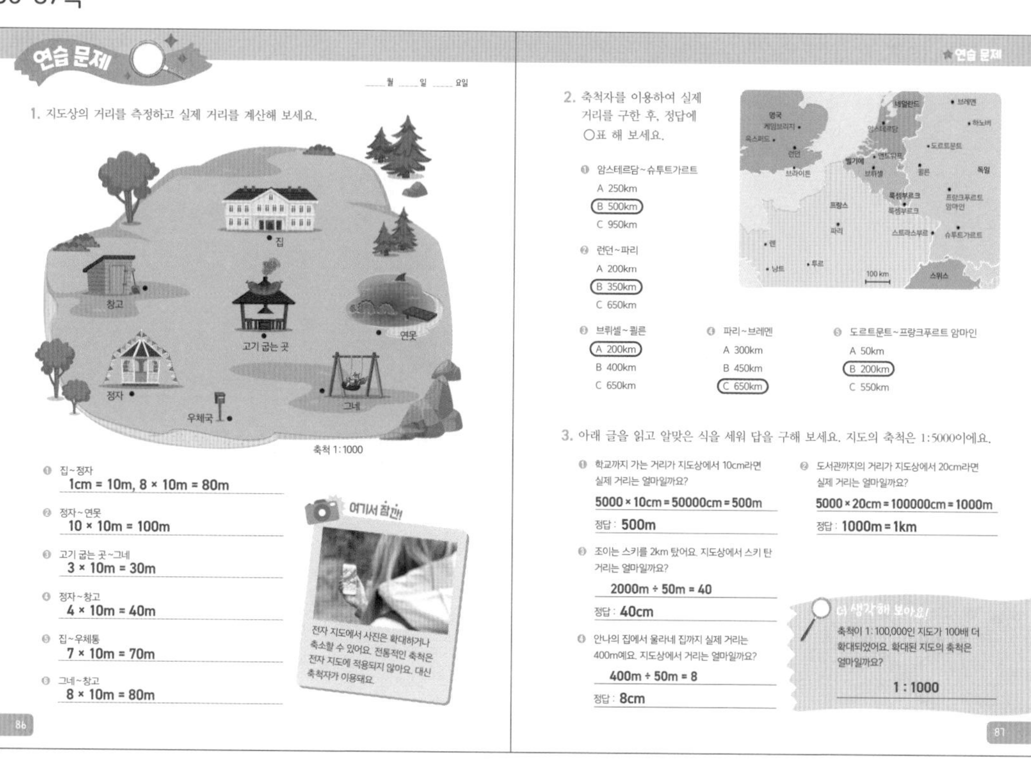

연습 문제

___월 ___일 ___요일

1. 지도상의 거리를 측정하고 실제 거리를 계산해 보세요.

❶ 집~정자 1cm = 10m, 8 × 10m = 80m
❷ 정자~연못 10 × 10m = 100m
❸ 고기 굽는 곳~그네 3 × 10m = 30m
❹ 정자~창고 4 × 10m = 40m
❺ 집~우체통 7 × 10m = 70m
❻ 그네~창고 8 × 10m = 80m

여기서 잠깐!
전자 지도에서 사진은 확대하거나 축소할 수 있어요. 전통적인 축척은 전자 지도에 적용되지 않아요. 대신 축척자가 이용돼요.

2. 축척자를 이용하여 실제 거리를 구한 후, 정답에 ○표 해 보세요.

❶ 암스테르담~슈투트가르트 A 250km (B 500km) C 950km
❷ 런던~파리 A 200km (B 350km) C 650km
❸ 브뤼셀~쾰른 (A 200km) B 400km C 650km
❹ 파리~브레멘 A 300km B 450km (C 650km)
❺ 도르트문트~프랑크푸르트 암마인 A 50km (B 200km) C 550km

3. 아래 글을 읽고 알맞은 식을 세워 답을 구해 보세요. 지도의 축척은 1:5000이에요.

❶ 학교까지 가는 거리가 지도상에서 10cm라면 실제 거리는 얼마일까요?
5000 × 10cm = 50000cm = 500m 정답: 500m

❷ 도서관까지의 거리가 지도상에서 20cm라면 실제 거리는 얼마일까요?
5000 × 20cm = 100000cm = 1000m 정답: 1000m = 1km

❸ 조이는 스키를 2km 탔어요. 지도상에서 스키 탄 거리는 얼마일까요?
2000m ÷ 50m = 40 정답: 40cm

❹ 안나의 집에서 울리네 집까지 실제 거리는 400m예요. 지도상에서 거리는 얼마일까요?
400m ÷ 50m = 8 정답: 8cm

더 생각해 보아요!
축척이 1:100,000인 지도가 100배 더 확대되었어요. 확대된 지도의 축척은 얼마일까요?
1 : 1000

86 87

87쪽 2번

❶ 지도상 거리 5cm 1cm=100km이므로, 5×100km=500km
❷ 3.5×100km=350km
❸ 2×100km=200km
❹ 6.5×100km=650km
❺ 2×100km=200km

더 생각해 보아요! | 87쪽

지도가 100배 더 확대되었다는 것은 짧은 거리를 확대해서 크게 보이게 했다는 뜻이므로 1cm의 길이에 100배를 곱해야 해요.
따라서 1:100,000에서 1cm에 100배를 곱하면 100:100,000이 되고 간단한 비로 나타내면 1:1000이 돼요.

88-89쪽

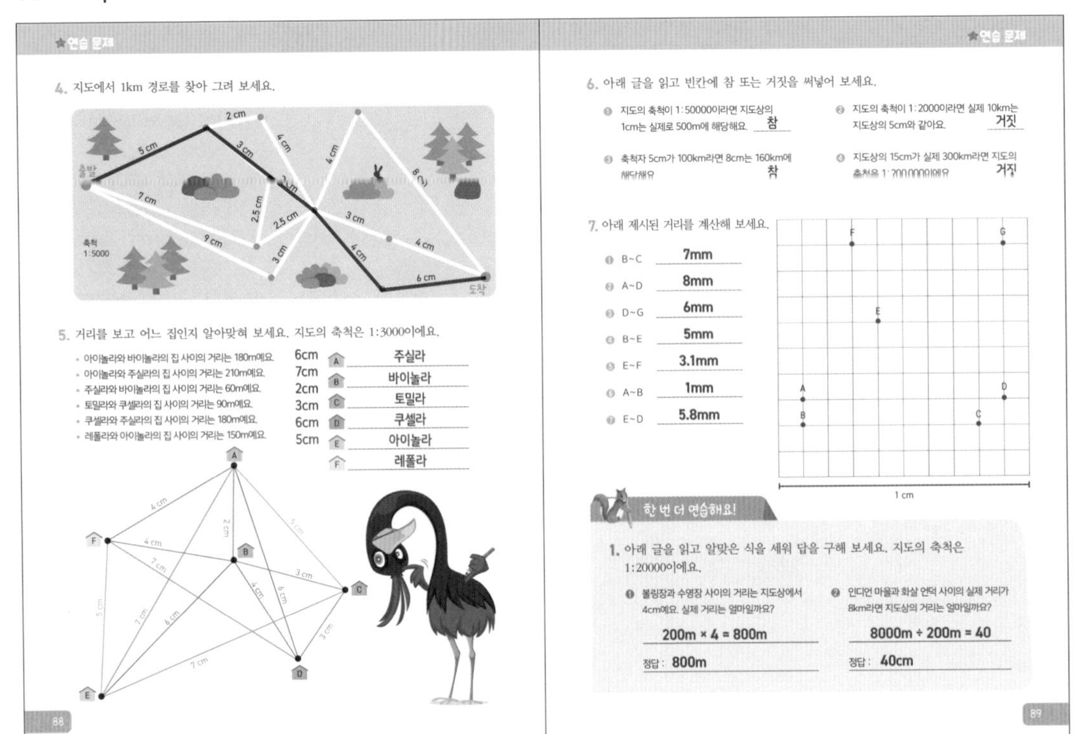
연습 문제

4. 지도에서 1km 경로를 찾아 그려 보세요.

5. 거리를 보고 어느 집인지 알아맞혀 보세요. 지도의 축척은 1:3000이에요.

- 아이놀라와 바이놀라의 집 사이의 거리는 180m예요. 6cm
- 아이놀라와 주실라의 집 사이의 거리는 210m예요. 7cm
- 주실라와 바이놀라의 집 사이의 거리는 60m예요. 2cm
- 토밀라와 쿠셀라의 집 사이의 거리는 90m예요. 3cm
- 쿠셀라와 주실라의 집 사이의 거리는 180m예요. 6cm
- 레폴라와 아이놀라의 집 사이의 거리는 150m예요. 5cm

A 주실라
B 바이놀라
C 토밀라
D 쿠셀라
E 아이놀라
F 레폴라

88

연습 문제

6. 아래 글을 읽고 빈칸에 참 또는 거짓을 써넣어 보세요.

1. 지도의 축척이 1:50000이라면 지도상의 1cm는 실제로 500m에 해당해요. 참
2. 지도의 축척이 1:2000이라면 실제 10km는 지도상의 5cm와 같아요. 거짓
3. 축척자 5cm가 100km라면 8cm는 160km에 해당해요. 참
4. 지도상의 15cm가 실제 300km라면 지도의 축척은 1:200,000이에요. 거짓

7. 아래 제시된 거리를 계산해 보세요.

1. B~C 7mm
2. A~D 8mm
3. D~G 6mm
4. B~E 5mm
5. E~F 3.1mm
6. A~B 1mm
7. E~D 5.8mm

한 번 더 연습해요!

1. 아래 글을 읽고 알맞은 식을 세워 답을 구해 보세요. 지도의 축척은 1:20000이에요.

1. 볼링장과 수영장 사이의 거리는 지도상에서 4cm예요. 실제 거리는 얼마일까요?
   200m × 4 = 800m
   정답: 800m
2. 인디언 마을과 화살 언덕 사이의 실제 거리가 8km라면 지도상의 거리는 얼마일까요?
   8000m ÷ 200m = 40
   정답: 40cm

89

88쪽 4번

축척이 1:5000이므로
1cm=5000cm=50m
1km=1000m이므로 20cm의
경로를 찾으면 돼요.

88쪽 5번

아이놀라와 바이놀라
1cm=30m, 180m÷30m=6

아이놀라와 주실라
210m÷30m=7

주실라와 바이놀라
60m÷30m=2

토밀라와 쿠셀라
90m÷30m=3

쿠셀라와 주실라
180m÷30m=6

레폴라와 아이놀라
150m÷30m=5

89쪽 6번

❷ 1cm=2000cm=20m이므로 10km는 지도상의 500cm와 같아요.
❹ 15cm=300km와 같다면 1cm=20km=2000000cm 축척은 1:2,000,000

90-91쪽

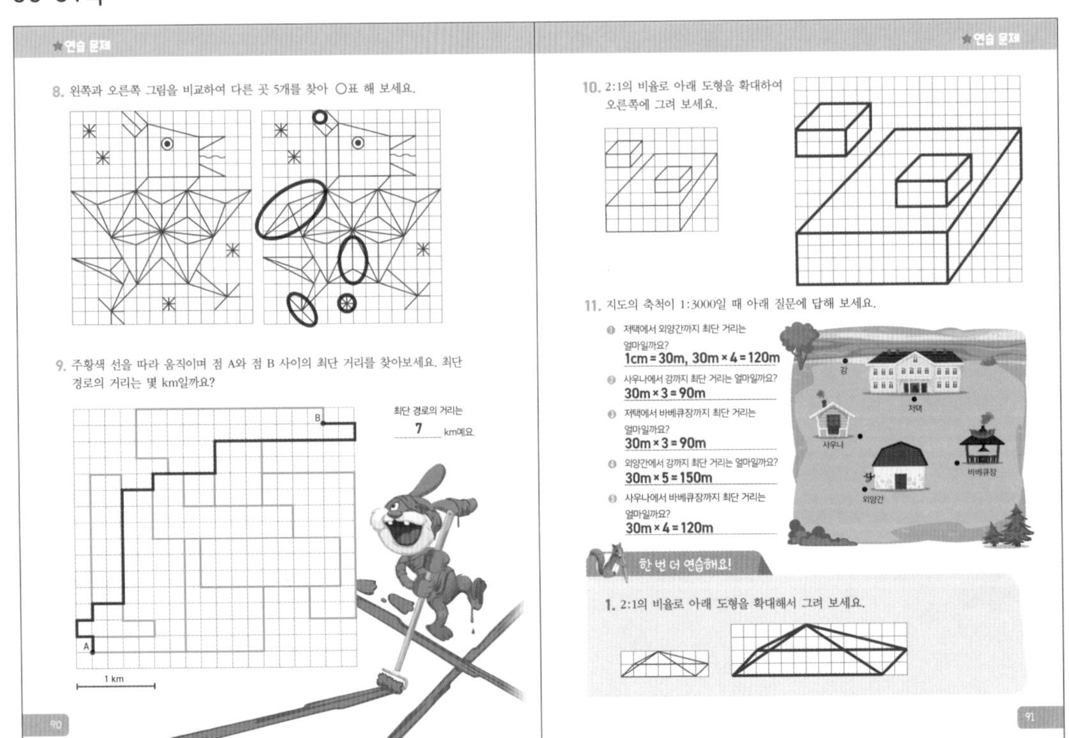
연습 문제

8. 왼쪽과 오른쪽 그림을 비교하여 다른 곳 5개를 찾아 ○표 해 보세요.

9. 주황색 선을 따라 움직이며 점 A와 점 B 사이의 최단 거리를 찾아보세요. 최단 경로의 거리는 몇 km일까요?

최단 경로의 거리는 7 km예요.

90

연습 문제

10. 2:1의 비율로 아래 도형을 확대하여 오른쪽에 그려 보세요.

11. 지도의 축척이 1:3000일 때 아래 질문에 답해 보세요.

1. 저택에서 외양간까지 최단 거리는 얼마일까요?
   1cm = 30m, 30m × 4 = 120m
2. 사우나에서 강까지 최단 거리는 얼마일까요?
   30m × 3 = 90m
3. 저택에서 바베큐장까지 최단 거리는 얼마일까요?
   30m × 3 = 90m
4. 외양간에서 강까지 최단 거리는 얼마일까요?
   30m × 5 = 150m
5. 사우나에서 바베큐장까지 최단 거리는 얼마일까요?
   30m × 4 = 120m

한 번 더 연습해요!

1. 2:1의 비율로 아래 도형을 확대해서 그려 보세요.

91

90쪽 9번

5칸=1km
35칸÷5칸=7km

92-93쪽

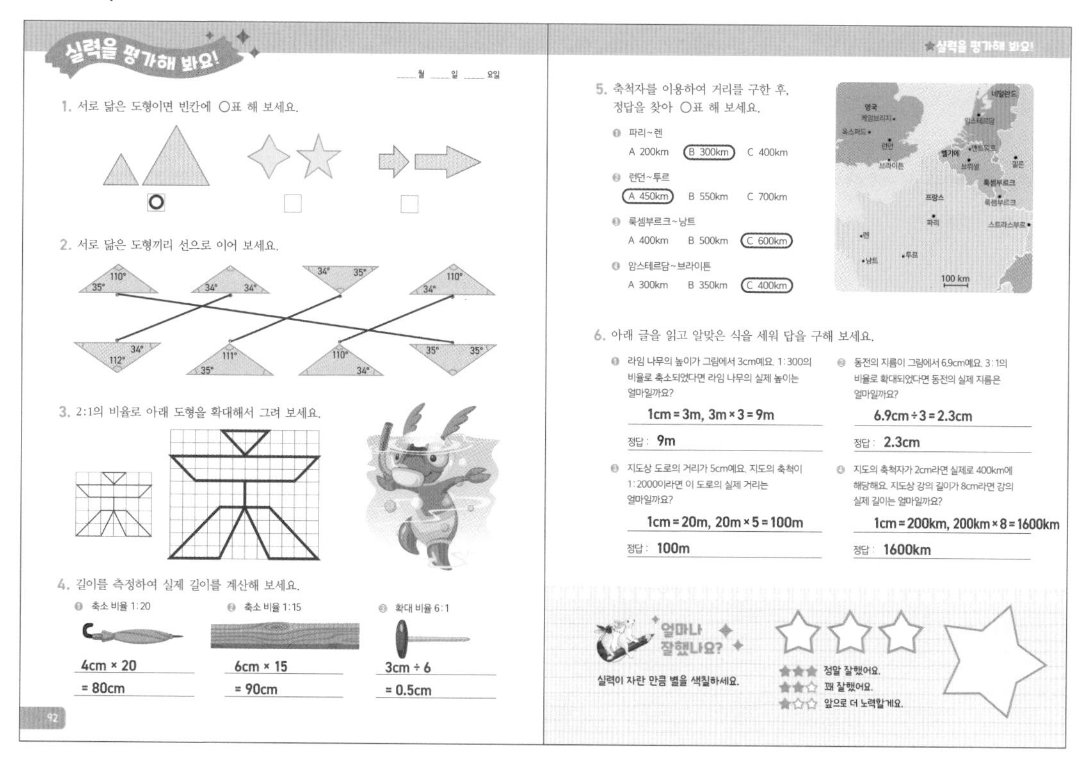

93쪽 5번

❶ 1cm=100km,
100km×3=300km
❷ 100km×4.5=450km
❸ 100km×6=600km
❹ 100km×4=400km

94-95쪽

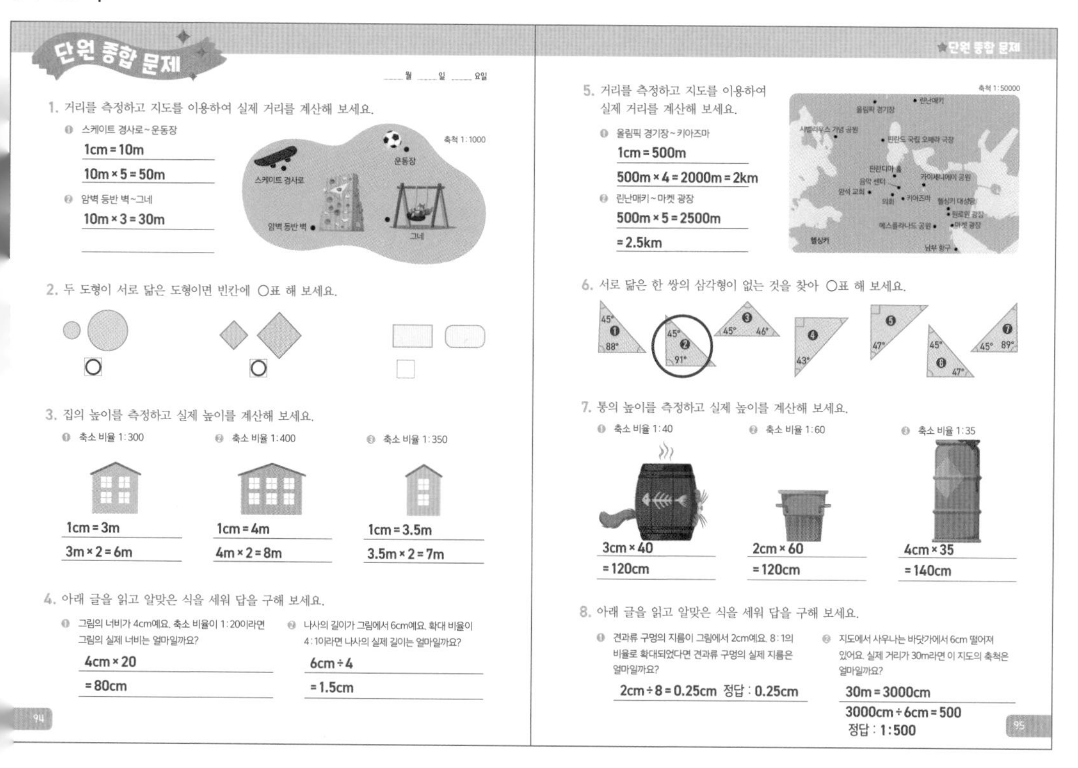

95쪽 6번

①과 ⑥, ③과 ⑦, ④와 ⑤는 서로 닮은 도형이에요.

96-97쪽

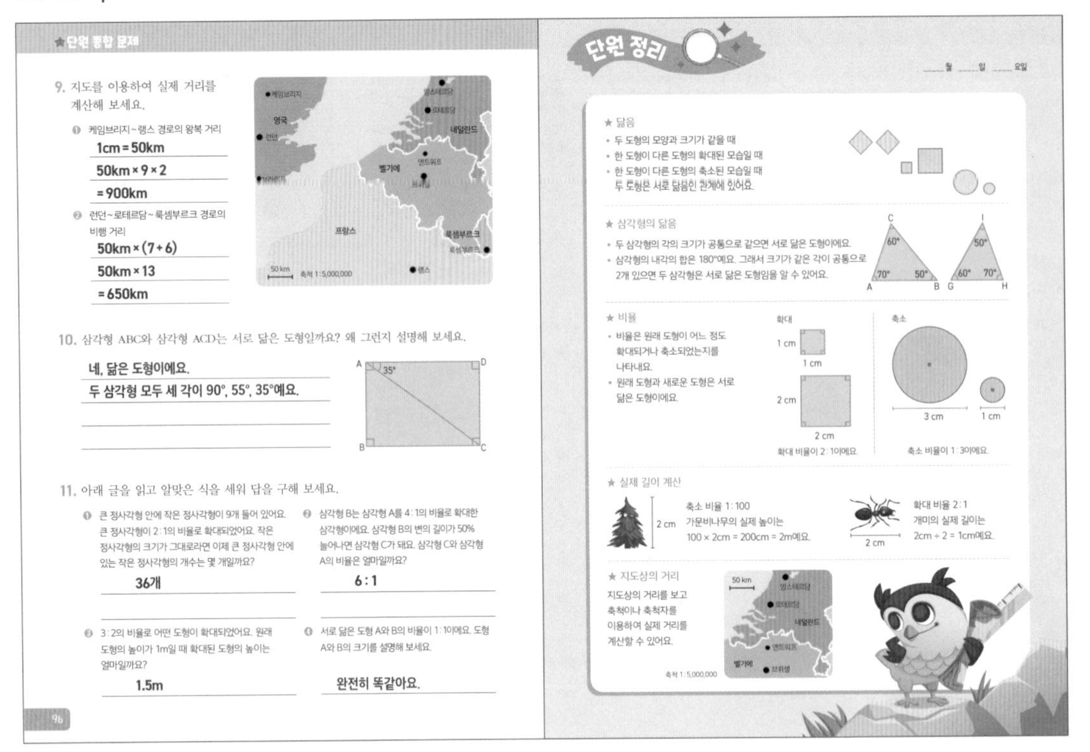

★단원 종합 문제

9. 지도를 이용하여 실제 거리를 계산해 보세요.

① 케임브리지~랭스 경로의 왕복 거리
1cm = 50km
50km × 9 × 2
= 900km

② 런던~로테르담~룩셈부르크 경로의 비행 거리
50km × (7 + 6)
50km × 13
= 650km

10. 삼각형 ABC와 삼각형 ACD는 서로 닮은 도형일까요? 왜 그런지 설명해 보세요.

네, 닮은 도형이에요.
두 삼각형 모두 세 각이 90°, 55°, 35°예요.

11. 아래 글을 읽고 알맞은 식을 세워 답을 구해 보세요.

① 큰 정사각형 안에 작은 정사각형이 9개 들어 있어요. 큰 정사각형이 2:1의 비율로 확대되었어요. 작은 정사각형의 크기가 그대로라면 이제 큰 정사각형 안에 있는 작은 정사각형의 개수는 몇 개일까요?
36개

② 삼각형 B는 삼각형 A를 4:1의 비율로 확대한 삼각형이에요. 삼각형 B의 변의 길이가 50% 늘어나면 삼각형 C가 돼요. 삼각형 C와 삼각형 A의 비율은 얼마일까요?
6:1

③ 3:2의 비율로 어떤 도형이 확대되었어요. 원래 도형의 높이가 1m일 때 확대된 도형의 높이는 얼마일까요?
1.5m

④ 서로 닮은 도형 A와 B의 비율이 1:1이에요. 도형 A와 B의 크기를 설명해 보세요.
완전히 똑같아요.

96

단원 정리

___월 ___일 ___요일

★ 닮음
- 두 도형의 모양과 크기가 같을 때
- 한 도형이 다른 도형의 확대된 모습일 때
- 한 도형이 다른 도형의 축소된 모습일 때
두 도형은 서로 닮음인 관계에 있어요.

★ 삼각형의 닮음
- 두 삼각형의 각의 크기가 공통으로 같으면 서로 닮은 도형이에요.
- 삼각형의 내각의 합은 180°예요. 그래서 크기가 같은 각이 공통으로 2개 있으면 두 삼각형은 서로 닮은 도형임을 알 수 있어요.

★ 비율
- 비율은 원래 도형이 어느 정도 확대되거나 축소되었는지를 나타내요.
- 원래 도형과 새로운 도형은 서로 닮은 도형이에요.

★ 실제 길이 계산

★ 지도상의 거리
지도상의 거리를 보고 축척이나 축척자를 이용하여 실제 거리를 계산할 수 있어요.

96쪽 11번

❶ 원래 작은 정사각형의 개수
3×3=9
2:1의 비율로 확대되었을 때 작은 정사각형의 개수
6×6=36

❷ 4A=B이므로 B를 50% 확대하면 6A가 돼요.
그러므로 C와 삼각형 A의 비율은 6:1이에요.

❸ (3÷2)×1m
=1.5×1m
=1.5m

100-101쪽

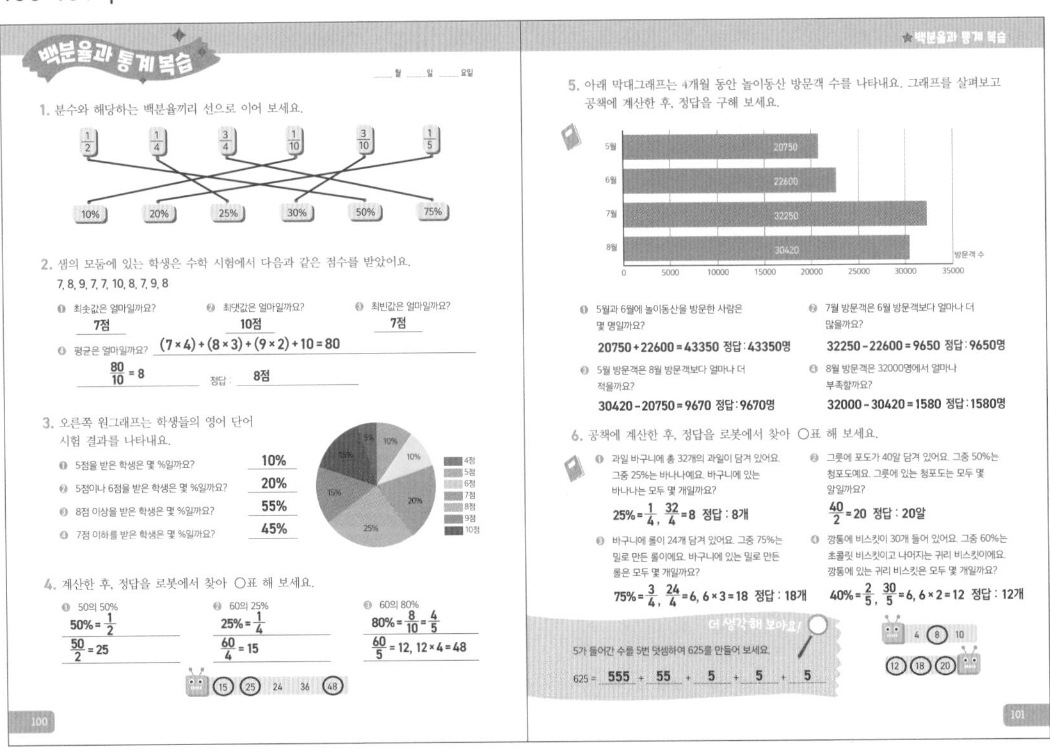

백분율과 통계 복습

___월 ___일 ___요일

1. 분수와 해당하는 백분율끼리 선으로 이어 보세요.

$\frac{1}{2}$ $\frac{1}{4}$ $\frac{3}{4}$ $\frac{1}{10}$ $\frac{3}{10}$ $\frac{1}{5}$

10% 20% 25% 30% 50% 75%

2. 샘의 모둠에 있는 학생은 수학 시험에서 다음과 같은 점수를 받았어요.
7, 8, 9, 7, 7, 10, 8, 7, 9, 8

① 최솟값은 얼마일까요? 7점
② 최댓값은 얼마일까요? 10점
③ 최빈값은 얼마일까요? 7점
④ 평균은 얼마일까요? $(7\times4)+(8\times3)+(9\times2)+10=80$
$\frac{80}{10}=8$ 정답 : 8점

3. 오른쪽 원그래프는 학생들의 영어 단어 시험 결과를 나타내요.

① 5점을 받은 학생은 몇 %일까요? 10%
② 5점이나 6점을 받은 학생은 몇 %일까요? 20%
③ 8점 이상을 받은 학생은 몇 %일까요? 55%
④ 7점 이하를 받은 학생은 몇 %일까요? 45%

4. 계산한 후, 정답을 로봇에서 찾아 ○표 해 보세요.

① 50의 50%
$50\%=\frac{1}{2}$
$\frac{50}{2}=25$

② 60의 25%
$25\%=\frac{1}{4}$
$\frac{60}{4}=15$

③ 60의 80%
$80\%=\frac{8}{10}=\frac{4}{5}$
$\frac{60}{5}=12,\ 12\times4=48$

(15) (25) 24 36 (48)

100

★백분율과 통계 복습

5. 아래 막대그래프는 4개월 동안 놀이동산 방문객 수를 나타내요. 그래프를 살펴보고 공책에 계산한 후, 정답을 구해 보세요.

① 5월과 6월에 놀이동산을 방문한 사람은 몇 명일까요?
20750 + 22600 = 43350 정답 : 43350명

② 7월 방문객은 6월 방문객보다 얼마나 더 많을까요?
32250 − 22600 = 9650 정답 : 9650명

③ 5월 방문객은 8월 방문객보다 얼마나 더 적을까요?
30420 − 20750 = 9670 정답 : 9670명

④ 8월 방문객은 32000명에서 얼마나 부족할까요?
32000 − 30420 = 1580 정답 : 1580명

6. 공책에 계산한 후, 정답을 로봇에서 찾아 ○표 해 보세요.

① 과일 바구니에 총 32개의 과일이 담겨 있어요. 그중 25%는 바나나예요. 바구니에 있는 바나나는 모두 몇 개일까요?
$25\%=\frac{1}{4},\ \frac{32}{4}=8$ 정답 : 8개

② 그릇에 포도가 40알 담겨 있어요. 그중 50%는 청포도예요. 그릇에 있는 청포도는 모두 몇 알일까요?
$\frac{40}{2}=20$ 정답 : 20알

③ 바구니에 롤이 24개 담겨 있어요. 그중 75%는 밀로 만든 롤이에요. 바구니에 있는 밀로 만든 롤은 모두 몇 개일까요?
$75\%=\frac{3}{4},\ \frac{24}{4}=6,\ 6\times3=18$ 정답 : 18개

④ 깡통에 비스킷이 30개 들어 있어요. 그중 60%는 초콜릿 비스킷이고 나머지는 귀리 비스킷이에요. 깡통에 있는 귀리 비스킷은 모두 몇 개일까요?
$40\%=\frac{2}{5},\ \frac{30}{5}=6,\ 6\times2=12$ 정답 : 12개

더 생각해 보아요!
5가 들어간 수를 5번 덧셈하여 625를 만들어 보세요.
625 = 555 + 55 + 5 + 5 + 5

4 (8) 10
(12) (18) (20)

101

102-103쪽

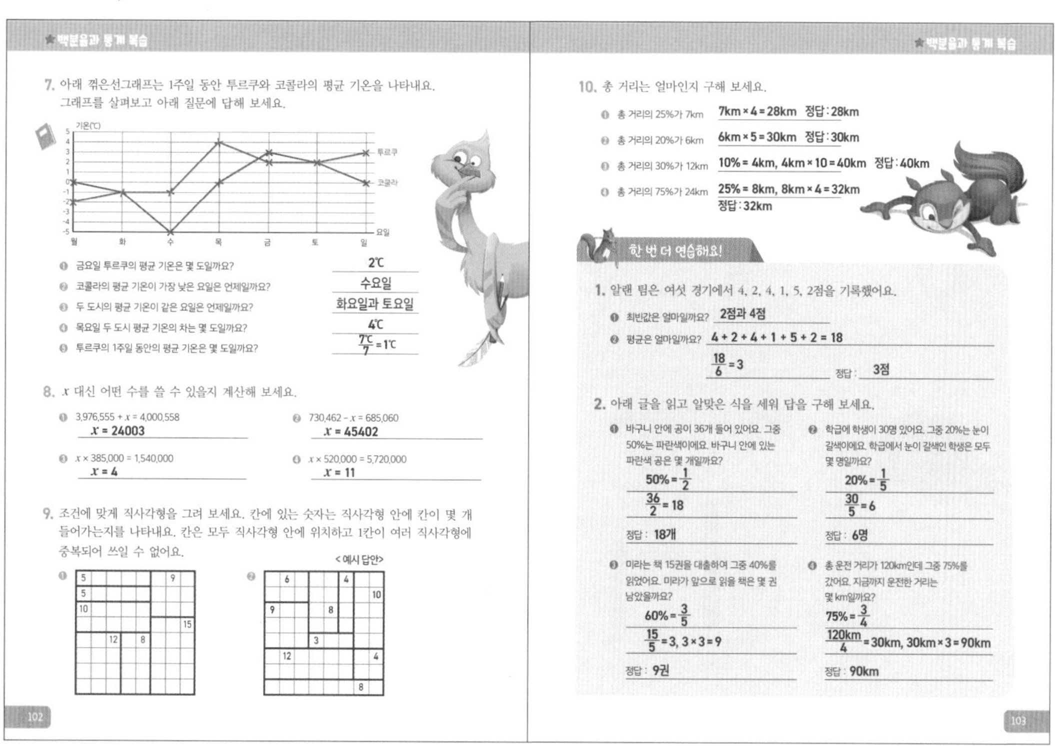

★백분율과 통계 복습

7. 아래 꺾은선그래프는 1주일 동안 투르쿠와 코콜라의 평균 기온을 나타내요. 그래프를 살펴보고 아래 질문에 답해 보세요.

❶ 금요일 투르쿠의 평균 기온은 몇 도일까요? 2℃
❷ 코콜라의 평균 기온이 가장 낮은 요일은 언제일까요? 수요일
❸ 두 도시의 평균 기온이 같은 요일은 언제일까요? 화요일과 토요일
❹ 목요일 두 도시 평균 기온의 차는 몇 도일까요? 4℃
❺ 투르쿠의 1주일 동안의 평균 기온은 몇 도일까요? $\frac{7℃}{7}$ = 1℃

8. x 대신 어떤 수를 쓸 수 있을지 계산해 보세요.
❶ $3,976,555 + x = 4,000,558$ $x = 24003$
❷ $730,462 - x = 685,060$ $x = 45402$
❸ $x \times 385,000 = 1,540,000$ $x = 4$
❹ $x \times 520,000 = 5,720,000$ $x = 11$

9. 조건에 맞게 직사각형을 그려 보세요. 칸에 있는 숫자는 직사각형 안에 칸이 몇 개 들어가는지를 나타내요. 칸은 모두 직사각형 안에 위치하고 1칸이 여러 직사각형에 중복되어 쓰일 수 없어요.
<예시 답안>

10. 총 거리는 얼마인지 구해 보세요.
❶ 총 거리의 25%가 7km 7km × 4 = 28km 정답: 28km
❷ 총 거리의 20%가 6km 6km × 5 = 30km 정답: 30km
❸ 총 거리의 30%가 12km 10% = 4km, 4km × 10 = 40km 정답: 40km
❹ 총 거리의 75%가 24km 25% = 8km, 8km × 4 = 32km 정답: 32km

한 번 더 연습해요!

1. 알렌 팀은 여섯 경기에서 4, 2, 4, 1, 5, 2점을 기록했어요.
❶ 최빈값은 얼마일까요? 2점과 4점
❷ 평균은 얼마일까요? 4 + 2 + 4 + 1 + 5 + 2 = 18
$\frac{18}{6} = 3$ 정답: 3점

2. 아래 글을 읽고 알맞은 식을 세워 답을 구해 보세요.
❶ 바구니 안에 공이 36개 들어 있어요. 그중 50%는 파란색이에요. 바구니 안에 있는 파란색 공은 몇 개일까요?
$50\% = \frac{1}{2}$
$\frac{36}{2} = 18$
정답: 18개
❷ 학급에 학생이 30명 있어요. 그중 20%는 눈이 갈색이에요. 학급에서 눈이 갈색인 학생은 모두 몇 명일까요?
$20\% = \frac{1}{5}$
$\frac{30}{5} = 6$
정답: 6명
❸ 미라는 책 15권을 대출하여 그중 40%를 읽었어요. 미라가 앞으로 읽을 책은 몇 권 남았을까요?
$60\% = \frac{3}{5}$
$\frac{15}{5} = 3$, $3 \times 3 = 9$
정답: 9권
❹ 총 운전 거리가 120km인데 그중 75%를 갔어요. 지금까지 운전한 거리는 몇 km일까요?
$75\% = \frac{3}{4}$
$\frac{120km}{4}$ = 30km, 30km × 3 = 90km
정답: 90km

102 103

104-105쪽

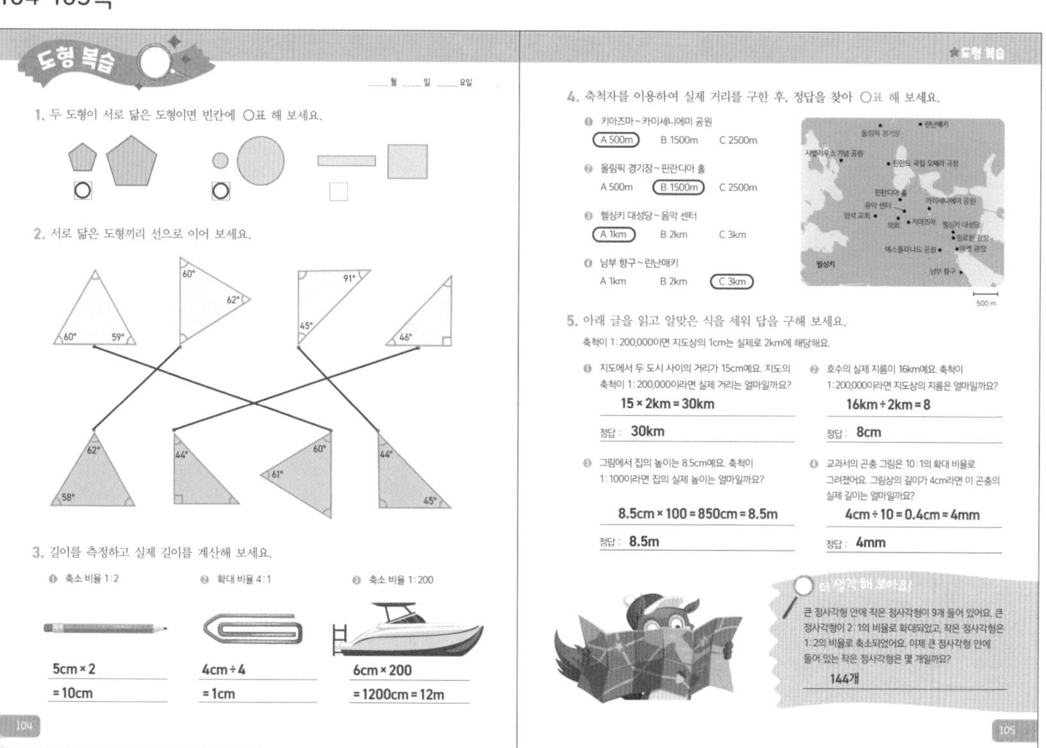

도형 복습 ___월 ___일 ___요일

1. 두 도형이 서로 닮은 도형이면 빈칸에 ○표 해 보세요.
○ ○

2. 서로 닮은 도형끼리 선으로 이어 보세요.

3. 길이를 측정하고 실제 길이를 계산해 보세요.
❶ 축소 비율 1:2 5cm × 2 = 10cm
❷ 확대 비율 4:1 4cm ÷ 4 = 1cm
❸ 축소 비율 1:200 6cm × 200 = 1200cm = 12m

★도형 복습

4. 축척자를 이용하여 실제 거리를 구한 후, 정답을 찾아 ○표 해 보세요.
❶ 키아즈마~카이사니에미 공원 (A 500m) B 1500m C 2500m
❷ 올림픽 경기장~핀란디아 홀 A 500m (B 1500m) C 2500m
❸ 헬싱키 대성당~음악 센터 (A 1km) B 2km C 3km
❹ 남부 항구~린난매키 A 1km B 2km (C 3km)

5. 아래 글을 읽고 알맞은 식 세워 답을 구해 보세요.
축척이 1:200,000이면 지도상의 1cm는 실제로 2km에 해당해요.
❶ 지도에서 두 도시 사이의 거리가 15cm예요. 지도의 축척이 1:200,000이라면 실제 거리는 얼마일까요?
15 × 2km = 30km
정답: 30km
❷ 호수의 실제 지름이 16km예요. 축척이 1:200,000이라면 지도상의 지름은 얼마일까요?
16km ÷ 2km = 8
정답: 8cm
❸ 그림에서 집의 높이는 8.5cm예요. 축척이 1:100이라면 집의 실제 높이는 얼마일까요?
8.5cm × 100 = 850cm = 8.5m
정답: 8.5m
❹ 교과서의 곤충 그림은 10:1의 확대 비율로 그려졌어요. 그림상의 길이가 4cm라면 이 곤충의 실제 길이는 얼마일까요?
4cm ÷ 10 = 0.4cm = 4mm
정답: 4mm

더 생각해 보아요!
큰 정사각형 안에 작은 정사각형이 9개 들어 있어요. 큰 정사각형이 2:1의 비율로 확대되었고, 작은 정사각형은 1:2의 비율로 축소되었어요. 이제 큰 정사각형 안에 들어 있는 작은 정사각형은 몇 개일까요?
144개

104 105

105쪽 4번

❶ 지도상 거리 1cm
실제 거리 500m
❷ 지도상 거리 3cm
500m×3=1500m
❸ 지도상 거리 2cm
500m×2=1000m=1km
❹ 지도상 거리 6cm
500m×6=3000m=3km

더 생각해 보아요! | 105쪽

처음 작은 정사각형의 개수: 3×3=9
2:1의 비율로 큰 정사각형이 확대되었을 때 작은 정사각형의 개수: 6×6=36
1:2의 비율로 작은 정사각형이 축소되었을 때 작은 정사각형의 개수: 12×12=144

106-107쪽

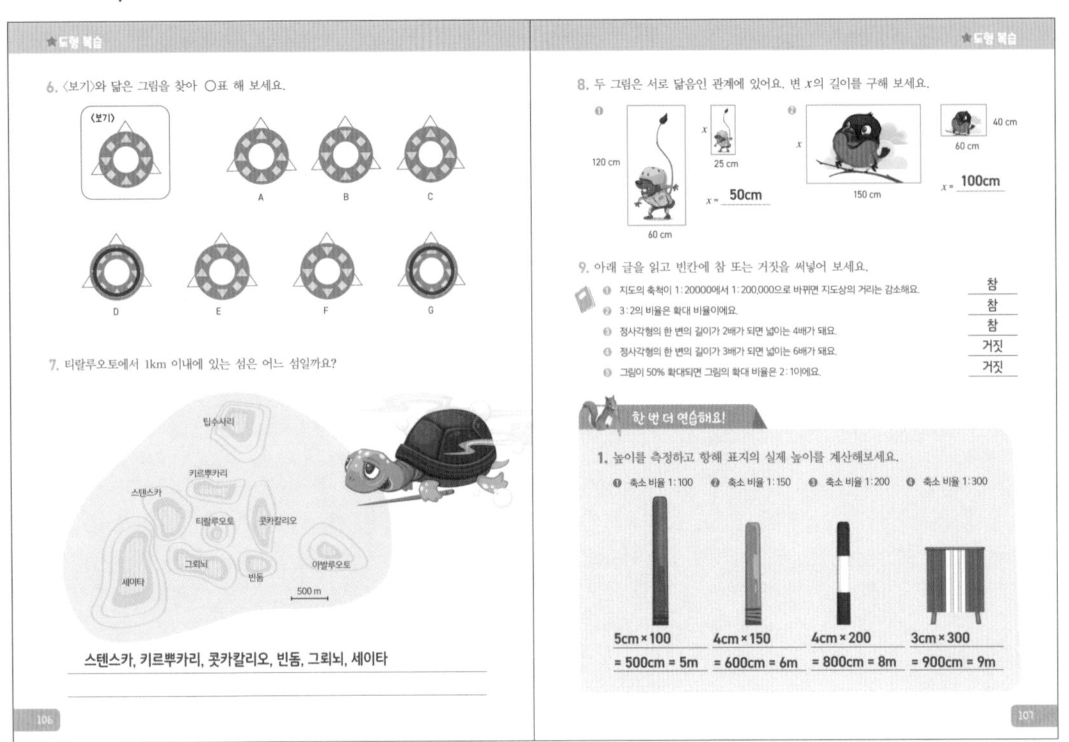
도형 복습

6. <보기>와 닮은 그림을 찾아 ○표 해 보세요.

<보기> A B C D E F G

7. 티랄루오토에서 1km 이내에 있는 섬은 어느 섬일까요?

팁수사리, 키르뿌카리, 스텐스카, 티랄루오토, 콧카칼리오, 그뢰뇌, 빈돔, 아벨루오토, 세이타, 500 m

스텐스카, 키르뿌카리, 콧카칼리오, 빈돔, 그뢰뇌, 세이타

106

8. 두 그림은 서로 닮음인 관계에 있어요. 변 x의 길이를 구해 보세요.

❶ 120 cm, 60 cm, 25 cm, x = 50cm

❷ 150 cm, 40 cm, 60 cm, x = 100cm

9. 아래 글을 읽고 빈칸에 참 또는 거짓을 써넣어 보세요.

❶ 지도의 축척이 1:20000에서 1:200,000으로 바뀌면 지도상의 거리는 감소해요. 참
❷ 3:2의 비율은 확대 비율이에요. 참
❸ 정사각형의 한 변의 길이가 2배가 되면 넓이는 4배가 돼요. 참
❹ 정사각형의 한 변의 길이가 3배가 되면 넓이는 6배가 돼요. 거짓
❺ 그림이 50% 확대되면 그림의 확대 비율은 2:1이에요. 거짓

한 번 더 연습해요!

1. 높이를 측정하고 항해 표지의 실제 높이를 계산해보세요.

❶ 축소 비율 1:100 ❷ 축소 비율 1:150 ❸ 축소 비율 1:200 ❹ 축소 비율 1:300

5cm × 100 = 500cm = 5m
4cm × 150 = 600cm = 6m
4cm × 200 = 800cm = 8m
3cm × 300 = 900cm = 9m

107

106쪽 7번

1.5cm=500m이므로 1km 이내에 있으려면 티랄루오토에서 3cm 이내에 위치해야 해요.

107쪽 8번

❶ 1 : 2.4의 비율로 축소되었어요.
❷ 2.5 : 1의 비율로 확대되었어요.

107쪽 9번

❹ 정사각형의 한 변의 길이가 3배가 되면 넓이는 9배가 돼요.
❺ 그림이 50% 확대되면 그림의 확대 비율은 1.5 : 1이에요.

112-113쪽

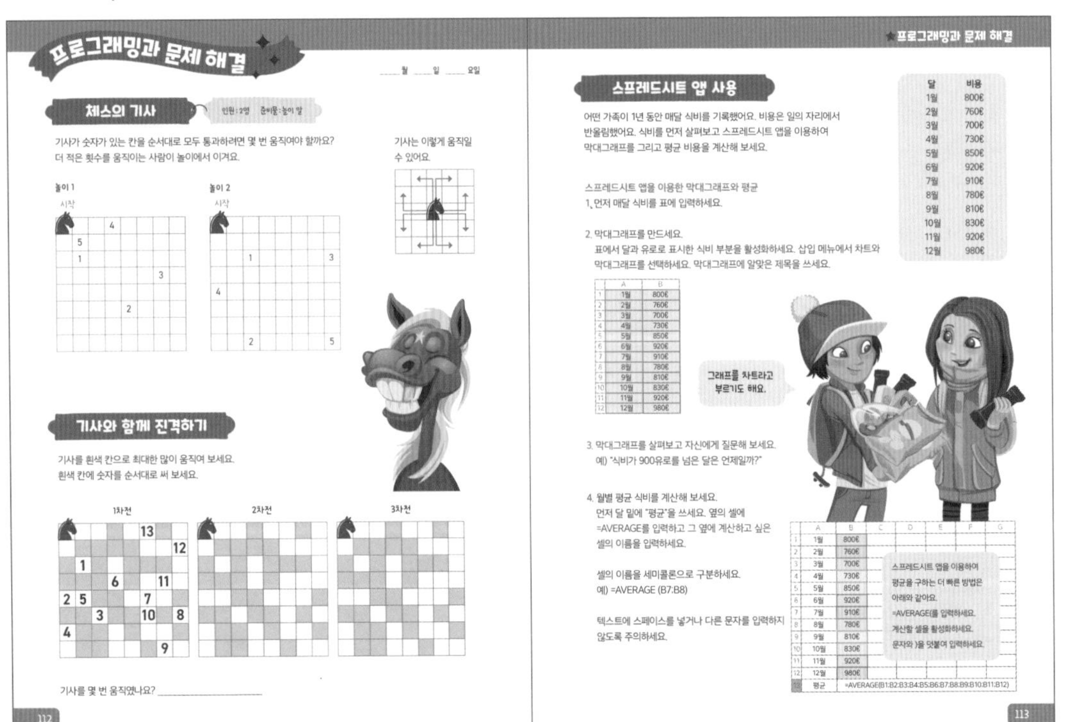
프로그래밍과 문제 해결

___월 ___일 ___요일

체스의 기사 (인원: 2명 준비물: 놀이 판)

기사가 숫자가 있는 칸을 순서대로 모두 통과하려면 몇 번 움직여야 할까요? 더 적은 횟수를 움직이는 사람이 놀이에서 이겨요.

기사는 이렇게 움직일 수 있어요.

놀이 1 시작 / 놀이 2 시작

기사와 함께 진격하기

기사를 흰색 칸으로 최대한 많이 움직여 보세요. 흰색 칸에 숫자를 순서대로 써 보세요.

1차전 2차전 3차전

기사를 몇 번 움직였나요? ____

112

스프레드시트 앱 사용

어떤 가족이 1년 동안 매달 식비를 기록했어요. 비용은 일의 자리에서 반올림했어요. 식비를 먼저 살펴보고 스프레드시트 앱을 이용하여 막대그래프를 그리고 평균 비용을 계산해 보세요.

달	비용
1월	800€
2월	760€
3월	700€
4월	730€
5월	850€
6월	920€
7월	910€
8월	780€
9월	810€
10월	830€
11월	920€
12월	980€

스프레드시트 앱을 이용한 막대그래프와 평균

1. 먼저 매달 식비를 표에 입력하세요.
2. 막대그래프를 만드세요. 표에서 달과 유로로 표시한 식비 부분을 활성화하세요. 삽입 메뉴에서 차트와 막대그래프를 선택하세요. 막대그래프에 알맞은 제목을 쓰세요.

그래프를 차트라고 부르기도 해요.

3. 막대그래프를 살펴보고 자신에게 질문해 보세요. 예) "식비가 900유로를 넘은 달은 언제일까?"
4. 월별 평균 식비를 계산해 보세요. 먼저 달 밑에 "평균"을 쓰세요. 옆의 셀에 =AVERAGE를 입력하고 그 옆에 계산하고 싶은 셀의 이름을 입력하세요.

셀의 이름을 세미콜론으로 구분하세요. 예) =AVERAGE (B7:B8)

텍스트에 스페이스를 넣거나 다른 문자를 입력하지 않도록 주의하세요.

스프레드시트 앱을 이용하여 평균을 구하는 더 빠른 방법은 아래와 같아요. =AVERAGE(를 입력하세요. 계산할 셀을 활성화하세요. 문자와)을 덧붙여 입력하세요.

평균 =AVERAGE(B1:B2:B3:B4:B5:B6:B7:B8:B9:B10:B11:B12)

113

프로그래밍과 문제 해결 | 112쪽

13 이후에 말이 갈 곳은 노란색이거나 12가 들어간 자리 4군데만 나오므로 더 이상 갈 곳이 없어요.

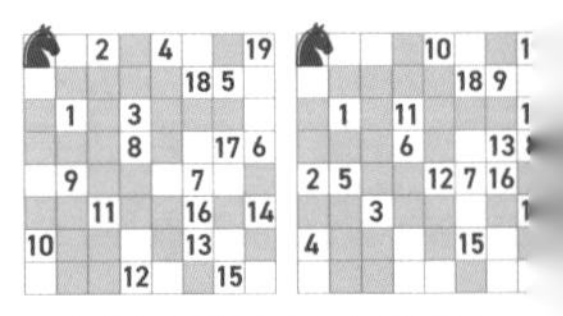

19까지 최대한 갈 수 있어요.

114쪽

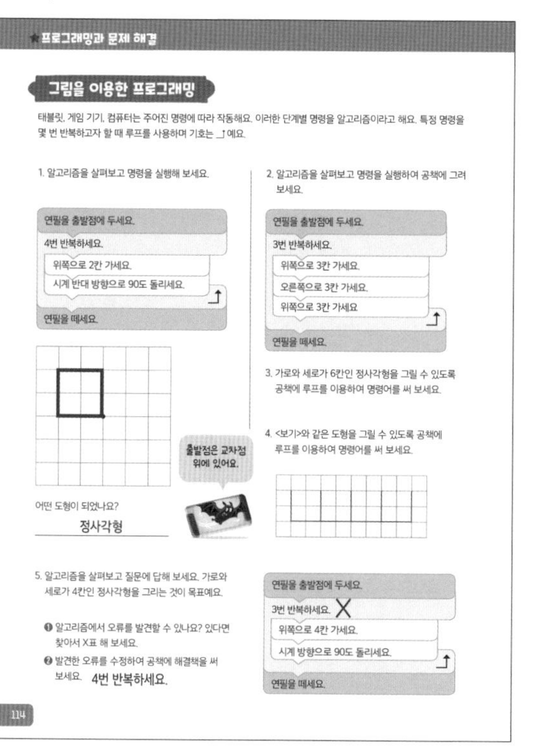

프로그래밍과 문제 해결

그림을 이용한 프로그래밍

태블릿, 게임 기기, 컴퓨터는 주어진 명령에 따라 작동해요. 이러한 단계별 명령을 알고리즘이라고 해요. 특정 명령을 몇 번 반복하고자 할 때 루프를 사용하며 기호는 ↑예요.

1. 알고리즘을 살펴보고 명령을 실행해 보세요.

연필을 출발점에 두세요.
4번 반복하세요.
위쪽으로 2칸 가세요.
시계 반대 방향으로 90도 돌리세요.
연필을 떼세요.

출발점은 교차점 위에 있어요.

어떤 도형이 되었나요?
정사각형

2. 알고리즘을 살펴보고 명령을 실행하여 공책에 그려 보세요.

연필을 출발점에 두세요.
3번 반복하세요.
위쪽으로 3칸 가세요.
오른쪽으로 3칸 가세요.
위쪽으로 3칸 가세요
연필을 떼세요.

3. 가로와 세로가 6칸인 정사각형을 그릴 수 있도록 공책에 루프를 이용하여 명령어를 써 보세요.

4. <보기>와 같은 도형을 그릴 수 있도록 공책에 루프를 이용하여 명령어를 써 보세요.

5. 알고리즘을 살펴보고 질문에 답해 보세요. 가로와 세로가 4칸인 정사각형을 그리는 것이 목표예요.

❶ 알고리즘에서 오류를 발견할 수 있나요? 있다면 찾아서 X표 해 보세요.
❷ 발견한 오류를 수정하여 공책에 해결책을 써 보세요. 4번 반복하세요.

연필을 출발점에 두세요.
3번 반복하세요. X
위쪽으로 4칸 가세요.
시계 방향으로 90도 돌리세요.
연필을 떼세요.

114

MEMO